Annuaires
LDAP

Annuaires LDAP

2e édition

Marcel Rizcallah

EYROLLES

ÉDITIONS EYROLLES
61, bd Saint-Germain
75240 Paris Cedex 05
www.editions-eyrolles.com

À ma femme, à qui je dois le temps qu'elle m'a donné et toute sa tendresse…

Marcel Rizcallah

Remerciements...

- À *Philippe Colombel, Nizar Nasr, Jérôme Gros, Jean-Marc Segretain, Elias El Ramy, Christophe Roger, Ali Ataya, Lamine Chentouf, Charles Sleilati, Renaud Campredon* pour leur relecture éclairée et leur contribution à certaines parties de cet ouvrage.

- Aux sociétés *Sun, Oblix, Microsoft, Netsize* et *Calendra* qui m'ont aidé dans mes recherches.

- À ceux qui n'ont jamais entendu parler de LDAP, qui ont relu certaines parties du livre et m'ont apporté un regard externe.

- À tous ceux avec qui j'ai pu en discuter et qui m'ont apporté leurs idées.

- À ceux qui m'ont donné l'idée d'écrire un livre et ont cru avant moi que j'arriverais au bout...

Table des matières

CHAPITRE 6

Les interfaces d'accès aux annuaires et les autres standards

Avant-propos

L'économie en réseau, ou la netéconomie, est au cœur des débats et des stratégies de toutes les entreprises. Les organisations, qu'il s'agisse de société, d'administration publique ou de start-up, tentent tous les jours de créer de nouveaux modèles en tirant parti des liens électroniques qu'ils peuvent tisser avec leurs clients, leurs partenaires et leurs fournisseurs.

Les perspectives sont immenses : elles concernent aussi bien la réduction des coûts de fonctionnement, l'amélioration de l'efficacité des opérations, que la possibilité de générer de nouveaux revenus. Certaines entreprises ont réussi à réduire considérablement leurs coûts de fonctionnement à l'aide d'intranets et d'extranets, d'autres ont réussi à gagner de l'argent là où elles s'y attendaient le moins à l'aide d'Internet.

De nouveaux métiers offerts par de nouveaux acteurs ont aussi trouvé leur place dans cette économie en réseau. Les places de marché électroniques, les sites de ventes aux enchères, les sites communautaires, les portails ne sont que quelques exemples des opportunités qui se présentent. La créativité des hommes n'a pas de limites. Du BtoC *(Business to Consumer)* au BtoB *(Business to Business)*, en passant par le BtoBtoC *(Business to Business to Consumer)* ou le CtoC *(Consumer to Consumer)*, il y a des centaines de combinaisons et de modèles qui permettent d'apporter de la valeur aux citoyens, aux consommateurs et aux entreprises.

Cependant, le retour d'expérience de ces dernières années a mis en évidence d'autres enjeux, qui sont devenus majeurs pour l'entreprise :

- *la sécurité*, dont les menaces ont été favorisées par la prolifération des services en ligne et les réseaux de télécommunications mondiaux ;
- *l'efficacité des opérations,* dont la complexité augmente considérablement avec le nombre d'utilisateurs et de services ;
- et enfin *l'accessibilité à l'information*, gage d'adoption de la multitude de services offerts par l'entreprise, et ceci de façon ciblée par rapport aux attentes de chacun.

Nous détaillons chacun de ces points ci-dessous.

Les technologies de l'information et de communication ont apporté l'instantanéité de l'accès aux données de l'entreprise, à partir de n'importe quel endroit du monde et depuis tout type de terminal, comme un PC ou un téléphone mobile. Il est, par exemple, possible d'accéder à sa messagerie de n'importe où, à partir d'un ordinateur quelconque ou de son téléphone portable, remplir sa déclaration d'impôts à partir d'un accès Internet à l'étranger, ou encore de consulter son compte bancaire de n'importe quel pays et vérifier instantanément les débits relatifs à tous les achats effectués.

Tout ceci rend les services en ligne et les informations échangées plus vulnérables, car accessibles à des personnes mal intentionnées, où qu'elles soient dans le monde. Par exemple, nous connaissons actuellement une augmentation croissante du nombre de « spam », ces courriers publicitaires envoyés à tous et qui polluent nos boîtes aux lettres. Ils constituent aujourd'hui plus de 70 % du trafic des messageries sur Internet ! Une des raisons de ce phénomène est que les adresses de messagerie saisies sur les sites visités sont utilisées à notre insu. Comment contrôler la diffusion de nos données personnelles, comme l'adresse de messagerie ou son numéro de carte de crédit ? Plus généralement, comment concilier deux tendances contradictoires : d'une part, la liberté d'agir de n'importe où et à tout moment rendue possible par les nouvelles technologies, et, d'autre part, la sécurité des données personnelles, des informations échangées et des transactions ?

Pour cela, il faut être en mesure d'isoler le système d'information de l'entreprise depuis l'extérieur, et de surveiller les flux qui transitent entre les deux. Il faut ensuite identifier, voire authentifier, les utilisateurs, et contrôler les services auxquels ils accèdent en fonction de leurs profils. Il faut protéger les informations personnelles fournies, comme l'adresse de messagerie personnelle, le mot de passe, le numéro de carte de crédit ou les données confidentielles et sensibles du dossier médical, et s'assurer que seuls les services et les personnes habilitées peuvent y accéder. Et enfin, il faut dans certains cas pouvoir chiffrer de bout en bout les informations échangées sur Internet ou sur d'autres réseaux publics, afin de s'assurer que seuls les destinataires peuvent les lire.

Par ailleurs, la multitude d'utilisateurs, de clients ou de citoyens, ainsi que la richesse des services en ligne offerts dans l'entreprise, sur Internet ou sur les réseaux de téléphonie mobile, rendent l'administration des comptes utilisateurs, dans les différentes applications, et des droits d'accès aux services fastidieuse et coûteuse. La gestion d'une abondance de mots de passe peut décourager les utilisateurs d'accéder aux services ou encore submerger un centre d'appel téléphonique de demandes de réinitialisation des mots de passes perdus. La création et la suppression des comptes utilisateurs dans les applications peuvent engendrer des coûts prohibitifs en fonction du nombre d'applications à administrer et du nombre de mouvements de personnes dans l'entreprise.

Pour rendre les opérations quotidiennes assurées par les entreprises plus efficaces, il est nécessaire de mettre en place des outils permettant, d'une part, de fédérer les informations d'identités concernant les utilisateurs, et, d'autre part, d'intégrer, de centraliser et d'automatiser autant que possible les différentes fonctions d'administration afin de réduire le nombre d'opérations effectuées par les administrateurs. Il faut aussi, dès que possible, déléguer les tâches d'administration à travers un extranet à des entités autonomes, par exemple, une filiale, des fournisseurs ou des entreprises « clientes ». Au-delà de la réduction des coûts, cela apportera plus de flexibilité et de réactivité aux entreprises face à de nouveaux besoins, comme un changement d'organisation ou de nouveaux utilisateurs.

Et enfin, la prolifération d'information, de contenu et d'applications dans l'entreprise, nécessite de mieux cibler les utilisateurs en fonction de leurs besoins. Par exemple, un responsable marketing sera intéressé en priorité par les descriptions des produits et leurs positionnements par rapport à la concurrence, alors qu'un responsable de l'ingénierie cherchera avant tout l'accès à la documentation produits, aux résultats de *benchmarking*, etc.

Pour cela, il faut non seulement fédérer les informations d'identité des utilisateurs, mais surtout définir les attributs qui vont permettre cette personnalisation, et partager une même sémantique au sein de l'entreprise, comme la fonction et le rôle d'un individu, afin de constituer une base de profils partagée par la société.

Pour tous ces aspects, il est apparu durant ces dernières années des technologies, des standards et des outils qui apportent des solutions à l'ensemble des questions posées. Ces outils, ainsi que les méthodes et pratiques associées, sont désignés par le vocable « gestion des identités » ou « Identity management » en anglais.

Les annuaires LDAP, objet de ce livre, constituent le principal composant de la gestion des identités.

Ils ont été conçus pour prendre en charge un grand nombre d'utilisateurs, et offrent généralement des performances en lecture supérieures à celle des bases de données relationnelles.

Ils contiennent en standard des mécanismes d'authentification ainsi que des informations normalisées sur les profils des personnes. Ils favorisent ainsi l'authentification unique et le partage de ces profils entre les différents services de l'entreprise.

À l'aide d'une organisation hiérarchique des données sur les personnes et les ressources, reflétant l'organisation des entreprises, ils favorisent la délégation de l'administration et la réduction des coûts associés.

Ils permettent aussi de décrire les ressources accessibles par les utilisateurs, comme les terminaux, les imprimantes et les serveurs de données, et même les applications informatiques et le contenu éditorial, favorisant ainsi l'adéquation d'un service offert par une ressource ainsi que sa personnalisation, en fonction des caractéristiques de la ressource et du profil de l'utilisateur.

Enfin, ils offrent des mécanismes intégrés de protection des données et de contrôle des habilitations, apportant ainsi une solution homogène et normalisée pour la gestion de la sécurité, qui ne dépend pas des applications.

Mais les annuaires LDAP ne sont plus le seul outil requis pour la gestion des identités : ils doivent être accompagnés d'outils de synchronisation des données, de gestion du contenu des annuaires, de gestion des mots de passe, de contrôle des droits d'accès aux applications, etc. Nous allons aussi décrire tous ces outils dans cet ouvrage, et donner des exemples concrets de mise en œuvre impliquant l'ensemble des composants d'une solution de gestion des identités d'entreprise.

Quel est l'objectif de cet ouvrage ?

L'objectif de cet ouvrage est de vous sensibiliser sur la notion d'annuaire et de gestion des identités, ainsi que sur leurs apports à travers des exemples et des études de cas.

Son but est aussi de décrire en détail et de façon pragmatique le standard LDAP et tous ceux qui lui sont associés, l'ensemble des outils requis pour créer un annuaire d'entreprise, ainsi que la démarche de mise en œuvre basée sur ces technologies.

Vous y trouverez également une description de tous les outils nécessaires pour intégrer un annuaire avec le système d'information de l'entreprise et son organisation, ainsi que des exemples de code pour interroger et mettre à jour un annuaire LDAP.

La structure de l'ouvrage

L'ouvrage est découpé en quatre parties.

La première partie est une introduction sur les annuaires et sur leurs applications. Elle est destinée à des néophytes, n'ayant pas de connaissance particulière sur les annuaires, et qui souhaitent comprendre les apports sans entrer dans les détails techniques :

- Le chapitre 1 vous fait découvrir la notion d'annuaire et les particularités de ceux-ci par rapport à des bases de données. Vous y trouverez ce que sont la gestion et la fédération des identités, ainsi que le rôle des annuaires dans ces contextes.

- Le chapitre 2 donne un aperçu de l'historique des annuaires et introduit la technologie LDAP.

- Le chapitre 3 donne des exemples d'applications de cette technologie afin de mettre en avant ses apports aussi bien dans le cadre d'applications Internet, de portails d'entreprise que d'extranets et d'intranets.

La deuxième partie présente de façon détaillée le standard LDAP :

- Le chapitre 4 décrit le standard de façon générale et détaille son modèle client-serveur.

- Le chapitre 5 décrit les quatre modèles du standard : le modèle de données, le modèle de désignation, le modèle de fonctions et le modèle de sécurité.

- Le chapitre 6 décrit les interfaces d'accès à un annuaire LDAP définies par les instances de normalisation, et donne un aperçu des travaux en cours pour étendre ce standard. On y présente aussi les autres standards comme DSML et SAML.

La troisième partie décrit la démarche préconisée pour concevoir et mettre en œuvre un annuaire LDAP. Elle contient aussi une description des outils nécessaires pour réaliser une application basée sur LDAP :

- Le chapitre 7 décrit la phase de conception fonctionnelle d'un annuaire LDAP. Il s'agit d'apprendre comment concevoir le modèle de données et le modèle de désignation, en tenant compte des besoins des utilisateurs et l'organisation de l'entreprise.

- Le chapitre 8 décrit la phase de conception technique d'un annuaire LDAP. Il décrit la gestion des habilitations, la topologie des serveurs, la réplication entre annuaires et la protection des serveurs LDAP par des firewalls.

- Le chapitre 9 contient des études de cas, mettant en application les démarches décrites dans les chapitres précédents, dont le cas la société Thomson.

- Le chapitre 10 décrit l'ensemble des outils requis pour mettre en œuvre un annuaire LDAP, ainsi que la gestion et la fédération des identités, les outils de SSO et ceux permettant de développer des applications basées sur ce standard.

- Le chapitre 11 décrit le cycle de vie d'un annuaire, comprenant l'organisation à mettre en place pour le faire évoluer ainsi que les outils adéquats. On y trouvera aussi une description du cadre légal associé à la protection des libertés individuelles, ainsi que les obligations des entreprises créant leur propre annuaire.

La quatrième partie comprend une description des principales interfaces de programmation LDAP :

- Le chapitre 12 décrit l'interface de programmation en C/C++ et donne des exemples de code.

- Le chapitre 13 décrit l'interface de programmation ADSI/.Net et donne des exemples de code.

- Le chapitre 14 décrit l'interface de programmation JNDI et donne des exemples de code.

- Le chapitre 15 décrit l'interface de programmation LDAP en PHP et donne des exemples de code.

- Le chapitre 16 décrit l'annuaire OpenLDAP, logiciel libre largement répandu dans le monde Linux.

À qui s'adresse cet ouvrage ?

Cet ouvrage s'adresse aussi bien aux responsables fonctionnels (maîtrises d'ouvrage) qu'aux décideurs de la stratégie technologique, aux chefs de projet, aux consultants et aux développeurs. Il est également destiné aux directions informatiques qui souhaitent comprendre la technologie LDAP et ses applications.

Les premiers chapitres permettront aux maîtrises d'ouvrage et aux directions informatiques de bien comprendre les apports de la technologie LDAP en regard de leurs métiers. Aucune compétence technologique particulière n'est requise pour les lire.

La deuxième et la troisième partie permettront aux décideurs de stratégie technologique, aux chefs de projets et aux consultants de bien comprendre ce qu'est LDAP et comment mettre en œuvre un annuaire reposant sur cette technologie.

La dernière partie est destinée aux développeurs qui souhaitent apprendre à réaliser des applications basées sur LDAP.

Nous vous recommandons bien sûr de lire la totalité de cet ouvrage. Néanmoins, si vous êtes pressé, vous trouverez dans le tableau suivant les chapitres à lire en fonction de votre profil et de vos préoccupations :

Votre profil	Vos préoccupations	Les chapitres à lire en priorité
Directeur ou responsable informatique	Comprendre les apports de LDAP et décider si cette technologie répond à vos besoins	Chapitres 1, 2, 3, 9 et 11
	Évaluer les ressources nécessaires pour mettre en œuvre un annuaire LDAP	Chapitres 7, 8 et 10
Responsable fonctionnel (maîtrise d'ouvrage)	Comprendre les apports de LDAP	Chapitres 1, 3, 9 et 11
Chef de projet	Comprendre la technologie LDAP	Chapitres 1, 2, 3, 4 et 5
	Encadrer une équipe de conception et de réalisation	Chapitres 7, 8 et 9
Consultant	Comprendre et concevoir un annuaire LDAP	Chapitres 1, 2, 3, 4, 5, 7, 8, 9 et 11
Développeur	Comprendre et mettre en œuvre un annuaire LDAP	Chapitres 5, 6, 8, 10, 12, 13, 14, 15 et 16

Questions et réponses

Qu'est que LDAP ?

LDAP signifie *Lightweight Directory Access Protocol.* C'est un standard destiné à normaliser l'interface d'accès aux annuaires. L'objectif de LDAP est de favoriser le partage et de simplifier la gestion des informations concernant des personnes et plus généralement de toutes les ressources de l'entreprise, ainsi que des droits d'accès de ces personnes sur ces ressources.

Qui est responsable du standard LDAP ?

Le standard LDAP, né des technologies Internet et X500, est normalisé par l'IETF *(Internet Engineering Task Force).* De nombreux groupes de travail, constitués des principaux acteurs du marché, comme IBM, Sun, Novell, Oracle, Microsoft, Critical Path, font évoluer le standard au sein de l'IETF.

Que peut m'apporter LDAP ?

LDAP simplifie la gestion des profils de personnes et de ressources, favorise l'interopérabilité des systèmes d'information à travers le partage de ces profils, et améliore la sécurité d'accès aux applications.

De façon générale, un annuaire LDAP d'entreprise (groupware, intranets, à la sécurité du système d'information, etc.) permet de réduire les coûts d'administration et d'améliorer la sécurité. Un annuaire LDAP pour les applications de e-business (commerce électronique, extranets, etc.) permet de mieux gérer les profils des utilisateurs, de favoriser la personnalisation des services et de déléguer l'administration à des utilisateurs externes à l'entreprise tout en contrôlant la sécurité.

Pourquoi LDAP est-il aussi important ?

La totalité des acteurs du marché ont intégré LDAP dans leurs outils. C'est le cas, aussi bien des systèmes d'exploitation comme Linux, Windows 2000/2003 et Sun Solaris, que des outils de travail de groupe comme IBM Lotus Domino, Novell Groupwise et Microsoft Exchange, et les progiciels de e-business comme ATG, Vignette ou Broadvision. C'est valable aussi pour les bases de données et des serveurs d'applications Java du marché, comme BEA WebLogic et IBM WebSphere. Enfin, c'est le standard retenu par la totalité des acteurs du marché pour la gestion de la sécurité, comme l'authentification forte à l'aide de certificats ou encore la gestion des autorisations d'accès à des applications Web.

Quelles différences y a-t-il entre LDAP et une base de données ?

LDAP contient des classes d'objets qui définissent des personnes, des applications et des groupes, qui sont toutes normalisés par l'IETF. On retrouve ces classes dans tous les outils conformes au standard LDAP.

L'organisation des données n'est pas relationnelle, mais hiérarchique, ce qui permet de la rendre plus proche de la hiérarchie en vigueur dans l'entreprise. Ceci facilite l'administration des données : par exemple, pour supprimer un groupe d'utilisateurs, il suffit de supprimer une branche de l'arborescence, et pour attribuer des droits à un groupe d'utilisateurs, il suffit de le faire sur une branche.

Le standard LDAP offre un service d'identification et d'authentification accessible à travers un réseau IP. Les mécanismes d'authentification sont normalisés et peuvent être étendus si nécessaire. Dans tous les cas, l'authentification est gérée par l'annuaire même et non par les programmes qui l'utilisent. Le niveau de sécurité est donc plus élevé et homogène entre les différentes applications.

Enfin, il est possible de gérer et contrôler les habilitations d'accès aux données dans l'annuaire même. Tout objet de l'annuaire peut être utilisé pour s'identifier à l'annuaire. Des ACL (*Access Control List*) permettent de décrire les droits (lecture, mise à jour, recherche) d'un objet, représentant généralement un utilisateur ou une application, sur les autres objets de l'annuaire.

Comment faire cohabiter un annuaire LDAP avec des applications existantes ?

Il y a différentes façons de faire cohabiter un annuaire LDAP avec des applications qui ne sont pas compatibles avec ce standard.

La méthode la plus simple consiste à mettre en place des outils de synchronisation des données à travers des échanges de fichiers.

Une autre méthode consiste à utiliser un méta-annuaire. Cette dernière est plus complexe à mettre en œuvre mais possède beaucoup d'avantages. Elle permet, à l'aide de connecteurs prêts à l'emploi, de synchroniser en permanence les données des différentes applications et de s'adapter facilement à tout changement concernant les sources de données ou l'annuaire lui-même. Il existe aussi des solutions, appelées « méta-annuaire virtuel », qui offrent, à l'instar d'un *proxy*, une vue LDAP sur des données qui se trouvent dans diverses applications et bases de données. Ce type de solution évite la copie et la synchronisation des informations dans un annuaire central.

Qu'est qu'un méta-annuaire ?

Un méta-annuaire est un outil qui se « greffe » au-dessus des applications et de leurs annuaires, pour offrir une vue unifiée ainsi qu'une administration centralisée de l'ensemble des données relatives aux personnes et aux ressources de l'entreprise. Le méta-annuaire devient le moyen d'accès privilégié à ces données pour toute fonction d'administration et toute nouvelle application. Il permet de conserver l'hétérogénéité des infrastructures tout en apportant une vue homogène sur ces informations. Il offre une interface basée sur un standard comme LDAP pour accéder aux données.

Qu'est-ce que la gestion des identités ?

On entend généralement par gestion des identités, l'ensemble des fonctionnalités et des services suivants :

- Un référentiel sécurisé, contenant l'ensemble des informations relatives à des personnes et à leurs identités, ainsi que des données sur les organisations auxquelles appartiennent ces personnes. Ceci nécessite généralement la collecte de ces informations dans les différentes applications et systèmes de l'entreprise de façon automatisée.

- La gestion du contenu de ce référentiel comprenant, notamment, des interfaces de mise à jour respectant les processus organisationnels de l'entreprise.

- L'allocation et la désallocation automatisée des ressources de l'entreprise : il s'agit notamment de mettre en place une administration centralisée des comptes utilisateurs dans les applications et systèmes de l'entreprise (messagerie, badge d'accès aux locaux, applications métiers, etc.). On désigne souvent cette fonctionnalité par *e-provisionning*.

- La gestion des mots de passe : il s'agit d'outils permettant de réduire, voire d'unifier, les nombreux identifiants et mots de passe des utilisateurs dans le système d'information de l'entreprise.

- La gestion des droits d'accès aux ressources de l'entreprise : il s'agit d'outils permettant de sécuriser l'accès aux applications et systèmes de l'entreprise, à l'aide de mécanismes d'authentification et d'une gestion des habilitations centralisée.

Quel lien y a-t-il entre la gestion des identités et un annuaire LDAP ?

La gestion des identités s'appuie généralement (mais pas nécessairement) sur un annuaire LDAP. Celui-ci constitue, dans ce cas, le référentiel sécurisé des données. De plus, il offre les interfaces d'accès normalisées pour l'identification et l'authentification des utilisateurs, ainsi que pour la lecture et la mise à jour des données dans le référentiel.

Qu'est-ce que la fédération des identités ?

La fédération des identités consiste à faire communiquer plusieurs systèmes de gestion des identités, tels que nous l'avons défini précédemment, afin d'éviter de constituer une solution centralisée, tout en assurant des services d'authentification unique, d'échanges d'attributs et de droits utilisateurs entre les différents sites auxquels ils ont accès.

1

Les annuaires
et leurs applications

1

Généralités sur les annuaires et la gestion des identités

Introduction

Il nous semble important de bien comprendre ce qu'est un annuaire et ce à quoi il sert, avant de décrire le standard LDAP (*Lightweight Directory Access Protocol*) lui-même.

En effet, le standard LDAP et un annuaire sont deux choses différentes : le premier définit l'interface d'accès à un annuaire et le deuxième est une sorte de base de données permettant de retrouver facilement des personnes ou des ressources comme des imprimantes, des ordinateurs et des applications.

L'accès aux annuaires nécessite de définir un standard en raison de certains besoins caractéristiques de ces derniers. Les annuaires ne sont pas que des bases de données, ils doivent également offrir des services particuliers comme la sécurité d'accès aux données, la recherche, le classement ou l'organisation des informations. C'est ce que nous allons démontrer dans la suite de ce chapitre.

Nous aboutirons ainsi à l'identification des caractéristiques d'un annuaire et à la nécessité d'établir un standard, décrivant l'interface d'accès à celui-ci. C'est ce rôle que joue LDAP, que nous traiterons en détail dans la suite de ce livre.

Par ailleurs, comme nous l'avons souligné dans l'introduction, les annuaires ne sont qu'une brique de la gestion des identités. Nous allons aussi décrire celle-ci, préciser en quoi elle diffère des annuaires et quels sont les technologies et standards autres que LDAP nécessaires à la gestion des identités.

Qu'est-ce qu'un annuaire ?

Nous sommes tous familiers des annuaires que nous utilisons quotidiennement, tels que notre carnet d'adresses téléphonique, les annuaires Web (Yahoo!, par exemple) ou encore les Pages Blanches et les Pages Jaunes que nous recevons dans nos boîtes aux lettres.

Ils sont tous destinés à faciliter la localisation d'une personne ou d'une entreprise à partir de différents critères de recherche comme le nom, le code postal, voire la fonction pour les personnes ou le type de service rendu pour les entreprises. Le résultat des recherches est un numéro de téléphone, une adresse postale complète, une adresse de site Web, une adresse de messagerie électronique…

Ils doivent donc offrir des critères de recherche puissants et simples à utiliser. Citons à titre d'exemple l'index alphabétique pour la recherche de noms dans les Pages Blanches ou dans le carnet d'adresses personnel. Les Pages Jaunes offrent un classement par métier pour faciliter la recherche. Le Minitel, en France, contient un guide des services que l'on peut interroger en langage naturel.

Un annuaire est d'autant plus utile qu'il est simple à employer, notamment lorsqu'on effectue une recherche avec très peu d'informations. À l'extrême, cette recherche peut n'être qu'une vague formulation, par exemple : « Je veux distraire ma grand-mère ». D'ailleurs, si vous tapez cette phrase dans la zone de recherche du guide Minitel en France, vous allez retrouver les services relatifs aux aides sociales des personnes âgées, et les établissements sanitaires ou sociaux.

Les annuaires électroniques en ligne, c'est-à-dire ceux qui sont accessibles à travers un réseau local ou étendu, comme les annuaires Internet et les intranets, ont la même vocation que les annuaires papier, mais ils apportent en plus les avantages suivants : ils sont *dynamiques*, *flexibles*, *sécurisés* et *personnalisables*.

L'aspect dynamique

La réduction du temps de diffusion de l'information

Par opposition à l'annuaire Pages Blanches au format papier, mis à jour une fois par an, un annuaire électronique reflète immédiatement tout changement d'adresse et de numéro de téléphone. En général, les annuaires en ligne peuvent être mis à jour simplement par un administrateur et répercutent donc tout changement de données en temps réel. Ainsi, l'annuaire d'une entreprise accessible par un intranet révèle plus rapidement qu'un annuaire papier tout changement d'adresse, de numéro de téléphone ou de responsabilité.

La délégation des responsabilités à la source

Mais au-delà de la réduction des délais de diffusion de l'information, l'avantage des annuaires en ligne est qu'ils permettent de déléguer les responsabilités de la mise à jour aux propriétaires mêmes des informations. Plus l'information est proche de sa source et plus elle est précise et diffusée à temps. Ainsi, par exemple, le responsable de la logistique d'une entreprise pourra lui-même mettre à jour les numéros de téléphone des collaborateurs sur l'annuaire de l'intranet de l'entreprise. De même le responsable du serveur de messagerie effectuera lui-même la mise à jour des adresses e-mail sur cet annuaire.

De nouvelles opportunités d'applications

La disponibilité d'un annuaire constamment mis à jour offre de nouvelles opportunités d'applications. Par exemple, l'autorisation d'accès à l'intranet d'une entreprise, réservée à ses seuls collaborateurs, pourrait s'appuyer sur l'annuaire afin de vérifier l'appartenance de l'utilisateur à l'entreprise et le fait qu'il soit bien un collaborateur et non un prestataire externe. Ou encore, la diffusion de messages à l'ensemble des cadres peut s'appuyer sur l'annuaire ; on constitue ainsi des listes de diffusion dynamiques basées sur des critères de recherche (par exemple tous les employés qui sont cadres), beaucoup plus pratiques à utiliser que des listes contenant des noms explicites.

La flexibilité

La possibilité de modifier la structure des données

Le développement des outils et des moyens de communication a fait apparaître de nouveaux types de médias, dont le rythme ne fait que s'accélérer, comme la messagerie électronique, le téléphone mobile, les pagers, la téléphonie sur IP, la vidéo conférence… Chaque personne peut être accessible par l'un de ces médias ou non. La flexibilité des annuaires en ligne permet de rajouter un nouvel attribut – par exemple un numéro de téléphone mobile ou un numéro de téléphone sur IP (adresse IP) – et ceci sans altérer les informations existantes pour le reste de l'annuaire.

La possibilité de modifier l'organisation des données

Les données dans un annuaire sont généralement classées à partir du nom et par ordre alphabétique. Mais, dans le cas d'un annuaire volumineux, un tel classement peut rendre la recherche fastidieuse et nuire à la visibilité des informations affichées. Il est donc souhaitable d'organiser ou de classer celles-ci de façon plus pointue. Par exemple, dans le cas d'un annuaire des collaborateurs, il est possible de les classer par services ou par filiales. Contrairement aux annuaires papier, les annuaires en ligne permettent de modifier ce classement afin de refléter tout changement organisationnel dans l'entreprise, comme le rachat de filiale et la fusion de branches ou de services. La plupart du temps, il suffira de changer la vue offerte aux utilisateurs des données, et non les données elles-mêmes.

La sécurité

Le contrôle des informations affichées

Les annuaires en ligne permettent de contrôler les informations affichées en fonction de différents critères, comme l'identité de l'utilisateur ou simplement sa localisation géographique. Un mécanisme d'authentification, à l'aide d'un nom et d'un mot de passe par exemple, permet d'interdire l'accès à un sous-ensemble de l'annuaire ou à certains attributs, par exemple le numéro de téléphone personnel. Il est aussi possible d'exprimer les règles d'attribution de droits d'accès à l'aide de critères de recherche dans l'annuaire, par exemple autoriser l'accès en lecture du numéro de téléphone mobile d'une personne à son responsable hiérarchique. Ceci peut être exprimé sous forme d'une règle, évitant ainsi de devoir désigner explicitement ce dernier.

Il est aussi possible de filtrer les informations affichées lorsqu'un client d'une entreprise accède à l'annuaire de l'extérieur par Internet ou par un extranet. On n'autorisera par exemple que la visualisation des nom, prénom et adresse de messagerie de certains contacts, le numéro de téléphone n'étant visible qu'aux collaborateurs.

L'accès aux informations en ligne

Les annuaires en ligne offrent une sécurité supérieure aux annuaires papier, notamment pour les entreprises. En effet, un annuaire papier, quoique réservé à un usage interne (comme cela est souvent indiqué en rouge et en gras sur la première page), peut facilement être transporté à l'extérieur et utilisé à des fins malveillantes. Un annuaire en ligne, accessible à travers un réseau local, sera plus difficile à emporter. En effet, il faudra soit l'imprimer dans sa totalité, ce qui peut ne pas être offert par l'application, soit prendre la totalité de la base de données, ce qui nécessite un accès à la salle machine !

Le contrôle des responsabilités de mise à jour

Comme nous l'avons précisé précédemment, les annuaires en ligne permettent de déléguer les responsabilités de mise à jour à la source, c'est-à-dire permettre uniquement à ceux qui possèdent l'information de la saisir et de la publier. On peut ainsi mieux contrôler ceux qui effectuent ces mises à jour à l'aide d'une authentification appropriée, mais surtout mémoriser toutes les modifications effectuées, assurant ainsi une meilleure responsabilisation des administrateurs de l'annuaire et donc une meilleure qualité des informations saisies.

La personnalisation

La personnalisation du contenu

En nous basant sur l'exemple des listes rouges, nous pouvons dire que les annuaires traditionnels ne permettent pas de personnaliser le contenu. En effet, nous avons soit la possibilité d'apparaître pour tous dans l'annuaire, soit d'être en liste rouge et de n'apparaître pour personne, sans aucune alternative.

Avec les annuaires en ligne, il est possible, à partir de l'identité de l'utilisateur qui le consulte, de décider à quelles informations il a accès, mais aussi de ne lui montrer que ce qui l'intéresse en priorité et de reléguer sur un second plan le reste des informations. Par exemple, un employé d'une société multinationale consultera plus fréquemment l'annuaire de son site contenant ses collaborateurs les plus proches que ceux des autres sites. Cependant il doit pouvoir occasionnellement accéder aux autres annuaires s'il veut communiquer avec d'autres collaborateurs ou retrouver leurs coordonnées.

De plus, les annuaires en ligne peuvent tenir compte des préférences de chaque utilisateur, afin de leur permettre d'accéder plus rapidement aux informations les plus proches de leurs centres d'intérêt ou de leurs besoins. Ainsi, un utilisateur utilisant fréquemment la consultation de séquences vidéo pour son travail peut le préciser dans ses préférences : les routeurs réseau pourront alors lui allouer plus de bande passante. Ou encore, les préférences d'un utilisateur en matière de livres, par exemple les livres d'Histoire et les romans policiers, peuvent être utilisées par un site de commerce électronique pour personnaliser le contenu de la page d'accueil et les messages publicitaires envoyés à l'internaute.

La gestion des profils

Ces préférences, que l'on peut aussi désigner par *profils* d'utilisateurs, peuvent être sauvegardées dans un annuaire. Par exemple, on peut recourir à un annuaire de personnes pour désigner le niveau d'habilitation de chaque individu quant à la mise à jour de l'annuaire lui-même. Il contiendrait ainsi un attribut spécifique pour chacune d'elles, indiquant si c'est un administrateur ou non. Seules les personnes désignées comme administrateurs pourront mettre à jour les autres attributs des personnes répertoriées dans l'annuaire.

La gestion des profils d'utilisateurs dans l'annuaire même apporte des avantages indéniables : sécuriser les données du profil, les rendre flexibles et dynamiques au même titre que les autres informations relatives aux personnes, comme l'adresse de messagerie ou le numéro de téléphone. En effet, des informations de ce type sur un utilisateur (le fait qu'il soit un administrateur ou non, qu'il soit utilisateur accrédité à lire les listes rouges ou non, etc.) sont des informations sensibles qu'il faut protéger aussi bien en écriture qu'en lecture au même titre qu'un mot de passe. En outre, ces informations peuvent changer et de nouveaux attributs caractérisant un profil peuvent être rajoutés. Il est alors nécessaire de pouvoir les rajouter dans l'annuaire sans avoir à reconstruire celui-ci, et de répercuter immédiatement ces changements dans tous les services utilisant ces nouveaux attributs.

Le fait de gérer les profils d'un utilisateur dans le même annuaire que celui qui décrit les autres données propres à cet utilisateur permet de n'avoir qu'une seule entrée contenant l'ensemble de ces attributs. Ce qui, évidemment, en facilite énormément la gestion.

Notons que la personnalisation est un sujet en soi, dont les avantages sont indéniables dans le cadre des portails d'entreprise, du commerce électronique et des extranets. En effet, elle permet de fidéliser la clientèle en lui donnant plus facilement des réponses à ses attentes sans la submerger par des informations ne la concernant pas. De plus, elle donne les moyens, à travers l'identification des utilisateurs et la gestion de leurs profils, de connaître et d'analyser leurs comportements. Enfin, elle offre la possibilité d'effectuer des actions marketing personnalisées comme le *cross-selling* (ou les ventes croisées) à travers une segmentation de la clientèle, rendant ainsi ces actions plus efficaces. Les annuaires constituent un outil de base pour la personnalisation, comme nous le verrons plus loin dans ce chapitre.

À quoi sert un annuaire ?

Localiser des ressources

Comme nous l'avons vu précédemment, un annuaire sert avant tout à *localiser* quelque chose, qu'il s'agisse de personnes, à l'aide de Pages Blanches, ou d'entreprises, avec les Pages Jaunes.

En fait, les annuaires électroniques peuvent servir à localiser n'importe quoi. Pour cela, ils offrent en général un espace de noms compréhensibles par des utilisateurs. À chaque nom sont associées des caractéristiques ou des propriétés qui permettent de localiser plus précisément la personne ou la ressource en question. Par exemple, l'annuaire va associer au nom « Pierre DUPOND » un ensemble d'adresses comme l'adresse de sa messagerie ou son adresse postale ou encore son numéro de téléphone mobile.

Voici quelques exemples d'utilisation d'un annuaire pour localiser différents types d'objets :

Objet	Description
Personnes	L'annuaire contient des informations comme les nom, prénom, numéro de téléphone fixe, numéro de téléphone mobile, fonction dans l'entreprise, catégorie d'employé (cadre ou non, CDD, CDI)... On trouve des annuaires de ce type en libre accès sur Internet, comme Four11 ou BigFoot, où chacun peut mettre à jour les informations qui le concernent.
Groupe de personnes	La première application d'un annuaire de personnes consiste à créer des groupes à titre d'information ou pour servir de listes de diffusion. Ces groupes sont référencés dans un annuaire afin d'être partagés par tous.
Salles de réunion	L'annuaire contient par exemple la localisation d'une salle de réunion (numéro de bureau, étage, immeuble, plan d'étage), mais aussi le nombre de participants qu'elle peut accueillir et le fait qu'elle contienne un rétroprojecteur ou non.
Voitures de fonction	Les voitures de fonction peuvent être enregistrées dans l'annuaire, afin d'en localiser le conducteur actuel. Il peut contenir des informations sur la marque de la voiture, le nombre de places, le numéro d'immatriculation permettant de l'identifier...

À titre d'exemple, nous pouvons citer le carnet d'adresses personnel, comme celui du logiciel de messagerie Outlook de Microsoft :

Figure 1.1

Exemple de carnet d'adresses

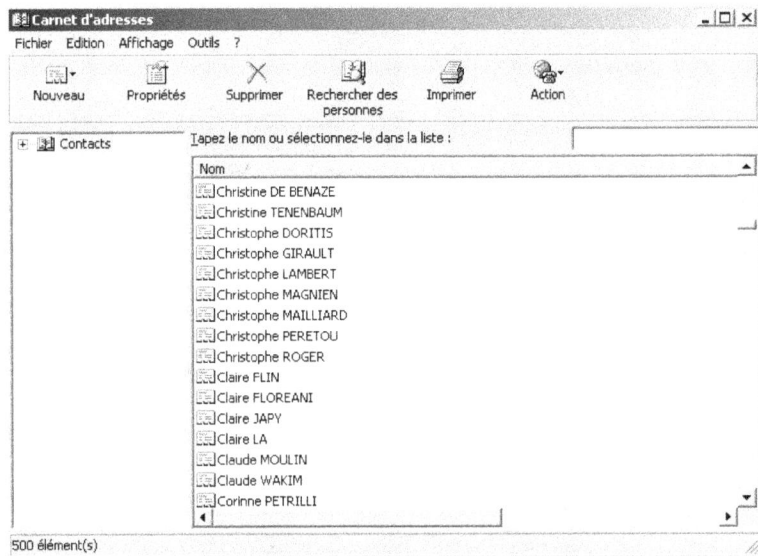

Pour effectuer une recherche, le carnet d'adresses offre une fonction permettant de spécifier des critères comme le nom ou le numéro de téléphone :

Figure 1.2

Exemple de recherche dans un carnet d'adresses

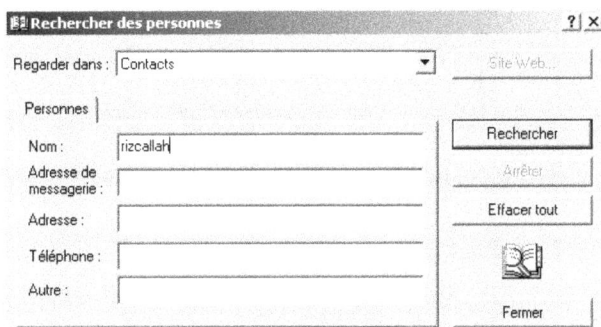

Gérer un parc de ressources

Les annuaires sont aussi utilisés pour gérer un parc de ressources informatiques et réseau :

Objet	Description
Parc de micro-ordinateurs	Les micro-ordinateurs peuvent aussi être décrits dans un annuaire, permettant ainsi de localiser leur emplacement géographique (bureau, étage, etc.), mais aussi leur affectation à telle ou telle personne. L'annuaire peut également contenir des adresses réseau comme l'adresse IP ou l'adresse MAC de la carte réseau, le nom de machine Windows (WINS), les applications qui sont installées…
Imprimantes	Les systèmes d'exploitation dédiés aux réseaux locaux d'entreprise contiennent des annuaires qui référencent les imprimantes et les autorisations d'accès à celles-ci. Ces annuaires contiennent des informations concernant leurs adresses IP, le nombre de bacs et ses caractéristiques, leurs marques, l'étage et le bureau où elles se situent, couleur ou noir et blanc, etc. Ce type d'annuaire est utilisé par une personne lorsqu'elle veut sélectionner une imprimante en fonction de l'endroit où elle se trouve et du type d'impression souhaité.
Espaces disque	Là aussi, les systèmes d'exploitation référencent tous les volumes disque disponibles dans un réseau local. Contenant aussi la liste des personnes, ils permettent en outre de contrôler les droits d'accès aux données.
Routeurs réseau	De nouvelles générations de routeurs, comme ceux de la société CISCO, utilisent des annuaires pour allouer une bande passante par type d'application en fonction des privilèges des utilisateurs. Par exemple, si une personne consulte sur son ordinateur un film vidéo, le routeur lui attribuera plus de bande passante mais uniquement durant le temps de déroulement du film. Ou encore, si deux personnes communiquent entre elles à l'aide d'un logiciel de téléphonie sur IP, le routeur leur garantira un débit minimal suffisant pendant toute la durée de la conversation pour ne pas altérer la qualité du son.

Novell Netware est un bon exemple d'annuaire gérant un parc de ressources. Il est souvent présenté comme un système d'exploitation réseau dont la vocation est de permettre le partage des ressources de l'entreprise entre différents utilisateurs. En fait, son principal atout est de pouvoir gérer dans un même référentiel, partagé par tous, l'ensemble des profils utilisateurs et des caractéristiques des ressources auxquels ils accèdent, comme les espaces disque, les serveurs et les imprimantes.

Localiser des applications et gérer des droits d'accès

Les annuaires permettent aussi de localiser des applications et éventuellement de gérer les droits d'accès à celles-ci.

Objet	Description
Sites Web	Des annuaires comme Yahoo!, NetCenter de Netscape ou Voila de France Télécom permettent de localiser des sites Web. Ces annuaires contiennent les adresses URL des sites, mais aussi un descriptif sommaire et un classement thématique de ceux-ci.

À titre d'exemple d'annuaire de sites Web, nous pouvons citer le site de Yahoo!

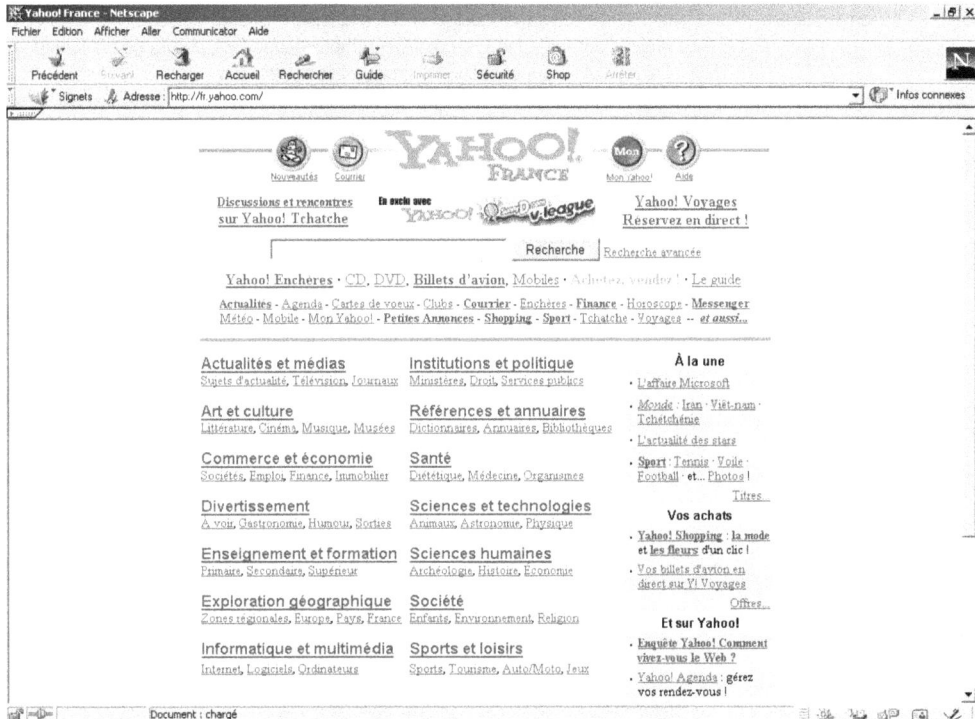

Figure 1.3

Exemple d'annuaire de sites Web

Yahoo! présente un classement thématique et hiérarchique des sites Web. À chaque site est associée une URL, c'est-à-dire son adresse Web, et une description sommaire sur quelques lignes.

Il est possible de rechercher des sites à l'aide de mots-clés qu'il faut saisir dans la zone dédiée à cet effet. Ces mots-clés sont ensuite recherchés dans les descriptifs de sites, dans les différents thèmes du classement et dans les URL (ou dans les adresses de sites). Si les mots-clés saisis ne sont pas trouvés, Yahoo! fait appel alors à un moteur qui recherche ces mots dans les pages des sites Web.

Note

Yahoo! offre donc deux méthodes de recherche : l'une par navigation dans les thèmes, et l'autre par recherche de mots-clés. Notons que le classement des thèmes est hiérarchique, et que celle-ci est basée sur une sémantique des thèmes de plus en plus précise.

Objet	Description
Applications en entreprise	Avec la prolifération des applications en entreprise, notamment dans les grands comptes, il devient difficile de savoir quelles sont les applications disponibles et notamment d'en contrôler les droits d'accès de façon centralisée et homogène. Un annuaire de personnes unique et un annuaire d'applications facilitent la gestion des droits.
	Les intranets sont un bon exemple : ils favorisent la diffusion des informations, ce qui engendre rapidement une multitude de services accessibles et donc exige de référencer ces services et de contrôler les droits d'accès à ceux-ci. Il faut alors mettre en place un portail chargé de fédérer les interfaces d'accès aux applications et données de l'entreprise, ainsi que de gérer la personnalisation en fonction des profils utilisateurs.
	Nous pouvons citer, à titre d'exemple, les produits Microsoft SharePoint Server, ATG Portal, ou encore Sun Java System Portal. Ils utilisent tous un serveur d'annuaire LDAP afin de référencer les utilisateurs, les applications de l'intranet ainsi que les droits d'accès des utilisateurs.
	Un autre exemple est Windows NT/2000/2003. Toutes les applications fonctionnant sous ce système d'exploitation utilisent une base de données, appelée *Base de registre*, comme un annuaire. En effet, celles-ci sont référencées dans la base de registre avec des informations du type : emplacement disque, nom de l'application, nom de l'éditeur, version, paramètres... Ce référentiel est utilisé par toute application fonctionnant sous Windows NT/2000/2003 pour exécuter les applications et contrôler éventuellement les droits d'accès des utilisateurs.

Pour illustrer un exemple d'annuaire d'applications, prenons la base de registre de Windows NT, Windows 98/Me/XP ou de Windows 2000/2003. Pour y accéder, il suffit de lancer la commande regedit dans l'un ou l'autre des systèmes :

Figure 1.4

Exemple d'annuaire d'applications

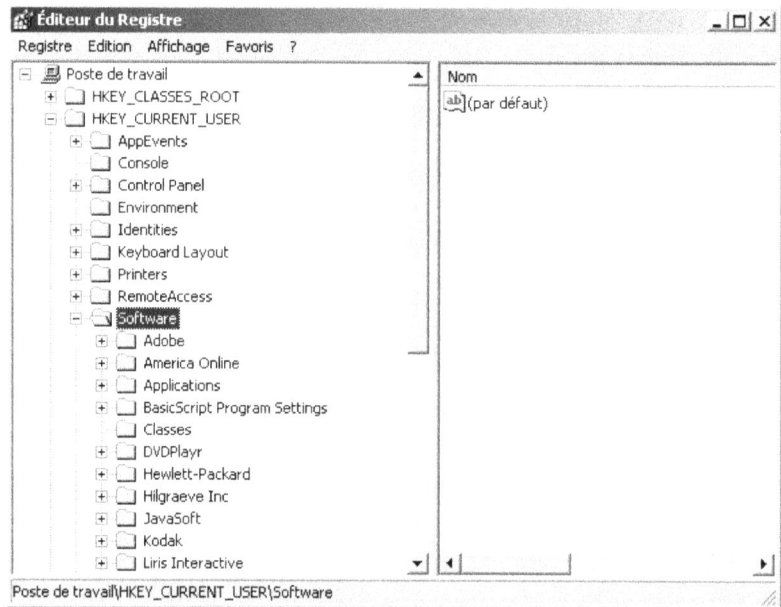

La rubrique Software contient la liste des applications installées sur le poste de travail. Notons au passage que le classement des applications est hiérarchique : on voit tout d'abord une liste de noms de sociétés éditrices de logiciels, comme Abobe ou America OnLine, puis si on clique sur l'une d'elles, la liste des applications installées pour la société sélectionnée apparaît.

Pour savoir dans quel répertoire l'application Acrobat Reader est installée, il suffit de regarder l'attribut InstallPath dans la base de registre.

Note

Il n'existe pas d'attribut générique dans la base de registre pour désigner le chemin d'accès à un programme sous Windows. C'est ici qu'un standard, comme LDAP, peut apporter une forte valeur ajoutée : il permet de définir des attributs normalisés pour décrire les caractéristiques d'une application, et ceci quel que soit le système d'exploitation

Il est aussi possible de rechercher une application à l'aide d'un mot-clé, comme le montre la figure suivante :

Figure 1.5

Exemple de recherche dans un annuaire d'applications

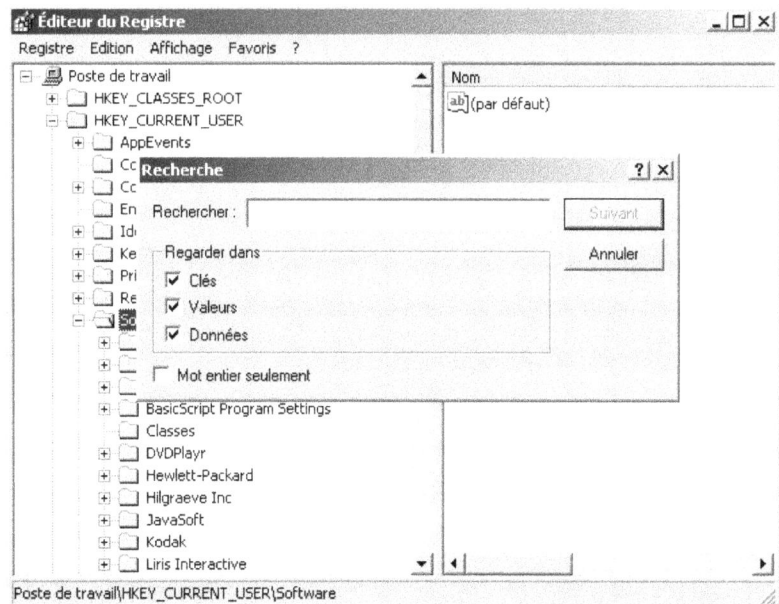

La base de registre de Windows NT/2000/2003 offre donc une méthode de recherche par navigation dans les thèmes ou par mots-clés.

Recherche et navigation dans un annuaire

Lorsque nous recherchons une information dans un annuaire, nous ne disposons pas nécessairement de tous les critères requis pour retrouver cette information. Par exemple, si nous recherchons une personne dans les Pages Blanches, il se peut que nous ne connaissions pas l'orthographe exacte de son nom. Nous essayons alors de retrouver la personne à l'aide d'un mot phonétiquement similaire. Prenons un exemple classique : DUPOND ou DUPONT ? L'annuaire doit être en mesure de retrouver tous les noms phonétiquement similaires ; nous effectuons alors une navigation dans la liste jusqu'à trouver le bon nom.

La navigation est une caractéristique essentielle des annuaires. C'est souvent l'étape ultime d'une recherche permettant de trouver la bonne information. Mais la navigation peut aussi être utilisée pour affiner les critères d'une recherche avant d'effectuer celle-ci. Par exemple, si nous recherchons une personne sur un site donné dans un annuaire d'entreprise, il est possible de le préciser avant de lancer la recherche. Une bonne analogie est la recherche dans une arborescence de fichiers à l'aide de l'explorateur de Windows : on commence par choisir le répertoire en naviguant dans l'arborescence, puis on appelle la fonction de recherche par un clic droit de souris. On précise alors les critères comme l'extension des fichiers ou la date de dernière mise à jour, et enfin on navigue dans une liste de fichiers constituant le résultat de la recherche.

En résumé

Ainsi, si nous voulons définir ce qu'est un annuaire et à quoi il sert, nous pouvons le résumer de la façon suivante :

> **Définition**
>
> Un annuaire est un référentiel partagé de personnes et de ressources, dont la vocation est de les localiser à l'aide de fonctions élaborées de navigation et de recherche, et d'offrir des mécanismes de sécurité pour protéger ces informations et y accéder.

Notons que ces particularités font des annuaires un composant indispensable du système d'information d'une entreprise. En effet, que se passerait-il si un annuaire partagé par plusieurs applications n'était plus disponible et tombait en panne ? Dans le cas d'un annuaire de messagerie, par exemple, il ne serait plus possible d'envoyer des messages sans préciser l'adresse exacte, ni d'en recevoir. Dans le cas d'un portail d'entreprise, il ne serait plus possible de s'identifier et d'accéder aux espaces protégés du portail. Enfin, dans le cas d'un annuaire de ressources, comme des disques durs et des imprimantes, il ne serait plus possible d'enregistrer de documents ni d'en imprimer !

Ainsi, les annuaires doivent être constamment opérationnels, afin de répondre aux sollicitations des utilisateurs qui peuvent survenir de partout et à tout moment. Ils deviennent donc des fournisseurs de services, au même titre qu'un serveur de messagerie électronique ou qu'un serveur de base de données, et constituent un élément indispensable du système d'information des entreprises.

Quelles sont les particularités des annuaires ?

Il nous semble important de mettre en avant les particularités des annuaires, afin de bien comprendre les différences qu'ils peuvent avoir avec des bases de données. Ceci vous permettra de juger par vous-même de l'utilité (ou non) de la mise en place d'un annuaire, et d'identifier sa valeur ajoutée, dans votre cas par rapport à une base de données relationnelles.

Mais surtout ceci va vous permettre d'identifier les annuaires qui existent déjà dans votre entreprise, et qui sont en fait gérés par des bases de données ou par d'autres systèmes. Vous pourrez ainsi évaluer l'utilité d'une migration de certaines de vos bases dans un ou plusieurs annuaires, dont nous décrirons par la suite les enjeux associés et les éventuels retours sur investissement engendrés.

Revenons à la comparaison : en fait, un annuaire est une base de données, mais l'inverse n'est pas vrai. C'est donc une base de données qui a des particularités, que nous décrivons en détail ci-dessous.

Les annuaires sont plus sollicités en lecture qu'en écriture

Comme nous l'avons déjà signalé, les annuaires sont destinés à localiser des ressources ; ils sont par conséquent beaucoup plus souvent sollicités pour lire des informations que pour les mettre à jour. Par exemple, chaque fois que vous voulez appeler une personne dont vous n'avez pas le numéro de téléphone, vous le recherchez dans un annuaire. Or le numéro de téléphone ne change que si la personne déménage ou change de bureau, ce qui est certainement moins fréquent que la recherche.

Les annuaires ne sont pas destinés à gérer des transactions complexes

En effet, les mises à jour de données dans un annuaire se réduisent souvent à la mise à jour de quelques informations concernant une personne ou une ressource. Ceux-ci ne représentent pas en général un large volume de données, et n'impliquent pas une gestion d'intégrité des données complexe dans plusieurs tables. On y effectue rarement des transactions critiques comme dans les bases de données. Celles-ci doivent assurer que toutes les transactions réussissent en même temps pour ne pas créer d'incohérence lors de la mise à jour de plusieurs informations, par exemple enregistrer le débit d'un compte bancaire pour en créditer un autre simultanément.

Les annuaires doivent pouvoir être sollicités à distance par tous, et à travers des débits réseau faibles

L'ouverture et l'accès distant sont des caractéristiques importantes des annuaires. En effet, interroger un annuaire de Pages Blanches, situé aux États-Unis depuis la France, doit être possible malgré l'hétérogénéité des systèmes qui dialoguent entre eux, et doit être performant même si les débits réseau sont faibles et si le volume des données recherchées est important.

Un logiciel de messagerie, quel qu'il soit, par exemple Outlook de Microsoft ou Netscape Messenger de Netscape, doit être en mesure d'interroger un annuaire d'entreprise privé ou un annuaire public sur Internet dans n'importe quel pays.

Ils doivent donc offrir un protocole réseau léger et performant, permettant une interrogation à distance, où les débits réseau sont souvent faibles, comme sur Internet. Quant aux bases de données, elles ont été conçues pour une utilisation dans l'entreprise, où le client et le serveur de données se situent généralement sur le même réseau local. Ce client possède un connecteur, comme ODBC (*Open Database Connectivity*), qui lui permet de transmettre des ordres SQL vers le serveur de base de données. Il est possible d'interroger à distance une base de données, mais il est alors nécessaire de mettre en place une infrastructure particulière entre le poste de travail de l'utilisateur et la base de données. Cette infrastructure peut être par exemple un serveur Web échangeant des pages HTML avec le poste client, et muni d'un client ODBC pour interroger la base de données. Le serveur Web et la base de données sont généralement sur le même réseau local.

De plus, pour permettre le dialogue entre deux systèmes distants, notamment à l'échelle mondiale, comme sur Internet, il est important que ces deux systèmes utilisent le même langage d'interrogation et d'analyse des réponses. Pour cela, il est primordial de disposer d'un standard ouvert, facile à utiliser, qui puisse être adopté par tous. Celui-ci doit donc concerner le contenant et le contenu, c'est-à-dire aussi bien la façon d'interroger l'annuaire que la façon de représenter les données qui s'y trouvent. Ainsi, il faut disposer d'une sémantique partagée des champs. Par exemple, l'attribut `adresse de messagerie` doit être reconnu par tous de la même manière, et doit être codé de façon normalisée lors de l'échange.

LDAP (*Lightweight Directory Access Protocol*) est issu d'un accord entre les principaux acteurs du monde Internet, par l'établissement d'un standard au même titre que HTTP pour le Web ou SMTP pour la messagerie. De même, la légèreté du protocole est une des caractéristiques principales de LDAP, comme son nom l'indique. Nous en parlerons plus en détail dans la suite de ce livre.

Les annuaires doivent pouvoir communiquer entre eux

Il est souvent utopique de vouloir centraliser l'ensemble des informations concernant des personnes ou des ressources en un seul endroit. Par exemple, il est impossible d'avoir un seul annuaire des adresses e-mail à l'échelle mondiale. Et pourtant, avec la forte tendance à la mondialisation et l'avènement d'Internet, il est de plus en plus utile de pouvoir rechercher l'adresse d'une personne à l'échelle mondiale.

La solution est de pouvoir faire communiquer les annuaires entre eux. Elle consiste à disposer d'un ensemble d'annuaires, reliés par un réseau local ou étendu, et capable de se transmettre les requêtes. Ainsi, si un annuaire ne contient pas l'information recherchée, un autre annuaire effectue la recherche dans ses données avant de renvoyer le résultat au demandeur, et ceci de façon complètement transparente.

La figure 1.6 illustre ce mécanisme de coopération entre annuaires.

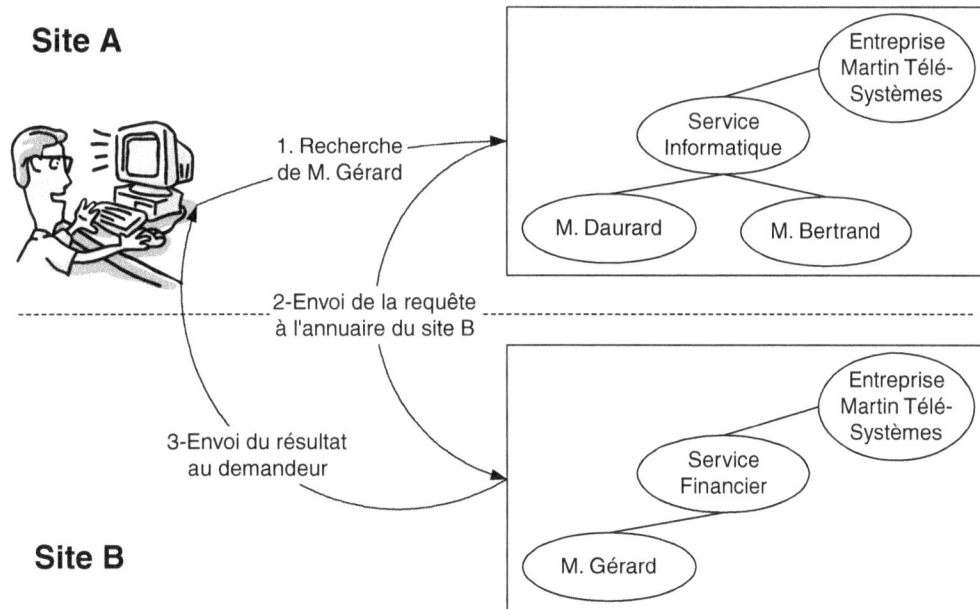

Figure 1.6

Exemple de coopération entre annuaires

Dans cet exemple, l'utilisateur qui se trouve sur le site A recherche une personne appartenant à l'annuaire du site B. Il interroge l'annuaire auquel il est rattaché, c'est-à-dire celui du site A. Cet annuaire n'ayant pas la réponse à cette requête, transmet celle-ci à l'annuaire du site B qui renvoie la réponse à l'utilisateur. On appelle ce mécanisme le « renvoi de référence » que nous décrirons en détail dans la suite de ce livre.

Les informations gérées par un annuaire sont classées de façon hiérarchique

Comme nous l'avons vu précédemment, la navigation est une fonction essentielle de l'annuaire. Mais pour retrouver un élément, il est plus commode de classer ce qu'il contient dans une hiérarchie de thèmes. Par exemple, pour retrouver des personnes dans une entreprise, il est plus pratique de classer celles-ci dans les services auxquels elles appartiennent puis de naviguer dans les services. Ainsi cet annuaire permettrait de naviguer dans la liste des sociétés et filiales de l'entreprise, puis dans la liste des services de l'entreprise, comme le service commercial ou financier…

La figure 1.7 illustre une organisation hiérarchique des données relatives aux employés d'une entreprise :

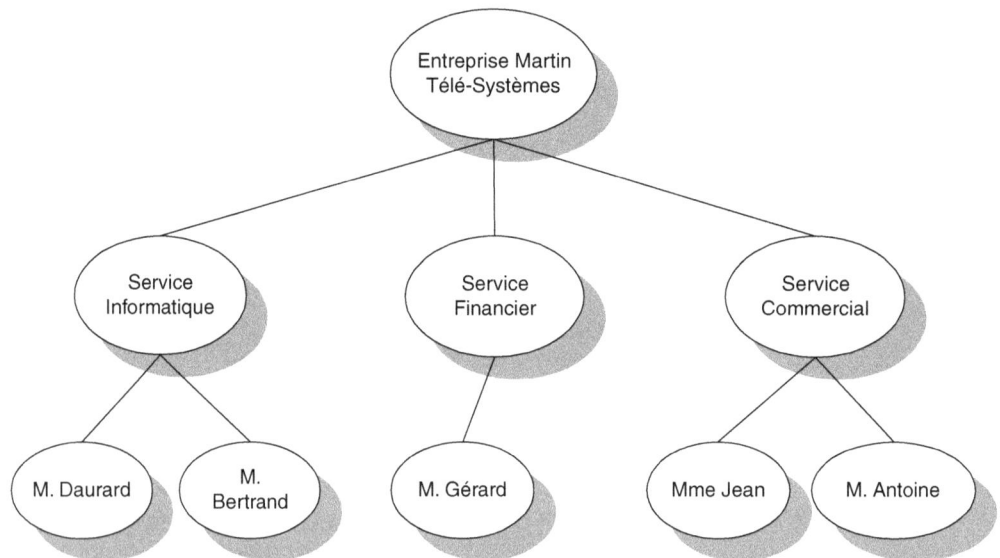

Figure 1.7

Exemple d'organisation hiérarchique des données

Ce n'est pas le cas des bases de données relationnelles, dans lesquelles les données sont liées entre elles par des index (ou relations). Par exemple, si une personne appartient à un service particulier, on trouvera dans un des attributs décrivant la personne un index sur l'enregistrement décrivant le service.

Le schéma suivant reprend le même exemple que le précédent, mais avec une base de données relationnelles :

Figure 1.8

Exemple d'organisation relationnelle des données

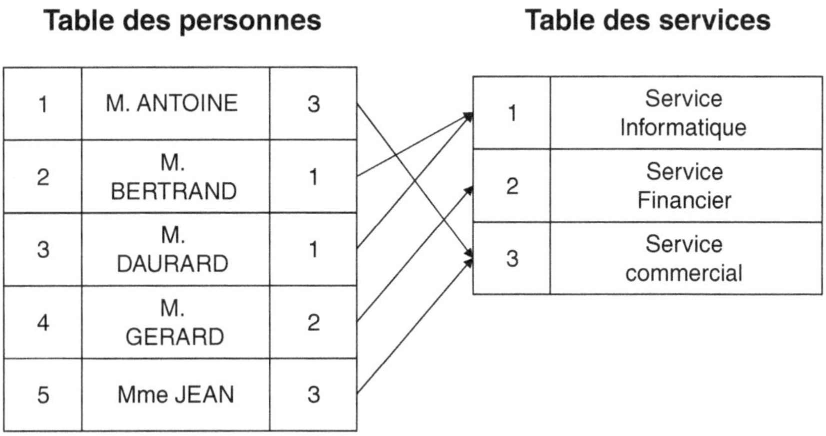

Table des personnes

1	M. ANTOINE	3
2	M. BERTRAND	1
3	M. DAURARD	1
4	M. GERARD	2
5	Mme JEAN	3

Table des services

1	Service Informatique
2	Service Financier
3	Service commercial

Les schémas de la figure 1.7 et de la figure 1.8 représentent exactement la même chose. Mais on constate que le premier est plus proche du modèle conceptuel, c'est-à-dire de la vue que l'on souhaite donner aux utilisateurs de l'annuaire. En revanche, le deuxième nécessite une application qui exige de reproduire une vue hiérarchique des données à partir d'une organisation relationnelle. Ceci est bien sûr possible, mais plus complexe à réaliser.

Les annuaires offrent un espace de noms homogènes

Cette particularité des annuaires est une des plus intéressantes. Afin de localiser rapidement un élément qui est décrit dans un annuaire, il est important de pouvoir nommer celui-ci de façon homogène, quelle que soit sa nature. Par exemple, nommer une entrée de l'annuaire désignant une personne, un groupe de personne, ou une imprimante doit pouvoir se faire de la même façon.

Par opposition, analysons la façon de nommer un enregistrement dans une base de données : c'est au concepteur de la base de définir les index qui seront utilisés pour accéder de façon non équivoque aux enregistrements. Mais entre deux tables, l'une décrivant des personnes et l'autre des applications par exemple, rien n'oblige ce concepteur à utiliser le même type d'index. Résultat : il ne sera pas possible de localiser *indifféremment* une application ou une personne. Il faudra donc construire deux outils différents pour interroger la base et en extraire les données.

Un bon exemple d'espace de noms homogènes est celui utilisé par Internet : les URL (*Universal Resource Locator*). Une URL permet aussi bien d'adresser un site Web qu'un fichier. Par exemple, pour accéder au site Web de la société Smith & Co, il faut utiliser l'URL : *www.smith&co.com*, et pour adresser le document Annuaires.doc, il faut utiliser l'URL : *ftp://ftp.smith&co.com/directories.doc*. Résultat : pour accéder à un site Web ou à un fichier, vous utilisez toujours votre navigateur ou vous tapez l'URL recherchée dans la zone dédiée à cet effet. Malheureusement, il n'existe pas d'annuaire universel contenant toutes les URL du monde !

Les annuaires doivent pouvoir gérer les habilitations sur les données de l'annuaire lui-même

Comme nous l'avons vu plus haut, les annuaires servent à localiser des ressources, par exemple connaître l'adresse postale ou l'adresse de messagerie de quelqu'un, et peuvent être personnalisables afin de n'afficher que les informations autorisées à l'individu qui effectue la recherche. Ainsi, dans un annuaire d'entreprise, un quidam n'aura pas accès aux coordonnées des personnes en liste rouge, mais un administrateur ou un gestionnaire de la direction des ressources humaines pourra y accéder. Un annuaire doit donc permettre de définir des habilitations différentes sur les données en fonction du profil des utilisateurs.

Afin de bien illustrer la différence entre un annuaire et une base de données relationnelles dans le cadre de cette gestion des habilitations, nous allons essayer de réaliser le contrôle d'accès sur des données avec une base de données MS-Access, logiciel de base de données personnelles de Microsoft.

Nous allons donc effectuer les étapes suivantes :

1. Créer une table de personnes dans laquelle chaque personne est caractérisée par un nom, un prénom, un numéro de téléphone, une adresse de messagerie et une adresse postale.

   La figure 1.9 montre la structure de la table des personnes créée avec MS-Access.

2. Nous allons entrer trois enregistrements dans cette table : par exemple Marc DURAND, Jean DUFFY, et Elsa FLORES.

3. Nous créons ensuite un groupe « Utilisateurs », un groupe « Gestionnaires » et un groupe « Administrateurs » à l'aide du choix Gestionnaire des utilisateurs et des groupes, du menu Sécurité.

4. Nous allons essayer de désigner Marc DURAND comme gestionnaire ayant les droits de mise à jour des données, Elsa FLORES comme administrateur ayant les droits de mise à jour des données et de la structure de la base, et Jean DUFFY comme utilisateur.

Nous constatons alors la chose suivante : la liste des utilisateurs pour la gestion de la sécurité n'a rien à voir avec la liste des enregistrements dans la table « personnes », comme le montre la figure 1.10.

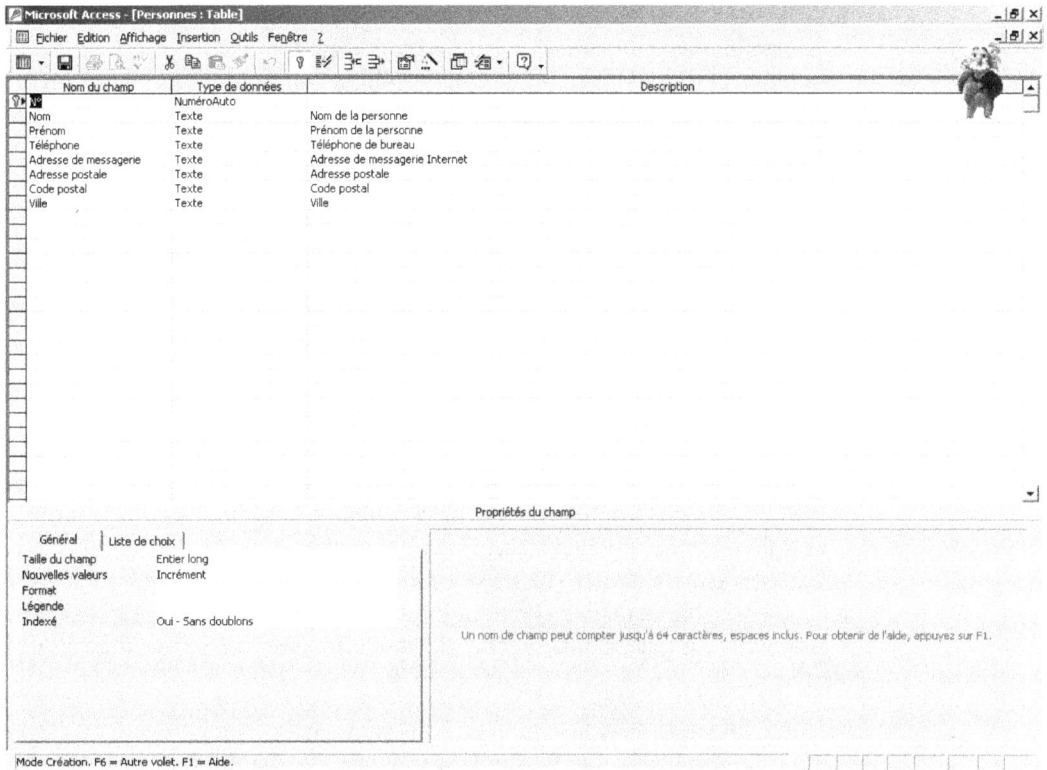

Figure 1.9

Table de personnes sous MS-Access

Figure 1.10

Gestion des droits d'accès aux tables sous MS-Access

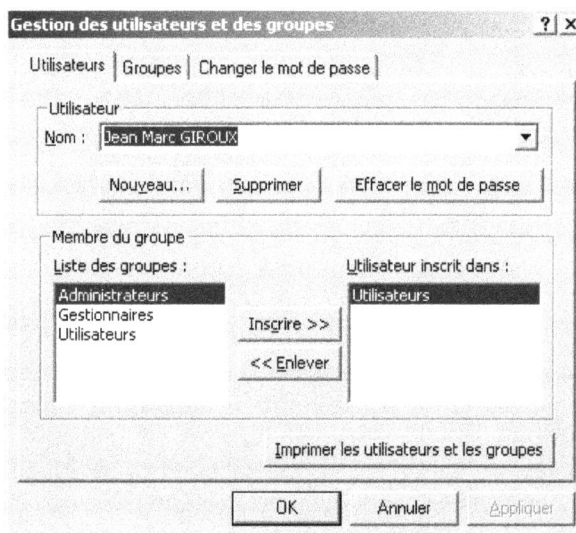

Dans MS-Access, la liste des utilisateurs pour le contrôle d'accès se trouve dans une table de paramètres complètement différente des tables de données. Ceci est le cas pour la plupart des bases de données du marché. Notons que dans certaines bases de données, il est toujours possible d'écrire un script chargé de dupliquer la liste des utilisateurs autorisés à accéder aux données dans l'une des tables de la base, ou réciproquement. Néanmoins, ceci doit être fait avec précaution et avec l'accord de l'administrateur de la base de données !

Notons aussi que la gestion des habilitations ne s'applique pas qu'aux personnes : elle peut s'appliquer à tout objet géré par un annuaire. Par exemple, si un annuaire contient la liste des serveurs d'impression d'une entreprise et la liste des imprimantes, il doit offrir la possibilité de désigner les habilitations des personnes à imprimer sur telle ou telle imprimante, mais aussi de désigner quel serveur d'impression pourra être utilisé pour telle ou telle imprimante.

Par ailleurs, si l'annuaire contient une liste d'applications et une liste de personnes, il doit permettre de désigner à quelles données chacune de ces applications peut avoir accès. Il sera ainsi possible de protéger l'accès aux données confidentielles, comme le numéro de Sécurité sociale ou le numéro de téléphone du domicile, à l'aide de l'annuaire lui-même, et ce indépendamment de la façon dont l'application qui y accède a été conçue. Alors que dans les bases de données, il faut généralement effectuer ce contrôle d'accès dans l'application même.

Nous allons illustrer dans la figure 1.11 un annuaire contenant une liste d'applications, une liste d'imprimantes et une liste de personnes. Les habilitations que nous souhaitons attribuer sont désignées par des flèches. Les objets, comme les personnes ou les applications, sont représentés par des cercles, et les habilitations sont représentées par des rectangles.

Dans cet exemple, les habilitations attribuées sont les suivantes :

1. L'application de paie peut avoir accès en lecture à toutes les informations sur les personnes, y compris sur celles concernant le directeur général et le gestionnaire du personnel.

2. L'application de messagerie n'a accès qu'aux données suivantes : le nom et l'adresse de messagerie.

3. Seul le gestionnaire du personnel peut utiliser l'imprimante couleur.

4. Seul le gestionnaire du personnel peut mettre à jour toutes les données sur les personnes.

La gestion des habilitations peut se révéler fastidieuse si le nombre de ressources est important et l'organisation de l'entreprise complexe. Le rôle des annuaires consiste à offrir un outil permettant de gérer les habilitations en standard, de façon intégrée dans le moteur de stockage des données afin d'éviter à la direction informatique d'avoir à réaliser une application spécifique à cet effet. En outre, cela garantit un meilleur niveau de sécurité et permet de partager ces habilitations plus facilement.

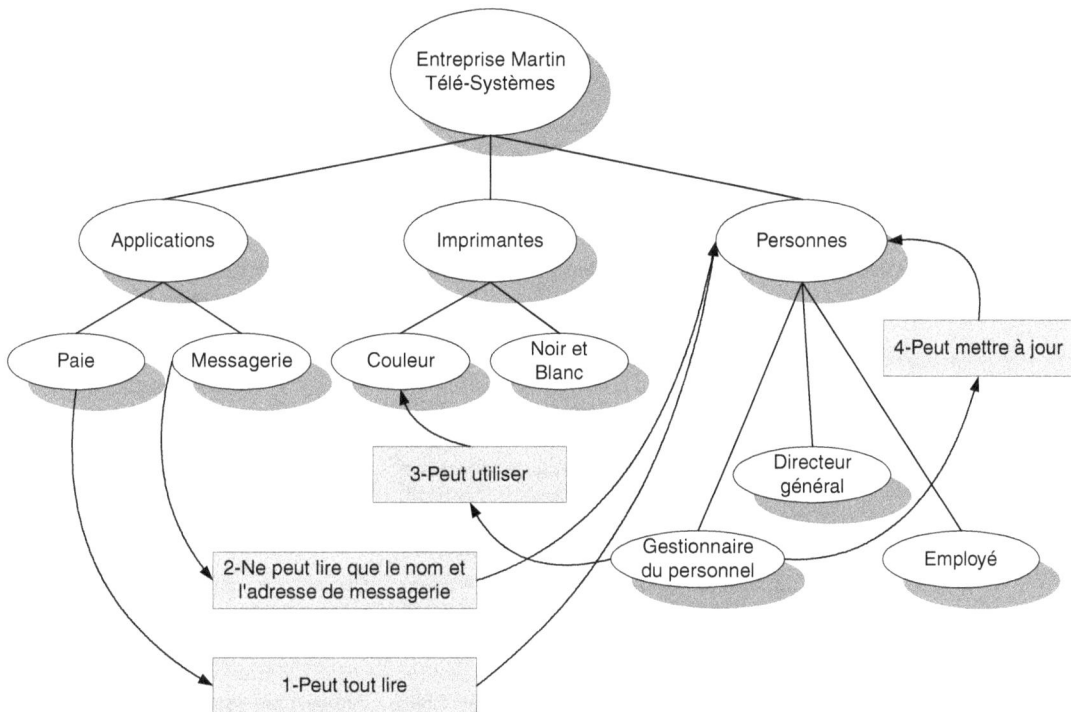

Figure 1.11

Exemple d'attribution d'habilitations avec un annuaire

Les annuaires s'appuient sur des bases de données

Un logiciel offrant les services d'annuaire que nous avons cités plus haut peut s'appuyer sur une base de données. En effet, LDAP n'est qu'une interface d'accès aux annuaires. Ces derniers peuvent être soit des bases de données relationnelles comme Oracle, soit des produits dédiés à certaines fonctions comme des progiciels de commerce électronique (SiteServer de Microsoft) ou de groupware (Lotus Domino) mais offrant un accès à leur annuaire propre à travers ce type d'interface. Notons que ce genre de produit se fait de plus en plus rare, et que les nouvelles versions de ces outils offrent la possibilité de s'appuyer sur un annuaire LDAP partagé et externe à l'outil.

Signalons aussi que certains produits sont dédiés aux annuaires, c'est-à-dire qu'ils ne sont pas issus d'un autre produit et ont été spécialement conçus pour répondre au mieux aux besoins d'un annuaire.

À titre d'exemple, nous pouvons citer les produits suivants :

Annuaire	Base de données	Produit annuaire dédié ?
Sun Java System Directory Server	Le logiciel Sun Java System Directory Server (anciennement SunONE Directory Server) s'appuie sur une base de données issue d'un système de gestion de fichiers séquentiel/indexé.	Ce logiciel est un produit dédié à l'annuaire. Il a été spécialement conçu par Sun afin d'être optimisé pour une organisation hiérarchique des données.
Novell eDirectory	Novell eDirectory possède son propre moteur de base de données.	Novell eDirectory est issu de Novell Netware, mais il est commercialisé indépendamment et fonctionne de façon autonome.
Service LDAP de SiteServer de Microsoft	MS SiteServer offre un service d'annuaire conforme au standard LDAP. Celui-ci s'appuie sur une base de données MS-Access ou sur une base de données SQL Server. Notons qu'il n'est plus commercialisé par Microsoft et qu'il est remplacé par Microsoft SharePoint Server. Ce dernier s'appuie sur un annuaire LDAP externe, qui est par défaut Active Directory.	SiteServer n'est pas un annuaire, c'est un progiciel de commerce électronique et de travail de groupe. Il offre une interface LDAP à sa base de données.
Oracle 8i/9i/10g	La base de données Oracle à partir de la version 8i offre en standard une interface LDAP permettant à la base de données d'offrir des services d'annuaires.	Oracle est une base de données relationnelles, qui n'est pas dédiée aux annuaires.
IBM SecureWay Directory	SecureWay Directory est l'annuaire LDAP d'IBM.	SercureWay s'appuie sur la base de données DB2 d'IBM. Cette dernière est installée en même temps que le produit.

Un annuaire est donc une application qui s'appuie sur une base de données pour y stocker des informations. C'est aussi un ensemble de services spécifiques répondant aux besoins de localisation de ressources, de navigation et de recherche, de gestion des habilitations et d'interopérabilité, que nous avons décrits précédemment.

Quels sont les liens entre les applications, les bases de données et les interfaces LDAP ?

La figure 1.12 offre une vue d'ensemble des différents niveaux d'un système comprenant des applications, un service d'annuaire et une base de données :

1. Les applications font appel aux services d'annuaires à travers une interface normalisée qui n'est autre que l'interface LDAP.

2. Ces services sont offerts par un composant spécifique qui peut s'appuyer sur une base de données pour sauvegarder les données, mais qui offre en plus les fonctions de recherche, de localisation et de gestion des habilitations.

3. Cette base peut être une base de données classique comme Oracle ou MS-Access, mais peut également être une base de données spécifique optimisée pour les fonctions d'un annuaire, comme le serveur d'annuaire de l'Alliance Sun/Java System Directory Server. Cette base peut être optimisée en lecture afin de privilégier celle-ci en temps d'accès par rapport à l'écriture, caractéristique requise par un annuaire. Elle peut

aussi être optimisée en lecture, recherche et écriture pour une organisation hiérarchique des données.

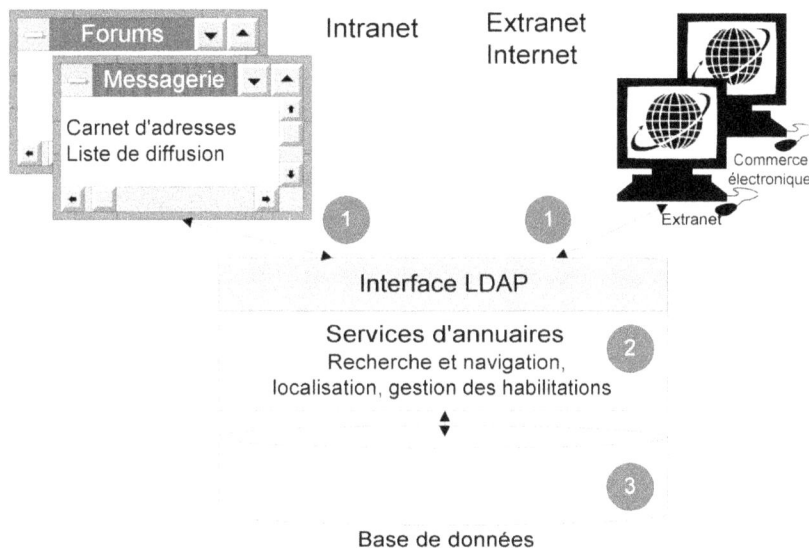

Figure 1.12
Bases de données, annuaires et applications

Qu'est-ce que la gestion des identités ?

Nous avons présenté brièvement la gestion des identités dans l'introduction de cet ouvrage. Nous allons maintenant en donner une définition plus précise et expliciter les différences et complémentarités qui existent entre celle-ci et les annuaires.

Lorsqu'on parle de « gestion des identités », on entend par là celle des utilisateurs d'un système d'information. Il ne s'agit donc pas de l'identité d'un individu au sens large, mais de celle nécessaire au fonctionnement des applications informatiques auxquelles il accède. Bien entendu, ces applications sont diverses et concernent l'individu aussi bien en tant qu'employé d'une entreprise, que client d'une autre ou citoyen. Un même individu pourra donc avoir plusieurs identités en fonction du rôle qu'il joue.

En quoi consiste exactement la gestion des identités ? Elle est constituée de plusieurs volets que nous listons ci-dessous. Nous verrons, dans la suite de ce livre, l'ensemble des outils du marché capables de répondre à chacune des fonctionnalités décrites ci-après.

Le référentiel des identités

Tout d'abord, il est nécessaire de constituer un référentiel qui va contenir l'ensemble des informations partagées entre différentes applications. Ces informations vont permettre de décrire les individus et vont contenir un ou plusieurs identifiants qui serviront d'index pour y accéder.

Le référentiel des personnes s'accompagne généralement de celui des organisations, permettant ainsi de rattacher les unes aux autres. La constitution de ce référentiel va s'appuyer sur les différentes sources de données issues du système d'information de l'entreprise, comme l'application des ressources humaines ou le système de messagerie. Ceci nécessite généralement un annuaire ou un méta-annuaire, comme nous allons le voir plus loin dans cet ouvrage.

Ainsi, le référentiel des identités est généralement accompagné d'outils permettant de fédérer l'ensemble des données concernant les utilisateurs et qui se trouvent éparpillées dans le système d'information de l'entreprise. Ces outils permettent soit de recopier les données dans un référentiel centralisé, soit de rediriger en temps réel les requêtes vers la bonne source de données, constituant ainsi une sorte de référentiel virtuel (voir la notion d'annuaire virtuel plus loin dans ce livre).

La gestion du contenu du référentiel des identités

Ce référentiel doit être accompagné d'outils qui vont permettre aux utilisateurs de consulter eux-mêmes les données qui les concernent et de les mettre à jour, si nécessaire, en respectant les processus organisationnels de l'entreprise.

Ces outils présentent généralement des interfaces de saisie et de consultation des données de l'annuaire, à l'aide de formulaires qu'il est possible de créer et de modifier *via* des fichiers de paramétrage ou une interface d'administration. Ils savent généralement prendre en compte les règles de confidentialité de l'annuaire, afin de protéger les données personnelles des utilisateurs lors de la consultation et de la saisie. Ils s'adaptent également aux contraintes organisationnelles de l'entreprise nécessitant l'intervention de plusieurs acteurs ou administrateurs, le cas échéant, pour mettre à jour ces données.

Ils offrent pour cela des mécanismes de workflow permettant d'associer chaque étape d'un processus à un ensemble d'acteurs. Par exemple, la mise à jour du mot de passe peut se faire par l'utilisateur lui-même, mais celle du nom de son responsable hiérarchique ou de sa fonction doit être validée par une personne faisant partie des ressources humaines.

L'identification et l'authentification électronique

Ce service constitue l'un des principaux usages de la gestion des identités. En effet, c'est le premier niveau de sécurité à mettre en place afin de contrôler l'accès aux ressources de l'entreprise, dont les applications informatiques.

L'identification permet de reconnaître l'utilisateur à partir d'un identifiant généralement court et simple à retenir. L'authentification consiste à s'assurer de l'identité de l'utilisateur à l'aide d'un mot de passe, mais aussi d'autres moyens plus sécurisés, comme un certificat électronique, une carte à puce ou encore la biométrie (empreinte digitale, forme du visage, etc.).

Le référentiel des identités décrit précédemment va permettre d'associer un identifiant (généralement une chaîne de caractères courte et facile à mémoriser) à un ensemble d'attributs d'identités qui vont décrire l'utilisateur de façon détaillée (nom, prénom, adresse, rattachement dans l'organisation de l'entreprise, etc.)

La gestion des mots de passe

La perte d'un mot de passe par un utilisateur peut s'avérer coûteuse pour les administrateurs s'ils gèrent des milliers de personnes, et que le système d'information est constitué de centaines d'applications.

La solution passe par des outils qui, d'une part, vont réduire le nombre de mots de passe, voire les synchroniser automatiquement entre différentes applications, et, d'autre part, permettre la réinitialisation du mot de passe par l'utilisateur lui-même, et ceci à l'aide d'informations complémentaires qu'il devra fournir pour prouver son identité.

L'allocation et la désallocation automatisée de ressources

Pour tout nouvel arrivant dans une entreprise, qu'il soit client ou employé, il sera nécessaire d'activer des comptes dans les différentes applications et services auxquels il aura accès. Par exemple, il faudra lui créer un compte de messagerie, un compte sur le serveur de fichiers et d'impression de l'entreprise, lui donner accès au portail documentaire sur l'intranet, etc.

De plus, les création, suppression et modification des comptes doivent être conformes aux processus organisationnels de l'entreprise. En effet, une filiale d'un groupe pourra gérer de façon autonome ses utilisateurs, alors que la création d'un nouvel employé dans le système de messagerie doit normalement passer en premier par la création de celui-ci dans le système des ressources humaines.

De par la multiplicité des applicatifs et la complexité des processus organisationnel, la gestion de comptes applicatifs peut s'avérer fastidieuse dans les grandes entreprises. Il est donc utile de mettre en place des outils facilitant la création, la modification et la suppression de ces comptes de façon centralisée. On désigne aussi cette fonction par « e-provisionning ».

La gestion des droits d'accès aux applications

Il s'agit, d'une part, de décrire les droits d'accès des utilisateurs aux différentes applications de l'entreprise et, d'autre part, de contrôler l'accès à celles-ci en respectant ces règles.

La description des droits d'accès peut s'avérer complexe, car elle dépend de plusieurs paramètres comme le rôle ou la fonction de l'individu, sa localisation géographique (accès de l'intérieur ou de l'extérieur de l'entreprise), le type de réseau qu'il utilise (l'Internet ou l'intranet), le groupe de travail auquel il appartient, etc. Par exemple, il ne pourra accéder aux applications de veille concurrentielle que s'il fait partie de la direction marketing, ou encore aux applications financières de l'entreprise que s'il fait partie de la direction financière.

Le contrôle d'accès aux applications doit par la suite être effectué au moment où l'utilisateur demande l'accès à une application ou à un service donné, et ceci quel que soit le canal de communication utilisé (Internet, intranet, PC ou téléphone mobile). Pour cela, il est nécessaire de disposer d'un outil capable d'interpréter les règles de sécurité et de contrôler ou pas l'accès aux applications, quelles qu'elles soient.

Le rôle des annuaires dans la gestion des identités

Nous avons défini précédemment ce qu'est la gestion des identités. Mais quel est le rôle des annuaires LDAP dans celle-ci ? Ils constituent généralement le référentiel des identités que nous avons décrit plus haut. Certains outils du marché s'appuient sur des bases de données relationnelles. Cependant, l'usage d'un annuaire LDAP, offre des avantages supplémentaires que nous listons ci-dessous :

- Ils gèrent les mots de passe : stockage du mot de passe chiffré, mémorisation des anciens mots de passe, période d'expiration, etc.
- Ils offrent le service d'identification et d'authentification à travers un standard normalisé et ouvert.
- Ils présentent une interface de lecture et de mise à jour basée sur un standard normalisé et ouvert.
- Et enfin ils constituent le référentiel des habilitations permettant à d'autres outils de contrôler les droits d'accès aux applications.

Nous allons décrire l'ensemble de ces services dans la suite de cet ouvrage, ainsi que la façon dont le standard LDAP les offre.

La fédération des identités

Introduction

Nous avons vu, à travers les exemples précédents, les différents cas d'usage de l'identité des utilisateurs pour contrôler et personnaliser l'accès au système d'information de l'entreprise ou à des services Internet comme le commerce électronique ou les portails.

L'accès à ces applications nécessite, d'une part, que les utilisateurs ou les administrateurs fournissent des informations d'identité pour chaque application, et, d'autre part un référentiel et des outils chargés de sauvegarder et de gérer ces données de façon sécurisée.

Les utilisateurs peuvent créer des identités différentes en fonction du type de service auquel ils accèdent. Par exemple, l'identité choisie pour la déclaration des impôts utilisera des données personnelles, comme l'adresse du domicile, le montant de la dernière imposition ou l'adresse de messagerie personnelle, alors que l'identité employée pour accéder à l'intranet de l'entreprise fera appel à des données professionnelles comme un numéro de matricule ou une adresse de messagerie professionnelle.

Par ailleurs, une même personne peut avoir des liens avec des entreprises diverses, comme une compagnie d'assurance ou une banque offrant des services en ligne, un portail de communication comme *Yahoo !*, ou une compagnie d'aviation offrant des services de réservation en ligne et d'accès à la gestion de ses points de fidélité. Chacune d'elles utilisera des données d'identité différentes, généralement fournies par l'entreprise elle-même et liées au contrat souscrit entre l'utilisateur et celles-ci. Ainsi la souscription de plusieurs contrats entre un même individu et une entreprise nécessitera autant de comptes et d'identifiants pour accéder aux services en ligne.

De plus, un même utilisateur peut faire usage d'identités variées pour des raisons de confidentialité. Il peut employer volontairement des identifiants et des mots de passe différents, des noms et des adresses de messagerie divers afin de réduire les risques de piratage de l'ensemble de ses comptes.

Par ailleurs, les entreprises cherchent à gagner en productivité et en agilité, en délocalisant leurs ressources, comme le service informatique ou les centres d'appels, et en mettant en place des liens en temps réel avec leurs partenaires, fournisseurs et clients. L'entreprise étendue est de plus en plus une entreprise « distribuée », travaillant avec plusieurs partenaires et tirant parti des nouvelles technologies de l'information et de communication pour rendre ces liens plus fluides et facilement interchangeables. Dans ce contexte, il est aussi important de partager les informations sur les identités des utilisateurs, afin de leur offrir un service intégré et sécurisé de bout en bout, et traversant les systèmes d'information concernés (client, entreprise, fournisseur, partenaire).

L'avènement des services Web, s'appuyant sur les technologies Internet, comme HTTP et SOAP, répondent à ces nouveaux besoins et facilitent l'interopérabilité des systèmes d'information à travers des standards ouverts. Mais là aussi, il devient primordial de sécuriser l'accès à ces services, parce que justement ils reposent sur des standards ouverts, et peuvent être accessibles à travers des réseaux publics comme Internet. Il faut donc assurer l'identification des utilisateurs de façon partagée et réaliser un contrôle des habilitations de façon transverse à différents systèmes d'information. Nous donnons quelques exemples dans la suite de ce chapitre.

Comme nous l'avons évoqué précédemment dans cet ouvrage, la prolifération des identités pose des problèmes quotidiens aux utilisateurs et freine l'usage des services en ligne. Et ceci aussi bien dans le cadre de services destinés aux clients d'une entreprise, qu'aux citoyens pour bénéficier des services de l'administration électronique, ou aux employés lors de l'accès aux applications et services au sein même de l'entreprise, voire d'une entreprise partenaire.

Ainsi, le principal enjeu pour les entreprises n'est plus « d'exclure » les utilisateurs de leur système d'information, mais de les « inclure », afin de les faire parvenir efficacement à la bonne information. Comment reconnaître l'utilisateur quelle que soit l'identité qu'il fournit ? Comment relier les différentes informations d'identités entre elles tout en laissant à l'utilisateur la liberté de gérer ses multiples profils ? Comment partager entre différentes applications, systèmes d'information, voire plusieurs entreprises, les renseignements d'identités tout en respectant les libertés individuelles de chacun ? Comment partager les règles d'habilitations entre des sociétés qui n'emploient pas le même système d'information, mais, surtout, qui n'ont pas la même stratégie de sécurité ?

Centralisation versus *fédération*

Il existe deux approches possibles face à ce besoin : la centralisation, qui consiste à intégrer l'ensemble des données et services d'identités dans un référentiel et une infrastructure unique et partagée, ou bien la fédération, qui relie les différentes infrastructures de gestion des identités entre elles dans un environnement distribué.

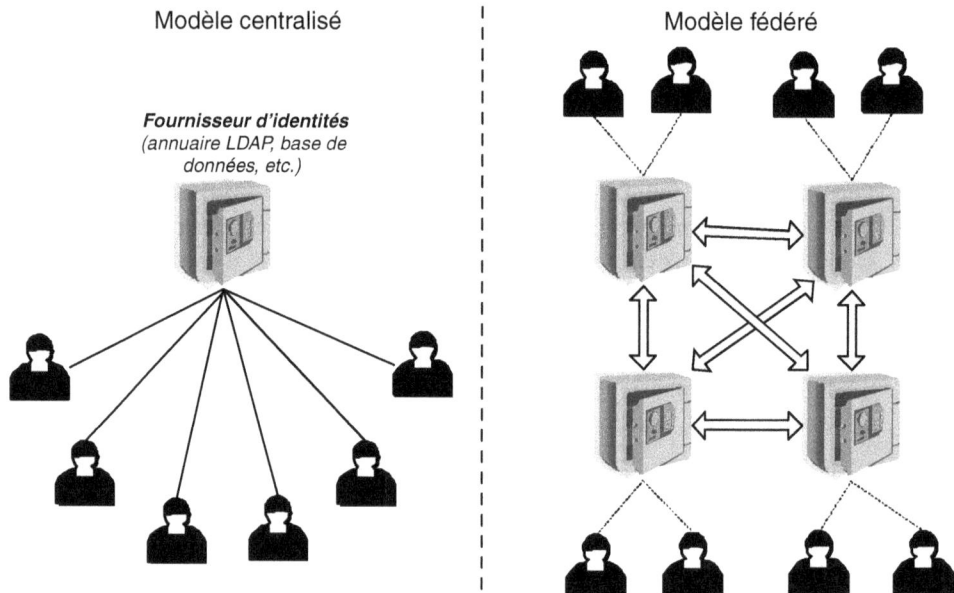

Figure 1.13

Centralisation versus *Fédération*

À première vue, la centralisation des informations d'identités dans un référentiel unique, comme un annuaire LDAP, peut sembler séduisante. Elle permet de réduire les coûts d'intégration, d'assurer un haut niveau de disponibilité à l'aide d'une plate-forme performante et tolérante aux pannes, de garantir une meilleure qualité des données et d'offrir un degré de sécurité plus élevé, tant pour la protection des données elles-mêmes que pour l'authentification et le contrôle d'accès. Nous décrivons plus en détail ces différents apports dans la suite de ce chapitre.

Toutefois, dans certaines situations, il sera utopique de centraliser la gestion des identités. Les cas les plus évidents sont relatifs à des partenaires et des fournisseurs. Mettre en place un annuaire LDAP partagé entre une entreprise, ses partenaires et ses fournisseurs, est complexe et ne présente pas toujours beaucoup d'intérêt. Cela pose de nombreux problèmes, comme la définition d'un modèle de données commun et d'un identifiant unique, la synchronisation des données de l'annuaire avec les applications existantes, la maintenance et « l'évolutivité » de la solution pour répondre à de nouveaux besoins, etc.

De plus, la centralisation des données d'identités peut constituer un point fragile du système d'information. En effet, si le système sous-jacent n'est pas dimensionné et sécurisé correctement pour répondre aux exigences de performances, de confidentialité et de haute disponibilité, c'est l'ensemble des applications qui l'utilisent qui ne pourront plus être accessibles par les usagers. Or, ce type de configuration peut être extrêmement coûteux lorsqu'il s'agit d'une infrastructure devant supporter des centaines de milliers, voire des millions d'utilisateurs, comme c'est le cas pour le commerce ou l'administration électronique.

La solution passe alors par un réseau de systèmes de gestion des identités, gérant chacun un sous-ensemble des données ou des services, et possédant des interfaces d'échanges standards et ouverts. On parle alors de « fédération des identités ».

Notons que, dans le monde Internet, ce type de solution est indispensable. Il est en effet difficile d'envisager qu'une seule entreprise soit en charge de l'ensemble des informations d'identités des usagers. Ceci constituerait un monopole et présenterait, pour les utilisateurs, des risques importants qu'ils ne seraient pas près d'accepter.

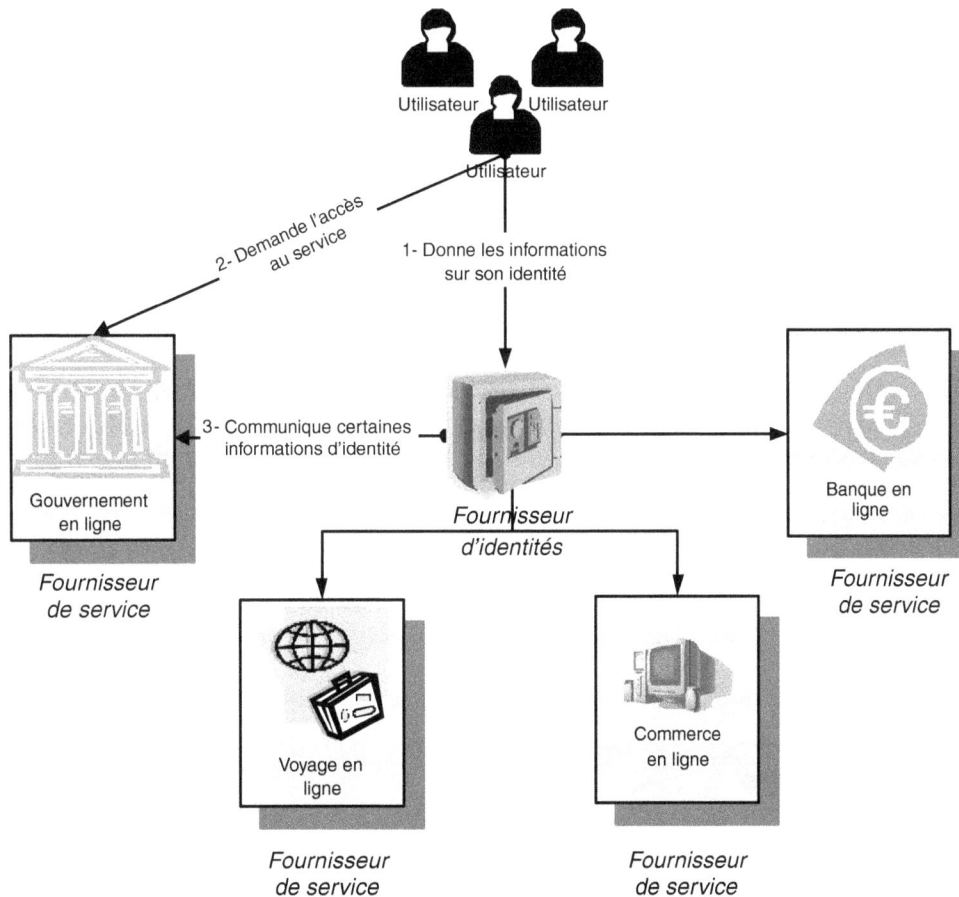

Figure 1.14

Fournisseurs d'identités et fournisseurs de services

La fédération des identités est souvent comparée aux systèmes de cartes de crédit. Dans de tels systèmes, chaque utilisateur est libre de créer autant de comptes qu'il le désire et auprès des banques qu'il souhaite. Par la suite, il se verra attribuer une carte de crédit émise par sa banque et authentifiée par une autorité reconnue (Visa, Mastercard, etc.). Lorsqu'il effectuera ses achats ou ses retraits, et ceci quelle que soit la banque tierce, son compte ne sera pas divulgué à autrui (ni celui du marchand). Des échanges sécurisés sont effectués entre le marchand, sa banque et l'autorité ayant émis la carte, afin d'autoriser la transaction demandée. Ainsi chaque banque contrôle l'identité de ses propres clients et de ses marchands, dans un environnement réseau sécurisé et réparti.

À l'instar des cartes de crédit, la fédération d'identités s'appuie sur deux types d'acteurs : les fournisseurs d'identités et les fournisseurs de ressources ou de services. Les premiers sont les autorités possédant les informations d'identités et sont capables d'en attester l'authenticité et la confidentialité. Les deuxièmes sont les entités qui vont fournir des services aux utilisateurs et qui ont besoin d'informations sur leurs identités. Pour cela, ils vont devoir communiquer avec les fournisseurs d'identités. Bien entendu, il sera possible d'avoir plusieurs fournisseurs d'identités, et une même personne pourra s'inscrire auprès de plus d'un fournisseur, de façon identique au système des cartes de crédit ou bancaires.

Quelques exemples d'applications

Afin d'illustrer notre propos, nous allons maintenant donner quelques exemples concrets de fédération d'identités.

Fédération des identités des employés et utilisateurs au sein d'une même entreprise

Un premier exemple concerne les employés et autres utilisateurs d'une entreprise comprenant plusieurs entités autonomes. Ceci peut être aussi le bien le cas d'une multi-nationale possédant plusieurs filiales dans différents pays, qu'un ministère regroupant plusieurs directions administratives. Nous appellerons celles-ci « entités » par la suite.

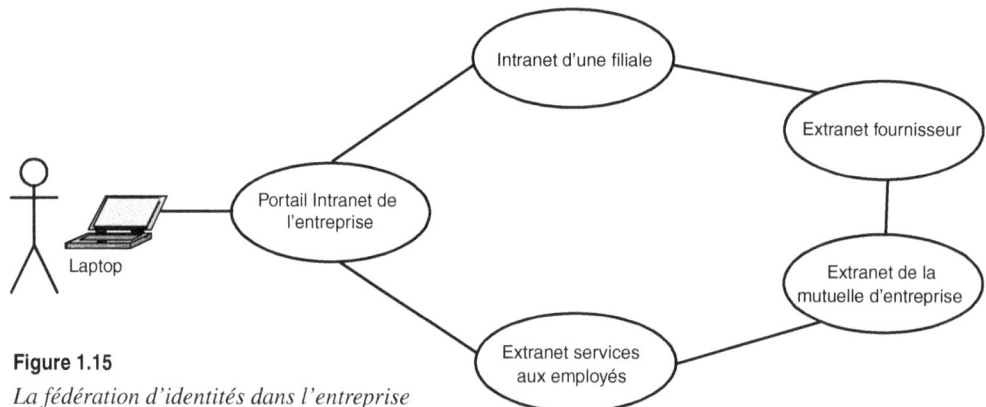

Figure 1.15

La fédération d'identités dans l'entreprise

Dans cet exemple, chaque entité a réalisé son propre système de gestion d'identité, constitué essentiellement d'un annuaire LDAP et d'un service d'authentification basé sur un identifiant et un mot de passe. Chaque système contient la liste des utilisateurs de l'entité (et non celle des autres entités), possède son modèle de données spécifique et son propre mécanisme de gestion du mot de passe (cryptage en ligne et sauvegarde dans l'annuaire, stratégie d'expiration du mot de passe, etc.).

Il arrive souvent, dans les entreprises, qu'un utilisateur appartenant à une entité ait besoin d'accéder à des ressources d'une autre entité. Par exemple, dans le cas d'un ministère, un chargé de mission peut appartenir à une direction et être détaché temporairement, pour une certaine durée, dans une autre direction. Un autre exemple est celui d'une entreprise constituée de plusieurs filiales et possédant un portail groupe sécurisé contenant des informations financières ou bien administratives communes à l'ensemble des filiales. Le portail « groupe » appartient à l'entité « groupe » qui possédera ses propres utilisateurs (direction générale groupe, direction informatique groupe, etc.), mais qui doit aussi être accessible par les employés des filiales.

Comme nous l'avons évoqué précédemment, l'accès aux données sécurisées d'une autre entité ou du groupe peut se faire de deux façons : soit mettre en place un référentiel d'utilisateurs commun, basé sur la technologie LDAP, et contenant l'ensemble des employés de toutes les filiales ; soit adopter une solution de fédération des identités. Dans le premier cas, il faudra mettre en place un modèle de données commun des outils de synchronisation de l'annuaire groupe à partir de celui de chaque entité. Ensuite, élaborer une stratégie et des outils de mot de passe unique entre les différentes entités (ou alors ajouter un nouveau mot de passe pour chaque utilisateur, ce qui n'est pas en général très bien accepté par ceux-ci). Dans le deuxième cas, il suffit d'installer des passerelles entre les différents annuaires, afin de propager les droits de l'utilisateur d'un environnement à l'autre, comme nous le décrivons plus loin dans ce chapitre.

Fédération des identités des clients de plusieurs entreprises

L'accès à des services en ligne sur Internet, comme le commerce électronique, offre de nombreux exemples d'usage de la fédération des identités.

Prenons le cas d'une entreprise de commerce électronique ayant comme partenaire une entreprise de transport chargée de délivrer à domicile les colis achetés. Le site de commerce électronique propose généralement à l'acheteur de créer un compte dans lequel il fournira une fois pour toutes son nom, son adresse de messagerie et ses adresses de facturation et de livraison. D'autre part, l'entreprise de transport offre souvent la possibilité de suivre en ligne l'acheminement des paquets une fois l'achat effectué, et ceci jusqu'à la livraison, comme c'est le cas de La Poste en France, par exemple, avec son service Colissimo. Pour cela et afin d'éviter une double saisie et des risques d'erreurs, cette dernière va récupérer le nom du destinataire, son adresse de messagerie ainsi que son adresse de livraison. Elle va ensuite créer un compte pour l'utilisateur et lui fournir un identifiant qui lui permettra de suivre l'acheminement du colis. Un message de notification pourra aussi lui être envoyé, indiquant l'avancement du processus de livraison.

Il sera donc nécessaire d'échanger entre les sites de commerce électronique et de transport un ensemble d'informations concernant le client. Le partage d'une même base de données ou d'un même annuaire ne sera pas possible dans ce cas, car la mise en place d'une base de données et son intégration avec les systèmes d'information des deux partenaires peut s'avérer complexe et coûteux, d'autant plus que chacun pourra aussi travailler avec d'autres partenaires s'il le souhaite.

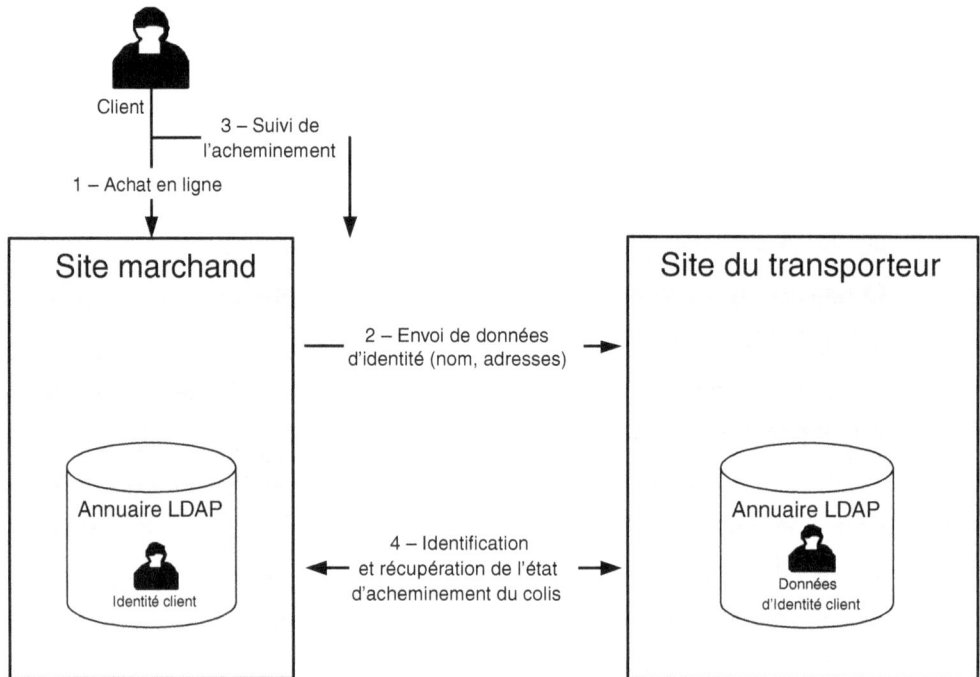

Figure 1.16

Exemple de fédération d'identités dans le commerce électronique

Dans l'exemple de la figure 1.16, le site marchand transmet au site du transporteur des données partielles d'identité (nom, e-mail, adresse de livraison), récupère un identifiant de colis qu'il envoie à l'utilisateur, et réutilise cet identifiant pour connaître l'état d'acheminement du colis. L'utilisateur peut aussi se connecter directement sur le site du transporteur pour suivre son colis.

Un tel mécanisme présente plusieurs avantages : l'utilisateur n'a pas à ressaisir son identification ni ses coordonnées pour s'enregistrer sur le site du transporteur. Celui-ci peut surveiller les données concernant l'identité de l'utilisateur échangées entre les deux sites. Il peut bénéficier des mécanismes de contrôle de l'identité de l'utilisateur effectué par le site marchand (validité de la carte de crédit, certificat éventuel, envoi d'un fax de confirmation par l'utilisateur, etc.) sans avoir à effectuer ces vérifications lui-même.

Fédération des identités au sein de l'administration électronique

La complexité de la gestion des identités apparaît aussi dans les grandes organisations comme l'administration publique. Par exemple, mettre en place un annuaire unique dans un ministère comprenant plusieurs centaines de milliers de fonctionnaires constitue un chantier titanesque tant sur le plan de l'organisation que sur le plan technologique. En effet, plus l'organisation est décentralisée (ce qui représente une tendance de plus en plus forte de l'administration publique) et plus l'autonomie des entités est forte, plus il est compliqué de définir un ensemble de processus de gestion des entrées et sorties des individus, ainsi qu'un modèle de données qui soient communs à toute l'administration.

De même, mettre en place un seul référentiel et une seule infrastructure d'identification et d'authentification pour les services électroniques de l'administration, destinés aux citoyens d'un pays de plusieurs dizaines de millions d'habitants, constitue une gageure et présente des risques technologiques et de sécurité élevés. En effet, chaque service administratif aura besoin d'informations d'identités qui lui sont propres : par exemple, les services fiscaux utiliseront des informations issues de la dernière déclaration fiscale, alors que les services d'aide à l'emploi nécessiteront des renseignements sur la formation et l'expérience professionnelles de l'individu. Certaines informations, comme l'adresse postale, le nom et le prénom, pourront être partagées par tous si l'utilisateur le souhaite, alors que d'autres, comme le numéro de sécurité sociale, devront rester confidentielles et ne devront être communiquées qu'aux services administratifs adéquats. De plus, chaque service administratif possède son propre système d'information, et ne souhaite pas nécessairement partager une même infrastructure d'identité avec d'autres services.

Comment fonctionne la fédération des identités ?

Comment fonctionne la fédération d'identités dans les cas décrits précédemment ? Nous allons illustrer par la suite un des scénarios possibles : l'identification et l'authentification croisées.

Considérons un utilisateur A appartenant à l'entité A (ses informations d'identités et son mot de passe se trouvent dans l'annuaire de l'entité A). Il souhaite se connecter au portail de l'entité B qui s'appuie sur son propre annuaire. L'utilisateur A n'y étant pas référencé, le portail ne pourra pas l'identifier et l'authentifier à partir de son annuaire. Les entités A et B ayant au préalable établi des accords de confiance réciproque pour l'identification et l'authentification de leurs usagers respectifs, le portail va demander à l'entité A d'identifier et d'authentifier l'utilisateur.

Voici les différentes étapes du processus illustré dans la figure 1.17 :

1. *Demande d'identification* : l'utilisateur s'identifie normalement à son portail ou à son poste de travail à l'aide d'un identifiant et d'un mot de passe.

2. *Vérification de l'identité de l'utilisateur* : l'identifiant et le mot de passe fournis sont vérifiés par rapport à des données qui se trouvent dans l'annuaire A. Si ces informations sont correctes, le portail renvoie généralement à l'utilisateur un « ticket » (sous forme de *cookie* par exemple), qui va être sauvegardé dans son navigateur Web pour

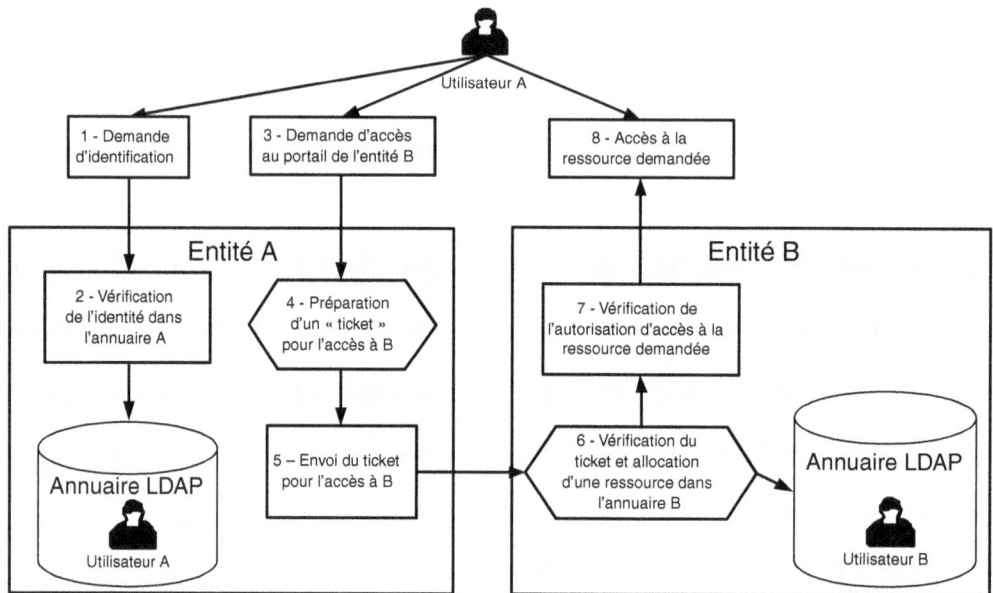

Figure 1.17

Mécanisme de fédération d'identités

la durée de la session. Il n'aura pas ainsi à ressaisir ses identifiant et mot de passe pour accéder à une autre ressource du portail.

3. *Demande d'accès au portail de l'entité B* : l'utilisateur demande maintenant l'accès à une ressource accessible à travers le portail de l'entité B. Il ne pourra pas s'identifier et s'authentifier directement à ce portail, n'étant pas connu dans l'annuaire B.

4. *Préparation d'un ticket pour l'accès à B* : afin d'autoriser l'accès à B, les entités A et B ayant établi au préalable des accords de confiance réciproque, l'entité A va préparer un ticket (c'est-à-dire une suite d'informations codées) comprenant une affirmation assurant que l'utilisateur est bien authentifié dans l'annuaire A et qu'il est autorisé à accéder aux ressources demandées, ainsi que quelques informations sur l'identité de l'utilisateur, comme son adresse de messagerie, sa langue préférée, etc. Elle va ensuite envoyer l'ensemble signé, ainsi que le nom de la ressource demandée (généralement une URL) à l'entité B.

5. *Vérification du ticket et allocation d'une ressource dans l'annuaire B* : l'entité B va maintenant extraire les informations reçues et vérifier qu'elles émanent bien de l'entité A grâce à la signature du ticket. Elle ne va pas vérifier l'identité de l'utilisateur, car il n'est pas référencé dans son annuaire, mais va « faire confiance » à l'entité A qui affirme l'avoir fait, dans le ticket transmis. Mais pour autoriser l'accès à la ressource demandée, l'entité B a besoin de se référer à une entrée de l'annuaire B. Elle va donc allouer celle-ci en utilisant un des attributs décrivant l'identité de l'utilisateur (par exemple l'entité à laquelle il appartient, et/ou sa langue, etc.). On appelle ce

mécanisme la « jointure » (ou *join*), qui nécessite donc la définition d'une règle de jointure permettant d'associer l'utilisateur A à une entrée de l'annuaire B.

6. *Vérification de l'autorisation d'accès à la ressource demandée* : l'entité B va ensuite utiliser le mécanisme de contrôle d'accès aux ressources standards et s'assurer que la ressource demandée est bien accessible pour l'entrée de l'annuaire B choisie.

7. *Accès à la ressource demandée* : l'entité B va renvoyer à l'utilisateur la page demandée. Il pourra donc y accéder librement *sans avoir* eu recours à une nouvelle identification.

En pratique, le dialogue entre les deux entités est plus complexe car il est constitué de questions et de réponses, et pas d'envoi non sollicité de données, comme nous l'avons illustré dans ce schéma. Nous développerons les différentes étapes d'un tel dialogue lorsque nous décrirons plus en détail les standards associés (SAML notamment), dans la suite de cet ouvrage.

Les technologies et les standards

Plusieurs technologies et standards permettent aujourd'hui de réaliser des services de fédération des identités. Ceux-ci s'appuient essentiellement sur les technologies issues de l'Internet comme les services Web et XML.

OASIS et SAML

SAML (*Security Assertions Markup Language*) est un standard basé sur XML, et issu des travaux de l'OASIS (*Organization for the Advancement of Structured Information Standards,* www.oasis-open.org). SAML permet de normaliser des échanges comprenant des assertions de trois types :

• Assertions relatives à l'authentification : elles permettent d'affirmer qu'un utilisateur est bien authentifié et fournissent des informations concernant son identité.

• Assertions relatives aux attributs de l'utilisateur : elles échangent des informations sur l'utilisateur dans un cadre sécurisé.

• Assertions relatives aux décisions d'autorisations : elles précisent les droits d'un utilisateur sur des ressources.

Ces trois types d'assertions sont émis par des autorités dites « autorités SAML », à l'instar des autorités de certification dans le cas des PKI.

SAML est d'ores et déjà supporté et implémenté par plusieurs éditeurs et produits du marché, comme les sociétés Oblix, Netegrity et Novell. Il faut noter que SAML 2.0 est en cours de finalisation et converge avec la phase 2 de Liberty Alliance.

Liberty Alliance

Liberty Alliance est issue d'un consortium de 170 sociétés, dans lesquelles on trouve, comme membres fondateurs, American Express, AOL, Nokia, France Telecom, NTT DoCoMo, Vodafone, Sun et Novell, etc., et, comme autres membres, la Caisse des Dépôts, Bull

Evidian, Oblix, etc. L'objectif de ce consortium est de définir un ensemble de standards dédiés à la gestion des identités et couvrant des services similaires à ceux de Passport de Microsoft. Il faut noter que Liberty Alliance s'appuie sur des standards existants comme SAML et SOAP.

La phase 2 est en cours de spécification, et des sociétés comme Novell et Sun offrent actuellement des produits compatibles avec la phase 1 (version 1.1).

IBM, Microsoft et les standards WS*

IBM et Microsoft se sont associés pour définir un ensemble de standards relatifs à la fédération des identités et des services Web. Le premier de ces standards est WS-Security, dédié à la sécurité de services Web basés sur SOAP. Le standard WS-Federation est similaire à SAML, et permet de fédérer des identités, des attributs et des authentifications entre différents Web Services. Certaines sociétés, comme Oblix, ont annoncé d'ores et déjà le support de ce standard.

Enjeux et faisabilité de la gestion des identités et des annuaires

La gestion des identités et les annuaires dans l'entreprise

Savez-vous combien de fois chacun de nous est référencé dans le système d'information de son entreprise ? Faites le compte :

1. Lorsque vous êtes embauché par votre employeur, vous êtes avant tout référencé dans le système de paie.

2. Puis on vous attribue un bureau : le service de logistique doit donc conserver quelque part la liste des bureaux et la liste des personnes qui s'y trouvent. Vous allez dire que cette liste n'existe peut-être même pas ! Bon, supposons qu'elle soit dans la tête de quelques personnes…

3. On vous attribue ensuite un numéro de téléphone : si vous faites partie d'une grande société, vous êtes certainement référencé dans le commutateur téléphonique de votre entreprise.

4. On vous attribue également un ordinateur, avec un compte sur le réseau local afin que vous puissiez accéder à des dossiers et des imprimantes partagés. Vous êtes alors référencé dans le serveur bureautique et on vous a attribué un compte et un mot de passe.

5. Puis, on vous donne une adresse de messagerie électronique qui vous est propre. Vous êtes à nouveau référencé dans le serveur de messagerie.

6. Afin que vous puissiez connaître vos collaborateurs et leurs fonctions, votre entreprise a réalisé un annuaire accessible sur l'intranet, dans lequel vous êtes aussi référencé.

7. Et pour ceux qui ont la chance d'avoir un système d'envoi de fax à partir du micro-ordinateur, il sera aussi nécessaire de vous déclarer dans le serveur de fax afin que vous ayez une page de garde personnalisée.

8. N'oublions pas le système de badge, qui nécessite lui aussi de vous référencer dans une base, ainsi que la liste des sites de votre entreprise auxquels vous avez accès.

Cette liste est loin d'être exhaustive : il faut aussi y ajouter toutes les bases de données propres aux applications. Par exemple, si vous avez accès à des tableaux de bord à partir de votre micro-ordinateur ou encore à des portails collaboratifs, vous êtes certainement référencé dans des bases propres à chacune de ces applications, et vous possédez probablement autant de noms de compte et de mots de passe que d'applications !

La multitude des annuaires dans l'entreprise n'est pas rare, d'autant que chaque nouvelle application déployée apporte son propre annuaire. En effet, dès qu'il est nécessaire de réserver l'accès à cette application aux seules personnes autorisées, les concepteurs de l'application créent une base d'utilisateurs et d'habilitations qui lui est propre, ou alors ils s'appuient sur celle qui est intégrée dans le progiciel utilisé.

Mais tous ces annuaires ne sont ni compatibles entre eux ni synchronisés. Ainsi, pour tout nouvel utilisateur ayant des droits d'accès à plusieurs applications de l'entreprise, il est souvent nécessaire d'entrer plusieurs fois ses caractéristiques dans les différents annuaires. De même, si l'une de ces caractéristiques change, il sera nécessaire de la modifier autant de fois qu'il existe d'annuaires. Toute nouvelle application ne fait qu'augmenter le nombre d'annuaires et donc le nombre de modifications à effectuer.

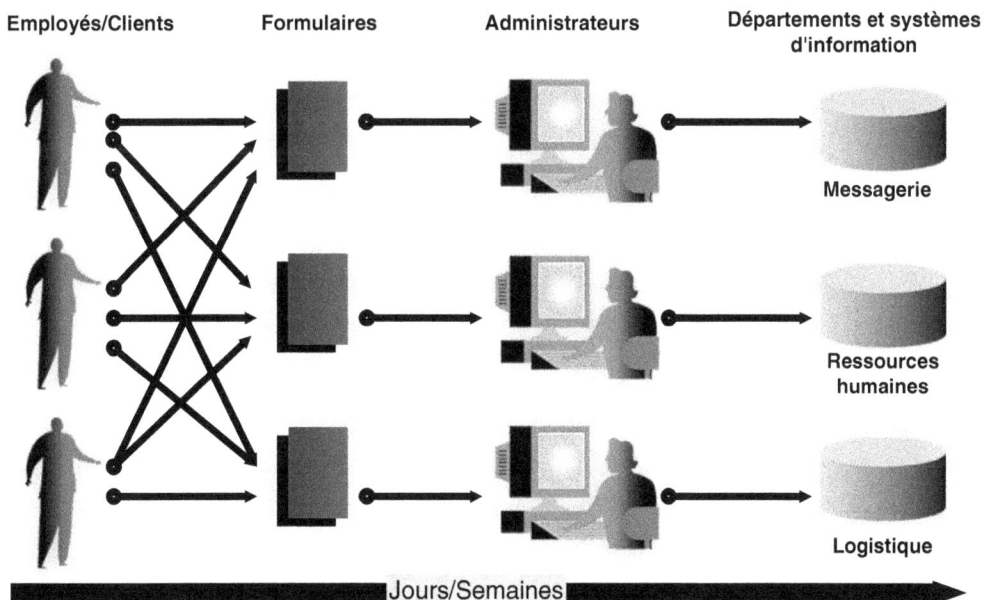

Figure 1.18
Processus de mise à jour des différents annuaires d'entreprise

Plusieurs études de cabinets de conseil, tels que Forrester Research ou le Gartner Group, identifient plus de cent annuaires dans les grandes entreprises. Les tâches d'administration, de mise à jour et de synchronisation de l'ensemble de ces annuaires constituent un poste de coût qui n'est pas négligeable. Quant aux petites entreprises, il est difficilement envisageable de réaliser des outils de synchronisation pour chaque nouvel annuaire mis en place ; le coût de cette réalisation pouvant se révéler plus élevé que le coût de la mise en place de l'annuaire lui-même. En outre, ces entreprises ne disposent pas toujours des équipes informatiques nécessaires à l'exploitation et l'administration de ces outils.

Bien entendu, un annuaire unique et centralisé apporterait des avantages indéniables : réduction du temps d'administration, meilleure qualité des informations, pas de redondances… Mais est-il réellement avantageux de modifier pour cela toutes les applications actuelles ? Quels en seraient alors les gains pour l'entreprise ? Quels sont les enjeux d'un annuaire fédéré ? C'est ce que nous décrirons dans la suite de ce chapitre.

Ce que coûte la multiplicité de la gestion des identités et des annuaires

La multiplicité des outils de gestion des identités et des annuaires sous-jacents engendre des tâches d'administration répétitives afin de créer, modifier ou supprimer les comptes utilisateurs dans les différentes applications. Ceci augmente les coûts d'administration dus au temps passé par les administrateurs, mais aussi à l'effort nécessaire à mettre en cohérence les différents annuaires. Cette opération peut se faire manuellement à l'aide des interfaces d'administration des différents annuaires, mais aussi avec des outils spécifiques développés à cet effet, ce qui engendre aussi bien des coûts de mise en œuvre que des coûts de maintenance.

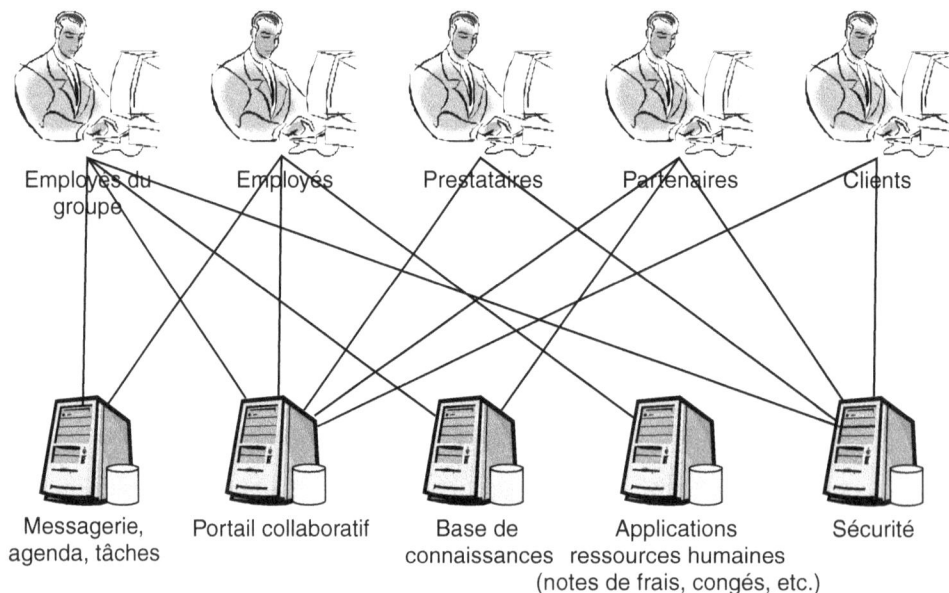

Figure 1.19

Multiplicité des annuaires dans l'entreprise

Dans un premier temps nous allons nous pencher sur les coûts quantifiables. Pour cela, prenons un exemple concret : celui d'une entreprise de dix mille personnes qui possède une dizaine d'annuaires à maintenir, contenant des informations sur ses employés.

Nous allons supposer que chaque arrivée d'une personne dans l'entreprise engendre un mouvement (le rajout) dans les différents annuaires, et que chaque départ entraîne aussi un mouvement (la suppression) par annuaire. Supposons ensuite que chaque mutation interne provoque deux mouvements, l'un pour la suppression du service auquel appartient la personne, et l'autre pour le rajout dans le nouveau service.

Imaginons que le taux de rotation interne du personnel soit de 5 %, que le taux de départ soit de 5 % et que le taux d'arrivée est aussi de 5 %, puis que chaque mouvement prenne en moyenne dix minutes.

Tableau 1.1 – Résumé des hypothèses de coûts dans le cas du personnel

Coût de gestion des annuaires d'entreprise	
Nombre de personnes	10 000
Nombre d'annuaires	10
Nombre de mouvements par arrivée	1
Nombre de mouvements par départ	1
Nombre de mouvements par mutation interne	2
Pourcentage de départs par an	5 %
Pourcentage d'arrivées par an	5 %
Pourcentage de mutations internes par an	5 %
Temps moyen d'un mouvement	10 minutes
Total en heures/homme	3 333 heures
Total en mois/homme	20 mois
Total en années/homme	2

Dans ce calcul, nous n'avons pas encore inclus les modifications qu'il faut effectuer pour les autres personnes, comme le changement d'un mot de passe en cas de perte du mot de passe par un utilisateur, ou encore le rajout et le changement d'un numéro de téléphone mobile dans l'annuaire.

Ainsi, en supposant que toutes ces modifications soient effectuées par les différents responsables des systèmes d'information concernés, le coût d'administration des annuaires d'une entreprise de dix mille personnes s'élèverait à au moins 2 années/homme.

Si maintenant nous réduisons le nombre d'annuaires à un, ce coût revient à 2 mois/homme. En supposant que le salaire chargé d'un administrateur soit de 5 000 € par mois, ceci représente une économie de plus de 100 000 € par an.

Imaginons maintenant que l'entreprise possède un extranet, afin d'offrir à ses clients des services à valeur ajoutée en ligne. Par exemple, une entreprise de télécommunication qui propose des services de téléphonie mobile peut mettre à disposition de ses clients des outils leur permettant, à l'aide d'Internet, de consulter eux-mêmes leurs factures et de modifier des paramètres d'abonnement. Elle devra pour cela donner à chaque client un nom de compte et un mot de passe pour pouvoir accéder à l'extranet. Si elle n'a pas mis en place un annuaire unique, elle devra en fait donner deux noms de compte et deux mots de passe dans l'exemple en question : l'un pour la consultation des factures et l'autre pour la modification des paramètres d'abonnement.

Il est facile alors de calculer ce que coûte au service client de cette entreprise la gestion des comptes et des mots de passe, de la même façon que nous l'avons fait précédemment.

Tableau 1.2 – Résumé des hypothèses de coûts dans le cas des clients

Coût de gestion des annuaires clients	
Nombre de clients	10 000
Nombre d'annuaires	10
Nombre de mouvements par nouveau client	1
Nombre de mouvements par résiliation	1
Nombre de mouvements par changement du profil d'un client	2
Pourcentage de nouveaux clients	20 %
Pourcentage de résiliations de contrat	5 %
Pourcentage de changements de profil	10 %
Temps moyen d'un mouvement	10 minutes
Total en heures/homme	9 167 heures
Total en mois/homme	54 mois
Total en années/homme	5

Si nous réduisons le nombre d'annuaires à un, ce coût revient à 5 mois/homme au lieu de 54 mois/homme. En supposant que le salaire chargé d'un administrateur est de 5 000 € par mois, ceci représente une économie d'environ 245 000 € par an.

On constate ici que l'impact est plus important, notamment pour les entreprises de grande envergure ou pour les PME/PMI ayant beaucoup de clients et étant en forte croissance, c'est-à-dire ayant un pourcentage élevé de nouveaux clients. Les coûts de gestion de la relation clients peuvent être optimisés en réduisant le nombre d'annuaires ou en réduisant le nombre de comptes et de mots de passe, tout en automatisant la mise à jour des différents annuaires.

Mais la multiplicité des annuaires ne fait pas qu'accroître les coûts d'administration, elle a aussi des conséquences sur la qualité des informations qui s'y trouvent. En effet, ils peuvent contenir des informations redondantes (le nom et le prénom, voire la fonction d'une personne par exemple), et l'absence de leur synchronisation peut induire en erreur et avoir un retentissement sur la qualité des services offerts par une entreprise à ses clients. Une entreprise, quelle que soit sa taille, qui souhaite donner accès à travers un extranet à des services en ligne comme la consultation de factures ou la commande, doit s'assurer de la cohérence des informations concernant le profil des clients même si celles-ci sont gérées par différents systèmes d'information.

D'autre part, la multiplicité des annuaires est un maillon faible dans le dispositif de sécurité du système d'information de l'entreprise. Lors du départ d'une personne ou d'un changement de service, ou encore lors de la fermeture de l'accès à l'extranet pour un client, il est fastidieux de supprimer toute référence à cet utilisateur dans les systèmes auxquels il n'a plus accès. De plus, l'utilisateur doit parfois rester référencé dans les bases de données pour des raisons de statistiques ou d'historiques.

Plusieurs entreprises mettent en place des extranets pour gérer la relation avec leurs fournisseurs, et leur donnent pour cela accès à une partie de leur système d'information afin qu'ils consultent par exemple l'état du stock ou qu'ils répondent à des appels d'offres. Or si la personne ayant accès à ces services n'est pas supprimée après son départ, les habilitations auxquelles elle avait droit ne le seront pas non plus !

Les conséquences sont d'autant plus critiques lorsqu'il s'agit d'un intranet accessible de l'extérieur de l'entreprise à travers le réseau téléphonique commuté, ou encore d'applications destinées aux clients, partenaires et fournisseurs, accessibles par Internet !

Les enjeux auxquels répond la gestion des identités et des annuaires à l'échelle de l'entreprise

Il est souvent difficile de justifier un projet d'annuaire d'entreprise, car d'une part les coûts et les moyens de mise en œuvre ne sont pas négligeables, et d'autre part les apports sont rarement explicités de façon compréhensible par les décideurs, qui en général, ne sont pas des informaticiens, mais plutôt des gestionnaires membres d'une direction générale d'une entreprise. La réduction des coûts d'administration que nous avons décrite et évaluée plus haut peut ne pas suffire pour convaincre une direction générale de lancer un projet d'annuaire d'entreprise. Il nous semble donc important de mettre en évidence les apports d'un point de vue qualitatif, et de lister les enjeux auxquels répond la gestion des identités et des annuaires à l'échelle de l'entreprise.

Au préalable, il est important de distinguer les différentes populations d'utilisateurs concernés pas la gestion des identités. En effet, les enjeux ne seront pas les mêmes suivant qu'il s'agit d'un employé, d'un citoyen accédant à des services administratifs en ligne, ou d'un client. Les principales catégories d'utilisateurs sont les suivantes :

• Les « internes » : il s'agit des personnes travaillant dans une entreprise et ayant accès aux locaux et au système d'information de celle-ci. Ce sont généralement les employés, les intérimaires, les stagiaires et les prestataires externes. Il faut noter qu'ils peuvent tout aussi bien accéder aux applications à partir du réseau interne de l'entreprise qu'à partir d'un accès externe *via* Internet ou un VPN, par exemple.

• Les clients de l'entreprise : il s'agit aussi bien de clients individuels pouvant accéder à des services en lignes que de clients entreprises.

- Les citoyens : avec la prolifération des services administratifs en ligne, il n'est plus possible d'ignorer ce type d'utilisateur. Les besoins associés en termes de gestion des identités sont particuliers, comme nous allons le voir par la suite.

- Les partenaires et fournisseurs : il s'agit d'individus ou d'entreprises pouvant accéder à des services en ligne, comme la gestion de stock ou l'accès à des appels d'offre pour les fournisseurs. Ils ont généralement accès à une partie du système d'information de l'entreprise *via* un extranet sécurisé.

Les principaux enjeux auxquels répond la gestion des identités sont les suivants :

- *La protection des données individuelles* : respecter les lois en vigueur dans chaque pays protégeant les libertés individuelles relatives à l'usage des données informatiques. En France, la CNIL est en charge d'édicter ces lois et de s'assurer de leur application dans l'entreprise. La gestion des identités à l'échelle de l'entreprise permet de mieux contrôler la façon dont ces données sont gérées, diffusées et échangées au sein de l'entreprise. La fédération des identités permet d'examiner la façon dont elles sont échangées entre différentes entreprises, et apporte des solutions garantissant l'anonymat de l'utilisateur lors de l'accès à un service offert par un tiers.

- *La maîtrise des risques liés à l'accès au système d'information et à la sécurité* : être en mesure de contrôler efficacement les accès aux applications d'entreprise, comprenant notamment l'authentification des utilisateurs, la gestion des droits d'accès et des habilitations, l'audit permettant de tracer les accès à des fins de statistiques ou d'identification des responsabilités, et enfin l'interdiction d'accès aux applications pour les personnes ayant quitté l'entreprise ou non habilitées. La gestion des identités à l'échelle de l'entreprise permet de rationaliser les règles de sécurité et de contrôler de façon centralisée les droits d'accès. La fédération des identités partage une même stratégie de sécurité dans un cercle de confiance (ensemble de sociétés ayant établi des relations de confiance relatives à la gestion des identités).

- *L'efficacité des processus d'allocation et désallocation des ressources* : rendre plus efficaces les processus de création et de suppression des comptes utilisateurs et d'allocation de ressources dans les applications d'entreprise. Par exemple, le réseau local bureautique et la messagerie pour un employé ; le poste de travail et les applications du centre d'appels clients pour les agents du centre d'appels ; les applications financières de l'entreprise pour les membres de la direction financière. La gestion des identités, à travers les fonctions de *e-provisionning*, apporte une solution à ce problème. La fédération des identités ne couvre pas ce cas pour le moment. Un standard XML a été ratifié en octobre 2003 par l'OASIS : SPML, mais il existe peu de solutions sur le marché qui le supportent.

- *Le partage et la communication des informations sur les individus et l'organisation* : constituer les annuaires « pages blanches » et « pages jaunes » de l'entreprise afin de communiquer sur les adresses, les rôles et la fonction des individus, ainsi que sur l'organisation de l'entreprise (filiales, départements, groupes, etc.). Il s'agit aussi de disposer d'un référentiel partagé qui pourra être utilisé par des applications d'entreprise. Par exemple, les portails d'entreprise utiliseront les données de l'annuaire à des fins de personnalisation (langue préférée, contenu préféré à partir de la fonction de l'individu et de sa localisation géographique, etc.). Mais, comme nous l'avons précisé précédemment, la constitution d'un référentiel partagé n'est pas toujours la meilleure solution et n'est même pas réalisable dans certains cas (citoyens, utilisateurs inter-entreprises, etc.). Dans ce cas, la fédération des identités apporte un meilleur niveau de sécurité, de disponibilité et d'indépendance de l'utilisateur final vis-à-vis des fournisseurs de services.

- *L'amélioration de l'efficacité de l'accès aux services offerts* : mettre en place des règles de personnalisation permettant de cibler plus directement les centres d'intérêt des utilisateurs en fonction de leur profil et de leur rôle dans l'entreprise. La personnalisation nécessite de décrire les données d'identités des utilisateurs de façon commune entre les différents services, et de les partager à travers des standards ouverts. Elle nécessite aussi de définir des règles d'adéquation des ressources informatiques, des applications et du contenu en fonction de critères propres à l'identité des utilisateurs. Face à la multiplicité des services en ligne, au développement rapide des réseaux mondiaux et des réseaux sans fil, le principal enjeu pour les entreprises n'est plus d'« exclure » les utilisateurs de leur système d'information, mais de les « inclure » afin de leur donner accès efficacement à la bonne information. Il s'agit de répondre aux besoins de chacun, en tenant compte de son profil, de ses préférences et de ses droits.

Nous allons décrire dans le tableau 1.3 l'importance de ces enjeux pour chaque catégorie d'utilisateurs identifiée précédemment.

Tableau 1.3 – Enjeux de la gestion des identités par catégorie

	« Interne »	Clients	Citoyens	Partenaires, fournisseurs
Protection des données individuelles	Moyen	Moyen	Fort	Faible
Maîtrise des risques liés à l'accès au système d'information et à la sécurité	Fort	Faible	Faible	Fort
Efficacité des processus d'activation et de désactivation de comptes	Moyen	Faible	Fort	Faible
Communication et partage des informations sur les individus et l'organisation	Fort	Faible	Faible	Fort
Amélioration de l'efficacité de l'accès aux services offerts	Moyen	Faible	Fort	Fort

Bien entendu, cette appréciation peut varier en fonction du contexte de l'entreprise. Dans certaines entreprises anglo-saxonnes, la protection des données individuelles des employés peut présenter un enjeu fort si elles contiennent des informations personnelles comme le numéro de sécurité sociale ou l'adresse de domicile (c'est souvent le cas aux États-Unis, mais rarement en Europe). De plus, les législations évoluent et obligent aujourd'hui certaines entreprises à tracer les actions des clients, des décideurs et des cadres à des fins de contrôle et de protection des identités, d'audit et d'identification des responsabilités, en cas de litige fiscal ou financier (Gramm-Leach-Biley Act et Sarbane-Oxley Act).

Dans le cas des citoyens et de l'administration électronique, il va de soi que la protection des données individuelles est un enjeu majeur. Le citoyen doit être en mesure de contrôler les renseignements qui le concernent, comme des informations de santé ou fiscale, conformément aux directives de la CNIL (voir plus loin dans cet ouvrage une description des droits et obligations édictés par celle-ci). Mais il doit aussi pouvoir surveiller à qui ces informations sont publiées, au sein de l'administration. Par exemple, en cas de changement d'adresse, il peut décider de communiquer celle-ci uniquement aux organismes qu'il sélectionne, comme sa mairie ou son centre des impôts, mais pas nécessairement à tous les services de l'administration. Nous verrons dans la suite de cet ouvrage comment des standards comme Liberty Alliance ou Passport sont au cœur de cette problématique.

De plus, toujours dans le cas de l'administration électronique, l'authentification forte, à l'aide d'une carte d'identité électronique (par exemple la carte Sesame Vitale), présente aussi un enjeu de la plus grande importance. Il est en effet indispensable de s'assurer que c'est bien la bonne personne qui accède aux services en ligne, notamment lorsqu'il s'agit de transactions personnelles, comme la déclaration d'impôts. Il faut ensuite être capable de tracer les transactions effectuées en ligne à des fins de suivi et d'audit.

Ce que coûte la mise en œuvre d'un annuaire d'entreprise

Mettre en place un annuaire d'entreprise qui fédère les données concernant les personnes et les ressources n'est pas une tâche immédiate. Comme nous le verrons plus tard dans ce livre, plusieurs points doivent être pris en compte, allant d'une sémantique commune des informations à une infrastructure commune.

La première étape consiste à mettre d'accord les différents services de l'entreprise sur la signification des attributs à partager. Par exemple, s'il faut partager le titre et la fonction de la personne dans le cas d'un annuaire des employés, il est nécessaire d'avoir la même nomenclature pour toutes les filiales de l'entreprise.

Puis il faut définir un modèle de données qui convienne à tous, et des services de gestion de l'annuaire adaptés à l'organisation de l'entreprise.

Il faut ensuite réaliser les applications de gestion de l'annuaire, et mettre en place l'infrastructure adéquate comprenant la plate-forme matérielle et les logiciels, et donner accès à l'annuaire à toutes les personnes concernées.

D'après le Burton Group, cabinet de conseil spécialisé dans les technologies réseau et les systèmes d'information répartis *(Network Computing)*, la mise en place d'un annuaire d'entreprise, pour une société faisant partie des mille *plus grandes entreprises*, se situe entre un million et deux millions de dollars, ce qui correspond donc à 1,1 million à 2,2 millions d'euros. Bien entendu, cela dépend du nombre d'annuaires à fédérer, du nombre de sources à prendre en compte, du nombre d'utilisateurs et du nombre d'applications concernées. Notons que le nombre moyen d'annuaires dans les mille plus grands comptes est évalué à environ cent cinquante !

La majeure partie de ces coûts concerne l'intégration et l'adaptation des applications existantes. Leur impact n'est pas négligeable, d'autant que les technologies nouvelles sur lesquelles reposent les annuaires comme LDAP, Java ou ADSI, ne sont pas toujours compatibles avec les environnements associés à ces applications. Ces coûts peuvent donc être réduits si l'annuaire d'entreprise est mis en place lors de la refonte du système d'information de l'entreprise ou de la mise en place de nouvelles applications.

Quant aux entreprises de taille moyenne ou de petite taille, l'ordre de grandeur n'est pas du tout le même. En général, il est préférable de migrer vers de nouveaux outils plutôt que de mettre en place des services de synchronisation entre les différents annuaires. Par exemple, la migration d'un parc de micro-ordinateurs et de serveurs de Windows NT vers Windows 2000/2003 apportera automatiquement les bénéfices d'un annuaire unique basé sur Active Directory de Windows 2000/2003.

Quels apports et retour sur investissement ?

Un annuaire d'entreprise offre-t-il un retour sur investissement suffisant pour convaincre une direction générale de sa mise en œuvre ? Quels sont les avantages qualitatifs complémentaires qu'il faut mettre en avant ?

Reprenons l'exemple cité précédemment : une entreprise de dix mille personnes qui a une dizaine d'annuaires à fédérer. En ramenant le nombre d'annuaire de 10 à 1, l'entreprise économiserait 49 mois/homme correspondant aux coûts d'administration des annuaires. En supposant que le salaire chargé mensuel de l'administrateur corresponde à 5 000 euros, l'économie s'élève à environ 245 000 euros par an.

Nous allons évaluer grossièrement les coûts de mise en œuvre de cet annuaire d'entreprise. Pour cela, nous allons identifier les principales tâches à réaliser ainsi que les principaux composants techniques de la solution.

Tableau 1.4 – Exemple de coût de mise en œuvre d'un annuaire

Coût de mise en œuvre d'un annuaire	
Spécification et conception de l'annuaire	30 000 euros
Réalisation et déploiement	75 000 euros
Licences requises (serveurs LDAP, etc.)	115 000 euros
Plates-formes	25 000 euros
Total	245 000 euros

Ainsi, le retour sur investissement est réalisé dès la deuxième année de fonctionnement de la solution. Rappelons que nous avons pris des hypothèses minimalistes lors de l'évaluation des coûts d'administration, et que viennent se rajouter à ces gains quantitatifs les apports qualitatifs qui, à long terme, prévalent largement. En effet, la qualité des données, la sécurité apportée par l'annuaire fédéré et la délégation de l'administration aux différentes entités de l'entreprise, voire aux clients, pour un extranet, apportent des avantages indéniables et contribuent aussi à la maîtrise des dépenses et des coûts, ainsi qu'à la réactivité de l'entreprise et à la qualité des services rendus à ses clients.

Mais, au-delà du retour sur investissement, la gestion des identités et des annuaires à l'échelle de l'entreprise apporte d'autres avantages que nous listons ci-dessous. Cette liste n'est pas exhaustive, mais donne des arguments supplémentaires à ceux cités plus haut que vous pourrez développer pour mieux défendre votre projet.

L'amélioration de la qualité des données partagées sur les individus

La multiplicité des annuaires a des conséquences sur la qualité des données qui s'y trouvent. En effet, ils peuvent contenir des informations redondantes (le nom et le prénom, voire la fonction d'une personne par exemple). L'absence de leur synchronisation peut donc induire en erreur et avoir un retentissement sur la qualité des services offerts par une entreprise à ses employés et à ses clients. Par exemple, une adresse de messagerie erronée peut mener à la perte de messages importants. La fédération des identités et des annuaires va permettre de rationaliser les processus de gestion des données et d'identifier les bons acteurs et propriétaires pour chaque type d'attribut. Il faudra donc identifier ceux qui sont responsables de la création des prestataires externes lorsqu'ils arrivent dans l'entreprise, et, éventuellement, leur permettre de modifier eux-mêmes certaines informations les concernant, etc. Tout ceci va contribuer à l'amélioration de la qualité des données partagées.

Les coûts de développement de la gestion des utilisateurs

Dans toute application informatique, il existe des fonctions de gestion des utilisateurs et parfois de groupes ou de listes d'utilisateurs. Cela permet de donner accès à cette application, et d'attribuer éventuellement des droits en fonction du rôle et du profil de l'utilisateur.

La mutualisation de ces fonctions, dans une solution partagée entre les applications, permet de réduire les coûts de développements, d'assurer une homogénéité des fonctions d'administration, et une cohérence des données utilisateurs entre ces applications. Il est conseillé, dans ce cas, de réaliser les fonctions de consultation et de mise à jour de l'annuaire sous forme de composants réutilisables, basés sur les standards du marché (par exemple, les composants .Net de Microsoft ou les composants Java), voire aussi sous forme de services Web (*via* XML et SOAP par exemple).

L'administration centralisée et délocalisée

Au-delà de la réduction des coûts d'administration, le fait de centraliser l'organisation de l'annuaire permet aussi de délocaliser plus simplement la gestion d'une partie de ses données. En effet, il est plus simple de déléguer l'administration d'une branche ou d'un sous-ensemble lorsque celui-ci est géré par un même système d'information. En effet, d'une part, l'annuaire partage un modèle de données commun, et, d'autre part, il est plus simple de contrôler les règles de sécurité associées à la délégation des droits d'accès aux données.

La modularité de l'infrastructure

La fédération de la gestion des identités et des annuaires d'entreprise simplifie l'adaptation du système d'information à tout changement organisationnel. En effet, l'intégration d'une nouvelle société ou d'une nouvelle filiale peut se faire plus facilement par agrégation d'annuaires, ou *via* les interfaces d'échanges normalisés qui existent entre annuaires (voir plus loin, dans cet ouvrage, les standards DSML, SAML, Liberty Alliance, etc.). Il est aussi plus simple d'adapter le système d'information dans le cas d'une cession d'une partie de l'entreprise, car il suffit de « détacher » ou de supprimer les informations concernant l'entité organisationnelle et les personnes (employés, clients, etc.) qui s'y trouvent.

Une stratégie de sécurité homogène

Au-delà de la réduction des risques liés à la sécurité que nous avons identifiés précédemment, le déploiement d'un annuaire d'entreprise est un élément clé pour :

- L'authentification unique : l'annuaire permet de mettre en place le SSO (*Single Sign On*), et de rendre les applications indépendantes des mécanismes d'authentification (mot de passe, clés privée et publique, carte à puce, etc.).

- L'homogénéisation de la stratégie d'habilitation aux applications : l'annuaire établit une stratégie commune d'habilitation aux applications, en fonction de différents critères comme le rôle de l'utilisateur, la localisation géographique, la position hiérarchique, le métier, etc. De plus, ceci apporte une meilleure visibilité et un contrôle centralisé des habilitations et de l'accès aux applications.

- La protection des données individuelles : une infrastructure partagée de gestion des identités va permettre de mieux contrôler l'accès et la protection des données individuelles, et va permettre de mieux tracer l'accès aux données, à des fins de preuves si besoin. En effet, les outils sous-jacents (annuaires LDAP, gestion du contenu des annuaires, infrastructure technique, etc.) vont être conçus pour répondre à ce besoin et vont respecter les règles de chaque pays, comme ceux édictés par la CNIL, en s'appuyant sur les standards du marché (LDAP, certificat X509, SAML, etc.). Ils vont aussi offrir des rapports permettant de visualiser l'activité des utilisateurs et d'effectuer des statistiques d'accès et d'usage de l'infrastructure.

Pourquoi un standard comme LDAP ?

Nous pouvons résumer tous les services que doit offrir un annuaire de la façon suivante :

- un annuaire doit permettre de stocker des données ;
- un annuaire doit offrir un classement et une vue hiérarchique des données ;
- un annuaire doit permettre de rechercher des données et de naviguer dans celles-ci ;
- un annuaire est utilisé plus fréquemment en lecture qu'en écriture ;
- un annuaire doit pouvoir être sollicité à distance à l'aide d'une interface standard et performante ;
- un annuaire doit pouvoir communiquer avec un autre annuaire ;
- un annuaire doit pouvoir gérer des habilitations sur les données qu'il contient ;
- un annuaire doit offrir une structure flexible et évolutive.

Notons que le terme « annuaire » pour un outil offrant toutes ces fonctions peut sembler restrictif. En effet, celui-ci ne référence pas uniquement les personnes de l'entreprise, mais aussi tout type de ressource, comme les applications ou les machines, ainsi que des droits d'accès et des habilitations. Il a de plus un rôle opérationnel et central dans un système d'information d'entreprise, et peut altérer son fonctionnement s'il tombe en panne. C'est pourtant le terme utilisé à ce jour aussi bien par la presse que par les éditeurs de solutions du marché.

Certains de ces points nécessitent de définir une interface, faisant partie d'une norme ou d'un standard adopté par tous, à travers laquelle les services de l'annuaire seront accessibles.

Point	Nécessite un standard
Un annuaire doit permettre de stocker des données.	Non.
Un annuaire doit offrir un classement et une vue hiérarchique des données.	Oui, car il est nécessaire de définir ce qu'est un classement hiérarchique, et d'offrir un mécanisme souple permettant à chacun de définir le classement qui convient à ses besoins.
Un annuaire doit permettre de rechercher des données et de naviguer dans celles-ci.	Oui, car il est nécessaire de définir un langage d'interrogation pour effectuer les recherches et lire le résultat.
Un annuaire est utilisé plus fréquemment en lecture qu'en écriture.	Non.
Un annuaire doit pouvoir être sollicité à distance à l'aide d'une interface standard et performante.	Oui, car il faut définir le protocole réseau de communication et le protocole *applicatif* pour accéder aux services de l'annuaire.
Un annuaire doit pouvoir communiquer avec un autre annuaire.	Oui, car il est nécessaire de définir un format d'échange entre annuaires.
Un annuaire doit pouvoir gérer des habilitations sur les données qu'il contient.	Oui, car il est nécessaire de définir la façon dont les habilitations sont décrites.

Tous ces points ont suscité l'émergence d'un standard. Ce standard est le protocole LDAP *(Lightweight Directory Access Protocol)*, né des technologies Internet et X500, et normalisé par l'IETF *(Internet Engineering Task Force)* au même titre que les autres standards Internet comme SMTP *(Simple Mail Transfer Protocol)* pour la messagerie, HTTP *(HyperText Transfer Protocol)* pour le Web, etc.

Le standard LDAP ne concerne que l'interface avec un annuaire. En effet, les besoins exprimés ci-dessus n'affectent que la façon d'interroger et d'échanger des informations avec celui-ci ; peu importe la façon dont il fonctionne et gère les données. Cela s'applique aussi aux autres standards Internet, comme la messagerie SMTP ou les forums de discussion NNTP.

Prenons l'exemple de la messagerie : on trouve des produits basés sur des technologies complètement différentes et propriétaires, comme MS-Exchange de Microsoft ou Lotus Notes d'IBM, mais qui offrent une interface commune d'interrogation et d'échange de messages qui est SMTP. Ainsi, une messagerie comme MS-Exchange peut communiquer avec une messagerie comme Lotus Notes, comme le montre la figure 1.20.

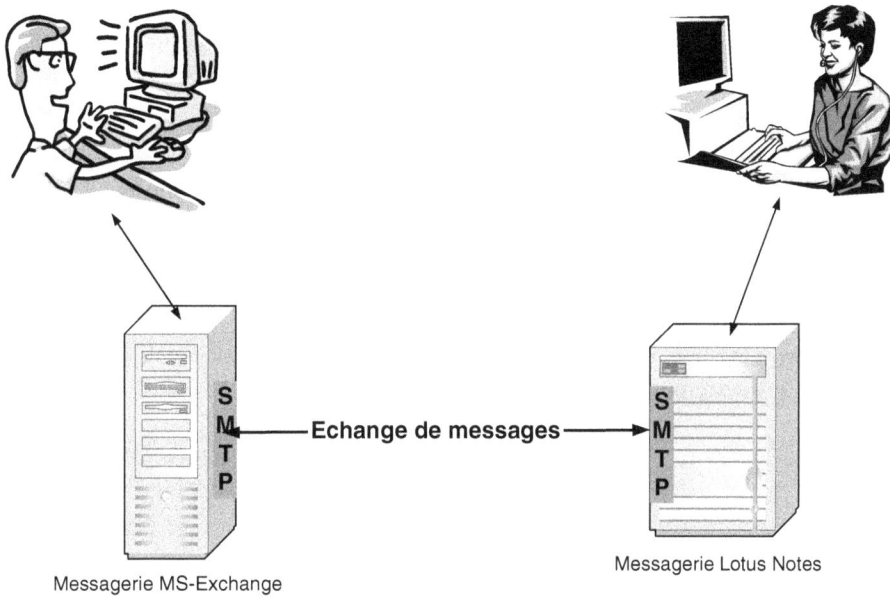

Figure 1.20

Exemple d'interface SMTP entre deux messageries propriétaires

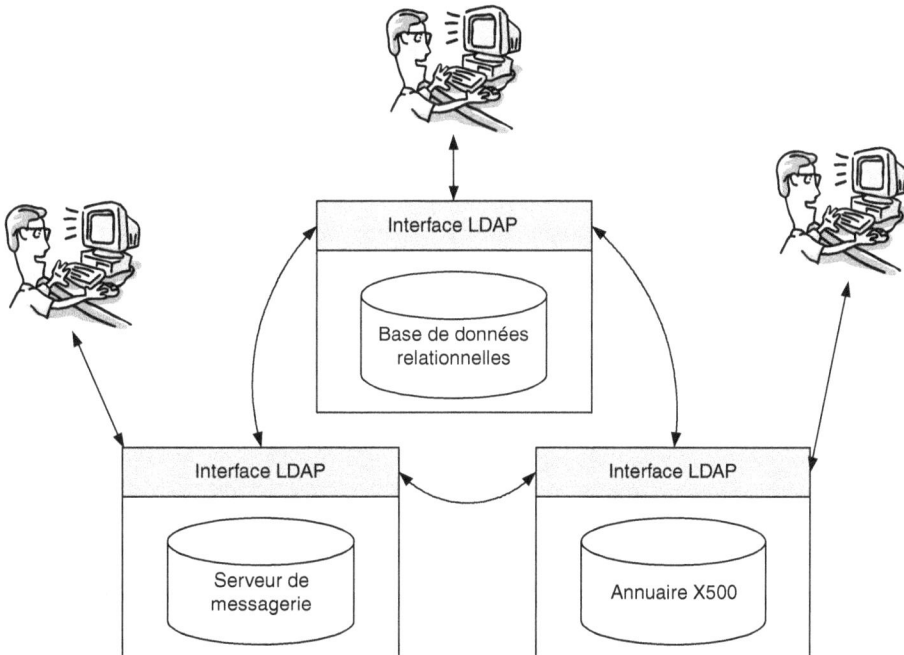

Figure 1.21

Les différents types d'annuaires LDAP

De même LDAP ne normalise que l'interface de communication avec un annuaire, peu importe la façon dont celui-ci fonctionne. Cet annuaire peut donc aussi bien être basé sur un moteur de base de données relationnelles que sur une messagerie électronique ou un annuaire de type X500.

La figure 1.21 montre quelques exemples de solutions pouvant avoir une interface LDAP, et illustre le rôle de celle-ci, qui consiste d'une part à communiquer avec des applications clientes et d'autre part à assurer l'interopérabilité des annuaires.

Il faut surtout retenir que ce standard a d'ores et déjà été adopté par tous les éditeurs du marché, comme Sun (ex-iPlanet) qui est à son origine à travers le rachat des produits de serveurs de Netscape, ou comme Microsoft, IBM, Oracle, Novell, HP, Siemens... Il fait désormais partie intégrante des versions commercialisées à ce jour et joue un rôle majeur dans les systèmes d'information des entreprises.

2

Historique des annuaires et introduction à LDAP

Nous avons vu dans le chapitre précédent ce qu'est un annuaire. Nous allons maintenant décrire les différentes catégories d'annuaires en exposant brièvement les initiatives de normalisation, comme les normes X500 et LDAP.

Cette classification doit vous aider à identifier les annuaires dont vous disposez déjà ou que vous avez besoin de mettre en place, et à bien comprendre le rôle que doivent jouer ces annuaires dans l'entreprise.

Naissance des annuaires

Les annuaires sont nés avec l'informatique en réseau. À partir du moment où des utilisateurs ont dû avoir accès à des ressources informatiques à travers des ordinateurs reliés par un réseau local, il a fallu identifier ces utilisateurs à l'aide d'un nom et d'un mot de passe, et contrôler les accès aux ressources des machines, comme le disque dur et la mémoire. Les premiers annuaires sont ainsi apparus dans les systèmes d'exploitation comme MVS avec la messagerie PROFS d'IBM, ou encore UNIX avec NIS.

Avec l'avènement d'Internet, dès les années quatre-vingt, sont apparues de nouvelles catégories d'annuaires, comme les DNS *(Domain Name System)* et WHOIS (« Qui est » en anglais) à vocation plus étendue que le partage de ressources dans un réseau local d'entreprise.

Les annuaires DNS

Ils ont vu le jour il y a une vingtaine d'années afin d'offrir un service distribué permettant d'associer des noms, exprimés sous forme d'une chaîne de caractères, et des adresses IP. Par exemple, un service DNS offre la possibilité d'associer l'adresse IP `198.12.32.44` au nom `supersite.com`. Il permet ainsi de trouver l'adresse IP du site Internet *www.supersite.com*, et réciproquement, c'est-à-dire de retrouver le nom d'un site à partir de son adresse. Dans cet exemple, la recherche se fait uniquement sur les deux derniers suffixes, que l'on appelle nom de domaine (`supersite.com`).

Les annuaires DNS sont gérés par des serveurs, que l'on nomme tout simplement serveurs DNS. Ces serveurs ont la faculté de communiquer entre eux, et de pouvoir résoudre un nom donné en s'échangeant la requête. Ainsi, si on interroge un serveur DNS qui ne connaît par l'adresse IP du site *www.supersite.com*, celui-ci va passer la requête au serveur qui lui est hiérarchiquement supérieur, et ainsi de suite jusqu'à trouver l'adresse souhaitée. Les noms gérés par un serveur DNS sont organisés de façon hiérarchique, ils permettent par conséquent de naviguer plus facilement, comme l'indique le schéma suivant.

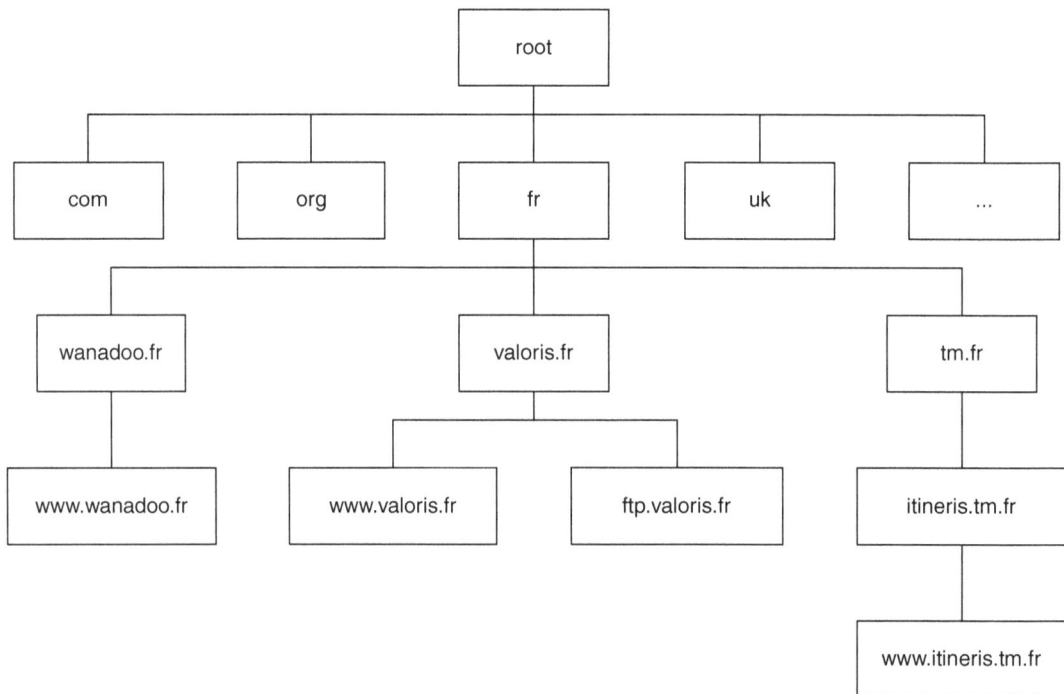

Figure 2.1

Exemple d'arborescence DNS

Les serveurs DNS constituent un maillon indispensable du réseau Internet : sans eux il n'est pas possible d'accéder à un service par son nom ! Il est malgré tout envisageable d'y accéder par son adresse IP, mais ce n'est pas très pratique.

Ils illustrent bien la définition et les caractéristiques d'un annuaire que nous avons données précédemment.

En voici quelques-unes :

- *Ils sont beaucoup plus sollicités en lecture qu'en écriture* : chaque fois que vous accédez à un site Internet en tapant son URL, par exemple *www.yahoo.fr*, vous faites appel au serveur DNS auquel vous êtes rattaché pour retrouver son adresse IP.

- *Ils offrent un classement et une vue hiérarchique des données* : les noms de domaine sont organisés de façon hiérarchique comme nous l'avons montré ci-dessus.

- *Ils doivent pouvoir être sollicités à distance et de façon performante* : c'est typiquement le cas d'un serveur DNS qui peut être sollicité de n'importe quel poste ; il suffit pour cela de connaître son adresse IP.

- *Ils doivent pouvoir communiquer entre eux* : un serveur DNS transmet la requête au serveur DNS auquel il est rattaché s'il ne sait pas résoudre un nom de domaine.

Mais les serveurs DNS n'ont été conçus que pour localiser des machines à l'aide d'adresses IP. Ils ne sont pas adaptés à la localisation de personnes, que ce soit à travers des adresses de messagerie électronique ou de numéros de téléphone, par exemple. D'où la nécessité d'élaborer d'autres standards comme les annuaires WHOIS.

Les annuaires WHOIS

À l'origine d'Internet, la plupart des serveurs étaient basés sur des machines UNIX. Les annuaires WHOIS permettent d'enregistrer des informations diverses associées à un nom de domaine ou à des adresses IP pour obtenir des noms de contacts relatifs aux machines et aux services offerts par ces sites Internet.

Ils contiennent par exemple des informations comme l'adresse postale, des numéros de fax, des noms de personnes à contacter, le titre de ces personnes… WHOIS est basé sur un protocole en mode texte dans lequel les requêtes et les réponses sont formulées à l'aide d'une chaîne de caractères.

Ce type d'annuaire n'a pas non plus une vocation généraliste. Il n'est donc pas développé en dehors de la gestion de domaines IP sur Internet et des environnements UNIX.

Par ailleurs, les instances internationales de normalisation, que sont l'ITU *(International Telecommunication Union),* anciennement CCITT (Comité consultatif international de télégraphie et de téléphonie), et l'ISO *(International Organization for Standardization)* ont entrepris des travaux de normalisation des protocoles dédiés à la messagerie électronique, ce qui a donné naissance aux normes X400. Par la suite, vers la fin des années quatre-vingt, ils ont aussi entrepris des travaux de normalisation des annuaires électroniques afin de favoriser l'interopérabilité des pays et de constituer ainsi un annuaire de messagerie mondial ! Ceci a donné naissance aux standards X500.

La normalisation X500

Généralités

Le standard X500 a été établi dans le but d'offrir un cadre de normalisation dédié aux annuaires électroniques, et ceci quel que soit leur domaine d'application. La normalisation X500 a abouti en 1988 à une première version, puis une deuxième version a été entérinée en 1993, c'est à celle-ci que nous nous référerons par la suite.

L'objectif de cette normalisation est de mettre à disposition de l'industrie des télécommunications un standard, indépendant de tout constructeur, capable de faire dialoguer et cohabiter une multitude d'annuaires à l'échelle mondiale, afin de constituer un annuaire Pages Blanches et Pages Jaunes, virtuel et unique. Elle doit permettre à chaque pays de mettre à jour son propre annuaire, et d'interroger les autres annuaires de la même façon, et ceci quelle que soit la langue de l'utilisateur ou du service interrogé !

Ses principales caractéristiques sont les suivantes :

* l'ouverture, qui assure une interconnexion des annuaires ;

* l'extensibilité, qui permet de modifier simplement la structure des données tout en conservant la compatibilité avec la structure d'origine et d'être ainsi adaptable à toutes sortes de besoins et d'applications ;

* une architecture distribuée, capable de répartir ou de répliquer les données sur plusieurs serveurs.

La norme X500 comprend plusieurs standards, dont les principaux sont les suivants :

* X.500 : généralités sur les concepts, les modèles et les services.

* X.501 : décrit les différents modèles associés aux annuaires X500.

* X.509 : décrit les principes d'identification et d'authentification d'un client et d'un serveur.

* X.511 : décrit en détail les services offerts par un annuaire X500, comme la recherche, la création, la suppression…

* X.518 : décrit comment fonctionnent les services distribués entre plusieurs annuaires, comme la recherche.

* X.519 : décrit tous les protocoles de communication entre serveurs d'annuaire et entre un client et un serveur. On entend par protocole la syntaxe des échanges binaires de données entre un client et un serveur ou entre deux serveurs, pour soumettre une demande ou obtenir un résultat.

* X.520 : décrit les attributs prédéfinis, comme le nom, le prénom, le numéro de téléphone ou encore l'adresse de messagerie, assurant ainsi une interopérabilité au niveau du contenu des données des annuaires.

* X.521 : décrit des classes d'objets prédéfinies, comme l'objet « personne » ou l'objet « organisation », assurant aussi une interopérabilité du contenu des données des annuaires.

* X.525 : décrit comment le contenu d'un annuaire est répliqué sur différents serveurs d'annuaire X500.

Les composants d'un annuaire X500

La normalisation X500 identifie différents composants d'un système constituant un annuaire, que nous décrivons dans le schéma suivant :

Figure 2.2

Les composants d'un système d'annuaire X500

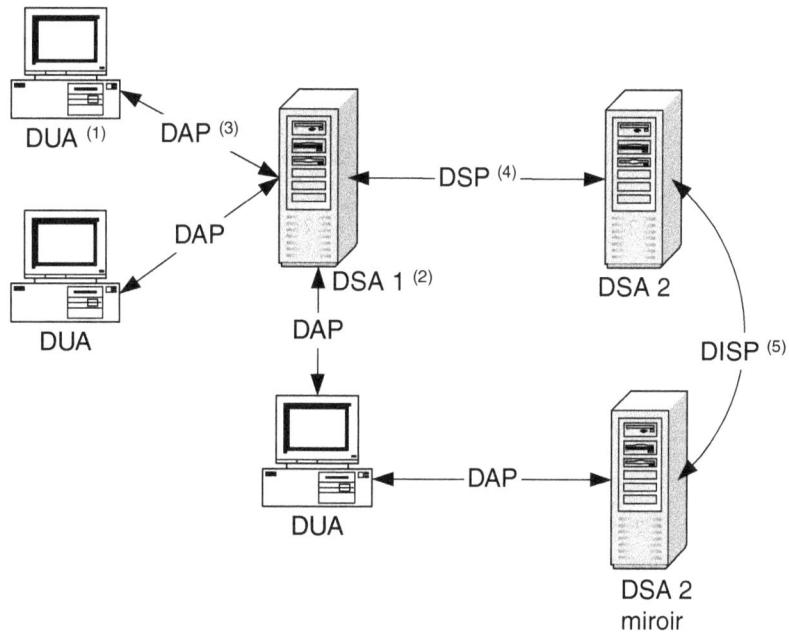

- Le DUA ou *Directory User Agent*, est le composant client qui interroge l'annuaire pour en extraire des informations ou les mettre à jour. Ce client est en fait une application informatique qui dialogue avec le serveur *via* le protocole DAP *(Directory Access Protocol)*. La norme X500 ne définit pas la façon dont un agent DUA communique avec un utilisateur. Cet utilisateur peut aussi bien être une personne physique qu'une application ; l'implémentation de cette interface a laissé libre cours au développeur ou au fournisseur de la couche DUA (éditeur de logiciel X500 par exemple).

Note

Une interface de programmation, définie par l'X/Open Group, nommée XDS, permet d'accéder aux services d'un agent DUA à l'aide du langage C de façon normalisée. Cette interface est complexe à utiliser, et n'a pas eu beaucoup d'adeptes. Une autre interface, définie par la communauté Internet, dénommée LDAP API *(LDAP Application Program Interface)*, a été adoptée car elle est beaucoup plus simple à utiliser.

- Le DSA, ou *Directory System Agent*, est le système qui comprend la base de données, que l'on nomme DIB *(Directory Information Base)*, et peut dialoguer soit avec des clients soit avec d'autres DSA. C'est en fait le serveur d'annuaire proprement dit. Chaque agent DUA est rattaché à un DSA particulier, que l'on nomme Home DSA ; c'est ce dernier qui se charge de passer la requête à un autre DSA si nécessaire.

- Le protocole DAP, ou *Directory Access Protocol*, est le protocole de communication entre un client et un serveur X500. Il décrit la façon dont les requêtes, les résultats et les erreurs sont échangés entre eux.

  Ce protocole s'appuie sur deux standards OSI *(Open Systems Interconnect)* :

  – ROSE *(Remote Operations Service)* ;

  – ACSE *(Association Control Service)*.

  Nous n'allons pas décrire ces deux standards ici, car ils ne font pas partie de la norme X500 proprement dite. Il faut savoir qu'ils sont assez complexes à mettre en œuvre et qu'ils nécessitent l'implémentation des autres couches OSI (liaison, réseau, transport, session, présentation…). C'est une des raisons pour lesquelles ce protocole a été simplifié dans un premier temps afin de fonctionner sur TCP/IP, donnant ainsi lieu à des implémentations de DAP sur IP, pour ensuite aboutir au protocole LDAP *(Lightweight DAP* ou DAP allégé !). Celui-ci ne reprend que peu de choses de X500 comme nous le verrons par la suite.

- Le protocole DSP ou *Directory System Protocol*, est le protocole de communication entre deux serveurs X500, c'est-à-dire entre deux DSA. Les deux protocoles DSP et DAP se ressemblent beaucoup ; pour toute requête DAP, il existe une requête dans DSP permettant de chaîner celle-ci vers un autre serveur. Il est donc possible par ce biais d'effectuer une même requête sur plusieurs serveurs DSA et de transmettre au client la concaténation des résultats renvoyés par chacun des serveurs. Le protocole DSP est le maillon qui permet de répartir les données d'un annuaire sur plusieurs serveurs. La norme X500 a aussi décrit un autre mécanisme qui offre la possibilité de chaîner une requête vers un autre serveur, mais cette fois-ci à partir de l'agent DUA. Ce mécanisme est appelé *referrals,* nous allons le décrire plus en détail dans le paragraphe suivant ; c'est celui qui a été retenu par le standard LDAP.

- Le protocole DISP, ou *Directory Information Shadowing Protocol,* permet de répliquer un serveur DSA maître (ou fournisseur : *supplier* dans la norme X500) vers un autre serveur miroir DSA (ou consommateur : *consumer* dans la norme X500) qui contiendra la base DIB, à savoir les données de l'annuaire. Le protocole DISP permet également d'effectuer une réplication incrémentale ou complète, et d'horodater ces réplications pour en assurer le suivi de façon efficace. Un serveur DSA miroir peut être utilisé de la même façon qu'un serveur DSA maître par tout agent DUA. La seule différence alors est que l'agent DUA ne peut pas effectuer de mise à jour sur celui-ci ; il ne pourra le faire que sur le serveur DSA maître.

Le chaînage des requêtes

Une des fonctions clés des annuaires X500 est la faculté de chaîner les requêtes entre serveurs DSA. Deux méthodes ont été définies dans la norme X500, l'une effectue un chaînage entre deux serveurs, que nous nommons *chaînage* par la suite, et l'autre renvoie au demandeur une référence vers un autre serveur, que nous nommons *renvoi de référence*, plus connu sous le terme anglais *referrals*.

Le chaînage entre serveurs DSA

Le chaînage de requête fonctionne de la façon suivante :

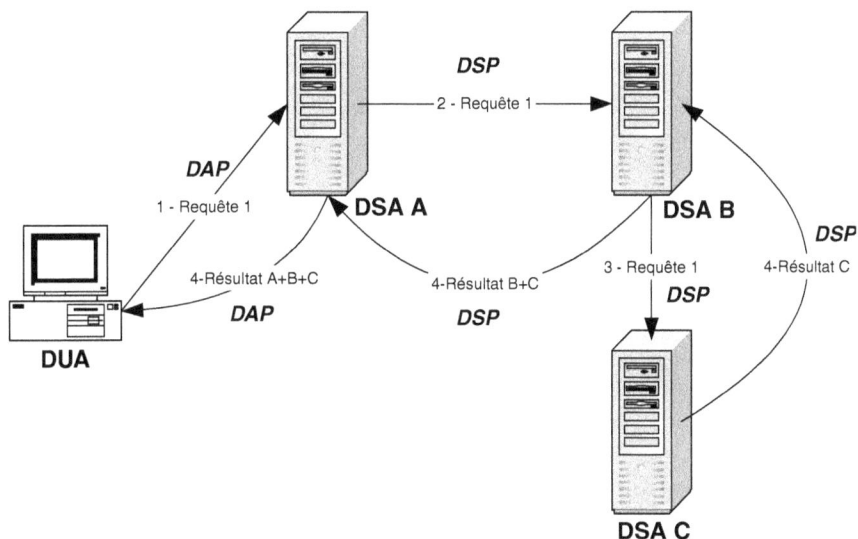

Figure 2.3

Exemple de chaînage des requêtes entre serveurs DSA

1. Un serveur A reçoit une requête d'un client DUA *via* le protocole DAP.

2. Sous certaines conditions, définies par l'administrateur de l'annuaire, ce serveur chaîne la demande vers un autre serveur B à l'aide du protocole DSP de dialogue entre serveurs.

3. Le serveur B peut faire de même et chaîner la requête vers un serveur C.

4. La somme des résultats envoyés par chacun des serveurs est renvoyée au demandeur.

Le renvoi de référence

Ce mécanisme consiste à renvoyer au demandeur les résultats de la requête et les coordonnées d'un autre serveur pouvant aussi y répondre. Là aussi, c'est l'administrateur qui détermine dans quelles conditions un serveur doit renvoyer une référence vers un autre serveur.

Figure 2.4

Exemple de renvoi
de référence
ou de referrals

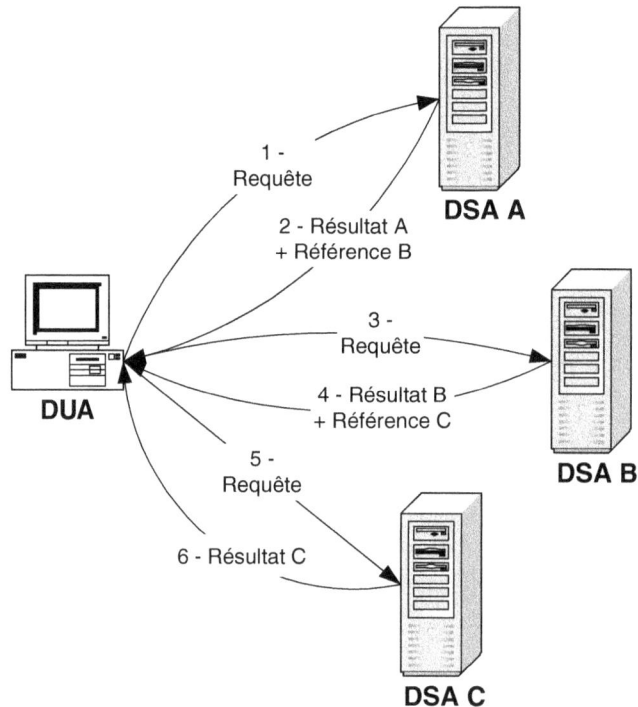

1. Un serveur A reçoit une requête d'un client DUA.

2. Sous certaines conditions, définies par l'administrateur de l'annuaire, ce serveur renvoie le résultat, ainsi que les coordonnées d'un autre serveur B.

3. Le client DUA récupère les résultats du serveur A, et soumet la même demande au serveur B.

4. Le serveur B renvoie les résultats de la requête, ainsi que les coordonnées d'un serveur C.

5. Le client DUA récupère les résultats du serveur B, et soumet la même demande au serveur C.

6. Le serveur C renvoie les résultats de la requête au client.

7. Le client concatène les résultats et les transmet au demandeur (application ou utilisateur).

Ce mécanisme de références peut aussi fonctionner entre serveurs DSA, comme le montre la figure 2.5.

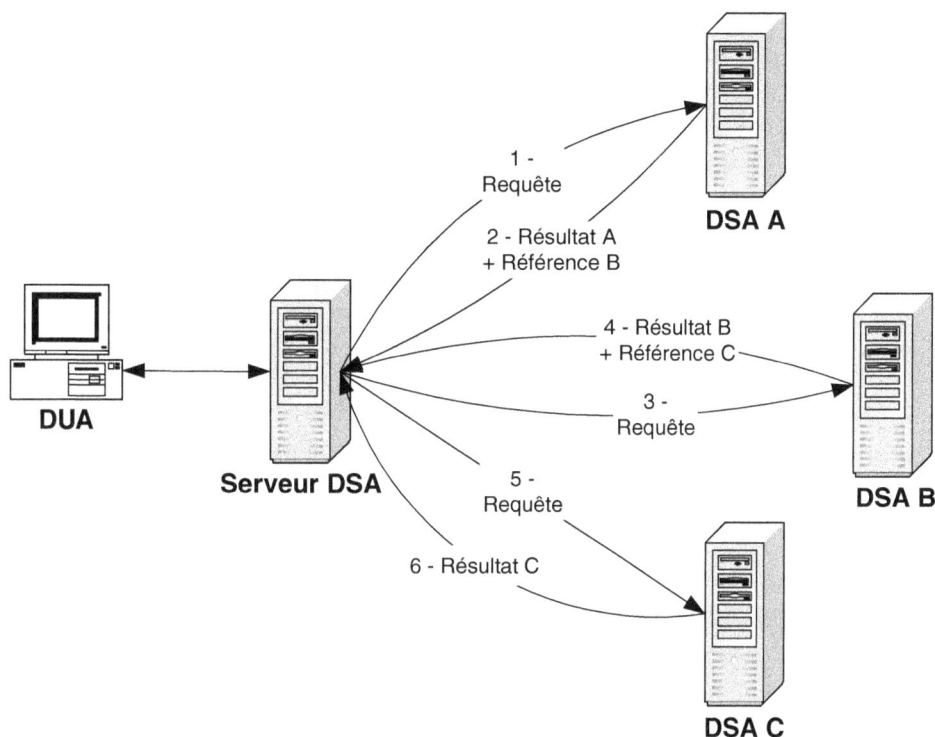

Figure 2.5

Exemple de renvoi de référence ou de referrals entre serveurs

Avantages et inconvénients des méthodes de chaînage et de renvoi de référence

La méthode de chaînage réduit la complexité du client DUA, car celui-ci n'a pas à effectuer de traitement supplémentaire ; il reçoit en fin de chaînage la somme des résultats, concaténés par le serveur DSA auquel il a soumis la requête.

Par ailleurs, ce mécanisme offre de meilleures garanties de sécurité car le client n'a pas à connaître l'emplacement des autres serveurs ni les identifications requises pour les interroger.

Quant à la méthode de renvoi de référence ou *referrals*, elle apporte l'avantage de libérer les ressources du premier serveur dès que celui-ci a envoyé le résultat et la référence du second serveur. En effet, le premier serveur n'a plus besoin d'attendre la réponse du second puisque ce n'est pas lui qui l'interroge. Ce mécanisme a donc peu d'impact sur les performances des serveurs DSA.

En outre, cette méthode offre aux développeurs d'applications plus de possibilités, comme le fait d'informer l'utilisateur de l'avancement de la requête ou de lui permettre d'annuler une requête en cours entre deux appels de serveurs. Cette méthode se révèle avantageuse face à des typologies complexes avec beaucoup de serveurs (comme sur

Internet pas exemple), et permet à l'utilisateur d'annuler sa demande si celle-ci se révèle trop longue à traiter, et ce sans perdre les résultats des premiers serveurs interrogés.

Signalons que la norme X500 n'impose pas l'implémentation de l'une ou de l'autre des méthodes. Elle dépend donc du produit X500 utilisé, le choix de la méthode revenant à son éditeur.

En ce qui concerne le standard LDAP, la méthode de renvoi de référence a été retenue. L'implémentation de ce mécanisme est imposée aux éditeurs de solutions du marché pour avoir le titre de compatibilité avec le standard. La principale raison de ce choix est que LDAP ne concerne que l'interface entre un client souhaitant solliciter des services d'annuaires et un serveur d'annuaire. Il n'affecte pas le dialogue entre annuaires ni la façon dont chaque annuaire fonctionne et est conçu. Cela simplifie au maximum l'implémentation du standard LDAP et favorise ainsi son adoption. En outre, une telle solution est mieux adaptée au contexte d'Internet, car les ressources des serveurs sont libérées au plus tôt, permettant ainsi de répondre à un plus grand nombre d'utilisateurs.

Notions sur les modèles X500

Le standard X500 définit plusieurs modèles d'information, permettant de décrire toutes les facettes d'un annuaire. Ces modèles concernent aussi bien la vue qu'un utilisateur peut avoir sur les données que celle d'un administrateur.

1. Un premier modèle, nommé *Directory User Information Model*, ou *Directory Information Model* ou encore DIM, décrit les données de l'annuaire et la façon dont elles sont identifiées et organisées. Celui-ci s'appuie sur une approche objet, dans laquelle les données sont décrites à l'aide de classes constituées d'attributs, pouvant hériter les unes des autres. Une classe dérivée d'une autre hérite de tous ses attributs et de leurs caractéristiques. Par ailleurs, le modèle décrit de façon exhaustive et précise certaines classes communément utilisées dans un annuaire. On y trouve par exemple des classes qui décrivent des personnes, des organisations, des pays, des groupes de personnes…

2. Pour pouvoir administrer ces données, il est nécessaire de fournir aux administrateurs une vue plus technique de celles-ci : c'est le rôle du modèle dénommé *Directory Operational and Administrative Information Model*. Il permet par exemple de spécifier quelles données seront accessibles et par quels utilisateurs.

3. Un autre modèle offre la possibilité de décrire comment les informations d'un même annuaire seront distribuées sur plusieurs serveurs DSA. C'est le modèle *DSA Information Model*. Il permet par exemple de préciser que certaines données relatives à une même personne sont réparties sur un ou plusieurs serveurs et de décrire leurs emplacements.

4. Enfin, il existe un modèle capable de décrire la façon dont plusieurs annuaires gérés par plusieurs administrateurs vont coopérer : c'est le modèle *Administrative Authority Model*. On peut grâce à lui, par exemple, décrire les délégations de droits à des sous-administrateurs d'une même organisation, sur la totalité ou sur une portion de l'annuaire.

Seul le premier de ces modèles, le Directory User Information Model, a été repris par le standard LDAP. Nous nous contenterons de l'évoquer succinctement dans ce paragraphe, car il est exposé en détail dans la suite de ce livre.

Le modèle DIM du standard X500 décrit les données de l'annuaire à l'aide de classes d'objets, chacune d'elles étant constituée d'un ensemble d'attributs. Chaque attribut est décrit par un type, et peut avoir une ou plusieurs valeurs. Ces classes peuvent dériver les unes des autres ; une classe héritant des attributs de la classe dont elle dérive.

Par exemple, les personnes sont décrites par une classe contenant les attributs : nom, prénom et société. Ces attributs sont tous des chaînes de caractères ayant au plus une valeur, sauf le prénom qui peut en avoir plusieurs. Les employés d'une entreprise sont des personnes. Ils peuvent donc être décrits dans une classe qui dérive de celle décrivant les personnes. La classe ainsi constituée contiendra tous les attributs de la classe « personnes », et des attributs supplémentaires qui lui sont propres comme la date d'embauche, le numéro du bureau, etc.

D'autre part, les objets (c'est-à-dire les occurrences ou les valeurs des classes) sont organisés de façon hiérarchique dans un arbre nommé DIT *(Directory Information Tree)*. Chaque nœud de cet arbre correspond à une entrée dans l'annuaire, ce qui signifie que chaque nœud est un objet correspondant à une instance de classe. Un nœud n'a qu'un seul père et peut avoir plusieurs fils comme il peut n'en avoir aucun. La hiérarchie de l'arbre représente en général l'organisation d'une entreprise, qui peut être nationale ou internationale. Le sommet de l'arbre est appelé *root* ou racine ; c'est un objet fictif qui n'a pas de signification particulière dans l'organisation d'une entreprise. Effectivement, il n'existe pas d'instance à l'échelle mondiale dont peuvent dériver toutes les entreprises du monde !

Le schéma suivant illustre un DIT pour une entreprise multinationale :

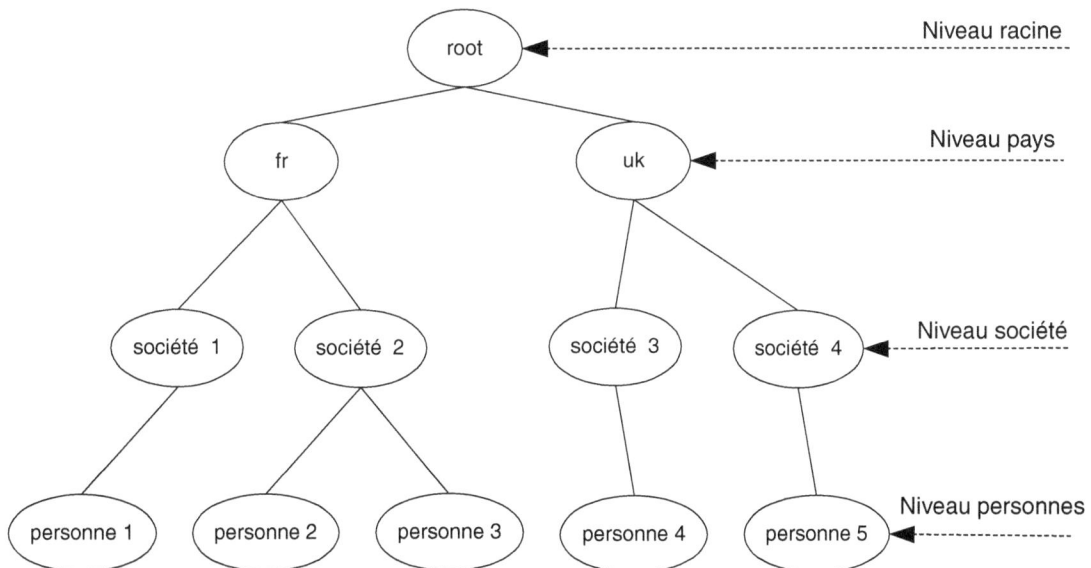

Figure 2.6

Exemple de DIT

Enfin, pour désigner un objet dans l'annuaire, il est nécessaire de définir une règle capable de nommer chaque objet de façon non ambiguë.

La règle adoptée est simple :

- Il faut choisir un attribut pour nommer chaque objet de l'arbre. Par exemple, dans le schéma précédent, l'objet fr, qui désigne le pays France, est nommé à l'aide de son attribut c (**c**ountry) et l'objet Société 1 est nommé à l'aide de son attribut o (**o**rganization). L'objet root étant fictif, il n'a pas de nom.

- Le nom d'un objet consiste à concaténer les noms de tous les nœuds pères en commençant par le nom du nœud le plus bas. Par exemple, le nom de l'objet Société 1 est o=Société 1, c=FR. Ce nom est désigné dans le standard X500 par DN (*Distinguished Name*).

Les points forts de X500

Le standard X500 a pu pour la première fois faire converger plusieurs instances internationales et plusieurs acteurs à l'échelle mondiale autour d'un standard concernant les annuaires électroniques, dans le dessein de les partager entre différents pays, comme l'annuaire téléphonique ou l'annuaire de messagerie.

L'extensibilité de l'annuaire est une condition de succès de sa normalisation. Pour cela, lors de la conception de X500, il a été apporté une attention particulière à l'adaptation à tout type d'organisation d'entreprise et d'institution, et à tout type de contenu.

De même, l'interopérabilité est une fonction élémentaire que chaque annuaire doit respecter. Il fallait donc concevoir une solution qui soit indépendante de tout éditeur, ceci en assurant un niveau de service et des fonctions de sécurité remportant l'unanimité.

Tous ces travaux ont permis de concevoir les fondements du standard LDAP, lequel s'est contenté d'adapter le standard X500 pour répondre à ses imperfections.

Les points faibles de X500

La richesse du standard X500 en a fait sa première victime ! L'implémentation de la totalité du standard rend les produits coûteux et complexes à mettre en œuvre, mais l'implémentation d'une partie des fonctions ne favorise pas l'interopérabilité des annuaires provenant d'éditeurs différents !

En outre, la complexité de la mise en œuvre d'un annuaire X500 n'est pas à la portée des petites entreprises. Celles-ci n'ont donc pas la possibilité de publier leurs annuaires à travers ce standard. Or les personnes qui y travaillent constituent la grande majorité de la population active !

Enfin, la complexité de la partie cliente de X500, DAP, ne favorise pas son déploiement dans le grand public et pour tous les utilisateurs d'une entreprise. Plus un annuaire contient d'informations partagées par tous et plus il est important d'ouvrir l'accès à tout type d'utilisateur, quel que soit son profil et sa plate-forme matérielle et logicielle. Or le protocole DAP nécessite la mise en place des couches OSI et un équipement réseau particulier (carte X25, réseau X25, etc.). Les travaux d'adaptation de DAP à TCP/IP, afin d'en assurer la compatibilité avec le monde Internet, ne constituent qu'une première étape vers la simplification du standard X500, qui a finalement abouti au standard LDAP.

Les annuaires propriétaires

Mais les entreprises n'ont pas attendu l'arrivée d'un standard pour résoudre leurs problèmes d'annuaires. Les éditeurs de logiciels du marché ont donc répondu à leur attente en s'appuyant sur des solutions propriétaires, largement déployées à ce jour.

Nous allons décrire les différentes catégories d'annuaires qui existent déjà dans les produits du marché, et qui sont depuis un certain temps déployées dans les entreprises. Ces annuaires sont désignés comme *propriétaires* par opposition aux annuaires ayant fait l'objet d'une normalisation internationale, comme les annuaires X500. Mais malgré leur caractère propriétaire, c'est-à-dire propre à l'éditeur qui a conçu la solution logicielle, ils sont largement plus répandus que les annuaires normalisés. Il nous semble donc important de les identifier, car l'une des principales difficultés rencontrées lors de la mise en place d'un annuaire LDAP est la migration puis la synchronisation de ces annuaires avec LDAP. Nous aborderons en détail cette problématique dans la suite de ce livre.

Nous pouvons classifier les annuaires propriétaires dans trois principales catégories :

- les annuaires généralistes, dont l'usage n'est pas dédié à une application particulière, comme le sont les bases de données relationnelles, par exemple ;
- les annuaires intégrés aux systèmes d'exploitation réseau, c'est-à-dire qui offrent des services de partage de ressources sur un réseau local d'entreprise ;
- les annuaires propres aux applications, comme les annuaires de messageries électroniques ou encore les annuaires de commutateurs téléphoniques.

Les annuaires généralistes

Avant l'apparition de LDAP et hormis les annuaires X500, nous ne pouvions pas affirmer l'existence d'un annuaire reposant sur une technologie propriétaire, à vocation totalement généraliste.

Un annuaire généraliste doit pouvoir être utilisé pour tout type d'application, comme des Pages Blanches, la gestion des habilitations de personnes sur des ressources ou encore la publication de clés de sécurité publiques comme des certificats X509. Il doit en outre pouvoir contenir toutes sortes de données, que ce soit pour décrire des applications, des personnes, des listes de diffusion ou encore des équipements informatiques comme un parc de micro-ordinateurs.

Seuls les annuaires X500 ont su répondre à ce besoin, mais sans succès pour les raisons que nous avons évoquées précédemment.

Les annuaires de systèmes d'exploitation réseau

Ce sont des annuaires dont la vocation est de gérer des profils d'utilisateurs, d'administrer des ressources partagées, et d'offrir des mécanismes de gestion des habilitations pour l'accès à ces ressources.

En général, ils sont utilisés pour administrer de façon centralisée des ressources diverses, reliées par un réseau local d'entreprise comme des imprimantes, des disques durs, des serveurs de fichiers…

Il existe deux catégories d'annuaires de ce type : ceux qui sont intégrés et dédiés à un système d'exploitation réseau (ou NOS : *Network Operating System)* et ceux qui ne le sont pas.

Les annuaires intégrés et dédiés à un système d'exploitation

En fait, tout système d'exploitation possède un ou plusieurs annuaires intégrés capables de gérer des utilisateurs et des ressources.

Prenons par exemple UNIX : tout système UNIX possède une liste d'utilisateurs auxquels il est possible d'associer un mot de passe et un profil (invité, administrateur, etc.). Il contient aussi des outils de gestion des disques durs et des volumes de stockage, ainsi que des imprimantes, des unités amovibles de stockage… Il est également possible de contrôler les habilitations des utilisateurs et de groupes d'utilisateurs sur ces ressources.

Nous pouvons aussi citer l'annuaire de Novell Netware, intégré dans le système d'exploitation réseau Netware. La société Novell s'est fortement inspirée de la normalisation X500, et a appliqué les concepts à son annuaire sans pour autant utiliser les protocoles OSI sous-jacents au standard. On y retrouve le modèle d'information et l'organisation hiérarchique des données X500 (le DIT), que nous avons décrits plus haut. Novell a même extrait l'annuaire de son système d'exploitation Netware pour en faire un annuaire indépendant de cette plate-forme, porté sous Windows NT et les UNIX Solaris de Sun, HP-UX de HP et AIX d'IBM, mais aussi sous OS/390 d'IBM et Linux. Il est connu aujourd'hui sous le nom de *Novell Directory Services* ou NDS.

Évoquons également l'annuaire de Windows NT de Microsoft, disséminé dans plusieurs outils et bases de données dans sa version 4.0, et regroupé dans un seul outil homogène et extensible dans sa version Windows 2000/2003 sous le nom d'Active Directory. Contrairement à NDS de Novell, Active Directory ne fonctionne que sous Windows 2000 ou Windows 2003. Sa particularité est d'avoir adopté, en partie, le modèle de données et de sécurité X500 et plus précisément le standard LDAP, tout en conservant des mécanismes internes propriétaires.

Tout annuaire de ce genre joue un rôle important dans le système d'information d'une entreprise, car il constitue un point de passage obligé pour l'accès aux ressources.

Notons que ceci en fait un point névralgique du système, car sans lui aucune ressource ne serait accessible. Il n'est donc pas conseillé de rajouter des données applicatives dans un tel annuaire. Par exemple, si un système d'exploitation contient un annuaire de tous les utilisateurs de l'entreprise, il n'est pas recommandé de rajouter dans celui-ci la liste des clients de celles-ci (sauf s'il s'agit de leur donner aussi accès aux ressources réseau contrôlées par le système).

Les annuaires indépendants du système d'exploitation

Nous pouvons citer à titre d'exemple l'annuaire de Novell : NDS *(Novell Directory Services)*. Il existe dans des versions totalement autonomes, compatibles avec plusieurs systèmes d'exploitation.

Il a pour vocation d'administrer, de façon simple et centralisée, un ensemble de ressources gérées par plusieurs serveurs comme Windows NT, Novell Netware ou UNIX. Il offre pour cela un espace homogène de noms qui occultent totalement à l'utilisateur l'emplacement physique et les caractéristiques de la ressource à laquelle il accède. Ainsi, un disque dur partagé, qu'il soit sous Windows NT ou sous UNIX, sera toujours accessible à partir d'un nom structuré de la même façon (par exemple `/NomLogiqueServeur/NomVolume`). Il offre aussi des outils d'administration facilitant la gestion de ressources réparties sur plusieurs sites d'une entreprise et reliées par un réseau local.

Il est indépendant du système d'exploitation car il fonctionne sur plusieurs plates-formes, et est capable d'offrir une administration unique, y compris lorsque des systèmes d'exploitation différents cohabitent sur le même réseau. Par exemple NDS de Novell fonctionne aussi bien sous Windows NT que sous certains UNIX, et bien sûr sous Novell Netware, tout en assurant une cohérence globale et une gestion unique des ressources.

Les annuaires propres aux applications informatiques

Ce sont ceux qui prolifèrent le plus rapidement dans une entreprise, et qui sont par conséquent les plus nombreux. Ils constituent aussi le principal poste de coût en termes d'administration et les maillons faibles de la sécurité d'un système d'information. En effet, plus ils sont nombreux et plus les tâches d'administration sont complexes et redondantes. De même, le fait de devoir gérer plusieurs comptes et mots de passe par utilisateur décourage certains administrateurs, ce qui nuit à la productivité de nouveaux arrivants et à la sécurité du système.

Là aussi, il existe deux types d'annuaires :

• les annuaires intégrés dans des logiciels ;

• les annuaires développés par l'entreprise pour ses besoins spécifiques.

Les annuaires intégrés dans des logiciels

Nous pouvons citer les logiciels de messagerie électronique qui comprennent leurs propres annuaires. Ainsi, des logiciels comme Microsoft Exchange, cc :Mail et Lotus Notes de Lotus, Groupwise de Novell, ou encore Sun Java System Messaging Server ont en standard des annuaires décrivant les utilisateurs de la messagerie. La plupart du temps, ceux-ci sont stockés dans des bases de données qui sont spécifiques aux logiciels en question. Dans certains cas, il existe des outils de synchronisation de ces bases avec la liste des utilisateurs du système d'exploitation, simplifiant ainsi l'administration du logiciel. Par exemple, le produit de messagerie de la société Sun comprend des outils de synchronisation de la base des utilisateurs avec celle de Windows NT/2000/2003. De même, Microsoft Exchange de Microsoft crée un utilisateur Windows NT/2000/2003 pour tout utilisateur créé dans le logiciel de messagerie.

En outre, les interfaces d'accès aux bases de données propres à chacun de ces logiciels reposent sur un modèle de données et des technologies propriétaires. Par exemple, pour accéder à l'annuaire de Microsoft Exchange 5.5 par une interface de programmation, il faut utiliser soit CDO *(Collaboration Data Objects)*, soit ADSI *(Active Directory Services Interfaces)* fournie par Microsoft sous forme de composants objets COM. Il faut également utiliser l'interface de programmation VIM de Lotus fournie sous forme de librairie pour accéder à l'annuaire cc:Mail.

Figure 2.7

Multitude d'annuaires et d'interfaces d'accès

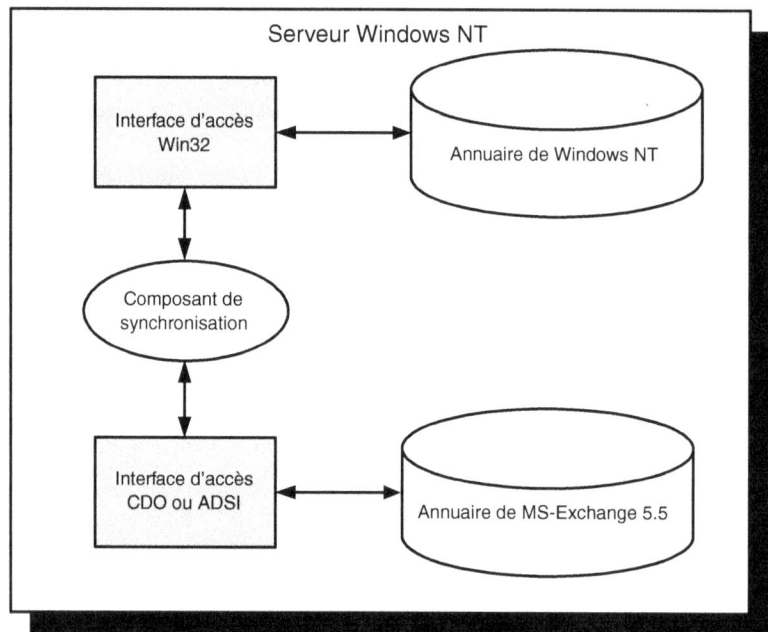

Nous avons cité pour exemples des logiciels de messagerie, mais il en existe d'autres comme les logiciels de groupware ou encore les logiciels plus spécifiques à l'instar de ceux dédiés aux applications décisionnelles, aux progiciels de type PGI (progiciels de gestion intégrée ou ERP), aux centres d'appels téléphoniques ou aux sites de commerce électronique.

Lorsqu'il s'agit de fournir des informations à des collaborateurs d'une entreprise ou à des clients, et qu'il faut personnaliser ces informations en fonction du profil et du rôle de chacun ou contrôler les habilitations, il est indispensable de constituer un annuaire des utilisateurs.

La plupart des logiciels de commerce électronique du marché possèdent leurs propres bases de données pour stocker la liste des utilisateurs identifiés et permettre par ce biais de personnaliser le catalogue ou les publicités en fonction du profil de l'internaute. Mais dès qu'il faut constituer une galerie marchande, comprenant des magasins électroniques réalisés par des progiciels différents, il devient difficile de partager ces profils. En effet, chaque progiciel de commerce électronique implémente son propre modèle de base de données clients, et offre une interface d'accès propriétaire à celle-ci. Il est également souvent nécessaire d'extraire la base de données des clients et leurs profils du système d'information de l'entreprise : là aussi se pose le problème de la mise en cohérence des données du site Internet avec celles qui sont internes à l'entreprise et qui proviennent d'autres canaux de communication avec les clients comme le WAP, le téléphone ou encore le contact humain.

Les annuaires développés par l'entreprise pour des besoins spécifiques

Toute entreprise possède des applications qui répondent aux besoins propres à une activité. Ces applications sont souvent développées de façon spécifique dans des environnements grands systèmes (IBM par exemple) ou dans des environnements client-serveur. Elles comprennent en général une base de données, de type DB2, Oracle ou autre, et des programmes réalisés en Cobol ou en C, par exemple.

La plupart du temps, les données gérées par ces applications et les traitements qu'elles offrent nécessitent d'identifier l'utilisateur, d'où la constitution d'une table particulière dédiée à cet effet. Ces applications comprennent aussi des outils de gestion de leurs utilisateurs. Les administrateurs sont donc amenés à faire appel à autant d'outils que d'applications.

Il faut ajouter à cela les applications de productivité personnelles, comme les applications réalisées par les utilisateurs eux-mêmes avec Microsoft Excel ou Microsoft Access. Ces applications peuvent contenir des copies de la liste des employés d'une entreprise, dont les données sont souvent synchronisées manuellement par l'utilisateur.

Introduction à LDAP

Afin de permettre le partage d'un référentiel de personnes et de ressources (applications, ordinateurs, imprimantes…), il est nécessaire de s'appuyer sur un standard ouvert offrant aux applications des fonctions de recherche et de gestion de ces données à travers un protocole commun. Ce standard est LDAP *(Lightweight Directory Access Protocol),* né des technologies Internet et X500, et normalisé par l'IETF *(Internet Engineering Task Force)* dans sa version 3 en 1997.

LDAP est un protocole client-serveur qui s'appuie sur TCP/IP et offre quatre modèles prédéfinis. L'objectif de cette modélisation est de favoriser le partage et de simplifier la gestion des informations concernant des personnes, et plus généralement de toutes les ressources de l'entreprise, ainsi que des droits d'accès de ces personnes sur ces ressources.

Ces quatre modèles sont les suivants :

• *Le modèle d'information* : il définit la nature des données stockées dans l'annuaire. Celles-ci sont constituées d'un ensemble d'enregistrements, dans lequel chaque enregistrement est l'instance d'une classe d'objet comportant une série d'attributs. Chaque attribut est défini par un type (entier, chaîne de caractères, etc.) et contient une ou plusieurs valeurs, qui peuvent être obligatoires ou non. Par exemple, la classe d'objet « personne » peut être constituée des attributs : adresse de messagerie, nom, prénom, et numéro de téléphone.

• *Le modèle de désignation* : il définit la façon d'organiser et de désigner les entrées dans l'annuaire. Les données sont classées de façon hiérarchique dans un arbre, reflétant en général l'organisation de l'entreprise. Le nom d'une entrée contient le nom des différents nœuds de l'arbre puis l'identifiant de celle-ci. Ce nom a la même forme quelle que soit la nature des informations concernées : une personne, un groupe de personne, une application, un ordinateur…

• *Le modèle des services* : il décrit les fonctions offertes par un annuaire LDAP. Ces fonctions comprennent la recherche et la consultation des entrées de l'annuaire, la mise à jour de celui-ci, et l'authentification des utilisateurs auprès de ces services.

• *Le modèle de sécurité* : il définit la manière de s'identifier de façon sécurisée à un annuaire LDAP et le concept des droits d'accès aux différents objets de l'annuaire. La gestion de la sécurité est pointue car elle permet de définir des droits d'accès non seulement au niveau d'un objet, mais aussi au niveau d'un attribut de cet objet. Par exemple, il est possible de n'autoriser la lecture du numéro de matricule des employés d'une entreprise qu'à la direction des ressources humaines.

Les informations ainsi stockées dans le référentiel LDAP sont organisées de façon plus naturelle et plus fidèle à l'organisation d'une entreprise que dans une base de données relationnelles.

Signalons également que LDAP contient en standard un ensemble de classes et d'attributs normalisés, couvrant la majorité des cas afin de décrire tout type d'organisation et son personnel. On y trouve par exemple une description des personnes avec des attributs prédéfinis, ainsi qu'une description d'une organisation et de ses unités organisationnelles (filiales, départements services, etc.). On favorise ainsi le partage de ce référentiel entre toutes les applications compatibles avec ce standard. Ce schéma est bien entendu extensible afin de s'adapter aux besoins spécifiques de chacun.

LDAP offre de plus des fonctions de sécurité d'accès aux données de l'annuaire qui peuvent porter sur une branche de l'arbre des objets, sur un objet, mais aussi sur un attribut donné d'un objet. L'*ayant droit* et la *cible* sont tous des éléments de l'annuaire. Il est possible, par exemple, d'exprimer simplement l'autorisation d'accès en écriture au champ numéro de sécurité sociale des employés à toute personne dérivant de la classe Gestionnaire du personnel. Ce contrôle étant géré au niveau du moteur LDAP, il n'est plus nécessaire de le réaliser dans l'application, comme dans une base de données relationnelles. Ceci apporte un niveau homogène de sécurité pour toute application accédant à ces données.

D'autre part, LDAP offre des fonctions de recherche évoluées grâce à un langage de requêtes normalisé. Il est possible d'indexer tout champ du référentiel, comme dans une base de données relationnelles. Mais il est également envisageable d'effectuer des recherches *full text* dans les objets, des recherches phonétiques (ce qui très utile dans le cas du nom d'une personne dont on ne connaît pas l'orthographe exacte) ou bien des recherches sur la classe d'objet. Par exemple, on peut donc rechercher tous les objets de type personne dont le champ adresse de messagerie est renseigné, pour effectuer une diffusion générale d'un message dans une entreprise à tous ceux qui possèdent une boîte aux lettres électronique.

Enfin, LDAP permet de répartir les données sur plusieurs référentiels et d'offrir, de façon transparente à l'utilisateur, des fonctions d'interrogation à l'aide d'une même requête des données réparties à différents endroits de l'entreprise. Nous pouvons prendre l'exemple d'une entreprise et de ses filiales pour illustrer cette possibilité. Chaque filiale se chargerait de la gestion de ses propres ressources dans son référentiel, mais toute requête émise par un utilisateur effectuerait la recherche dans tous les référentiels, donnant ainsi la vue d'un seul référentiel virtuel. À la rigueur, nous pouvons imaginer de constituer ainsi un annuaire électronique de type PagesZoom à l'échelle mondiale, sans avoir à le stocker dans une seule base de données !

Mais quelles sont les utilisations envisageables d'un tel standard ? Quelles sont ses applications dans le domaine du commerce électronique, du travail de groupe, des portails et des réseaux locaux d'entreprise ? Quel est le niveau d'adoption de ce standard par les éditeurs ? Existe-t-il des outils destinés à des applications Internet et aux intranets et extranets offrant une interface LDAP à leur base d'utilisateurs et de ressources ? Nous allons répondre à l'ensemble de ces questions dans le chapitre suivant.

3

Les annuaires LDAP
et leurs applications

Introduction

Nous allons décrire les applications pouvant émerger de l'existence d'un standard comme LDAP. En effet, au-delà de la maîtrise des coûts et de la complexité d'administration d'une multitude d'annuaires dans l'entreprise, de nouveaux enjeux se présentent, qui peuvent à eux seuls justifier la mise en place d'un annuaire s'appuyant sur ce standard.

Pour cela, nous allons considérer des domaines d'applications, comme les réseaux d'entreprise, les portails, le commerce électronique ou les extranets, et mettre en avant pour chacun d'eux les applications des annuaires normalisés et la valeur ajoutée qu'ils apportent. Notons qu'il ne s'agit pas ici de pure spéculation, mais d'applications réelles de LDAP dans ces domaines.

Les différents domaines d'application des annuaires LDAP que nous détaillons dans ce chapitre sont les suivants :

- les réseaux et les systèmes d'exploitation ;
- la sécurité des systèmes d'information ;
- le commerce électronique ;
- les extranets ;
- les portails d'entreprise ;
- la fédération des identités.

Et enfin, nous allons donner des exemples d'application des annuaires, et, plus généralement, de la gestion des identités telle que nous l'avons définie dans le chapitre 1, par secteur de marché, comme les télécommunications, la grande distribution, les banques, l'administration publique, etc.

Les réseaux et les systèmes d'exploitation

L'initiative DEN

DEN *(Directory Enabled Networks)* est une initiative commune des sociétés Microsoft et Cisco, amorcée en 1997. Son objectif est de définir un standard qui permette à une multitude d'équipements constituant un réseau, comme des routeurs, des modems et des serveurs de ressources (fichiers, imprimantes), de mieux coopérer en partageant des informations dans un même annuaire. Les annuaires LDAP sont bien placés pour jouer ce rôle, puisqu'ils sont déjà au cœur des systèmes d'exploitation et des applications. En effet, comme nous le verrons par la suite, Microsoft a mis en place son annuaire Active Directory au cœur de son système d'exploitation Windows 2000. À travers DEN, Microsoft a souhaité mettre en avant son annuaire pour gérer les informations requises par les équipements réseaux de Cisco, pour mieux servir les applications et les utilisateurs.

Mais, le succès de DEN ne pouvant passer que par son adoption par tous les acteurs du marché, l'initiative a été reprise rapidement par le consortium DMTF *(Desktop Management Task Force),* à la demande de Microsoft et de Cisco. Fondé en 1992, DMTF a pour objectif de définir des standards facilitant la gestion et l'administration des réseaux et des systèmes d'entreprise. Parmi ceux-ci, nous pouvons citer DMI *(Desktop Management Interface)*, CIM *(*Common Information Model*)* et WBEM *(Web-Based Enterprise Management)*. Le consortium regroupe plus d'une centaine de membres, et travaille avec des organismes comme l'IETF *(Internet Engeneering Task Force)*, l'Open Group et d'autres. Des sociétés telles que Bay Networks, 3 COM, Lucent Technologies, IBM, Sun/Netscape et Novell ont d'ores et déjà adopté ce standard.

Aujourd'hui DEN reste d'actualité mais évolue lentement. Il ne constitue plus une priorité pour les constructeurs comme Cisco et Nortel, qui se concentrent sur des sujets plus prioritaires, comme la voix sur IP par exemple.

En quoi consiste DEN ? En fait, il s'agit de rendre le réseau plus intelligent, en permettant d'une part à chaque équipement d'être en mesure de faire connaître et de partager ses caractéristiques propres, et d'autre part de tirer parti des caractéristiques des autres équipements, ainsi que des applications et des profils des utilisateurs.

Par exemple, si deux utilisateurs se connectent à un même site, l'un pour visualiser une vidéo et l'autre pour télécharger un fichier, le réseau doit être en mesure de fournir plus de bande passante au premier. Cela parce que le ralentissement du débit peut rendre la séquence vidéo inexploitable, alors que le transfert de fichier prendra plus de temps mais aboutira.

En revanche, si ce transfert de fichier concerne une passation de commande à un fournisseur ou encore l'état d'un stock de marchandise qui doit être rafraîchi tous les quarts d'heure, il peut être important de donner la priorité au transfert. Sauf si l'utilisateur qui consulte la séquence vidéo n'est autre que le PDG de l'entreprise en téléconférence avec son trésorier…

On constate que les cas de figure sont variés et peuvent être complexes. Si nous analysons cet exemple, nous constatons que la configuration du réseau dépend des composants suivants :

- *Les équipements réseau* : chaque équipement a ses caractéristiques et ne peut fournir un service que s'il a été conçu pour celui-ci. Par exemple, un modem dédié au réseau téléphonique commuté ne pourra pas fournir un débit au-delà de 56 Kbit/s et n'est pas capable de discerner les flux qui transitent afin d'allouer une bande passante en fonction du service demandé par l'utilisateur. En revanche, un routeur pourra le faire, mais pas tous car cela dépend de ses capacités et de son coût. Il est donc nécessaire de disposer d'une description électronique de chaque équipement, qui peut être lue et partagée avec les autres équipements et les applications.

- *Les applications* : chaque application peut avoir des besoins spécifiques. Par exemple, une application de diffusion de film vidéo nécessitera une qualité de trafic constante. Il ne s'agit pas d'avoir nécessairement des débits élevés (64 Kbit/s peuvent suffire pour une téléconférence), mais surtout d'avoir un débit constant qui ne soit pas altéré par d'autres applications partageant le même réseau. En revanche, une application de transfert de fichier nécessitera un débit élevé mais ponctuel, car requis uniquement lors du transfert lui-même et non lors de la consultation de la liste des fichiers par exemple. Ainsi, chaque application doit être en mesure de communiquer ses besoins au réseau, quel que soit l'équipement sollicité.

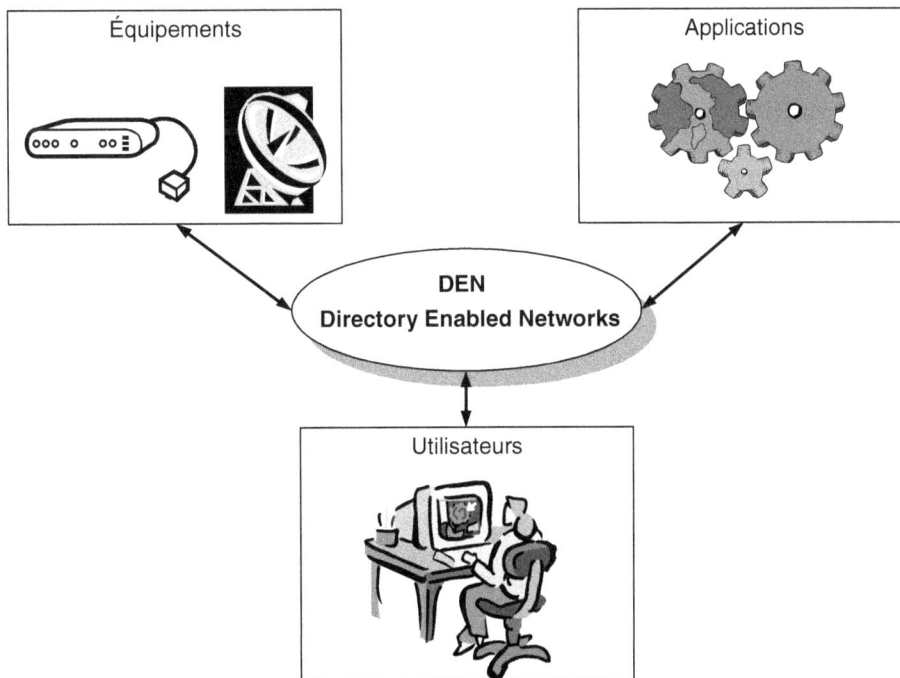

Figure 3.1
DEN au cœur de la qualité de services

• _Les utilisateurs_ : ce sont aussi des acteurs importants du réseau. En effet, ce dernier doit s'adapter à leurs profils, assurant à certains plus de sécurité lors de l'accès à une application critique ou encore une priorité maximale pour l'accès à un service donné. Il faut donc disposer d'une base de profils accessible à tous et contenant les informations requises par le réseau, comme la priorité d'accès à un service par exemple.

C'est la combinaison des trois qui permet d'utiliser de façon optimale les capacités d'un réseau et de fournir la meilleure qualité de service à l'utilisateur.

Comment faire en sorte que des équipements fabriqués par des constructeurs différents puissent dialoguer avec des applications conçues par les éditeurs de solutions du marché ? Et comment faire en sorte que les applications puissent reconnaître les profils des utilisateurs, et partager ces profils?

Les objectifs du standard DEN se décomposent en quatre catégories :

• modéliser les services et les équipements d'un réseau, ainsi que la façon dont ils interagissent ;

• fournir des moyens permettant de construire des solutions qui interopèrent avec le réseau ;

• faire en sorte que les applications tirent parti des capacités d'un réseau de façon transparente pour l'utilisateur ;

• définir des moyens de gestion d'un réseau dans son ensemble, par opposition à la gestion individuelle des équipements.

Le standard DEN offre un modèle indépendant des différents constructeurs à travers l'adoption d'un standard commun. Le modèle doit aussi être extensible afin de prendre en compte des caractéristiques propres à chaque constructeur. Pour atteindre cet objectif, DEN s'appuie sur LDAP. Il permet à chaque ressource de :

• publier ses caractéristiques dans un annuaire LDAP ;

• rechercher d'autres ressources répondant à certains critères à l'aide des fonctions de recherche et de navigation de LDAP ;

• lire les caractéristiques d'une ressource donnée décrite dans un annuaire LDAP.

La modélisation X500 – ou le DIM _(Directory Information Model)_ – décrite plus haut, dont dérive LDAP, ne contient aucun objet prédéfini décrivant des équipements réseau ou des services. DEN étend le modèle de données de LDAP pour y ajouter des classes d'objets destinées aux réseaux.

Le modèle d'information de DEN dérive lui-même d'un autre modèle défini par le consortium DMTF : le modèle CIM _(Common Information Model)_. On y trouve des classes d'objets telles que : `Chassis` pour décrire un châssis pouvant contenir plusieurs cartes réseaux, `Card` pour décrire une carte, `Slot` pour décrire les connecteurs dans un châssis… On y trouve aussi des classes permettant de décrire des services ou des applications comme la classe `InformationalService` destinée aux services HTTP ou SMTP, ou encore `MultiMediaService` pour les services multimédias.

Mais pour que ceci fonctionne, il faut que les équipements réseau et les applications soient compatibles avec le standard LDAP et soient en mesure d'interroger un annuaire partagé. C'est le cas de certains équipements de la société Cisco, et d'autres constructeurs ayant adopté ce standard. Il faut aussi que l'annuaire LDAP contienne les informations nécessaires aux équipements, et que celles-ci puissent être partagées entre plusieurs annuaires LDAP de marques différentes. L'adoption du standard DEN par Microsoft, Novell, Sun/Netscape, IBM et d'autres vendeurs d'annuaires LDAP, garantit cette interopérabilité pour la gestion des ressources réseau.

Une telle approche dans un environnement réseau apporte un avantage indéniable à celui-ci, tant en termes de qualité de service qu'en facilité d'administration. En outre, elle réduit les coûts d'infrastructure (débits des lignes, disponibilité requise, etc.) puisque chaque service qui décrit ses besoins propres fait en sorte que le réseau optimise ses ressources pour y répondre.

Active Directory et Windows 2000/2003

Le rôle d'Active Directory dans Windows 2000/2003

Les systèmes d'exploitation dédiés aux réseaux d'entreprises tirent parti de LDAP pour fédérer leurs annuaires et en améliorer l'interopérabilité et l'administration. Windows 2000/2003 et son annuaire Active Directory représentent un bon exemple d'utilisation de LDAP.

Les ressources référencées et gérées par un système d'exploitation comme Windows NT ou Windows 2000/2003 sont généralement constituées d'objets de types personnes et groupes, périphériques et machines, applications.

Dans les versions antérieures à Windows 2000, tous ces objets sont gérés dans des domaines Windows NT. Une base de données, nommée SAM *(Security Accounts Manager database)*, contient la stratégie de sécurité associée à ces ressources. Cette base est répliquée sur les différents serveurs d'un même domaine. Rappelons qu'un domaine Windows NT est un ensemble de machines (postes de travail, serveurs, imprimantes…) reliées par un réseau local ou étendu, et contrôlées par un même serveur Windows NT. Un serveur principal contient la description de toutes les ressources du réseau, ainsi que celles des utilisateurs pouvant y accéder, et des droits d'accès relatifs à chacun d'eux. Ce serveur est nommé : PDC *(Primary Domain Controler)*. Il peut être secouru par un autre serveur Windows NT, contenant une copie de toutes les données du système, et jouant le rôle de contrôleur secondaire. Il est appelé BDC *(Backup Domain Controler)*.

La notion de domaine pose des problèmes d'administration pour des réseaux de taille importante. Il est effectivement plus performant avec Windows NT de disposer de petits domaines plutôt que d'un seul contenant des milliers d'utilisateurs. Or ceci nécessite la mise en place d'une stratégie d'approbation entre domaines, leur permettant de partager des ressources sur un même réseau d'entreprise. En outre, la notion de domaine sous Windows NT est plus proche d'une organisation physique de serveurs que d'une organisation logique d'entreprise. Ce qui rend leur administration plus complexe lorsqu'un même département doit gérer plusieurs domaines simultanément.

Par ailleurs, la gestion des différents objets référencés dans ces domaines nécessite l'utilisation de plusieurs utilitaires, chacun d'eux étant dédié à un type d'objet. Par exemple, la gestion des utilisateurs nécessite le Gestionnaire des utilisateurs, et la gestion des machines et de leurs noms nécessite le Gestionnaire WINS et le Gestionnaire de serveur. De plus, certains de ces outils ne sont pas accessibles d'office sur les postes clients, et ne peuvent donc être utilisés que par des administrateurs sur les serveurs. Cela ne facilite ni la recherche des ressources du réseau par les utilisateurs ni l'administration de l'ensemble pour les gestionnaires.

Windows 2000/2003 et son annuaire Active Directory apportent des solutions à ces différents problèmes. Active Directory est une base de données qui tire parti du standard LDAP et contient tous les objets nécessaires à la gestion et l'administration de Windows 2000/2003. On y trouve aussi bien la description des utilisateurs du réseau local, que celle des sites géographiques, des imprimantes partagées et des ordinateurs connectés au réseau.

Active Directory n'est pas un annuaire X500, car il n'implémente pas les couches OSI requises par celui-ci. Les raisons de ce choix par Microsoft sont les mêmes que celles déjà évoquées à propos de la complexité d'implémentation et de la mise en œuvre des annuaires X500.

En revanche, il offre une interface conforme au standard LDAP, qui permet de lire et d'écrire dans celui-ci. Il est complètement intégré à Windows 2000/2003 Serveur, offrant une vue hiérarchique des ressources et une solution extensible, évolutive et distribuée. Notons qu'il est maintenant disponible soit avec une version serveur de Windows 2000 ou 2003, soit en version autonome et indépendante des comptes utilisateurs Windows, désignée par Active Directory Application Mode (ADAM).

Les caractéristiques d'Active Directory

Nous allons décrire dans ce paragraphe les particularités d'Active Directory. Certaines sont dues au fait que c'est un annuaire et qu'il possède une interface LDAP et d'autres lui sont propres et le différencient des autres annuaires.

Un annuaire d'entreprise

Active Directory utilise le modèle de dénomination LDAP pour désigner tout objet d'un serveur Windows 2000/2003. Il offre donc un espace homogène de noms et *unique* pour toutes les ressources du serveur. Il a été conçu aussi bien pour gérer des ressources propres à un système d'exploitation en réseau (imprimantes, disques, etc.), que pour jouer le rôle d'un annuaire capable de répondre aux besoins de certaines applications d'entreprise, comme la messagerie électronique et les portails collaboratifs.

Une administration centralisée

Active Directory offre une administration centralisée pour gérer des fichiers, des périphériques, des connexions réseau, des accès Web, des utilisateurs… Les objets sont organisés de façon hiérarchique dans un arbre constitué d'unités organisationnelles. Comme nous l'avons expliqué précédemment, l'organisation hiérarchique des données est plus adaptée aux fonctions de recherche et de navigation caractérisant un annuaire.

Il s'appuie sur le protocole DNS *(Domain Name Services)* d'Internet pour la localisation de l'annuaire. C'est-à-dire, qu'un nom de domaine Windows 2000/2003 est identifié de la même façon qu'un nom de domaine Internet (par exemple : `nomsociete.com`). En outre, pour retrouver un serveur Windows 2000/2003 il faut faire appel à un serveur DNS qui va associer au nom de domaine une adresse IP, donc l'adresse physique de la machine. Il est nécessaire de disposer d'un serveur DNS dans un réseau local d'entreprise pour déployer Windows 2000/2003 et Active Directory. Notons que le serveur Windows 2000/2003 contient en standard un serveur DNS.

Un même arbre peut contenir plusieurs domaines. Les notions de PDC *(Primary Domain Controler)* et de BDC *(Backup Domain Controler)* de Windows NT disparaissent au profit d'une notion de contrôleur de domaines unique. Les relations d'approbation entre domaines Windows 2000/2003 sont obligatoirement bidirectionnelles, simplifiant ainsi l'administration de l'ensemble. La compatibilité avec la notion de domaine au sens Windows NT ainsi qu'avec les notions de PDC et de BDC est conservée.

Une base de données dédiée

Active Directory est basé sur un moteur de base de données relationnelle propre à Microsoft (initialement le moteur de stockage de Microsoft Exchange 4.0). Il est adapté aux particularités des annuaires de systèmes d'exploitation, notamment en ce qui concerne la réplication de l'annuaire sur différents sites, la sollicitation intensive en lecture et la recherche multicritère, ainsi que le support d'un volume d'enregistrements correspondant au nombre d'utilisateurs dans une entreprise.

Intégration avec le système d'exploitation Windows 2000/2003

Active Directory est complètement intégré avec le serveur Windows 2000/2003. Il faut savoir qu'il n'est pas obligatoire de le mettre en œuvre, mais qu'il nécessite obligatoirement la version serveur de Windows 2000/2003 pour fonctionner.

Le support de LDAP

Active Directory supporte aussi bien la version 2 du standard LDAP que la version 3. Il est effectivement possible d'interroger l'annuaire avec tout utilitaire compatible avec ce protocole.

Le standard LDAP introduit des concepts comme les *attributs*, les *classes* et les *objets* ; nous décrirons plus en détail ce standard dans les chapitres suivants.

Nous allons exposer rapidement les concepts ci-dessous pour mieux comprendre la suite de ce paragraphe :

• Un attribut est un champ caractérisé par des propriétés comme le type de valeur qu'il peut contenir (entier, chaîne de caractères, etc.). Il est comparable à une colonne d'une table dans une base de données. Par exemple, LDAP décrit des attributs normalisés comme le nom, le prénom, le numéro de téléphone…

• Une classe permet de décrire un enregistrement de l'annuaire. Elle est constituée d'un ou de plusieurs attributs, et contient des caractéristiques propres (attributs obligatoires…). Par exemple, on trouve dans LDAP des classes normalisées, comme la classe personnes, la classe groupe de personnes, la classe organisation...

• Un objet est l'instance d'une classe. Dans une base de données relationnelles, c'est tout simplement un enregistrement. Chaque objet de l'annuaire doit être associé à une classe, décrivant les attributs facultatifs et ceux qui sont obligatoires.

Active Directory est compatible avec les attributs et les classes décrites dans le standard LDAP. Mais ceci n'exclut pas la personnalisation de ce standard faite par Microsoft dans son annuaire. Par exemple, certaines classes d'objets, comme la classe top dont dérivent toutes les autres classes, contiennent des attributs qui ne font pas partie du standard LDAP, bien que ces classes en fassent partie !

Si nous prenons l'exemple de la classe top, voici la comparaison entre le standard LDAP et Active Directory :

Standard LDAP (RFC 2256)	Active Directory	Attribut obligatoire	Appartient au standard LDAP (RFC 2256)
• ObjectClass	• ObjectClass	• Oui	• Oui
	• InstanceType	• Oui	• Non
	• NTSecurityDescriptor	• Oui	• Non
	• ObjectCategory	• Oui	• Non

Néanmoins, il est toujours possible de lire tout objet de l'annuaire Active Directory avec n'importe quel outil LDAP (seuls les attributs LDAP seront lus, et qui peut le plus peut le moins…). En revanche, il ne sera pas aisé de créer à partir de l'interface LDAP un objet ayant des attributs obligatoires n'appartenant pas au standard.

Il est aussi envisageable d'accéder à Active Directory à travers toute interface de programmation compatible avec le standard LDAP, en langage C, Java, .Net ou tout autre langage. Microsoft offre également une interface de programmation sous forme d'objets COM ou .Net, nommée ADSI *(Active Directory Service Interfaces),* qui permet d'appeler les services de tout annuaire LDAP, dont Active Directory, à partir de pages ASP et ASPX, de Visual Basic ou de tout programme .Net par exemple. Nous décrirons cette interface plus en détail dans la suite de ce livre.

L'évolutivité d'Active Directory

Afin d'assurer l'évolutivité de l'annuaire et le support d'un grand nombre d'enregistrements, Active Directory crée un espace de stockage dédié pour chaque domaine, à savoir un fichier contenant une partie de la base de données. On désigne aussi ces espaces de stockage par *partitions*.

Plusieurs domaines peuvent être regroupés dans un même *arbre,* chaque domaine ayant sa propre partition de la base de données. Ainsi les données d'un même annuaire sont réparties sur plusieurs fichiers, qui ne contiennent pas tous une copie complète des données.

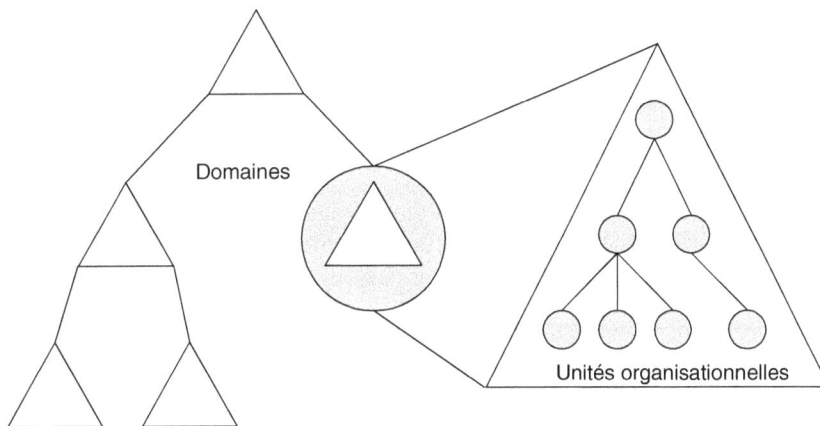

Figure 3.2
Arbre de domaines et unités organisationnelles dans un domaine

Il est possible de regrouper plusieurs arbres comprenant donc un ensemble de domaines reliés hiérarchiquement. Cet ensemble d'arbres forme une *forêt* comme vous pouvez le deviner !

Figure 3.3

Notion de forêt dans Active Directory

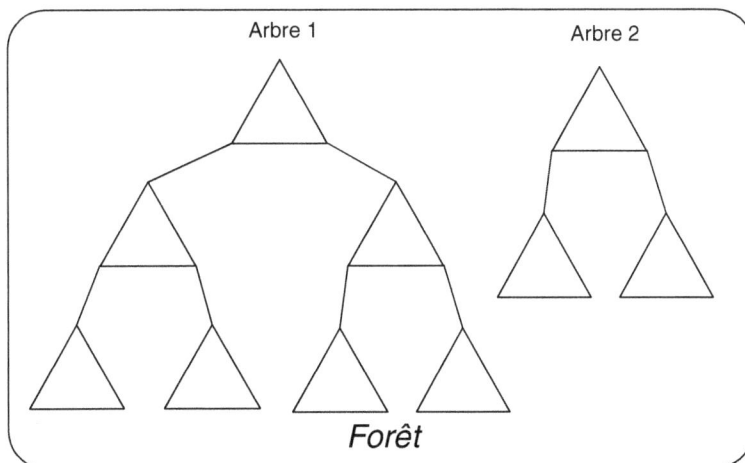

Plusieurs domaines dans un même arbre peuvent partager le même nom DNS. Par exemple, dans la figure 3.3, les différents domaines de l'arbre 1 peuvent se trouver sous le même nom DNS (si le nom du DNS de l'arbre 1 est `entreprise.com`, les domaines peuvent avoir des adresses du type `domaine1.entreprise.com`, `domaine2.enteprise.com`...). En revanche, le nom de domaine ne peut pas être le même pour deux arbres.

Rappelons qu'un domaine est un ensemble d'ordinateurs reliés par un réseau local qui partagent la même base de comptes utilisateurs. Tous les domaines de Windows 2000/2003 appartenant à un même arbre ou à une même forêt ont, par défaut, des relations d'approbations bidirectionnelles et transitives, et partagent le même schéma de l'annuaire (c'est-à-dire les classes d'objets et les attributs). La possibilité de modifier ces relations d'approbation pour conserver la compatibilité avec des domaines Windows NT est offerte.

L'extensibilité d'Active Directory

Active Directory contient par défaut une multitude de classes d'objets. Par exemple, on y trouve toutes les informations nécessaires pour sauvegarder un environnement Windows

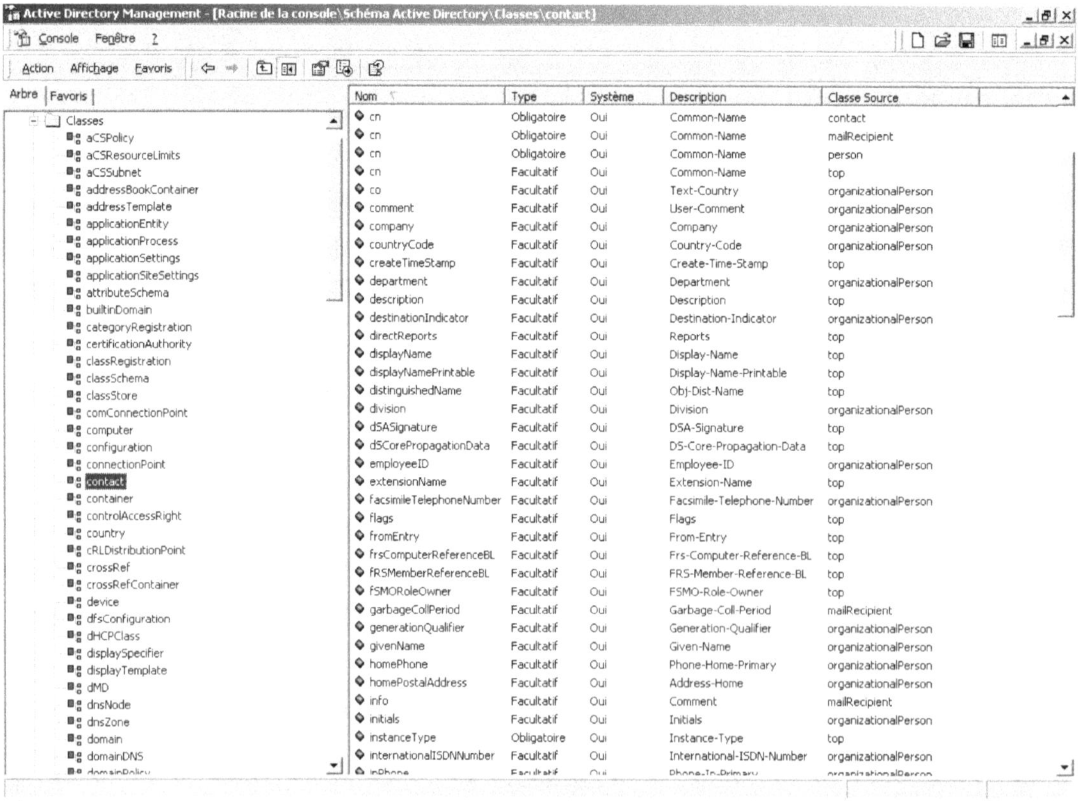

Figure 3.4

Liste des classes d'objets et des attributs prédéfinis dans Active Directory

personnalisé par un utilisateur : les répertoires par défaut, les paramètres du bureau, les préférences... Tous ces paramètres sont utilisés pour reconstituer l'environnement de l'utilisateur quel que soit l'endroit à partir duquel il s'identifie.

Il est possible de consulter le schéma de l'annuaire Active Directory à l'aide de la console d'administration MMC *(Microsoft Management Console)*. Pour cela il faut rajouter le composant logiciel enfichable appelé Schéma Active Directory à l'aide du menu Console.

Dans la colonne de gauche se trouve la liste des classes, et dans la colonne de droite se trouve la liste des attributs pour la classe sélectionnée (la classe contact dans cet exemple).

Toutes ces classes sont reliées par des liens d'héritage (elles dérivent toutes de la classe top). Par exemple, la classe contact qui permet de décrire une entrée du carnet d'adresses dérive de la classe organizationalPerson comme le montre la figure 3.5.

Figure 3.5

Propriétés
de la classe contact

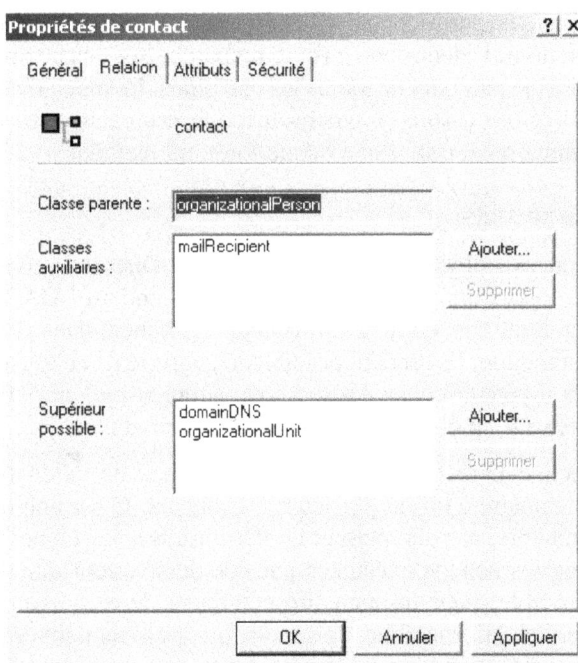

Dans ce schéma, c'est le champ *Classe parente* qui indique la classe dont dérive la classe contact.

On peut également modifier le schéma de l'annuaire et rajouter des attributs et des classes d'objets. Il n'est pas conseillé de modifier les classes existantes car ceci risque d'altérer le fonctionnement de Windows 2000, mais il est envisageable de rajouter une classe d'objet propre à une application.

Par exemple, si vous souhaitez différencier les employés de votre entreprise des prestataires externes, vous pouvez créer deux nouvelles classes dérivant de la classe `user`. Ainsi, vous pourrez rajouter des informations propres à chacun des cas, comme le nom de la société à laquelle appartient le prestataire, tout en bénéficiant des fonctions standards offertes par Windows 2000/2003 (la classe `user` décrit tout utilisateur déclaré par l'administrateur et pouvant accéder aux ressources de Windows 2000/2003).

Notons qu'il faut commencer par ajouter les nouveaux attributs dans la liste des attributs avant de modifier ou de rajouter de nouvelles classes d'objets. En effet, les attributs ne dépendent pas des classes et peuvent être partagés par plusieurs d'entre elles.

Un catalogue global

Afin de faciliter la recherche d'objets dans Active Directory, celui-ci dispose d'une copie d'un sous-ensemble des attributs de tous les objets, répliquée sur toutes les partitions de l'annuaire.

Cette copie s'appelle le *catalogue global*. Il contient la totalité du schéma, et pour chaque objet, la partition qui l'héberge et les attributs les plus communs comme le nom, le prénom, l'identifiant…Toute recherche sur ces attributs peut se faire localement et évite ainsi le parcours de toutes les partitions. Le mécanisme de réplication intégré dans Active Directory assure la synchronisation des catalogues de toutes les partitions d'un même annuaire au sein d'une même forêt uniquement.

La sécurité

Tous les objets d'un annuaire Active Directory sont protégés par le concept des ACL *(Access Control Lists)* décrit dans le standard LDAP. Les ACL permettent de décrire les habilitations de tout utilisateur référencé dans l'annuaire sur les autres objets de l'annuaire. Ils rendent possible le contrôle de ce que peut voir un utilisateur et les actions qu'il peut effectuer (mise à jour, suppression, etc.). Ces droits peuvent s'appliquer aussi bien sur un objet que sur un de ses attributs.

Active Directory offre des mécanismes de délégation des droits sur une branche de l'annuaire à un ou plusieurs utilisateurs. C'est une des plus importantes fonctions d'un annuaire, car elle permet de décentraliser les tâches d'administration tout en s'assurant que les actions exécutées par des tiers restent dans un cadre de sécurité cohérent. Par exemple, pour un annuaire contenant deux sous-branches : le service marketing et le service informatique, l'administrateur global peut déléguer les droits de gestion des utilisateurs du service marketing à une personne donnée du service informatique. Celle-ci pourra créer, supprimer ou modifier des profils d'utilisateurs mais ne pourra pas créer d'autres types d'objets ni créer des utilisateurs dans un autre service.

Conclusion

En résumé, nous pouvons affirmer qu'Active Directory tire parti du standard LDAP de façon significative. Il implémente son modèle de données pour la définition du schéma de l'annuaire. Il respecte l'organisation hiérarchique X500 et le modèle de dénomination associé pour identifier tout objet de l'annuaire. Il tire parti du modèle de sécurité aussi bien pour l'identification à l'annuaire que pour la définition des habilitations. Enfin, il offre le modèle des services préconisé par le standard qui permet d'effectuer des actions sur l'annuaire à l'aide de toute application externe respectant le protocole LDAP.

Active Directory est étroitement lié à Windows 2000/2003. C'est un annuaire de ressources dédié au système d'exploitation, qui peut par conséquent être moins adapté pour gérer d'autres types d'objets, comme des profils d'utilisateurs externes à l'entreprise (comme des clients ou des partenaires) ou des applications. C'est pour cette raison que Microsoft a réalisé une version autonome d'Active Directory, dénommée ADAM, qui n'est pas liée aux comptes utilisateurs du système d'exploitation. Il est ainsi possible de créer des utilisateurs dans ADAM à des fins d'identification lors de l'accès à un site Internet, sans que ces utilisateurs aient des comptes sur le serveur Windows. Notons qu'ADAM ne fonctionne que sur Windows 2003 Serveur et sur Windows XP.

Signalons également qu'il n'est pas possible de remplacer l'annuaire Active Directory du système d'exploitation Windows par un autre annuaire LDAP, comme celui de Sun ou de Novell.

Rappelons enfin que Microsoft a acquis récemment la société Zoomit, offrant un méta-annuaire nommé Via. Ce produit permet de centraliser dans une même base l'ensemble des données concernant les personnes et les ressources de l'entreprise provenant de tout type d'annuaire, fichier ou base de données. Cet outil s'interface avec Active Directory afin de gérer les habilitations, mais ne l'utilise pas comme base de données pour sauvegarder les informations. La dernière version de ce produit, dénommé MIIS (Microsoft Identity Integration Server), s'appuie sur une base de données SQL Server 2000 et nécessite Windows 2003 Serveur.

Novell eDirectory Server et Netware

NDS/eDirectory et Netware

La société Novell est connue pour son logiciel Netware, dédié au partage de ressources informatiques sur un réseau local d'entreprise. Son rôle consiste essentiellement à référencer l'ensemble de ces ressources (disques, volumes, imprimantes, serveurs…), ainsi que les utilisateurs et leurs profils, puis de contrôler les droits d'accès sur ces ressources. Novell Netware est également un système d'exploitation propriétaire, capable de faire fonctionner des applications, comme des messageries ou des bases de données tirant parti du référentiel des ressources et du gestionnaire des habilitations.

Depuis quelques années, la stratégie de Novell a consisté à mettre en avant les fonctionnalités d'annuaire intégrées dans Netware. Pour cela, Novell a créé un produit séparé de Netware, dénommé NDS *(Novell Directory Server)* puis Novell eDirectory, dont la vocation est d'être un annuaire généraliste.

Depuis la version 8 de son produit, Novell a souhaité couvrir les besoins des entreprises dans le domaine d'Internet et des extranets, et non plus dans le domaine des intranets uniquement, comme dans les versions précédentes.

Quelques caractéristiques de NDS/eDirectory

L'orientation de la stratégie de Novell sur Internet et sa volonté de se positionner comme un acteur majeur des annuaires dans ce domaine sont récentes.

Voici quelques points qu'il est intéressant de connaître à propos de Novell eDirectory :

- Il fonctionne aussi bien dans un environnement Netware que sous Windows NT/2000/2003, Linux et Solaris ;

- Novell eDirectory est compatible avec le standard LDAP v3, incluant les classes auxiliaires, les extensions LDAP et les renvois de références (referrals) ;

- Novell eDirectory prend en charge les fonctions d'authentification et de chiffrement à l'aide d'une infrastructure à clés publiques (PKI) s'appuyant sur SSL et des certificats X509v3 ;

- Novell eDirectory offre un outil permettant d'importer et d'exporter des données au format LDIF ;

- Le moteur de base de données intégré à Novell eDirectory est issu de celui de la suite Groupwise de Novell. Il a été optimisé pour prendre en charge un grand nombre d'enregistrements et pour être performant en lecture. Il est capable de supporter plusieurs millions d'enregistrements et d'utilisateurs simultanés, comme l'atteste le service d'authentification de déclaration des impôts en France, basé sur ce produit !

Il faut aussi noter que la société Novell a racheté SuSE, éditeur de systèmes d'exploitation Linux. Ceci marque le fort engagement de Novell vis-à-vis de cet environnement. La plupart des outils de Novell seront donc disponibles sous Linux, et seront optimisés pour être très performants sur cette plate-forme.

OpenLDAP et Linux

Les récents succès du système d'exploitation Linux, aussi bien comme plate-forme serveur que comme poste de travail bureautique, en font une solution incontournable des technologies informatiques de demain. Linux existe en version poste de travail, comprenant l'ensemble des outils bureautiques de base comme la messagerie, le traitement de texte, le tableur, etc. Mais il existe également en version serveur, pouvant aussi bien héberger des applications Web pour Internet ou les intranets, que jouer le rôle d'un serveur de fichiers et d'imprimantes dans un réseau local d'entreprises.

Les différentes solutions Linux du marché (gratuites ou commerciales) comprennent en standard un annuaire LDAP issu d'un projet de logiciel libre dénommé OpenLDAP. Il fonctionne sur diverses plates-formes, dont Windows, Unix et Linux, et peut être adapté par chacun en fonction de ses besoins propres à partir de son code source, téléchargeable librement sur le site *www.openldap.org*.

Cet annuaire s'intègre avec le système d'exploitation Linux et peut être utilisé pour certaines fonctions, comme l'illustrent les exemples suivants :

* Remplacement de NIS *(Network Information Service)* par un annuaire LDAP : NIS est un service défini par Sun, et utilisé par la majorité des Unix, dont Linux, afin de gérer les utilisateurs, les mots de passe et les groupes du système d'exploitation, ainsi que d'autres informations d'administration.

* Annuaire des services Samba : les services Samba permettent à des postes de travail sous Windows de partager des fichiers et des ressources (imprimantes, disques) sur un serveur Linux. L'annuaire OpenLDAP peut être utilisé pour référencer les utilisateurs du serveur Samba, ainsi que pour les authentifier.

* Annuaire des services Radius : il existe un projet OpenSource (FreeRadius à l'adresse *http://www.freeradius.org*) permettant d'implémenter le protocole RADIUS pour authentifier les utilisateurs se connectant à distance à une machine Linux (ou un autre système d'exploitation). Il est possible d'utiliser un annuaire LDAP soit pour stocker les valeurs des attributs RADIUS, soit pour authentifier les utilisateurs.

* Annuaire DNS : l'annuaire LDAP peut être utilisé comme base de données d'un service DNS, pour la résolution des noms de machine en adresses réseau.

La sécurité des systèmes d'information

Les certificats X509 et les infrastructures à clés publiques

Les infrastructures à clés publiques ou les PKI *(Public Key Infrastructure),* constituent une solution idéale pour authentifier des utilisateurs et des services, et gérer des habilitations dans un environnement réseau distribué et ouvert, comme sur Internet, un intranet ou un extranet. Nous allons dans un premier temps décrire le mécanisme des PKI et leur utilité, puis nous mettrons en avant le rôle des annuaires LDAP dans ce type d'infrastructure.

Le principe des PKI consiste à associer deux clés (deux nombres premiers élevés, n'ayant donc aucun lien entre eux, l'un ne pouvant pas être déduit de l'autre) à un service ou à un utilisateur donné : l'une dite privée qui lui est personnelle et que lui seul connaît et l'autre dite publique qui peut être diffusée à toute autre personne ou service. Ces clés sont alors utilisées pour chiffrer toute information échangée à l'aide d'un algorithme asymétrique : le chiffrement par l'émetteur s'effectue avec l'une ou l'autre des clés (par exemple la clé publique du récepteur) et le déchiffrement avec l'autre clé par le récepteur (par exemple la clé privée du récepteur).

Les applications des certificats

Les certificats sont utilisés à des fins d'authentification, de signature et de chiffrement des données. Nous allons décrire pour chacun des cas les mécanismes utilisés et le rôle d'un annuaire LDAP.

Authentifier l'utilisateur ou le service

Pour cela, il est nécessaire d'associer un certificat à l'utilisateur ou au service, lequel n'est autre qu'un document électronique émis par un tiers contenant des informations d'identification (nom, adresse, etc.) et la clé publique. Ces informations sont chiffrées avec la clé privée de ce tiers, appelée aussi *autorité de certification* ou CA *(Certification Authority)*. La clé publique de l'autorité de certification, accessible par tous, permet de décrypter les informations du certificat, et donc de s'assurer de l'identité de l'utilisateur ou du service en y trouvant sa clé publique et des informations qui offrent le moyen de l'identifier, comme son nom ou son adresse.

Ce mécanisme d'authentification est habituellement désigné par authentification forte, par opposition au mécanisme d'authentification élémentaire réalisé à l'aide d'un simple mot de passe.

> **Note**
>
> Afin d'assurer l'interopérabilité des systèmes d'information pour lire et écrire les certificats, il est nécessaire de disposer d'un standard décrivant le format des données du certificat lui-même, et d'une interface d'accès à ce dernier. Ce format est celui décrit dans le standard X509 version 3, et l'interface d'accès est basée sur le standard PKCS#12.

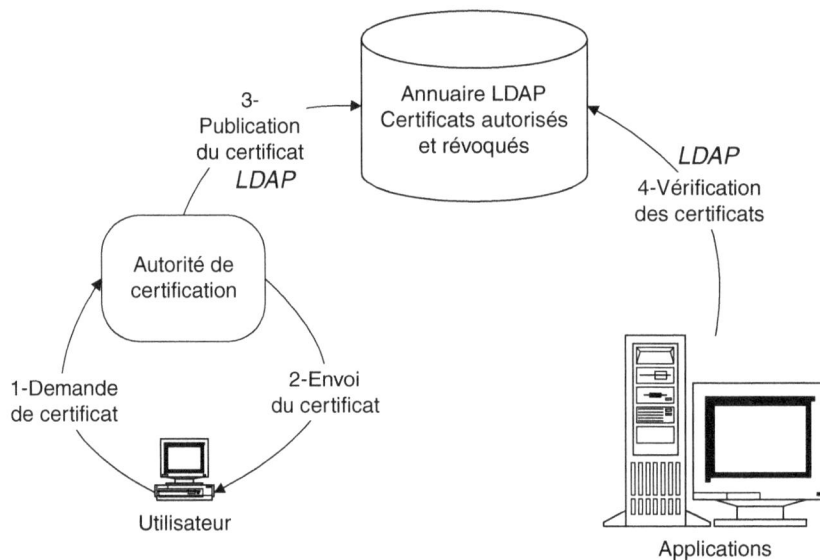

Figure 3.6

Processus de gestion PKI

Authentifier un utilisateur consiste donc à s'assurer que sa clé publique lui appartient bien. Pour cela, il faut obtenir son certificat et s'assurer qu'il contient des informations certifiées correctes par un tiers, qui n'est autre que le CA. Pour authentifier un service il faut exécuter la même procédure avec sa clé publique. Ainsi, un site Web peut par exemple avoir un certificat utilisé par les internautes en cas de téléchargement de programmes de ce site afin de s'assurer de leur origine ou de leur authenticité (c'est ce qui se produit lorsqu'on télécharge un composant ActiveX dans Internet Explorer). Il peut aussi être utilisé pour signer les fichiers téléchargés et s'assurer ainsi de leur intégrité (par exemple qu'ils n'ont pas été modifiés par un tiers, qu'aucun virus n'a été ajouté, etc.).

Le CA doit aussi conserver les certificats révoqués afin de pouvoir refuser la validité d'un certificat le cas échéant. L'absence d'un certificat dans la base ne signifie pas que celui-ci est invalide ; il peut par exemple se trouver tout simplement dans une autre base gérée par un autre CA. Il est donc important de conserver aussi longtemps que possible dans l'annuaire tous les certificats révoqués.

Signer des documents

Signer un document consiste à s'assurer d'une part de l'intégrité de celui-ci, et d'autre part qu'il appartient bien à son auteur.

Pour vérifier l'intégrité d'un document, il faut calculer une clé à partir de son contenu. Ce calcul doit garantir l'unicité de celle-ci par rapport à ce contenu. Cette clé est ensuite ajoutée au certificat de l'auteur, pour être chiffrée avec sa clé privée, constituant ainsi la signature du document.

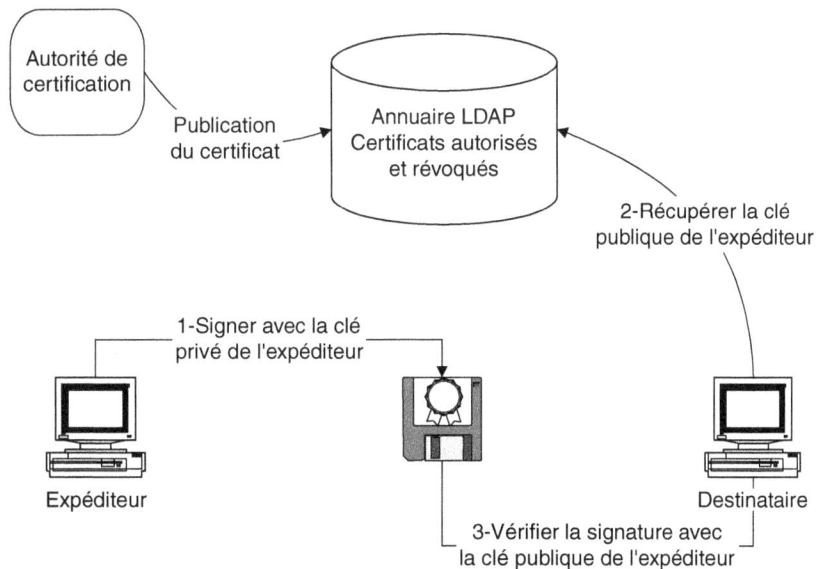

Figure 3.7
Processus de signature PKI

Le destinataire s'assure de la signature du document en déchiffrant celle-ci avec la clé publique de l'auteur. Il recalcule alors la clé associée au contenu à l'aide du même algorithme et la compare avec la clé contenue dans la signature. Puis il vérifie le certificat qui se trouve dans celle-ci pour s'assurer de l'identité de l'auteur.

Crypter des informations échangées

Pour crypter des informations échangées entre deux personnes et s'assurer de la confidentialité des échanges, il faut que seul le destinataire puisse décrypter les informations reçues. Pour cela, l'expéditeur doit utiliser la clé publique du destinataire pour crypter les informations qu'il souhaite lui envoyer. Seul le destinataire pourra alors les décrypter avec sa clé privée (voir figure 3.8).

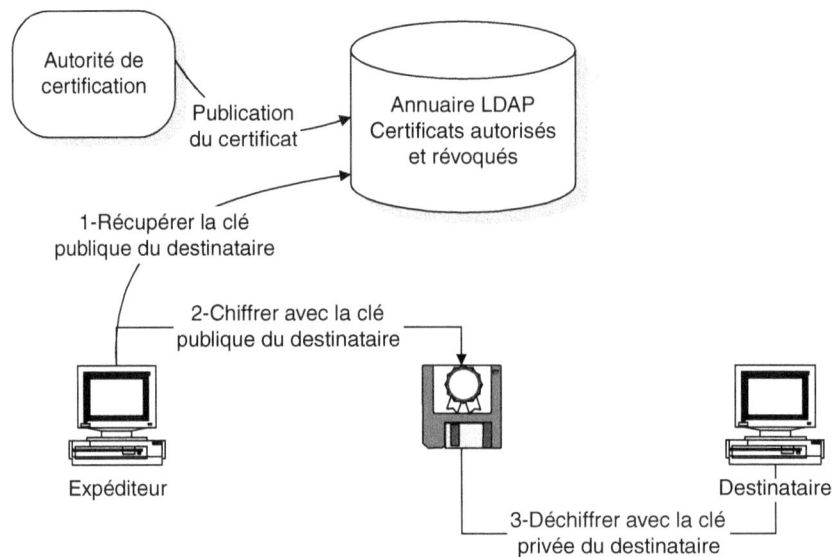

Figure 3.8

Processus de chiffrement PKI

Le rôle de LDAP dans la gestion des certificats

Nous constatons dans ces trois cas qu'il est indispensable que les certificats puissent être partagés entre les différents acteurs ; ceux-ci pouvant être des personnes physiques, des autorités de certification ou des applications informatiques.

Il est donc nécessaire de disposer d'un outil basé sur un standard ouvert permettant de sauvegarder ces certificats et de les lire à partir de différents critères de recherche, comme le nom d'une personne et le nom d'un service, mais aussi d'y accéder de n'importe où et à partir de n'importe quel type d'outil et de plate-forme. Les annuaires LDAP sont bien adaptés à ce besoin et sont utilisés par tous les acteurs du marché offrant des solutions de sécurité. C'est le cas notamment des produits iPlanet de Sun/Netscape, de Novell avec son annuaire NDS et d'IBM avec son offre de sécurité Tivoli et son annuaire.

L'identification unique (ou le Single Sign On)

Avec la multiplication des réseaux et des applications informatiques dans une entreprise, il est courant de devoir s'identifier plusieurs fois et de façon différente pour accéder aux services offerts. L'utilisateur doit en général posséder un nom et un mot de passe pour accéder à son poste de travail, puis un mot de passe pour la messagerie, un autre pour l'intranet, et encore un autre pour accéder aux applications sur les grands systèmes (mainframe)…

Certaines seulement de ces identifications s'appuient sur un même nom et un même mot de passe. Pour rendre les choses encore plus complexes, les administrateurs imposent souvent aux utilisateurs de modifier leurs mots de passe régulièrement (par exemple tous les mois), en prenant bien soin de refuser tout nouveau mot de passe ayant déjà été utilisé ! Chaque utilisateur est donc contraint de retenir trois, quatre ou cinq mots de passe différents, qui doivent changer régulièrement.

Comment arriver à une situation idéale où chaque utilisateur ne s'identifierait qu'une seule fois, malgré la multitude des plates-formes, des réseaux et des applications, tout en garantissant un niveau de sécurité optimal ? Comment faire en sorte que le mot de passe qui transite sur la ligne soit le plus dynamique possible afin d'éviter tout risque de piratage de celui-ci, sans contraindre l'utilisateur à le modifier régulièrement et à en mémoriser plusieurs ? Comment épargner à l'utilisateur d'avoir à ressaisir son mot de passe lorsqu'il sollicite une nouvelle application auprès de laquelle il ne s'est pas encore identifié ?

Par ailleurs, comment savoir à quelles applications un utilisateur a droit ? En effet, si chaque application contient la liste des utilisateurs autorisés, il n'est pas possible de savoir, pour un utilisateur donné, à quelles applications il peut accéder, sans avoir à parcourir toutes les applications de l'entreprise ! Comment gérer ces habilitations et assurer une compatibilité et une interopérabilité du plus grand nombre d'applications ?

Une des solutions envisageables (mais ce n'est pas la seule) consiste à utiliser un certificat X509 pour authentifier l'utilisateur et un annuaire LDAP contenant d'une part l'identifiant unique de l'utilisateur et son certificat éventuel, et d'autre part l'ensemble des attributs requis pour assurer son identification dans toutes les applications autorisées. De plus, pour le contrôle et la gestion des habilitations, l'annuaire contiendrait la liste des applications de l'entreprise, et les habilitations des utilisateurs sur celles-ci.

Notons que pour assurer l'identification unique à plusieurs applications, il est nécessaire d'identifier automatiquement l'utilisateur. On ne lui demandera son identité que pour l'accès à l'une d'elles, le portail intranet par exemple, puis il sera identifié automatiquement et sans dissimulation lorsqu'il voudra accéder aux autres services. Pour cela, l'annuaire doit être complété par un outil particulier qui utilisera différents attributs d'un profil utilisateur afin de l'identifier de façon automatique auprès des services sollicités, et ce après en avoir contrôlé l'autorisation de façon totalement transparente pour celui-ci. Ce type d'outil est implémenté généralement sous forme de serveur, nommé Policy Server ou serveur de stratégie de sécurité. On peut citer à titre d'exemple les produits COREid de la société Oblix, SiteMinder de la société Netegrity ou encore GetAccess de la société Entrust.

Ainsi, nous pouvons résumer dans le schéma suivant les différentes composantes de la solution.

Figure 3.9

*Identification unique
à plusieurs
applications*

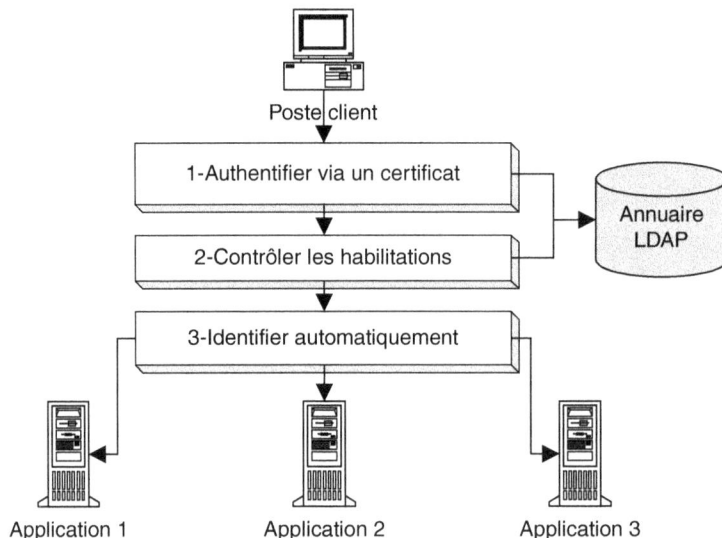

L'authentification *via* un certificat (1) et le contrôle des habilitations (2) sont exposés ci-après. L'identification et l'authentification automatiques (3) vers les différentes applications nécessitent un serveur de stratégie de sécurité comme nous l'avons précisé précédemment.

Prenons l'exemple de deux services accessibles à travers une identification unique : l'accès à des pages sécurisées *via* un navigateur Web, et l'accès à une messagerie électronique *via* ce même *navigateur* (et non à travers un logiciel de messagerie). La plupart des serveurs de messagerie (Microsoft Exchange, IBM Lotus Domino, Sun/iPlanet Messaging Server, etc.) possèdent des passerelles Web permettant de s'affranchir d'un logiciel de messagerie pour accéder à sa boîte aux lettres. L'avantage d'une telle solution est qu'elle offre les moyens de consulter sa boîte aux lettres de n'importe où et à l'aide d'un simple navigateur Web, tout en gardant ses messages sur le serveur.

L'accès à des documents sécurisés à travers un serveur Web nécessite de protéger ceux-ci par un mot de passe et de configurer le serveur pour activer le protocole SSL *(Secured Socket Layer)* lorsqu'un utilisateur demande l'accès à ces documents. Ce protocole chiffre toutes les données échangées entre le navigateur Web et le serveur, quel que soit le sens de cet échange.

Avec un mécanisme d'authentification élémentaire, l'utilisateur devra fournir un premier mot de passe pour accéder à ses messages, puis un deuxième mot de passe pour accéder aux documents sécurisés. En outre, ces mots de passe transitent sur la ligne, ce qui peut présenter un risque de piratage même si le protocole SSL est activé.

Figure 3.10

Exemple de SSO
pour l'accès
à une messagerie
et à des documents

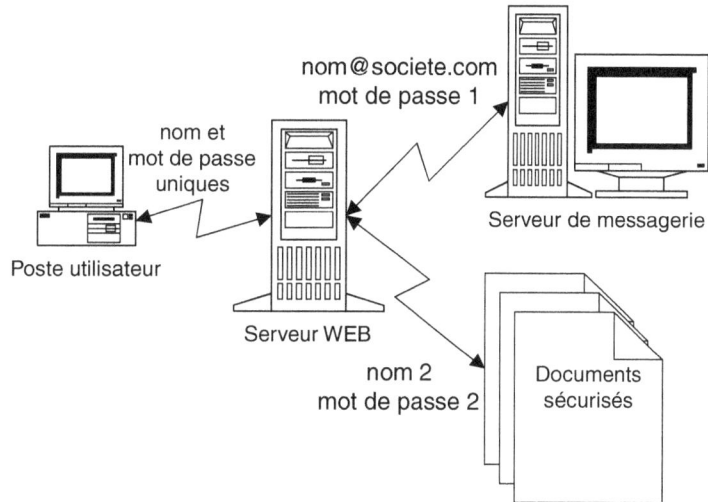

En revanche, avec un mécanisme d'authentification forte à l'aide d'un certificat, l'utilisateur ne devra fournir qu'un seul mot de passe, qui de toute façon ne transitera pas sur la ligne. Les différentes étapes de ce mécanisme sont exposées ci-après.

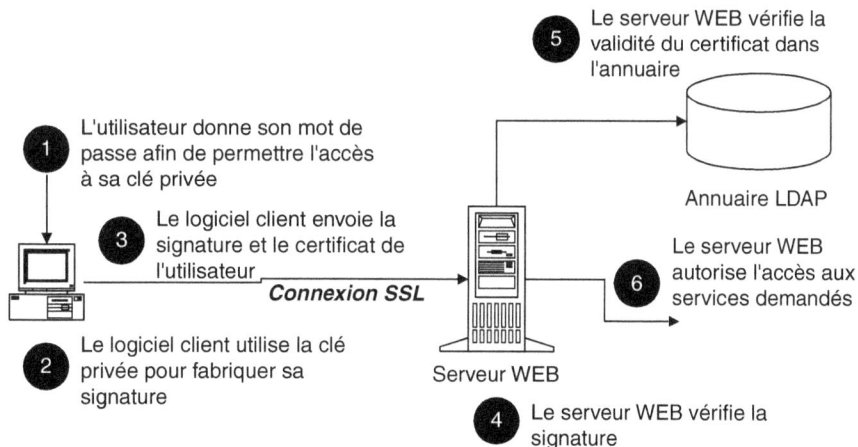

Figure 3.11

Les étapes de l'authentification à l'aide d'un certificat

Voici le processus décrit plus en détail :

1. Le navigateur Web (comme dans Netscape Communicator ou Internet Explorer) ou le poste de travail demande à l'utilisateur de fournir son mot de passe afin d'autoriser l'accès à sa clé privée.

2. Le navigateur fabrique alors une signature de données quelconques à l'aide de la clé privée de l'utilisateur (rappelons que cette signature consiste à calculer un nombre unique associé à ces données qui en garantit l'intégrité). Cette signature et ces données constituent une preuve permettant de s'assurer de l'identité de l'utilisateur puisqu'il a utilisé sa clé privée.

3. Le navigateur envoie le certificat de l'utilisateur contenant sa clé publique, ainsi que les données et la signature au serveur.

4. Le serveur Web vérifie alors la signature envoyée. Pour cela il recalcule une signature à partir des données transmises et à l'aide de la clé publique de l'utilisateur, puis il la compare avec la signature fournie.

5. Le serveur s'assure ensuite de la validité du certificat en se connectant à l'annuaire LDAP. Il vérifie d'une part l'existence de ce certificat pour l'utilisateur désigné, et d'autre part la non-révocation de celui-ci.

6. Si la signature et le certificat sont valides, le serveur autorise alors l'accès au service demandé.

Ainsi, l'utilisateur ne fournit son mot de passe qu'une seule fois dans une même session. S'il demande l'accès à d'autres services, le logiciel client, c'est-à-dire le navigateur, envoie à nouveau le certificat et la signature sans demander le mot de passe de l'utilisateur. L'authentification est donc bien réalisée chaque fois que l'accès à un nouveau service est demandé, mais de façon totalement transparente pour l'utilisateur.

La gestion des autorisations

Nous avons vu le rôle que peut jouer un annuaire LDAP dans l'identification unique à l'aide d'un mécanisme de certificat reposant sur une clé publique et une clé privée. Maintenant, nous allons décrire le rôle des annuaires LDAP dans la gestion des habilitations ou des autorisations pour l'accès aux applications.

Une application n'est autre qu'une ressource d'un système d'information. Elle peut donc être décrite dans l'annuaire LDAP au même titre que toute autre ressource (une imprimante ou un ordinateur). Par exemple, sa description peut contenir les attributs suivants : l'URL si c'est une application Internet ou accessible *via* l'intranet de l'entreprise, un libellé descriptif, un nom abrégé, le nom de la machine où elle se trouve…

L'annuaire peut alors être utilisé pour décrire les droits d'accès des utilisateurs aux applications. Ceci nécessite un outil capable d'exploiter ces informations pour contrôler effectivement l'accès aux applications. L'annuaire n'est en fait qu'une base de données, mais a l'avantage d'offrir un modèle de données faisant partie des standards du marché et une interface d'accès à l'aide d'un protocole normalisé.

À titre d'exemple nous pouvons citer les produits de la société Sun, qui exploitent totalement cette capacité des annuaires LDAP. Le serveur Web de Sun s'appuie sur l'annuaire pour contrôler l'accès aux pages HTML en fonction des profils de chaque utilisateur. Le serveur de messagerie Sun Messaging Server, partage le même annuaire

LDAP pour rajouter au profil de chaque utilisateur le nom de sa boîte aux lettres et ses caractéristiques si celui-ci en possède. Le serveur d'agenda Sun Calendar Server agit de façon identique.

Nous pouvons aussi citer Active Directory dans Windows 2000/2003, dont la vocation est de gérer les utilisateurs et les habilitations des produits de Microsoft, comme Exchange 2000/2003 et Commerce Server 2000/2003.

Il existe aussi des produits généralistes dont la vocation est d'offrir un outil centralisé offrant les moyens de gérer et de contrôler les accès à un ensemble d'applications, voire à la totalité des applications intranet de l'entreprise. Ce sont en général les mêmes outils que ceux utilisés pour l'identification unique, comme le produit COREid de la société Oblix, Tivoli Access Manager d'IBM ou SiteMinder de la société Netegrity.

L'avantage de tels outils est multiple. Il devient possible de centraliser la gestion des autorisations, et par conséquent d'avoir une stratégie de sécurité cohérente entre les différentes applications de l'entreprise, quel que soit le canal d'accès utilisé. Le fait de réaliser de façon spécifique les contrôles d'accès aux services dans chaque application peut induire des divergences ou des incohérences entre les applications. Il est également important d'appliquer les mêmes règles de sécurité lorsqu'un utilisateur accède à une application via Internet, le WAP ou demain l'Internet mobile avec un téléphone portable. Ces outils disposent de connecteurs dédiés à chaque type d'interface qui partagent un même serveur d'autorisations.

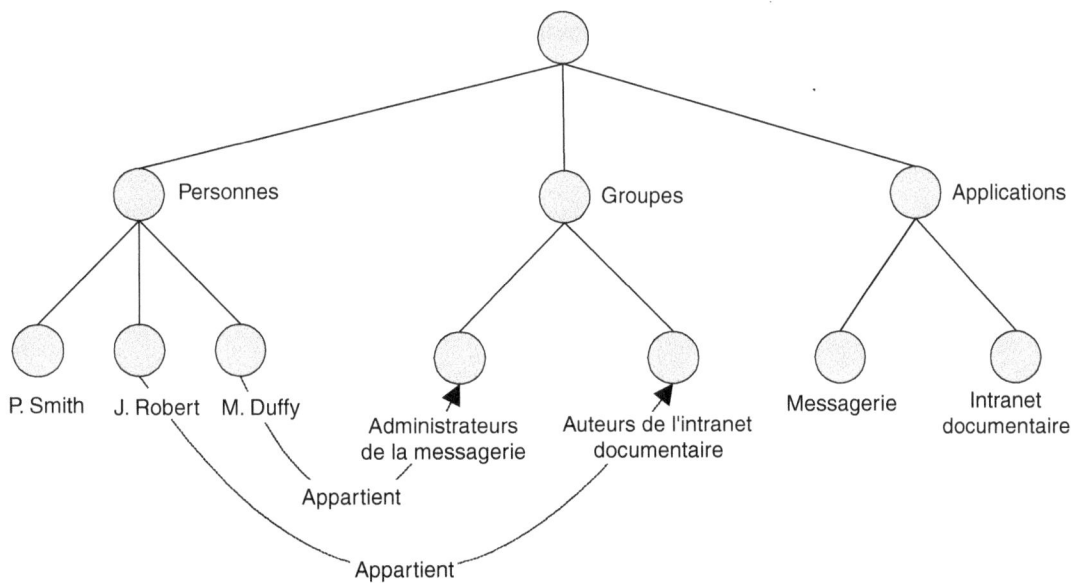

Figure 3.12

Description des habilitations dans un annuaire LDAP

Ceci permet également de réduire les coûts de développement et d'administration des fonctions de sécurité dans les applications. En effet, il ne sera plus nécessaire de développer ces fonctions dans les nouvelles applications et il sera possible d'administrer, à l'aide d'un outil prêt à l'emploi, l'ensemble des règles de sécurité. Enfin, ceci améliore la sécurité car ces outils sont en général largement éprouvé et savent réagir à tous types d'attaques externes à l'instar des antivirus.

Ces outils s'appuient généralement sur les annuaires LDAP. Ils savent d'une part se greffer à n'importe quel annuaire afin de vérifier l'identification de l'utilisateur et son authentification, puis en extraire les informations de son profil nécessaires au contrôle de ces droits. D'autre part, ils s'appuient aussi sur un annuaire LDAP pour sauvegarder les règles d'autorisation. L'avantage est de pouvoir utiliser les fonctions de protection des données offertes par LDAP afin de protéger ces règles, tout en pouvant les partager avec d'autres applications *via* un standard ouvert.

Il existe plusieurs façons de décrire les droits d'accès des utilisateurs à des applications. Le moyen le plus courant consiste à utiliser des groupes statiques ou dynamiques, et à attribuer les droits à un groupe plutôt qu'à un individu, comme le montre la figure 3.12.

Nous décrirons plus en détail les différentes voies possibles dans la suite de ce livre, et nous aborderons une des solutions les plus courantes dans une étude de cas.

Le commerce électronique

L'utilisation des annuaires LDAP dans le commerce électronique se développe de plus en plus. En effet, la plupart des progiciels dédiés à la vente en ligne intègrent en standard une interface LDAP pour l'accès aux profils des utilisateurs. L'avantage d'une telle approche est de pouvoir partager ces profils entre différents sites marchands, et de bénéficier d'un modèle de données prêt à l'emploi.

La plupart des sites de commerce électronique offrent la possibilité aux utilisateurs de passer de l'anonymat ou du stade de visiteur au statut de membre. Un internaute occasionnel peut acheter des produits sur un site et rester anonyme. Il n'a alors pas besoin de fournir des informations sur son profil, hormis son numéro de carte de crédit lors de l'acte d'achat.

En revanche, s'il souhaite être reconnu automatiquement lorsqu'il revient sur ce site pour bénéficier d'offres personnalisées et de ne pas avoir à ressaisir les données de son profil, comme son adresse de livraison, son nom et le numéro de sa carte de crédit, il a tout intérêt à devenir membre du site. Pour cela, il saisit une seule fois les informations le concernant et le site lui attribue un nom et un mot de passe afin de le reconnaître rapidement lorsqu'il se représentera. Ce profil peut aussi être associé à d'autres moyens d'identification comme une carte à puce (ce qui nécessite un lecteur de cartes à puce pour être reconnu) ou encore un cookie, petit fichier résidant sur le poste de travail de l'internaute et contenant un identifiant unique envoyé au site Internet par le navigateur Web.

La base de profils des internautes d'un site marchand constitue un noyau d'information extrêmement précieux. Il permet en effet de connaître les préférences de chacun, les caractéristiques des utilisateurs, leurs comportements d'achat… Bref, tout ce qui permet d'adapter l'offre à la demande, et par conséquent d'optimiser les coûts de publicité du site et d'augmenter les revenus du marchand.

Mais pour que ceci devienne une réalité, il faut que cette base de profils soit la plus large possible. C'est-à-dire qu'il faut qu'elle comprenne un grand nombre d'utilisateurs, et qu'elle contienne un maximum d'informations par utilisateur. Ainsi, un marchand qui offre en ligne aussi bien des billets d'avion que des chambres d'hôtel et des voitures à louer, a tout intérêt à avoir une même base de profils utilisateurs pour ces trois types de produits. Il permettra ainsi à l'internaute de réserver en même temps son billet, sa chambre d'hôtel et sa voiture, associés à une seule facture. Il pourra également lui proposer des hôtels de catégorie supérieure si l'internaute voyage souvent en première classe. Il pourra éventuellement lui offrir une nuit d'hôtel au-delà d'un certain montant d'achats…

Or, vendre des billets d'avion en ligne, réserver des chambres d'hôtel et louer des voitures nécessite des sites Internet et des systèmes d'information différents. Cela exige de se connecter d'une part à des systèmes d'information de compagnies aériennes pour avoir les horaires, et d'autre part à des systèmes de consultation des chambres disponibles dans les hôtels. Il faudra aussi offrir des interfaces homme/machine différentes, adaptées à chaque type de produit. Partager les profils des utilisateurs requiert donc de s'appuyer sur un standard ouvert comme LDAP, assurant l'interopérabilité de ces différents systèmes.

L'apport de LDAP est encore plus manifeste dans le cas de sites marchands destinés aux entreprises (ou BtoB pour Business to Business). En effet, il faudra partager des profils entre différents sites, mais aussi s'adapter à l'organisation des entreprises clientes (voir figure 3.13). Il ne s'agit pas uniquement de gérer le profil d'une personne, mais celui

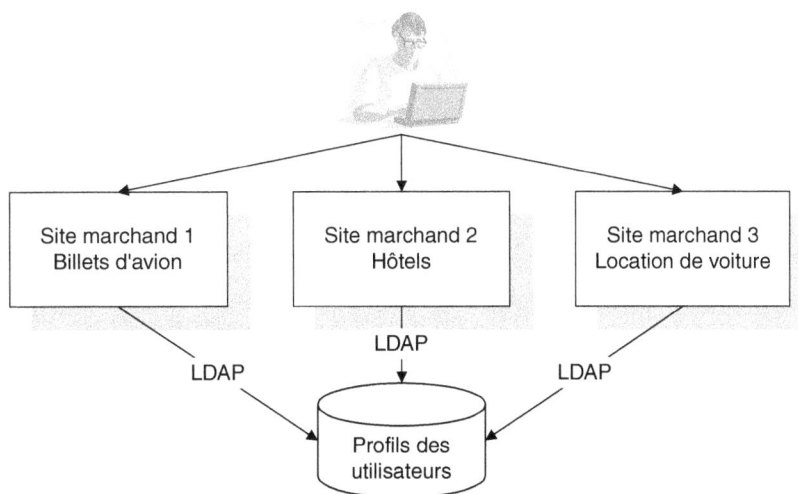

Figure 3.13

Partage des profils utilisateurs avec LDAP entre sites marchands

d'une entreprise, constituée éventuellement de plusieurs filiales ou départements, et de plusieurs acteurs comme des utilisateurs, des acheteurs et des comptables.

Le modèle de données et l'organisation hiérarchique de LDAP sont bien adaptés à ce besoin. Ils permettent d'ajuster la base de profils à chaque entreprise, en tenant compte des rôles de chacun et des services auxquels chaque acteur a droit. Par exemple, seuls les acheteurs pourront effectuer les achats, et seuls certains utilisateurs pourront passer des commandes en ligne. Les comptables recevront les factures et pourront consulter l'historique des achats. L'identification unique et la gestion des habilitations, facilitées par les annuaires LDAP, s'appliquent au commerce électronique BtoB, et y apporte une forte valeur ajoutée.

La plupart des progiciels de commerce électronique du marché sont compatibles avec le standard LDAP pour la gestion des profils des utilisateurs. Nous pouvons citer à titre d'exemple les logiciels suivants :

- le logiciel Commerce Server de la société Microsoft ;
- les produits WebSphere Commerce Suite d'IBM ;
- les logiciels de commerce électronique des sociétés BroadVision, ATG et Vignette.

Les extranets

Qu'est-ce qu'un extranet ? C'est tout simplement l'ouverture d'une partie du système d'information de l'entreprise à ses clients, partenaires et fournisseurs, à l'aide des technologies Internet. Les clients pourront par exemple consulter des factures en ligne ou encore modifier des options d'abonnement. Les fournisseurs pourront également consulter en ligne les appels d'offres d'une entreprise ou encore l'état du stock de certains produits, afin de l'approvisionner automatiquement.

Les apports d'un extranet pour les clients d'une entreprise sont considérables. En effet, il réduit les temps d'attente des clients en leur offrant un accès direct au système d'information sans passer par un opérateur. Il leur donne de l'information quasiment en temps réel comme des encours de consommation ou des relevés de compte. Il facilite l'accès aux services en laissant les clients gérer leurs abonnements et leurs produits de façon autonome (vingt-quatre heures sur vingt-quatre et de n'importe où). En outre, il offre les moyens de personnaliser les informations auxquelles ils ont accès en fonction de leurs profils.

Enfin, l'extranet permet à l'entreprise de réduire les coûts de son service client et de son centre d'appels, de maîtriser les coûts de diffusion d'informations par disquette ou par courrier, d'optimiser le temps passé par les commerciaux à promouvoir de nouvelles offres, d'accroître la fidélisation des clients et de générer des revenus additionnels.

Après les centres d'appels, la mise en place d'un extranet client peut constituer une première étape vers le commerce électronique.

Mais les conditions de succès de l'extranet passent par une vision intégrée de l'offre de l'entreprise et de ses lignes de produits.

Figure 3.14

Qu'est-ce qu'un extranet ?

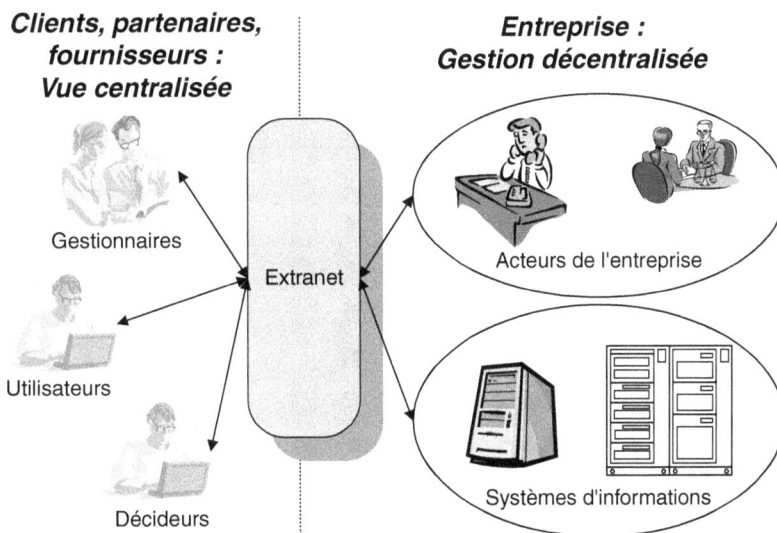

En effet, il s'agit de donner aux clients une vue centralisée des produits et services de l'entreprise, tout en conservant une gestion décentralisée de ceux-ci dans son organisation actuelle, et tout en intégrant les systèmes d'information existants avec la plate-forme d'un extranet !

L'identification unique, la délégation des fonctions d'administration et la personnalisation constituent des facteurs clés de succès.

- L'identification unique à l'ensemble des services offerts apporte un confort indéniable aux utilisateurs. Elle permet aussi d'améliorer la sécurité de la solution à travers une gestion des habilitations centralisée.

  Le standard LDAP apporte alors un avantage majeur, comme nous l'avons vu précédemment dans le chapitre relatif à la sécurité.

- Un extranet nécessite obligatoirement l'identification des utilisateurs pour des raisons évidentes de sécurité. Mais, plus le nombre d'utilisateurs augmente et plus la gestion des comptes utilisateurs devient fastidieuse et coûteuse pour l'entreprise. Dans le cas du Business to Business, une solution courante consiste à désigner un gestionnaire par client, partenaire ou fournisseur ayant les droits de création d'autres utilisateurs. Celui-ci utilisera l'extranet pour créer, modifier ou supprimer les utilisateurs qui y ont accès. La base des utilisateurs ainsi gérée se trouve toujours dans l'extranet, mais sa gestion est déléguée, ce qui réduit considérablement les tâches d'administration centralisée.

Là aussi, le standard LDAP est tout désigné. Il suffit par exemple de construire un arbre LDAP contenant un nœud pour chaque client, partenaire ou fournisseur ayant accès à l'extranet. Puis il faut déléguer l'administration de cette branche à un utilisateur particulier, qui en sera le gestionnaire.

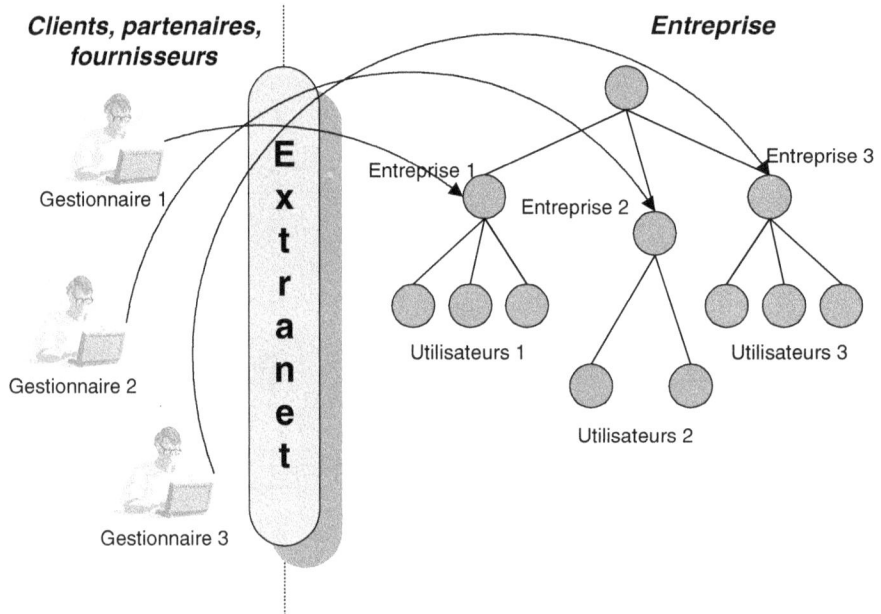

Figure 3.15

Délégation de la gestion des utilisateurs d'un extranet

Dans la figure 3.15, Entreprise 1, Entreprise 2 et Entreprise 3 représentent des entreprises clientes, partenaires ou fournisseurs de l'entreprise mettant à disposition son extranet. Dans chacune de ses entreprises, un utilisateur particulier aura les droits de gérer uniquement les autres utilisateurs de son entreprise dans l'annuaire LDAP de l'extranet.

• La personnalisation a pour objectif d'adapter l'extranet aux besoins de chaque utilisateur. Elle permet de mettre en avant le contenu du site le plus approprié au profil de chacun et de reléguer à un second plan le contenu le moins utilisé.

La personnalisation comprend :

– *la présentation de l'extranet* : il s'agit d'afficher uniquement les applications autorisées ou encore les informations éditoriales en fonction des centres d'intérêt sélectionnés ;

– *l'envoi d'informations personnalisées* : comme des alertes sur critères, des messages sur événements, des informations-flashs… ;

– *les contacts* : il s'agit d'offrir la liste des interlocuteurs par client (ingénieur commercial, responsable de compte, support après vente…) avec la possibilité de communiquer et d'échanger des messages et des documents.

La personnalisation apporte une valeur ajoutée par rapport aux services élémentaires d'un extranet. Ses avantages sont les suivants :

– *la fidélisation des clients* : le contenu personnalisé favorise le retour des utilisateurs sur le site, et leur permet de trouver plus facilement des réponses à leurs attentes ;

– *l'enrichissement des profils* : l'analyse du comportement des utilisateurs devient possible en traçant leurs actions sur le site ;

– *les actions marketing ciblées* : il devient possible d'effectuer des segmentations de la clientèle et de rendre plus efficaces les actions marketing ciblées, comme le cross-selling.

Les annuaires LDAP sont bien adaptés à la gestion des profils utilisateurs de l'extranet. Ceux-ci peuvent être des personnes externes à l'entreprise, comme des clients, des partenaires ou des fournisseurs, mais aussi des personnes internes comme des responsables commerciaux ou des responsables après-vente.

La personnalisation en fonction des besoins de chacun peut s'appliquer facilement sur une catégorie d'utilisateurs à l'aide d'une simple requête LDAP, par exemple l'envoi d'une lettre d'information à tous les nouveaux venus ou encore l'envoi par e-mail des coordonnées d'un nouveau contact client dans l'entreprise.

Notons également que LDAP favorise le partage des profils des utilisateurs dans une base de données unique, assurant ainsi une cohérence globale entre les différentes applications offertes et une meilleure réactivité dans le déploiement de nouveaux services sur l'extranet.

Nous présentons dans ce livre une étude de cas sur un extranet clients, décrivant un modèle de données LDAP répondant à ces enjeux.

Les portails d'entreprise

Les annuaires LDAP se situent au cœur des fonctions de communication et de collaboration de l'entreprise à travers son portail car ils en simplifient la gestion et l'administration.

Mais avant tout précisons ce qu'est un portail d'entreprise. C'est l'utilisation des technologies Internet, au sein d'un réseau local d'entreprise, pour des applications de partage d'informations, de communication et de travail de groupe. C'est aussi la fédération des services suivants autour d'une infrastructure commune basée sur les technologies issues d'Internet.

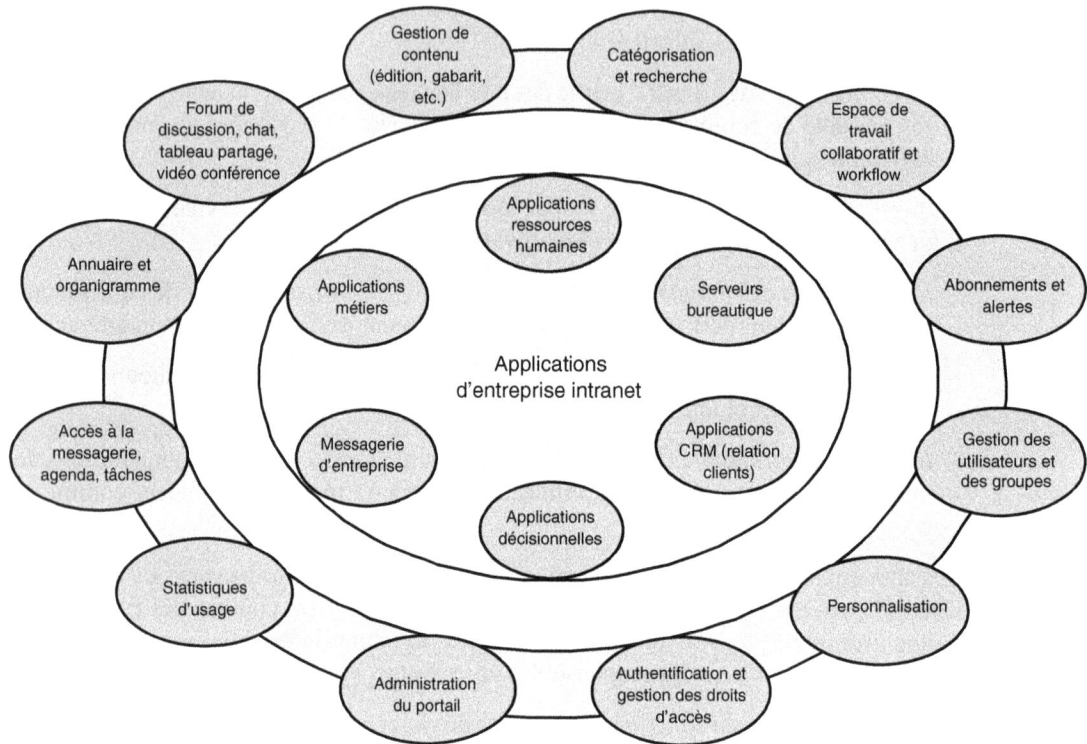

Figure 3.16

Les services d'un portail d'entreprise

Accès à la messagerie électronique, l'agenda partagé et les tâches

Le portail permet généralement l'accès à la messagerie d'entreprise, à l'agenda individuel et aux agendas partagés, ainsi qu'aux tâches individuelles et de groupes. L'accès se fera *via* une interface HTML et un simple navigateur, permettant ainsi la consultation de ses messages à partir d'un accès distant, interne ou externe à l'entreprise.

L'outil de messagerie est souvent couplé à celui de l'agenda partagé, et il possède souvent son propre annuaire. Ce dernier contient les adresses de chacun, mais aussi des listes de diffusion et des adresses de personnes externes à l'entreprise, partagées par tous. L'agenda nécessite, de plus, un annuaire de ressources, comme des salles de réunion.

Annuaire et organigramme

Ici, c'est l'application donnant accès aux informations sur les personnes de l'entreprise, plus communément appelée Pages Blanches. Elle contient aussi l'organigramme de l'entreprise, indiquant les liens hiérarchiques entre les personnes. Cette application possède généralement sa propre base de données. L'exactitude des données de l'annuaire dépendra de l'automatisation des mises à jour à partir de différentes sources, comme l'application de ressources humaines ou la messagerie d'entreprise, ou bien, à défaut, des fréquences de mise à jour par les administrateurs ou les utilisateurs eux-mêmes.

Forums de discussion, « chat » ou messagerie instantanée, tableau partagé et vidéo conférence

Les forums de discussion nécessitent l'identification de l'utilisateur afin de signaler qui est l'auteur d'un message déposé sur le forum. Si l'outil de forum utilisé est couplé avec la messagerie, ils partagent le même annuaire, mais il peut arriver que ce ne soit pas le cas.

De plus en plus, les entreprises s'équipent d'outils permettant la communication de façon synchrone entre plusieurs personnes. Le « chat », ou la messagerie instantanée, permet d'échanger des messages courts lorsque plusieurs personnes se trouvent connectées au réseau en même temps. Le tableau blanc partagé donne la possibilité de visualiser simultanément un document de travail contenant des textes et des dessins pouvant être modifiés par les personnes en ligne. Avec la vidéo conférence, on communique à travers le son et l'image en utilisant son ordinateur et le réseau de l'entreprise.

Tous ces services nécessitent aussi un référentiel d'utilisateurs partagé.

Gestion de contenu

Elle contient en général des processus rigoureux de publication de documents. Les utilisateurs valident le contenu avant publication, et les complètent par des fiches signalétiques qui permettent de les classer ou d'effectuer des recherches multicritères. Les personnes autorisées à réaliser des publications et à saisir la fiche signalétique doivent être identifiées afin de pouvoir vérifier leurs habilitations.

Par ailleurs, certains documents peuvent être protégés et réservés à un groupe d'utilisateurs. Il est donc nécessaire de les identifier avant de leur donner accès à la base de documents.

Catégorisation et recherche

Il s'agit de moteurs de recherche capables de trouver tout type d'information accessible à travers le portail, à l'aide de critères de recherche multiples. Ces critères peuvent être basés soit sur l'existence de mots dans les documents, soit sur des mécanismes plus élaborés comme la recherche sémantique ou les réseaux bayésiens (similitude entre typologies d'information). Certains moteurs de recherche sont aussi capables de classer automatiquement les informations trouvées dans une catégorie prédéfinie.

Dans tous les cas, la principale difficulté réside dans l'adéquation du périmètre de la recherche aux droits de l'utilisateur qui soumet celle-ci. Le moteur doit être en mesure de tenir compte de ses habilitations sur les catégories de documents auxquels il a droit.

Espace de travail collaboratif et workflow

Il s'agit ici d'un ensemble de services facilitant le travail collaboratif entre différentes personnes, à l'aide d'un réseau local ou étendu comme Internet. Un espace de travail contient généralement un ensemble de documents concernant un projet ou un sujet donné, des forums de discussion relatifs à la thématique traitée, des tâches affectées aux différents membres du groupe, la description des réunions en cours (agenda, intervenants, lieu), etc.

Des moteurs de workflow sont très utiles dans ce type d'environnement, car ils permettent d'associer des processus à la publication d'informations sur le site. Par exemple, un compte rendu de réunion rédigé par un des intervenants devra être validé par l'organisateur de la réunion avant publication sur le site.

Là aussi, il est important de disposer d'une base d'utilisateurs contenant des informations professionnelles, comme l'adresse de messagerie et le rôle dans l'organisation.

Abonnements et alertes

Afin d'accéder plus rapidement aux informations pertinentes, les utilisateurs peuvent bénéficier, à travers le portail d'entreprise, d'un service d'abonnements. Celui-ci est chargé d'envoyer des alertes lorsqu'un événement survient dans le portail, comme la création d'un nouveau document ou bien d'un forum de discussion relatif à un sujet donné.

Les alertes permettent aux utilisateurs d'accéder aux informations en mode non sollicité (ou en mode *push*) sur divers canaux de communication, comme la messagerie électronique ou les messages SMS sur un téléphone mobile.

De nouveau, il faut disposer d'un annuaire contenant la liste des utilisateurs et leurs adresses en fonction du canal de communication choisi (mobile, messagerie, etc.).

Nous constatons que toutes ces applications partagent les mêmes besoins, à savoir :

1. référencer l'ensemble des utilisateurs ayant accès aux fonctions et associer à chaque utilisateur des informations de profil comme l'adresse de messagerie, d'autres adresses électroniques, comme le numéro de téléphone mobile pour les messages SMS, le rôle, les préférences, etc.

2. identifier l'utilisateur et contrôler ses habilitations aux services offerts ;

3. gérer des groupes d'utilisateurs pour associer des rôles (par exemple valider des documents) ou des services à ces groupes (par exemple, envoyer un message à un groupe, qui devient alors une liste de diffusion).

Pour répondre de façon cohérente à ces besoins, il existe deux possibilités : soit trouver le produit miracle qui répond dans un même outil à l'ensemble des services requis, soit s'appuyer sur un standard ouvert permettant de partager une même infrastructure tout en se servant d'outils dédiés pour chacun de ces services.

Les outils intégrés et offrant l'ensemble des services cités ci-dessus existent bien : nous pouvons citer à titre d'exemple des produits de portail d'entreprise comme ATG, Broadvision, Vignette, Microsoft Sharepoint Server, Lotus Domino de Lotus et d'autres. Mais il existe toujours un besoin non couvert, comme la gestion électronique de documents, la messagerie instantanée, la vidéo conférence, l'identification unique (SSO ou *Single Sign On*) et le contrôle d'accès aux applications existantes. Cela nécessite la mise en œuvre d'un ou de plusieurs outils additionnels.

Le standard LDAP répond ici à cette problématique. Il constitue le socle élémentaire de l'infrastructure de gestion des identités d'un portail sur lequel reposent les outils ou les développements spécifiques couvrant chacun des services cités.

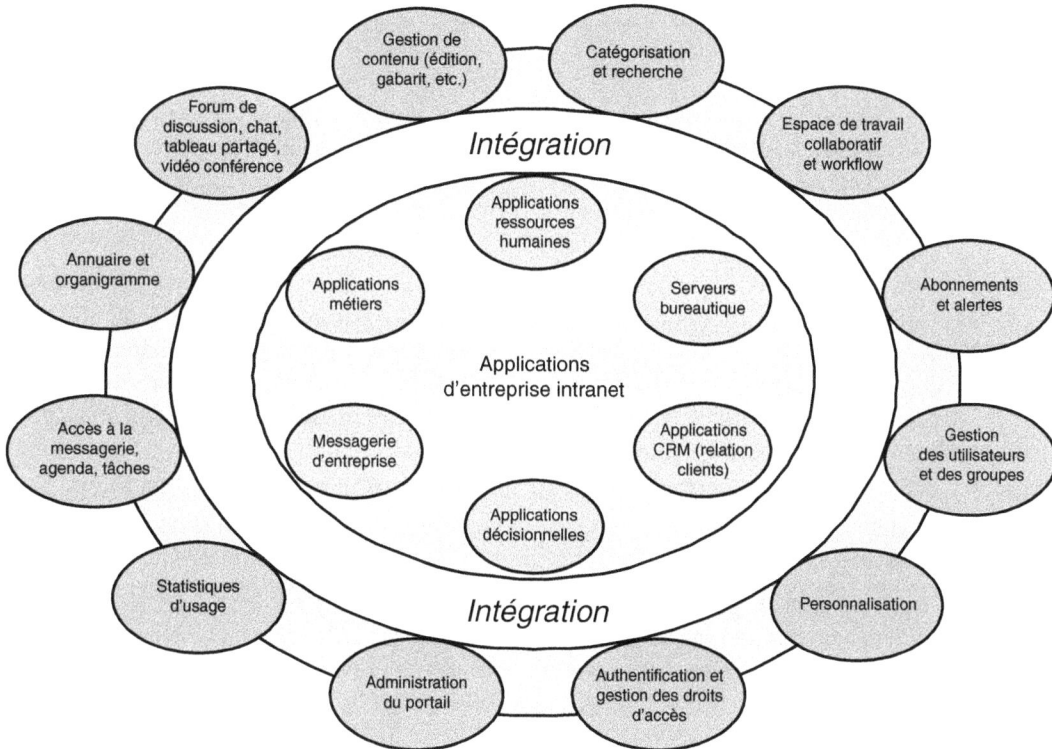

Figure 3.17

Les services d'un portail, fédérés par un annuaire LDAP

En effet, il permet de référencer les utilisateurs et leurs profils dans une base de données partagée par tous. Il rend possible la gestion de l'identification des utilisateurs et de leurs habilitations, comme nous l'avons décrit précédemment dans ce chapitre. Enfin, il permet de gérer et de partager des groupes d'utilisateurs, qu'il est possible de créer de façon dynamique à l'aide de requêtes sur l'annuaire ou de façon statique au moyen de la classe d'objet dédiée aux groupes dans le standard LDAP.

La plupart des outils du marché dédiés aux portails d'entreprise supportent d'ores et déjà le standard LDAP. Il est donc possible de les utiliser simultanément, et de tirer ainsi parti des points forts de chacun, tout en partageant le même référentiel des utilisateurs et des habilitations à l'aide de LDAP.

La mise en œuvre d'un annuaire LDAP au sein d'un portail d'entreprise apporte donc une gestion optimale des utilisateurs et de leurs profils, et la possibilité de partager le référentiel des personnes et des organisations avec l'ensemble des outils du marché dédiés aux applications intranet.

Quelques exemples d'applications par secteur de marché

Nous souhaitons ici donner quelques exemples de mise en œuvre d'annuaires et de gestion des identités, justifiés par les métiers des entreprises et tenant compte de leurs spécificités. Quels sont, par exemple, les usages et les apports des annuaires dans le secteur des télécommunications, des banques, des assurances et de la grande distribution ? Ces exemples sont issus de cas réels. Nous ne citerons pas les sociétés pour des raisons de confidentialité, mais nous pouvons facilement imaginer que les besoins ayant justifié la mise en place d'un annuaire pour l'une d'entre elles, sont les mêmes pour celles ayant un métier similaire.

Les télécommunications

Le secteur des télécommunications est à l'origine des standards comme X500 et LDAP, dont l'objectif initial était de normaliser l'usage des annuaires dans le cadre de la téléphonie et de la messagerie électronique. Aujourd'hui, les annuaires LDAP, la gestion et la fédération des identités, répondent à des enjeux majeurs dans le cadre des services de télécommunications offerts aux clients.

Les portails Internet des ISP (*Internet Service Provider* ou FAI, Fournisseur d'accès Internet) constituent de bons exemples d'usages d'annuaires LDAP, de gestion et de fédération des identités.

En ce qui concerne la gestion des identités et les annuaires LDAP, la plupart de ces portails s'appuient sur ceux-ci pour identifier et authentifier les utilisateurs, offrir des services de messagerie, ainsi que pour y sauvegarder des informations de profils à des fins de personnalisation. L'avantage d'une telle solution est de pouvoir constituer un seul référentiel, basé sur le standard LDAP, permettant de partager la base d'utilisateurs et les services associés (identification, authentification, etc.) entre différents services offerts par l'opérateur, *via* son portail, comme la météo, les nouvelles, les services marchands, etc.

Les annuaires LDAP constituent ainsi une brique essentielle de l'infrastructure de l'opérateur, comme c'est le cas pour la messagerie (référencement des adresses de messagerie, routage, vers le serveur contenant la boîte aux lettres de l'utilisateur, etc.), ou pour le portail Internet, à des fins d'authentification et de personnalisation. La particularité de ces infrastructures est qu'elles doivent supporter une grande quantité d'utilisateurs. En effet, le nombre de clients d'un service de téléphonie mobile, voire ceux d'un ISP s'élève généralement à quelques millions. L'usage d'annuaires LDAP est particulièrement adapté à ce besoin, car ils sont très performants en lecture et sont capables de supporter une charge importante, tout en offrant un haut niveau de disponibilité.

D'autre part, les portails et les services offerts par les opérateurs de télécommunications donnent aussi l'accès à des services fournis par des partenaires (commerçants, fournisseurs de contenu, etc.). Ces derniers doivent généralement pouvoir récupérer des informations concernant l'identité des utilisateurs comme leur adresse de messagerie, leur nom, leur langue préférée, leur fonction dans l'entreprise, etc. De plus, certains opérateurs peuvent établir des relations de partenariat avec d'autres opérateurs, offrant ainsi un service à l'échelle mondiale à leurs clients respectifs (c'est le cas, par exemple, de Vodaphone et SFR, filiale de Cegetel en France). Dans ces circonstances, le partage d'un seul et unique annuaire LDAP entre l'opérateur et ses partenaires ne sera pas aisé. En revanche, une solution basée sur la fédération des identités, telle que nous l'avons décrite précédemment, offre le meilleur niveau de sécurité, de flexibilité et de facilité d'intégration.

Par ailleurs, les opérateurs de télécommunications offrent des extranets pour leurs clients « entreprises » (dans le cadre d'applications de gestion de la relation clients) et pour leurs distributeurs. Ainsi, il est possible à une entreprise de consulter en ligne la facture de sa flotte de mobiles, de modifier des options d'abonnement et de commander de nouveaux produits à travers un accès sécurisé. Il sera aussi possible à un distributeur de passer commande en ligne et de modifier les abonnements de ses clients. Il sera alors nécessaire d'identifier et d'authentifier l'utilisateur, puis de lui donner accès aux services de façon personnalisée, en tenant compte par exemple du fait que c'est un client particulier, un client entreprise PME, un client entreprise grand compte, ou un distributeur. L'usage d'une solution de gestion des identités, basée sur un annuaire LDAP, ou de fédération des identités, dans le cas de clients de taille importante, apporte des avantages indéniables, aussi bien à l'opérateur qu'aux utilisateurs.

Les assurances

La plupart des assurances offrent, à ce jour, des services sur Internet permettant aux prospects et aux clients d'obtenir des devis en ligne, de déclarer des sinistres, de souscrire à de nouveaux produits, etc. Ces services nécessitent que l'utilisateur s'identifie et s'authentifie, à des fins de mémorisation de son profil et de personnalisation des services offerts, en fonction des abonnements souscrits. L'usage d'un annuaire LDAP pour le site Internet permet de renforcer la sécurité et la confidentialité d'accès aux données personnelles de l'utilisateur. Il permet aussi de faciliter l'intégration de différents progiciels utilisés ou applications développées afin d'offrir à l'utilisateur un mécanisme d'authentification unique. Et enfin, il permet de déléguer la gestion des données à un administrateur, voire à l'utilisateur lui-même, notamment dans le cadre de clients entreprises.

Par ailleurs, les assurances offrent des services en ligne à leurs courtiers leur permettant d'accéder à la gestion de leurs clients, mais aussi à des données contractuelles propres à leurs accords avec l'assurance. Là aussi, l'usage de solutions de gestion des identités et d'annuaire LDAP pour les courtiers permet de sécuriser l'accès aux services en ligne, à travers des mécanismes d'authentification forts (certificat, carte à puce, etc.) si nécessaire, et à travers la possibilité de crypter et de signer des contrats souscrits et échangés en ligne. Notons aussi que les courtiers peuvent être constitués d'une multitude de petits cabinets comprenant quelques personnes, ce qui rend la gestion des utilisateurs par les administrateurs de l'assurance fastidieuse. Il est donc plus commode de déléguer la gestion des utilisateurs aux courtiers eux-mêmes, ce qui est plus facile à faire avec un annuaire LDAP et des outils de délégation d'administration associés.

Enfin, les assurances s'appuient sur un réseau de partenaires, comme des réparateurs ou des experts chargés d'effectuer un devis lors d'un sinistre. Certaines assurances peuvent fournir des services en ligne à ces partenaires, leur donnant accès, par exemple, à des conditions commerciales personnalisées, ou bien à l'historique des interventions effectuées. Là aussi, l'usage de solutions de gestion des identités et d'annuaire LDAP facilite l'administration des comptes utilisateurs et permet de sécuriser l'accès aux services en ligne, à travers des mécanismes d'authentification forts (certificat, carte à puce, etc.) si nécessaire, et la possibilité de crypter et de signer les informations échangées en ligne.

Les banques

De la même façon que les assurances et les opérateurs de télécommunication, la grande majorité des banques offrent à leurs clients des services en ligne permettant d'accéder à l'état des comptes bancaires, d'effectuer des transactions boursières ou des ordres de virement sur Internet.

Un des principaux enjeux, dans la gestion des identités, est naturellement la sécurité. Les banques se doivent d'assurer un accès protégé, sécurisé et proposant des mécanismes d'authentification forts si nécessaire (cas des accès Internet offerts par les banques privées d'investissement par exemple). Ceci s'applique aussi bien aux clients accédant à des services en ligne, qu'aux employés de la banque. En effet, dans une banque de détail, par exemple, le taux de rotation des chargés de clientèle est assez élevé. Il nécessite donc une gestion rigoureuse des identifiants et mots de passe, et surtout des habilitations d'accès aux applications de gestion de la relation client (consultation des comptes, accès aux offres produits, souscription à de nouveaux produits comme un crédit, etc.). Ces habilitations peuvent dépendre aussi du rôle du chargé de clientèle, de sa position hiérarchique (responsable d'agence ou pas) et de ses compétences. La gestion des identités des employés de la banque à l'échelle de l'entreprise va permettre d'optimiser les tâches d'administration et d'assurer un contrôle global de la sécurité, conformément à la stratégie de sécurité de l'entreprise.

Notons enfin que les banques sont aussi de bonnes candidates pour la fédération des identités. En effet, elles peuvent être amenées à fournir des services en ligne, comme la souscription de crédit à la consommation, à travers des sites de commerce électronique partenaires. Dans ce cas, une solution de fédération des identités apporterait plus de souplesse, une facilité d'intégration avec plusieurs sites marchands, et plus de sécurité et de confort d'utilisation pour le client final.

La grande distribution

Les entreprises de grande distribution sont généralement constituées d'un ensemble de magasins (concessions ou filiales) et d'un siège, répartis dans un ou plusieurs pays. Chaque pays, voire chaque magasin, peut avoir son propre système d'information, offrant des services locaux comme la gestion de stock ou les commandes fournisseurs. D'autres applications peuvent être centralisées au niveau du siège de l'entreprise, comme la messagerie ou les ressources humaines, ou encore des applications décisionnelles permettant de faire une analyse des ventes consolidée par produit ou par saison.

Une des particularités de la grande distribution est le taux de rotation des employés des magasins et l'autonomie de ces derniers. En effet, les personnes en magasin (caissières, chefs de rayon, chefs de produits, prestataires externes, etc.) peuvent changer assez fréquemment, et le magasin peut être un affilié ou avoir sa propre gestion des ressources humaines. Il est indispensable que tout nouvel arrivant ou tout changement de fonction soit intégré rapidement, et ceci, aussi bien au niveau des applications locales, que nationales, afin que la personne puisse devenir opérationnelle le plus vite possible.

Par ailleurs, les chargés de rayon doivent pouvoir accéder rapidement aux informations produits et aux stocks, tout en étant mobiles dans le magasin. Les postes de travail installés en magasin sont généralement vulnérables, que ce soit des postes fixes ou mobiles, comme des Tablets PC équipés de liaison Wi-Fi. Dans le premier cas, ils peuvent être accessibles par toute personne étrangère au personnel, et dans le deuxième cas, un poste mobile sans fil peut être « oublié » et dérobé facilement. Les applications sont donc accessibles en magasin, à partir des PC qui peuvent se trouver dans les rayons fréquentés par des personnes externes à l'entreprise. Il est par conséquent important de pouvoir gérer de façon rigoureuse l'identification et l'authentification des utilisateurs, ainsi que l'ajout, la modification ou la suppression des accès aux applications d'entreprise, et les droits d'accès à celle-ci, afin de minimiser le risque d'erreur et d'interdire tout accès illicite à des données confidentielles.

Là aussi, la solution passe par la mise en place d'un ou de plusieurs annuaires LDAP et par une gestion des identités partagée entre les différentes applications, comme la consultation des stocks, la messagerie, l'accès à des rapports sur l'intranet du magasin, etc. Comme nous l'avons évoqué précédemment, certaines enseignes de la grande distribution étudient d'ores et déjà la possibilité d'équiper les employés mobiles d'ordinateurs portables (type Tablets PC ou PDA) et reliés par un réseau Wi-Fi avec le système d'information du magasin. Ceci permet aux personnes itinérantes de prendre leur PC avec elles, réduisant ainsi les risques d'accès par des tiers. Mais il sera quand même nécessaire de sécuriser l'accès au réseau Wi-Fi en déployant des certificats sur chacun des postes de travail afin de crypter les échanges de données, ce qui nécessite la mise en œuvre d'une solution de gestion des identités et d'annuaires LDAP.

Notons enfin qu'un annuaire commun à l'ensemble des employés d'une entreprise de grande distribution va améliorer la communication sur les rôles et les coordonnées de chacun, à l'aide d'applications de type pages blanches, organigramme et trombinoscope ; ce qui est d'autant plus appréciable que le taux de rotation du personnel est élevé et que l'entreprise est répartie géographiquement sur plusieurs magasins et dans plusieurs pays.

L'industrie

Les entreprises industrielles travaillent de plus en plus avec beaucoup de fournisseurs. C'est le cas par exemple de l'industrie automobile ou de l'aéronautique, qui sous-traitent la fabrication de certains composants comme les moteurs, les tableaux de bord, les pneus ou les vitres des véhicules et des avions. La maîtrise des coûts et la compétitivité de ces entreprises va dépendre essentiellement de l'optimisation de la chaîne logistique, de la maîtrise du cycle de production et des caractéristiques des produits fournisseurs, et, bien entendu, d'une bonne intégration des systèmes d'information des fournisseurs avec ceux de l'industriel.

Par exemple, il sera nécessaire de fournir des accès extranet aux différents partenaires, leur permettant de suivre en quasi temps réel l'évolution du stock et des prises de commande, afin de pouvoir réguler en conséquence leur production. Dans le cas de plusieurs fournisseurs, l'industriel pourra aussi constituer des places de marché électroniques lui permettant d'obtenir la meilleure offre, et dans les meilleurs délais. Réciproquement, ces fournisseurs vont devoir donner accès à leurs systèmes d'information, afin de fournir, par exemple, des informations détaillées sur les caractéristiques techniques de leurs produits. Ils pourront encore permettre à l'industriel de suivre l'évolution de ses commandes et de s'assurer du bon respect du cadre contractuel et du processus qualité, ainsi que des différentes étapes de fabrication et de livraison, et ceci le plus en amont possible, afin d'anticiper tout retard ou problème.

D'autre part, ces industriels peuvent s'appuyer sur des réseaux de distribution constitués de petites ou moyennes entreprises, chargées de vendre leurs produits dans différents lieux et pays. C'est le cas des constructeurs automobiles. Ils s'appuient sur un réseau de revendeurs à qui ils devront fournir des accès au système d'information, afin de passer des commandes, de consulter l'avancement de la fabrication d'un produit ou de leur communiquer des informations sur les nouvelles offres.

Une solution de gestion des identités des employés, des fournisseurs et du réseau de distribution va permettre de mieux contrôler la sécurité, de personnaliser les accès en fonction du rôle et du profil de chacun. Elle donne ainsi accès plus efficacement à la multitude de services offerts, et apporte une meilleure « agilité » de l'entreprise. Celle-ci sera capable ainsi de s'adapter plus facilement à tout changement d'organisation chez un fournisseur ou un distributeur, voire à toute modification de fournisseurs et de partenaires. De plus, les annuaires associés à chacune de ces catégories de personnes vont permettrent de mieux communiquer sur les fonctions, rôles et coordonnées de chacun.

Par ailleurs, les solutions de fédération des identités vont faciliter l'intégration entre les services offerts aux employés par l'entreprise elle-même et ceux proposés par ses partenaires et fournisseurs. Par exemple, un ingénieur pourra accéder à l'intranet de son entreprise pour rechercher des informations sur la production, et accéder de façon transparente à l'extranet d'un fournisseur pour consulter la documentation d'un produit, ou pour demander un support technique particulier.

L'administration électronique

La plupart des administrations publiques du monde cherchent à tirer profit des nouvelles technologies de l'information et de communication afin de réduire et maîtriser leurs coûts de fonctionnement, d'améliorer les services aux citoyens et aux entreprises, de mieux communiquer avec eux, d'augmenter la réactivité des services publics. Enfin elles assurent plus de cohérence dans les services offerts par différents ministères, comme la santé, les services sociaux, les collectivités locales ou la fiscalité.

L'administration publique est au cœur des interactions entre les agents des différents ministères, des citoyens et des entreprises. Un ministère a besoin de faire communiquer ses services avec ceux d'un autre ministère, comme dans le cas de l'Europe avec d'autres pays et de la Commission Européenne. Il a aussi besoin d'interagir avec les citoyens afin de leur offrir différents types de services comme la déclaration d'impôts, le vote électronique ou la gestion du dossier médical et des remboursements de frais médicaux. Enfin, il a besoin d'interagir avec les entreprises pour des services comme la déclaration de la TVA ou le prélèvement des cotisations sociales.

Tous ces services sont offerts par des systèmes d'information que les administrations cherchent de plus en plus à ouvrir à l'extérieur. C'est-à-dire aussi bien aux agents d'autres administrations qu'aux citoyens et aux entreprises. Comment gérer alors l'ensemble des identités des utilisateurs dans un environnement où le nombre de personnes est particulièrement élevé, où les règles de sécurité et de respect des libertés individuelles doivent être appliquées de façon irréprochable, et enfin où la complexité des organisations et des interactions entre les différentes entités s'ajoute à des procédures administratives qui doivent être rigoureusement suivies ?

Dans ces conditions, il est bien entendu utopique de créer un annuaire ou un référentiel unique contenant l'ensemble des agents d'un ministère, comme celui de l'Éducation nationale (constitué de plus d'un million de personnes en France), et, de surcroît, celui de l'ensemble des ministères. De même, il est aussi extrêmement difficile d'élaborer un annuaire unique, utilisé par l'ensemble des services en ligne offerts aux citoyens. D'une part, ces annuaires seront volumineux et risquent d'évoluer lentement, voire très difficilement face à tout nouveau besoin. D'autre part, ils doivent respecter les libertés individuelles et donc *ne pas permettre* de retrouver les informations sur une personne à partir d'un identifiant unique, comme son numéro de sécurité sociale. Enfin, ils doivent être très robustes car tout problème dans l'annuaire risque d'interrompre l'ensemble des services de l'administration.

La solution passe ici par la fédération des identités qui apporte plus de souplesse dans l'intégration des données issues de différentes applications, et de différents services administratifs. En effet, elle établit des cercles de confiance permettant de partager des informations sur les individus en toute sécurité, voire de façon anonyme (par exemple, seul un identifiant générique et anonyme peut être véhiculé d'un service à l'autre sans communiquer l'identité de la personne auquel il appartient). Elle s'applique aussi bien au cas des citoyens, afin de fédérer leurs données d'identités se trouvant dans différents services administratifs, qu'à celui des relations entre ministères, afin de partager les données et services offerts aux agents, comme un portail de communication ou de travail collaboratif.

Le standard LDAP

Le standard LDAP
et son modèle client-serveur

Nous allons décrire dans cette partie tous les aspects du standard LDAP. Comme nous l'avons précisé dans les chapitres précédents, LDAP normalise l'interface d'accès à des annuaires. Cette normalisation concerne aussi bien le contenu que le contenant. Elle décrit d'une part le protocole d'échange d'informations entre un client et un serveur d'annuaire, et d'autre part la nature des données échangées.

Le protocole d'échange repose sur le protocole réseau TCP/IP. Le standard LDAP décrit le format des trames, nommées aussi *éléments de protocoles*, pour chaque requête et chaque réponse échangées entre un client et un serveur d'annuaire.

Le contenu des données échangées est décrit dans quatre modèles :

* le modèle d'information, qui décrit la nature des données gérées par un annuaire ;
* le modèle de désignation, qui décrit comment celles-ci sont organisées et comment y faire référence ;
* le modèle des services, qui décrit comment accéder et mettre à jour les données ;
* le modèle de sécurité, qui décrit comment elles sont protégées en fonction des droits d'accès des utilisateurs.

En outre, le standard LDAP décrit des interfaces destinées à faire appel aux services d'un annuaire et à échanger des informations avec d'autres systèmes. Ces interfaces sont les suivantes :

* une interface de programmation en langage C, donnant accès aux services offerts par l'annuaire à partir d'un client ;

- un format décrivant comment toutes les données d'un annuaire LDAP peuvent être importées ou exportées dans un fichier. Ce format est nommé LDIF ; il concerne aussi bien les données descriptives du schéma de l'annuaire que les informations sauvegardées dans celui-ci.

Le schéma suivant résume les différents aspects du standard LDAP.

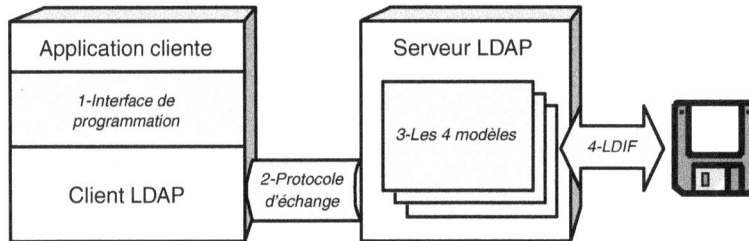

Figure 4.1

Le périmètre du standard LDAP

Ce schéma montre que le standard LDAP couvre :

- l'interface de programmation en langage C (il existe aussi d'autres langages de programmation mais ne faisant pas partie du standard *stricto sensu*) ;
- le protocole d'échange de données entre un client et un serveur LDAP basé sur TCP/IP ;
- les quatre modèles listés précédemment ;
- le format de fichier LDIF pour l'import et l'export de données dans l'annuaire.

Le client LDAP illustré dans ce schéma représente le programme informatique, ou le composant, chargé d'exécuter le dialogue avec le serveur conformément au protocole LDAP.

Le serveur d'annuaire représente la base de données chargée de stocker les informations mises à jour par le client et d'offrir des services de recherche et de sécurité.

Signalons que le standard LDAP ne gère pas la façon dont est mis en œuvre le client LDAP ni la façon dont est conçu ou implémenté le serveur d'annuaire. Le client peut être implémenté dans n'importe quel langage et fonctionner sur n'importe quel système d'exploitation. Le serveur d'annuaire peut également s'appuyer sur tout type de base de données, et respecter ou non le standard OSI (par exemple un annuaire X500). LDAP ne concerne que les interfaces avec les annuaires.

Naissance de LDAP

Le standard LDAP est né des travaux conjoints de l'IETF et de l'organisme OSI-DS *(Open System Interconnection – Directory Services)*. Ces deux organismes ont entrepris des travaux de simplification du standard X500 afin de l'adapter au monde Internet.

Plusieurs personnes ont participé à l'élaboration de la première version du standard, dont une des plus connues est Tim HOWES, auteur de plusieurs ouvrages sur LDAP.

Tim HOWES a travaillé à l'Université du Michigan aux États-Unis, puis a rejoint la société Netscape où il a occupé le poste de CTO *(Chief Technology Officer)*, puis le poste de VP *(Vice President)* of Technology au sein d'AOL après le rachat de Netscape. Il ne fait plus partie d'AOL à ce jour, puisqu'il a rejoint Marc Andreessen, l'un des fondateurs de Netscape, pour monter une nouvelle société.

La version du standard LDAP qui a tout d'abord été largement adoptée par le marché est en fait la version 2 (LDAP v2). Les spécifications de cette version ont été entérinées en 1994 dans le document RFC 1777. Une des premières implémentations de cette version a été réalisée par l'Université du Michigan. Il est possible de télécharger les différentes versions des serveurs LDAP à partir du site Web de l'université.

En avril 1996, la société Netscape a pris la tête d'une coalition d'une quarantaine d'éditeurs, dans le dessein de faire converger et évoluer le standard LDAP, tout en s'assurant de son adoption par ces éditeurs et de sa mise en œuvre dans leurs produits.

Ceci a abouti en 1997 à la version 3 de ce standard, dont les spécifications sont finalisées dans les documents RFC 2251 à 2256. Les principaux ajouts à la version 2 concernent :

- La prise en compte des caractères internationaux *via* le standard UTF-8 *(Unicode Transformation Format-8)*, faisant partie du standard de codage caractère universel Unicode.

- Le mécanisme de chaînage des requêtes par renvoi de référence (dénommé aussi *referrals*).

- La gestion de la sécurité pour l'authentification des utilisateurs et le transport des données confidentielles.

- L'extensibilité qui permet le rajout de nouveaux services propres à un serveur LDAP. Il est ainsi possible de véhiculer des requêtes ne faisant pas partie du standard à travers le protocole. Ces requêtes ne sont traitées par le serveur que si elles sont implémentées dans celui-ci, sinon il doit les ignorer. Par exemple, une telle requête peut être une mise à jour avec une signature associée aux informations qui offre le moyen de s'assurer de leur authenticité et de leur appartenance à leur auteur.

- La gestion du schéma de l'annuaire à travers l'interface LDAP. Cette fonction permet d'interroger et de mettre à jour le schéma d'un annuaire LDAP à travers sa propre interface. Il est ainsi possible de connaître la liste des classes prises en charge par celui-ci, ainsi que les attributs associés. On peut aussi mettre à jour le schéma de l'annuaire par le biais de cette interface.

Le statut actuel du standard LDAP V3

Le standard LDAP v3 est constitué de plusieurs spécifications dont certaines sont à l'état de standard proposé (première étape avant de devenir un standard Internet à part entière), d'autres à l'état expérimental ou ont un simple statut d'information.

Nous allons donner dans le tableau ci-dessous les principales spécifications existantes à ce jour ainsi que leurs états respectifs.

Numéro	Titre	Description	Date	Statut
RFC 1823	The LDAP Application Program Interface	Description de l'interface de programmation pour l'accès aux services d'un annuaire LDAP.	Août 1995	Information
RFC 2247	Using Domains in LDAP/X.500 Distinguished Names	Ce document décrit comment établir la correspondance entre un nom de domaine Internet (par exemple nomsociete.com) et un DN (*Distinguished Name*), racine de l'arbre LDAP de ce domaine.	Janvier 1998	Standard proposé
RFC 2251	Lightweight Directory Access Protocol (v3)	Ce document décrit les éléments du protocole LDAP, ainsi que l'ensemble des fonctions, leurs paramètres et leurs codes retour.	Décembre 1997	Standard proposé
RFC 2252	Lightweight Directory Access Protocol (v3)	Ce document décrit la syntaxe des attributs et l'ensemble des attributs normalisés qui doivent être prises en charge par les serveurs LDAP.	Décembre 1997	Standard proposé
RFC 2253	Lightweight Directory Access Protocol (v3)	Ce document décrit la syntaxe UTF-8 pour la prise en charge du multilinguisme dans les requêtes LDAP.	Décembre 1997	Standard proposé
RFC 2254	The String Representation of LDAP Search Filters	Ce document décrit la syntaxe des filtres de recherche dans une requête LDAP.	Décembre 1997	Standard proposé
RFC 2255	The LDAP URL Format	Ce document décrit le format des URL permettant d'interroger un annuaire LDAP à partir d'un navigateur Web ou de toute application HTTP.	Décembre 1997	Standard proposé
RFC 2256	A Summary of the X.500 (96) User Schema for use with LDAPv3	Ce document décrit les attributs normalisés dans le standard X500 et communément utilisés dans les annuaires LDAP.	Décembre 1997	Standard proposé
RFC 2307	An Approach for Using LDAP as a Network Information Service	Ce document établit une correspondance entre des attributs et des classes d'objets LDAP et NIS. Rappelons que NIS est une sorte d'annuaire de ressources, implémenté dans la majorité des systèmes UNIX.	Mars 1998	Expérimental
RFC 2587	Internet X.509 Public Key Infrastructure LDAPv2 Schema	Ce document décrit les attributs et les objets requis pour gérer dans un annuaire LDAP des certificats X509.	Juin 1999	Standard proposé
RFC 2589	Lightweight Directory Access Protocol (v3)	Ce document décrit une extension du protocole LDAP permettant de gérer des données volatiles (ou dynamiques) dans l'annuaire. Par exemple, une adresse IP attribuée dynamiquement par un réseau à un utilisateur peut être sauvegardée dans l'annuaire et être rattachée à l'entrée qui décrit cet utilisateur. Mais elle a une durée de vie limitée, et change chaque fois que l'utilisateur se reconnecte au réseau.	Mai 1999	Standard proposé

Numéro	Titre	Description	Date	Statut
RFC 2596	Use of Language Codes in LDAP	Ce document décrit la façon de désigner à l'aide d'une codification la langue utilisée dans les requêtes LDAP.	Mai 1999	Standard proposé
RFC 2649	An LDAP Control and Schema for Holding Operation Signatures	Ce document décrit une extension du protocole LDAP permettant de signer les informations sauvegardées dans l'annuaire. Cette signature permet de s'assurer de l'intégrité des données et de leur appartenance à leur auteur, en se basant sur des certificats.	Août 1999	Expérimental
RFC 2696	LDAP Control Extension for Simple Paged Results Manipulation	Ce document décrit une extension du protocole LDAP permettant de contrôler la taille des réponses renvoyées suite à une recherche.	Septembre 1999	Information
RFC 2713	Schema for Representing Java(tm) Objects in an LDAP Directory	Ce document définit des classes d'objets permettant de décrire des objets Java dans un annuaire LDAP.	Octobre 1999	Information
RFC 2714	Schema for Representing CORBA Object References in an LDAP Directory	Ce document définit des classes d'objets permettant de décrire des objets CORBA dans un annuaire LDAP.	Octobre 1999	Information

L'ensemble de ces spécifications a favorisé l'émergence de produits qui prennent en charge le standard LDAP en mode natif. Plutôt que de développer des interfaces LDAP à des annuaires existants ou à des bases de données, les éditeurs de solutions ont préféré réaliser de nouveaux produits optimisés pour ce standard. C'est le cas de Microsoft avec Active Directory, d'IBM avec SecureWay, de Sun et de bien d'autres encore.

Notons enfin que ce standard est actuellement adopté par la majorité des acteurs du marché, et qu'il est d'ores et déjà intégré dans leurs produits. Citons à titre d'exemple Novell, IBM, Oracle, Microsoft, Sun, IBM Lotus, HP…

Comme on peut le constater dans la liste donnée ci-dessus, ce standard évolue constamment. Aucune version 4 n'est prévue pour le moment, car la plupart des évolutions sont soit des modifications du schéma, soit de nouveaux services qu'il est possible de solliciter à travers les extensions LDAP. On entend par extensions de nouvelles fonctions offertes à travers une opération particulière prévue dans le standard LDAP v3, permettant d'exécuter des traitements dans un serveur d'annuaire, qui ne font pas partie du standard lui-même. Un groupe de travail de l'IETF, nommé LDAPEXT, œuvre à normaliser ces extensions.

Ainsi, il n'est pas nécessaire pour le moment de modifier la structure du standard LDAP. Il est tout à fait possible avec la version actuelle de faire évoluer le schéma si celui-ci dérive du schéma proposé dans le standard, et de faire appel à de nouvelles fonctions à travers les interfaces déjà prévues à cet effet. Nous verrons tout ceci plus en détail dans le modèle de données et le modèle des services décrits dans les chapitres suivants.

Le modèle client-serveur

Le dialogue entre un client et un serveur LDAP est basé sur un protocole TCP/IP dit client-serveur. Sa particularité est de reposer sur un mécanisme de questions et de réponses sous forme de *messages*, traités par le serveur de façon synchrone ou asynchrone, réduisant au maximum la charge de travail du client.

Un client transmet une requête au serveur à l'aide des éléments de protocole LDAP. Le serveur est alors responsable de l'exécution de la requête. Lorsque celle-ci se termine, le serveur renvoie une réponse contenant les résultats de la requête ou les erreurs éventuelles.

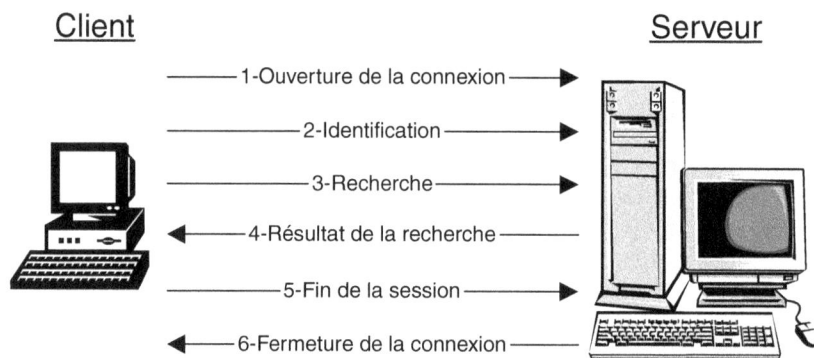

Figure 4.2
Exemple d'échange de messages client-serveur LDAP

Ce mécanisme permet de réduire la complexité des clients, réduisant ainsi les coûts de son implémentation et favorisant par conséquent un plus large déploiement du standard.

Un client peut émettre plusieurs requêtes vers un serveur, et il n'y a pas d'ordre imposé quant au renvoi des réponses par ce dernier. Un numéro de contexte associé à chaque requête et à chaque réponse permet de les relier entre elles.

Chaque requête émise par le client peut être exécutée en mode *synchrone* ou en mode *asynchrone*. Dans le premier cas, le client est en attente de la réponse et ne peut pas exécuter d'autres tâches jusqu'à la réception de celle-ci. Dans le deuxième cas, il reçoit un acquittement immédiat du serveur, indiquant la prise en compte de la requête. Cet acquittement contient un numéro de séquence qui permet d'identifier la demande. Par la suite, il doit appeler une autre requête en fournissant ce numéro de séquence pour connaître le résultat de sa demande. Il peut aussi abandonner une demande en cours.

On remarque dans ce schéma que le résultat de la recherche 2 arrive avant celui de la recherche 1. Il n'y a pas de contrainte particulière imposée par le standard LDAP, ce qui laisse libre cours au serveur d'optimiser le renvoi des résultats en fonction des temps de réponse des requêtes.

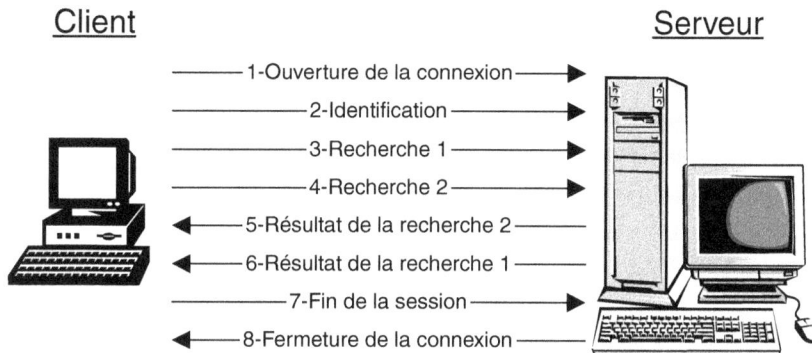

Figure 4.3

Exemple d'exécution de plusieurs requêtes asynchrones

Les éléments de protocole LDAP sont codés à l'aide d'une version simplifiée de la syntaxe BER (*Basic Encoding Rules*), sous-ensemble de ASN 1 *(Abstract Syntax Notation 1)*, plus particulièrement connu dans le monde X400 et X500. Cette syntaxe est définie dans le standard X690 de l'ITU. BER permet de rendre ce codage indépendant de tout système d'exploitation et de tout type de machine. Par exemple, il gère l'ordre des octets dans un entier d'une façon qui lui est propre afin de ne pas dépendre de celle du processeur et du système d'exploitation.

Le codage des éléments de protocole n'est pas entièrement basé sur du texte (c'est-à-dire des codes ASCII lisibles), il contient aussi des caractères binaires. Il n'est donc pas possible de simuler ce protocole à l'aide d'une émulation Telnet par exemple.

Chaque élément de protocole est constitué d'une enveloppe de message et de données propres à chaque requête. L'enveloppe de message contient un code désignant la nature de la requête, comme par exemple effectuer une recherche ou une mise à jour.

Des codes particuliers donnent les moyens de désigner une requête non standard ou l'extension d'une requête à l'aide de paramètres non standards. Dans ce cas, des champs particuliers de l'enveloppe permettent de désigner les codes de la nouvelle requête ou des nouveaux paramètres. Ce mécanisme offre la possibilité de véhiculer à travers le protocole LDAP des extensions traitées par le serveur. Certaines de ces extensions sont en cours de normalisation (comme par exemple le RFC 2649 concernant la signature des données, et le RFC 2696 relatif au contrôle du nombre d'enregistrements retournés lors d'une recherche).

Le protocole d'échange LDAP comprend neuf opérations élémentaires, regroupées en trois catégories :

- *Les opérations d'interrogation* : elles comprennent deux fonctions, l'une permet la recherche et l'autre la comparaison.

- *Les opérations de mise à jour* : elles regroupent quatre fonctions qui sont l'ajout, la suppression, la modification et le changement de nom.

• *Les opérations d'identification et de contrôle de la session* : elles comprennent trois fonctions qui sont l'ouverture de la session et l'identification, la fermeture de la session, et l'abandon d'une requête en cours.

Toutes ses opérations sont décrites en détail plus loin dans ce livre, dans le chapitre traitant des modèles des services.

Il ne faut pas oublier que le client peut aussi bien être un poste client équipé d'un logiciel avec une interface homme/machine, qu'un serveur équipé d'une application particulière. Dans le premier cas, c'est un utilisateur qui soumettra les demandes au serveur LDAP et exploitera le résultat, et dans le deuxième c'est une application.

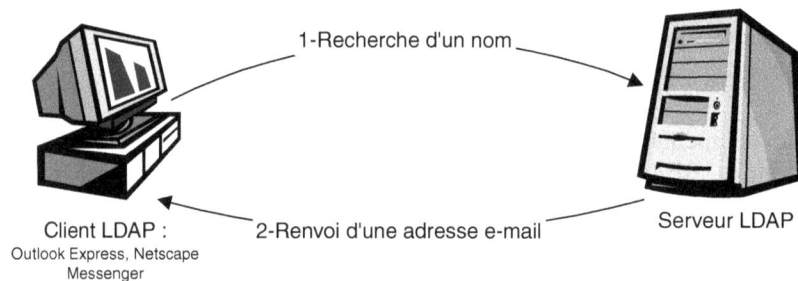

Figure 4.4
Client utilisateur et serveur LDAP

Par exemple, un logiciel de messagerie électronique comme Outlook Express de Microsoft ou Netscape Messenger, contient originellement un client LDAP permettant d'interroger des annuaires de messagerie pour retrouver des adresses e-mail.

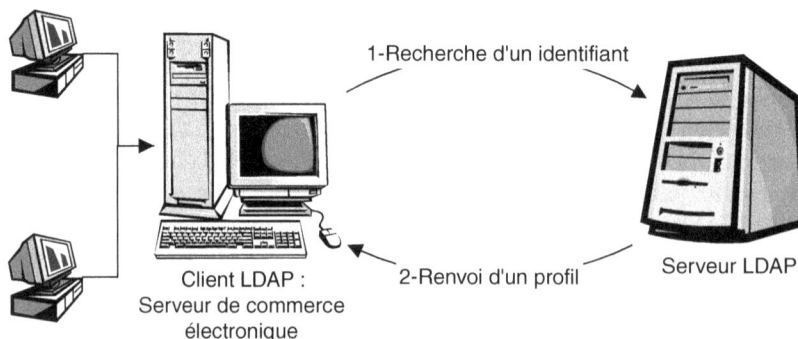

Figure 4.5
Client application et serveur LDAP

Dans le schéma de la figure 4.5, le client LDAP n'est autre qu'un serveur de commerce électronique. Celui-ci sollicite l'annuaire pour vérifier l'identification de l'utilisateur, puis récupère son profil contenant par exemple l'adresse de facturation, son adresse de messagerie et ses préférences.

Le codage multilingue

La gestion de plusieurs langues dans un même annuaire est importante si celui-ci est partagé par plusieurs utilisateurs de langues différentes.

Certains attributs comme le nom ou le prénom n'auront qu'une seule valeur, mais elle peut contenir des caractères différents suivant la langue utilisée. Par exemple, un nom en espagnol devra s'appuyer sur un jeu de caractères espagnol, alors qu'un nom en français s'appuiera sur un jeu de caractères français.

En outre, certains attributs pourront avoir plusieurs valeurs dans différentes langues, comme la description d'une personne. S'il s'agit d'un annuaire partagé entre divers pays, chaque personne pourra être décrite autant de fois qu'il existe de langues, afin de rendre le contenu de l'annuaire compréhensible par tous.

Comment écrire et lire correctement dans un annuaire les jeux de caractères internationaux ? Comment lire et écrire différentes valeurs d'un même attribut où chacune d'elles correspond à une langue ?

Le standard LDAP v3 s'appuie sur un codage particulier nommé UTF-8 *(Unicode Transformation Format-8)*, exposé dans le RFC 2044, permettant d'écrire des jeux de caractères internationaux dans une chaîne de caractères. Celui-ci consiste à coder chaque caractère dans 2 octets au plus (16 bits) ; c'est un codage à taille variable, assurant ainsi une optimisation de l'espace mémoire requis. Il est important de noter que le codage des caractères ASCII en UTF-8 est identique à celui décrit dans le standard ASCII. Il y a ainsi compatibilité absolue entre ces deux formats.

Le document RFC 2253 du standard LDAP explique comment écrire des caractères codés en UTF-8 dans le DN *(Distinguished Name),* qui est un identifiant unique permettant de désigner un élément dans l'annuaire de façon non équivoque. Par la suite, les travaux d'extension du protocole LDAP ont abouti à un document, le RFC 2296 daté de mai 1999, qui décrit la façon de coder les valeurs multilingues dans les attributs. Ce document expose comment associer une langue à une syntaxe d'attribut, et comment préciser la langue de la valeur stockée dans un attribut.

Pourquoi associer une langue à une syntaxe d'attribut ? Comme nous allons le voir dans le chapitre suivant, la syntaxe permet de vérifier la validité de la valeur d'un attribut (numérique, alphanumérique, binaire…). Par exemple, elle donne les moyens de s'assurer que seule une valeur numérique est sauvegardée dans l'attribut âge. Elle permet aussi de préciser les règles qui seront utilisées lors de la recherche et de la comparaison (ignorer ou non la casse).

Parmi les critères de recherche pris en charge par le standard LDAP v3, il en existe un, l'opérateur d'*approximation*, qui permet de faire des recherches reposant sur la phonétique des mots. Par exemple, en recherchant tous les noms qui sonnent comme « femme », on trouverait les valeurs suivantes : « pham », « fam », etc. Or, pour que ce mécanisme fonctionne correctement, il est important de tenir compte de la langue. C'est là où le fait de préciser celle-ci dans la syntaxe d'un attribut prend tout son sens. Le RFC 2296 décrit la procédure associée.

Pourquoi préciser la langue d'une valeur stockée dans un attribut ? Lorsqu'un attribut peut avoir plusieurs valeurs dans différentes langues, il est utile de pouvoir extraire la valeur dans une langue donnée. Par exemple, pour un annuaire d'entreprise partagé entre différents pays, chaque pays ne verrait que les valeurs dans la langue choisie. Le RFC 2296 explique comment préciser la langue lors de la mise à jour et de la lecture d'un attribut. Le principe adopté est simple, il consiste à faire suivre le nom de l'attribut par le code de la langue. Par exemple, pour lire ou écrire la valeur en français du nom d'une personne (attribut `cn` pour Common Name), il faut utiliser la syntaxe suivante : `cn;lang-fr`, et pour lire ou écrire la valeur en anglais, il faut utiliser la syntaxe suivante : `cn;lang-en`.

Signalons enfin que tous les serveurs d'annuaire du marché n'intègrent pas le codage multilingue défini dans le standard LDAP v3. Il faut consulter la documentation technique associée pour le savoir.

Nous allons maintenant aborder la partie la plus importante du standard LDAP, décrivant le modèle de données d'un annuaire, la façon dont ces données sont gérées et organisées, et les services offerts pour la recherche et la navigation.

Les modèles de LDAP

Le modèle d'information

Les concepts

Le standard LDAP s'appuie sur différents concepts issus d'une approche objet. Les informations mémorisées et gérées par un annuaire LDAP sont constituées d'unités de base nommées objets. Un objet est un ensemble indissociable de valeurs (ou encore *propriétés* dans la terminologie objet). À chaque valeur est associé un type d'attribut (que nous appellerons plus simplement *attribut* par la suite) qui en décrit la syntaxe. Par comparaison avec les bases de données relationnelles, un objet est équivalent à une table, et un attribut équivaut à une colonne de cette table.

Les informations que l'on trouve dans un objet sont décrites dans une classe d'objet (on dit aussi qu'un objet est une instance d'une classe). Une classe contient une liste d'attributs et spécifie pour chaque attribut le fait qu'il soit obligatoire ou non. À chaque attribut sont associés un type et une syntaxe précisant la nature des valeurs qu'il peut contenir. C'est le principe d'*encapsulation* de l'approche objet.

Une classe peut dériver d'une autre, dans ce cas tous les attributs de la classe mère appartiennent aussi à la classe fille. C'est le principe d'héritage dans l'approche objet.

Les attributs, les syntaxes et les classes d'objets sont identifiés à l'aide d'un numéro unique, dénommé OID (*Object Identifier*). L'unicité de ce numéro est commune à toutes les instances de normalisation et à tous les éditeurs de logiciels. Ce numéro permet de partager un même ensemble d'attributs et de classes ayant une sémantique commune, entre différents éditeurs de solutions LDAP. On garantit ainsi l'interopérabilité des annuaires LDAP.

Le schéma de l'annuaire

L'ensemble des attributs, de leurs syntaxes, des règles de comparaison et des classes d'objets, constitue le *schéma* de l'annuaire. Nous décrivons plus précisément son contenu dans la suite de ce chapitre.

Le standard LDAP v3 impose que ce schéma soit aussi défini dans l'annuaire lui-même à l'aide d'attributs et de classes spécifiques. Ceci permet aux applications informatiques de le lire et de le modifier à l'aide de l'interface LDAP. Elles peuvent ainsi connaître les caractéristiques d'un annuaire et adapter leur comportement en conséquence.

La description du schéma de l'annuaire est sauvegardée dans un emplacement particulier de l'organisation hiérarchique des données (ou de l'arbre DIT au sens X500). On y trouve un objet particulier, qui est une instance de la classe subschema, décrivant ce schéma (voir plus loin dans ce chapitre).

Le respect du schéma de l'annuaire permet de garantir l'intégrité des données sauvegardées dans la base, ainsi que leur validité. Par exemple, une classe d'objet qui contient des attributs obligatoires doit permettre de s'assurer qu'aucun objet ne peut être sauvegardé dans l'annuaire sans valeur dans cet attribut. Ou encore, un attribut dont la syntaxe est un entier ne pourra pas contenir autre chose qu'une valeur numérique.

Ainsi, le serveur d'annuaire, connaissant le schéma des données, sera en mesure d'effectuer lui-même les contrôles lors de la création ou de la modification de tout objet ou de tout attribut. Cela permet d'obtenir une qualité homogène des données quelle que soit l'application qui effectue la mise à jour, et indépendamment de la façon dont celle-ci a été conçue.

Notons que certains produits du marché donnent la possibilité aux administrateurs d'invalider les contrôles effectués par l'annuaire lors des mises à jour, donc d'invalider la vérification du schéma. Ceci permet d'y introduire des objets particuliers ne respectant pas celui-ci, mais généralement utilisés par un nombre restreint d'applications. Il existe également une autre façon de faire ce type de mise à jour en utilisant une classe d'objet particulière nommée extensibleObject, que nous présentons dans ce chapitre. Il est préférable d'utiliser cette dernière méthode, car elle offre le moyen de conserver le contrôle de validité des autres objets mis à jour dans l'annuaire par l'ensemble des applications ayant accès à celui-ci.

Les OID

Qu'est-ce qu'un OID ou *Object Identifier* ? C'est un identifiant unique associé à chaque classe d'objet et à chaque type d'attribut (il concerne uniquement les types de données et non leurs valeurs). Les OID sont issus du standard X500 mais ils existent aussi dans d'autres standards comme SNMP (*Simple Network Management Protocol*).

Un OID est composé de plusieurs numéros séparés par un point. Chaque numéro représente une branche dans un arbre hiérarchique. Cette hiérarchie permet d'attribuer un nombre infini d'OID tout en conservant leur unicité dans l'arbre. Par exemple, tous les attributs du standard X500 ont un OID qui commence par 2.5.4, et toutes les classes d'objets de ce même standard ont un OID qui commence par 2.5.6. Ainsi, l'attribut telephoneNumber est identifié par l'OID 2.5.4.20 et la classe d'objet top est identifiée par l'OID 2.5.6.0.

Pour assurer l'unicité de cette numérotation, il est nécessaire de confier à une instance de normalisation l'affectation des numéros. Bien entendu, celle-ci ne pourra pas gérer tous les numéros possibles. Il est donc indispensable de déléguer l'attribution des numéros d'une branche à un autre organisme. L'IANA (*Internet Assigned Numbers Authority)* est une association qui attribue actuellement des branches d'OID. L'IANA est initialement dédiée à SNMP mais elle attribue aussi des OID pour LDAP. D'autres organismes, comme l'ANSI, le font également.

Ainsi, les branches de la structure des OID, nommées aussi *arcs*, peuvent être attribuées à des organismes de normalisation, chargés à leur tour de l'attribution des numéros à des tiers. Mais il est aussi possible d'attribuer une branche à une entreprise qui pourra l'utiliser pour tous ses produits.

Nous allons présenter ci-dessous les branches d'OID qu'il est intéressant de connaître dans le monde LDAP. Cette liste n'est pas exhaustive, elle est donnée uniquement à titre indicatif :

Standard ou Organisme	Branche d'OID
ITU-T	• **0** pour tous les OID issus de cet organisme ou délégués par l'ITU-T à d'autres organismes
ISO	• **1** pour tous les OID issus de cet organisme ou délégués par l'ISO à d'autres organismes
IANA	• **2** pour tous les OID issus de cet organisme ou délégués par l'IANA à d'autres organismes
ANSI	• **1.2** pour tous les OID issus de cet organisme ou délégués par l'ANSI à d'autres organismes
USA	• **1.2.840** pour tous les OID issus de cet organisme ou délégués par les États-Unis à d'autres organismes dans le même pays
Standard X500	• **2.5.4** pour les attributs utilisateurs (voir plus bas leur signification) • **2.5.18** pour les attributs opérationnels (voir plus bas leur signification) • **1.3.6.1.4.1.1466.115.121.1** pour la syntaxe des attributs • **2.5.6** pour les classes d'objets
Standard LDAP	• Toutes les branches d'OID du standard X500 • **1.3.6.1.4.1.1466.101.120** pour les attributs opérationnels complémentaires
Université du Michigan	• **1.3.6.1.4.1.250.1** pour les attributs • **1.3.6.1.4.1.250.2** pour la syntaxe des attributs • **1.3.6.1.4.1.250.3** pour les classes d'objets
Sun (ex iPlanet)	• **2.16.840.1.113730.3** pour tous les OID des attributs et des classes d'objets du produit Sun Directory Server • **2.16.840.1.113730.3.1** pour les attributs • **2.16.840.1.113730.3.2** pour les classes d'objets
Microsoft	• **1.2.840.113556** pour tous les OID des produits Microsoft • **1.2.840.113556.1** pour tous les OID des attributs et des classes d'objets du logiciel Active Directory Server

Il existe un site Internet, contenant la liste des OID normalisés. Son adresse est la suivante : *http://www.alvestrand.no/objectid*. Ce site permet de naviguer dans la hiérarchie des OID et de connaître l'appartenance de chaque segment. Notons cependant qu'il n'a pas été mis à jour depuis 1996.

Il est facile, à l'aide de ce tableau, de reconnaître un attribut ou une classe d'objet propre à un éditeur ou faisant partie d'un standard ouvert. En privilégiant l'usage de ces derniers, on favorise l'interopérabilité des annuaires LDAP.

Les attributs

Chaque attribut est caractérisé par un nom et un OID, comme l'attribut `mail` pour les adresses de messagerie, dont l'OID est `0.9.2342.19200300.100.1.3`.

Un attribut peut avoir une ou plusieurs occurrences, par exemple l'attribut `mail`, qui permet d'associer plusieurs adresses de boîte aux lettres à une même personne.

À chaque attribut est associée une syntaxe qui décrit le type de données contenues dans l'attribut (numéro, chaîne de caractères, etc.), mais aussi comment la comparaison des valeurs doit s'effectuer lors d'une recherche. Par exemple, il est possible de préciser que pour l'attribut `cn` *(common name)*, la recherche ne doit pas différencier les majuscules et les minuscules.

Il existe donc essentiellement deux types d'attributs :

* *Les attributs utilisateurs* : ce sont des attributs qui peuvent être modifiés par les utilisateurs de l'annuaire (ou les applications), en fonction des permissions attribuées par l'administrateur. Par exemple, les attributs `mail` et `cn` sont des attributs utilisateurs.

* *Les attributs opérationnels* : ce sont des attributs spéciaux qui affectent le comportement d'un annuaire ou donnent des informations sur son statut. En général, ils ne sont pas accessibles aux utilisateurs, sauf si ceux-ci le demandent explicitement. Par exemple, l'attribut `modifytimestamp` est un attribut opérationnel, mis à jour automatiquement par le serveur d'annuaire et qui donne la date de la dernière mise à jour d'un objet.

Caractéristiques d'un attribut

Chaque attribut est caractérisé par un ensemble d'informations, décrites dans le standard LDAP :

Caractéristique	Description	Valeur
OID	Identifiant de l'attribut	Voir plus haut la syntaxe des OID
NAME	Nom de l'attribut	Chaîne de caractères
DESC	Description de l'attribut	Chaîne de caractères
SUP	OID de l'attribut dont celui-ci dérive	Voir plus haut la syntaxe des OID

Caractéristique	Description	Valeur
EQUALITY	OID de la règle appliquée lors de la comparaison de deux valeurs avec l'opérateur = (signe égal)	Voir plus bas le tableau des règles
ORDERING	OID de la règle appliquée lors de la comparaison de deux valeurs avec les opérateurs >= (supérieur ou égal à)et <= (inférieur ou égal à)	Voir plus bas le tableau des règles
SUBSTR	OID de la règle appliquée lors de la recherche d'une chaîne de caractères dans cet attribut	Voir plus bas le tableau des règles
SYNTAX	OID de la règle décrivant la syntaxe de l'attribut	Voir plus bas le tableau des syntaxes
SINGLE-VALUE	Indique si l'attribut peut avoir plusieurs occurrences ou non dans un même objet	Ceci est un mot-clé, qui par défaut n'existe pas lorsqu'on crée un attribut dans un annuaire. Par défaut, les attributs peuvent avoir plusieurs valeurs.
COLLECTIVE	Indique si l'attribut est collectif ou non	Ceci est un mot-clé, qui par défaut n'existe pas lorsqu'on crée un attribut dans un annuaire. Par défaut, les attributs ne sont pas collectifs.
NO-USER-MODIFICATION	Indique si l'attribut peut être modifié par des utilisateurs ou non	Ceci est un mot-clé, qui par défaut n'existe pas lorsqu'on crée un attribut dans un annuaire. Par défaut, les utilisateurs peuvent modifier les attributs.
USAGE	Indique la nature de l'attribut	Un attribut peut être de type : • `userApplications` : c'est un attribut utilisateur (voir plus haut) ; • `directoryOperation` : c'est un attribut opérationnel (voir plus haut) ; • `distributedOperation` : c'est un attribut opérationnel commun à plusieurs DSA ou serveurs d'annuaire ; • `dSAOperation` : c'est un attribut opérationnel spécifique au serveur DSA. En général, il n'est accessible ni par les utilisateurs ni par les administrateurs.

Le principe d'héritage entre attributs

Un attribut peut dériver d'un autre attribut (caractéristique SUP contenant l'OID de l'attribut père). Dans ce cas, toutes les caractéristiques de l'attribut père sont valables pour l'attribut fils. Ce mécanisme peut ne pas être implémenté par un annuaire. Il faut alors se référer à la documentation fournie par l'éditeur.

À titre d'exemple, on peut citer l'attribut `name` dont dérivent plusieurs attributs comme le montre la figure 5.1.

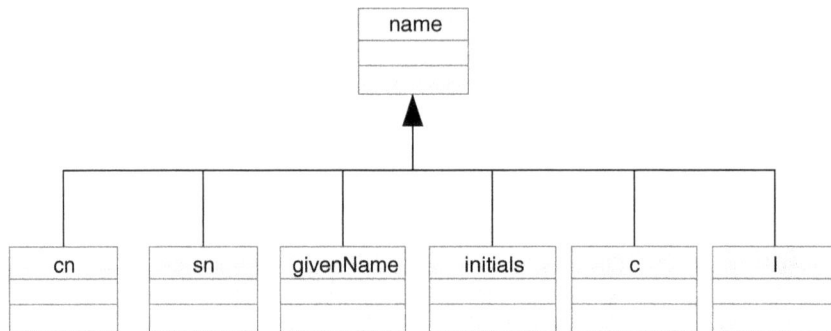

Figure 5.1
Hiérarchie des attributs

Ce mécanisme est rarement implémenté dans les annuaires LDAP du marché. Malgré l'intérêt qu'il présente, il peut engendrer une conception complexe du modèle de données et réduire sa lisibilité.

Règles de comparaison et syntaxes d'attributs

Les principales *syntaxes* d'attributs définies dans le standard LDAP (RFC 2252), sont répertoriées dans le tableau suivant :

Syntaxe	Description
binary	Attribut contenant une suite d'octets quelconques. Cette syntaxe est utilisée par exemple pour sauvegarder dans un annuaire les photos au format JPEG ou à un autre format.
boolean	Attribut prenant la valeur : vrai ou faux.
dn	Attribut contenant un pointeur sur un objet de l'annuaire. DN signifie Distinguished Name, que nous présentons dans la suite de ce chapitre (voir le paragraphe décrivant le modèle de désignation).
Directory string	Attribut contenant une chaîne de caractères au format UTF-8, prenant en charge le codage international.
integer	Attribut contenant un entier.
telephoneNumber	Attribut contenant un numéro de téléphone.

Chacune de ces syntaxes est identifiée par un OID, et permet d'y faire référence dans la description d'un attribut. Il existe d'autres définitions de syntaxes présentées dans les documents RFC 2252 et RFC 2256 (une trentaine au total). Celles listées ci-dessus sont les plus courantes.

En outre, il existe autant de règles de comparaison que de type de comparaison. Par exemple, il existe une série de règles pour la comparaison à l'aide de l'opérateur « = » (signe égal), chacune d'elles étant associée à un type de valeur (binary, directory string, integer…). La liste des opérateurs est donnée plus loin dans ce chapitre lors de la description du filtre LDAP. Nous n'allons pas décrire l'ensemble de ces règles ici, mais nous allons répertorier les principaux critères de comparaison pris en charge.

Les principales *règles* de comparaison d'attributs définies dans le standard LDAP (RFC 2252) sont listées dans le tableau suivant :

Règle	Description
caseIgnoreMatch	Ce critère est utilisé pour comparer deux chaînes de caractères en ignorant la casse (majuscules et minuscules identiques).
caseExactMatch	Ce critère est utilisé pour comparer deux chaînes de caractères en tenant compte de la casse (majuscules et minuscules différenciées).
telephoneNumberMatch	Identique à caseIgnoreMatch, sinon que les virgules et les blancs sont ignorés durant la recherche. Ainsi, les numéros 0,12345678 et 0 12 34 56 78 sont identiques.
integerMatch	Compare deux entiers.
booleanMatch	Compare deux attributs booléens.
distinguishedNameMatch	Compare deux attributs contenant des DN.
octetStringMatch	Comparaison binaire octet par octet.

Là aussi, chacune de ces règles est identifiée par un OID qui permet d'y faire référence dans la description d'un attribut.

Notons que certains annuaires LDAP ne font pas la différence entre les syntaxes et les règles ; ils utilisent les mêmes objets pour les deux.

Par ailleurs, il est important de savoir qu'il est rare de pouvoir rajouter une syntaxe ou une règle de comparaison dans un annuaire. En effet, ceci nécessite la modification du code source de celui-ci afin de prendre en compte la nouvelle règle. Il faut que le serveur d'annuaire permette de rajouter du code externe et soit en mesure de faire appel à celui-ci à partir de son noyau.

Les principaux attributs du standard LDAP

Le standard LDAP décrit un certain nombre d'attributs constituant un noyau commun entre les différents annuaires. Il faut signaler que la définition des ces attributs est indépendante des classes d'objets. Cette approche favorise la réutilisation de ces définitions entre classes sans lien d'héritage entre elles.

Par exemple, l'attribut dénommé cn pour *common name* peut être utilisé par la classe person pour désigner le nom de la personne et par la classe groupOfNames pour désigner le nom d'un groupe de personnes. Il a toujours la même syntaxe et les mêmes règles de recherche et de comparaison, quelle que soit la classe à laquelle il appartient.

Comme nous l'avons précisé plus haut, il existe essentiellement deux types d'attributs : les attributs opérationnels et les attributs utilisateurs.

Le tableau suivant présente les *principaux attributs opérationnels* :

Attribut opérationnel	Description	OID
attributeTypes	Cet attribut contient la liste des attributs. Il appartient au schéma de l'annuaire décrit dans une classe d'objet particulière nommée subschema.	2.5.21.5
altServer	URL d'autres serveurs d'annuaire LDAP dans le cas où celui-ci n'est pas disponible (il faut quand même qu'il le soit suffisamment pour donner cette information à celui qui la demande !).	1.3.6.1.4.1.1466.101.120.6
createTimestamp	Cet attribut contient la date de création d'un objet. Il doit être présent dans tous les objets créés à l'aide de la fonction d'ajout (Add). Il a une seule occurrence et ne peut pas être modifié par l'utilisateur.	2.5.18.1
creatorsName	Cet attribut contient le DN de l'objet utilisé pour l'identification lors de la création de cet objet. Il doit être présent dans tous les objets créés à l'aide de la fonction d'ajout (Add). Il a une seule occurrence et ne peut pas être modifié par l'utilisateur.	2.5.18.3
matchingRules	Cet attribut contient la liste des règles de comparaison. Il appartient au schéma de l'annuaire décrit dans une classe d'objet particulière nommée subschema.	2.5.21.4
matchingRuleUse	Cet attribut contient pour chaque règle de comparaison la liste des attributs qui utilisent cette règle. Il appartient au schéma de l'annuaire décrit dans une classe d'objet particulière nommée subschema.	2.5.21.8
modifiersName	Cet attribut contient le DN de l'objet utilisé lors de l'identification pour modifier cet objet. Il doit être présent dans tous les objets modifiés à l'aide de la fonction de modification (Modify). Il a une seule occurrence et ne peut pas être modifié par l'utilisateur.	2.5.18.4
modifyTimestamp	Cet attribut contient la date de modification d'un objet. Il doit être présent dans tous les objets modifiés à l'aide de la fonction de modification (Modify). Il a une seule occurrence et ne peut pas être modifié par l'utilisateur.	2.5.18.2
namingContexts	Liste des contextes supportés par un serveur. Un contexte est une racine d'un arbre LDAP identifié par un DN. Ainsi, un même serveur peut gérer plusieurs arbres LDAP. Cet attribut est particulièrement utile lorsqu'il s'agit d'un annuaire distribué sur plusieurs serveurs, car il permet de savoir si l'annuaire prend en charge ou non le contexte demandé sans avoir à parcourir la totalité de l'arbre.	1.3.6.1.4.1.1466.101.120.5

Attribut opérationnel	Description	OID
objectClasses	Cet attribut contient la liste des classes d'objets. Il appartient au schéma de l'annuaire décrit dans une classe d'objet particulière nommée subschema.	2.5.21.6
subschemaSubentry	Cet attribut contient le DN de l'objet contenant la description du schéma de l'annuaire (à savoir la description de l'ensemble des syntaxes, des règles de comparaison, des attributs, et des classes d'objets). Cet objet est de type subschema. Cette classe est décrite ci-dessous.	2.5.18.10
supportedControl	Cet attribut contient une liste d'OID correspondant à des *contrôles* supplémentaires supportés par l'annuaire. Un *contrôle* est un paramètre supplémentaire non standard mais pris en charge par l'annuaire lors de l'exécution d'une fonction.	1.3.6.1.4.1.1466.101.120.13
supportedExtension	Cet attribut contient une liste d'OID correspondant à des extensions prises en charge par le serveur. Une extension est une fonction non standard, que le serveur est capable d'exécuter.	1.3.6.1.4.1.1466.101.120.7
supportedLDAPVersion	Indique les versions du standard LDAP prises en charge par le serveur d'annuaire.	1.3.6.1.4.1.1466.101.120.15
supportedSASLMechanisms	Cet attribut contient les noms des mécanismes d'authentification pris en charge par l'annuaire. SASL (*Simple Authentication and Security Layer*) est un mécanisme pris en charge par LDAP V3, et décrit dans le RFC 2222.	1.3.6.1.4.1.1466.101.120.14

Le standard LDAP impose l'implémentation de tous ces attributs dans les serveurs d'annuaire. Cette liste n'est pas exhaustive, mais elle comprend les attributs les plus importants. La liste exhaustive des attributs se trouve dans le RFC 2252.

Nous allons maintenant décrire les principaux *attributs utilisateurs*. Ceux-ci sont issus du standard X500, et doivent être implémentés dans les serveurs d'annuaire LDAP. Ils sont décrits pour la plupart dans le RFC 2256 et dans le RFC 2798 (inetorgperson).

Attribut utilisateur	Description	OID
aliasedObjectName	DN d'un autre objet dont celui-ci est un alias.	2.5.4.1
authorityRevocationList	Liste des certificats révoqués par l'autorité de certification.	2.5.4.38
audio	Message audio.	0.9.2342.19200300.100.1.55
businessCategory	Cet attribut décrit le type d'activité d'une personne ou d'une organisation.	2.5.4.15
c	Code pays sur deux lettres. Ce code doit respecter le standard ISO 3166 (fr pour France, uk pour Angleterre, etc.).	2.5.4.6
caCertificate	Certificat de l'autorité de certification.	2.5.4.37

Attribut utilisateur	Description	OID
carLicence	Numéro d'immatriculation d'un véhicule.	2.16.840.1.113730.3.1.1
certificateRevocationList	Liste des certificats révoqués.	2.5.4.39
cn	Nom de l'objet *(common name)*.	2.5.4.3
crossCertificatePair	Contient une paire de certificats signés réciproquement.	2.5.4.40
dc	Spécifie un composant d'un nom de domaine (valoris dans *www.valoris.com*). Il est décrit dans le RFC 2247.	0.9.2342.19200300.100.1.25
deltaRevocationList	Contient la liste des certificats récemment révoqués.	2.5.4.53
departmentNumber	Département auquel appartient une personne.	2.16.840.1.113730.3.1.2
description	Description de l'objet.	2.5.4.13
destinationIndicator	Champ utilisé pour les télégrammes.	2.5.4.27
displayName	Nom affiché d'un individu. Ce nom contient généralement des accents.	2.16.840.1.113730.3.1.241
dn (distinguishedName)	Cet attribut est utilisé uniquement pour dériver de celui-ci les attributs dont la valeur est un DN (par exemple, `aliasedObjectName`).	2.5.4.49
dmdName	Contient le nom du domaine gestion de l'annuaire (domain management domain) représentant l'autorité administrative qui gère l'annuaire.	2.5.4.54
enhancedSearchGuide	Utilisé par les clients d'annuaires X500 pour construire un filtre de recherche.	2.5.4.47
facsimileTelephoneNumber	Numéro de télécopie.	2.5.4.23
employeeNumber	Numéro d'un employé dans une organisation.	2.16.840.1.113730.3.1.3
employeeType	Type de contrat d'un employé (CDI, CDD, etc.).	2.16.840.1.113730.3.1.4
generationQualifier	Qualificateur généalogique (senior, junior, II, III…).	2.5.4.44
givenName	Prénom d'une personne.	2.5.4.42
homePhone	Téléphone du domicile.	0.9.2342.19200300.100.1.20
homePostalAddress	Adresse postale du domicile.	0.9.2342.19200300.100.1.39
houseIdentifier	Cet attribut est utilisé pour identifier un bâtiment dans un site.	2.5.4.51
initials	Initiales d'une personne.	2.5.4.43
internationaliSDNNumber	Numéro RNIS (ou ISDN).	2.5.4.25
jpegPhoto	Photo au format jpeg.	0.9.2342.19200300.100.1.60
knowledgeInformation	Attribut non utilisé.	2.5.4.2
l	Nom d'un lieu géographique (localité), comme le nom d'une ville ou d'un département.	2.5.4.7
mail	Adresse de messagerie.	0.9.2342.19200300.100.1.3
manager	DN du responsable hiérarchique.	0.9.2342.19200300.100.1.10
member	DN des membres d'un groupe.	2.5.4.31
Mobile	Téléphone mobile.	0.9.2342.19200300.100.1.41

Attribut utilisateur	Description	OID
name	Cet attribut est utilisé uniquement pour dériver de celui-ci les attributs contenant un nom (par exemple cn, sn, etc.).	2.5.4.41
o	Nom de l'organisation.	2.5.4.10
objectClass	Nom de la classe d'objet.	2.5.4.0
ou	Nom de l'unité organisationnelle.	2.5.4.11
owner	DN du propriétaire de l'entrée dans l'annuaire.	2.5.4.32
pager	Numéro de pager.	0.9.2342.19200300.100.1.42
photo	Photo au format fax G3.	0.9.2342.19200300.100.1.7
physicalDeliveryOfficeName	Nom du lieu de livraison.	2.5.4.19
postalAddress	Adresse postale (hors code postal et boîte postale).	2.5.4.16
postalCode	Code postal.	2.5.4.17
postOfficeBox	Boîte aux lettres.	2.5.4.18
preferredDeliveryMethod	Indique l'adresse préférentielle dans le cas où plusieurs adresses existent.	2.5.4.28
preferredLanguage	Langue parlée ou écrite préférée d'une personne.	2.16.840.1.113730.3.1.39
presentationAddress	Adresse de présentation contenant une adresse OSI ou une adresse réseau. En fait, dans le cas d'un objet décrivant une application, cet attribut contient l'URL de l'application.	2.5.4.29
protocolInformation	Cet attribut est utilisé en complément avec l'attribut presentationAdress, et permet de préciser le protocole OSI employé.	2.5.4.48
registeredAddress	Cet attribut contient une adresse postale à laquelle il est possible d'envoyer des documents ou des colis avec accusé de réception.	2.5.4.26
roleOccupant	DN de personnes occupant un rôle.	2.5.4.33
roomNumber	Numéro de bureau.	0.9.2342.19200300.100.1.6
searchGuide	Utilisé par les clients d'annuaires X500 pour construire un filtre de recherche.	2.5.4.14
secretary	DN de l'assistante.	0.9.2342.19200300.100.1.21
seeAlso	DN d'autres objets associés à celui-ci.	2.5.4.34
serialNumber	Numéro de série.	2.5.4.5
sn	Nom de famille d'une personne.	2.5.4.4
st	Nom d'un état ou d'une province.	2.5.4.8
street	Adresse physique d'un lieu (adresse de livraison par exemple).	2.5.4.9
supportedApplicationContext	Contexte de l'application prise en charge.	2.5.4.30
telephoneNumber	Numéro de téléphone.	2.5.4.20
teletexTerminalIdentifier	Identifiant de terminal télétexte.	2.5.4.22

Attribut utilisateur	Description	OID
telexNumber	Numéro de télex.	2.5.4.21
title	Titre d'une personne, comme « Président » par exemple. À ne pas confondre avec la fonction d'une personne.	2.5.4.12
uniqueMember	DN d'un membre unique d'un groupe.	2.5.4.50
uid	Cet attribut contient un identifiant unique de l'objet, généralement utilisé comme « login ». Il est décrit dans le RFC 1274.	0.9.2342.19200300.100.1.1
userCertificate	Certificat d'un utilisateur.	2.5.4.36
userPassword	Mot de passe.	2.5.4.35
userSMIMECertificate	Certificat S/MIME	2.16.840.1.113730.3.1.40
userPKCS12	PFX PDU PKCS #12.	2.16.840.1.113730.3.1.216
x121Address	L'adresse X121 peut contenir tout type de numéro dans tout type de réseau public : numéro de téléphone, X25, X32, télex… Une codification particulière des premiers caractères permet de préciser de quel type de réseau il s'agit. Elle est décrite dans le standard X400.	2.5.4.24

Notons également que chacun de ces attributs peut être indexé ou non. S'il est indexé, le serveur d'annuaire effectuera des recherches sur l'attribut plus rapidement, car il effectuera celles-ci dans la base d'index au lieu de parcourir les valeurs. L'indexation ou pas d'un attribut ne fait pas partie du standard LDAP ; c'est dans la configuration du serveur d'annuaire qu'on peut le préciser pour chaque attribut.

En général, les serveurs d'annuaire du marché sont configurés de telle sorte qu'ils indexent les attributs sur lesquels s'opèrent les recherches les plus courantes. Mais il est souvent nécessaire d'adapter l'indexation au contexte d'usage de l'annuaire. Par exemple, un annuaire utilisé par une application de type Pages Blanches nécessitera des recherches performantes sur le nom et le titre de la personne, alors qu'un annuaire de sécurité reposant sur des certificats nécessitera une recherche performante sur les attributs de certificats (`userCertificate`, `certificateRevocationList`, etc.)

Les classes d'objets

Elles décrivent les entrées de l'annuaire, où chacune d'elles est constituée d'un ensemble d'attributs décrivant un même concept, comme une personne, une imprimante ou une application.

Une entrée dans un annuaire peut être constituée d'un ou de plusieurs objets. S'il y a plusieurs objets, l'entrée sera constituée de la somme des attributs de chaque objet. Chacun de ces objets est décrit par une classe.

Caractéristiques d'une classe

Chaque classe est caractérisée par un ensemble d'éléments présentés dans le tableau ci-dessous :

Caractéristique	Description	Valeur
OID	Identifiant de la classe	Voir plus haut la syntaxe des OID.
NAME	Nom de la classe	Chaîne de caractères
DESC	Description de la classe	Chaîne de caractères
SUP	OID de la classe dont celle-ci dérive	Voir plus haut la syntaxe des OID.
TYPE	Type de classe	Les trois types possibles sont : • ABSTRACT : classe abstraite ; • STRUCTURAL : classe structurelle ; • AUXILIARY : classe auxiliaire. Ils sont décrits ci-dessous.
MUST	Liste des OID des attributs obligatoires	Voir plus haut la syntaxe des OID.
MAY	Liste des OID des attributs facultatifs	Voir plus haut la syntaxe des OID.

Les différents types de classe décrits dans le standard LDAP sont les suivants :

- *Abstrait* : les classes de ce type ne peuvent pas avoir d'instance. Seules les classes qui en dérivent peuvent en avoir. Par exemple, il existe une classe, top, dont dérivent toutes les autres classes. Il ne peut pas exister d'objet de type top dans un annuaire LDAP.

- *Structurel* : les classes de ce type peuvent avoir des instances dans l'annuaire. Par exemple, la classe person est une classe de type structurel et il peut y avoir dans l'annuaire des objets de ce type.

- *Auxiliaire* : les classes de ce type sont utilisées pour compléter les classes de type structurel. Une entrée dans l'annuaire peut ainsi être complétée par un ensemble d'attributs à l'aide d'une instance d'une classe auxiliaire. Généralement, tous les attributs d'une classe auxiliaire sont facultatifs et la classe auxiliaire dérive directement de la classe top.

Il est important de savoir qu'une classe a des attributs obligatoires, dont les valeurs doivent être renseignées pour tout objet, ainsi que des attributs autorisés ou facultatifs. Par conséquent, tout objet ne pourra pas contenir d'attributs qui ne font pas partie de ceux qui sont obligatoires et ceux qui sont autorisés. Par exemple, si la classe personne contient les attributs obligatoires nom et prénom, et les attributs facultatifs description et adresse de messagerie, tout objet de ce type ne pourra pas contenir l'attribut postalAddress.

Le principe d'héritage entre classes

Les classes peuvent être liées hiérarchiquement entre elles. Une classe peut avoir plusieurs filles, mais elle ne peut dériver que d'une seule classe. L'héritage multiple n'est pas autorisé dans le standard LDAP.

Toutes les classes dérivent d'une classe abstraite nommée top. Cette classe ne contient qu'un seul attribut obligatoire, objectclass, qui comprend le nom de la classe. Ainsi, il est possible de savoir, pour tout objet de l'annuaire, à quelles classes il appartient.

Voici un exemple d'héritage entre quelques classes appartenant au standard LDAP.

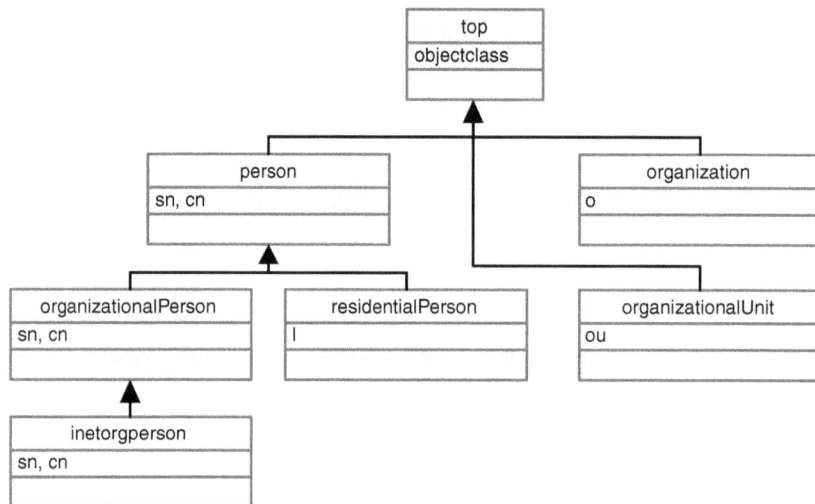

Figure 5.2

Hiérarchie de classes

Les classes organizationalPerson et residentialPerson dérivent toutes les deux de la classe person, qui dérive de la classe top. De même, la classe organizationalUnit dérive de la classe organization, qui dérive aussi de top.

Nous avons utilisé la notation UML dans la figure 5.2. La deuxième ligne de chaque case contient uniquement les attributs obligatoires de la classe. Lorsqu'un objet appartient à une classe, les attributs obligatoires sont la somme des attributs obligatoires des classes mères. Par exemple, un objet de type residentialPerson aura pour attributs obligatoires : objectclass, sn, cn et l.

Notons qu'il n'est pas possible de *surclasser* un attribut. Une classe dérivée d'une autre ne peut donc pas redéfinir un attribut de la classe mère pour en modifier les caractéristiques.

L'agrégation d'objets

Une entrée dans l'annuaire peut être constituée de plusieurs objets, chaque objet étant rattaché à une seule classe. La seule condition est que seule une des classes utilisées soit de type structurel. Les attributs obligatoires sont alors la somme des attributs obligatoires de toutes les classes concernées.

Il n'est pas envisageable, par exemple, de créer un objet de type person et organizationalUnit (ce qui d'ailleurs n'a pas de sens en soi). Mais, il est possible de créer un objet de type organizationalPerson et strongAuthenticationUser qui est de type auxiliaire.

Dans cet exemple, les caractéristiques des classes concernées sont :

Classe	Dérive de	Type	Attributs obligatoires
strongAuthenticationUser	« top »	Auxiliaire	userCertificate
organizationalPerson	« person »	Structurel	Aucun
person	« top »	Structurel	sn et cn

L'objet de type organizationalPerson et strongAuthenticationUser a donc comme attributs obligatoires : objectclass, sn, cn et userCertificate.

Si un même attribut se trouve dans plusieurs classes, utilisées par un même objet, il n'y a aucun moyen de faire la différence entre les valeurs de cet attribut associées à une classe ou à une autre. Par exemple, si les classes « person » et « strongAuthenticationUser » contiennent toutes les deux l'attribut « description », un objet qui serait l'instance de ces deux classes contiendrait un seul attribut « description ». Celui-ci peut avoir une ou plusieurs valeurs, mais il n'y a aucun moyen de rattacher une valeur à une classe. Ceci est dû au fait que le modèle LDAP impose un référentiel commun d'attributs, indépendamment de toute classe, afin de favoriser l'interopérabilité des applications.

Les principales classes d'objets du standard LDAP

Comme pour les attributs, le standard LDAP définit un certain nombre de classes d'objets, constituant un noyau commun entre les annuaires. Ces classes sont issues du standard X500 et sont consacrées à la description des personnes et des organisations. On y trouve également quelques classes dédiées aux ressources informatiques d'une entreprise comme des applications ou des équipements. Mais cela reste assez sommaire et nécessite d'être complété par d'autres standards ; par exemple l'initiative DEN, décrite dans les chapitres précédents de ce livre.

Deux classes ont un rôle particulier dans tout annuaire LDAP :

*   la classe subschema ;
*   la classe extensibleObject.

La classe *subschema*

Cette classe permet de décrire l'ensemble des syntaxes, règles de comparaison, attributs et classes pris en charge par l'annuaire LDAP. Son implémentation est obligatoire dans un serveur d'annuaire LDAP V3.

Ses caractéristiques sont les suivantes :

Dérive de	Type	Attributs obligatoires	Attributs facultatifs
	Auxiliaire		dITStructureRules
			nameForms
			ditContentRules
			objectClasses
			attributeTypes
			matchingRules
			matchingRuleUse

Tous ces attributs sont des attributs opérationnels que nous avons décrits précédemment (sauf les trois premiers qui sont spécifiques à des annuaires X500).

Le standard LDAP n'impose pas que la classe subschema dérive de la classe top, mais dans la plupart des produits du marché, elle dérive de cette dernière.

Signalons aussi que le type de cette classe est auxiliaire, ce qui signifie que l'entrée correspondante est une extension d'une entrée de type structurel.

Pour connaître le nom de l'objet associé à cette classe, il faut lire l'attribut subschemasubentry de l'objet root DSE (voir plus loin dans ce chapitre).

La classe extensibleObject

Cette classe permet de créer des objets pouvant utiliser n'importe quel attribut décrit dans le schéma de l'annuaire.

Ses caractéristiques sont les suivantes :

Dérive de	Type	Attributs obligatoires	Attributs facultatifs
top	Auxiliaire		Tous les attributs définis dans le schéma de l'annuaire

Le type de cette classe est auxiliaire, ce qui veut dire que l'entrée correspondante est constituée d'un objet de type structurel et d'un objet du type de cette classe. Les attributs obligatoires sont ceux de la classe de type structurel.

Cette classe est rarement utilisée car elle permet d'introduire des objets quelconques dans un annuaire, en ne respectant aucune règle d'intégrité. En effet, il est possible d'associer n'importe quel attribut avec n'importe quel autre, ce qui est contraire au principe des classes d'objets. En outre, elle ne comprend aucun attribut obligatoire, et risque par conséquent de polluer l'annuaire avec des données incomplètes, comme une personne sans nom ni prénom, par exemple !

Notons enfin que l'implémentation de cette classe n'est pas obligatoire dans un serveur d'annuaire LDAP.

Les autres classes

Le standard LDAP définit dans le document RFC 2256 et dans le RFC 2798 (inetorgperson) un ensemble de classes qui doivent être prises en charge par les annuaires.

Ces classes sont les suivantes :

Classe	Dérive de	Type	Remarques
alias	top	Structurel	Classe offrant la possibilité de créer un objet *alias*, c'est-à-dire qui contient un pointeur sur un autre objet. Cette classe est rarement utilisée car elle est remplacée par le mécanisme de *referrals* pour des raisons de performance.
applicationEntity	top	Structurel	Décrit une application informatique accessible à travers un réseau d'entreprise. Par exemple une application sur un intranet accessible *via* une URL.
applicationProcess	top	Structurel	Permet de décrire une application.
certificationAuthority	top	Auxiliaire	Description d'une autorité délivrant des certificats.
certificationAuthority-V2	certificatio-nAuthority	Auxiliaire	Complète la classe dont elle dérive.
country	top	Structurel	Pays.
cRLDistributionPoint	top	Structurel	Contient une liste de certificats révoqués et l'autorité associée.
device	top	Structurel	Décrit un équipement quelconque.
dmd	top	Structurel	Décrit l'autorité administrative qui gère le serveur d'annuaire *(Directory Management Domain)*.
DSA	applicationEntity	Structurel	Décrit un serveur d'annuaire *(Directory Server Agent)*.
groupOfNames	top	Structurel	Groupe d'objets.
groupOfUniqueNames	top	Structurel	Groupe d'objets uniques dans ce groupe. Cette classe est utilisée pour créer des groupes de personnes par exemple.
inetorgperson	organizational-Person	Structurel	Décrit une personne dans une organisation et ayant accès à des services Internet, comme la messagerie, etc.
locality	top	Structurel	Localité.
organization	top	Structurel	Organisation : une entreprise, une filiale, etc.
organizationalPerson	person	Structurel	Décrit une personne dans une organisation. On y trouve des attributs supplémentaires comme téléphone, fax, numéro de bureau…
organizationalRole	top	Structurel	Rôle dans une organisation contenant un ensemble de personnes.
organizationalUnit	top	Structurel	Unité organisationnelle : un service, un département, etc.
person	top	Structurel	Décrit une personne de façon générique.

Classe	Dérive de	Type	Remarques
residentialPerson	person	Structurel	Décrit une personne résidentielle dans une organisation.
strongAuthenticationUser	top	Auxiliaire	Contient des informations complémentaires sur des utilisateurs pouvant s'identifier de façon *forte*, en utilisant un certificat X509 par exemple.
top		Abstrait	Classe dont dérivent toutes les autres.
userSecurityInformation	top	Auxiliaire	Information sur la sécurité associée à un utilisateur.

Nous donnons ci-dessous les OID ainsi que la liste des attributs obligatoires et facultatifs par classe d'objet :

Classe	OID	Attributs obligatoires	Attributs facultatifs
Alias	2.5.6.1	objectClass aliasedObjectName	
applicationEntity	2.5.6.12	objectClass presentationAddress cn	description l o ou seeAlso supportedApplicationContext
applicationProcess	2.5.6.11	objectClass cn	description l ou seeAlso
certificationAuthority	2.5.6.16	objectClass authorityRevocationList certificateRevocationList cACertificate	crossCertificatePair
certificationAuthority-V2	2.5.6.16.2	objectClass authorityRevocationList certificateRevocationList cACertificate	crossCertificatePair deltaRevocationList
country	2.5.6.2	objectClass c	description searchGuide
cRLDistributionPoint	2.5.6.19	objectClass cn	authorityRevocationList certificateRevocationList deltaRevocationList
device	2.5.6.14	objectClass cn	description l o ou owner seeAlso serialNumber

Classe	OID	Attributs obligatoires	Attributs facultatifs
dmd	2.5.6.20	objectClass dmdName	businessCategory description destinationIndicator facsimileTelephoneNumber internationaliSDNNumber l physicalDeliveryOfficeName postalAddress postalCode postOfficeBox preferredDeliveryMethod registeredAddress searchGuide seeAlso st street telephoneNumber teletexTerminalIdentifier telexNumber userPassword x121Address
DSA	2.5.6.13	objectClass presentationAddress cn	description knowledgeInformation l o ou seeAlso supportedApplicationContext
groupOfNames	2.5.6.9	objectClass member cn	businessCategory description o ou owner seeAlso
groupOfUniqueNames	2.5.6.17	objectClass uniqueMember cn	businessCategory description o ou owner seeAlso
inetorgperson	2.16.840.1. 113730.3.2.2	objectClass sn cn	audio businessCategory carLicense departmentNumber displayName employeeNumber

Classe	OID	Attributs obligatoires	Attributs facultatifs
inetorgperson *(suite)*	2.16.840.1. 113730.3.2.2	objectClass sn cn	employeeType givenName homePhone homePostalAddress initials jpegPhoto labeledURI mail manager mobile o pager photo roomNumber secretary uid userCertificate x500uniqueIdentifier preferredLanguage userSMIMECertificate userPKCS12
locality	2.5.6.3	objectClass	description l searchGuide seeAlso st street
organization	2.5.6.4	objectClass o	businessCategory description destinationIndicator facsimileTelephoneNumber internationaliSDNNumber l physicalDeliveryOfficeName postalAddress postalCode postOfficeBox preferredDeliveryMethod registeredAddress searchGuide seeAlso st street telephoneNumber teletexTerminalIdentifier telexNumber userPassword x121Address

Classe	OID	Attributs obligatoires	Attributs facultatifs
organizationalPerson	2.5.6.7	objectClass cn sn	description destinationIndicator facsimileTelephoneNumber internationaliSDNNumber l ou physicalDeliveryOfficeName postalAddress postalCode postOfficeBox preferredDeliveryMethod registeredAddress seeAlso st street telephoneNumber teletexTerminalIdentifier telexNumber title userPassword x121Address
organizationalRole	2.5.6.8	objectClass cn	description destinationIndicator facsimileTelephoneNumber internationaliSDNNumber l ou physicalDeliveryOfficeName postalAddress postalCode postOfficeBox preferredDeliveryMethod registeredAddress roleOccupant seeAlso st street telephoneNumber teletexTerminalIdentifier telexNumber x121Address
organizationalUnit	2.5.6.5	objectClass ou	businessCategory description destinationIndicator facsimileTelephoneNumber internationaliSDNNumber l

Classe	OID	Attributs obligatoires	Attributs facultatifs
organizationalUnit *(suite)*	2.5.6.5	objectClass ou	physicalDeliveryOfficeName postalAddress postalCode postOfficeBox preferredDeliveryMethod registeredAddress searchGuide seeAlso st street telephoneNumber teletexTerminalIdentifier telexNumber userPassword x121Address
person	2.5.6.6	objectClass cn sn	description seeAlso telephoneNumber userPassword
residentialPerson	2.5.6.10	objectClass cn l sn	businessCategory description destinationIndicator facsimileTelephoneNumber internationaliSDNNumber physicalDeliveryOfficeName postalAddress postalCode postOfficeBox preferredDeliveryMethod registeredAddress seeAlso st street telephoneNumber teletexTerminalIdentifier telexNumber userPassword x121Address
strongAuthenticationUser	2.5.6.15	objectClass userCertificate	
top	2.5.6.0	objectClass	
userSecurityInformation	2.5.6.18	objectClass	supportedAlgorithms

Les relations entre objets

Comme on l'a montré, certaines classes d'objets peuvent être dotées d'un attribut de type DN. Dans ce cas, celui-ci contient un pointeur sur un autre objet de l'annuaire, quel qu'il soit. Ceci permet d'établir des relations entre objets, et donc de se rapprocher du modèle relationnel des bases de données.

Un exemple simple de ce type de relations est celui établit entre les objets de types `groupOfUniqueNames` et `inetorgperson`. Les premiers sont des objets contenant des groupes de personnes. Ils comprennent une liste de pointeurs sur les descriptifs de ces personnes. L'intégrité des liens est, en général, gérée par le serveur d'annuaire.

L'entrée root DSE

Tout serveur d'annuaire LDAP contient un objet particulier, situé à la racine de l'arbre, et inclut des informations générales sur l'annuaire. Cet objet n'appartient à aucune classe, mais contient des attributs définis dans le standard LDAP. Il est désigné par *root DSE*, DSE étant l'abréviation de *DSA-Specific Entry*.

Ses attributs sont les suivants :

- `namingContexts`,
- `altServer`,
- `supportedExtension`,
- `supportedControl`,
- `supportedSASLMechanisms`,
- `supportedLDAPVersion`,
- `subschemasubentry`.

Nous les avons décrits précédemment dans ce chapitre dans le paragraphe concernant les attributs.

Pour lire cet objet, il suffit d'interroger l'annuaire à partir de sa racine, en recherchant l'unique objet qui s'y trouve et qui n'a pas de nom (root DSE est un nom logique). Il est indépendant de tout contexte, et il est en général lisible par tout utilisateur.

> **Note**
>
> Pour lire le contenu de l'objet root DSE, il faut lire l'objet dont le DN est vide, faire la recherche sur un seul niveau de l'arbre (et non pas sur les sous-niveaux) et rechercher toutes les classes d'objets dans le filtre.
>
> La requête à l'aide de la commande `ldapsearch.exe` (livrée avec le serveur d'annuaire de iPlanet ou avec tout kit de développement LDAP) est la suivante :
>
> ```
> ldapsearch -b "" -p 389 -s base objectclass=*
> ```
>
> La requête à l'aide d'une URL est la suivante (fonctionne avec le navigateur de Netscape) :
>
> ```
> ldap://localhost:389/??base?objectclass=*
> ```

Cet objet est particulièrement utile pour connaître :

- les noms des contextes gérés par un annuaire (racines des arbres) à l'aide de l'attribut `namingContexts` ;
- les versions LDAP prises en charge à l'aide de l'attribut `supportedLDAPVersion` ;
- le nom de l'objet contenant le schéma à l'aide de l'attribut `subschemasubentry`.

Certains serveurs d'annuaire peuvent mettre d'autres attributs qui leur sont propres dans cet objet. Par exemple, Active Directory de Microsoft y met un attribut spécifique, `currentTime`, donnant l'heure de l'horloge de la machine sur laquelle fonctionne le serveur d'annuaire. Cet attribut est renseigné en temps réel lorsque l'on demande lire l'objet root DSE.

La vérification du schéma de l'annuaire

À partir de ce que nous avons vu précédemment, nous allons résumer l'ensemble des vérifications requises pour s'assurer de la validité des données et de leur conformité au schéma de l'annuaire. Il s'agit de :

- vérifier que toutes les valeurs d'attributs correspondent bien aux syntaxes définies pour chacun d'eux (numérique, alphanumérique, DN…) ;
- vérifier que tous les attributs obligatoires des classes de l'objet sont bien renseignés ;
- vérifier que seuls les autres attributs renseignés sont bien des attributs autorisés et facultatifs ;
- vérifier que les attributs mono-valeurs ne sont pas renseignés plus d'une fois.

Tous ces contrôles sont effectués par le serveur d'annuaire avant de réaliser toute modification ou toute insertion d'objet. Certains serveurs permettent de désactiver la vérification du schéma à partir de la console d'administration. Dans ce cas, aucun de ces tests n'est effectué.

Le modèle de désignation

Les concepts

L'objectif de ce modèle est de fournir une règle commune permettant de nommer et de référencer tout objet dans l'annuaire. Cette règle est indépendante des classes d'objets et s'applique à toutes.

Deux concepts élémentaires sous-tendent cette règle :

- un espace de noms homogènes ;
- l'organisation hiérarchique des données.

Le fait de pouvoir nommer et identifier tout objet de l'annuaire, quelle que soit la classe à laquelle il appartient, garantit l'ouverture et l'interopérabilité des annuaires.

Ainsi, un objet décrivant une personne, un groupe de personnes ou une application, sera toujours désigné de la même manière. On dit alors que l'annuaire est un espace de noms homogènes.

Comme nous l'avons démontré dans le premier chapitre, une organisation hiérarchique facilite la navigation et la recherche de données. Elle permet de classer celles-ci dans des branches sur plusieurs niveaux, apportant ainsi un premier niveau d'assemblage des données, par opposition à un classement plat, comme celui effectué dans une base de données relationnelles.

Figure 5.3

Organisation hiérarchique et organisation dans des tables

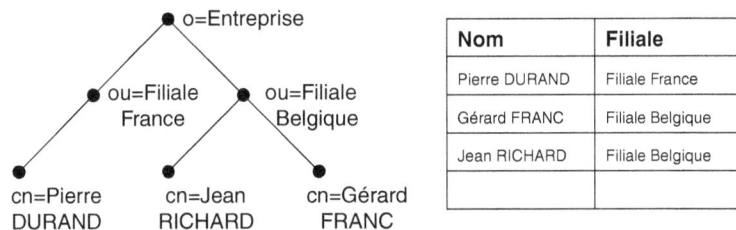

Nom	Filiale
Pierre DURAND	Filiale France
Gérard FRANC	Filiale Belgique
Jean RICHARD	Filiale Belgique

L'organisation hiérarchique facilite aussi la séparation des données dans des partitions différentes, chacune d'elles étant située sur un serveur. Par exemple, dans le cas illustré par la figure 5.3, on peut créer deux partitions de l'annuaire, l'une située en France et l'autre en Belgique. Chaque partition sera établie sur une machine séparée et contiendra ses propres données. Il est plus facile de traiter une branche entière associée à une partition que d'extraire des enregistrements d'une liste.

Elle permet aussi d'organiser les données en fonction de différents critères qui peuvent être des critères géographiques comme dans le précédent schéma, mais aussi des critères sémantiques. Par exemple, dans un annuaire qui référence des personnes, des groupes de personnes et des applications, il peut être plus commode de séparer dans trois branches particulières ce type d'information, comme le montre le schéma suivant.

Figure 5.4

Classement sémantique dans une organisation hiérarchique

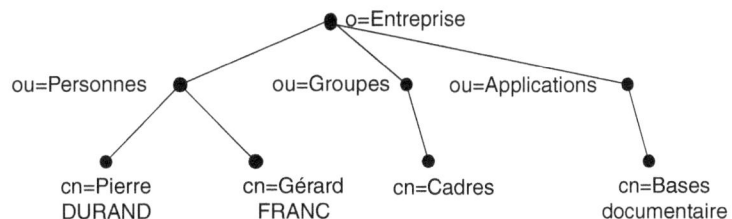

Ce type d'organisation facilite également la délégation des droits d'accès. Ainsi, si l'on se réfère à la figure 5.4, il est souhaitable de n'autoriser l'accès en mise à jour à la branche ou=Applications qu'aux administrateurs, responsables des applications informatiques. En revanche, la branche ou=Personnes peut être autorisée en mise à jour aux gestionnaires de personnel. Là aussi, il est plus simple de déléguer des droits sur une branche plutôt que sur quelques enregistrements d'une liste.

L'organisation hiérarchique des données

Les données d'un annuaire LDAP sont classées dans un arbre inversé. Chaque nœud de l'arbre est un objet, qui peut appartenir à n'importe quelle classe. Le nombre de branches par nœud et le nombre de niveau ne sont pas limités.

Figure 5.5

Arbre LDAP

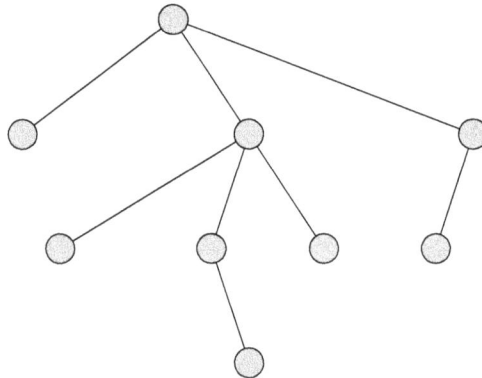

Dans cette façon d'organiser les données, il n'y a pas de différence entre un nœud et les données elles-mêmes. Tout objet de l'annuaire peut par conséquent donner lieu à une branche s'il existe des objets sous celui-ci. Ceci constitue une différence importante avec les arborescences de fichiers et de répertoires dans un système d'exploitation.

Lorsqu'on crée ce type d'arborescence, il est indispensable de préciser si l'on veut créer un répertoire ou un fichier ; alors que dans LDAP il n'est pas nécessaire de spécifier si un objet est un nœud de l'arbre ou pas. Il le devient automatiquement si l'on crée des objets sous celui-ci. Si nous voulons faire une analogie avec une arborescence de fichiers, il serait possible de créer des fichiers sous un fichier, chaque fichier étant un objet LDAP !

Signalons aussi que dans un annuaire LDAP il n'y a pas de racine unique, contrairement à une arborescence de fichier où la racine existe toujours et correspond au nom de l'unité disque. Il existe en fait une racine : root DSE, que nous avons décrite précédemment. Mais cette racine ne constitue pas un niveau d'arborescence supérieur aux autres ; sa présence se justifie uniquement par l'objet spécifique qu'elle contient (voir plus haut dans ce chapitre).

Le niveau supérieur de chaque arbre est nommé domaine. Un annuaire LDAP peut contenir plusieurs domaines, comme le montre la figure 5.6.

LDAP n'impose aucune contrainte relative aux classes d'objets dans la hiérarchie de l'arbre. Il est tout à fait envisageable d'avoir un objet de type organization comme racine de l'arbre, et des objets de type country comme sous-branches de celui-ci.

Il est même possible, par exemple, d'avoir comme racine un objet de type organizationalUnit, et comme sous-branches des objets de type organization, bien que ce ne soit pas très logique. En revanche, il arrive souvent qu'une arborescence contiennent plusieurs niveaux constitués d'objets de type organizationalUnit.

Figure 5.6

Racine LDAP et racine d'arborescence de fichiers

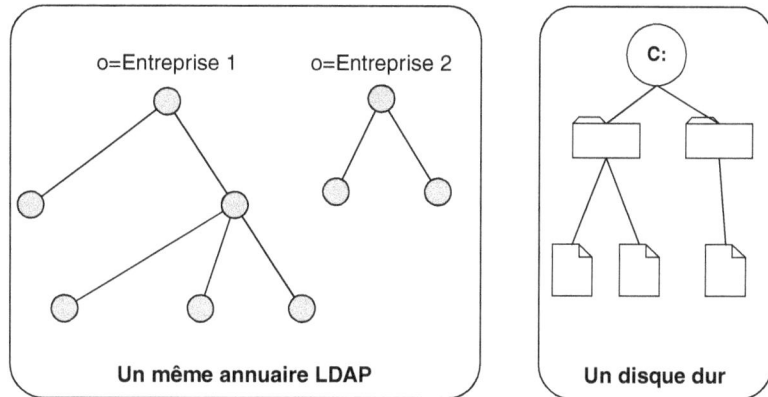

Un même annuaire LDAP

Un disque dur

Figure 5.7

Exemple de classes d'objets dans une hiérarchie LDAP

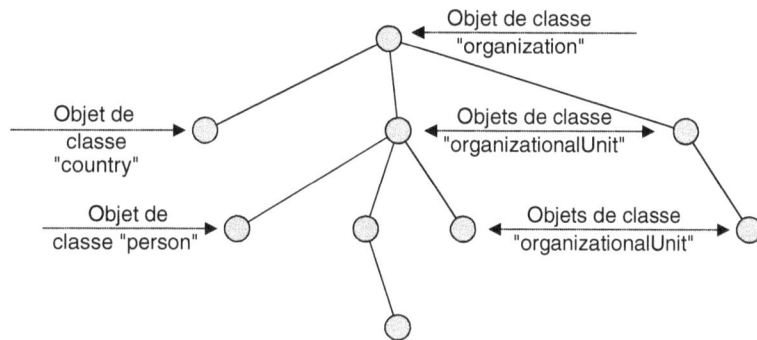

Généralement, le domaine est constitué d'une organisation, décrite par un objet de type organization, et il est subdivisé en sous-domaines constitués d'unités organisationnelles, décrites par des objets de type organizationalUnit.

Il est important de signaler que les annuaires LDAP basés sur des annuaires X500 (c'est-à-dire offrant une interface LDAP mais supportant aussi le standard X500), n'offrent pas ce niveau de souplesse. En effet, le standard X500-1993 impose l'utilisation d'un ordre de classes dans la hiérarchie de l'arbre.

Par exemple, la classe country doit se trouver au-dessus de la classe organization, qui elle-même doit se trouver au-dessus de la classe organizationUnit. Chaque classe contient une liste de classes filles possibles, que le schéma doit respecter. En outre, seules les classes country, organization et locality peuvent constituer la racine de l'arbre ; à la différence du standard LDAP, où il n'y a pas de contrainte sur la hiérarchie des classes et où toute classe peut être utilisée pour la racine de l'arbre.

Le nom des objets

Le standard LDAP définit deux concepts pour nommer un objet : un nom relatif désigné par RDN *(Relative Distinguished Name)* et un nom absolu désigné par DN *(Distinguished Name)*.

Le nom relatif : RDN *(Relative Distinguished Name)*

Le RDN est constitué d'un couple composé d'un attribut et d'une valeur. Par exemple, le RDN d'un objet de type `person` peut être `cn=Pierre DURAND`, ou encore `uid=pdurand`.

Les règles que doit respecter un RDN sont les suivantes :

1. Un objet ne peut avoir qu'un seul RDN, et celui-ci doit être unique dans la branche où se situe l'objet, et doit se trouver au même niveau, comme l'indique la figure 5.8.

Figure 5.8

Périmètre d'unicité du RDN

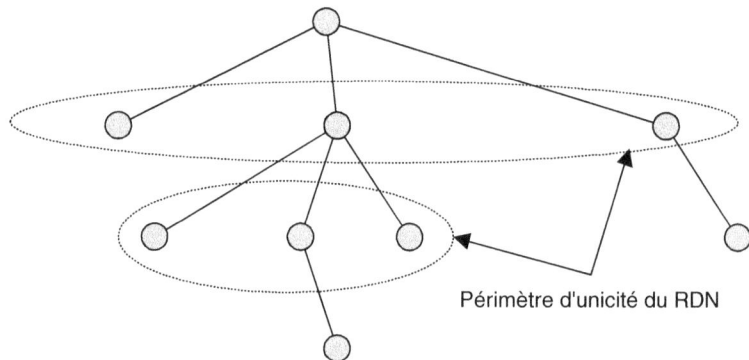

Périmètre d'unicité du RDN

2. Il est préférable d'utiliser un attribut obligatoire comme RDN afin de s'assurer qu'il a bien une valeur. Il est cependant possible de créer un objet avec un RDN basé sur un attribut facultatif.

3. Un RDN peut avoir plusieurs couples attributs/valeurs. On parle alors de *multivalued* RDN. Par exemple, un RDN peut être `cn=Pierre DURAND+mail=pdurand@entreprise.com`. Ceci est utile lorsqu'il faut différencier deux objets ayant le même RDN et situés dans la même branche et au même niveau, par exemple deux personnes dans une entreprise ayant le même nom.

   Néanmoins, l'exploitation de ce type de RDN se révèle complexe, et son usage n'est pas conseillé en général. Une autre solution consiste à utiliser un autre attribut dans le RDN, par exemple l'attribut `uid`. Nous donnons quelques conseils à ce sujet dans le chapitre décrivant la conception du schéma de l'annuaire, plus loin dans ce livre.

Voici quelques exemples de RDN illustrant ce qu'il est possible de faire :

- Il est possible de créer deux objets à un même niveau et appartenant à une même branche, l'un ayant le RDN `cn=DURAND` et l'autre le RDN `sn=DURAND`. L'unicité ne s'applique pas uniquement sur la valeur, mais aussi sur le couple attribut=valeur.

- Il est possible de créer deux objets ayant le même RDN dans deux branches différentes et au même niveau, comme l'illustre la figure 5.9.

- Il est possible de créer deux objets ayant le même RDN dans la même branche mais à des niveaux différents, comme l'illustre la figure 5.10.

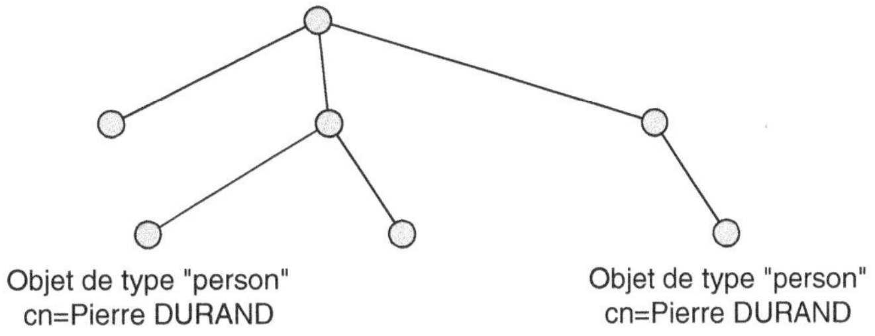

Figure 5.9

Exemple de RDN identiques dans deux branches différentes

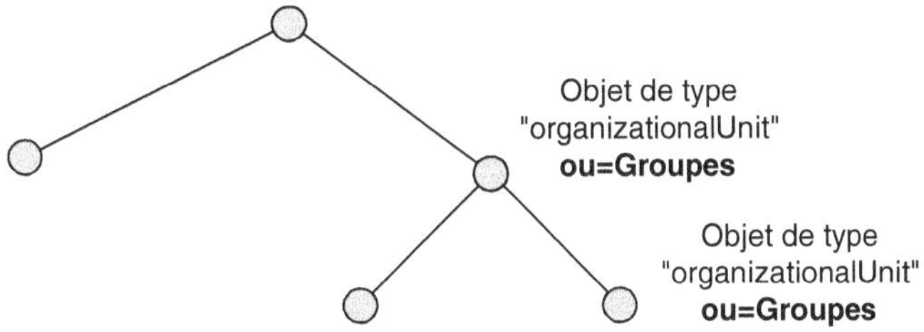

Objet de type "person"
cn=Pierre DURAND

Objet de type "person"
cn=Pierre DURAND

Figure 5.10

Exemple de RDN identiques dans des niveaux différents

Objet de type "organizationalUnit"
ou=Groupes

Objet de type "organizationalUnit"
ou=Groupes

Le nom absolu : DN *(Distinguished Name)*

Le DN constitue le nom absolu d'un objet. Il permet de le référencer sans ambiguïté, car il est unique dans l'ensemble de l'annuaire.

Le DN d'un objet est composé de l'ensemble des RDN des nœuds supérieurs, y compris celui de l'objet lui-même. Les RDN sont séparés par des virgules et ils sont classés dans un ordre ascendant. Le RDN de plus bas niveau dans l'arbre est donc placé en premier, contrairement à un nom de fichier sur un disque dur où le nom du répertoire de plus haut niveau est placé en premier.

Par exemple, dans la figure 5.11, le DN de l'objet cn=Pierre DURAND est cn=Pierre DURAND, ou=Employés, ou=Filiale française, o=Entreprise.

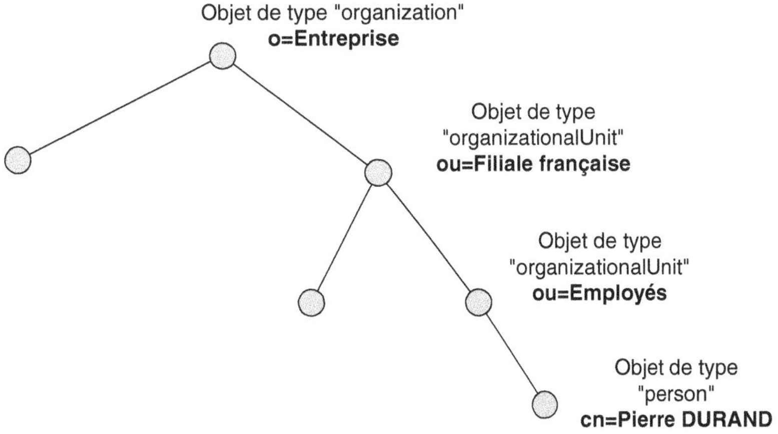

Figure 5.11

Exemple de DN

Objet de type "organization"
o=Entreprise

Objet de type "organizationalUnit"
ou=Filiale française

Objet de type "organizationalUnit"
ou=Employés

Objet de type "person"
cn=Pierre DURAND

Si les valeurs contiennent des caractères particuliers, comme des virgules par exemple, il est nécessaire d'*échapper* ces caractères avec le caractère spécial « \ ». Par exemple, si le nom de l'entreprise est `Durand, Dufour et Cie`, son DN serait `o=Durand\, Dufour et Cie, c=FR`.

Le standard LDAP décrit les caractères qu'il est nécessaire d'échapper dans le document RFC 2253, que nous résumons ici :

- Les blancs et le caractère « # » en début ou en fin d'un DN ou RDN

  Si un attribut doit contenir un nombre identique de caractères, quelle que soit sa valeur, il doit être complété par des blancs en fin de chaîne. Par exemple, si l'attribut `uid` doit contenir exactement huit caractères, le DN s'écrirait de la façon suivante :

  ```
  uid=123    \ , o=Entreprise.
  ```

- Les caractères « , », « + », « " », « \ », « < », « > », « ; »

Il est aussi possible de représenter tout caractère à l'aide de son code hexadécimal précédé du caractère « \ ». Par exemple, si un attribut contient un retour chariot, il sera représenté de la façon suivante : `cn=Before\0Dafter, o=test, c=gb`, où 0D est le code hexadécimal du caractère retour chariot.

Un DN permet de trouver sans ambiguïté un objet dans un annuaire, mais ne contient aucune indication sur l'emplacement de l'annuaire lui-même. Ainsi, lorsqu'une entreprise possède plusieurs annuaires, le DN ne suffit pas pour désigner dans quel annuaire se trouve l'objet recherché. Pour cela, il faut compléter le DN par l'adresse de l'annuaire. Généralement, c'est le nom de domaine DNS qui est utilisé à cet effet. Par conséquent, si l'on se trouve face à un annuaire réparti sur plusieurs plates-formes, il faut combiner un plan d'adressage DNS (noms de domaines IP) avec des DN pour identifier des objets.

La conception de la hiérarchie de l'arbre et de la répartition de celui-ci sur un ou plusieurs serveurs, dans un ou plusieurs domaines, constitue une phase clé dans la démarche globale de mise en œuvre d'un annuaire. Elle conditionne en effet sa facilité d'utilisation et son évolutivité. Ces points sont abordés plus loin, dans le chapitre sur la démarche de mise en œuvre d'un annuaire LDAP.

Signalons aussi que le nombre de niveaux et le nombre de branches n'ont pas beaucoup d'impacts sur les performances d'un annuaire. Cette hiérarchie des objets ne constitue qu'une vue logique des données. Le modèle physique utilisé par les serveurs LDAP peut varier d'un éditeur à l'autre. Certains s'appuient sur des bases de données relationnelles, et d'autres sur des bases de données objet. Les performances dépendent essentiellement de la façon dont le modèle de données physiques est conçu et des index mis en œuvre.

Nom de domaine DNS et nom de domaine LDAP

Afin de faciliter le lien entre un nom de domaine au sens DNS, permettant de localiser l'emplacement physique d'un serveur, et le nom de domaine au sens LDAP, c'est-à-dire le DN de ce domaine, il existe un document, le RFC 2247, qui explique comment faire correspondre les deux.

Mais pourquoi faire ce lien et quel rapport y a-t-il entre un nom DNS et le DN d'un domaine LDAP ? La réponse est simple : supposons qu'une entreprise souhaite donner accès à son annuaire LDAP *via* Internet : l'utilisateur devra d'une part connaître le nom DNS du serveur d'annuaire pour *résoudre* son adresse IP, et d'autre part connaître le DN du domaine de l'annuaire pour pouvoir l'interroger. En établissant une règle permettant de connaître ce dernier à partir du nom DNS, on simplifie l'accès à l'annuaire pour l'utilisateur.

Par exemple, si une entreprise possède le nom de domaine au sens DNS `entreprise.com`, il pourrait être recommandé d'attribuer le nom de domaine `o=entreprise.com` à la racine de l'arbre LDAP de cette entreprise. Mais si l'entreprise possède plusieurs sites géographiques et plusieurs annuaires, ce type de correspondance ne convient plus.

En effet, imaginons que l'entreprise possède plusieurs annuaires dans différents sites, ayant des noms DNS différents : par exemple `annuaire1.entreprise.fr` et `annuaire2.entreprise.fr`. Si l'on souhaite mettre dans un seul annuaire les deux branches, la règle précédente ne convient plus car on aurait deux domaines LDAP : `o=annuaire1.entreprise.fr` et `o=annuaire2.entreprise.fr`.

La règle décrite dans ce standard repose sur le fait qu'un nom de domaine DNS peut toujours être découpé en composants élémentaires, nommés DC *(Domain Component)*. Un DC est tout simplement un mot du nom de domaine, séparé des autres par le point. Par exemple, le nom `entreprise.com` est constitué de deux DC : `entreprise` et `com`.

Pour prendre en compte ce découpage dans un annuaire LDAP, il est nécessaire de disposer d'un attribut supplémentaire, nommé `dc`, qui puisse être utilisé dans le DN d'un domaine LDAP. Ainsi, au lieu d'associer au nom DNS `entreprise.fr` le domaine LDAP dont le DN est `o=entreprise.fr`, on utilisera le DN suivant : `dc=entreprise,dc=fr`. Dans l'exemple précédent on aurait donc les domaines LDAP : `dc=annuaire1,dc=entreprise,dc=fr` et `dc=annuaire2,dc=entreprise,dc=fr`. On constate tout de suite que l'on a une racine commune aux deux annuaires qui est `dc=entreprise,dc=fr`, mais qui ne correspond pas à un DN de domaine LDAP. Il est important de savoir qu'un nom qui a cette forme ne correspond pas nécessairement à une hiérarchie dans l'annuaire. Il peut donc ne pas exister d'objet dont le DN est `dc=fr` dans l'annuaire. Un DN constitué de plusieurs `dc` est simplement une convention de nom de l'objet situé à la *racine* de l'arbre.

Afin de ne pas modifier le schéma standard des classes d'objets LDAP que nous avons décrites précédemment, une classe d'objet auxiliaire a été définie dans le RFC 2247, appelée `dcObject`. Celle-ci contient l'attribut `dc`, et elle est de type auxiliaire. Elle peut donc être rajoutée à toute classe d'objet, comme l'organisation, l'unité organisationnelle ou la localité.

Notons que tous les serveurs d'annuaire LDAP du marché ne prennent pas nécessairement en charge l'usage des attributs DC *(Domain Component)*. Certains serveurs le supportent et forcent leur usage lors de la constitution de l'arbre LDAP ; comme Active Directory de Microsoft, par exemple.

Le modèle des services

Les différentes catégories de services

Pour pouvoir exploiter les données d'un annuaire LDAP, le standard LDAP définit une liste de services ou d'opérations, présentés dans le RFC 2251, que doit offrir tout serveur d'annuaire.

On peut classer ces services dans les catégories suivantes :

* Les services de connexion et de déconnexion :

    Ce sont les services qui permettent au client de s'identifier auprès d'un serveur d'annuaire afin de démarrer une session, puis de se déconnecter en fin de session.

* Les services de recherche :

    Ce sont les services de recherche d'objets dans l'annuaire qui utilisent différents critères.

* Les services de mise à jour :

    Ce sont les services de mise à jour des objets dans l'annuaire (créer, supprimer, modifier, renommer).

* Les services annexes :

    Ce sont des services complémentaires permettant par exemple d'abandonner une opération en cours ou de définir des services supplémentaires (ou des extensions) pris en charge par un annuaire LDAP.

Nous utilisons le terme *service* (ou *opération*) et non le terme *fonction* afin de ne pas confondre les services que doit offrir un annuaire LDAP tels que décrits dans le RFC 2251, et les fonctions (au sens interface de programmation) qui permettent de solliciter ces services, et qui sont exposées dans le document RFC 1823 (ce dernier est fourni à titre d'information et ne constitue pas un standard en soi).

Comme nous le verrons par la suite, il n'y a pas toujours de lien direct entre les services et leurs paramètres décrits ci-dessous, et les fonctions de l'interface de programmation préconisées dans le RFC 1823. Par exemple, le service de connexion se décline en trois fonctions distinctes : l'une permettant une authentification simple, l'autre une authentification *via* SSL, et la dernière *via* SASL (mécanisme décrit dans le RFC 2222). L'interface de programmation a pour objectif de simplifier le travail du programmeur et de masquer les particularités de l'implémentation de ces opérations.

Les services décrits dans le RFC 2251 sont les suivants :

Opération RFC 2251	Service	Description
Bind Operation	Connexion	Permet de se connecter à un annuaire LDAP et de fournir son identification. C'est par rapport à celle-ci que sera contrôlé l'accès en lecture ou en écriture des données.
Unbind Operation	Déconnexion	Permet de libérer la connexion et de terminer une session en cours.
Unsolicited Notification	Notification	Permet d'envoyer au client une information non sollicitée, comme le fait de signaler une fin inattendue de la session.
Search Operation	Recherche	Permet d'effectuer une recherche multicritère.
Modify Operation	Modification d'objet	Permet de modifier, de rajouter ou de supprimer des attributs d'un objet existant.
Add Operation	Ajout	Permet d'ajouter un nouvel objet.
Delete Operation	Suppression	Permet de supprimer un objet.
Modify DN Operation	Modification de DN	Permet de renommer le DN d'un objet.
Compare Operation	Comparaison	Permet de vérifier une assertion par rapport au contenu de l'annuaire.
Abandon Operation	Abandon	Permet d'abandonner une opération asynchrone en cours.
Extended Operation	Extension	Permet de définir des opérations étendues dans l'annuaire.

Toutes ces opérations peuvent s'exécuter de façon synchrone ou de façon asynchrone. Dans le premier cas, le client reste en attente de la réponse du serveur, et dans le deuxième, il peut exécuter d'autres tâches en attendant celle-ci, comme soumettre une autre requête au serveur.

Description des services

La connexion

Cette opération permet à un client de fournir son identification pour accéder aux services d'un annuaire. Elle est obligatoire avant toute autre action, même si le client souhaite rester anonyme et n'avoir, par conséquent, qu'un nombre restreint de privilèges.

Les paramètres requis par cette opération sont les suivants :

1. *Le numéro de version du standard LDAP souhaité* : si le serveur est compatible avec la version 2 et la version 3, le client peut préciser avec quelle version il désire fonctionner. La plupart du temps, cette version sera la dernière. Notons que le client ne peut pas négocier ce paramètre ; le serveur acceptera ou refusera la connexion en fonction des versions avec lesquelles il est compatible.

2. *Le DN de l'objet avec lequel le client souhaite s'identifier* : généralement il pointe sur un objet de type person, mais il peut être de n'importe quelle classe.

Pour effectuer une identification anonyme, il suffit de donner une chaîne vide dans ce paramètre.

3. *Les paramètres de sécurité* : il s'agit de préciser la méthode d'authentification voulue : simple ou *via* SASL *(Simple Authentication and Security Layer)*, puis les données de sécurité associées.

La méthode d'authentification simple consiste à fournir un mot de passe qui sera comparé avec celui sauvegardé dans l'annuaire. Afin d'éviter le transfert du mot de passe en clair sur la ligne, le protocole SSL *(Secured Socket Layer)* peut être employé. L'utilisation de certification de type X509 est alors aussi possible.

La méthode d'authentification *via* SASL offre un mécanisme permettant de négocier celle-ci, c'est-à-dire de choisir une méthode parmi celles prises en charge par le client et le serveur, puis de réaliser l'authentification à l'aide de la méthode choisie.

SASL *(Simple Authentication and Security Layer)* est un standard indépendant de LDAP (SASL est décrit dans le RFC 2222), dont l'objectif est de décrire un mécanisme ouvert permettant de négocier, puis de procéder à une authentification. Les méthodes prises en charge dépendent des capacités du serveur et du poste client. Par exemple, si les deux acceptent le protocole Kerberos, le client demande une authentification de ce type au serveur *via* SASL. Puis, si le serveur répond positivement, l'authentification se réalise. SASL a été conçu pour permettre facilement l'intégration de nouveaux mécanismes d'authentification, comme ceux utilisant des cartes à puce par exemple. Le standard SASL peut être utilisé aussi bien pour l'authentification que pour le chiffrement et la signature des données. SASL n'offre pas de mécanisme de sécurité en soi.

Cette opération renvoie en code retour un identifiant de la session qui doit être utilisé pour toute autre opération. Il est possible d'exécuter plusieurs fois cette opération afin d'ouvrir plusieurs sessions simultanées avec un ou plusieurs serveurs d'annuaire.

Les conditions de succès de cette opération sont les suivantes :

1. Le DN fourni comme identifiant doit exister dans l'annuaire. Si tel n'est pas le cas, le serveur d'annuaire peut renvoyer une référence vers un autre serveur (voir plus loin dans ce chapitre).

2. Les paramètres d'authentification doivent être valides (mot de passe, certificat, etc.).

3. Le DN doit posséder des droits d'accès en lecture ou en écriture sur des données de l'annuaire.

La déconnexion

Cette opération permet de terminer une session en cours. Toutes les requêtes sont abandonnées par le serveur.

Le seul paramètre de cette opération est l'identifiant de la session. Celui-ci est renvoyé par l'opération de connexion.

La condition de succès de cette opération est la validité de cet identifiant : il faut qu'il corresponde bien à une session ouverte.

La notification

Le standard LDAP décrit un message particulier, appelé notification, permettant à un serveur LDAP d'envoyer une information à un client de façon non sollicitée. Le serveur ne s'attend pas à une réponse suite à cette notification.

Le seul cas d'utilisation décrit dans le standard LDAP est la notification de déconnexion. Le serveur peut signaler au client une déconnexion et donc un abandon de toutes les requêtes en cours. En général, les librairies de fonctions qui implémentent le standard LDAP traitent automatiquement cette notification dans toute demande synchrone ou asynchrone. Un code retour particulier est envoyé dans les fonctions appelées pour signaler une déconnexion sur l'initiative du serveur.

La recherche

Cette opération permet d'effectuer une recherche d'un ou de plusieurs objets ou attributs dans l'annuaire. Il n'existe pas d'opération spécifique à la lecture de données ; c'est cette opération de recherche qui permet également de lire le résultat des données trouvées.

Les paramètres requis par cette opération sont les suivants :

1. *DN de l'objet constituant la base de la recherche* : ce paramètre permet de spécifier l'endroit, dans l'arbre LDAP, à partir duquel la recherche doit s'effectuer. Celui-ci peut désigner le sommet de l'arbre, mais aussi toute branche de celui-ci.

2. *Périmètre de la recherche* : il existe trois possibilités associées à ce paramètre. La première consiste à effectuer la recherche uniquement dans l'objet désigné par le premier paramètre (option *base*). La seconde consiste à faire la recherche sur un seul niveau et immédiatement inférieur à l'objet spécifié (option *onelevel*). La troisième consiste à effectuer la recherche dans tous les objets de la branche désignée (option *subtree*).

Figure 5.12

Recherche limitée à l'objet (option base)

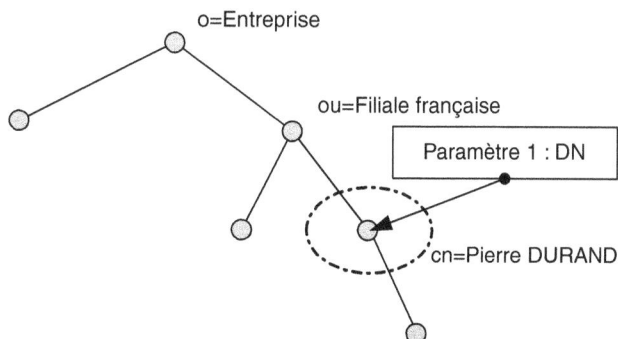

Figure 5.13

*Recherche limitée
à un niveau
(option onelevel)*

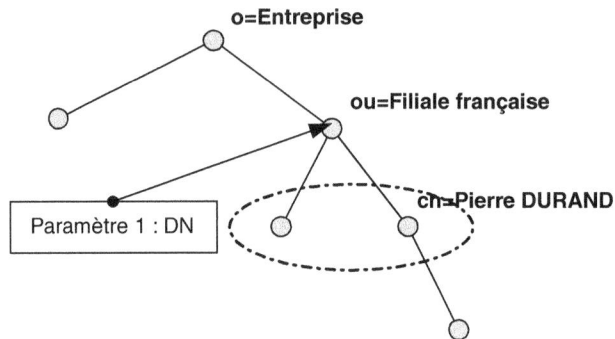

o=Entreprise

ou=Filiale française

cn=Pierre DURAND

Paramètre 1 : DN

Figure 5.14

*Recherche limitée
à la branche
(option subtree)*

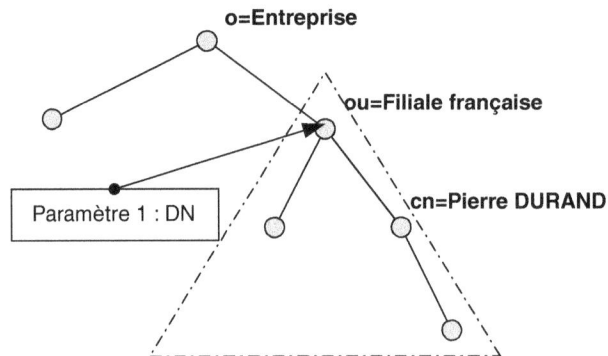

o=Entreprise

ou=Filiale française

cn=Pierre DURAND

Paramètre 1 : DN

3. *Traitement des alias* : ce paramètre permet de préciser la façon dont sont traités les alias lors de la recherche.

Il peut prendre une valeur parmi les suivantes :

- ne pas résoudre les alias lors de la recherche ou de la localisation de l'objet de base (paramètre 1) ;
- résoudre les alias dans les objets sous-jacents à l'objet de base mais dans celui-ci ;
- résoudre les alias dans l'objet de base mais dans les objets sous-jacents ;
- résoudre les alias dans tous les cas.

Il est rarement utilisé avec des annuaires LDAP natifs, car les alias sont remplacés par le mécanisme de renvoi de référence ou de *referrals*. Il peut être utilisé avec un annuaire X500 offrant une interface LDAP.

4. *Nombre limite* : précise le nombre maximal d'enregistrements que doit renvoyer le serveur dans la réponse. Si ce nombre vaut 0, il n'y a pas de limite. Néanmoins, les serveurs d'annuaire LDAP offrent la possibilité de limiter le nombre d'enregistrements renvoyés dans une même réponse dans la configuration du serveur, pour des raisons d'efficacité et de performance.

5. *Temps limite* : précise le temps limite en seconde de traitement de la recherche. Au-delà de ce temps, le serveur arrête la recherche et renvoie au client les enregistrements trouvés. Si ce nombre vaut 0, il n'y a pas de limite.

6. *Types d'attributs seuls* : ce paramètre permet de préciser si l'on veut recevoir dans la réponse les types d'attributs (noms des attributs) et leurs valeurs ou uniquement les types d'attributs.

7. *Filtre LDAP* : ce paramètre contient une syntaxe particulière, que nous explicitons ci-dessous, qui permet de décrire les critères de filtre à appliquer lors de la recherche.

8. *Liste des attributs* : contient la liste des attributs que l'on souhaite récupérer à l'issue de la recherche.

   Cette liste peut contenir les valeurs suivantes :

   • Elle peut être vide, dans ce cas tous les attributs utilisateurs (et non les attributs opérationnels) sont renvoyés.

   • Elle peut contenir le caractère '*', tous les attributs utilisateurs sont alors renvoyés.

   • Elle peut contenir la valeur « 1.1 », dans ce cas aucun attribut n'est envoyé. Notons que 1.1 correspond à un OID inexistant. Il est aussi possible de désigner l'OID d'un attribut plutôt que son nom.

   • Enfin, elle peut contenir une liste de noms d'attributs (utilisateurs ou opérationnels), par exemple cn, sn, uid. Seules les valeurs de ces attributs sont alors envoyées par le serveur, ce qui permet d'optimiser le trafic sur le réseau.

Il est possible de combiner le caractère '*' avec une liste d'attributs opérationnels, ce qui permet aussi d'avoir tous les attributs utilisateurs dans le résultat de la recherche. Il n'existe pas de moyen pour lire tous les attributs opérationnels ; ceux-ci doivent être explicités dans ce paramètre.

Il est important de noter que seules les valeurs des attributs autorisés en lecture par l'administrateur sont envoyées par le serveur. Ces droits sont associés à l'identification fournie lors de la connexion.

Le résultat de la recherche contient le DN des objets correspondant au filtre, et la liste des attributs demandés. Un ou plusieurs objets peuvent être envoyés en réponse. Le nombre d'objets est limité par le paramètre 4 ou par le temps de recherche indiqué dans le paramètre 5.

Le résultat peut également contenir une référence vers un autre serveur. Le client peut alors interroger ou pas ce dernier pour compléter la requête. Voir plus loin dans ce chapitre, le paragraphe sur le renvoi de référence (ou *referrals)* pour plus de détails sur ce mécanisme.

Les conditions de succès de l'opération de recherche sont les suivantes :

• Le DN donné comme base de recherche dans le paramètre 1 doit exister dans l'annuaire. Si ce DN n'existe pas, l'annuaire interrogé peut renvoyer l'adresse d'un autre annuaire (renvoi de référence ou *referrals*), comme expliqué plus loin.

• Les attributs demandés doivent être autorisés en lecture pour l'identification fournie lors de la connexion.

La modification d'objet

Cette opération permet de modifier un objet dans l'annuaire. Tous les attributs de l'objet peuvent être modifiés à l'exception du DN, qui ne peut être modifié qu'avec l'opération de modification de DN décrite par la suite.

Les paramètres requis par cette opération sont les suivants :

1. *DN de l'objet à modifier* : ce paramètre permet de désigner l'objet à modifier, il doit donc obligatoirement exister dans l'annuaire interrogé.

2. *Liste des modifications à effectuer* : ce paramètre contient une liste de modifications à effectuer sur cet objet. Il faut signaler que cette liste est traitée dans l'ordre et comme une seule opération. C'est-à-dire qu'en cas de violation du schéma de l'annuaire pour l'un des attributs (par exemple, valeur obligatoire supprimée ou valeur non conforme à la syntaxe de l'attribut), toutes les modifications décrites dans cette liste sont abandonnées.

   Chaque modification d'attribut est décrite de la façon suivante :

• **Type de modification.** Ce type peut prendre les valeurs ajout, suppression ou remplacement.

  – S'il s'agit d'un ajout, les valeurs spécifiées dans le paramètre suivant sont ajoutées.

  – S'il s'agit d'une suppression, si aucune valeur n'est donnée, toutes les occurrences de l'attribut spécifié sont supprimées. Sinon, seules les valeurs données sont supprimées.

  – S'il s'agit d'un remplacement, toutes les valeurs existantes de l'attribut sont remplacées par celles spécifiées. Si aucune valeur n'est donnée et que l'attribut spécifié existe, toutes les valeurs de celui-ci sont supprimées.

• **Ensemble d'attributs à modifier.** Si le type de modification est un ajout ou un remplacement, chaque attribut doit être accompagné d'une valeur.

Si le résultat de cette opération est positif, toutes les modifications demandées auront été effectuées avec succès. En revanche, s'il est négatif, aucune d'elles n'aura été effectuée. L'opération de modification traite l'ensemble des modifications demandées comme un tout. C'est le niveau le plus fin d'une transaction (atomicité), qui réussit globalement ou non.

En général, les raisons de l'échec de cette opération sont la non-conformité des mises à jour d'attributs demandées avec le schéma de l'annuaire. Notons que cela pourrait aussi être une rupture de connexion avec le serveur. Dans ce cas, il n'est pas possible de savoir si l'opération a réussi ou non.

Les conditions de succès de cette opération sont les suivantes :

1. Le DN donné comme base de recherche dans le paramètre 1 doit exister dans l'annuaire. Si ce DN n'existe pas, l'annuaire interrogé peut renvoyer l'adresse d'un autre annuaire (renvoi de référence ou *referrals)*, comme expliqué plus loin.

2. Toutes les modifications demandées doivent réussir simultanément. Ceci permet de préserver l'intégrité des données dans l'annuaire.

3. Les modifications demandées doivent respecter le schéma de l'annuaire.

4. L'identification fournie lors de la connexion doit correspondre à un objet ayant les droits d'écriture dans l'annuaire sur tous les attributs à mettre à jour, et dans la branche de l'arbre à mettre à jour.

5. Les attributs appartenant au DN de l'objet ne pourront pas être supprimés à l'aide de cette opération. Par exemple, si le DN de l'objet à modifier vaut `cn=Pierre DURAND, o=entreprise.com`, il ne sera pas possible de supprimer l'attribut `cn`.

L'ajout

Cette opération permet d'ajouter un nouvel objet dans l'annuaire.

Les paramètres requis par cette opération sont les suivants :

1. *DN de l'objet à ajouter* : ce paramètre permet de désigner l'objet à ajouter. Il ne doit pas déjà exister dans l'annuaire.

2. *Liste d'attributs et de valeurs* : une liste d'attributs et de valeurs associées doit être fournie lors de la création. Cette liste doit au moins contenir l'attribut permettant de désigner la classe de l'objet, tous les attributs obligatoires de cette classe, et tous les attributs du DN. Les attributs opérationnels `creatorsName` et `createTimestamp` ne doivent pas appartenir à cette liste ; ils sont générés automatiquement par le serveur.

Si le résultat de cette opération est positif, l'objet est créé dans l'annuaire.

Les conditions de succès de cette opération sont les suivantes :

1. L'objet parent de l'objet à rajouter doit exister dans l'annuaire. Par exemple, s'il l'on rajoute l'objet dont le DN est `cn=Pierre DURAND, ou=employes, o=entreprise.com`, alors l'objet dont le DN vaut `ou=employes, o=entreprise.com` doit exister. Si le contexte de l'objet à rajouter n'appartient pas à l'annuaire, celui-ci peut renvoyer l'adresse d'un autre annuaire (renvoi de référence ou *referrals),* comme expliqué plus loin.

2. Il ne doit pas exister dans l'annuaire un autre objet ayant le même DN.

3. Les attributs renseignés doivent respecter le schéma de l'annuaire.

4. L'identification fournie lors de la connexion doit correspondre à un objet ayant les droits d'écriture dans l'annuaire sur tous les attributs à mettre à jour, et dans la branche de l'arbre à mettre à jour.

La suppression

Cette opération permet de supprimer un objet de l'annuaire.

Le seul paramètre requis par cette opération est le suivant. *DN de l'objet à supprimer* : ce paramètre permet de désigner l'objet à supprimer. Il doit déjà exister dans l'annuaire.

Si le résultat de cette opération est positif, l'objet est supprimé de l'annuaire.

Les conditions de succès de cette opération sont les suivantes :

1. L'objet à supprimer doit exister dans l'annuaire. Si le contexte de l'objet à supprimer n'appartient pas à l'annuaire, celui-ci peut renvoyer l'adresse d'un autre annuaire (renvoi de référence ou *referrals*), comme expliqué plus loin.

2. Il ne doit pas y avoir d'objets fils sous l'objet à supprimer. Sinon, il faudra supprimer tous les objets fils avant de pouvoir supprimer celui-ci. Notons qu'il est toujours possible de masquer cette contrainte aux utilisateurs finaux en réalisant une application qui se chargera de lister les objets fils et de les supprimer à l'aide de cette opération de façon automatique.

3. L'identification fournie lors de la connexion doit correspondre à un objet ayant les droits d'écriture dans l'annuaire sur tous les attributs à supprimer et dans la branche de l'arbre à mettre à jour.

La modification de DN

Cette opération permet de modifier le DN d'un objet de l'annuaire.

Les paramètres requis par cette opération sont les suivants :

1. *DN de l'objet à modifier* : ce paramètre permet de désigner l'objet à modifier. Il doit déjà exister dans l'annuaire.

2. *Nouveau RDN* : ce paramètre permet de désigner le nouveau RDN de l'objet. Il est utilisé lorsque l'on souhaite modifier le RDN de l'objet. Par exemple, si on désire renommer le DN uid=pdurand, o=entreprise.com en uid=pierre.durand, o=entreprise .com, ce paramètre contient uid=pierre.durand.

3. *Indicateur de suppression de l'ancien RDN* : ce paramètre prend une valeur booléenne (VRAI ou FAUX), indiquant s'il faut supprimer l'ancien RDN ou non. S'il a la valeur FAUX, il est conservé dans l'objet comme une occurrence supplémentaire de l'attribut associé. Ainsi, dans l'exemple précédent, l'objet en question aurait deux valeurs pour l'attribut uid : pdurand et pierre.durand. Dans ce cas, l'opération ne réussira que si le schéma de l'annuaire est respecté. Si l'attribut uid ne peut avoir qu'une seule valeur, l'opération échouera.

4. *DN de l'objet qui sera le nouveau supérieur* : ce paramètre permet de définir le DN de l'objet en dessous duquel doit être déplacé l'objet à modifier. Autrement dit, il permet de déplacer un objet dans l'arbre LDAP. Il n'est pas obligatoire, et s'il n'est pas présent l'objet n'est pas déplacé (il est simplement renommé avec le nouveau RDN).

Signalons que LDAP v2 ne prend pas en compte le fait de pouvoir déplacer un objet dans l'arbre. Seul le fait de pouvoir renommer l'objet en changeant son RDN est pris en charge. Mais certains serveurs conformes au standard LDAP v3 ne contiennent pas non plus cette fonctionnalité. Il est alors nécessaire de supprimer l'objet de son emplacement d'origine et de le créer à nouveau dans son nouvel emplacement.

Les conditions de succès de cette opération sont les suivantes :

1. L'objet à modifier doit exister dans l'annuaire. Si le contexte de l'objet à modifier n'appartient pas à l'annuaire, celui-ci peut renvoyer l'adresse d'un autre annuaire (renvoi de référence ou *referrals*), comme expliqué plus loin.

2. Le nouveau RDN ne doit pas déjà être attribué pour un autre objet. Rappelons que le RDN doit être unique dans la branche de l'arbre où se trouve l'objet.

3. En cas de déplacement de l'objet (paramètre 4 renseigné), il ne doit pas avoir d'objets fils. Sinon, il faudra supprimer tous les objets fils avant de pouvoir déplacer l'objet en question.

4. L'identification fournie lors de la connexion doit correspondre à un objet ayant les droits d'écriture dans l'annuaire sur l'objet, et s'il s'agit d'un déplacement, sur la branche d'où l'objet doit être supprimé et sur la branche où il doit être rajouté.

La comparaison

Cette opération permet de vérifier si un objet de l'annuaire contient bien une ou plusieurs valeurs données.

Les paramètres requis par cette opération sont les suivants :

1. *DN de l'objet à comparer* : ce paramètre permet de désigner l'objet à comparer. Il doit déjà exister dans l'annuaire.

2. *Filtre LDAP* : ce paramètre contient une syntaxe particulière, que nous explicitons ci-dessous, permettant de décrire les critères de filtre à appliquer lors de la comparaison. Ce filtre contient les attributs et les valeurs à comparer avec celles de l'objet.

Le résultat contient un code retour indiquant si l'opération a réussi ou non. La valeur des attributs n'est pas renvoyée, contrairement à la fonction de recherche.

Cette opération est identique à une opération de recherche dans laquelle les paramètres d'entrées sont renseignés de la façon suivante :

- le DN de l'objet constituant la base de la recherche correspond à celui de l'objet à comparer,

- le périmètre de la recherche restreint à la base du DN (option *base*),

- le filtre LDAP de la recherche contenant les attributs et les valeurs à comparer,

- la valeur de la liste des attributs à récupérer égale à l'OID 1.1, qui est un OID inexistant, afin de ne pas récupérer de valeurs en résultat de la recherche.

Néanmoins, il existe quelques différences avec l'opération de recherche, qui sont les suivantes :

- Si l'on cherche à comparer un attribut qui n'existe pas, l'opération de comparaison renvoie un code retour précisant que cet attribut n'existe effectivement pas, alors que l'opération de recherche ne renvoie pas de résultat. Ceci permet de faire la différence entre une recherche non aboutie, parce que la valeur donnée de l'attribut ne correspond pas à celle de l'objet, et que l'objet ne possède pas de valeur pour cet attribut.

• L'opération de comparaison est plus efficace que la fonction de recherche car elle est plus compacte en termes de données échangées entre le client et le serveur.

Les conditions de succès de cette opération sont les suivantes :

1. L'objet à comparer doit exister dans l'annuaire. Si le contexte de l'objet à comparer n'appartient pas à l'annuaire, celui-ci peut renvoyer l'adresse d'un autre (renvoi de référence ou *referrals*), comme expliqué plus loin.

2. Les attributs demandés doivent être autorisés en lecture pour l'identification fournie lors de la connexion.

L'abandon

Cette opération permet d'abandonner une autre opération en cours. Elle ne peut être utilisée que dans une requête asynchrone, c'est-à-dire lorsque le client n'est pas bloqué et en attente de réponse après avoir soumis une requête.

Le seul paramètre de cette opération est l'identifiant de la requête à abandonner.

Si les réponses à une requête arrivent en même temps que la soumission de l'abandon par le client, il est nécessaire de purger celles-ci. En général, ce type de situation est traité automatiquement par les interfaces de programmation qui implémentent les opérations LDAP.

Les extensions

Le protocole LDAP v3 prévoit la possibilité de soumettre à un serveur des opérations ne faisant pas partie de celles listées précédemment. Cette possibilité est particulièrement intéressante car elle permet d'étendre les fonctionnalités d'un serveur d'annuaire tout en restant compatible avec le protocole LDAP v3.

Par exemple, une des extensions les plus couramment utilisées consiste à associer une signature électronique à toute modification d'objet dans l'annuaire. Ainsi, il est possible de s'assurer de l'intégrité des données et du fait que leur mise à jour a bien été effectuée par la personne identifiée.

Un autre exemple est la gestion de l'intégrité des transactions, comme dans une base de données relationnelles. Dans certaines situations, il peut être important de mettre à jour tout un ensemble d'objets simultanément. Ainsi, en cas d'échec de mise à jour de l'un des objets, il faut pouvoir annuler la mise à jour déjà effectuée des autres objets. Ceci est comparable au fonctionnement de l'opération d'ajout ou de modification qui traite la mise à jour de tous les attributs d'un même objet comme un tout indissociable, si ce n'est qu'il s'applique à un ensemble d'objets. Cette fonction n'est pas décrite dans LDAP v3 et n'est pas offerte en standard dans les serveurs d'annuaire.

L'opération d'extension permet d'envoyer des requêtes à un serveur d'annuaire et de recevoir les réponses à celles-ci. Ses paramètres sont l'identifiant de la requête et les éventuelles données associées. Les requêtes sont identifiées par un OID, et le traitement associé doit être implémenté dans le serveur.

Certains serveurs d'annuaire LDAP offrent une interface de programmation qui offre le moyen de développer soi-même le traitement associé à une extension du protocole LDAP. Cette interface dépend de chaque serveur LDAP, et vous devez consulter la documentation de celui-ci pour en savoir plus.

L'avantage de l'opération d'extension est de permettre le traitement de services non normalisés à travers l'interface LDAP. Mais son inconvénient est que l'exécution de tels services ne sera possible que si le client connaît leur existence et les paramètres dont ils ont besoin. Pour cela, un groupe de travail au sein de l'IETF, dénommé LDAPEXT, entreprend des travaux de normalisation des principales extensions du protocole LDAP v3. Parmi eux, citons la réplication et la gestion des droits d'accès... Nous décrivons plus loin dans ce livre, dans le chapitre sur le futur de LDAP, les différents services étudiés par ce groupe de travail.

Le renvoi de référence ou les referrals

Nous avons expliqué dans le chapitre sur les annuaires X500 le principe de renvoi de référence, ou *referrals*, qui permet d'effectuer une même requête sur plusieurs annuaires simultanément. Nous allons maintenant décrire comment ce mécanisme est implémenté dans LDAP.

Lors de la demande d'un service (sauf le service d'*abandon* ou de *déconnexion*), l'annuaire LDAP peut renvoyer une référence ou plusieurs références vers d'autres annuaires.

Deux cas se présentent :

- soit la recherche s'effectue dans le même domaine, il s'agit alors d'envoyer une ou plusieurs références vers des annuaires subordonnés ;
- soit la recherche s'effectue dans un autre domaine, et il s'agit alors d'envoyer une référence vers un annuaire de niveau supérieur.

Le standard LDAP v3 décrit le protocole d'échange de ces références entre un client et un serveur.

Nous présentons plus précisément dans le chapitre sur la conception technique les liens qui peuvent être mis en place entre annuaires (topologie de serveurs).

Cas de la recherche dans un autre domaine

Ici, le DN de l'objet, base de la recherche, donné dans le paramètre 2 de l'opération de recherche, n'existe pas dans l'annuaire interrogé. Le serveur renvoie alors sous la forme d'une URL l'adresse d'un autre serveur et le DN de la nouvelle base de recherche. Seule une adresse peut être envoyée à la fois.

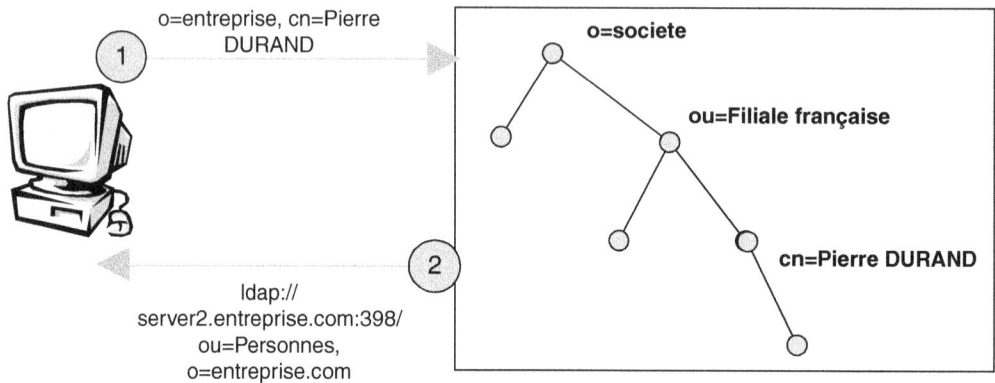

Figure 5.15

Renvoi de référence avec un contexte différent

Par exemple, supposons qu'un serveur contienne l'arbre o=societe.com, et que le DN de la base de recherche fournie vaille o=entreprise.com, cn=Pierre DURAND, comme l'indique la figure 5.15.

Le serveur interrogé peut renvoyer l'URL suivante :

  ldap://serveur2.entreprise.com:389/ou=Personnes, o=entreprise.com

Le client LDAP peut traiter cette réponse et soumettre de nouveau sa demande au serveur indiqué, qui peut à son tour renvoyer une référence vers un autre serveur.

Ce mécanisme ne fonctionne que si le DN recherché est dans un contexte différent de celui géré par l'annuaire. C'est ce qui se passe dans l'exemple donné ci-dessous, où le DN recherché est dans le contexte o=entreprise.

Notons que dans ce cas le serveur d'annuaire interrogé renvoie une référence vers un serveur de niveau immédiatement supérieur. Ce dernier peut résoudre la demande de l'utilisateur, sinon il renverra à son tour la demande vers un autre serveur de niveau immédiatement supérieur. Cette hiérarchie entre serveur est similaire à celle des serveurs DNS.

On pourrait imaginer que tous les serveurs d'annuaire font partie d'une même arborescence (fictive bien sûr). Par conséquent, un serveur n'ayant pas l'information recherchée et sachant qu'elle ne se situe pas sur un serveur de niveau inférieur (puisque le domaine n'est pas celui géré par le serveur interrogé), renvoie une référence vers un serveur de niveau supérieur, interrogeant ainsi tous les serveurs d'annuaire.

Cas de la recherche dans le même domaine

Ici, le DN de l'objet, base de la recherche, existe dans l'annuaire, mais certaines entrées sous-jacentes font référence à d'autres serveurs. Le résultat de la recherche contient les objets trouvés, et peut contenir des références vers d'autres annuaires susceptibles de contenir d'autres objets.

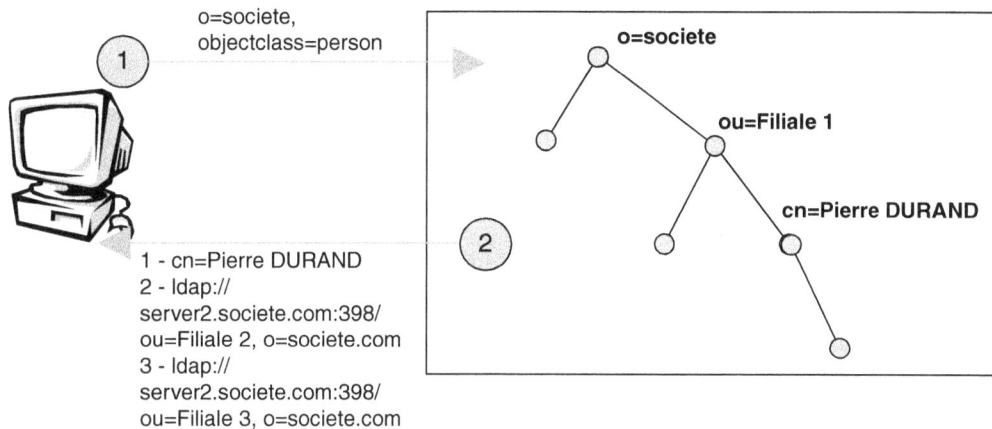

Figure 5.16

Renvoi de références dans un même contexte

Supposons que l'on recherche tous les objets de type personne, dans la branche ou=filiale 1, o=societe.com. Le serveur interrogé peut renvoyer les objets de type personne qui se trouvent dans cette branche, mais il peut aussi envoyer les références suivantes :

> *ldap://serveur2.societe.com:389/ou=filiale 2, o=societe.com*
>
> *ldap://serveur2.societe.com:389/ou=filiale 3, o=societe.com*

Le client LDAP peut alors interroger ces deux serveurs, et concaténer les résultats présentés à l'utilisateur.

Contrairement à la situation précédente, le contexte du DN recherché est le même que celui géré par l'annuaire interrogé (à savoir o=société).

Ce mécanisme est décrit dans le standard LDAP sous le nom de *continuation references.*

Notons que dans ce cas le serveur renvoie une référence vers un serveur subordonné. En effet, l'information recherchée étant dans le même contexte, mais ne pouvant être résolue par le serveur interrogé, peut se trouver dans une sous arborescence gérée par un autre serveur. Nous verrons dans le chapitre traitant de la conception technique comment concevoir une topologie de serveurs répartis sur plusieurs machines.

Traitement du renvoi de références par le client

Il faut savoir que le client LDAP peut traiter ou pas le renvoi de référence. La plupart des interfaces de programmation offrent la possibilité aux programmeurs de choisir si celui-ci doit être fait automatiquement par le client LDAP ou manuellement par l'application y faisant appel. S'il s'agit d'une prise en charge automatique, il est également possible de préciser le nombre maximal de chaînage autorisé et le temps maximal de recherche, afin d'éviter de parcourir infiniment tous les annuaires disponibles.

De façon générale, les différents cas où un renvoi de référence peut avoir lieu sont les suivants :

- lorsqu'on recherche le DN de l'objet qui constitue la base d'une opération de recherche ou de comparaison. Par exemple, si on recherche tous les objets de type `person` se trouvant sous le nœud `ou=Personnes, o=entreprise.com`. Le renvoi peut avoir lieu durant la recherche de ce nœud ;

- lors d'une opération de recherche, si un des nœuds de l'arborescence qui correspond aux critères de recherche pointe sur une arborescence située sur une autre partition ;

- lorsqu'on recherche le DN d'un objet que l'on souhaite modifier, supprimer ou renommer ;

- lorsqu'on s'identifie à l'annuaire avec un DN donné ;

- lorsqu'on recherche le DN de l'objet en dessous duquel on souhaite rajouter un objet donné.

Dans tous ces cas de figure, c'est au client de soumettre à nouveau la requête au serveur indiqué lors du renvoi.

S'il s'agit d'une prise en charge automatique, il est également possible de préciser le nombre maximal de chaînage possible et le temps maximal de recherche.

Identification lors d'un changement de serveur

Dans le cas d'un traitement automatique par le client, le renvoi de référence nécessite que l'identification utilisée lors de la connexion soit aussi prise en charge par les autres serveurs.

Par exemple, si l'identification utilisée lors de l'ouverture de la connexion avec le premier serveur est le DN : `cn=Pierre DURAND, ou=filiale 1, o=société.com`, elle sera aussi utilisée pour la connexion au serveur 2. Il faut donc que ce dernier serveur contienne l'objet désigné par ce DN, et que cet objet ait les droits d'accès aux données recherchées. Ceci nécessite une synchronisation des objets utilisés pour l'identification entre annuaires. Notons que ceci n'est pas toujours ainsi, puisque certains serveurs d'annuaires du marché sont capables de vérifier automatiquement l'identification en interrogant directement le serveur d'origine.

Dans le cas d'un traitement manuel, c'est à l'application cliente de traiter chaque renvoi de référence et de fournir une nouvelle identification à chaque nouvelle connexion. L'avantage est de pouvoir modifier l'identification lors d'un changement de serveur, de pouvoir suivre l'avancement de la recherche et d'afficher à l'utilisateur le statut de celle-ci, et enfin de pouvoir annuler une recherche en cours lorsque celle-ci s'avère trop longue.

Le filtre de recherche LDAP

Le filtre LDAP est comparable au langage SQL dans les bases de données. Il permet de définir de façon simple sur quels objets et sur quels attributs doit s'effectuer une recherche.

Un filtre de recherche LDAP est une chaîne de caractères IA5 *(International Alphabet 5)*, constituée d'un ensemble d'assertions combinées à l'aide des opérateurs booléens : ET,

OU et NON. Chaque assertion est composée d'un nom d'attribut, d'un opérateur de comparaison et d'une valeur, et prend la valeur VRAI ou FAUX. Un filtre prend la forme générique suivante :

```
(opérateur(assertion…)(opérateur(assertion…)))…
```

La syntaxe du filtre LDAP, donnée sous la forme d'une chaîne de caractères, est décrite dans le document RFC 2254.

Les assertions

Nous allons présenter la syntaxe d'une assertion constituée d'un attribut, d'un opérateur de comparaison et d'une valeur :

1. Le nom d'attribut doit appartenir à la liste des attributs pris en charge par le serveur. Il peut être aussi `objectclass`, la comparaison se fera alors sur la classe des objets. Par exemple, pour rechercher tous les objets de type `person`, il faut utiliser le filtre `object-class=person`.

   Il est aussi possible de désigner un attribut par son OID plutôt que par son nom. Par exemple, il est possible d'écrire `2.5.4.0=person` au lieu de `objectclass=person`.

2. L'opérateur de comparaison peut prendre l'une des valeurs suivantes :

Opérateur	Exemple	Description
=	(objectclass =organization)	Opérateur d'*égalité*. Cet exemple renvoie tous les objets appartenant à la classe `organization`, y compris les objets dérivés de cette classe.
~=	(sn~=dupond)	Opérateur d'*approximation* Il permet de comparer « approximativement » les valeurs des objets recherchés avec la valeur fournie. En fait, il est essentiellement utilisé pour effectuer des recherches phonétiques. Dans l'exemple donné, l'annuaire renverrait tous les « dupond » et les « dupont ». L'implémentation de cet opérateur dans un serveur d'annuaire nécessite la possibilité de pouvoir choisir une langue et l'utilisation d'un dictionnaire phonétique associé. Certains serveurs d'annuaires, comme celui de Sun/iPlanet, prennent en compte plusieurs langues en tenant compte des particularités phonétiques de chacune.
>=	(age>=18)	Opérateur *supérieur ou égal*
<=	(age<=18)	Opérateur *inférieur ou égal*

3. La valeur peut contenir le caractère '*' afin de faire des recherches sur des parties de chaîne de caractères.

   Celui-ci peut se trouver aux endroits suivants :

   • *Début de chaîne (attribut=*valeur)* : par exemple le filtre `(givenName=*robert)` permet de trouver tous les prénoms qui se terminent par `robert`.

- *Milieu de chaîne (attribut=valeur1*valeur2)* : par exemple le filtre (cn=jean*dupond) permet de trouver tous les noms qui commencent par jean et se terminent par dupond.

- *Fin de chaîne (attribut=valeur*)* : par exemple le filtre (cn=jean*) permet de trouver tous les noms qui commencent par jean.

- *Au début et en fin de chaîne (attribut=*valeur*)* : par exemple le filtre (cn=*jean*) permet de trouver tous les noms qui contiennent le mot jean.

- *Seul dans la chaîne (attribut=*)* : permet de tester si l'attribut contient une valeur. Par exemple le filtre (mail=*) permet de trouver toutes les personnes ayant une adresse de messagerie.

Si certains des caractères répertoriés ci-dessous se trouvent dans la valeur désignée dans le filtre, il faut remplacer le caractère par le code hexadécimal associé précédé du caractère d'échappement '\'.

Le tableau suivant liste les caractères à remplacer et donne la séquence de remplacement pour chacun d'eux :

Caractère	Valeur hexadécimale	Séquence de remplacement
*	0x2A	\2A
(	0x28	\28
)	0x29	\29
\	0x5C	\5C
NUL (caractère nul)	0x00	\0

Les opérateurs booléens

La syntaxe des opérateurs booléens est la suivante :

Opérateur	Exemple	Description
!	(!(age = 18))	Opérateur de **négation (NON)** Dans cet exemple, le filtre renvoie toutes les personnes dont l'âge est différent de 18.
&	(&(age=55)(objectclass=employe))	Opérateur **ET** Dans cet exemple, le filtre renvoie tous les employés dont l'age vaut 55 ans.
|	(|(givenName=Jean)(givenName =Pierre))	Opérateur **OU** Dans cet exemple, le filtre renvoie toutes les personnes dont le prénom est Jean ou Pierre.

L'opérateur booléen s'applique sur toutes les assertions qui suivent, jusqu'à l'opérateur suivant ou jusqu'à la fin du filtre. Par exemple, le filtre (&(age=55) (objectclass=employe) (mail=*)) permet de trouver tous les employés âgés de 55 ans et ayant une adresse de messagerie.

Il est possible de combiner plusieurs opérateurs appliqués à plusieurs assertions dans un même filtre. Par exemple, le filtre (&(objectclass=person)(!(telephoneNumber=*))), renvoie tous les objets de type personnes et n'ayant pas de numéro de téléphone.

Signalons enfin que les parenthèses sont obligatoires autour de chaque assertion. Par exemple, le filtre !mail=* est erroné. Il doit s'écrire (!(mail=*)).

Les extensions dans le filtre LDAP

Il est possible de rajouter des extensions dans le filtre LDAP afin d'effectuer des recherches particulières qui ne font pas partie des cas exposés précédemment.

La première solution consiste à modifier la règle de comparaison implicite pour une recherche donnée. Comme nous l'avons dit plus haut, la règle de comparaison appliquée lors d'une recherche est celle associée à l'attribut. Ainsi, dans le filtre cn=Pierre Durand, la règle de comparaison utilisée est celle de l'attribut cn, qui ne fait pas de différence entre les majuscules et les minuscules. Si l'on désire changer cette règle provisoirement, sans changer la syntaxe de l'attribut, il est possible de le préciser dans le filtre l'OID de la règle de comparaison souhaitée.

La syntaxe est alors la suivante : *attribut*:OID:=*valeur*. L'exemple donné devient : cn:1.2.3.4.5.6:=Pierre Durand où 1.2.3.4.5.6 est l'OID de la nouvelle règle de comparaison que l'on souhaite appliquer. Bien entendu, cette règle doit exister dans le schéma de l'annuaire pour que le filtre soit valide.

La deuxième solution est la recherche dans le DN. Le filtre de recherche que nous avons décrit permet de trouver des objets en recherchant une ou plusieurs valeurs dans les attributs de cet objet. Mais il est également possible de faire cette recherche dans le DN des objets.

La syntaxe est alors la suivante : *attribut*:dn:OID:=*valeur*. L'OID a la même signification que dans le premier cas ; il permet de modifier la règle de comparaison. La présence de la chaîne :dn indique que la recherche doit se faire aussi dans le DN des objets. Par exemple, pour rechercher tous les objets dont l'organisation contient « societe.com » et dont le DN contient « societe.com », il faut appliquer le filtre o :dn :=societe.com. Ce filtre renvoie des objets dont le DN vaut par exemple cn=Pierre Durand, ou=Personnes, o=societe.com.

Quelques remarques

Voici un ensemble de points qu'il est important de garder à l'esprit lors de la constitution d'un filtre :

• Le caractère '*' permet de remplacer toutes les chaînes de caractères mais aussi une chaîne vide. Par exemple, le filtre cn=jean* renverrait les valeurs jean paul et jean-pierre mais aussi jean.

- La comparaison définie dans le filtre s'effectue avec la règle de comparaison associée à l'attribut. Par exemple, le filtre `telephoneNumber=0121222324` ignore les blancs et les virgules (il renverrait par exemple la valeur `01 21 22 23 24`), alors que le filtre `givenName=jean` ne ferait pas de différence entre les majuscules et les minuscules et tiendrait compte des blancs.

- Le tri d'un attribut effectué par le serveur d'annuaire et utilisé par les opérateurs « <= » et « >= » est celui de la règle associée à l'attribut. Par exemple, le tri de l'attribut `sn` ne tient pas compte des majuscules et des minuscules.

- Les parenthèses sont toujours requises autour du filtre et autour de chaque assertion, même si le filtre n'en contient qu'une seule.

- La recherche d'une valeur dans l'annuaire requiert de préciser l'attribut dans lequel on souhaite effectuer cette recherche.

Comme vous avez pu le remarquer il n'existe pas d'opération « différent de », « strictement inférieur » ni « strictement supérieur ». Pour effectuer ce type d'opération, il suffit de combiner l'opérateur booléen NOT avec l'un des opérateurs décrits ci-dessus.

Le tableau suivant décrit comment obtenir ces opérateurs à partir des opérateurs autorisés dans la syntaxe LDAP :

Opérateur	Syntaxe	Description
Différent de	!(mail=*)	Permet d'obtenir toutes les personnes dont l'attribut `mail` est vide, c'est-à-dire n'ayant pas d'adresse de messagerie
Strictement inférieur	!(age>=18)	Permet d'obtenir toutes les personnes dont l'âge est strictement inférieur à 18 ans
Strictement supérieur	!(age<=18)	Permet d'obtenir toutes les personnes dont l'âge est strictement supérieur à 18 ans

Quelques exemples de filtres

Comment trouver tous les objets pour lesquels un attribut particulier est renseigné ?

Il suffit d'appliquer le filtre `(attribut=*)`. Par exemple, pour obtenir tous les objets qui ont une adresse de messagerie, il faut appliquer le filtre `(mail=*)`.

Notons qu'il y a une différence entre le fait que l'attribut existe et que sa valeur soit vide, et le fait que l'attribut n'existe pas (c'est-à-dire qu'il n'est pas renseigné). Dans l'exemple donné ci-dessus, le filtre LDAP renvoie aussi les objets pour lesquels l'adresse de messagerie contient une chaîne vide. En effet, comme nous l'avons précisé précédemment, le caractère '*' remplace aussi celle-ci.

Notons également que le filtre donné dans cet exemple ne renvoie pas que des objets de type personne ; il peut renvoyer aussi tout type d'objet contenant une adresse de messagerie. Pour n'avoir que les personnes ayant une adresse de messagerie, il faut appliquer le filtre suivant : `(&(objectclass=person)(mail=*))`.

Comment trouver toutes les personnes dont le nom commence par une lettre donnée ?

Il suffit d'appliquer le filtre `(&(objectclass=person)(cn=lettre*))`. Par exemple, pour trouver toutes les personnes dont le nom commence par R, il faut appliquer le filtre `(&(objectclass=person)(cn=R*))`.

Comment trouver une personne dont on ne connaît pas l'orthographe exacte ?

Deux cas se présentent : soit le serveur d'annuaire supporte la recherche phonétique, soit il ne supporte pas cette fonctionnalité.

Dans le premier cas, il suffit d'appliquer le filtre d'approximation `(&(objectclass=person)(cn~=valeur))`. Par exemple, pour trouver toutes les personnes dont le nom ressemble phonétiquement à DUPONT, il faut appliquer le filtre `(&(objectclass=person)(cn~=dupont))`. Notons que la recherche phonétique doit tenir compte de la langue voulue. Il est donc nécessaire que le moteur de recherche intégré à l'annuaire supporte les dictionnaires phonétiques de plusieurs langues. Malheureusement, ceci n'est pas toujours le cas, et c'est souvent la langue anglaise qui prédomine.

Dans le deuxième cas, il faut combiner des fragments de chaînes avec le caractère '*'. Par exemple, dans l'exemple cité ci-dessus, il faut appliquer le filtre `(&(objectclass =person)(cn=dup*))`.

Ou encore, pour rechercher une personne dont le nom ressemble phonétiquement à TOMPSON, on peut appliquer le filtre `(&(objectclass=person)(cn=t*son))`.

Comment trouver une liste de personnes, ayant plus de 18 ans et habitant la France ou l'Angleterre ?

Il suffit d'appliquer le filtre :

```
(&(objectclass=person)(age>=18)((c=fr)(c=uk))).
```

Comment lire l'objet rootDSE de l'annuaire ?

Rappelons que cet objet n'appartient à aucune classe et contient des informations sur le serveur d'annuaire. Par exemple, on y trouve la version LDAP supportée ou encore le nom des contextes (ou racines d'arbres) qui se trouvent dans l'annuaire interrogé.

Il faut lire l'objet dont le DN est vide (paramètre 2 de l'opération de recherche égal à " "), faire la recherche sur un seul niveau de l'arbre (option *base* pour le paramètre 3) et appliquer le filtre `(objectclass=*)`.

Le modèle de sécurité

Généralités

La sécurité comprend généralement plusieurs aspects que nous décrivons ci-dessous. Puis, nous préciserons pour chacun d'eux la façon dont le standard LDAP le prend en compte.

L'authentification

Elle permet de s'assurer de l'identité d'un utilisateur. Une première authentification est réalisée au moyen du mot de passe. Mais il peut ne pas être suffisant, car il peut être utilisé par quelqu'un d'autre si cette personne parvient à le découvrir.

Un deuxième niveau d'authentification consiste à s'appuyer sur quelque chose que possèderait l'utilisateur, comme un certificat sur son poste de travail ou une carte spécifique (carte à puce par exemple). Ce deuxième niveau est dit *authentification forte.* En général, celui-ci est combiné au premier, c'est-à-dire que l'authentification forte exige que l'on fournisse un mot de passe et un certificat.

La confidentialité des échanges

Il s'agit de s'assurer que certaines informations sensibles échangées entre le serveur et le poste client (interne ou externe) ne sont pas visibles par un tiers.

Par exemple, le mot de passe saisi par l'utilisateur lors de l'identification doit être échangé en toute confidentialité. Ou encore, si le client demande à lire des informations confidentielles sur des personnes, comme le salaire, il faut s'assurer, au-delà de l'authentification de celui qui demande à les lire, qu'un tiers ne pourra pas les intercepter à son insu.

Le chiffrement des données

Afin d'assurer un meilleur niveau de confidentialité des données de l'entreprise et des utilisateurs, il peut s'avérer nécessaire de chiffrer les données sauvegardées dans l'annuaire, comme le mot de passe.

L'intégrité des données

Elle consiste à s'assurer que les informations échangées entre le serveur et le poste client n'ont pas été altérées par un tiers lors du transfert. Par exemple, lors de la mise à jour du salaire d'une personne dans un annuaire, il faut établir un moyen qui permette de s'assurer que les informations qui s'y trouvent n'ont pas été changées en cours de route.

De plus, l'intégrité nécessite d'associer les informations à un auteur de façon non équivoque ; c'est ce que nous appelons l'authenticité. Ceci permet de s'assurer de l'appartenance des informations à leur auteur. À savoir qu'elle fournit un moyen, en général basé sur un tiers, certifiant l'auteur et lui associant le contenu des données de façon non révocable.

Les habilitations

Elles donnent la possibilité d'associer des droits d'accès en lecture et en écriture à certaines personnes (ou à n'importe quel objet de l'annuaire) sur certains objets de l'annuaire. Ainsi, il est possible de contrôler les personnes qui peuvent lire ou mettre à jour les attributs et les objets.

Quelles sont les réponses du standard LDAP v3 à ces différents points ? Dans son état actuel, seuls les services *d'authentification* et de *confidentialité* sont pris en compte. Les deux autres services peuvent être offerts à travers des extensions propriétaires, qui sont propres à un serveur d'annuaire. Signalons que des travaux de normalisation de ces extensions sont en cours au sein de l'IETF (voir le chapitre sur le futur de LDAP dans la suite de ce livre).

L'authentification

L'authentification est traitée lors de l'opération de connexion à travers le support de différents mécanismes, comme l'authentification simple par mot de passe, l'authentification par SSL avec usage éventuel de certificat, et l'authentification *via* d'autres méthodes à travers SASL (voir la description des paramètres de l'opération de connexion). Notons que l'authentification à l'aide d'un certificat et de SSL s'applique aussi bien pour le client que pour le serveur. Un client peut donc s'assurer de l'identité d'un serveur et *vice versa*. (Voir le chapitre sur les applications des annuaires LDAP pour plus de détails sur les mécanismes d'authentification par certificat.)

Pour résumé, LDAP propose deux modes d'authentification :

- Simple : dans ce cas les paramètres d'authentification sont échangés en « clair » entre le client et le serveur. Il est aussi possible de s'identifier en mode « anonyme », soit avec un mot de passe vide, soit avec un mot de passe non vide : il n'est alors pas chiffré et peut être lu par un tiers accédant au réseau.

- SASL : dans ce cas les mécanismes d'authentification supportés sont ceux du standard SASL. On y trouve notamment les méthodes DIGEST-MD5, GSS-SPNEGO, GSSAPI, KERBEROS_V4, CRAM-MD5, NMAS_LOGIN. Bien entendu, l'implémentation de ces mécanismes dépend du serveur d'annuaire, qui ne les mettra pas tous en œuvre nécessairement. DIGEST-MD5 est le mécanisme le plus souvent supporté.

La confidentialité des échanges

La confidentialité est traitée à travers le support de SSL *(Secured Socket Layer*, défini à l'origine par Netscape*).* C'est un standard *de facto* du monde Internet, largement adopté par tous et notamment dans le cas de HTTP, où il sert à sécuriser les échanges de pages HTML entre un navigateur et un serveur Web, mais aussi tout type d'échanges comme FTP, SMTP, etc. C'est ce même standard qui est utilisé par LDAP. Signalons que celui-ci est maintenant normalisé par l'IETF, *via* un nouveau standard, nommé TLS *(Transport Security Layer)* qui remplace et complète actuellement SSL.

L'usage de SSL, pour le chiffrement d'une session LDAP, se nomme aussi LDAPS et nécessite l'usage d'un port spécifique qui est le port 636 (habituellement les sessions, LDAP utilisent le port 389). L'inconvénient d'une telle méthode est qu'il n'est pas possible de mixer des sessions chiffrées et non chiffrées sur le même port. Le chiffrement est consommateur en ressources machines et réseau, et peut ne pas s'avérer indispensable pour toute la durée de la session, mais uniquement lorsque des données sensibles sont échangées. C'est pour cela qu'il a été introduit une extension LDAPv3 (*via* le mécanisme standard des extensions décrit précédemment), qui permet de négocier l'utilisation de TLS sur le port standard 389. Cette extension est décrite dans le RFC 2830 ; elle est aussi connue sous le nom de StartTLS.

TLS est aussi pris en charge par LDAP à travers SASL, comme nous l'avons décrit précédemment dans ce chapitre dans le paragraphe concernant l'opération de connexion. Dans ce cas, c'est uniquement la phase d'identification et d'authentification qui est chiffrée et non toute la session.

Il est possible d'établir un dialogue sécurisé entre un client LDAP et un serveur en le précisant dans l'opération de connexion, comme nous l'avons expliqué plus haut. Le protocole LDAP est véhiculé dans des sessions SSL, offrant un mécanisme de chiffrement des données échangées. Il faut savoir que ce mécanisme de chiffrement ne fonctionne que durant l'échange de données ; il ne concerne pas les données stockées dans la base, dont la protection est du ressort du serveur d'annuaire et non du standard LDAP.

Comment fonctionne le protocole SSL dans le cas de LDAP ? Lors de l'exécution de l'opération de connexion, différentes étapes du dialogue entre le client et le serveur LDAP ont lieu. Voici, dans les grandes lignes, la description de ces étapes :

1. Le client envoie au serveur la version du protocole SSL (version 2 ou version 3 par exemple) avec laquelle il souhaite établir la session.

2. Le serveur envoie en réponse au client son certificat et sa clé publique, certifiant ainsi son identité.

3. Le client vérifie l'identité du serveur en s'assurant que :

   • le certificat n'ait pas expiré (tous les certificats ont une date d'expiration, il est donc nécessaire de les mettre à jour régulièrement avant cette date) ;

   • l'autorité de certification (CA) soit un organisme de confiance (une liste d'organismes de confiance se trouve généralement sur le poste du client) ;

   • la clé publique envoyée par le serveur permette de valider la signature digitale qui se trouve dans le certificat : pour cela le client déchiffre le certificat avec la clé publique du serveur, et vérifie que la signature des données qui s'y trouve est bonne (il suffit de recalculer celle-ci et de comparer le résultat avec la signature) ;

   • le nom de domaine (DNS) qui se trouve dans le certificat corresponde au nom de domaine du serveur d'annuaire.

4. Le client fait confiance ou non au serveur. Si oui, il envoie au serveur un identifiant chiffré avec la clé publique de ce dernier afin que personne d'autre ne puisse la lire. Si le client ne fait pas confiance au serveur il rompt la connexion.

5. Le serveur déchiffre l'information confidentielle précédemment envoyée, et peut demander l'authentification du client à son tour et *via* SSL (ceci est optionnel). Dans ce dernier cas, le client doit aussi posséder un certificat avec une clé publique et une clé privée. Sinon, la connexion chiffrée peut se faire quand même, mais le client n'est pas authentifié de façon forte.

6. Durant toute la session SSL, le client et le serveur chiffrent les données échangées avec une clé partagée à l'aide d'un mécanisme de chiffrement/déchiffrement *symétrique*. Comme ce mécanisme est moins consommateur de ressources machines (temps processeur), donne de meilleures performances. Afin d'améliorer la sécurité, cette clé est modifiée régulièrement ; elle est échangée entre le client et le serveur *via* un chiffrement basé sur la clé publique de l'un ou de l'autre, de telle sorte que seul celui qui la reçoit puisse la déchiffrer.

Toutes les implémentations de LDAP offrent à ce jour cette fonctionnalité, y compris OpenLDAP, issu d'un projet Open Source, via la librairie OpenSSL. Il faut que le serveur LDAP et le client LDAP (dont le kit de programmation LDAP) soient compatibles avec le protocole SSL.

Le chiffrement des données

Le standard LDAP ne prévoit pas de syntaxe particulière permettant de protéger le stockage de certains attributs sensibles comme le mot de passe. Ceci est tout à fait normal, LDAP ne concernant que l'interface d'accès aux annuaires et non la façon dont ils sont implémentés.

Néanmoins, il est important de pouvoir chiffrer certaines informations sauvegardées dans la base de données de l'annuaire. Ceci est indispensable pour le mot de passe par exemple, qui ne doit en aucun cas être accessible. Ceci peut être utile pour d'autres attributs afin de pouvoir assurer la confidentialité des données d'identités, voire d'être conforme aux recommandations de la CNIL (voir plus loin dans ce livre).

Le chiffrement des attributs est géré de façon propre à chaque serveur d'annuaire. Notons généralement qu'il existe deux types de chiffrement :

• Le chiffrement asymétrique, ne permettant pas de retrouver la valeur d'un attribut mais simplement de vérifier la validité de celui-ci lorsqu'il est fourni par l'utilisateur. C'est le cas notamment du mot de passe.

• Le chiffrement symétrique, permettant de déchiffrer une valeur uniquement lorsqu'un utilisateur (ou un client LDAP) cherche à y accéder. Ce chiffrement va donc dépendre de l'identifiant de l'utilisateur connecté à l'annuaire et des habilitations mises en œuvre.

La plupart des annuaires du marché utilisent le chiffrement asymétrique pour le mot de passe. Le chiffrement symétrique est offert par certains outils, comme l'annuaire Sun Java System Directory Server à partir de la version 5.2, permettant ainsi de chiffrer tout attribut de l'annuaire, et ceci de façon transparente pour les applications.

L'intégrité des données

L'intégrité des données sauvegardées dans un annuaire n'est pas traitée par le standard LDAP v3 dans son état actuel, mais à travers ses extensions, propres à chaque serveur d'annuaire. Pour cela de préciser à travers l'interface LDAP les informations (attributs) que l'on souhaite signer.

Par exemple, si l'annuaire contient un attribut salaire dans la classe d'objet décrivant des personnes, il est indispensable de pouvoir s'assurer que toute valeur contenue dans cet attribut n'a pas été modifiée par un tiers. Pour cela, lors de la mise à jour de cet attribut, il faut pouvoir associer le contenu à son auteur à l'aide d'un mécanisme de signature reposant sur le certificat de l'auteur.

Un serveur d'annuaire peut offrir ce service et le gérer dans sa propre base de données à l'aide de PKI. Dans ce cas, le certificat de l'auteur est passé en argument lors de la mise à jour. Il est alors utilisé pour signer la valeur de l'attribut. L'interface d'accès à ce service est généralement offerte à travers une extension propriétaire. Ainsi il devient possible, à travers les extensions du protocole LDAP, de solliciter ce mécanisme lors d'une opération d'ajout ou de modification.

La gestion des habilitations

Le standard LDAP v3 ne décrit pas de mécanisme permettant de gérer les habilitations des utilisateurs sur les données d'un annuaire. Ceci ne veut pas dire que la gestion des habilitations n'est pas offerte par les produits du marché. La plupart des produits implémentent leurs propres mécanismes de gestion des habilitations.

Cela n'a pas d'impact sur l'interopérabilité des clients et des serveurs lors de l'accès aux données (recherche, lecture, écriture…), mais peut être un handicap lorsqu'il s'agit de répliquer ces droits entre différents produits d'annuaires, ou encore lorsqu'il s'agit de lire et de mettre à jour ceux-ci à partir d'une même interface d'administration (client LDAP) et dans plusieurs annuaires basés sur des produits différents. Par exemple, il sera tout à fait envisageable de lire et d'écrire des données dans l'annuaire LDAP de Sun/iPlanet et dans Active Directory de Microsoft à l'aide d'une même application. Mais il ne sera pas possible de modifier les droits d'accès aux données à travers une même interface dans les deux annuaires.

La gestion des habilitations consiste à décrire les droits d'accès de certains objets de l'annuaire sur d'autres objets. Cette description se fait à l'aide d'un ensemble de règles que l'on nomme généralement ACL *(Access Control Lists)*. Chaque ACL comprend plusieurs règles, appelées ACI *(Access Control Item ou Information)*.

Qu'est qu'un ACI ? Un ACI décrit un droit d'un ensemble d'objets sur un ensemble d'objets.

• Chaque droit concerne une des opérations décrites dans le standard LDAP, comme la recherche (dont la lecture) et la comparaison, la création, la suppression et la modification…

• Les objets à qui l'on donne des droits peuvent être désignés explicitement (par leur DN par exemple) ou implicitement. Dans ce dernier cas, il est envisageable de définir un filtre LDAP pour désigner les objets, par exemple `objectclass=person`, ou encore de définir un critère dépendant de l'identification, par exemple une identification anonyme. Il est également possible de désigner ces objets à travers un groupe quelconque.

• Les objets sur qui l'on attribue des droits peuvent, de même que précédemment, être désignés explicitement ou implicitement. Dans ce dernier cas, il est possible par exemple de désigner tous les objets ou ceux qui correspondent à un filtre donné, sous-jacents à un nœud de l'ardre.

La syntaxe d'un ACI n'étant pas normalisée, elle diffère d'un serveur d'annuaire à l'autre. Certains produits, comme Sun Directory Server, utilisent une syntaxe sous forme de chaîne de caractères qui peut être modifiée avec n'importe quel éditeur de texte, et d'autres utilisent une codification binaire propriétaire qui nécessite obligatoirement l'utilisation de l'interface d'administration du serveur, comme Active Directory de Microsoft.

La conséquence d'une telle différence de format est qu'il ne sera pas possible de répliquer la totalité du contenu d'un annuaire vers un autre à l'aide d'un export puis d'un import des données (sauf si les deux serveurs d'annuaire appartiennent au même éditeur). Les droits d'accès exportés du premier serveur ne seront pas répliqués sur le second. La solution consiste à utiliser des outils spécifiques, appelés méta-annuaires, que nous présentons plus loin dans ce livre.

D'autre part, il est important de connaître les règles généralement respectées par les serveurs d'annuaires quant à la gestion de ces ACL :

• Toute habilitation attribuée sur un objet de l'arbre est valable sur tous les objets sous-jacents. Par exemple, si l'on interdit la lecture de l'attribut `description` sur le nœud de l'arbre `ou=Personnes`, ce sera aussi le cas pour tous les objets qui se trouvent sous ce nœud. Il est possible, avec certains serveurs d'annuaire du marché, de donner un critère de filtre supplémentaire dans l'ACI permettant de préciser sur quels objets de la branche s'applique la règle.

• Toute interdiction est prioritaire à toute autorisation dans une même branche. Si nous reprenons l'exemple précédent, et si nous créons un ACI au niveau de l'objet `cn=Pierre DURAND` pour autoriser l'accès à l'attribut `description`, son accès sera malgré tout interdit à cause de l'ACI sur l'objet `ou=Personnes`.

Notons que le groupe de travail de l'IETF : LDAPEXT, chargé de définir les extensions du protocole LDAP, étudie une solution pour la normalisation des ACI. Nous évoquons dans le chapitre consacré au futur de LDAP les différentes solutions étudiées par ce groupe de travail.

Figure 5.17

Périmètre de l'ACI

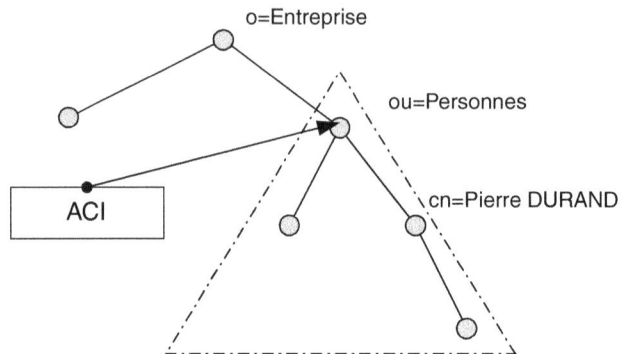

Signalons enfin que Microsoft n'adopte pas la syntaxe des ACI, définie dans ce groupe, préférant les solutions basées sur un méta-annuaire pour la réplication. Rappelons qu'un méta-annuaire est un outil chargé de synchroniser plusieurs annuaires. Il offre des connecteurs vers différents systèmes comme des bases de données, des systèmes d'exploitation et des applications, et des mécanismes de conversion de données à la volée afin de pouvoir synchroniser le contenu de façon cohérente. En outre, il est capable d'offrir une vue unifiée de différentes bases de données. C'est-à-dire qu'il est capable de transmettre de façon automatique une requête qui lui est soumise vers différents systèmes simultanément, pour rassembler des données réparties dans ces systèmes. Une description détaillée des méta-annuaires est donnée dans la suite de ce livre.

La gestion des habilitations est une part importante du dispositif de sécurité associé au contenu d'un annuaire. L'absence de normalisation de la syntaxe des ACI ne nuit pas à la sécurité, puisque chaque serveur d'annuaire implémente quand même ces mécanismes. En revanche, la définition des ACI ne peut pas se faire facilement de façon programmatique. Nous allons décrire dans la démarche de conception une méthode qui permet de pallier ce léger handicap.

6

Les interfaces d'accès aux annuaires et les autres standards

L'interface de programmation en langage C

Parmi les interfaces décrites dans le standard LDAP, on trouve une description d'une interface de programmation en langage C qui permet d'accéder aux différents services offerts par un annuaire LDAP. Celle-ci est décrite dans le RFC 1823 à titre d'information et n'est pas réellement un standard. Ce document date de 1995 et concerne la version 2 de LDAP.

Une interface de programmation pour la version 3 de LDAP, issue des travaux du groupe de travail LDAPEXT, est présentée dans le document `draft-ietf-ldapext-ldap-c-api-04.txt` datant d'octobre 1999. Ce chapitre se base sur celui-ci, car il est plus proche de ce qui existe sur le marché à ce jour.

Néanmoins, on constate que les implémentations de cette interface de programmation, ou API *(Application Program Interface)*, se ressemblent et respectent la syntaxe des fonctions décrites dans ce RFC mais sans pour autant être absolument identiques. C'est le cas par exemple des API de l'Université du Michigan, d'IBM, de iPlanet et de Microsoft. Les différences entre ces interfaces sont minimes et concernent généralement la gestion de la sécurité et la gestion des habilitations.

Mais pourquoi normaliser une interface de programmation ? Faut-il avoir une interface de programmation aussi substituable, afin qu'il soit réellement possible de substituer un annuaire par un autre, puisque c'est là l'un des principaux intérêts du standard LDAP ?

La réponse est non. Il est tout à fait possible d'utiliser, par exemple, le kit de développement de Sun pour accéder à l'annuaire LDAP de Domino 5, ou encore d'utiliser le kit de développement de Microsoft ADSI pour accéder à l'annuaire de Sun. Mais si l'on souhaite tirer parti des fonctionnalités spécifiques d'un serveur d'annuaire, il est évidemment préférable d'utiliser le kit de développement du même éditeur.

Ces kits de programmation sont gratuits à ce jour ; il suffit de les télécharger sur le site Web de l'éditeur. Aucune licence n'est requise pour les intégrer dans une application, même si celle-ci a été réalisée à des fins commerciales.

L'interface de programmation décrite dans le standard LDAP a pour objectif de décrire le dénominateur commun entre toutes ces interfaces. Nous n'allons pas nous attarder sur celle-ci car il est préférable de s'attacher aux interfaces propres à chaque éditeur et à leurs particularités. Nous allons présenter sommairement les fonctions de cette API et mettre ainsi en évidence les points communs entre toutes ces interfaces. Nous listerons à la fin de ce chapitre les autres interfaces de programmation, et donnerons dans la suite de ce livre quelques exemples de programmation dans les principaux langages que sont le C, Java, C# et Visual Basic.NET.

Le modèle client-serveur

Rappelons que le standard LDAP fonctionne en mode client-serveur : chaque requête est envoyée du client vers le serveur, ce dernier se chargeant de la traiter et de renvoyer le résultat.

L'avantage d'une telle architecture est qu'elle nécessite peu de ressources sur le poste client. En effet, celui-ci est une sorte de boîte aux lettres qui se contente d'envoyer et de recevoir des messages correspondant à ses requêtes.

Par conséquent, lorsque le client soumet une requête au serveur, il ne maîtrise pas le temps de traitement de celle-ci. Le standard propose pour cela deux modes de fonctionnement, décrits ci-dessous.

• *Fonctionnement synchrone* : le client soumet une requête et reste en attente de la réponse.

• *Fonctionnement asynchrone* : le client soumet une requête au serveur, qui l'acquitte immédiatement, puis reprend la main pour faire autre chose. Par la suite, il doit régulièrement interroger le serveur à l'aide d'une commande particulière pour connaître le résultat de sa requête.

Ainsi, chaque fonction permettant de faire appel à un service de l'annuaire, comme l'identification ou la recherche, existe en deux versions : l'une synchrone et l'autre asynchrone. En général, les versions synchrones et asynchrones d'une même fonction ont les mêmes noms, à la différence que celui de la version synchrone se termine par _s. Par exemple, la recherche synchrone se fait à l'aide de la fonction `ldap_search_s()`, et la recherche asynchrone se fait avec `ldap_search()`.

Une fonction particulière, nommée `ldap_result()`, permet de lire le résultat de toute requête exécutée de façon asynchrone. Quant à la fonction `ldap_abandon()`, elle permet d'abandonner tout traitement asynchrone en cours.

Figure 6.1

*Requêtes
synchrones
et asynchrones*

Mode synchrone

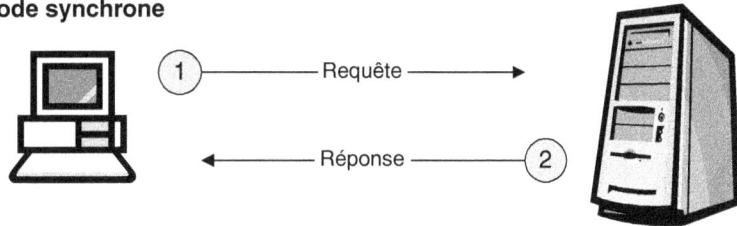

Mode asynchrone

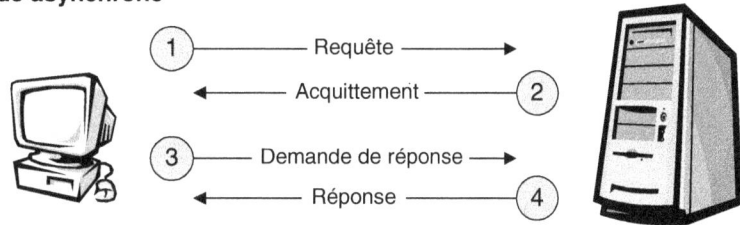

Les fonctions d'ouverture et de fermeture de la connexion n'existent qu'en version synchrone. Toutes les autres opérations (sauf la lecture du résultat d'une requête asynchrone), y compris l'identification, existent dans les deux versions.

Le standard LDAP v3 introduit la notion d'extensions (ou contrôles) dans les requêtes, lesquelles permettent de passer des paramètres spécifiques au serveur LDAP utilisé. Ainsi, chacune des fonctions existe en deux versions : l'une avec extensions et l'autre sans extension pour assurer la compatibilité avec les versions précédentes de LDAP.

Le résultat de toute requête est renvoyé dans une structure de données nommée `LDAPMessage`. Des fonctions particulières sont fournies afin d'analyser le contenu de cette structure et d'en extraire les données sur les objets, les attributs et les codes erreur.

Les serveurs qui respectent le standard LDAP v3 peuvent aussi renvoyer des références vers d'autres serveurs (ou *referrals*). Par défaut, l'implémentation de l'interface de programmation, à savoir le code binaire correspondant, doit traiter ces références et établir automatiquement les connexions et les opérations demandées avec les autres serveurs. Cependant, il est possible de modifier ce comportement à l'aide de la fonction `ldap_set_option()`.

La séquence des appels

Une application procède généralement en quatre étapes pour faire appel aux fonctions de l'interface de programmation LDAP :

- *Ouverture de la connexion avec le serveur LDAP* : la fonction d'ouverture de la connexion renvoie un identifiant de la session qui doit être fourni en paramètre de toutes les autres fonctions. Ceci permet d'ouvrir plusieurs sessions simultanément par une même application.

- *Authentification* : cette fonction permet à l'application de fournir l'identifiant (DN) avec lequel elle souhaite réaliser les opérations suivantes. Cet identifiant sert à limiter les droits d'accès aux objets en fonction des règles établies par l'administrateur.

- *Exécution des opérations* : l'application peut alors appeler les fonctions de recherche et de mise à jour, et lire le résultat de ces opérations.

- *Fermeture de la connexion* : cette fonction permet de terminer une session en cours.

Le respect de ces séquences est obligatoire. La fonction d'ouverture renvoie l'identifiant de la session, et est nécessaire à toutes les autres opérations. L'authentification est requise pour connaître les droits d'accès de l'utilisateur sur les données de l'annuaire, et ceci aussi bien en écriture qu'en lecture. La version 3 du standard LDAP n'impose pas l'appel de la fonction d'authentification, contrairement à la version 2. L'authentification est alors effectuée automatiquement, en tant qu'utilisateur anonyme. Mais il est préférable d'effectuer systématiquement cette opération afin d'assurer la compatibilité avec le plus grand nombre d'implémentations.

La liste des fonctions de l'API C

Nous allons répertorier et décrire sommairement les principales fonctions de l'API de LDAP en langage C. Rappelons que celles-ci constituent le dénominateur commun entre toutes les API LDAP en langage C du marché.

Les fonctions de connexion/déconnexion et d'authentification

Fonction	Paramètres	Description
ldap_open	Nom DNS d'un et de plusieurs serveurs, et adresse de port	Cette fonction permet d'ouvrir une session avec un serveur d'annuaire LDAP. Si plusieurs serveurs sont spécifiés en paramètres, la connexion s'établit avec le premier serveur disponible. L'ordre respecté est celui dans lequel les noms de ces serveurs sont donnés.
ldap_init	Nom DNS d'un et de plusieurs serveurs, et adresse de port	Cette fonction est identique à la précédente, à la seule différence que la connexion avec le serveur n'est effectivement établie qu'à la première opération. Ceci permet de modifier les paramètres de la session avant qu'elle ne soit établie.
ldap_set_option	Option et valeur de l'option	Cette fonction permet de modifier le comportement par défaut de l'interface de programmation. Par exemple, on peut préciser si le traitement des *referrals* doit se faire ou non, ou définir le temps maximal et le nombre maximal d'enregistrements renvoyés lors d'une opération, ou encore préciser si la connexion doit être rétablie automatiquement en cas de rupture.
ldap_get_option	Nom de l'option	Permet de lire la valeur d'une option donnée.

Fonction	Paramètres	Description
ldap_sasl_bind	DN de l'objet avec lequel on souhaite s'identifier, mécanisme d'authentification et paramètres associés	Cette fonction permet de s'authentifier à travers tout type de mécanisme et *via* le protocole SASL. Il possible par exemple de s'authentifier à l'aide d'un simple nom et d'un mot de passe (équivalents à ldap _simple_bind), ou à travers un mécanisme de certificat sur carte à puce.
ldap_simple_bind	DN de l'objet avec lequel on souhaite s'identifier, et mot de passe	Permet une authentification simple à l'aide d'un mot de passe.
ldap_unbind	Identifiant de la session	Ferme une session en cours.

Les fonctions de recherche et mise à jour

Fonction	Paramètres	Description
ldap_search	DN de l'objet à partir duquel doit commencer la recherche, périmètre de la recherche, filtre LDAP et liste d'attributs à récupérer (voir le modèle des services LDAP dans le chapitre 5)	Cette fonction permet de rechercher un ou plusieurs objets correspondant aux critères donnés.
ldap_compare	DN de l'objet à comparer, et liste d'attributs et valeurs à comparer	Cette fonction permet de comparer les valeurs données des attributs d'un objet, avec les valeurs existantes dans l'annuaire.
ldap_modify	DN de l'objet à modifier, et liste des modifications d'attributs (ajout, suppression, remplacement)	Permet de modifier un objet existant dans l'annuaire.
ldap_rename	DN de l'objet à modifier, nouveau RDN et nouveau parent, indicateur de suppression ou non de l'ancien objet	Permet de modifier le DN d'un objet, de le déplacer ou de le dupliquer.
ldap_add	DN du nouvel objet, et liste d'attributs et valeurs	Permet d'ajouter un nouvel objet dans l'annuaire.
ldap_delete	DN de l'objet à supprimer	Permet de supprimer un objet de l'annuaire. Notons que l'objet ne doit pas avoir d'objet fils pour pouvoir être supprimé.

Les autres fonctions

Fonction	Paramètres	Description
ldap_extended_operation	OID de la requête à exécuter et ses paramètres	Cette fonction permet d'exécuter toute requête ne faisant pas partie du standard LDAP. Le traitement de ces requêtes est propre à chaque serveur LDAP.
ldap_abandon	Identifiant de la requête à abandonner	Cette fonction permet d'abandonner toute requête exécutée de façon asynchrone. Si la réponse à une requête est envoyée par le serveur en même temps, celle-ci est purgée par la fonction d'abandon.

Fonction	Paramètres	Description
ldap_result	Identifiant de la requête	Cette fonction renvoie le résultat d'une requête asynchrone. S'il s'agit d'une recherche, ce résultat est constitué d'une liste d'enregistrements. Cette liste est composée d'une liste de messages LDAP (structure de données LDAPMessage).
		Il est important de noter que l'espace mémoire requis pour cette liste est alloué dynamiquement par l'implémentation de l'API, et qu'il est nécessaire de libérer cette zone mémoire en fin de traitement.
ldap_msgfree	Adresse mémoire à libérer	Cette fonction permet de libérer la zone mémoire allouée par l'API, dans laquelle se trouve la réponse à toute requête synchrone ou asynchrone.
		Il est important de libérer cette zone mémoire après chaque appel de fonction de façon synchrone, et après l'appel de la fonction `ldap_result()` dans le cas d'un traitement asynchrone.
ldap_first_message	Adresse de la liste des messages renvoyée par une requête synchrone ou par `ldap_result()`	Cette fonction permet de lire le premier message dans une liste de messages, renvoyée suite à une requête.
ldap_next_message	Pointeur sur une liste de messages renvoyée par la fonction précédente	Cette fonction permet de lire le message suivant dans une liste de messages, renvoyée suite à une requête.
ldap_first_entry	Adresse de la liste des messages renvoyée par une recherche synchrone ou par `ldap_result()`	Cette fonction renvoie le premier objet résultat d'une recherche.
ldap_next_entry	Pointeur sur une liste de messages renvoyée par la fonction précédente	Cette fonction renvoie l'objet suivant.
ldap_first_attribute	Pointeur sur un objet	Cette fonction permet de lire le premier attribut d'un objet.
ldap_next_attribute	Pointeur sur un objet	Cette fonction permet de lire l'attribut suivant d'un objet.
ldap_get_values	Pointeur sur un attribut	Permet de lire la ou les valeurs d'un attribut.
ldap_get_dn	Pointeur sur un objet	Permet de lire le DN de l'objet.

Les kits de développement en C

Nous avons présenté sommairement l'interface de programmation en langage C faisant partie du standard LDAP. Mais où trouver les kits de développement conformes à cette interface ?

Nous allons lister les principaux kits de développement du marché, l'endroit où ils se trouvent sur Internet, et les plates-formes supportées par chacun d'eux. Dans la suite de ce livre, nous donnerons des exemples de programmation pour certains d'entre eux.

Ces kits sont les suivants :

- Netscape Directory SDK en C : on peut le télécharger à l'adresse *http://www.iplanet.com/downloads/developer/index.html*. Ce kit existe en version Windows, Solaris et la plupart des Unix dont Linux et Macintosh.

- SecureWay Directory SDK d'IBM : on peut le télécharger à l'adresse *http://www-4.ibm.com/software/network/directory/downloads*. Ce kit existe en version Windows, AIX et d'autres Unix, et OS2.

- LDAP C API de Microsoft : ce kit existe en version Windows uniquement.

- LDAP C API de OpenLDAP consortium dédié au développement de serveurs et d'outils LDAP gratuits. On peut télécharger le kit de développement à l'adresse suivante : *http://www.openldap.org*.

Tous ces kits offrent des interfaces de programmation quasiment identiques, conformes à l'interface décrite dans le standard LDAP. Des exemples de programmes en C sont donnés dans la suite de ce livre.

Notons aussi qu'il existe une interface de programmation en Perl pour l'accès à un serveur LDAP. Perl est un langage procédural interprété permettant de réaliser rapidement des pages dynamiques dans un site Web. Perl offre quelques fonctionnalités d'un langage orienté objet, mais pas autant qu'un langage comme C++ ou Java. Par exemple, Perl ne prend pas en charge les fonctions privées à une classe d'objet. En revanche, Perl a l'avantage d'être indépendant de la plate-forme : il fonctionne aussi bien dans un environnement Windows que Unix, dont Linux.

Le langage Perl permet d'appeler des procédures en C. Il est ainsi possible à partir d'une application Perl d'appeler les procédures d'un kit de développement LDAP en C. Mais il existe aussi des modules Perl dédiés à cet effet et prêts à l'emploi. Citons, à titre d'exemple, PerLDAP de Netscape : on peut le télécharger à l'adresse *http://www.mozilla.org/directory/perldap.html*.

Les autres interfaces de programmation

Il existe d'autres moyens de programmer des applications LDAP, avec d'autres langages que le C, et avec des modèles d'interfaces différents.

Nous allons citer les principales interfaces de programmation en Java ainsi que l'interface conçue par Microsoft pour les plates-formes Windows et plus particulièrement pour Windows 2000/2003.

L'interface de développement en Java de l'IETF

Il existe aussi des kits de développement en Java qui permettent d'accéder à un annuaire LDAP. L'intérêt d'une telle approche est de tirer parti de l'objet, facilitant ainsi le développement des applications à travers une approche plus abstraite qu'une approche procédurale en C.

Dans le cadre des travaux du groupe LDAPEXT de l'IETF, une proposition de normalisation de l'interface d'accès à un annuaire LDAP en Java a été faite. Cette interface, datant de janvier 2000, est décrite dans le document provisoire `draft-ietf-ldapext-ldap-java-api-09.txt` pour ce qui concerne les accès synchrones, et dans le document `draft-ietf-ldapext-ldap-java-api-asynch-ext-04.txt` pour ce qui concerne les accès asynchrones.

La société Sun a déjà réalisé une implémentation de celle-ci : Netscape Directory SDK en Java. On peut le télécharger à l'adresse suivante : *http://www.sun.com/downloads/ developer/index.html*.

Elle contient des classes Java qui offrent les mêmes services que ceux de l'interface en C, mais avec une approche objet. En outre, elle inclut des composants JavaBeans, qui facilitent le développement d'applications à l'aide d'un atelier visuel, comme le logiciel libre Eclipse, JBuilder de Inprise ou Visual Café de Symantec.

L'interface de développement en Java de SUN : JNDI

Qu'est-ce que JNDI *(Java Naming and Directory Interfaces)* ? C'est un standard et une librairie de classes Java, élaborés par Sun afin de normaliser l'accès à tout type d'annuaire et de répertoire de noms.

JNDI peut aussi bien être utilisé pour rechercher des fichiers sur un disque dur que pour rechercher des serveurs Web à l'aide de leurs noms.

Le modèle utilisé par JNDI est plus abstrait que LDAP. Les services qu'il offre sont suffisamment génériques pour adresser aussi bien un annuaire de ressources sous Windows NT/2000/2003 ou Novell Netware, qu'un serveur de noms de type DNS.

Le fonctionnement de JNDI est simple : pour chaque type de serveur qui possède sa propre interface, il faut implémenter un connecteur spécifique (ou fournisseur de service), mais l'accès aux services se fait toujours à travers la même interface qui est celle décrite dans JNDI. La figure 6.2 donne une vue d'ensemble de JNDI.

Figure 6.2

Description de JNDI

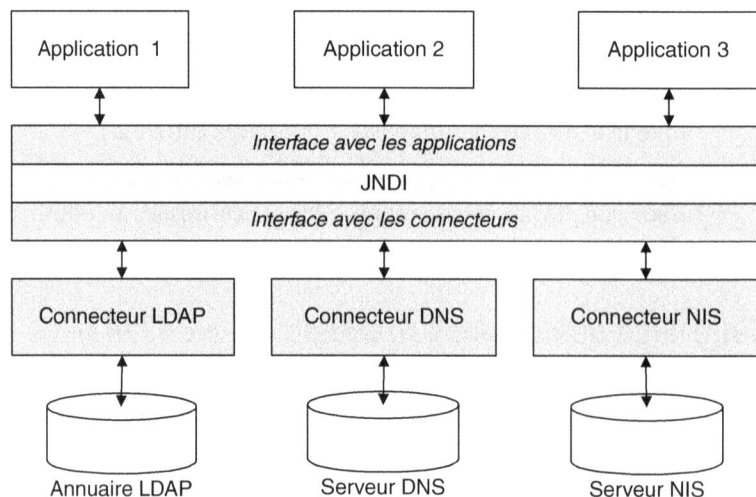

JNDI décrit donc deux types d'interfaces, l'un destiné aux applications et l'autre destiné à réaliser des connecteurs avec des serveurs d'annuaire et des serveurs de noms.

Sun fournit en standard les connecteurs suivants :

• LDAP pour l'accès à tout type d'annuaire compatible avec le standard LDAP v3 ;

• NIS pour l'accès aux services NIS sous Unix ;

• RMI Registry pour l'accès aux objets RMI *(Remote Method Invocation)* ;

• FS Context pour l'accès au système de fichiers d'un système d'exploitation.

JNDI et ses connecteurs peuvent être téléchargés gratuitement sue le site de Sun : *http://java.sun.com.*

Des exemples de programmes avec JNDI sont donnés dans la suite de ce livre.

L'interface de développement de Microsoft : ADSI

Nous avons déjà présenté sommairement l'annuaire Active Directory de Microsoft. ADSI *(Active Directory Service Interface)* est une interface de programmation qui permet d'accéder à Active Directory, mais aussi à tout type d'annuaire.

En fait, le modèle d'architecture d'ADSI ressemble beaucoup à celui de JNDI. C'est un modèle en couche qui repose sur deux types d'interfaces : l'un pour les applications et l'autre pour les connecteurs vers différents types d'annuaires.

Par conséquent, ADSI n'est pas du tout dédié à Active Directory et encore moins à Windows 2000. Cette interface est disponible dès à présent et fonctionne avec tout annuaire LDAP v3 et avec la base de registre Windows NT, à l'aide de connecteurs livrés en standard par Microsoft. Il existe des connecteurs avec d'autres types d'annuaires, tels ceux de Novell par exemple : Novell NetWare Directory Services (NDS) et NetWare 3 bindery (NWCOMPAT). Ces connecteurs sont donnés gratuitement par Microsoft dans la version 2.5 de ADSI, et par certains éditeurs, comme c'est le cas pour Novell.

ADSI peut être téléchargé gratuitement à partir site suivant : *http://www.microsoft.com/adsi.* Il est maintenant intégré dans Windows 2000/2003 et Windows XP, et n'a plus besoin d'être installé sur ces plates-formes.

ADSI n'est dédié à aucun langage. C'est un ensemble d'objets COM, accessibles à partir d'applications C++, Visual Basic et de pages ASP. La seule restriction est que l'application doit se trouver sous Windows. Quant au serveur d'annuaire, il peut être situé sur une autre machine et fonctionner dans un autre environnement, comme Unix par exemple.

Des exemples de programmes avec ADSI sont donnés dans la suite de ce livre.

L'interface de développement .NET de Microsoft : system.DirectoryServices

Dans le cadre de l'environnement .NET et des librairies de développement associées, il est possible d'accéder à des services d'annuaires à partir de code s'exécutant dans le Framework .NET. Rappelons que celui-ci comprend un environnement d'exécution des applications (à l'instar d'une machine virtuelle Java), le Common Language Runtime (CLR), et une large bibliothèque de classes. Le CLR joue un rôle de serveur d'application garantissant la performance et la fiabilité des applications, grâce à de nombreuses fonctions dont les principales sont :

• Assurer une gestion transparente des multiples versions des applications.

• Gérer le contexte d'exécution et la mémoire utilisée par les applications.

• Garantir la sécurité et l'intégrité des applications grâce à des mécanismes de signature.

• Fournir une interopérabilité COM et permettre de réutiliser les composants COM existants.

Incluse dans le Framework .NET, la bibliothèque de classes offre un niveau de productivité élevé au développeur, quel que soit le langage de programmation choisi. Cette bibliothèque permet de construire tout type d'application faisant appel à des services Web, applications Web avec ASP .NET, gestion de données avec ADO .NET…

Dans cette bibliothèque, on trouve un ensemble de classes dédiées à l'accès aux annuaires. Celles-ci sont regroupées dans un « espace de nom », intitulé `system.Directory.Services`. Ces classes font appel aux services ADSI, et offrent donc les mêmes fonctionnalités. On y trouve quelques fonctionnalités supplémentaires spécifiques au Framework .NET, comme la gestion de la sécurité d'accès au code des classes elles-mêmes.

Des exemples de programmes avec .NET sont donnés dans la suite de ce livre.

Le format d'échange LDIF

Un autre moyen pour lire et écrire des données dans un annuaire LDAP est d'utiliser des fichiers afin d'effectuer des imports et des exports de données dans celui-ci. Le standard LDAP comprend une définition de format de fichier dédié à cet effet, nommée LDIF *(LDAP Data Interchange Format)*. Celui-ci est en cours de normalisation par le groupe de travail LDAPEXT de l'IETF, et il est exposé dans le document provisoire `draft-good-ldap-ldif-05.txt` datant d'octobre 1999.

LDIF est basé sur un format texte ASCII qui permet de décrire toutes les données de l'annuaire, y compris le schéma, et d'effectuer des traitements dans celui-ci comme la création ou la mise à jour. L'ensemble des données et des commandes est sauvegardé dans un fichier texte.

L'intérêt d'un tel standard est de simplifier la réplication des données entre annuaires. En effet, il suffit de faire une exportation de l'un et une importation dans l'autre pour répliquer l'ensemble ou une partie des données. Ceci s'applique également à la synchronisation des données d'un annuaire avec tout autre système d'information de l'entreprise, comme une base de données.

Nous allons décrire d'abord la syntaxe des données du format LDIF. Puis, nous décrirons la syntaxe des commandes. Notons que pour un export de fichier LDIF, celui-ci ne contient que des données. S'il s'agit d'un import, il contient des données et les commandes associées, comme la mise à jour, la création ou la suppression d'attributs. On parle alors de *script LDIF*.

Dans le cas d'un import et d'un ajout d'objets, le fichier peut ne contenir que des données sans aucune commande ; il suffit de préciser dans la commande d'importation que tous les objets doivent être ajoutés.

Syntaxe des données LDIF

Commençons par donner un exemple de fichier LDIF ne contenant que des données :

```
Dn: ou=personnes, o=entreprise.com
Objectclass: top
Objectclass: organizationalUnit
Ou: personnes
Description: OU fictive dédiée aux objets Personnes

Dn: uid=pdurand, ou=personnes, o=entreprise.com
Objectclass: top
Objectclass: person
Objectclass: organizationalPerson
Cn: Pierre DURAND
Givenname: Pierre
Sn: DURAND
Uid: pdurand
Mail: pdurand@entreprise.com
TelephoneNumber: +33 1 41 02 03 04
Description: Responsable du projet Annuaire
```

Cet exemple décrit deux objets, l'un de type `organizationalUnit`, et l'autre de type `organizationalPerson`.

On trouve le DN de chaque objet au début du bloc de données, puis une liste de noms d'attributs et de valeurs séparés par le caractère ':'. Les noms des attributs sont ceux du schéma de l'annuaire. Nous avons listé précédemment tous les attributs issus du standard X500 et adoptés par LDAP dans un chapitre concernant le modèle de données. Ce sont ces mêmes noms d'attributs que nous retrouvons dans la syntaxe LDIF.

Nous rappelons dans le tableau suivant la signification des attributs qui se trouvent dans le deuxième objet de cet exemple :

Attribut	Valeurs	Description
Dn	uid=pdurand, ou=personnes, o=entreprise.com	DN *(Distinguished Name)*, permettant d'identifier de façon non équivoque l'objet désigné. Dans cet exemple, l'objet doit être créé dans la branche ou=personnes, qui elle-même se trouve dans la branche o=entreprise.com.
Objectclass	top person organizationalPerson	Désigne les classes d'objets dont celui-ci est une instance.
Cn	Pierre DURAND	Nom complet de la personne.
Givenname	Pierre	Prénom de la personne.
Sn	DURAND	Nom de la personne.
Uid	Pdurand	Identifiant unique de la personne.
Mail	pdurand@entreprise.com	Adresse de messagerie.
Telephonenumber	+33 1 41 02 03 04	Numéro de téléphone.
description	Responsable du projet Annuaire	Description de la personne (texte libre).

Un attribut peut avoir plusieurs occurrences, comme l'attribut objectclass.

Notons que le RDN (c'est-à-dire l'attribut du DN le plus à gauche) doit aussi se trouver dans la liste des attributs. Nous remarquons en effet dans l'exemple précédent que les attributs ou et uid se trouvent bien dans les listes d'attributs respectives de chaque objet.

Si une ligne est trop longue, il suffit de continuer à écrire la valeur sur la ligne suivante, précédée par un caractère blanc en début de ligne, comme le montre l'exemple suivant pour l'attribut description :

```
Dn: ou=personnes, o=entreprise.com
Objectclass: top
Objectclass: organizationalUnit
Ou: personnes
Description: Unité organisationnelle fictive dédiée aux objets
  Personnes
```

Si une des valeurs d'un attribut n'est pas en ASCII, celle-ci doit être codée dans un format particulier, nommé base 64, et doit être séparée du nom de l'attribut par '::' au lieu de ':'. Le format base 64 permet de convertir chaque caractère binaire en un ou plusieurs caractères ASCII. Il est utilisé par exemple pour l'attribut jpegphoto qui contient une photo au format JPEG, et pour les attributs contenant des certificats.

L'exemple suivant illustre l'utilisation du codage base 64 dans l'attribut photo :

```
dn: cn=Jim Himes, ou=Corporate, o=Company, c=US
cn: Jim Himes
sn: Himes
```

```
telephonenumber: 408-555-1112
userpassword: {SHA}yUjteuM/XwxPglqQRAUIuPbPtls=
photo:: R01G0DdhPABQAPcAAP///xgYGCEhISkpKTExMTk5OUJCQkpKS1JSUmNjY5SU1NbOzsa9v
 ZSMjJyUlIyEhHNra4R7e72trc69vbW1pWNaWlJKSkpCQox7e4Rzc0I50WtaWjEpKb2cnIxzc7WU1
 IRra62MjCkhIVJCQpx7e3NaWoxra62EhGNKSoRjY5xzcyEYGDkpKZxra4RaWjEhIXNKSkIpKYRSU
 pRaWoxSUmM50YRKSqVza5xjWoxSSoRKQnM5MWsxKbWMhKV7c5RrY3tSSmM5Ma2Ee0ohGK2MhIxrY
 3taUnNSSmtKQlo5MVIxKUopIYRjWmNC0aVrWpRaSoRKOXtCMWMpGLWclJR7c4RrY2tSSpxrWkoxK
 ZRjUkIpIYRSQntKOXNCMWs5KWMxIVopGJyEe3tjWpxzY5xaQpRS0VoxIYRCKaVrUmtCMZRaQoRKM
 VIpGHM5IWsxGM69taWUjGNSSpRzY0o5MUIxKXNSQoxaQlo5KVIxIWs5IZyMhFpKQoxrWoRjUjkpI
```

Le codage en base 64 doit être aussi utilisé pour toute valeur qui répond aux critères suivants :

- si la valeur commence par un point-virgule ';' ou par un caractère blanc ;

- si la valeur contient des caractères non ASCII, y compris des retours à la ligne.

Signalons que dans l'exemple précédent l'attribut `userpassword` contenant le mot de passe n'est pas codé en base 64 (pas de '::' entre le nom de l'attribut et la valeur). Il est codé en SHA, algorithme associant une signature non symétrique au mot de passe (c'est-à-dire qu'il n'est pas possible de retrouver le mot de passe à partir de cette signature).

Syntaxe des commandes LDIF

Il existe deux catégories de commandes LDIF :

- les commandes pour ajouter, supprimer ou modifier des objets ;

- lorsqu'il s'agit d'une modification d'objet, les commandes pour ajouter, supprimer ou modifier des attributs.

Ajout d'un objet

Pour ajouter un objet, il suffit de faire suivre la ligne contenant son DN par une ligne contenant un attribut particulier : `changetype`, et de lui attribuer la valeur `add`.

Par exemple, pour ajouter l'unité organisationnelle `personnes`, il suffit d'exécuter le fichier LDIF suivant :

```
Dn: ou=personnes, o=entreprise.com
Changetype: add
Objectclass: top
Objectclass: organizationalUnit
Ou: personnes
Description: OU fictive dédiée aux objets Personnes
```

Dans cet exemple, on remarque que le RDN `ou=personnes` se trouve dans la liste des attributs. Certains serveurs d'annuaire et utilitaires d'importation de fichiers LDIF tolèrent que ce ne soit pas le cas ; l'attribut est alors automatiquement créé. Néanmoins, nous conseillons vivement de le mettre dans la liste des attributs afin d'éviter des risques de rejet par certains serveurs.

Il faut savoir que l'objet n'est réellement créé dans l'annuaire que si le schéma de celui-ci est respecté, donc si tous les attributs obligatoires sont renseignés, s'il n'existe pas d'autre objet ayant le même DN, et si la syntaxe de chaque attribut est conforme au schéma.

Suppression d'un objet

Pour supprimer un objet, il suffit de faire suivre la ligne contenant son DN par une ligne contenant un attribut particulier : `changetype` et de lui attribuer la valeur `delete`.

Par exemple, pour supprimer l'objet dont le DN vaut `uid=pdurand, ou=personnes, o=entreprise.com`, il suffit d'exécuter le fichier LDIF suivant :

```
Dn: uid=pdurand, ou=personnes, o=entreprise.com
Changetype: delete
```

Rappelons que l'objet n'est supprimé que s'il n'a pas d'objet fils.

Modification d'un objet

Pour modifier un objet, il suffit de faire suivre la ligne contenant son DN par une ligne contenant un attribut particulier : `changetype`, et de lui attribuer la valeur `modify`.

Plusieurs cas sont alors possibles :

- ajouter une valeur à un attribut ;
- supprimer une valeur d'un attribut ;
- supprimer toutes les valeurs d'un attribut ;
- remplacer toutes les valeurs d'un attribut par de nouvelles valeurs.

Pour spécifier le type d'opération voulue, il faut faire précéder le nom de l'attribut par un des mots-clés `add`, `delete` ou `replace`. L'opération est valable sur tous les attributs qui suivent jusqu'à la nouvelle opération.

Par exemple, pour ajouter une valeur à un attribut, il faut exécuter le fichier LDIF suivant :

```
Dn: ou=DAF, o=entreprise.com
Changetype: modify
Add: telephoneNumber
TelephoneNumber: +33 1 41 01 00 00
TelephoneNumber: +33 1 41 01 00 99
```

Pour supprimer une valeur à un attribut, il faut exécuter le fichier LDIF suivant :

```
Dn: ou=DAF, o=entreprise.com
Changetype: modify
Delete: telephoneNumber
TelephoneNumber: +33 1 41 01 00 00
```

Dans l'exemple précédent, un seul des deux numéros de téléphone est supprimé. Pour supprimer toutes les valeurs d'un attribut, il ne faut pas préciser la valeur à supprimer. L'exemple suivant supprime tous les numéros de téléphone de l'objet :

```
Dn: ou=DAF, o=entreprise.com
Changetype: modify
Delete: telephoneNumber
```

Et enfin, pour remplacer les valeurs d'un attribut, il suffit d'indiquer les nouvelles valeurs en utilisant l'opérateur `replace`, comme le montre l'exemple suivant :

```
Dn: ou=DAF, o=entreprise.com
Changetype: modify
replace: telephoneNumber
TelephoneNumber: +33 1 41 01 00 00
TelephoneNumber: +33 1 41 01 00 99
```

Comment exporter ou importer des données au format LDIF ?

Par exemple, le serveur Sun iPlanet Directory offre une commande, nommée `db2ldif.exe` qui permet d'extraire la totalité de la base de données dans un fichier LDIF. Il est également possible de le faire à travers la console d'administration du serveur. La commande `ldapsearch.exe` permet de faire des recherches dans la base en appliquant un filtre (par exemple, rechercher tous les objets de la classe `person`). Le résultat est affiché au format LDIF, et peut être redirigé dans un fichier. Notons que cette commande peut être utilisée pour lire les données de tout annuaire LDAP ; il suffit de préciser l'adresse IP et le numéro de port où se trouve celui-ci.

De même, pour exécuter un script LDIF, il faut utiliser les utilitaires livrés avec le serveur d'annuaire.

Dans le serveur iPlanet Directory, il existe une commande nommée `ldapmodify.exe` qui peut prendre en argument un fichier LDIF. Là aussi, cette commande peut être utilisée avec tout annuaire en précisant son adresse IP et le numéro de port.

Avec OpenLDAP, il existe des outils qui permettent d'agir directement sur la base de données (slapdadd, slapdcat, slapdindex), à des fins d'export et d'import.

Windows 2000 Serveur contient aussi une commande, `ldifde.exe`, qui se trouve dans le répertoire `system32`, et permet aussi bien d'*importer* que d'*exporter* des données au format LDIF. En outre, cette commande fonctionne avec Active Directory ainsi qu'avec tout autre serveur d'annuaire. Il suffit alors de préciser le nom de la machine où se trouve le serveur d'annuaire et l'adresse de port.

Nous allons donner un exemple d'exportation avec la commande `ldifde.exe`. Pour cela, il faut lancer la commande suivante :

```
C:\WINNT\system32\ldifde.exe -f essai.ldif -t 1389
-r "objectclass=organizationalUnit" -d "o=entreprise.com" -a "" ""
```

La signification des paramètres de cet exemple est donnée ci-dessous :

- *Paramètre* `-f` : permet de préciser le nom du fichier dans lequel on souhaite obtenir le résultat ;
- *Paramètre* `-t` : permet de préciser l'adresse de port où se trouve l'annuaire. N'ayant pas précisé de nom DNS ou d'adresse IP, la commande suppose que l'annuaire se trouve sur la même machine ;

- *Paramètre −r* : permet de préciser les classes d'objets que l'on souhaite exporter, ici ce sont les objets de type `organizationalUnit` ;

- *Paramètre −d* : permet de préciser le domaine dans lequel on souhaite effectuer la recherche, ici c'est le domaine `o=entreprise.com` ;

- *Paramètre -a* : permet de préciser l'identification et le mode d'authentification utilisés pour interroger l'annuaire, ici c'est une authentification anonyme avec une valeur de DN vide et un mot de passe vide.

Il est également envisageable de préciser d'autres paramètres, comme le filtre LDAP ou le nom DNS du serveur d'annuaire. Pour avoir plus de renseignements sur les paramètres de cette commande, il suffit de consulter l'aide en ligne qui s'affiche en tapant `ldifde` sans paramètre.

Le résultat obtenu en interrogant un serveur iPlanet est le suivant :

```
dn: ou=Directory Administrators, o=entreprise.com
changetype: add
description: Entities with administrative access to this directory server
objectclass: groupofuniquenames
ou: Directory Administrators
cn: Directory Administrators

dn: ou=Groups, o=entreprise.com
changetype: add
objectclass: organizationalunit
ou: Groups

dn: ou=People, o=entreprise.com
changetype: add
objectclass: organizationalunit
ou: People
aci:
 (targetattr ="userpassword || telephonenumber || facsimiletelephonenumber")(ve
 rsion 3.0;acl "Allow self entry modification";allow (write)(userdn = "ldap:///
 self");)
aci:
 (targetattr !="cn || sn || uid")(targetfilter ="(ou=Accounting)")(version 3.0;
 acl "Accounting Managers Group Permissions";allow (write)(groupdn = "ldap:///c
 n=Accounting Managers,ou=groups,o=entreprise.com");)
aci:
 (targetattr !="cn || sn || uid")(targetfilter ="(ou=Human Resources)")(version
  3.0;acl "HR Group Permissions";allow (write)(groupdn = "ldap:///cn=HR Manager
 s,ou=groups,o=entreprise.com");)
aci:
 (targetattr !="cn ||sn || uid")(targetfilter ="(ou=Product Testing)")(version
 3.0;acl "QA Group Permissions";allow (write)(groupdn = "ldap:///cn=QA Managers
 ,ou=groups,o=entreprise.com");)
aci:
 (targetattr !="cn || sn || uid")(targetfilter ="(ou=Product Development)")(ver
 sion 3.0;acl "Engineering Group Permissions";allow (write)(groupdn = "ldap:///
```

```
 cn=PD Managers,ou=groups,o=entreprise.com");)


dn: ou=Special Users,o=entreprise.com
changetype: add
objectclass: organizationalUnit
ou: Special Users
description: Special Administrative Accounts
```

Il existe des outils distribués gratuitement sur le Web qui permettent d'importer ou d'exporter des fichiers LDIF dans un annuaire, comme l'outil *LDAP Browser\Editor*, entièrement Java, et qu'on peut télécharger à l'adresse suivante : *www.iit.edu/~gawojar/ldap*.

Figure 6.3

Import et export de fichiers LDIF avec l'outil LDAP Browser\Editor

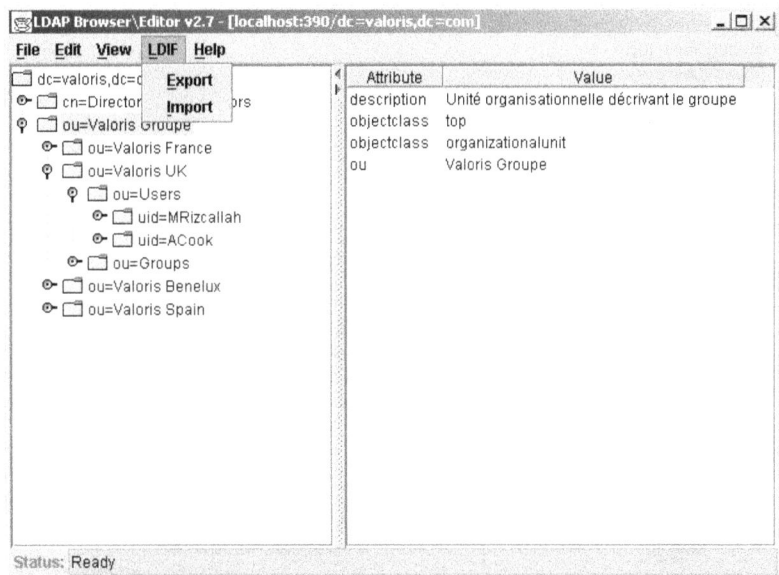

Le standard DSML

Qu'est-ce que DSML ?

DSML *(Directory Services Markup Language)* est un standard XML permettant de décrire la structure et le contenu d'annuaires de type LDAP. Il facilite les échanges de contenu entre annuaires ou entre annuaires et applications non compatibles LDAP, en s'appuyant sur le format XML largement adopté par la majorité des acteurs autour des technologies Internet.

DSML a été défini, à l'origine, par la société Bowstreet et a fait l'objet d'une normalisation à laquelle a contribué un ensemble de sociétés comme IBM, Microsoft, iPlanet/Sun, Novell et Oracle. La première version de DSML a été ratifiée en 1999. La version en vigueur est la version 2.

Il existe un site Internet dédié à cet organisme, *www.dsml.org* ou *www.oasis-open.org/committees/dsml*, sur lequel on trouve l'ensemble de la documentation et des fichiers requis pour la mise en œuvre de DSML (DTD, schémas XML, etc.), pour les versions 1 et 2, ainsi que des informations sur son évolution et sur les outils compatibles avec ce standard. Le site est hébergé par l'OASIS qui est en charge du développement, de la convergence et de l'adoption de standards du monde Internet.

DSML 1.0 (ou v1) est un schéma XML permettant de représenter les données d'un annuaire ainsi que son schéma au format XML. Son objectif n'est pas de définir l'ensemble des attributs que doivent supporter les annuaires, ni la manière dont les données sont

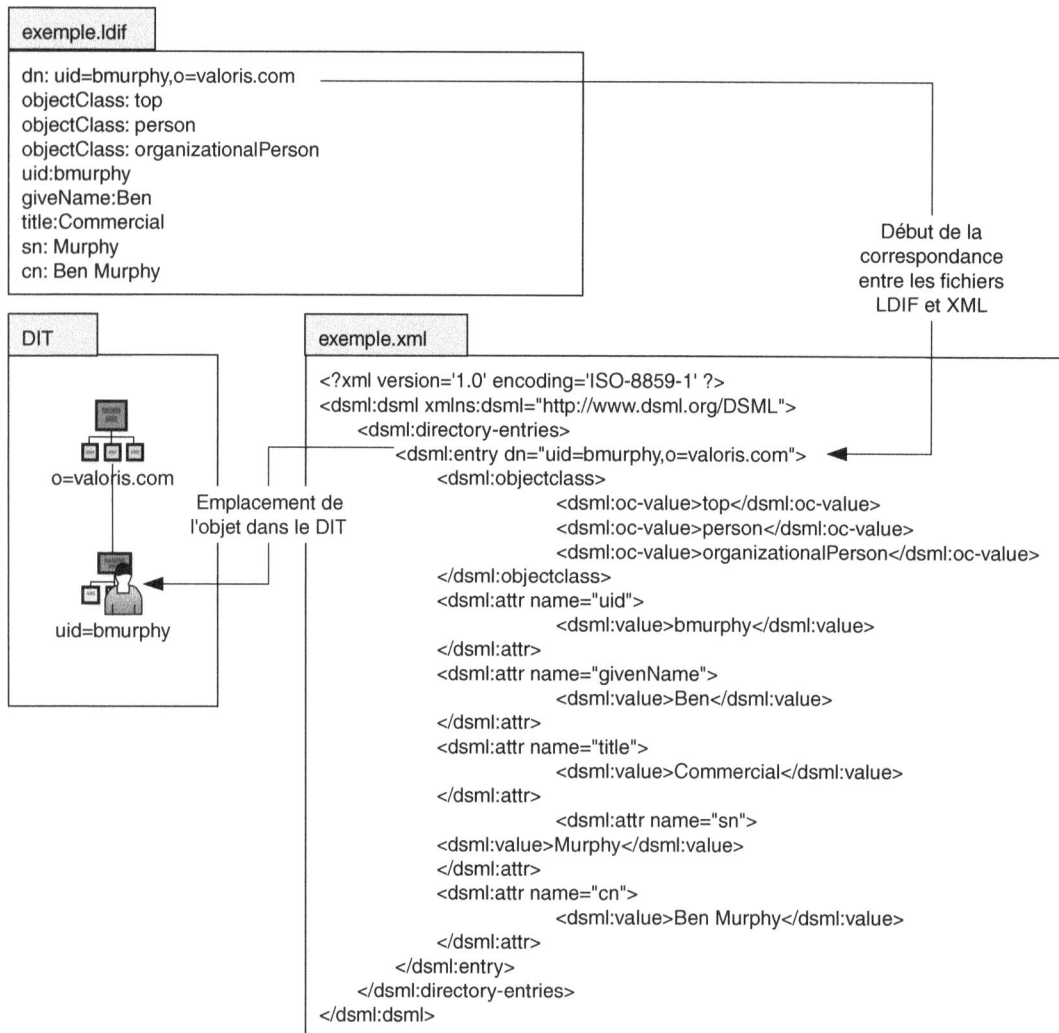

Figure 6.4

Exemple de fichier DSML v1

extraites ou mises à jour dans un annuaire. Il consiste tout simplement à définir comment ces données doivent être représentées en XML.

DSML 2.0 (ou v2) permet en plus d'exécuter les opérations LDAP. Par exemple, il ajoute la possibilité de soumettre des requêtes d'identification, de recherche et de mise à jour. En novembre 2001, il a été voté la reprise des spécifications de DSML v2 par l'OASIS. C'est la raison pour laquelle on trouve actuellement les spécifications à l'adresse suivante : *www.oasis-open.org/committees/dsml/#specifications*.

DSML v2 est tout simplement une traduction du protocole LDAP, décrit initialement à l'aide de la grammaire ASN.1, en un schéma XML. Il permet d'exprimer toute requête LDAP, ainsi que les résultats possibles, sous forme d'un document XML.

Les documents DSML v2 peuvent être utilisés de différentes façons. Ils peuvent, par exemple, être sauvegardés dans des fichiers qui peuvent être générés et lus par différentes applications. Ils peuvent être gérés en mémoire et être échangés et transportés d'une application à une autre soit par transfert de fichier ou par messagerie *via* SMTP, par exemple, soit par des requêtes HTTP, ou encore *via* des requêtes SOAP en tant que services Web.

La figure 6.4 montre un document DSML v1 contenant les données d'un objet de la classe person ainsi que le document LDIF correspondant (notons que cette syntaxe est toujours la même dans DSML v2).

À quoi sert DSML ?

Le principal usage de DSML est l'échange de données entre applications et entre annuaires LDAP, en utilisant les couches de transport diverses comme FTP, SMTP, HTTP et SOAP. Il est notamment utilisé lorsque ces données doivent transiter par Internet en utilisant le protocole HTTP, et lorsque le protocole LDAP n'est pas supporté ou ne peut pas être employé. Par exemple, DSML peut être utilisé par un téléphone mobile ou un PDA ne supportant pas LDAP, mais XML (c'est le cas de certains navigateurs Web embarqués), afin d'interroger un annuaire d'entreprise.

De façon plus précise, DSML sert dans les cas listés ci-dessous :

- Importer ou exporter des données d'un annuaire LDAP vers différents annuaires ou applications, à l'aide du protocole XML.

- Sauvegarder et gérer (lire, écrire et modifier) les données d'un annuaire dans un fichier au format XML, au lieu d'une base de données ou d'un annuaire LDAP par exemple.

- Soumettre une requête à un annuaire LDAP afin de lire ou d'écrire les données à l'aide du format XML, et en s'appuyant sur une couche de transport HTTP utilisant ou pas le protocole SOAP. Ceci permet notamment d'interroger un annuaire LDAP à travers un pare-feu qui n'accepte pas ce protocole (on utilisera le protocole HTTP), et permet à des applications clientes qui ne supportent pas LDAP d'effectuer des requêtes sur l'annuaire en XML.

À titre d'exemple, le kit de développement Java JNDI de Sun, offre un fournisseur de services XML (connecteur ou service provider) qui permet de lire et écrire les données accessibles à partir de l'interface de programmation dans un fichier XML. Ici, la base de données de l'annuaire n'est autre que le fichier XML lui même. Bien entendu, il ne s'agit pas d'une solution très performante car les accès se font directement sur un fichier plat non indexé, mais cela peut être utile pour développer et tester des applications JNDI sans serveur d'annuaire, soit pour préparer un fichier XML en vu de son exportation dans une autre application.

Ou encore, il est possible d'utiliser une URL pour transmettre une requête vers un annuaire LDAP, et de récupérer le résultat sous forme XML *via* le protocole HTTP.

Quelles sont les différences entre LDAP et DSML ?

Comme nous l'avons précisé précédemment, DSML v2 est une traduction du protocole LDAP, décrit initialement à l'aide de la grammaire ASN.1, en un schéma XML. Il permet d'exprimer toute requête LDAP, ainsi que les résultats possibles, sous forme d'un document XML.

Contrairement à LDAP, qui ne supporte que TCP/IP, DSML permet de transporter les requêtes et les données sur différents protocoles de transport comme SOAP, SMTP, FTP ou tout autre mécanisme de transfert de fichier, HTTP sans utiliser SOAP, et d'autres mécanismes et outils comme des middlewares de messagerie (MQ-Series, iMQ, etc.).

En ce qui concerne le protocole lui-même, la correspondance entre LDAP et DSML est quasi totale. Néanmoins, il existe quelques points essentiels où les deux standards ne convergent pas :

• DSML v2 n'offre pas de mécanisme d'identification et d'authentification de bout en bout : en effet, un document DSML contenant une ou plusieurs requêtes peut être émis par une application et transporté dans un fichier vers l'annuaire cible. L'identification définie dans la requête DSML n'est donc pas celle de l'application émettrice du document. Elle est réalisée par l'outil qui va interpréter le document DSML pour exécuter les requêtes qui s'y trouvent.

• Contrairement à LDAP, DSML v2 offre la possibilité de regrouper plusieurs opérations dans une seule requête (commande batchRequest). Par exemple, il est possible d'effectuer une suppression, une mise à jour et une création au sein d'une même requête DSML v2. Un identifiant de requête (requestID) permet d'associer des résultats à une requête donnée. Cet identifiant optionnel est fourni par l'émetteur de la requête. Le fournisseur du service DSML doit alors renvoyer celui-ci dans les résultats de la requête. Notons que ceci n'implique pas nécessairement une gestion de l'intégrité transactionnelle entre les différentes opérations d'une même requête. C'est à la charge des serveurs d'annuaires et des outils DSML d'implémenter ou pas ce type de service.

• Avec LDAP, une recherche peut générer plusieurs résultats correspondant aux différentes entrées trouvées dans l'annuaire. Chaque entrée sera retournée individuellement à l'aide de l'opération de lecture des résultats. Avec DSML v2, il est possible de regrouper l'ensemble des entrées trouvées dans un seul document.

Quels sont les outils qui supportent DSML ?

DSML est supporté par différentes catégories d'outils : des annuaires LDAP ou d'autres types d'annuaires tels que Sun Java System Directory 5.2, Novell eDirectory ou Microsoft Active Directory , des annuaires X500, comme celui de Critical Path, des proxys LDAP ou encore des applications de gestion des annuaires comme Calendra Directory Manager.

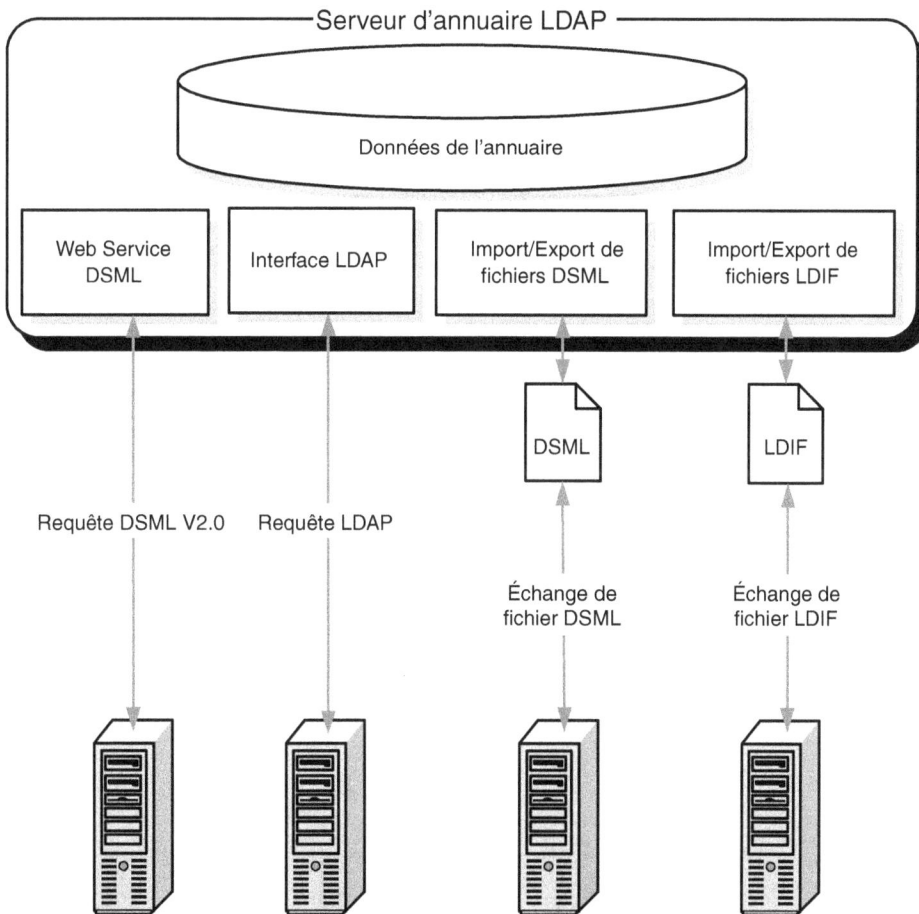

Figure 6.5

Service DSML v2 intégré dans le serveur d'annuaire

En ce qui concerne les annuaires LDAP, il existe généralement deux méthodes implémentées par les éditeurs de solutions pour fournir les services DSML v2.

La première méthode consiste à intégrer dans le serveur d'annuaire un serveur HTTP/SOAP et des services DSML, comme l'illustre la figure 6.5. Par exemple, les annuaires du marché qui offrent cette possibilité sont Sun Java System Directory 5.2, DirX Directory Server de Siemens, RadiantOne de Radiant Logic et Critical Path Directory Server. Notons que ces produits offrent aussi la possibilité d'importer un fichier DSML au même titre qu'un fichier LDIF, permettant d'exécuter ainsi une série de requêtes de création, modification et suppression sur l'annuaire. L'avantage d'une telle solution est qu'elle ne nécessite pas le déploiement d'un serveur HTTP (ce service étant offert par l'annuaire).

Figure 6.6

Proxy DSML v2

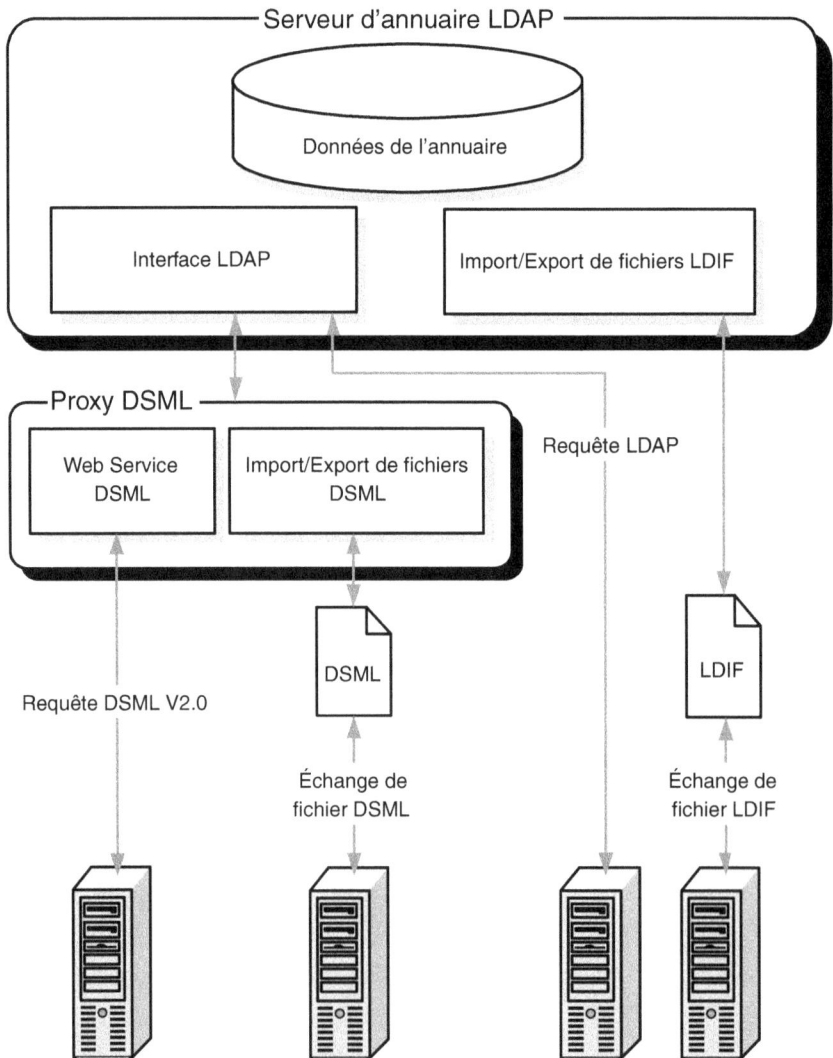

Elle offre également un meilleur niveau de sécurité, car ce service HTTP utilisera un port spécifique qui pourra être contrôlé par un pare-feu, et ceci indépendamment de tout autre service HTTP existant dans l'entreprise.

La deuxième méthode consiste à mettre en place un « proxy DSML » chargé de transposer les requêtes DSML en requêtes LDAP, comme l'illustre la figure 6.6. Cette solution est bien entendu moins performante que la première, plus complexe à installer, car elle nécessite des outils complémentaires à l'annuaire comme un serveur Web et un moteur de servlet, et plus difficile à administrer car constituée de plusieurs briques. En revanche, elle fonctionne sur tout type d'annuaire LDAP et un même « proxy DSML » pourra servir d'interface avec plusieurs annuaires. Notons que la plupart des « proxys DSML » sont téléchargeables gratuitement sur Internet.

Citons à titre d'exemple les produits suivants :

- Microsoft fournit DSML Services for Windows, téléchargeable à l'adresse *http://www .microsoft.com/downloads*. Celui-ci nécessite Windows 2000 Server ou Windows 2003 Server et le serveur IIS.

- Novell fournit DSML for eDirectory qui peut être téléchargé sur le site de Novell.

Par ailleurs, DSML est aussi supporté par des outils de type EAI et ETL qui permettent de s'interfacer avec un annuaire LDAP d'une part et avec des documents XML d'autre part. C'est le cas d'outils tels que Mercator, racheté par la société Ascential.

DSML est aussi supporté par les interfaces de programmation dédiées aux annuaires comme JNDI pour Java, ADSI pour les environnements Microsoft et NDAP de Novell.

La norme DSML

La norme DSML est décrite dans un document de l'OASIS qu'il est possible de télécharger à l'adresse suivante : *http://www.oasis-open.org/committees/dsml/docs/DSMLv2.doc*.

Nous allons décrire la façon de représenter, en DSML, les données et le schéma d'un annuaire (DSML v1), puis nous expliquerons comment soumettre des requêtes et en récupérer les résultats (DSML v2).

Un document DSML v1 peut représenter une structure d'annuaire (c'est-à-dire le schéma au sens LDAP), sous forme de schéma XML, soit le contenu même d'un annuaire au format XML. Il peut aussi contenir les deux, permettant ainsi de publier dans un même document le schéma d'un annuaire avec les données qu'il contient.

Pour décrire la syntaxe d'un document XML, on utilise un autre document dénommé DTD *(Document Type Definition)* ou schéma XML, dans lequel on définit les balises et leur imbrication. Les caractères spéciaux comme "?" ou "*" marquent l'aspect facultatif ou la répétition éventuelle de certaines balises. Il est aussi possible d'indiquer aussi le format des données, par exemple #PCDATA indique la présence de texte (sans balise).

L'exemple suivant montre un document DSML décrivant le schéma d'un annuaire (au sens LDAP). Afin d'en faciliter la lecture, cet exemple ne comporte qu'un unique attribut (`telexNumber`) et qu'une seule classe (`person`).

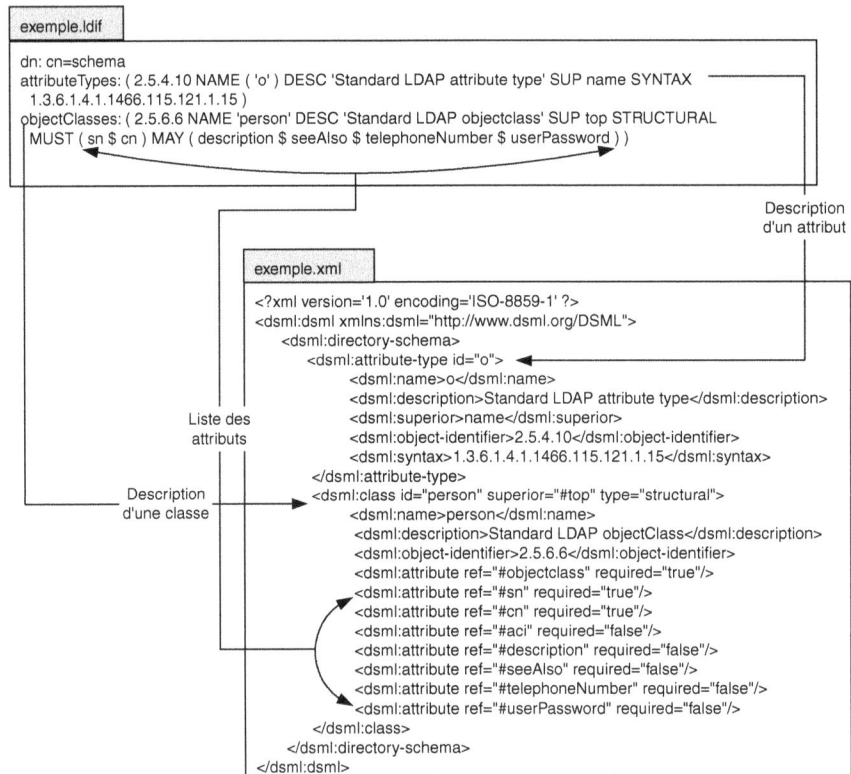

Figure 6.7

Exemple de schéma d'annuaire avec DSML

Nous allons maintenant lister la DTD DSML et décrire les lignes qu'elle contient.

```
1.   <!-- DTD for DSML           -->
2.   <!-- Last updated: 1999-11-30 -->

3.   <!ENTITY % distinguished-name "CDATA">
```

La ligne 3 indique que l'entité DN est une chaîne de caractère. Chaque entrée d'un document DSML est identifiée par un DN *(Distinguished Name)*. La norme DSML décrit le DN comme un attribut XML (`!ENTITY`) et non pas comme un élément (`!ELEMENT`). La principale raison est que le DN est utilisé comme identifiant obligatoire de tout objet de l'annuaire.

```
4.   <!ENTITY % uri-ref "CDATA"> <!-- [URI]#XPointer -->
```

La ligne 4 désigne l'URI *(Uniform Resource Identifier)* ou l'espace de nom (namespace) qui contient le vocabulaire DSML. En général, cette URI a pour valeur *http://www.dsml.org/DSML.*

```
5.   <!ENTITY % oid "#PCDATA">
```

La ligne 5 indique que l'entité OID est une chaîne de caractère.

```
6.   <!ELEMENT dsml (directory-schema?,directory-entries?)>
```

La ligne 6 indique qu'une entité DSML peut être soit la description du schéma, soit une entrée de l'annuaire. Ici l'entité `dsml` peut prendre l'une des deux valeurs indiquées entre parenthèses. La syntaxe de chacune de ces entités est décrite par la suite dans cette DTD.

```
7.   <!ATTLIST dsml
8.   complete (true|false) "true"
9.   >
```

Les lignes précédentes indiquent que l'entité `dsml` peut être complète ou non dans le document XML en question. Par défaut, elle est complète.

Puis commence la description des éléments décrivant le schéma d'un annuaire. Celle-ci peut être constituée de deux types d'éléments : `class` pour décrire une classe d'objet ou `attribute-type` pour décrire les types d'attributs.

```
10.  <!-- SCHEMA -->
11.  <!ELEMENT directory-schema (class|attribute-type)*>

12.  <!-- element types common to class and attribute-type -->
13.  <!ELEMENT name (#PCDATA)>
14.  <!ELEMENT description (#PCDATA)>
15.  <!ELEMENT object-identifier (%oid;)>
```

Les lignes 13, 14 et 15 décrivent des éléments communs aux classes et aux attributs, qui sont le nom, la description et l'OID.

```
16.  <!ELEMENT class (name+,description?,object-identifier?, attribute*)>
17.  <!ATTLIST class
18.  id        ID          #REQUIRED
19.  superior  %uri-ref;   #IMPLIED
20.  obsolete  (true|false) "false"
21.  type      (structural|abstract|auxiliary)  #REQUIRED
22.  >
```

Une classe est décrite par :

- un `id` (en général son nom) ;

- l'identifiant de la classe supérieure ;

- un indicateur précisant si la classe est obsolète ou pas (par défaut elle ne l'est pas) ;

- le type de la classe.

Les lignes suivantes permettent de lister les attributs de la classe. En fait, il s'agit ici des identifiants des attributs qui sont décrits plus loin dans cette DTD.

```
23.  <!ELEMENT attribute EMPTY>
24.  <!ATTLIST attribute
25.  ref        %uri-ref; #REQUIRED
26.  required (true|false) #REQUIRED
27.  >
```

La séquence suivante décrit les attributs eux-mêmes. On retrouve les caractéristiques du standard LDAP associées à un attribut.

```
28.  <!ELEMENT attribute-type
29.  ( name+,
30.  description?,
31.  object-identifier?,
32.  syntax?,
33.  equality?,
34.  ordering?,
35.  substring? )>

36.  <!ATTLIST attribute-type
37.  id              ID          #REQUIRED
38.  superior        %uri-ref; #IMPLIED
39.  obsolete        (true|false) "false"
40.  single-value    (true|false) "false"
41.  user-modification (true|false) "true"
42.  >

43.  <!ELEMENT syntax    (%oid;)>
44.  <!ELEMENT equality  (%oid;)>
45.  <!ELEMENT ordering  (%oid;)>
46.  <!ELEMENT substring (%oid;)>
```

Commence alors la description des éléments décrivant les entrées d'un annuaire. Une entrée est constituée d'une ou plusieurs occurrences de objectclass indiquant la classe d'objet, et d'une ou plusieurs valeurs d'attributs. Les valeurs des classes d'objets et les noms des attributs sont des pointeurs (%uri-ref) sur des entrées qui doivent être décrites dans le schéma XML.

```
47.  <!-- ENTRIES -->
48.  <!ELEMENT directory-entries (entry*)>

49.  <!ELEMENT entry (objectclass*,attr*)>
50.  <!-- minimum occur for objectclass and attr are zero to allow for an entry
     that only expresses objectclasses or non-objectclass
51.  directory attributes -->
52.  <!ATTLIST entry
53.  dn  %distinguished-name; #REQUIRED
54.  >
```

```
55. <!ELEMENT objectclass (oc-value+)>
56. <!ATTLIST objectclass
57. ref    %uri-ref; #IMPLIED
58. >

59. <!ELEMENT oc-value (#PCDATA)>
60. <!ATTLIST oc-value
61. ref    %uri-ref; #IMPLIED
62. >

63. <!ELEMENT attr (value+)>
64. <!ATTLIST attr
65. name  CDATA     #REQUIRED
66. ref   %uri-ref; #IMPLIED
67. >

68. <!ELEMENT value (#PCDATA)>
69. <!ATTLIST value
70. encoding CDATA "base64"
71. >
```

Maintenant que nous avons décrit la façon de représenter les données d'un annuaire avec DSML v1, nous allons expliquer comment soumettre une requête avec DSML v2.

Il existe deux types de documents DSML v2 : un document permettant de décrire des requêtes et un autre destiné à en contenir le résultat. Pour chaque document de requêtes soumis par une application cliente, le serveur va renvoyer un document de réponses. Les structures du document de requêtes et de réponses dépendent de la couche de transport utilisée. La norme DSML v2 ne décrit que deux types de transports : SOAP et échange de fichier (quel que soit le protocole d'échange sous-jacent).

Voici un exemple d'une paire de documents correspondant à une requête et une réponse DSML :

• Document requête DSML v2

```
1. <batchRequest xmlns="urn:oasis:names:tc:DSML:2:0:core">
2.    <modifyRequest>…</modifyRequest>
3.    <addRequest>…</addRequest>
4.    <delRequest>…</delRequest>
5.    <addRequest>…</addRequest>
6. </batchRequest>
```

• Document réponse DSML v2

```
1. <batchResponse xmlns="urn:oasis:names:tc:DSML:2:0:core">
2.    <modifyResponse>…</modifyResponse>
3.    <addResponse>…</addResponse>
4.    <delResponse>…</delResponse>
5.    <addResponse>…</addResponse>
6. </batchResponse>
```

Notons qu'il existe plusieurs façons d'établir la correspondance entre les réponses et les requêtes avec DSML :

1. La première, comme l'illustre l'exemple précédent, est basée sur l'ordonnancement des opérations dans le document de requête. Cet ordonnancement doit être respecté dans le document de réponse. Néanmoins, il peut y avoir moins de réponses que d'opérations dans le cas où une erreur a été trouvée dans une opération, par exemple. L'ordonnancement est alors quand même respecté, mais la dernière réponse correspond à celle de l'opération erronée.

2. La deuxième méthode consiste à associer à chaque opération un attribut (RequestId) contenant un identifiant. Celui-ci sera restitué par le serveur dans chaque réponse, permettant ainsi d'associer celles-ci aux opérations.

Voici un exemple d'ajout avec DSML v2 :

```
1.   <dsml:batchRequest xmlns:dsml="urn:oasis:names:tc:DSML:2:0:core" xmlns:xsd
     ="http://www.w3.org/2001/XMLSchema" xmlns:xsi="http://www.w3.org/2001
     /XMLSchema-instance">
2.     <dsml:addRequest  dn="cn=mrizcallah,o=valoris">
3.       <attr name="objectclass"><value>top</value></attr>
4.       <attr name="objectclass"><value>person</value></attr>
5.       <attr name="objectclass"><value>organizationalPerson</value></attr>
6.       <attr name="objectclass"><value>inetorgperson</value></attr>
7.       <attr name="sn"><value>Rizcallah</value></attr>
8.       <attr name="givenName"><value>Marcel</value></attr>
9.       <attr name="title"><value>Architecte</value></attr>
10.    </dsml:addRequest>
11.  </dsml:batchRequest>
```

Voici un autre exemple de document contenant un ajout et une suppression numérotés avec DSML v2 :

```
1.   <dsml:batchRequest xmlns:dsml="urn:oasis:names:tc:DSML:2:0:core" xmlns:xsd
     ="http://www.w3.org/2001/XMLSchema" xmlns:xsi="http://www.w3.org/2001
     /XMLSchema-instance">
2.     <dsml:addRequest dn="cn=mrizcallah,o=valoris" requestID="160">
3.       <attr name="objectclass"><value>top</value></attr>
4.       <attr name="objectclass"><value>person</value></attr>
5.       <attr name="objectclass"><value>organizationalPerson</value></attr>
6.       <attr name="objectclass"><value>inetorgperson</value></attr>
7.       <attr name="sn"><value>Rizcallah</value></attr>
8.       <attr name="givenName"><value>Marcel</value></attr>
9.       <attr name="title"><value>Directeur technique</value></attr>
10.    </dsml:addRequest>
11.    <dsml:delRequest dn="cn=mrizcallah,o=valoris" requestID="161">
12.    </dsml:delRequest>
13.  </dsml:batchRequest>
```

Dans le cas de l'utilisation avec SOAP, le document DSML v2 doit se trouver dans l'élément Body. Rappelons qu'une requête et une réponse SOAP contiennent un élément

Envelope contenant un élément Header et un élément Body, comme l'illustre l'exemple suivant :

```
1.   <Envelope>
2.      <Header>
3.         Les éléments de l'en-tête SOAP sont placés ici
4.      </Header>
5.      <Body>
6.         Le document DSML v2 est placé ici
7.      </Body>
8.   </Envelope>
```

Voici un exemple de requête et de réponse DSML v2 avec SOAP :

```
1.   <!-- **** DSMLv2 Requête ****** -->
2.   <se:Envelope xmlns:se="http://schemas.xmlsoap.org/soap/envelope/">
3.      <se:Body xmlns:dsml="urn:oasis:names:tc:DSML:2:0:core">
4.         <batchRequest>
5.            <modifyRequest> … </modifyRequest>
6.            <addRequest> … </addRequest>
7.               …
8.         </batchRequest>
9.      </se:Body>
10.  </se:Envelope>
```

```
1.   <!-- **** DSMLv2 Réponse ****** -->
2.   <soap:Envelope xmlns:soap="http://schemas.xmlsoap.org/soap/envelope/"
3.   xmlns:xsi="http://www.w3.org/2001/XMLSchema-instance"
4.   xmlns:xsd="http://www.w3.org/2001/XMLSchema"
5.   xmlns:soapenc="http://schemas.xmlsoap.org/soap/encoding/">
6.    <soap:Body>
7.       <batchResponse xmlns="urn:oasis:names:tc:DSML:2:0:core"
            xmlns:xsd="http://www.w3.org/2001/XMLSchema"
            xmlns:xsi="http://www.w3.org/2001/XMLSchema-instance">
8.          <modifyResponse> … </modifyResponse>
9.          <addResponse> … </addResponse>
10.             …
11.         </batchResponse>
12.    </soap:Body>
13.  </soap:Envelope>
```

Pour plus de détails, voir le schéma XML (dsml v2.xsd) donné dans le document *http://www. oasis-open.org/committees/dsml/docs/DSMLv2.doc*. Il peut être téléchargé sur le site de l'OASIS.

La syntaxe URL de LDAP

Il existe une autre façon de consulter le contenu d'un annuaire LDAP : à savoir, utiliser un navigateur et soumettre la requête d'interrogation dans l'URL à l'aide d'une syntaxe particulière. Ce mécanisme est très facile à employer car il ne nécessite aucune programmation et il peut être exécuté avec un simple navigateur Web. Il est pris en charge par la plupart des navigateurs Web, dont Microsoft Internet Explorer. Les exemples donnés ci-dessous ont été réalisés avec Netscape Communicator 4, car il affiche le résultat sous forme d'une page Web dans le navigateur.

Description de la syntaxe

La syntaxe que nous allons décrire est spécifiée dans le document RFC 2255 du standard LDAP v3.

Pour interroger un annuaire LDAP à partir d'un navigateur, le format de l'URL doit prendre la forme suivante :

ldap://[adresse du serveur] [/[DN[?[attributs] [?[périmètre] [?[filtre] [?extensions]]]]]]

Les éléments entre crochets sont facultatifs, et les mots en italique ont la signification suivante :

Paramètre	Description	Exemples

Adresse du serveur	Désigne l'adresse IP du serveur ou son nom DNS et l'adresse du port où il se trouve. Le port par défaut est 389.	`localhost:389`
		`10.1.0.53`
		`ldap.entreprises.com:1389`

DN	*Distinguished name* de l'objet	`O=entreprise.com`
Attributs	Listes des attributs que l'on souhaite extraire de l'objet, séparés par des virgules	`dn, cn` permet d'extraire uniquement deux attributs qui sont le DN et le CN

Périmètre	Permet de désigner le périmètre de la recherche : lecture de l'objet désigné (base), lecture de tous les objets immédiatement sous l'objet désigné (one), lecture de tous les objets sous l'objet désigné (sub)	`base`
		`one`
		`sub`

Filtre	Permet de préciser les critères de filtre (voir l'opération de recherche dans le chapitre sur le modèle des services) Par défaut, le filtre suivant est appliqué : `object-class=*`	`objectclass=person` permet de ne lire que les objets de type personne
Extensions	Permet de préciser des extensions. Celles-ci sont des couples `type=valeur`, séparés par des virgules. La valeur peut être omise pour certains types. Les extensions sont décrites ci-dessous.	`int=0, long=1234567890`

Les extensions ne sont pas nécessairement celles dont nous avons parlé précédemment dans le modèle des services. Elles peuvent être normalisées dans le cadre du standard LDAP (LDAP V3 ou LDAPEXT), mais peuvent aussi être propres à un serveur. Dans ce cas, il faut utiliser le préfixe x devant le premier couple type et valeur. Ces extensions sont également utilisées pour fournir une identification et une authentification au serveur (voir plus bas).

Signalons qu'il est possible de désigner une extension comme étant critique en faisant précéder celle-ci par le caractère '!'. Le poste client doit alors fournir l'extension au serveur et, si celle-ci ne peut pas être traitée, le client doit abandonner l'opération. En revanche, si elle n'est pas désignée comme étant critique, le client doit ignorer l'extension et exécuter la requête sans celle-ci. Une bonne illustration de ce cas est l'identification. Si on fournit une identification dans une URL qui ne peut pas être traitée par le serveur (mot de passe erroné ou DN inexistant), le client peut continuer ou non l'exécution de la requête à l'aide d'une identification anonyme.

Les caractères autorisés dans l'URL sont des caractères ASCII. Si une valeur contient un caractère non ASCII, un blanc, un '\', ou les caractères '?' et ',' utilisés par la syntaxe LDAP dans l'URL, il est nécessaire d'échapper ce caractère avec le caractère '%'. Ceci est décrit dans le document RFC 1738.

Voici quelques exemples, illustrant comment échapper ces caractères :

Cas	Echappement	Exemple
Caractère blanc dans la valeur	%20	`o=University%20of%20Michigan,c=US`, représente la valeur `o=University of Michigan,c=US"`
Caractère '\'	%5c	`int=%5c00%5c00%5c00%5c04`, permet de préciser une valeur binaire dans le paramètre int. Cette valeur est « \00\00\00\04 », le caractère '\' étant représenté par son code ASCII hexadécimal 5c.
Caractère '?'	%3f	`o=Question%3f`, représente la valeur `o=Question?`
Caractère ','	%2c	`cn=Manager%2co=Foo`, représente la valeur `cn=Manager,o=Foo`

L'identification et l'authentification

Il est possible de fournir une identification dans l'URL pour accéder à un serveur d'annuaire LDAP. Pour cela, il faut utiliser une extension particulière, nommée *bindname*.

La valeur de cette extension est le DN de l'objet avec lequel on souhaite s'identifier. Par exemple, pour s'identifier en tant qu'administrateur de l'annuaire, il faut fournir l'extension suivante :

bindname=cn=Directory%20Manager%2co=entreprise.com.

Dans cet exemple, on s'identifie avec le DN valant `cn=Directory Manager, o=enterprise.com`. Les blancs et les virgules ont été codifiés avec le caractère '%'.

Les différentes étapes du dialogue avec le serveur sont les suivantes :

• La première étape effectuée par le client consiste à établir une connexion avec le serveur. L'adresse de ce dernier est donnée dans l'URL à l'aide de son adresse DNS ou de son adresse IP et son numéro de port. Cette connexion peut se faire en utilisant TSL (sous SSL) ou un autre mécanisme de sécurité.

• La deuxième étape consiste à fournir l'identification au serveur. Une identification anonyme est effectuée si l'extension `bindname` n'est pas fournie ou si une identification est donnée mais qu'elle est erronée.

- La dernière étape consiste à demander au serveur d'exécution de la requête. Le résultat de celle-ci est affiché au format HTML.

Quelques exemples

Nous allons donner ci-dessous quelques exemples de lecture d'objets à travers un navigateur Web. Notons que ceci ne fonctionne qu'avec le navigateur Netscape en version 4.x. Les exemples donnés ci-dessous ont été réalisés avec Netscape Communicator version 4.7.

Lecture de l'objet rootDSE

Pour lire l'objet root DSE, il suffit d'exécuter la requête suivante :

ldap://serveur:port/??base?objectclass=*

où *serveur:port* désigne l'adresse DNS ou l'adresse IP du serveur d'annuaire que l'on souhaite interroger, et son adresse de port (par défaut 389).

Dans cette requête, on remarque que le DN désigné est vide (avant le premier '?'), que le périmètre de la recherche est base, et que le filtre appliqué est objetclass=*.

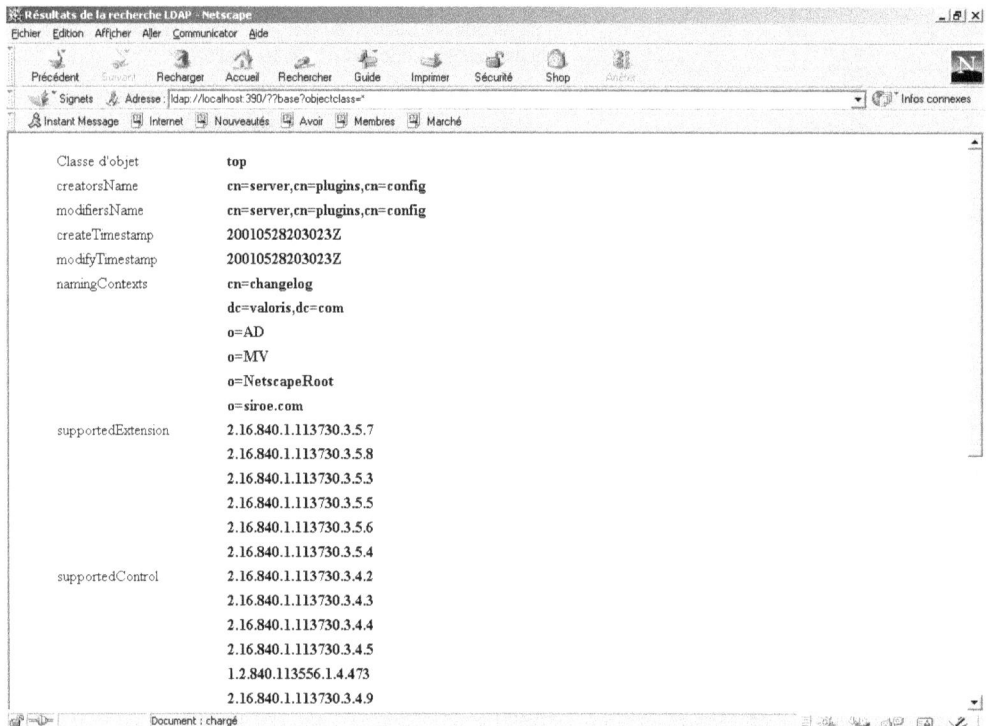

Figure 6.8

Exemple de lecture de l'objet rootDSE

La figure 6.8 montre un exemple de lecture d'un annuaire qui se trouve sur la même machine que le navigateur (adresse IP `localhost`) et sur le port 1389.

Lecture des objets personne

Pour lire l'objet `root DSE`, il suffit d'exécuter la requête suivante :

ldap://serveur:port/??base? objectclass=organizationalperson

où `serveur:port` désigne l'adresse DNS ou l'adresse IP du serveur d'annuaire que l'on souhaite interroger, et son adresse de port (par défaut 389).

Dans cette requête, le DN désigné est l'entrée à partir de laquelle on souhaite effectuer la recherche (avant le premier '?'), le périmètre de la recherche est `sub` pour lire tous les objets sous-jacents à l'entrée désignée, et le filtre appliqué est `objectclass=organizationalperson`.

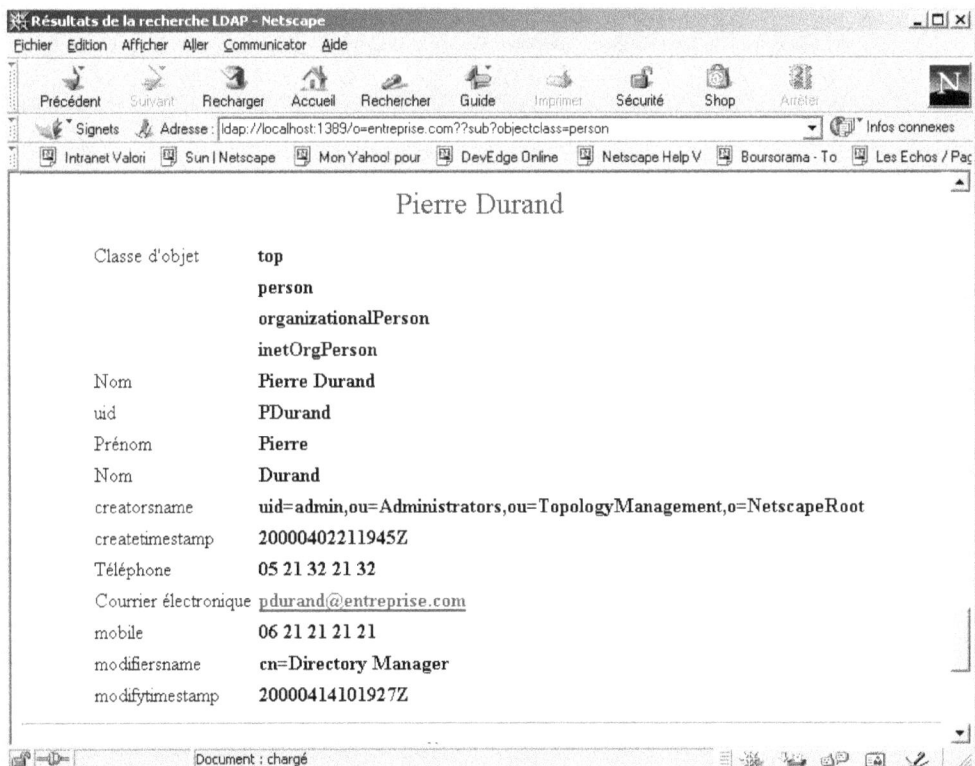

Figure 6.9

Exemple de lecture des objets personnes de l'annuaire

La figure 6.9 montre un exemple de lecture des objets de type personne dans un annuaire. Notons que seuls les attributs autorisés en lecture pour l'identification fournie sont affichés. Dans cet exemple, l'utilisateur est anonyme.

Lecture du schéma

ldap://serveur:port/cn=schema??base? objectclass=*

où *serveur:port* désigne l'adresse DNS ou l'adresse IP du serveur d'annuaire que l'on souhaite interroger, et son adresse de port (par défaut 389).

ldap://localhost:1389/cn=schema??base?objectclass=*

Dans cette requête, le DN désigné est celui de l'objet contenant le schéma de l'annuaire (avant le premier '?'), et le périmètre de la recherche est base pour ne lire que l'objet désigné.

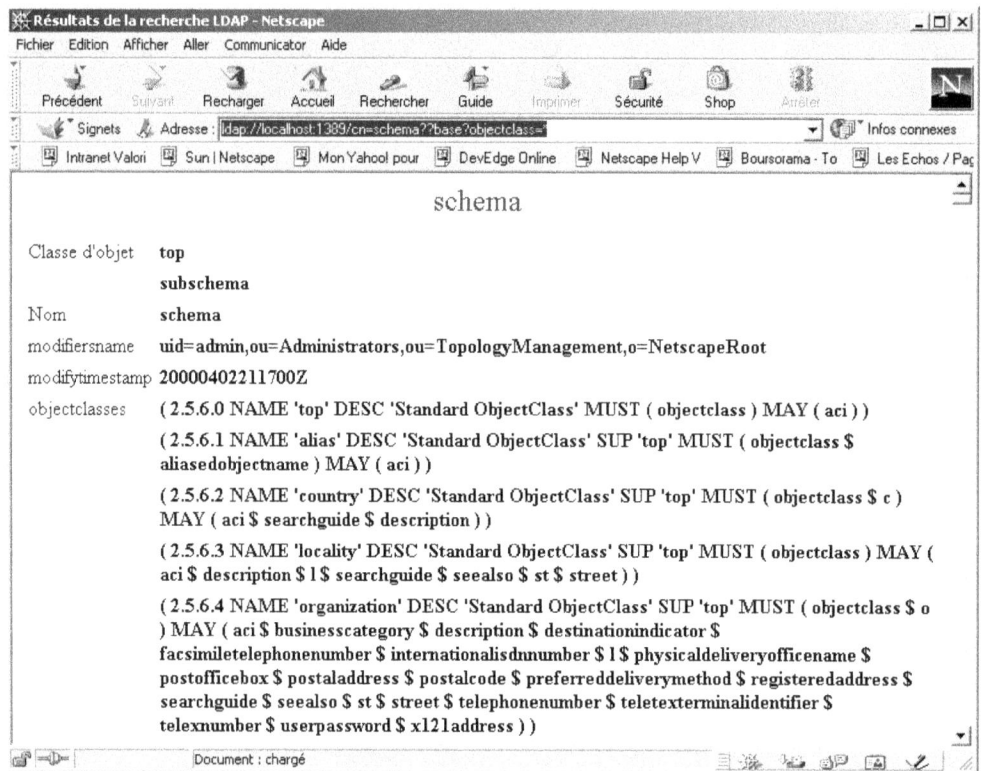

Figure 6.10

Exemple de lecture du schéma de l'annuaire

La figure 6.10 montre un exemple de lecture du schéma de l'annuaire. Celui-ci contient la liste des classes d'objets et des attributs.

Les extensions du standard LDAP v3

Comme nous l'avons signalé au fur et à mesure de la description de LDAP, des évolutions du standard ont été élaborées dans le cadre de différents groupes de travail de l'IETF.

Nous allons décrire dans ce chapitre les principales évolutions, et répertorier ainsi des fonctions qui sont d'ores et déjà intégrées dans certaines versions des produits LDAP. Certaines d'entre elles sont décrites sommairement sur le site de l'IETF, dans la page : *http://www.ietf.org/html.charters/ldapext-charter.html*. On y trouve aussi des liens vers les documents de spécifications techniques de chacune de ces extensions.

La syntaxe des contrôles d'accès ou ACL

Le standard LDAP v3 n'explique pas comment il faut décrire les droits d'accès dans un annuaire. Or ceci constitue un handicap pour la réplication entre annuaires. Ce standard consiste à décrire cette syntaxe.

Il impose le rajout d'un attribut dans le schéma pour toute classe d'objet de l'annuaire : l'attribut `aci`. Cet attribut contient une chaîne de caractères qui décrit les droits d'accès sur l'objet à l'aide d'une syntaxe particulière.

Cette spécification est d'ores et déjà respectée par certains serveurs d'annuaire, comme celui de la société Sun.

Tri des résultats d'une recherche par le serveur

Dans le cas où il faut trier le résultat d'une recherche, comme par exemple afficher les enregistrements trouvés par ordre alphabétique, il est préférable de le faire au niveau du serveur et de renvoyer les enregistrements dans l'ordre plutôt que de tout envoyer sur le poste client puis de trier les entrées.

Pour cela, il faut demander au serveur de trier le résultat sur le serveur lorsqu'on soumet la requête avant de l'envoyer au client qui a soumit la requête.

Ce standard décrit une extension de la fonction de recherche qui permet de préciser les attributs sur lesquels on souhaite effectuer le tri et le critère de tri.

Cette spécification est d'ores et déjà respectée par certains serveurs d'annuaire, comme celui de la société Sun, et celui d'Active Directory de Microsoft.

Codage des langues dans les valeurs d'attributs

Le codage des langues s'applique à la syntaxe des attributs et aux valeurs d'un attribut. Comme nous l'avons expliqué dans un chapitre précédent, ceci permet à un annuaire d'offrir des fonctions de recherche et de comparaison qui tiennent compte de la langue, et de mémoriser une valeur d'attribut dans différentes langues.

Cette spécification décrit le codage et les règles que doit respecter un serveur d'annuaire multilingue. Elle est mise en œuvre dans la plupart des produits d'annuaire du marché.

Données dynamiques dans un annuaire

Les données contenues dans un annuaire sont généralement statiques : leur durée de vie n'est pas limitée tant que l'objet auquel elles sont rattachées existe. Par exemple, la valeur du nom d'une personne a une durée de vie égale à celle de la personne. Le numéro de téléphone peut changer plus souvent, mais la fréquence de changement reste limitée dans le temps.

En revanche, il existe de plus en plus d'applications qui nécessitent des données volatiles, devant être mises à jour fréquemment. Par exemple, les applications de vidéo-conférence et de téléphonie sur IP, exigent de mettre à jour l'annuaire chaque fois qu'un utilisateur active le logiciel associé pour attendre un appel ou pour en effectuer un. Il faut par exemple rajouter l'adresse IP de tout nouvel intervenant dans l'annuaire des personnes en ligne, afin que les autres puissent établir une connexion avec lui. La durée de vie de cette information est limitée dans le temps : lorsque l'utilisateur se déconnecte elle n'est plus valable (ceci est encore plus vrai si l'utilisateur passe par un opérateur Internet qui lui attribue une adresse IP dynamique).

Cette spécification décrit des extensions du protocole LDAP permettant de définir les attributs volatiles et de leur associer des paramètres, comme la durée de vie.

Renvoi de référence (referrals)

Le standard LDAP v3 prend en charge la gestion des renvois de référence d'un annuaire à l'autre, mais ne précise pas comment les informations associées sont mémorisées et gérées dans l'annuaire.

Cette spécification décrit la façon dont le schéma d'un annuaire doit être conçu pour prendre en charge cette fonctionnalité.

Recherche de serveurs LDAP

Un client ne peut se connecter à un serveur d'annuaire LDAP que s'il connaît son adresse. Or, il peut arriver que ce ne soit pas le cas. Par exemple, pour une infrastructure à tolérance de panne, le serveur d'annuaire peut être répliqué à plusieurs endroits dans une entreprise. Le client ne peut pas savoir *a priori* quel est le serveur disponible.

L'objectif de cette spécification est de décrire un mécanisme permettant à un client de découvrir les serveurs disponibles au moment de l'établissement de la connexion.

Interface de programmation LDAP

Cette spécification a pour objectif de remplacer le RFC 1823 datant d'août 1995, relatif au standard LDAP v2.

En fait, il y a plusieurs interfaces de programmation en cours de normalisation : l'une dédiée au langage C, et l'autre dédiée au langage Java (différente de JNDI que nous avons évoquée précédemment).

Signalons que ces interfaces sont déjà mises à disposition par certains éditeurs du marché, et qu'il est possible de télécharger les kits de développement correspondants sur Internet.

LDAP sur UDP

Cette spécification consiste à définir un mécanisme permettant de véhiculer les trames LDAP dans des paquets UDP, au lieu TCP/IP. Ceci permettrait de réduire le trafic réseau.

Signature des données dans un annuaire LDAP

Certaines applications nécessitent que les données sauvegardées dans un annuaire LDAP soient signées. Cette signature permet de garantir l'intégrité de ces données et leur authenticité.

Les spécifications en cours d'élaboration consistent à définir des extensions des fonctions de recherche et de mise à jour, afin de pouvoir manipuler des données signées.

Réplication entre serveurs (LDUP)

Un groupe de travail, dédié à la réplication entre annuaires LDAP a été constitué au sein de l'IETF. Ce groupe comprend des entreprises comme Sun, IBM, Novell et a pour objectif de définir le format d'échange entre serveurs LDAP pour assurer la réplication des données. Ce standard est nommé LDUP *(LDAP Directory Update Protocol)*.

L'objet de ce standard est de décrire un modèle de réplication entre annuaires, ainsi qu'un schéma et les données qu'il doit contenir, spécifiques à la réplication.

Il est ainsi possible de répliquer des annuaires issus d'éditeurs différents, et de prendre en charge les stratégies de réplication basées sur un seul serveur maître, dédié aux mises à jour, ou sur plusieurs serveurs de mise à jour. Les mécanismes de synchronisation des données entre serveurs, ainsi que la gestion des conflits, sont abordés dans ce standard.

Nous pouvons dire qu'à ce jour ce standard n'a pas été largement adopté par les éditeurs de solution. Les solutions de réplication intégrées dans les produits du marché reposent sur des mécanismes propriétaires propres à chaque éditeur, car ils sont plus performants et répondent mieux aux contraintes de sécurité lors d'échanges entre annuaires distants.

La classe d'objet `inetorgperson`

Cette classe permet de décrire une personne dans un annuaire LDAP. Elle dérive de la classe `organizationnalperson`, mais ne fait pas partie du standard LDAP v3.

Elle contient des informations essentielles, qui ne se trouvent pas dans le standard LDAP v3 (dû à ses origines X500), comme par exemple l'adresse de messagerie Internet d'une personne ou le responsable hiérarchique d'un employé.

Cette classe d'objet est aujourd'hui un standard *de facto*, adoptée par la plupart des éditeurs d'annuaires LDAP, comme Sun/iPlanet, Novell, IBM et Oracle. Notons qu'elle est maintenant prise en charge par Microsoft dans Active Directory pour Windows 2003 et Active Directory Application Mode. La classe spécifique `user` utilisée auparavant est toujours supportée.

Introduction aux standards de fédération des identités

Pourquoi la nécessité de tels standards ?

L'objet de ce paragraphe est d'introduire de nouveaux standards, dédiés à la fédération des identités, et qui complètent le standard LDAP décrit précédemment.

Qu'est-ce que la fédération des identités ? Nous avons présenté ce concept dans le chapitre 3. Rappelons qu'il s'agit de partager au sein d'un même réseau les identités des utilisateurs réparties dans plusieurs systèmes, à l'aide d'interfaces d'échanges basées sur des standards du marché.

Mais pourquoi le standard LDAP ne répond-il pas à ce besoin ? Nous avons bien vu, dans les chapitres précédents, qu'il offre un modèle de données normalisé permettant des personnes et des organisations, des services de lecture et d'écriture des données accessibles en mode client et serveur sur un réseau TCP/IP, des mécanismes de renvoi de références (*referrals*) permettant de répartir les données sur plusieurs serveurs et des moyens d'identification et d'authentification normalisés.

La raison est simple : le standard LDAP nécessite le partage d'un même modèle de données et d'une même infrastructure entre différentes applications. Il est plus apte à partager les données sur des personnes et les services associés en centralisant, dans une même infrastructure, l'annuaire LDAP. Bien entendu, il existe quelques mécanismes, comme la réplication entre serveurs et les *referrals*, qui facilitent la répartition des données. Mais ceci nécessite quand même un couplage fort entre les différentes instances annuaires. En effet, celles-ci doivent partager le même schéma et certaines données, comme les identifiants et mots de passe des utilisateurs communs, appartenir à un même réseau sécurisé, etc. Or, tout ceci est difficile à mettre en œuvre entre plusieurs organisations, comme c'est le cas, par exemple, entre une entreprise et ses fournisseurs, un grand ministère constitué de plusieurs entités, ou encore une multinationale composée de plusieurs filiales autonomes.

Il existe à ce jour plusieurs standards destinés à répondre à ce besoin. Certains sont déjà au stade de maturité, et il existe pour eux des outils et des implémentations. D'autres sont en cours d'élaboration, mais sont tout aussi prometteurs, car soutenus par des acteurs importants du marché.

Nous les avons introduits dans le chapitre 1, il s'agit essentiellement de SAML, Liberty Alliance et WS-Federation :

- Le standard le plus largement répandu, à ce jour, est SAML dont la version en vigueur est la 1.1. La version 2.0 de SAML est en cours de finalisation. Les informations relatives à SAML ainsi que les documents décrivant le standard se trouvent à l'adresse suivante : *http://www.oasis-open.org/committees/tc_home.php?wg_abbrev=security*.

- Liberty Alliance s'appuie sur SAML 1.1 et va converger avec SAML 2.0, mais aussi sur d'autres standards comme SOAP et WS-Security. Voir le site Web *http://www.projectliberty.org* pour plus d'information.

- Quant à WS-Federation qui fait partie des standards dédiés aux services Web, dont WS-Security promu par Microsoft et IBM, il n'est pas ratifié à ce jour. Pour plus d'information, voir le site Web : *http://www-106.ibm.com/developerworks/webservices/library/ws-fed*

Par conséquent, nous allons décrire uniquement SAML dans ce chapitre.

Introduction à SAML

SAML *(Security Assertion Markup Language)* est un standard décrivant les formats de documents et les protocoles nécessaires à l'authentification unique à travers différents sites Web utilisant des mécanismes de sécurité hétérogènes.

C'est un standard développé par l'OASIS *(Organization for the Advancement of Structured Information Standards)* et par d'autres organismes comme ITU *(International Telecommunications Union)*. Il est entièrement basé sur le langage XML.

L'implémentation de SAML, au sein d'un site, permet de soumettre à d'autres sites des requêtes SAML concernant les utilisateurs, ou d'y répondre. Ceci permet essentiellement à un utilisateur de s'authentifier sur le premier site, puis d'accéder aux autres sans avoir à s'authentifier à nouveau.

Fournisseurs d'identités et de ressources

Le standard SAML introduit deux concepts importants : le fournisseur d'identités et le fournisseur de ressources.

Le fournisseur d'identités *(Identity Provider)* est le domaine chargé de répondre aux requêtes concernant les identités des utilisateurs et leur authentification, ainsi que leurs droits d'accès aux différentes ressources. On désigne aussi le fournisseur d'identités par « autorité SAML ».

Le fournisseur de services *(Service Provider)* est le domaine contenant les ressources ou les services auxquels les utilisateurs souhaitent accéder. Le fournisseur de services va demander à un fournisseur d'identités les informations sur les utilisateurs, afin de leur donner accès ou pas aux ressources qu'il gère.

Un fournisseur d'identités peut aussi jouer le rôle d'un fournisseur de services et vice versa.

Les assertions

Lorsqu'un utilisateur souhaite accéder à un service offert par un fournisseur de services, ce dernier va interroger un fournisseur d'identités afin d'obtenir des informations sur l'utilisateur. Le fournisseur d'identités va alors générer une « assertion » qu'il va envoyer au fournisseur de services, attestant de l'identité de l'utilisateur et de ses droits.

Que contient une assertion ? C'est un document XML composé de plusieurs éléments de sécurité, dont nous décrivons quelques-uns ci-dessous :

- L'émetteur : il s'agit d'un élément décrivant l'émetteur de l'assertion.

- La date de validité : il s'agit d'un élément donnant la période de validité de l'assertion.

- La signature (optionnelle) : il s'agit d'une signature électronique permettant au récepteur de s'assurer de l'intégrité de l'assertion (c'est-à-dire qu'elle n'a pas été modifiée par un tiers lors du transfert).

- Le type de déclaration : il existe plusieurs types de déclarations, pouvant être émises par une autorité SAML, que nous listons ci-dessous :

  Authentification : déclaration attestant que l'utilisateur s'est bien authentifié avec un mécanisme donné et à un instant donné. Par exemple, il peut s'agir d'un identifiant et d'un mot de passe, ou bien d'un certificat électronique.

  Attributs : déclaration contenant un ensemble d'attribut décrivant l'identité de l'utilisateur, comme son adresse de messagerie, sa langue ou encore son adresse postale, ou une adresse de facturation.

  Décision d'autorisation : déclaration décrivant les droits de l'utilisateur sur une ou plusieurs ressources. Il peut s'agir d'un droit de lecture sur une URL comme *ftp://www.domaine.com/dossier*.

Le protocole de transport des requêtes et des réponses SAML

SAML nécessite un protocole de transport des échanges à travers un mécanisme de messages ou de communication entre le client et le serveur. Pour chaque protocole de transport, SAML définit la notion de « profil » décrivant comment les assertions SAML sont encapsulées dans celui-ci. Par exemple, le profil SAML pour SOAP décrit comment les assertions sont encapsulées dans les échanges SOAP, comment les en-têtes SOAP sont éventuellement modifiés (ceci est optionnel dans SAML, et ce n'est le cas que pour les requêtes mais pas pour les réponses), et comment sont gérés les messages d'erreurs.

SOAP *(Simple Object Access Protocol)* permet de mettre en forme les requêtes et les réponses dans un langage normalisé, à l'instar de RPC *(Remote Procedure Control)*. Il est basé sur XML et sur le protocole de transport HTTP ou HTTPS (HTTP sécurisé). L'usage de HTTP permet d'échanger les données SOAP entre un client et un serveur. Les documents SAML, c'est-à-dire aussi bien les requêtes que les réponses, sont encapsulés dans le corps du message SOAP (*body*), comme c'est le cas pour DSML. Pas plus d'un seul document SAML ne doit se trouver dans un corps de message SOAP.

Nous donnons, dans la figure 6.11, un exemple de requête et de réponse SAML *via* le protocole SOAP.

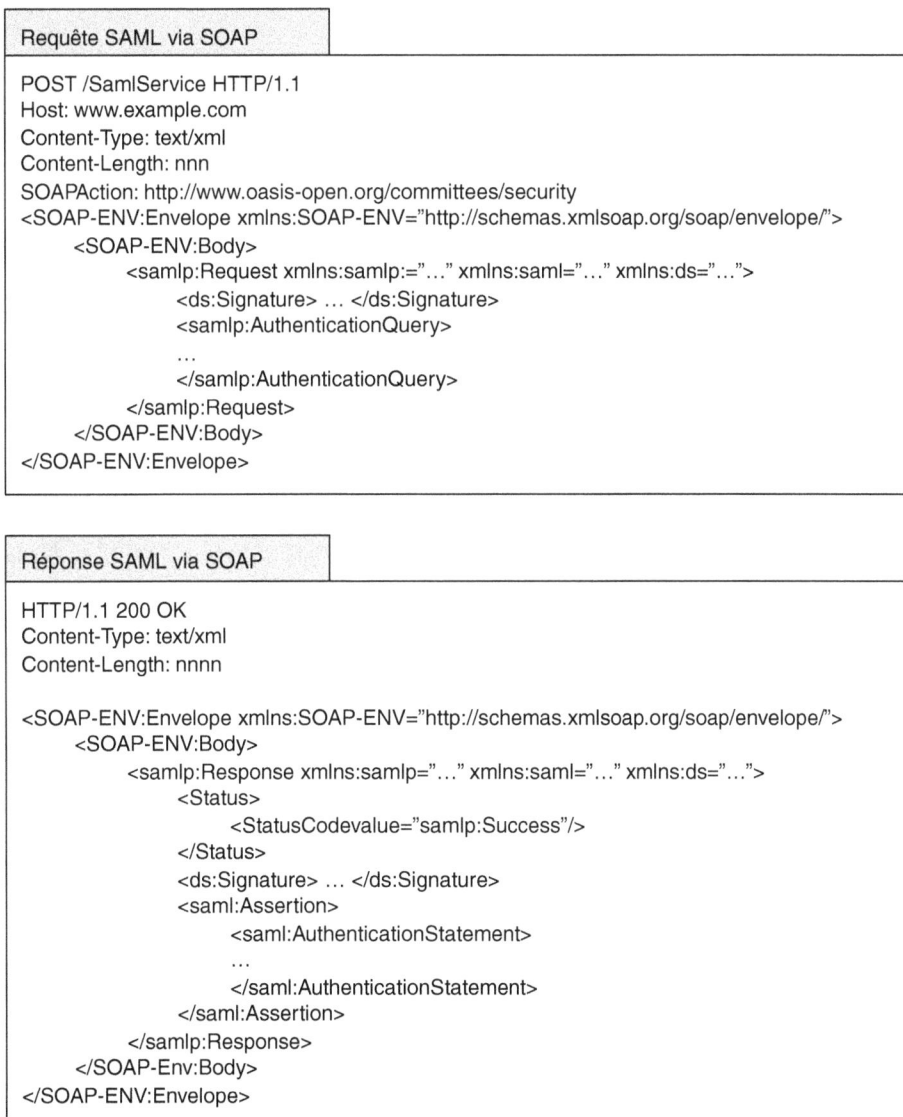

```
Requête SAML via SOAP

POST /SamlService HTTP/1.1
Host: www.example.com
Content-Type: text/xml
Content-Length: nnn
SOAPAction: http://www.oasis-open.org/committees/security
<SOAP-ENV:Envelope xmlns:SOAP-ENV="http://schemas.xmlsoap.org/soap/envelope/">
    <SOAP-ENV:Body>
        <samlp:Request xmlns:samlp="..." xmlns:saml="..." xmlns:ds="...">
            <ds:Signature> ... </ds:Signature>
            <samlp:AuthenticationQuery>
            ...
            </samlp:AuthenticationQuery>
        </samlp:Request>
    </SOAP-ENV:Body>
</SOAP-ENV:Envelope>
```

```
Réponse SAML via SOAP

HTTP/1.1 200 OK
Content-Type: text/xml
Content-Length: nnnn

<SOAP-ENV:Envelope xmlns:SOAP-ENV="http://schemas.xmlsoap.org/soap/envelope/">
    <SOAP-ENV:Body>
        <samlp:Response xmlns:samlp="..." xmlns:saml="..." xmlns:ds="...">
            <Status>
                <StatusCodevalue="samlp:Success"/>
            </Status>
            <ds:Signature> ... </ds:Signature>
            <saml:Assertion>
                <saml:AuthenticationStatement>
                ...
                </saml:AuthenticationStatement>
            </saml:Assertion>
        </samlp:Response>
    </SOAP-Env:Body>
</SOAP-ENV:Envelope>
```

Figure 6.11

Exemple de requête et de réponse SAML via SOAP

Exemples d'assertions SAML

À titre d'exemple, nous allons décrire quelques documents XML contenant des assertions SAML. Notons qu'il existe des outils sur le marché qui vont prendre en charge la génération automatique de ces documents et leurs analyses, tout en s'appuyant sur un annuaire LDAP, soit un outil de SSO, comme c'est le cas pour Oblix SHAREid, Sun Identity Server, IBM Tivoli Access Manager ou encore pour Netegrity SiteMinder.

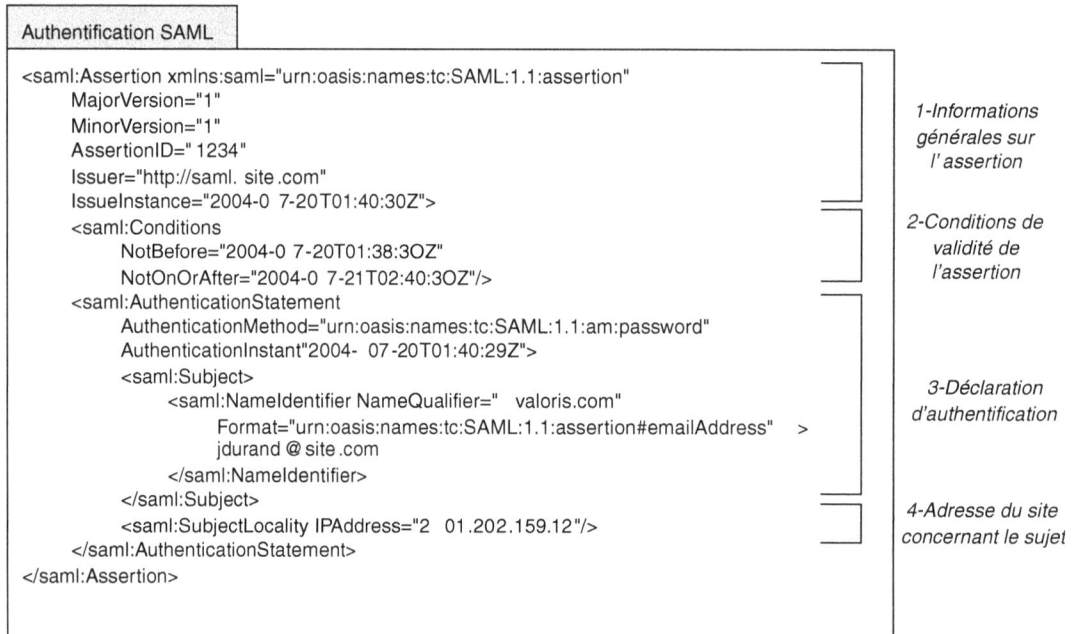

```
Authentification SAML

<saml:Assertion xmlns:saml="urn:oasis:names:tc:SAML:1.1:assertion"        ┐ 1-Informations
      MajorVersion="1"                                                       générales sur
      MinorVersion="1"                                                         l'assertion
      AssertionID=" 1234"
      Issuer="http://saml. site .com"
      IssueInstance="2004-0 7-20T01:40:30Z">                               ┘
      <saml:Conditions                                                      ┐ 2-Conditions de
            NotBefore="2004-0 7-20T01:38:3OZ"                                  validité de
            NotOnOrAfter="2004-0 7-21T02:40:3OZ"/>                           ┘  l'assertion
      <saml:AuthenticationStatement
            AuthenticationMethod="urn:oasis:names:tc:SAML:1.1:am:password"
            AuthenticationInstant"2004- 07-20T01:40:29Z">
            <saml:Subject>
                  <saml:NameIdentifier NameQualifier="  valoris.com"          3-Déclaration
                        Format="urn:oasis:names:tc:SAML:1.1:assertion#emailAddress"   >  d'authentification
                        jdurand @ site .com
                  </saml:NameIdentifier>
            </saml:Subject>                                                 ┐
            <saml:SubjectLocality IPAddress="2  01.202.159.12"/>            ┘ 4-Adresse du site
      </saml:AuthenticationStatement>                                         concernant le sujet
</saml:Assertion>
```

Figure 6.12

Exemple d'assertion SAML pour l'authentification

La figure 6.12 donne un exemple d'assertion d'authentification. On y voit plusieurs parties :

1. Une première partie contenant des informations générales sur l'assertion, comme la version de SAML (ici c'est la version 1.1), l'adresse URL de l'émetteur de l'assertion et la date.

2. Une deuxième partie contenant les conditions de validité de l'assertion. Ici, cette condition est exprimée sous forme d'une date et d'une heure de début de validité (NotBefore), et d'une date et d'une heure de fin de validité (NotOnOrAfter).

3. Une troisième partie contenant la déclaration d'authentification de l'utilisateur. On y trouve la méthode d'authentification (ici, c'est avec un mot de passe ; voir plus bas les autres méthodes supportées), la date de l'authentification, ainsi qu'une description du « sujet », c'est-à-dire de l'utilisateur. Ici, le sujet est identifié par un « nom » ou un identifiant, qui n'est autre que son adresse de messagerie (jdurand@site.com) qualifiée

par le domaine « valoris.com ». La possibilité de définir un domaine associé à un nom de sujet permet de distinguer les homonymes entre deux domaines différents. Afin d'attester de l'appartenance du nom au domaine, il est possible d'ajouter dans cette partie une signature qui doit se trouver dans l'élément optionnel SAML `<SubjectConfirmation>`.

4. Enfin, une dernière partie décrivant l'adresse IP (ou l'adresse DNS) du site où l'utilisateur s'est authentifié.

SAML supporte différentes méthodes d'authentification. Précisons aussi qu'il ne s'agit que d'assertion et que l'authentification proprement dite doit être réalisée par le système offrant l'interface SAML (par exemple, par le produit de SSO comme Netegrity ou Oblix). Parmi les différentes méthodes supportées, autres que le mot de passe, on trouve : Kerberos, Secure Remote Password (SRP), les équipements d'authentification (Hardware Token), certificat SSL/TLS, clé publique X509, clé publique PGP, clé publique SPKI, clé publique XKMS, signature digitale XML (RFC 3075). Il est aussi possible d'utiliser une méthode qui ne fait pas partie de cette liste (mot-clé `unspecified`).

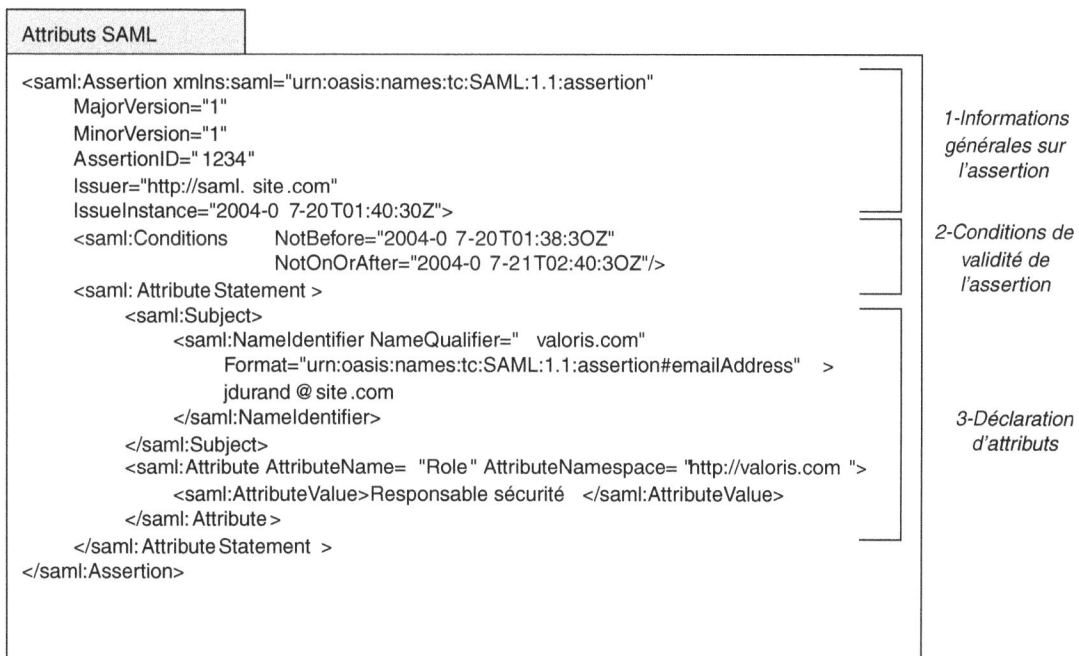

```
Attributs SAML

<saml:Assertion xmlns:saml="urn:oasis:names:tc:SAML:1.1:assertion"
       MajorVersion="1"                                                            1-Informations
       MinorVersion="1"                                                            générales sur
       AssertionID="1234"                                                          l'assertion
       Issuer="http://saml. site .com"
       IssueInstance="2004-0 7-20T01:40:30Z">
       <saml:Conditions      NotBefore="2004-0 7-20T01:38:3OZ"                      2-Conditions de
                             NotOnOrAfter="2004-0 7-21T02:40:3OZ"/>                 validité de
       <saml: Attribute Statement >                                                l'assertion
           <saml:Subject>
               <saml:NameIdentifier NameQualifier=" valoris.com"
                   Format="urn:oasis:names:tc:SAML:1.1:assertion#emailAddress"  >
                   jdurand @ site .com
               </saml:NameIdentifier>
           </saml:Subject>                                                         3-Déclaration
           <saml:Attribute AttributeName=  "Role" AttributeNamespace= "http://valoris.com ">   d'attributs
               <saml:AttributeValue>Responsable sécurité   </saml:AttributeValue>
           </saml: Attribute >
       </saml: Attribute Statement  >
</saml:Assertion>
```

Figure 6.13

Exemple d'assertion SAML pour les attributs

La figure 6.13 donne un exemple de déclaration d'attributs avec SAML. On y voit plusieurs parties, dont les deux premières qui sont identiques à celles de l'exemple précédent.

La troisième partie contient la déclaration d'attributs proprement dite. On y trouve une description du sujet (idem que l'exemple précédent), et ensuite, les attributs déclarés. Ici, il s'agit de l'attribut « Role » dont la valeur est « Responsable sécurité ». Cette assertion affirme donc que l'utilisateur identifié par « jdurand@site.com » a pour rôle : responsable sécurité.

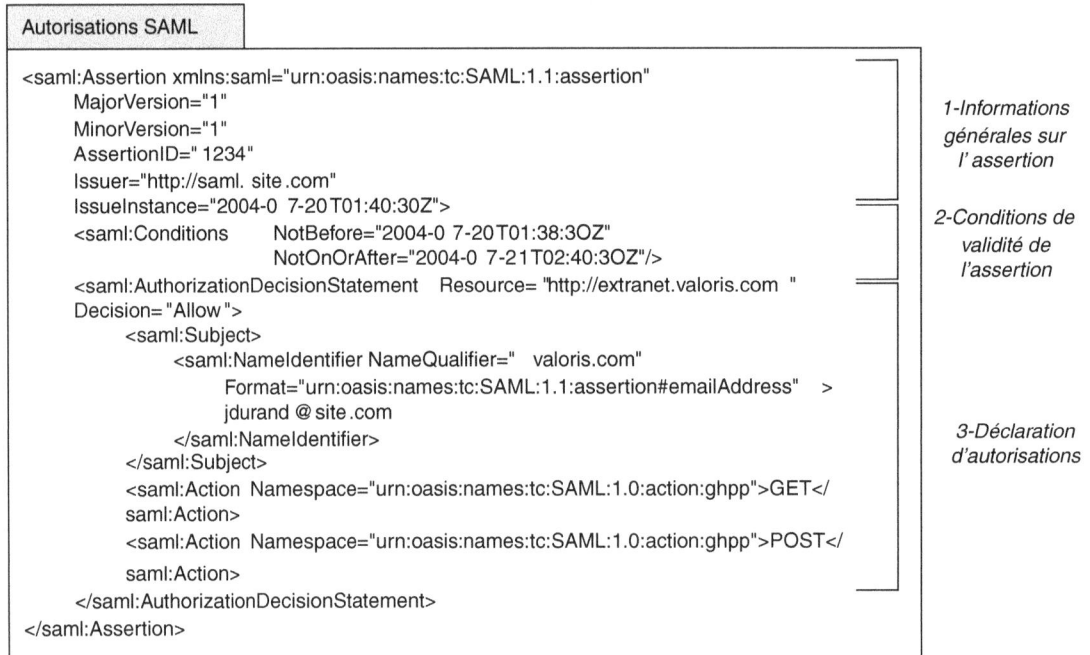

```
Autorisations SAML

<saml:Assertion xmlns:saml="urn:oasis:names:tc:SAML:1.1:assertion"
      MajorVersion="1"                                                    1-Informations
      MinorVersion="1"                                                    générales sur
      AssertionID=" 1234"                                                  l' assertion
      Issuer="http://saml. site .com"
      IssueInstance="2004-0 7-20T01:40:30Z">
      <saml:Conditions      NotBefore="2004-0 7-20T01:38:3OZ"             2-Conditions de
                            NotOnOrAfter="2004-0 7-21T02:40:3OZ"/>          validité de
      <saml:AuthorizationDecisionStatement   Resource= "http://extranet.valoris.com "  l'assertion
      Decision= "Allow ">
            <saml:Subject>
                  <saml:NameIdentifier NameQualifier="  valoris.com"
                        Format="urn:oasis:names:tc:SAML:1.1:assertion#emailAddress"  >
                        jdurand @ site .com
                  </saml:NameIdentifier>                                   3-Déclaration
            </saml:Subject>                                               d'autorisations
            <saml:Action  Namespace="urn:oasis:names:tc:SAML:1.0:action:ghpp">GET</
            saml:Action>
            <saml:Action  Namespace="urn:oasis:names:tc:SAML:1.0:action:ghpp">POST</
            saml:Action>
      </saml:AuthorizationDecisionStatement>
</saml:Assertion>
```

Figure 6.14

Exemple d'assertion SAML pour les autorisations

La figure 6.14 montre l'exemple d'une assertion d'autorisation SAML déclarant que l'utilisateur peut accéder à l'URL : *http://extranet.valoris.com*.

On y voit plusieurs parties, dont les deux premières qui sont identiques à celles de l'exemple précédent.

La troisième partie contient la déclaration d'autorisations proprement dite. On y trouve, en premier, l'URL du site à laquelle on va déclarer si l'utilisateur peut y exécuter des actions ou pas. Ici, il s'agit d'une décision de donner accès à la ressource concernée (Allow). On y trouve ensuite une description du sujet (idem que l'exemple précédent), et ensuite les actions autorisées. Il s'agit ici des actions GET et POST. Mais que veulent dire GET et POST ? Vous l'avez deviné, il s'agit des actions que l'on trouve dans un formulaire HTTP.

Pour que la sémantique de ces actions soit partagée entre l'émetteur et le destinataire de l'assertion, il est important de faire référence à un espace de noms communs, dans le lequel les sémantiques des actions sont décrites. Heureusement, SAML 1.1 joue ce rôle, et le standard contient une liste d'actions normalisées auxquelles peuvent se référer les deux parties. Nous en donnons ci-dessous la liste :

URI	Actions
urn:oasis:names:tc:SAML:1.0:action:rwedc	Read, Write, Execute, Delete, Control
urn:oasis:names:tc:SAML:1.0:action:rwedc-negation	Read, Write, Execute, Delete, Control, ~Read, ~Write, ~Execute, ~Delete, ~Control. Notons que le caractère ~ indique la négation de l'action. Par exemple, autoriser l'action ~Read se traduit par interdire la lecture.
urn:oasis:names:tc:SAML:1.0:action:ghpp	GET, HEAD, PUT, POST Il s'agit des actions que l'on retrouve dans le protocole HTTP.
urn:oasis:names:tc:SAML:1.0:action:unix	Il s'agit des permissions UNIX décrites dans une chaîne contenant 4 chiffres : *extended user group world* où *extended* prend les valeurs suivantes : +2 si sgid est positionné, +4 si suid est positionné ; et *user*, *group* et *world* prennent les valeurs suivantes : +1 pour les droits d'exécution, +2 pour l'écriture, +4 pour la lecture.

Les nouveautés dans SAML V2.0

La nouvelle version de SAML, en cours de ratification, apporte des compléments importants à ce standard, s'inspirant notamment des travaux réalisés par Liberty Alliance. On y trouve les fonctionnalités suivantes :

• La fédération de l'identifiant d'un utilisateur (Name Identifier Management Protocol et Name Identifier Mapping Protocol), permettant respectivement de signaler tout changement d'identifiant à l'ensemble des fournisseurs de services afin d'être en mesure de reconnaître l'utilisateur avec son nouvel identifiant, ainsi que d'associer différentes valeurs à celui-ci en fonction du service auquel il accède (c'est-à-dire en fonction du fournisseur de service au sens SAML).

• La gestion des sessions de bout en bout (Single Logout Protocol), permettant de déconnecter automatiquement un utilisateur de l'ensemble des sites auxquels il s'est connecté.

• La gestion des pseudonymes, permettant de ne pas publier un nom et prénom lors des échanges entre sites, afin de conserver l'anonymat à propos de l'utilisateur.

• Les profils d'attributs, permettant de spécifier comment sont décrits des attributs normalisés non SAML, dans un format SAML. Par exemple, il existe dans SAML V2.0 un profil d'attribut X500/LDAP qui rend possible l'utilisation des attributs LDAP dans les assertions SAML. Il en est de même pour le standard XACML (eXtensible Access Control Markup Language) normalisé par l'OASIS.

3

La conception
et la réalisation

La phase de conception d'un annuaire LDAP constitue une étape importante de son cycle de vie. Elle permet de passer de l'identification des besoins à l'implémentation, en s'assurant d'une solution pérenne et évolutive. Le cycle de vie d'un annuaire se déroule généralement en trois étapes : la conception, la réalisation et l'exploitation. Sa particularité est la réitération fréquente de ces trois étapes. En effet, un annuaire partagé par différentes applications doit pouvoir évoluer rapidement pour répondre à de nouveaux besoins, tout en restant compatible avec l'existant. Il faudra tenir compte de cette particularité lors de la phase de conception.

Mais en quoi consiste la conception d'un annuaire LDAP ? Que faut-il définir avant de pouvoir réaliser et mettre en œuvre celui-ci et les applications qui l'utilisent ?

Un annuaire est constitué de données ; la première étape consiste donc à définir celles-ci et la façon dont elles sont organisées. Mais ces données sont destinées à être gérées ou lues par des acteurs qui peuvent être aussi bien être des personnes physiques que des applications informatiques ou des équipements réseau. Il est donc important d'identifier chacun de ces acteurs et de préciser leurs rôles dans la gestion de l'annuaire. Ils ont aussi des droits sur certains objets de l'annuaire, qu'il est important de définir.

Par ailleurs, la mise à jour des données nécessite une attention particulière. Lorsque celles-ci sont gérées par plusieurs acteurs, que ceux-ci soient des personnes physiques ou des applications, il est important d'identifier à qui appartiennent ces données, puis de décrire les processus de mises à jour. Par exemple, lorsqu'une personne devient salariée d'une entreprise, c'est en général la direction du personnel qui crée les informations la concernant dans le système de paie. Mais, c'est au service informatique de lui attribuer une boîte aux lettres de messagerie ou encore un compte avec un mot de passe pour accéder au réseau local de l'entreprise. Ainsi, au moins deux acteurs différents se partagent les attributs qui permettent de décrire cette personne dans l'annuaire. Il est donc légitime de préciser qui met à jour l'annuaire en premier, et à quel moment l'enregistrement peut être publié dans l'annuaire afin d'être accessible par les autres acteurs. C'est ce que nous appellerons par la suite « les processus » de mise à jour.

Une fois la conception des données effectuée, les acteurs et leurs droits définis, les processus identifiés et décrits, il faut passer à la conception technique de l'annuaire. Celle-ci consiste à définir la topologie des serveurs qui vont le supporter, en tenant compte de la répartition des données en fonction des différentes localisations géographiques de l'entreprise. Il faut aussi en déduire les réplications requises entre ces différents sites, afin de synchroniser tout ou une partie de l'annuaire. Puis, il faut identifier et choisir les outils qui permettent de stocker l'annuaire, de le consulter et de le mettre à jour, ainsi que les outils et les langages de développement associés.

Et enfin, une fois l'annuaire mis en place, il faut définir la façon dont il va évoluer et va être géré. Tout nouveau besoin doit être validé avant d'être implémenté et déployé afin de ne pas perturber le fonctionnement des services existants. Cette validation doit se faire aussi bien sur le plan fonctionnel que technique. Il faut s'assurer par exemple, lors du rajout d'un nouvel attribut qu'il n'existe pas déjà, ou encore évaluer l'impact sur les performances de l'annuaire de toute nouvelle application.

Pour résumer, la conception se déroule en deux parties :

1. une conception fonctionnelle concernant les données, les acteurs, leurs droits d'accès et les processus de gestion de l'annuaire ;

2. une conception technique concernant la topologie des serveurs, la réplication et les outils de stockage et de gestion de l'annuaire.

La première partie est généralement réalisée par des responsables d'études, ayant une approche plutôt fonctionnelle et organisationnelle. La deuxième est effectuée par des concepteurs informatiques et par des responsables d'exploitation, dont l'approche est plutôt technique. Ainsi, pour plus de clarté, nous étudierons séparément ces deux parties dans la suite de ce livre.

Nous apprendrons comment réaliser des applications qui utilisent un annuaire LDAP. Nous décrirons les outils de développement disponibles sur le marché, ainsi que les serveurs d'applications qu'il est possible d'utiliser. Nous décrirons aussi les produits prêts à l'emploi permettant de réaliser par simple paramétrage des applications comme des organigrammes ou des trombinoscopes d'entreprise, et qui soit capable d'offrir une administration simple des droits d'accès et des fonctions de gestion des données.

Pour clore cette partie, nous allons décrire la façon de gérer la vie d'un annuaire d'entreprise. Nous décrirons quelle organisation il faut mettre en place pour faire vivre l'annuaire et avec quels outils. Nous décrirons aussi ce qu'il faut faire pour surveiller les performances et plus généralement comment administrer l'annuaire. Nous décrirons enfin comment assurer l'interopérabilité de celui-ci avec son environnement au fur et à mesure du rajout de nouvelles applications, et comment réparer un annuaire en cas de problème.

7

La conception fonctionnelle

Présentation de la méthodologie

En quoi consiste la conception fonctionnelle d'un annuaire LDAP ? Celui-ci va être utilisé pour partager, au sein de l'entreprise, des données opérationnelles sur les personnes et les ressources auxquelles elles accèdent. Pour cela, il est nécessaire d'identifier et de décrire les données qui vont être partagées, puis définir comment ces données vont cohabiter au sein de l'environnement existant.

Concevoir un annuaire revient donc à répondre aux questions suivantes :

- Quelles sont les données qui vont être partagées à l'aide de l'annuaire ?

- D'où vont provenir ces données et qui en sont les propriétaires ?

- Comment décrire et organiser ces données dans un modèle commun à toutes les applications qui vont l'utiliser ?

- Qui va gérer ces données et comment ?

- Comment faire cohabiter les données partagées de l'annuaire et les applications existantes ?

- Et enfin, quelles règles de sécurité faudra-t-il mettre en œuvre pour protéger l'accès à celles-ci ?

Rappelons que le standard LDAP comprend quatre modèles : le modèle de données ou d'information, le modèle de désignation, le modèle de fonctions et le modèle de sécurité. La mise en œuvre d'un annuaire LDAP implique donc la conception du modèle de données, du modèle de désignation et du modèle de sécurité. Le modèle de fonctions, préconisé dans le standard LDAP, répond dans la majorité des cas aux besoins et ne nécessite pas d'être complété. En d'autres termes, il s'agit de définir le contenu (modèle de données), l'organisation hiérarchique des données (modèle de désignation), puis les acteurs et les droits d'accès sur les données (modèle de sécurité).

Mais il faut aussi concevoir la façon dont tout ceci va vivre dans l'entreprise, c'est-à-dire comment l'annuaire va s'intégrer dans l'organisation de celle-ci et dans son système d'information. Pour cela, il faudra commencer par identifier les acteurs pour chaque type de données à partager, puis définir leurs rôles par rapport à ces données, comme ceux qui sont responsables de la mise jour et ceux qui peuvent uniquement consulter. Il faudra ensuite définir les processus de partage de ces données et gérer les éventuels conflits lorsque plusieurs acteurs sont concernés.

Rappelons aussi que le modèle de données LDAP impose une approche objet, ainsi qu'une organisation hiérarchique des données. Les méthodes utilisées habituellement pour la conception des bases de données relationnelles (modèle entités-relations) ne sont pas adaptées à une telle approche.

Quelle méthode de conception adopter ? Quelle démarche suivre pour concevoir un annuaire ? La méthodologie que nous préconisons repose sur une approche pragmatique et se déroule par étapes. Elle a pour objet d'aborder l'ensemble des questions soulevées précédemment. Nous en donnons une vue d'ensemble dans la figure 7.1.

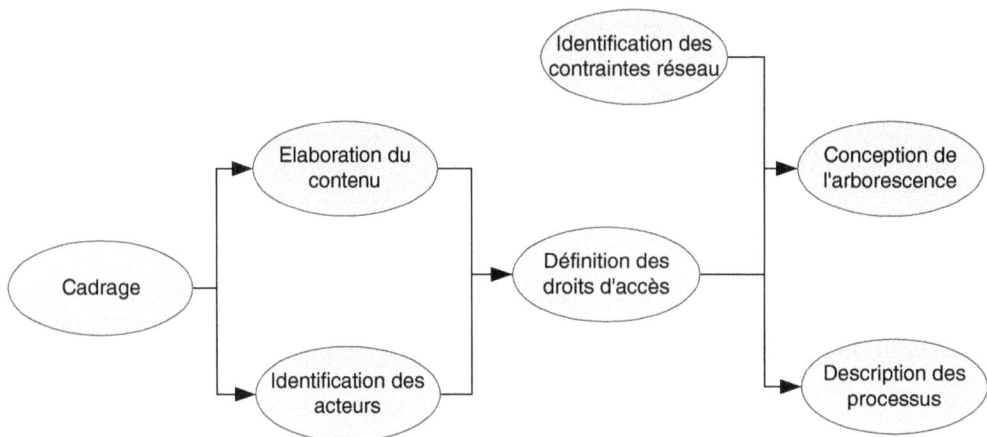

Figure 7.1
Les différentes étapes de la phase de conception

L'étape de cadrage

Cette étape doit être rapidement menée avec la maîtrise d'ouvrage. Il s'agit d'identifier les besoins prioritaires des utilisateurs nécessitant la mise en œuvre d'un annuaire, ainsi que les applications associées comme les Pages Blanches, la sécurité d'accès aux applications, l'extranet ou l'annuaire de messagerie. Plus le nombre d'applications est restreint et plus la mise en œuvre de l'annuaire s'exécutera rapidement. L'identification des applications cibles avant la mise en œuvre de l'annuaire permet de concevoir d'emblée une solution évolutive, qui sera donc plus pérenne.

Élaboration du contenu

Cette étape consiste à définir les données qui seront partagées entre ces applications et gérées par l'annuaire. Ces données doivent répondre aux besoins exprimés lors de l'étape précédente. Il s'agit de décrire l'ensemble des attributs à gérer, des classes d'objets et la hiérarchie entre ces classes, c'est-à-dire leurs liens d'héritage.

Identification des acteurs

On entend par acteurs les personnes et les applications qui sont amenées à consulter ou à utiliser l'annuaire, ainsi qu'à le gérer et à l'administrer. Il est nécessaire de les identifier afin de leur attribuer les droits d'accès sur les données dont ils sont propriétaires, et de décrire les processus de mise à jour associés.

Définition des droits d'accès

Il s'agit de déterminer à qui appartiennent chaque attribut et chaque classe d'objet, ainsi que les droits d'accès des acteurs aux données identifiées. Ces droits comprennent essentiellement la lecture, la modification, la création, la suppression et la recherche.

Identification des contraintes réseau

L'identification des contraintes réseau permet de préciser, en particulier pour les sites distants, ceux pour lesquels il sera nécessaire de répliquer les données sur un serveur propre. Elle a pour objectif de préparer l'organisation des données afin de simplifier les réplications éventuelles entre sites.

Conception de l'arborescence

Cette étape consiste à définir, à partir des éléments précédents, l'arborescence de l'annuaire LDAP (au sens X500 du terme) ou le modèle de désignation. C'est ce que nous appellerons par la suite le DIT : *Directory Information Tree.*

Les processus de gestion de l'annuaire

Cette étape consiste à définir les processus de mise à jour de chaque classe d'objet de l'annuaire. En fait, elle permet d'identifier les flux de données qui permettent de mettre à jour l'annuaire et de le synchroniser avec son environnement. Elle permet aussi de décrire les différentes étapes de cette mise à jour et la gestion des conflits lorsqu'elle est effectuée par différents acteurs.

L'ordre préconisé dans ces étapes (qui correspond au sens des flèches dans la figure 7.1) est important, car il permet d'avancer de façon pragmatique, en disposant de tous les éléments requis avant de passer à l'étape suivante. Mais ceci n'exclut pas de revenir sur certaines étapes au fur et à mesure de l'avancement. Le standard LDAP est facilement évolutif, il autorise une approche itérative. Par exemple, il n'est pas indispensable de définir complètement le contenu (attributs et classes) pour passer à la phase de conception de l'arborescence. Il sera toujours possible d'ajouter des attributs et des classes par la suite, sans remettre en cause celle-ci.

Nous conseillons de commencer par les données, puis d'identifier les acteurs et les droits avant de définir l'arborescence de l'arbre, car celle-ci peut dépendre des droits qu'il faut attribuer. En effet, il est plus facile d'attribuer les droits sur l'ensemble d'une branche de l'arbre que sur des objets disséminés dans plusieurs branches. On peut ainsi exprimer simplement une règle de délégation de la gestion de toute une branche à un utilisateur donné.

Nous allons décrire dans la suite de ce chapitre chacune des étapes identifiées précédemment, et mettre en avant les points clés à prendre en compte lors de la conception.

Nous utiliserons un sous-ensemble de diagrammes et de concepts faisant partie du standard UML *(Unified Modeling Language)* dans chacune de ces différentes étapes. Pour cela, nous commencerons par exposer brièvement quelques notions d'UML dont nous nous servirons par la suite.

Cas d'utilisation

Il définit un besoin fonctionnel précis et non décomposable (il n'inclut pas d'autres cas d'utilisation), exprimé par un ou plusieurs utilisateurs. Le périmètre fonctionnel du système est défini par l'ensemble des cas d'utilisation. Un cas d'utilisation décrit, par exemple, comment ajouter un nouvel employé, modifier le profil d'un utilisateur, etc.

Acteur

Il représente un rôle bien défini dans le système. Un acteur peut être une personne ou une application informatique interagissant avec le système. Une personne peut jouer plusieurs rôles et donc correspondre à plusieurs acteurs. Par exemple, une personne peut être en même temps un utilisateur d'un annuaire d'entreprise et un gestionnaire d'une partie de celui-ci. À chaque acteur ou rôle est associé un sous-ensemble de cas d'utilisation.

Relation d'héritage entre acteurs

Un acteur ou un rôle peuvent hériter d'un autre. Ceci permet de factoriser des cas d'utilisation entre acteurs. Ainsi, lorsque l'acteur B hérite de l'acteur A, ce premier a accès à tous les cas d'utilisation du dernier, en plus de ses propres cas d'utilisation. Par exemple, un gestionnaire d'annuaire ayant des droits de mise à jour est aussi un utilisateur. Il peut donc à la fois lire l'annuaire et y effectuer des recherches.

Diagramme des cas d'utilisation

Il représente une vue synthétique des relations entre les acteurs et les cas d'utilisation.

Diagramme de classes

Il offre une synthèse de l'ensemble des classes de l'application avec les différents éléments qui les composent : classes avec attributs et méthodes, relations d'héritage et associations entre elles avec cardinalités. Un tel diagramme peut être utilisé dans un premier temps pour modéliser les données (sans méthode dans les classes), pour être enrichi par la suite pour préparer une mise en œuvre de l'annuaire à l'aide d'un langage objet.

Diagramme de séquences

Il représente l'enchaînement séquentiel des actions, illustrées par des messages, qui peuvent transiter entre les acteurs et/ou les objets. Par exemple, un utilisateur qui veut modifier son adresse de messagerie va agir sur un objet qui contient son profil, sauvegardé dans l'annuaire. Cette action se traduit par l'envoi d'un message de l'acteur « utilisateur » vers un objet de type « personne » sauvegardé dans l'annuaire.

L'étape de cadrage

Les objectifs

La conception d'un annuaire peut devenir extrêmement complexe si, d'emblée, tous les cas d'utilisation sont pris en compte. Nous recommandons de limiter le champ à une ou deux applications afin de mettre rapidement en œuvre une première version de l'annuaire. La technologie LDAP permet une conception évolutive, grâce, notamment, aux mécanismes d'héritage entre classes d'objets. Il sera toujours possible de modifier le modèle *a posteriori* sans remettre en cause les réalisations effectuées.

Nous constatons qu'en général seules une ou deux applications critiques suffisent à motiver la mise en place d'un annuaire LDAP à l'échelle de l'entreprise (les Anglo-Saxons la nomme *The Killer App*). Il est important de bien identifier ce type d'application afin de pouvoir accélérer le processus de décision et démarrer la mise en œuvre d'un annuaire partagé. Il faut aussi s'assurer que cette première application est bien représentative des besoins les plus larges, pour faire de l'annuaire *le référentiel* des utilisateurs et des ressources de l'entreprise, et non un annuaire dédié à une application ou à un service.

Une fois les applications identifiées, il peut être utile, afin d'en justifier l'importance, d'évaluer les risques encourus si elles n'étaient pas mises en œuvre. Par exemple, que se passerait-il s'il n'existait pas d'annuaire commun à l'ensemble des applications extranets ? Ou encore, que se passerait-il si l'annuaire des Pages Blanches n'était pas mis en œuvre ?

On voit tout de suite dans ces deux cas que les enjeux ne sont pas similaires. D'une part, on s'expose à remettre en cause le niveau de sécurité des extranets car celle-ci devra être gérée dans chaque application, avec des risques de divergences entre les règles de sécurité et de redondance d'informations, rendant plus complexe l'administration de l'ensemble. D'autre part, l'absence d'un annuaire de type Pages Blanches peut rendre la communication difficile entre les personnes d'une entreprise ayant un grand nombre d'employés. Il est évident que le premier cas peut sembler plus critique pour la majorité des entreprises, les amenant à développer leurs annuaires extranets pour leurs clients, voire partenaires et fournisseurs, avant celui de leurs employés. Notons aussi que la plupart du temps, l'annuaire de messagerie peut servir d'annuaire Pages Blanches provisoire, et minimiser l'importance du déploiement d'un annuaire plus généraliste au sein de l'entreprise.

Maîtrise d'œuvre et maîtrise d'ouvrage

La mise en place d'un annuaire interne à l'entreprise, partagé par tous, peut poser des problèmes de responsabilité et d'obtention du budget requis. En effet, il est souvent aisé de trouver un maître d'œuvre, qui peut être une entité informatique transversal (en général c'est celle qui a en charge la messagerie, voire les applications bureautiques ou le réseau), mais il est plus difficile de trouver un maître d'ouvrage. Rappelons que le maître d'œuvre est celui qui est responsable de la mise en œuvre d'un projet. Le maître d'ouvrage représente les utilisateurs et il est responsable de l'expression de besoins et de la réception de l'application (vérification de conformité avec les besoins).

L'annuaire étant partagé, il ne peut pas être représenté par une seule entité utilisatrice de l'entreprise, chargée d'exprimer l'ensemble des besoins. En effet, il peut à la fois être utilisé, dans le cas d'un intranet, par la direction des ressources humaines et par la direction informatique ou encore, dans le cas d'un extranet, par la direction commerciale ou par le service après-vente. Par conséquent, cela peut engendrer des difficultés pour obtenir du budget nécessaire à l'étude et à la mise en œuvre.

En revanche, la mise en œuvre d'un annuaire destiné à des applications Internet ou à des extranets remporte plus aisément les adhésions. En effet, s'il est associé à une amélioration de la qualité de service et à une augmentation des revenus, il devient plus facile de convaincre la direction générale de son apport et de justifier l'investissement.

Il est toujours important de trouver un sponsor dès le démarrage du projet, chargé de le défendre auprès de la direction générale et de mettre en avant ses apports. Vous trouverez quelques arguments dans le premier chapitre de ce livre sur les apports qualitatifs d'un annuaire fédéré ainsi que sur les coûts et le retour sur investissement de celui-ci. Vous trouverez aussi une description des applications et des apports d'un annuaire dans le cas d'intranets, d'extranets et de sites Internet.

Qui peut être ce sponsor ? Tout dépend bien entendu des premières applications identifiées qui partageront cet annuaire.

Pour un extranet destiné aux clients privilégiés de l'entreprise ou un site Internet consacré au commerce ou à la publication d'informations, le sponsor peut être une direction marketing, une direction de la communication ou une direction commerciale. Il faut alors veiller à sensibiliser ces directions sur le caractère universel de l'annuaire, et les apports qu'il peut engendrer s'il est partagé par plusieurs applications. Par exemple, si l'annuaire permet le partage des profils clients entre différents services et lignes de produits d'une entreprise, cela favorise l'orientation client de l'offre, à travers une connaissance commune de leurs profils et de leurs comportements, et une personnalisation de l'offre à partir de cette connaissance. L'annuaire basé sur la technologie LDAP permet aussi de déléguer la gestion de certains services aux utilisateurs, ce qui améliore la réactivité de l'entreprise face aux changements et réduit les coûts d'administration du service client.

Lorsqu'il s'agit d'un intranet, ce sont en général la direction informatique (le service responsable de la messagerie et des applications *groupware* ou de travail collaboratif) ou les responsables de la sécurité et de l'infrastructure informatique qui initient le projet, soucieux de réduire les coûts d'administration des utilisateurs et des ressources, et d'améliorer, voire de contrôler, la sécurité du système d'information.

Les responsables de la sécurité ont généralement un budget qui leur est alloué, et peuvent jouer le rôle d'une maîtrise d'ouvrage. Ce sont en général de bons alliés dans un projet annuaire et ils peuvent même devenir son sponsor.

Quant à la direction informatique, elle peut avoir des difficultés à trouver un sponsor pour mettre en place un annuaire d'entreprise partagé. En effet, ses coûts de mise en œuvre, comprenant l'adaptation des applications existantes ou la synchronisation des données, peuvent être prohibitifs, d'autant plus que l'impact sur l'organisation n'est pas négligeable. En effet, si l'annuaire est partagé, il ne peut plus être mis à jour directement par les responsables des comptes utilisateurs de chacune des applications. Ces derniers devront obligatoirement passer par une administration centralisée et leur « autonomie » sur ces applications s'en trouvera restreinte.

La solution passe alors par une justification des gains quantitatifs (réduction des coûts d'administration, réduction des coûts de développement des applications, etc.) et qualitatifs (référentiel unique de données partagées, amélioration de la sécurité, meilleure qualité des données) afin d'obtenir l'appui de la direction générale. Elle seule peut assurer une cohérence de l'ensemble des besoins, et promouvoir une démarche de partage du référentiel des utilisateurs entre les différents services de l'entreprise. Vous trouverez dans le chapitre 1 plus de détails sur les gains apportés par les annuaires d'entreprise.

Les points clés

Avant de commencer à concevoir le contenu des données gérées par un annuaire, il est important de bien identifier ses applications. Or, celles-ci sont multiples et concernent aussi bien les services Internet que les intranets (dont l'infrastructure informatique), et les extranets des entreprises. Il est donc nécessaire d'identifier une première liste d'applications et d'établir des priorités. C'est l'objectif de cette étape. Bien entendu, si vous avez déjà déterminé une première application de l'annuaire, il n'est pas nécessaire de suivre cette démarche.

Cette étape comprend généralement les tâches suivantes :

- Identifier un sponsor du projet annuaire.

- Constituer un groupe d'utilisateurs, chargé de l'expression de besoin et de la validation des choix fonctionnels effectués.

- Identifier une liste d'applications.

- Établir des priorités.

Une des premières tâches de l'étape de cadrage consiste à identifier le sponsor du projet annuaire et le responsable de la maîtrise d'œuvre, comme nous venons de l'expliquer. Une fois cette tâche accomplie, il s'agit d'identifier quelques applications prioritaires nécessitant la mise en place d'un annuaire LDAP et d'établir un cahier des charges pour chacune d'elles.

Il est important d'impliquer les utilisateurs durant cette étape, afin de valider avec eux les besoins exprimés et d'établir un cahier des charges correspondant à leurs attentes.

Cette tâche n'est souvent pas aisée, car les utilisateurs peuvent avoir des difficultés à énoncer précisément leurs besoins, notamment dans le cas d'une première implémentation d'annuaire. Il est conseillé alors de se restreindre à une description sommaire, et d'inviter les utilisateurs à considérer des applications déjà réalisées par d'autres entreprises se rapprochant de leurs besoins.

Il est souvent bénéfique d'organiser des rencontres et des démonstrations de produits avec les éditeurs afin d'apprécier des solutions à l'œuvre. Ces expériences peuvent alimenter la réflexion des utilisateurs et les aider à exposer leurs besoins.

Notons que la plupart des éditeurs mettent gracieusement à disposition des CD-Rom de démonstration de leurs produits. Les sites Internet de ces éditeurs contiennent des études de cas qu'il est intéressant de consulter. On trouve, par exemple, sur le site *www.sun.com* de Sun des fiches descriptives d'applications sur Internet, sur des intranets et sur des extranets. Y figurent aussi des « whites papers » ou des documents décrivant des exemples d'applications réalisées chez leurs clients, mettant en avant les bénéfices apportés, les coûts de mise en œuvre et les facteurs clés de succès.

Les besoins des utilisateurs peuvent s'exprimer à travers des réunions de travail et des entretiens. Mais les cas d'utilisation de la modélisation UML *(Unified Modeling Language)* permettent de considérer ces besoins de façon plus structurée, en décrivant les différentes actions possibles sur le système d'information, puis en les rattachant aux acteurs. Par exemple, une action possible peut consister à lire le contenu d'un groupe de personnes ou encore à mettre à jour ce contenu. Les acteurs sont soit des utilisateurs, soit des administrateurs. Seule la lecture sera autorisée aux premiers tandis que les administrateurs pourront à la fois lire et mettre à jour les groupes. UML préconise de décrire tous les cas d'utilisation et offre un cadre qui permet de modéliser les interactions des acteurs et des cas d'utilisation.

Voici une liste des principaux cas d'utilisation d'un annuaire LDAP.

Nom	Description	Règles de gestion
Créer un objet	Création d'un nouvel objet comme une personne, une organisation ou un groupe de personnes.	La création d'un nouvel objet n'est autorisée que par une personne habilitée. Cette habilitation dépend généralement de la classe d'objet, et de l'emplacement de l'objet dans l'arbre.
Supprimer un objet	Suppression d'un objet de l'annuaire.	La suppression d'un objet ne peut se réaliser que par une personne habilitée. Notons que dans certains cas cette suppression ne peut pas s'exécuter immédiatement car il faut libérer des ressources dans d'autres systèmes. Par exemple, la suppression d'une personne de l'annuaire implique la suppression de sa boîte aux lettres dans le système de messagerie. La suppression s'effectue alors en plusieurs étapes.
Modifier un objet	Création, modification ou suppression des attributs d'un objet de l'annuaire.	Cette modification ne peut se faire que par les personnes habilitées. Les habilitations peuvent dépendre de la classe d'objet, de l'attribut et de l'emplacement de l'objet dans l'arbre.
Lire un objet	Lecture des attributs d'un objet de l'annuaire.	La lecture peut dépendre de l'identité de la personne qui consulte l'annuaire.
Recherche un objet	Recherche multicritère d'objets.	La liste des attributs recherchés peut aussi dépendre de l'identité de la personne. Par exemple, un utilisateur anonyme ne pourra pas effectuer une recherche sur la fonction d'une personne, mais uniquement sur son nom.

Pour avoir une liste exhaustive de ces cas, il faut décliner chaque ligne de ce tableau par classe d'objet. Par exemple, il faut décrire les cas d'utilisation pour les personnes, les groupes, les applications, etc.

Une fois les fonctions de l'application décrites, il est aussi important de connaître la disponibilité requise par ces applications, la fréquence d'utilisation et les temps de réponse lors de la consultation de l'annuaire. Par exemple, une application extranet ou sur Internet nécessitera une disponibilité de vingt-quatre heures si elle est consacrée à un usage international. Il peut en être de même pour un intranet dans une entreprise multinationale. Un annuaire utilisé par une messagerie électronique sera sollicité très fréquemment ; il peut être requis par le serveur de messagerie à chaque envoi de message. Enfin, un annuaire utilisé pour contrôler la sécurité à l'aide de certificats devra avoir des temps d'indisponibilité très faibles, voire nuls, en dehors des heures creuses.

En résumé, il faut établir un premier tableau permettant d'identifier les applications ayant besoin d'un annuaire et les particularités de chacune d'elles :

Application	Sponsor	Nombre d'utilisateurs	Fréquence d'utilisation	Disponibilité	Temps de réponse
Nom de l'application	Nom d'une personne ou d'un service	Actuel et évolution possible	Faible, régulière ou aléatoire	Vingt-quatre heures sur vingt-quatre, sept jours sur sept ou non	Court, moyen ou indifférent

Puis un deuxième tableau, décrivant les cas d'utilisation :

Nom	Description	Règles de gestion
Action	*Description de l'action*	*Règles de gestion associées*

Quelques exemples

De façon générale, les principales applications qui justifient la mise en œuvre d'un annuaire d'entreprise sont les suivantes :

- *Les extranets sécurisés* : l'annuaire sert de base à la gestion de l'identification des utilisateurs, des autorisations, de la confidentialité des échanges et de la gestion de ressources et des profils utilisateurs.

- *Les Pages Blanches sur l'intranet de l'entreprise* : elles comprennent le carnet d'adresses des collaborateurs, les groupes de personnes comme les listes de diffusion pour la messagerie, un organigramme hiérarchique et un trombinoscope. Sa première forme est souvent l'annuaire de la messagerie électronique de l'entreprise, mais celle-ci peut ne pas être suffisamment extensible pour ajouter des informations concernant l'organisation de l'entreprise et des informations de sécurité pour le contrôle d'accès aux applications en fonction du profil et du rôle de chaque personne.

- *Le contrôle des habilitations pour l'accès à des applications Internet, intranet ou extranet* : il est destiné à contrôler la sécurité d'accès à ces applications. Pour cela, il nécessite un référentiel partagé des utilisateurs, des applications et des droits d'accès.

- *La gestion des profils d'utilisateurs d'un site de commerce électronique* : l'utilisation d'un annuaire permet de constituer une base de profils partagés entre différents services et de personnaliser ces derniers en conséquence. Dans ce cas, l'annuaire peut constituer un outil de base des services CRM *(Customer Relationship Management)* de l'entreprise.

- *L'identification unique pour l'accès aux applications intranet via le portail d'entreprise* : la mise en place d'un annuaire partagé par les applications intranet permet d'offrir à l'utilisateur une identification unique à celles-ci *via* le portail d'entreprise. L'annuaire peut sauvegarder l'ensemble des mots de passe de l'utilisateur de façon sécurisé, et offre des mécanismes d'authentification automatique qui évitent à l'utilisateur la ressaisie de son mot de passe.

- *L'annuaire du système d'exploitation* : la mise en place d'un tel annuaire est liée au déploiement du système d'exploitation. Par exemple, le déploiement de Windows 2000/2003 ou de Linux à des fins de partage de ressources (fichiers, imprimantes, etc.) nécessite une réflexion sur la modélisation de l'annuaire.

Bien entendu, ces applications sont données à titre d'exemple ; d'autres cas peuvent se présenter en fonction des besoins.

Nous étudierons plus loin dans ce chapitre l'exemple d'un annuaire d'entreprise pour lequel nous supposerons que les besoins exprimés par les utilisateurs consistent à répertorier des collaborateurs et des partenaires (comme des contacts dans un réseau de franchisés). Un exemple plus complet d'un extranet revendeur est donné dans la suite de ce livre.

L'élaboration du contenu

Les objectifs

L'objectif de cette étape est de définir les attributs, les classes d'objets et la hiérarchie entre ces classes. Ceci constitue donc le schéma de l'annuaire, comprenant la définition du type de données pour chaque attribut (chaîne de caractères, nombre, etc.), la syntaxe de l'attribut (numéro de téléphone, majuscules et minuscules ignorées lors de la recherche) et le caractère obligatoire ou non de chaque attribut par classe d'objet.

Notons que, contrairement à une base de données, la définition des attributs doit se faire indépendamment des classes d'objets. La liste des attributs est une sorte de dictionnaire de données, partagé par toutes les classes.

Les points clés

La création d'une liste commune d'attributs peut engendrer des difficultés dans la conception de l'annuaire : comment mettre d'accord les responsables des différentes sources d'informations de l'entreprise sur une sémantique et une syntaxe communes d'attributs ?

Prenons un exemple simple : dans une entreprise constituée de plusieurs filiales ayant chacune son système d'information pour la gestion des ressources humaines, comment donner la même signification à l'attribut désignant le titre d'une personne ? Est-ce l'intitulé de sa fonction inscrit sur sa fiche de paie ou son titre figurant sur sa carte de visite ? Le premier est probablement normalisé, puisqu'il doit respecter le plan de carrière de l'entreprise, mais pose des problèmes de confidentialité. Le deuxième n'en pose pas, puisqu'il est indiqué sur les cartes de visite, mais n'est pas toujours renseigné ni normalisé ! Il faut alors soit normaliser l'attribut, ce qui peut prendre du temps sans apporter une réelle valeur ajoutée à l'annuaire, soit le conserver comme un champ libre, ce qui permet une mise en œuvre rapide mais n'autorise pas les recherches pertinentes sur cet attribut, car différentes valeurs peuvent avoir la même signification dans certains cas (par exemple, « responsable informatique » et « directeur informatique » peuvent décrire le même poste).

Une autre difficulté majeure est l'identification de l'appartenance d'un attribut. En effet, il est important d'identifier qui possède l'information la plus à jour si l'on souhaite partager des données entre différents services et applications. Il arrive souvent qu'une même information soit dupliquée à plusieurs endroits dans l'entreprise, comme nous l'avons montré dans le premier chapitre de ce livre traitant des généralités sur les annuaires. Or si l'on souhaite unifier ces différentes sources d'informations en une seule, il est nécessaire de choisir celle qui servira de référence. Il est souvent difficile, voire utopique, d'adapter les applications existantes pour s'appuyer sur un annuaire centralisé. Dans la plupart des cas, il faudra mettre en place des outils de synchronisation des différentes bases de données contenant les informations qui se trouvent dans l'annuaire.

Par exemple, si l'on souhaite partager la liste des clients d'une entreprise, quelle sera la source qui permettra d'alimenter le nom et le prénom du contact dans l'entreprise cliente pour les problèmes de paiement ? Est-ce le service commercial, qui a établi le contrat ou le service après-vente, chargé du suivi de la clientèle ?

Généralement, le premier est équipé d'une application permettant de saisir les informations sur le contrat lors de sa souscription, et le second est équipé d'un centre d'appel téléphonique contenant aussi les coordonnées des différents interlocuteurs chez le client. Or ces deux systèmes d'information peuvent ne pas être couplés et contenir des données redondantes. Dans ce cas, c'est plutôt le service après-vente qui servira de référence, car une fois le contrat établi, certaines entreprises ne mettent plus à jour la fiche contrat afin d'en conserver l'historique. Le centre d'appel téléphonique devra disposer du nom du contact le plus à jour, afin de pouvoir joindre le bon interlocuteur en cas de problème.

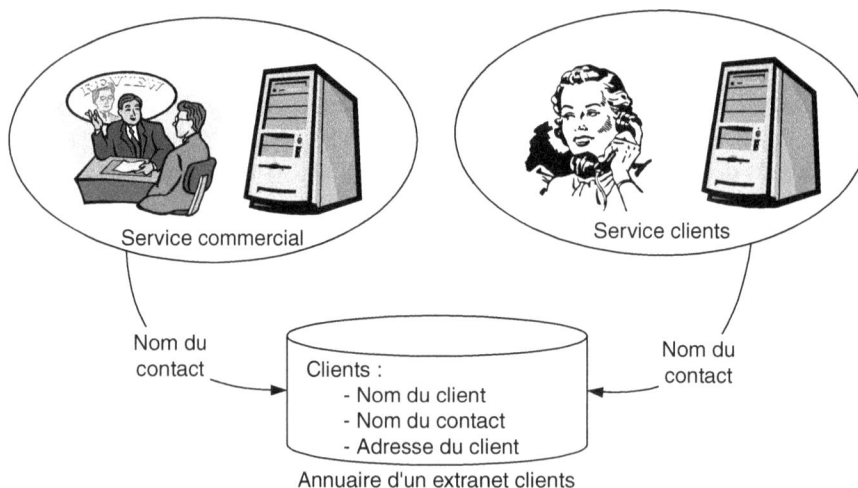

Figure 7.2

Exemple de conflit dans l'appartenance d'un attribut

Rappelons que la vocation d'un annuaire est de contenir des données *opérationnelles*, par opposition à des données d'archives. Il doit être sollicité par tous pour la recherche des informations les plus à jour, et non pas constituer une base de données d'archives à des fins de statistiques ou d'historique.

D'ailleurs ceci constitue une des limitations de la plupart des serveurs d'annuaire LDAP, car il est peut être quelquefois utile de conserver l'historique des valeurs d'un attribut. Notons que la plupart des serveurs d'annuaire du marché conservent l'historique de l'attribut `mot de passe` pour des raisons de sécurité évidentes (un ancien mot de passe ne doit pas pouvoir être réutilisé), mais ce n'est pas le cas des autres attributs. Néanmoins, il est toujours possible de mémoriser l'historique des modifications sur les attributs dans une base de données complémentaire, en s'appuyant sur les fichiers journaux du serveur d'annuaire.

La définition des attributs

Cette étape s'effectue généralement de façon *itérative* avec la définition des classes. En effet, c'est lors de la conception d'une classe que l'on rajoute les attributs dont on a besoin. Mais il est important de garder à l'esprit que ceux-ci *doivent* être définis indépendamment des classes. Contrairement aux bases de données relationnelles, où pour chaque table il faut définir le nom des colonnes et leurs caractéristiques, le standard LDAP impose une définition des attributs indépendante des classes, afin de favoriser leur partage. Vous trouverez la liste des attributs du standard LDAP dans le chapitre 5 décrivant le modèle de données. Tous les serveurs d'annuaire LDAP respectent cette règle et offrent un dictionnaire d'attributs qu'il est nécessaire de renseigner avant de définir les classes d'objets.

Un exemple d'attribut partagé par plusieurs classes est l'attribut `description`. C'est un champ libre qui se trouve dans la plupart des classes et qui permet de décrire un objet. Celui-ci est défini une seule fois dans le dictionnaire des attributs comme étant une chaîne de caractères alphanumériques dans laquelle les majuscules et les minuscules ne sont pas différenciées lors d'une recherche. Par la suite, il est également utilisé dans plusieurs classes, comme dans la classe `country`, la classe `person` et la classe `organization`. Ainsi, tout changement de définition de cet attribut se répercutera immédiatement dans toutes les classes qui l'utilisent.

Pour définir les attributs de l'annuaire, il faut dans un premier temps établir la liste des principaux attributs communs à l'ensemble des classes d'objets, et décrire leurs caractéristiques. Pour chaque nouvel attribut, il est nécessaire de déterminer les éléments suivants :

* *Un nom* qui permet d'identifier de façon unique l'attribut.

* *Une syntaxe* (voir le chapitre 5 décrivant le modèle de données LDAP pour plus de détails), parmi les suivantes : champ binaire, valeur booléenne, DN, chaîne de caractères, entier, numéro de téléphone.

* *Attribut mono-valeur ou non* : par exemple, l'attribut c désignant le pays est défini dans le standard LDAP comme un attribut qui ne peut avoir qu'une seule valeur. Il en est de même pour l'attribut `presentationAddress`.

* *L'OID* : celui-ci peut être généré automatiquement par certains serveurs d'annuaire, comme celui de Sun. Sinon, il faut s'assurer que le segment dans lequel il est créé n'est pas réservé. La plupart du temps, il est préférable d'utiliser pour tout nouvel attribut le segment du serveur d'annuaire utilisé.

Puis, afin de préparer les étapes ultérieures de la conception, il est intéressant d'établir aussi les éléments suivants :

- *La fréquence de lecture* de l'attribut, afin de déterminer s'il doit être indexé ou non. Tous les attributs ne sont pas indexés par défaut, afin de réduire la taille de la base d'index constituée par le serveur d'annuaire. Il est quand même possible d'effectuer une recherche sur un attribut non indexé, mais celle-ci sera plus lente.

- *L'appartenance de l'attribut,* afin d'identifier la liste des applications contenant la valeur de référence de cet attribut ou encore la personne ou le département qui sera chargé de sa mise à jour dans l'annuaire. Par exemple, pour un extranet fournisseurs, le nom du contact chez le fournisseur appartiendra à la direction des achats. Quant au nom d'un employé, c'est à la direction du personnel qu'appartient l'attribut. Cette information est un prérequis à la mise en place d'un outil de synchronisation entre l'annuaire et les systèmes d'information existants.

De façon générale, il faut utiliser autant que possible les attributs prédéfinis dans le standard LDAP afin de favoriser l'interopérabilité des annuaires. Comme nous l'avons montré précédemment, celui-ci contient plusieurs attributs « normalisés » communs à l'ensemble des classes.

Il est également important de respecter la sémantique de chaque attribut lors de son utilisation. Par exemple, il ne faut pas utiliser l'attribut pays c pour désigner le nom d'un site ou d'une filiale de l'entreprise par pays ; celui-ci ne doit contenir que des codes pays sur deux lettres (standard ISO 3166).

Il faut aussi tenir compte des attributs prédéfinis du serveur d'annuaire que vous utilisez, et chercher dans cette liste ceux qui peuvent répondre à votre besoin avant d'en créer de nouveaux. Chaque implémentation du standard LDAP contient ses propres attributs, qui étendent et complètent le modèle. Un outil est généralement fourni avec le serveur d'annuaire, afin de modifier ou d'ajouter des attributs dans le schéma de l'annuaire.

Par exemple, dans Windows 2000/2003, il est possible de consulter et de modifier la liste des attributs de l'annuaire Active Directory avec l'outil MMC *(Microsoft Management Console),* comme le montre la figure 7.3.

Pour savoir si un attribut fait partie d'un standard ou bien s'il est propre à un serveur, il suffit de consulter son OID. Comme nous l'avons expliqué précédemment, l'OID permet d'identifier de façon unique une classe d'objet ou un attribut. Pour connaître la liste des principaux segments d'OID, reportez-vous au paragraphe concernant les OID dans le chapitre 5, qui décrit le modèle d'information LDAP.

Pour connaître l'OID d'un attribut, et déterminer s'il est propre à Microsoft (dans ce cas l'OID commence par `1.2.840.113556.1`) ou s'il fait partie d'un standard, il suffit de consulter les propriétés de l'attribut, comme le montre la figure 7.4.

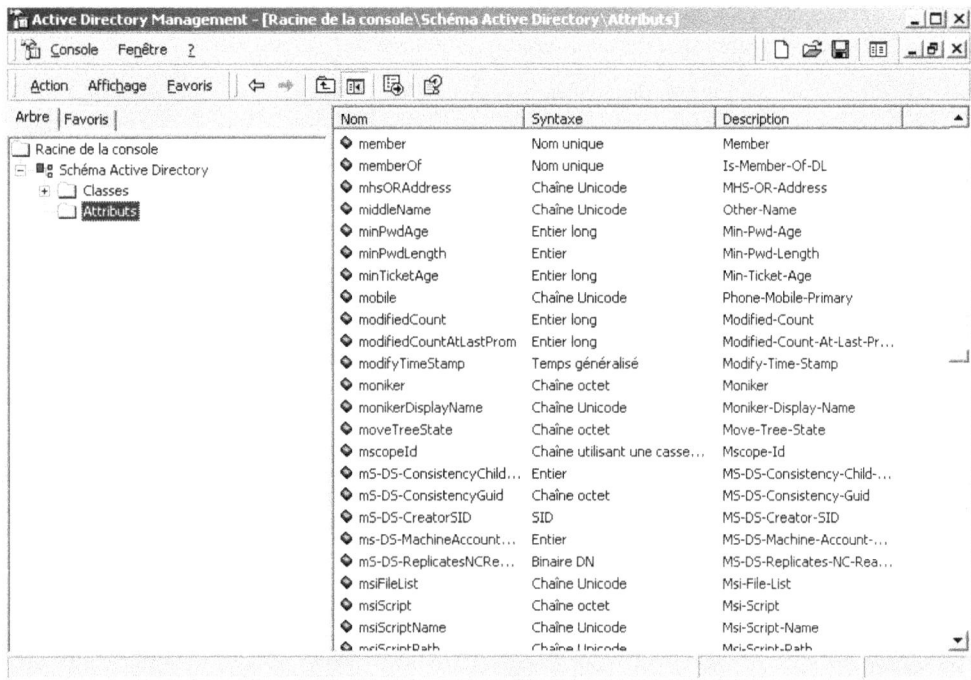

Figure 7.3

Gestion des attributs Active Directory avec l'outil MMC

Figure 7.4

*Propriétés
d'un attribut
de l'annuaire
Active Directory*

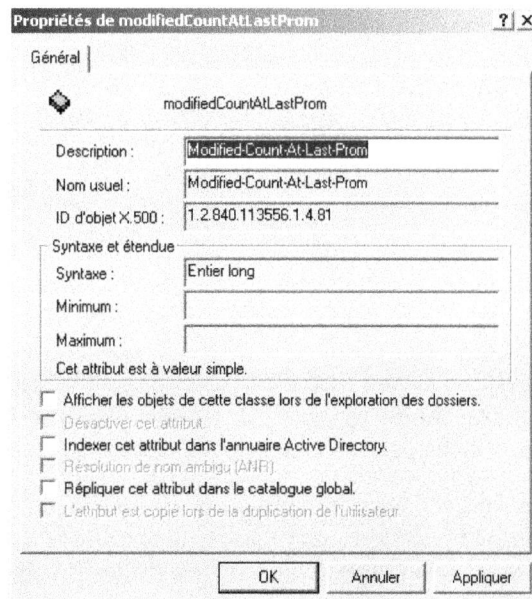

Dans cet exemple, l'OID commence bien par le segment réservé par Microsoft. C'est donc un attribut spécifique à Active Directory.

De même, le serveur d'annuaire de Sun offre une console d'administration permettant de gérer les attributs. À partir de la version 4 du serveur d'annuaire, cet outil est constitué d'une application Java, qui peut fonctionner sur n'importe quelle plate-forme, et susceptible d'accéder à un serveur d'annuaire distant.

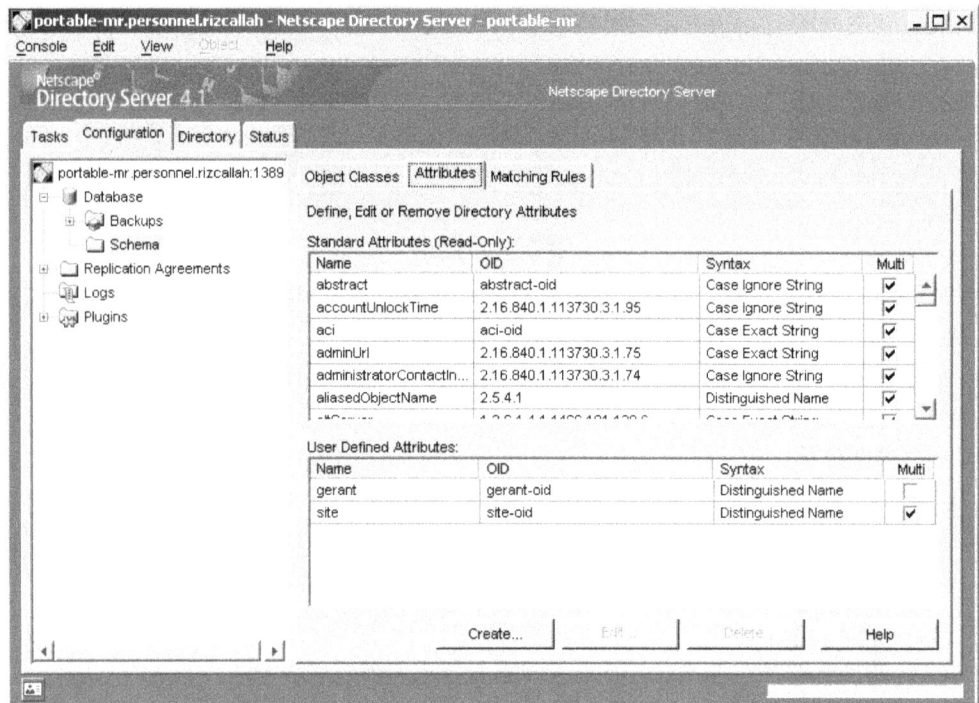

Figure 7.5

Gestion des attributs de Sun Directory Server avec Netscape Console

La figure 7.5 montre comment accéder à la liste des attributs avec l'outil d'administration du serveur d'annuaire de Sun (ex iPlanet). Nous avons ajouté un attribut à titre d'exemple, nommé gerant. Celui-ci est destiné à contenir le DN d'un utilisateur, gérant d'un magasin, dans le cadre d'une entreprise disposant d'une chaîne de magasins propres ou de franchisés par exemple. Un seul gérant peut être attribué par magasin ; l'attribut ne peut donc pas avoir de valeurs multiples (case « Multi » non cochée).

Signalons enfin que les attributs de type DN ont des valeurs qui pointent vers un objet de l'annuaire. Ceci est aussi valable lorsque ces valeurs sont des nœuds de l'arbre LDAP (c'est-à-dire des objets ayant des objets fils). Ce type d'attribut permet d'établir des relations entre les classes, et donc de se rapprocher d'un modèle relationnel.

Prenons l'exemple d'une entreprise qui dispose de plusieurs magasins. La classe d'objet décrivant un magasin peut contenir un attribut désignant son gérant. En fait, celui-ci est de type DN et contient un pointeur sur l'objet de type organizationalPerson décrivant le gérant, comme le montre la figure 7.6.

Figure 7.6

Exemple de relations entre objets

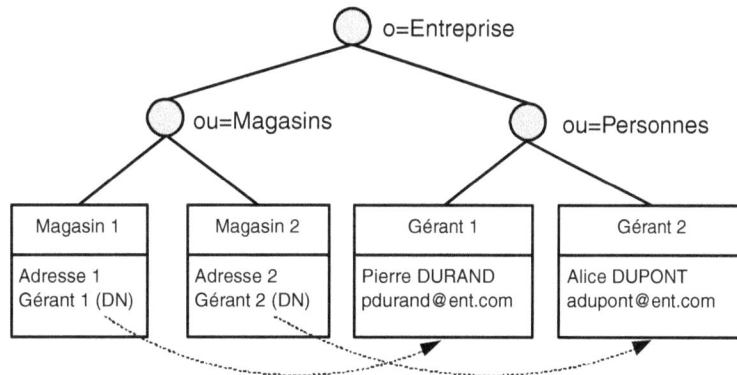

Les attributs de type DN peuvent aussi être utilisés pour des valeurs qui appartiennent à une liste prédéfinie. Par exemple, supposons que l'on souhaite désigner le type de produits vendus dans un magasin : vêtements de ville hommes ou femmes, chaussures, vêtements de sport, etc. On pourrait rajouter à cet effet l'attribut produitVendu à la classe magasin, qui peut avoir plusieurs valeurs.

Afin d'éviter de polluer l'annuaire avec des erreurs de saisie, il est préférable que la liste des produits, déterminée par la direction commerciale soit prédéfinie et que les valeurs de l'attribut produitVendu appartiennent à cette liste. Dans ce cas, la solution consiste à créer une nouvelle classe d'objet permettant de décrire les produits, et à définir l'attribut produitVendu comme étant un attribut de type DN, qui contiendra pour chaque magasin un ou plusieurs pointeurs sur les objets produits. On obtient ainsi le modèle de données décrit dans la figure 7.7.

Figure 7.7

Autre exemple de relations entre objets

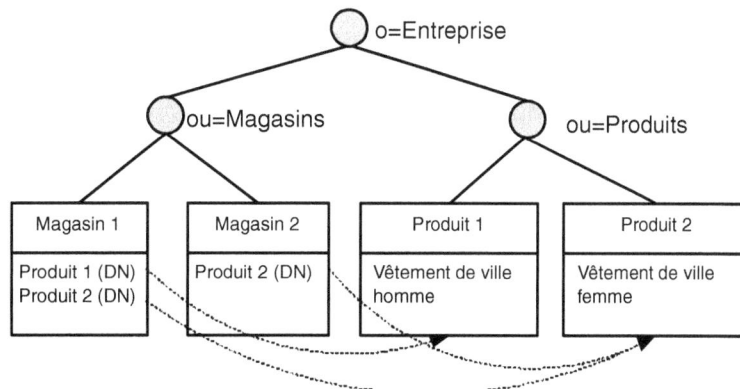

Dans ce schéma, l'attribut `produitVendu` peut avoir plusieurs valeurs ; c'est le cas du magasin 1.

Notons enfin que ces relations entre objets peuvent être modélisées à l'aide d'UML. C'est ce que nous allons voir dans le paragraphe suivant sur la définition des classes d'objets d'un annuaire LDAP.

En résumé, un tableau de ce type pourra être établi afin d'identifier et de décrire les attributs :

Attribut	Standard ou spécifique	Syntaxe	Monovaleur	Appartenance	Fréquence d'utilisation
Nom de l'attribut	Il s'agit de préciser si l'attribut appartient déjà au serveur d'annuaire ou si c'est un nouvel attribut	S'il s'agit d'un attribut spécifique, il faut choisir sa syntaxe parmi celles qui sont prises en charge par le serveur d'annuaire	S'il s'agit d'un attribut spécifique, il faut préciser s'il peut avoir plusieurs valeurs ou non	Il s'agit de décrire l'origine de l'attribut (application et utilisateur)	Faible, fréquente ou aléatoire

La définition des classes d'objets

Si nous devons faire une analogie avec les bases de données relationnelles, il faut définir le modèle conceptuel de données. L'identification des classes s'effectue généralement de façon intuitive, en analysant l'expression de besoins ou le cahier des charges.

Par exemple, s'il s'agit d'un annuaire d'entreprise, une première analyse fait généralement apparaître les classes d'objets suivantes :

- les employés (ceux qui sont salariés de l'entreprise) ;
- les prestataires (ceux qui sont salariés d'autres entreprises, mais qui travaillent pour celle-ci) ;
- les sites géographiques de l'entreprise ;
- les unités organisationnelles (ou départements).

Les classes d'objets doivent dériver autant que possible des classes « normalisées » dans le standard LDAP. Nous avons vu précédemment que celui-ci décrivait des classes issues du standard X500. Il est important de s'inspirer de celles-ci et de ne pas recréer les classes d'objets dont vous avez besoin si elles existent déjà. En effet, plus vous restez proche du standard LDAP en utilisant les classes et les attributs prédéfinis et plus vous favorisez l'interopérabilité de votre annuaire avec d'autres annuaires LDAP internes ou externes à votre entreprise.

Pour connaître les classes d'objets normalisées par X500, il suffit de consulter l'administration du serveur LDAP ou sa documentation, et de rechercher l'OID des classes. Comme nous l'avons expliqué précédemment, l'OID permet d'identifier de façon unique une classe d'objet ou un attribut. Pour connaître la liste des principaux segments d'OID, consultez le paragraphe qui concerne les OID dans le chapitre 5 décrivant le modèle d'information LDAP de ce livre.

Dans le cadre de l'exemple donné ci-dessus, les classes d'objets qui décrivent les employés et les prestataires pourraient être dérivées de la classe organizationalPerson ou utiliser directement cette classe. Les sites géographiques et les unités organisationnelles peuvent utiliser la classe organizationalUnit.

À titre d'exemple, il est possible de consulter et de modifier la liste des classes d'objets de l'annuaire Active Directory de Windows 2000 avec l'outil MMC *(Microsoft Management Console)*, comme le montre la figure 7.8.

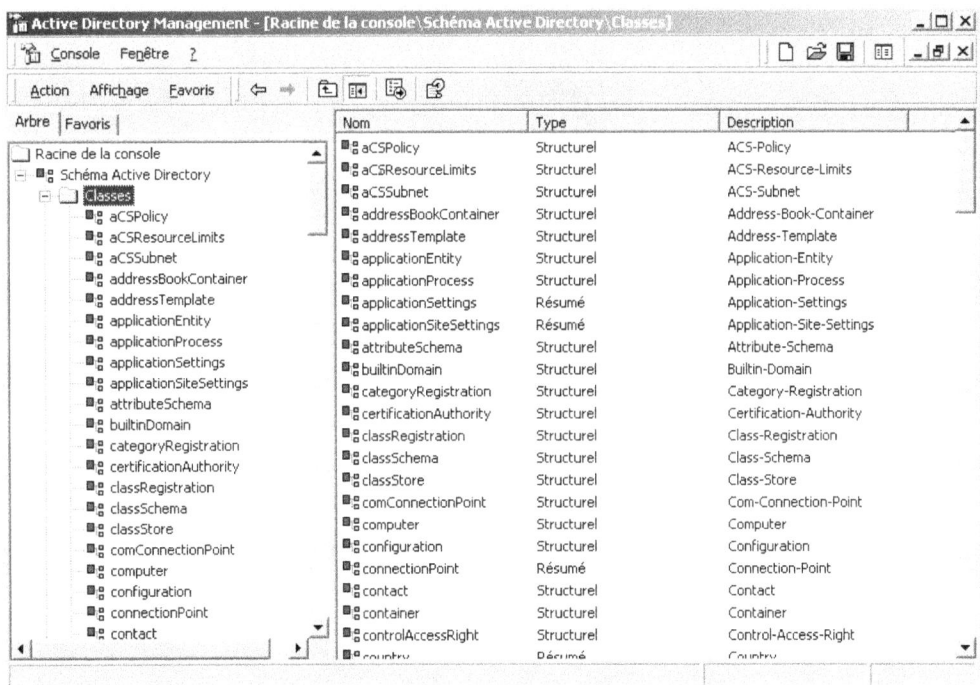

Figure 7.8

Gestion des classes d'objets Active Directory avec l'outil MMC

Il est également possible avec la console d'administration du serveur d'annuaire de Sun de consulter et de modifier les classes d'objets, comme le montre la figure 7.9.

Pour chaque nouvelle classe d'objet, il est nécessaire de décrire les éléments suivants :

• *Le nom de la classe* : permet de l'identifier de façon unique.

• *La classe dont elle dérive* : elle dérive au moins de la classe top, sinon d'une des autres classes existantes de l'annuaire.

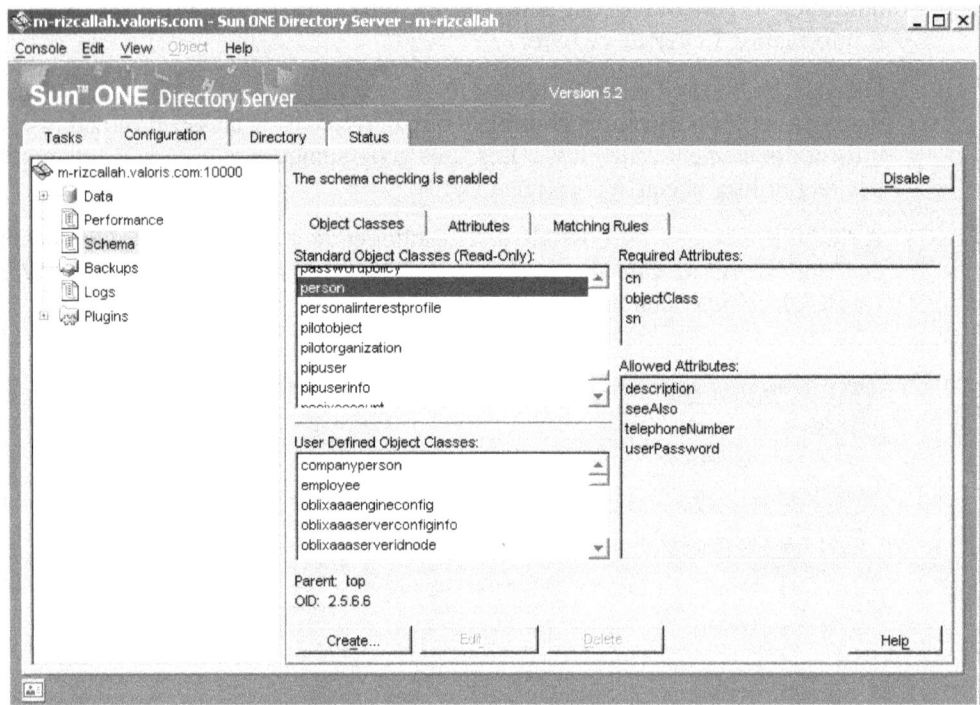

Figure 7.9
Gestion des classes de Sun Directory Server

- *Le type de la classe* : ce type peut être abstrait, structurel ou auxiliaire (voir le chapitre 5 sur le modèle d'information pour plus de détails sur ces types).

- *La liste des attributs obligatoires* : ces attributs doivent appartenir à la liste des attributs déjà déclarés dans l'annuaire.

- *La liste des attributs autorisés et facultatifs* : ces attributs doivent appartenir à la liste des attributs déjà déclarés dans l'annuaire.

- *L'OID* : celui-ci peut être généré automatiquement par certains serveurs d'annuaire, comme celui de Sun. Sinon, il faut s'assurer que le segment dans lequel il est créé n'est pas réservé. Dans la majorité des cas, il est préférable d'utiliser pour tout nouvel attribut le segment du serveur d'annuaire utilisé.

La liste des attributs contient automatiquement ceux de la classe mère. Par exemple, on trouvera toujours comme attribut obligatoire l'attribut `objectclass`, provenant de la classe `top`, dont toute classe dérive.

En résumé, un tableau de ce type pourra être établi afin d'identifier et de décrire les classes d'objets :

Classe	Standard ou spécifique	Classe mère	Type de la classe	Attributs obligatoires	Attributs facultatifs
Nom de la classe.	Il s'agit de préciser si la classe appartient déjà au serveur d'annuaire ou si c'est une nouvelle classe.	S'il s'agit d'une classe spécifique, il faut choisir la classe dont elle dérive parmi celles prises en charge par le serveur d'annuaire.	S'il s'agit d'une classe spécifique, il faut choisir son type parmi : structurel, abstrait ou auxiliaire.	S'il s'agit d'une classe spécifique, il faut définir la liste des attributs obligatoires (elle peut ne pas en avoir).	S'il s'agit d'une classe spécifique, il faut définir la liste des attributs autorisés et facultatifs (elle peut ne pas en avoir).

On pourra aussi utiliser le diagramme de classe de la modélisation UML pour représenter les relations entre celles-ci. La figure 7.10 illustre par un exemple ce type de diagramme, dans lequel on trouve :

- les classes et leurs attributs (dans cette étape, on ne liste pas les méthodes, elles seront ajoutées au modèle lors de la phase de réalisation) ;
- les relations d'héritage entre classes, représentées par des flèches vers le haut ;
- les associations avec leurs cardinalités, représentées par des liens.

Figure 7.10

Exemple de diagramme de classe UML appliqué à LDAP

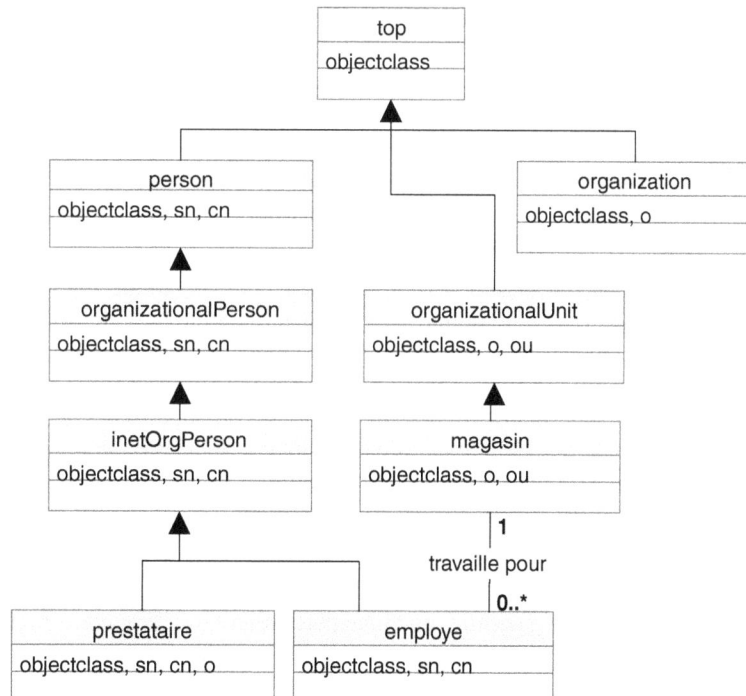

L'identification des acteurs

Les objectifs

Il s'agit d'identifier les acteurs concernés par l'annuaire. Ces acteurs peuvent aussi bien être des personnes que des applications. Ces dernières sont soit des applications chargées d'alimenter l'annuaire, soit des applications qui vont l'utiliser pour y lire des données. Dans les deux cas, il est important de les identifier afin de pouvoir associer à chaque acteur des droits sur les données et éventuellement des priorités lors d'un conflit de mise à jour. Lors de l'étape suivante, nous établirons des liens entre les acteurs et les données de l'annuaire, et des liens d'appartenance (origine des données) ou bien des droits de mise à jour ou de lecture.

On distingue généralement trois types d'acteurs :

- *Les utilisateurs* : ce sont des personnes ou des applications qui utilisent régulièrement l'annuaire pour y lire ou mettre à jour des informations les concernant.

- *Les gestionnaires* : ce sont ceux qui sont chargés de gérer l'annuaire, c'est-à-dire de maintenir son contenu. Ils peuvent aussi bien être des personnes physiques que des applications.

- *Les administrateurs* : ce sont ceux qui sont chargés d'administrer l'annuaire.

Nous allons décrire le rôle de chacun de ces acteurs plus en détail.

Les utilisateurs

Il est conseillé de différencier les utilisateurs *anonymes* des utilisateurs *identifiés*. Les utilisateurs anonymes ne doivent avoir accès qu'à des informations non sensibles. Par exemple, ils ne peuvent pas lire l'attribut mot de passe d'un utilisateur. En revanche, les utilisateurs identifiés peuvent avoir accès en lecture à toute information les concernant et aux informations non sensibles des autres utilisateurs. Ils peuvent également avoir accès en modification à certaines informations non sensibles autorisées par l'administrateur et les concernant, comme leur mot de passe.

Il est aussi possible de différencier les utilisateurs internes des utilisateurs externes de l'entreprise. Si l'annuaire est accessible à partir d'Internet par certaines personnes, il est possible de ne donner qu'une vue restreinte de celui-ci. Par exemple, pour une entreprise ayant un réseau de franchisés, toute personne accédant à l'annuaire à partir du réseau public Internet devra fournir un mot de passe, et seuls le nom, l'adresse de messagerie, et le numéro de téléphone des employés seront visibles. Mais une personne y accédant à partir d'un intranet, qu'elle soit anonyme ou identifiée, aura en outre accès à la fonction et au site où travaille l'employé. Pour cela, il suffit d'établir un critère de filtre sur l'adresse IP (ceci ne fait pas partie du filtre LDAP décrit dans le standard, mais c'est une fonction offerte dans la plupart des serveurs d'annuaire).

Une interface homme/machine particulière doit être réalisée pour permettre aux utilisateurs d'accéder au contenu de l'annuaire. Nous verrons dans le chapitre 10 qui traite de la phase de mise en œuvre, les outils disponibles sur le marché pour réaliser ce type d'interface.

Les utilisateurs peuvent aussi être des applications, comme un serveur de messagerie, une application de publication de documents ou un forum de discussion. En général, ces applications accèdent à l'annuaire pour y localiser des ressources ou bien pour y contrôler des droits d'accès de personnes sur des ressources. Elles peuvent également utiliser l'annuaire comme une base de données classique, contenant des informations diverses sur celles-ci. Par exemple, elles peuvent utiliser l'annuaire pour sauvegarder les profils des utilisateurs, exploités dans le cadre d'une application de gestion de la connaissance ou de commerce électronique.

Il est important d'identifier ces applications car elles sont susceptibles d'avoir un impact sur les performances de l'annuaire et sur sa sécurité. En effet, si elles sollicitent l'annuaire de façon importante, il faudra optimiser l'indexation des données en fonction des attributs les plus recherchés, et adapter la topologie des serveurs d'annuaire afin d'optimiser la répartition de charge sur plusieurs machines si nécessaire. D'autre part, si l'annuaire contient des informations sur les utilisateurs et leurs comportements ou des informations sur leurs connaissances, il peut être appréciable de protéger certaines d'entre elles plus que d'autres. Là aussi, cela exige de mettre en place des mécanismes de chiffrement ou de répartition des données sensibles sur des serveurs dédiés, protégés par des firewalls.

En résumé, un tableau de ce type pourra être établi afin d'identifier et de décrire les utilisateurs :

Utilisateur	Type	Nombre d'utilisateurs	Fréquence d'utilisation de l'annuaire	Temps moyen d'utilisation
Anonyme, identifié ou caractérisé par un critère (par exemple, utilisateur externe ou appartenant à un groupe)	Personne physique ou application	Nombre d'utilisateurs potentiels, et nombre d'utilisateurs simultanés	Peu, une fois par jour, de façon aléatoire (cas d'une messagerie par exemple), etc.	Il faut différencier le temps moyen de consultation du temps moyen de recherche requis.

Le nombre d'utilisateurs, la fréquence et le temps moyen d'utilisation sont des éléments indispensables pour dimensionner la plate-forme sur laquelle fonctionnera l'annuaire. Néanmoins, il n'est pas toujours aisé de détenir ces informations avant la mise en œuvre de l'annuaire. Il faut émettre quelques hypothèses de départ, et les affiner après une phase pilote.

On peut aussi utiliser la modélisation UML pour représenter les liens d'héritage entre les acteurs (à la fois les utilisateurs, les gestionnaires et les administrateurs). Par exemple, un utilisateur identifié possède au moins les mêmes droits d'accès aux données qu'un utilisateur anonyme, mais il détient des droits supplémentaires comme la possibilité de modifier son propre profil. Ou encore, un utilisateur anonyme interne à l'entreprise a au moins les mêmes droits qu'un utilisateur anonyme externe, mais il peut obtenir des droits supplémentaires, comme la possibilité de lire le titre ou la fonction de tout employé. Ce qui donne le schéma d'héritage de la figure 7.11.

Dans ce schéma, on modélise les liens entre acteurs. Ainsi, tous les droits et les fonctions accessibles par un acteur le sont aussi pour les acteurs dérivés.

Figure 7.11

Exemple
de diagramme
d'héritage entre
acteurs

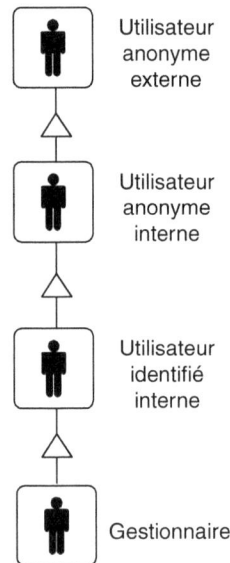

Les gestionnaires

Les gestionnaires sont des utilisateurs identifiés qui peuvent, en outre, lire certaines informations sensibles concernant un ensemble d'utilisateurs ou mettre à jour certains de leurs attributs. Ce ne sont pas nécessairement des exploitants ou des informaticiens, ils n'ont donc pas *a priori* de connaissances techniques.

Il est important d'identifier les gestionnaires dans un objectif de décentralisation ou de délégation de la gestion de l'annuaire. Si vous souhaitez n'autoriser les mises à jour qu'à une seule personne de votre entreprise, qui récoltera toutes les demandes et effectuera elle-même les modifications, il n'est pas nécessaire de passer par cette étape. En revanche, si vous souhaitez que plusieurs personnes puissent mettre à jour l'annuaire dans les limites d'un périmètre prédéfini pour chacune d'elles, il est important de les identifier.

Une interface homme/machine particulière doit être réalisée pour permettre aux gestionnaires de mettre à jour le contenu de l'annuaire. Nous verrons dans la suite de ce livre les outils disponibles sur le marché pour réaliser ce type d'interface.

À titre d'exemples, les gestionnaires peuvent être :

• *Les assistantes* : en effet, il est souvent utile de permettre à l'assistante d'effectuer les mises à jour de données non sensibles pour des personnes en déplacement ou pour des personnes n'ayant pas accès à un micro-ordinateur (ceux-ci peuvent aussi bien être des employés de base que des directeurs !).

• *Les responsables* : ils peuvent être par exemple responsables d'un département, responsables hiérarchiques ou responsables d'un service comme le service téléphonique de l'entreprise. Chaque responsable peut détenir des droits de lecture ou de mise à jour d'attributs sur des personnes.

- *Les gestionnaires du personnel* : ils appartiennent en général à la direction des ressources humaines ou à la direction du personnel, et ont les droits de création et de suppression des salariés de l'entreprise.

- *Les clients/partenaires/fournisseurs* : s'il s'agit d'un extranet, les clients/partenaires/ fournisseurs peuvent eux-mêmes gérer les utilisateurs de leurs entreprises. Un gestionnaire par entreprise peut être désigné à cet effet. Il est chargé de modifier les caractéristiques des utilisateurs, comme les droits d'accès aux applications, voire d'en créer de nouveaux sur l'extranet. Ceci permet de réduire les coûts d'administration de l'annuaire et d'apporter aux clients/partenaires/fournisseurs plus de réactivité et d'autonomie.

Il ne s'agit pas ici de lister la totalité des gestionnaires de l'annuaire. Il suffit d'identifier les grandes catégories, afin d'être en mesure de modéliser l'annuaire correctement. Il sera toujours possible par la suite de rajouter une catégorie ou d'en supprimer une, sans provoquer d'impact majeur sur l'annuaire.

En résumé, un tableau de ce type pourra être établi afin d'identifier et de décrire les gestionnaires :

Gestionnaire	Type d'utilisateur	Nombre de gestionnaires	Description générale des droits
Nom de la catégorie de gestionnaire	Un gestionnaire est aussi un utilisateur, il est nécessaire de préciser à quel type d'utilisateur il se rattache parmi ceux décrits précédemment.	Nombre de gestionnaires potentiels, et nombre de gestionnaires simultanés	Décrire dans les grandes lignes les droits de chaque gestionnaire. Par exemple, une secrétaire n'a les droits que sur les personnes de son service…

Les administrateurs

Il existe en général deux catégories d'administrateurs : ceux qui vont se charger de gérer le contenu de l'annuaire, et notamment les gestionnaires de celui-ci, et ceux qui vont l'administrer techniquement. Nous désignons les premiers comme des administrateurs fonctionnels et les derniers comme des administrateurs techniques. Bien entendu, ce peut être les mêmes.

Voici une description des rôles de chaque type d'administrateur :

- *Les administrateurs fonctionnels* : ils sont chargés de créer, modifier, supprimer les gestionnaires de l'annuaire, et de leur attribuer des droits d'accès. Ils peuvent aussi agir sur les données de l'annuaire, au même titre que les gestionnaires, mais avec des pouvoirs plus larges. Ils n'ont pas nécessairement une connaissance pointue de LDAP, mais ils doivent en posséder les notions de base.

- *Les administrateurs techniques* : ce sont en général des exploitants informatiques qui agiront sur l'annuaire en cas de panne ou d'évolution du modèle de données. Ils ont généralement tous les droits sur l'annuaire ou sur une portion de celui-ci, y compris sur le modèle de données. Ils peuvent ainsi créer de nouveaux attributs et de nouvelles classes en cas de besoin.

Généralement, les administrateurs accèdent à l'annuaire à l'aide d'une interface d'administration particulière, qui peut être celle du serveur d'annuaire utilisé ou une interface développée spécifiquement. Il existe aussi des outils sur le marché, prêts à l'emploi, qui permettent d'administrer le contenu d'un annuaire. Nous en verrons quelques-uns dans le chapitre 10 décrivant la phase de mise en œuvre.

La définition des droits d'accès

Après avoir défini le contenu de l'annuaire et ses acteurs, il faut maintenant décrire les droits d'accès des acteurs à ce contenu. Là aussi, il ne s'agit pas d'être exhaustif, mais de présenter ces droits dans les grandes lignes afin d'être en mesure d'élaborer une première modélisation de l'annuaire. Il sera toujours possible par la suite de modifier et de compléter cette étape.

Pour définir ces droits, il faut commencer par lister les actions possibles. Sachant que ces droits correspondent à ceux de l'utilisateur qui s'identifie à l'annuaire, les actions possibles ne sont autres que les services offerts dans le standard LDAP :

- rechercher et lire des données ;
- comparer des données ;
- modifier un objet ;
- supprimer un objet ;
- ajouter un objet ;
- renommer le DN d'un objet.

Certains serveurs d'annuaire ajoutent à cette liste d'autres actions, comme la mise à jour de l'objet identifié, c'est-à-dire le fait de pouvoir mettre à jour uniquement les attributs de l'objet utilisé comme identifiant de la connexion.

Puis il faut associer à chaque acteur identifié précédemment des droits sur les classes d'objets et sur les attributs. Il s'agit en fait, de commencer à établir les ACL *(Access Control Lists),* que nous avons décrits dans le chapitre 5 sur le modèle de sécurité de LDAP. Pour compléter ces ACL, il faudra également avoir établi l'arborescence de l'arbre LDAP, ce qui est l'objet de l'étape suivante. En effet, une règle peut ne pas s'appliquer à tout l'annuaire, mais uniquement à une branche de celui-ci.

Pour définir les droits, il faut renseigner un tableau de ce type :

Acteur	Droit	Classe d'objet et attribut
Utilisateur, gestionnaire ou administrateur	Rechercher et lire des données Comparer des données Modifier un objet Supprimer un objet Ajouter un objet Renommer le DN d'un objet	Nom de la classe d'objet et/ou de l'attribut concerné (un droit peut s'appliquer à un attribut, quelle que soit la classe à laquelle il appartient)

Dans certains cas, il est souhaitable de pouvoir désigner indirectement les acteurs pour leur attribuer des droits ; par exemple, autoriser la secrétaire d'une personne à mettre à jour son numéro de téléphone. Définir ce droit pour l'ensemble des personnes et des secrétaires serait extrêmement fastidieux. La solution consisterait à définir ce droit de façon implicite, en se fondant sur un attribut de la personne contenant le DN de sa secrétaire.

Ainsi, on désignerait ce droit de la façon suivante :

Acteur	Droit	Classe d'objet et attribut
Secrétaire désignée par l'attribut `secrétaire` de la classe `personne`	Lire et modifier	Classe `personne` et attribut `numéro de téléphone`

Certains serveurs d'annuaire du marché, comme celui de Sun Directory Server, autorisent ce type de règle. Rappelons que la syntaxe des ACL est en cours de normalisation, et que l'implémentation de la gestion des habilitations diffère d'un serveur d'annuaire à l'autre.

On peut aussi modéliser les liens entre les acteurs, les classes d'objets et les droits d'accès, en utilisant le diagramme UML qui décrit les relations entre les acteurs et les cas d'utilisation. En fait, un cas d'utilisation n'est autre qu'une action donnée sur un type d'objet donné, par exemple lire les caractéristiques d'une personne ou encore modifier un groupe de personnes. C'est donc un droit sur une classe d'objet.

Voici un exemple de diagramme de cas d'utilisation :

Figure 7.12

Exemple de diagramme de cas d'utilisation

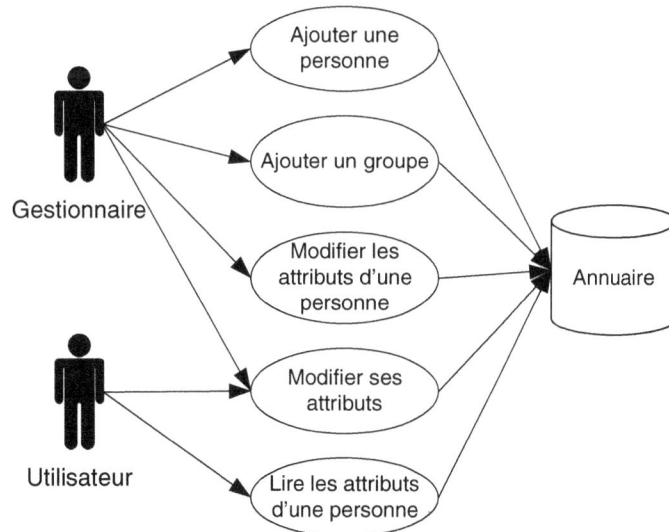

Dans la figure 7.12, le gestionnaire peut ajouter une personne ou un groupe et modifier ses propres attributs ou les attributs de toute autre personne, alors qu'un utilisateur ne peut que lire les attributs des autres et modifier les siens.

L'identification des contraintes réseau

Il peut sembler étonnant d'identifier les contraintes réseau dans la phase de conception de l'annuaire. La raison qui justifie cette étape est que ces contraintes peuvent avoir des répercussions sur l'arborescence de l'arbre. En effet, dans le cas de sites reliés par de faibles débits, entre lesquels il est nécessaire de répliquer une partie des données de l'annuaire pour en améliorer les performances d'accès, il est plus simple d'ajouter des branches contenant toutes les données à répliquer, plutôt que de répliquer des objets disséminés en différents endroits de l'arborescence. On parle aussi ici de partitions ; une partition étant une portion de l'annuaire gérée dans une base de données séparée.

Prenons l'exemple d'une entreprise répartie sur deux sites géographiques, reliés par un faible débit réseau, comme une liaison téléphonique à travers des modems par exemple. Le site A est le siège de la société et contient un annuaire complet décrivant les personnes qui se trouvent dans les deux sites. Le site B est une succursale qui possède une autonomie complète dans la gestion de son annuaire ; ce qui signifie que toute modification est avant tout effectuée dans celui-ci. L'annuaire du site B doit donc être recopié régulièrement sur le site A.

Figure 7.13

*Exemple
de réplication de
données entre sites*

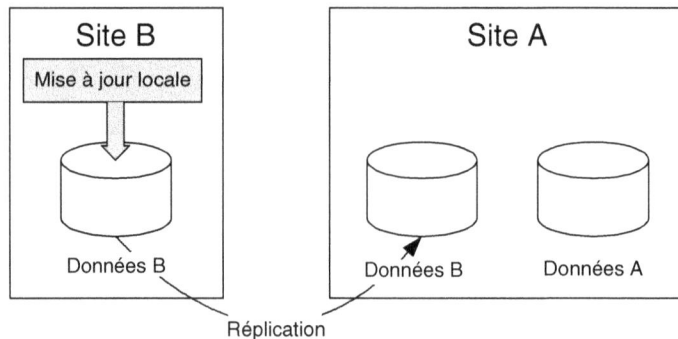

Dans l'exemple de la figure 7.13, il est plus simple de répliquer les données du site B en les mettant dans une branche spécifique de l'arbre. Ainsi, pour répliquer celles-ci, il suffit de copier tous les objets se trouvant dans cette branche sur le site A. Le critère de sélection des objets à répliquer est simple à exprimer dans ce cas. En revanche, si les données étaient mélangées sous un même nœud de l'arbre, il aurait fallu ajouter un attribut dans chaque objet pour identifier son appartenance au site B.

Ainsi l'annuaire prendrait la forme décrite dans la figure suivante :

Figure 7.14

*Exemple de
débranchement
pour réplication*

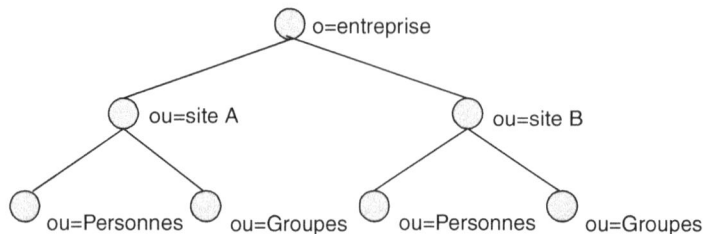

Il est donc important d'identifier les différents sites devant accéder à l'annuaire, et ceux devant être autonomes dans la gestion de leurs données. Il faut ensuite étudier, pour chacun de ces sites, le débit disponible des liaisons réseau avec le siège afin d'identifier les différentes partitions de l'annuaire qu'il est nécessaire de mettre en place.

Un tableau de ce type pourra être établi pour répertorier les sites :

Site	Autonomie de gestion des données	Débit réseau disponible avec le siège
Nom du site	Identifier si le site doit pouvoir gérer de façon autonome certaines données. Ce type de site est un *fournisseur* de données.	Il faut tenir compte des applications existantes qui utilisent déjà ces liaisons réseau et identifier le débit disponible pour de nouvelles applications.

La conception de l'arborescence (DIT)

Il s'agit maintenant de définir les nœuds de l'arbre et leur hiérarchie. Cette étape est l'une des plus importantes de la phase de conception, car elle conditionne les performances, l'évolutivité et la modularité de l'annuaire.

Il sera toujours possible de modifier cette arborescence par la suite ; en effet la plupart des serveurs d'annuaire offrent des outils d'administration qui permettent de déplacer ou de rajouter des branches. Mais ce n'est pas toujours aisé à mettre en œuvre car tout changement dans l'annuaire peut avoir un effet non négligeable sur les applications qui l'utilisent. Il faut donc essayer de mettre en place l'arborescence qui correspond le mieux à vos besoins et qui tient compte de votre contexte actuel et futur, et ceci dès la première mise en œuvre de l'annuaire.

Comment nommer la racine de l'arbre ? Quelles sont alors les raisons qui justifient la création d'une branche dans une arborescence ? Pourquoi faut-il dans certains cas répartir les données dans différentes branches au lieu de les mettre toutes au même niveau ? Quels sont les impacts que peut avoir l'arborescence de l'arbre sur le découpage de l'annuaire en partitions, sur la réplication des données, sur leur organisation et sur la gestion des habilitations ? Quels sont les conséquences d'un changement d'arborescence sur les applications qui partagent l'annuaire ? Nous allons répondre à ces questions dans les paragraphes qui suivent.

La racine de l'arbre

Rappelons que tout annuaire LDAP contient une ou plusieurs arborescences de données. Il peut donc comprendre plusieurs arbres, et chaque racine d'arbre constitue un domaine. Il existe une racine nommée `root DSE`, DSE étant l'abréviation de *DSA-Specific Entry,* qui est au-dessus de tous les domaines. Mais celle-ci est technique, elle ne correspond donc pas à une classe d'objet de type organisation ou autre. Elle est constituée d'un objet particulier qui contient des informations diverses, comme la liste des domaines contenus dans l'annuaire, la version LDAP supportée, etc.

La plupart du temps, un seul domaine suffit. Néanmoins, il peut exister des situations où plusieurs domaines s'imposent. C'est le cas par exemple d'un ISP *(Internet Service Provider)* hébergeant sur un même serveur les annuaires de différentes entreprises.

Figure 7.15

Exemple d'annuaire contenant plusieurs domaines

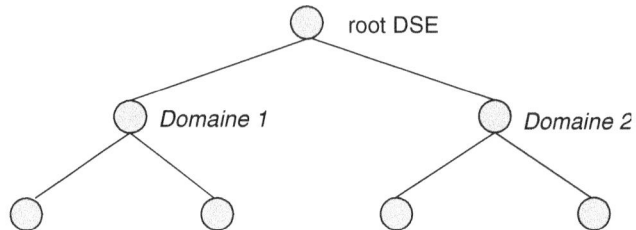

Certains éditeurs de solutions LDAP nomment le DN de l'objet qui constitue la racine de l'arbre, le suffix de l'annuaire. En effet, celui-ci va constituer le suffixe des DN (c'est-à-dire la dernière portion de chacun d'eux) de tous les objets de l'annuaire. Par exemple, si celui-ci vaut o=entreprise.com, tous les DN objets se termineront par cette chaîne, comme le DN suivant : uid=pdurand, ou=personnes, o=entreprise.com.

Mais comment nommer chacun des domaines et quelle forme donner à ce suffix ? Quelle classe d'objet faut-il utiliser ? Quel attribut de cette classe faut-il utiliser comme DN ? Quelle valeur faut-il mettre dans cet attribut ?

Dans la majorité des cas, il est recommandé d'utiliser la classe organization pour l'objet constituant la racine de chaque arbre de l'annuaire. L'attribut utilisé pour le DN est alors l'attribut o. Quelquefois, la classe country, qui décrit un pays, peut aussi être utilisée comme racine de l'arbre, notamment si l'annuaire fait partie d'un réseau d'annuaires X500.

Ceci n'est pas recommandé avec LDAP s'il s'agit d'une entreprise multinationale, car il faudra rattacher obligatoirement celle-ci à un pays, ce qui est impossible puisqu'elle est multinationale. En général, on fera plutôt l'inverse : on mettra l'entreprise au plus haut niveau de la hiérarchie et l'on utilisera les objets de type country pour désigner les différentes branches de l'entreprise par pays.

Figure 7.16

Domaine X500 et domaine LDAP

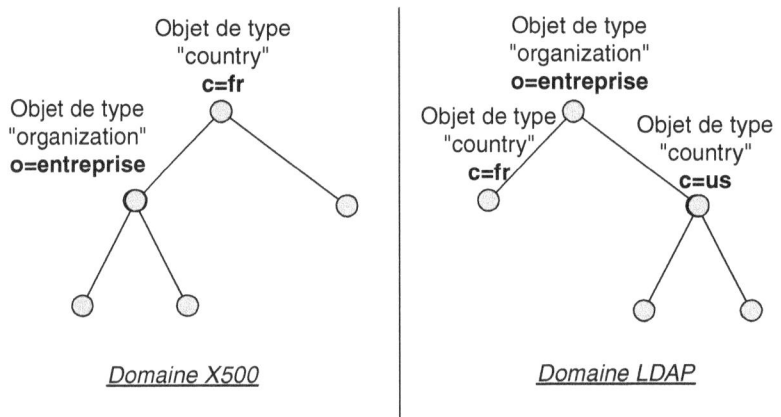

Dans le schéma de la figure 7.16, le nom du domaine contenant l'annuaire de l'entreprise est soit o=entreprise, c=fr si on respecte le standard X500, soit o=entreprise dans le cas du standard LDAP. Rappelons que LDAP est beaucoup plus souple que X500, bien qu'il en dérive, car il permet de définir des arborescences quelconques sans contrainte particulière.

Comme nous l'avons expliqué dans le chapitre 5 sur les modèles de LDAP, il existe un standard qui définit la façon de faire correspondre les noms de domaine avec des noms DNS. Nous conseillons d'utiliser cette méthode car elle facilite la mise en corrélation du nom DNS d'un serveur d'annuaire et de son nom de domaine LDAP. En effet, comme nous avons pu le détailler dans ce chapitre, ces deux concepts sont fortement liés. Signalons qu'Active Directory de Windows 2000 impose ce type de dénomination pour les noms de domaine de l'annuaire, mais ce n'est pas le cas de tous les serveurs d'annuaire.

Ainsi, à titre d'exemple, le nom du domaine LDAP d'une entreprise ayant aussi un nom DNS, prendrait l'une ou l'autre des formes indiquées dans la figure 7.17 :

Figure 7.17

Exemple d'association de nom DNS et de nom de domaine LDAP

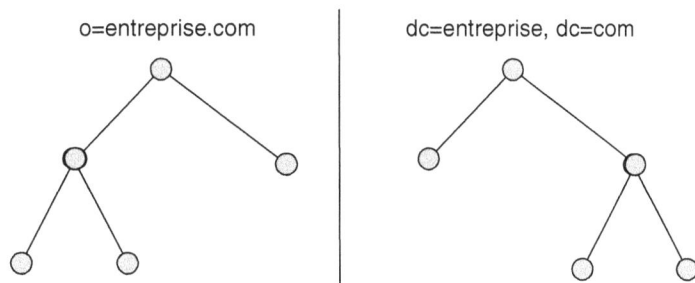

Les bonnes raisons pour créer des branches dans l'annuaire

Nous allons exposer ci-dessous les raisons qui peuvent justifier la création de branches dans une arborescence LDAP. Celles-ci couvrent la majorité des cas, et offrent un cadre méthodologique qui permet de démarrer rapidement une conception d'annuaire.

En règle générale, plus le nombre de branches est faible et moins l'arborescence est profonde, et plus il sera facile de maintenir les données de l'annuaire.

La délégation des droits d'accès

Il est souvent plus simple d'attribuer des droits d'accès à l'ensemble des objets qui se trouvent dans une même branche, plutôt que de sélectionner des objets disséminés dans différentes branches. En effet, lorsque l'on définit des droits d'accès sur un objet de l'annuaire, ces droits s'appliquent sur tous les objets sous-jacents. En outre, certains serveurs d'annuaire n'offrent pas cette dernière possibilité ; le seul moyen d'attribuer des droits est de le faire pour l'ensemble des objets d'une branche.

Prenons un exemple pour illustrer notre propos : supposons qu'une entreprise souhaite mettre en place un extranet client permettant à certaines personnes externes de gérer les utilisateurs de l'extranet. Pour déléguer l'administration des utilisateurs aux clients eux-mêmes, il faut désigner un gestionnaire par client ayant l'ensemble des droits sur les utilisateurs de son entreprise. Le gestionnaire pourra créer des utilisateurs, gérer leurs profils et leur attribuer des droits d'accès sur les services offerts par l'entreprise.

Nous avons déjà évoqué cet exemple dans le chapitre 3, qui décrit les applications d'un annuaire, illustré dans la figure suivante :

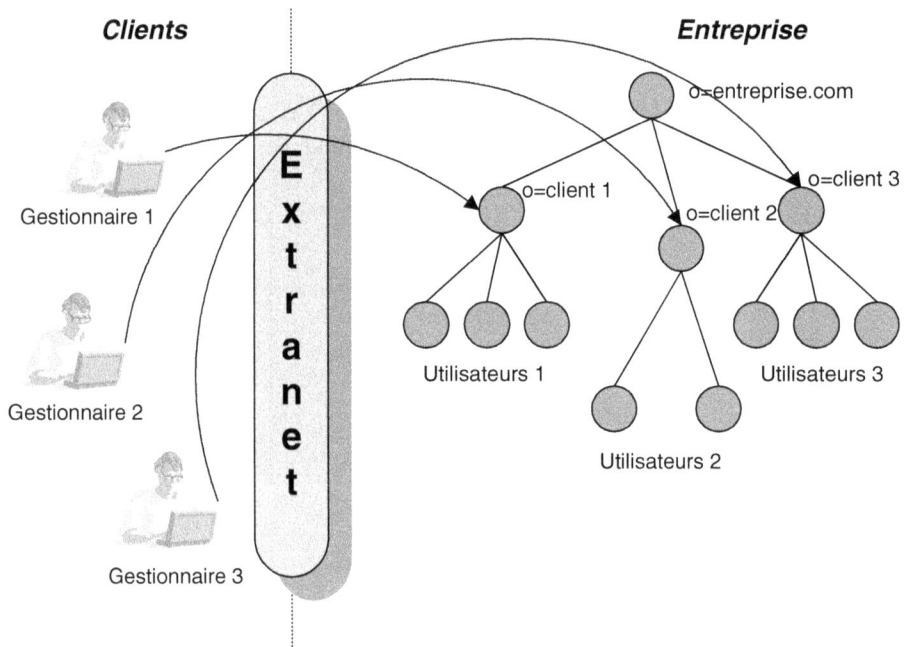

Figure 7.18
Délégation de la gestion des utilisateurs d'un extranet

Dans la figure 7.18, si l'on attribue au gestionnaire 1 des droits en lecture et en écriture sur l'objet o=client 1, ces droits se propagent sur tous les objets se trouvant sous celui-ci. Le gestionnaire 1 pourra ainsi créer des utilisateurs dans cette branche.

La réplication des données

Lorsqu'il faut répliquer une partie de l'annuaire dans un autre annuaire, il est là aussi plus simple de le faire pour toute une branche plutôt que pour des objets disséminés dans plusieurs branches.

Par exemple, si nous reprenons l'exemple de l'extranet de la figure 7.19, il est possible de répliquer la branche contenant les utilisateurs du client 1 à partir d'un annuaire qui se trouve chez le client et contient la liste de ces utilisateurs.

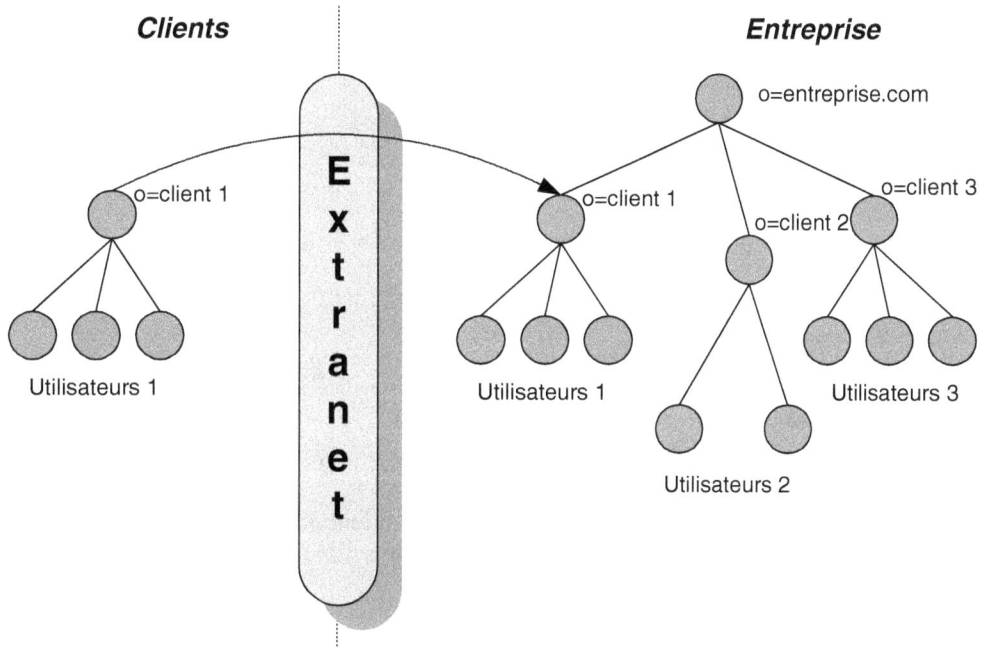

Figure 7.19
Réplication des branches d'un annuaire

Bien entendu, ceci peut s'appliquer aussi dans à un annuaire d'entreprise dans lequel il est nécessaire de répliquer une branche entre différents sites de l'entreprise. C'est là où la connaissance des contraintes réseau est importante ; elle permet de déterminer les sites reliés par des débits faibles auxquels il ne sera pas possible de donner accès à un annuaire centralisé directement. Dans ce cas, la solution consiste à répliquer une partie ou le tout des données de l'annuaire sur ce site.

La répartition des données dans différentes bases

Si l'on ne souhaite pas avoir une seule base contenant la totalité des données de l'annuaire, il est possible, à l'aide du mécanisme de renvoi de référence (ou *referrals),* que nous avons décrit précédemment, de répartir celles-ci dans différentes bases et ce de façon totalement transparente pour les utilisateurs.

Pour cela, il suffit de créer un objet qui va contenir un pointeur sur un autre annuaire contenant les données de la branche, comme l'illustre le schéma de la figure 7.20.

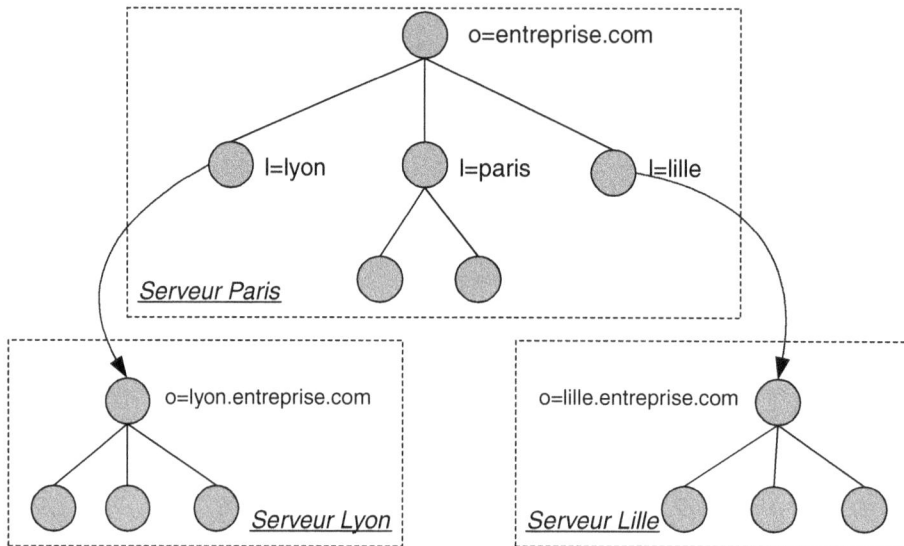

Figure 7.20

Répartition des données d'un annuaire

Dans la figure 7.20, le serveur de Paris ne contient que les données du site de Paris, mais contient aussi deux branches qui pointent sur les annuaires de Lyon et de Lille.

L'organisation des classes d'objets

Afin d'améliorer la lisibilité de l'annuaire, il peut être intéressant quelquefois de rajouter des branches pour éviter de mélanger dans un même endroit des objets qui n'appartiennent pas à la même classe.

L'exemple typique est celui des personnes et des groupes de personnes. Les personnes sont représentées par la classe d'objet person ou organizationalPerson, et les groupes par la classe groupOfUniqueNames. Afin d'éviter de mélanger les deux types d'objets, il est préférable de créer une branche pour les personnes et une autre pour les groupes.

Figure 7.21

*Séparation
des classes d'objets
dans des branches
différentes*

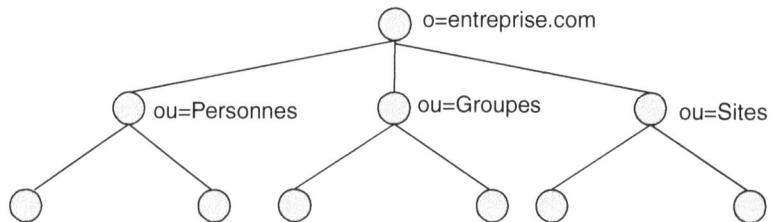

En règle générale, il est conseillé de séparer les objets sémantiquement différents, comme des personnes ou des sites géographiques. Il n'est pas nécessaire en revanche de séparer des objets de type person et de type organizationPerson ; ils décrivent tous les deux des personnes. Bien entendu, il ne faut pas non plus pousser cette règle à l'extrême et créer une branche par classe d'objet.

L'organisation de l'entreprise

Une dernière raison qui peut justifier la création de branches dans un annuaire est la volonté de refléter l'organisation de l'entreprise. En général, nous déconseillons de le faire si cela ne correspond pas à l'une des raisons évoquées précédemment. Il faut effectivement que la branche associée à un département ou à une filiale de l'entreprise (ou plus généralement à une unité organisationnelle) nécessite une délégation de l'administration, une réplication des données ou une répartition de celles-ci dans plusieurs bases. Si ce n'est pas le cas ou bien si cela n'est pas envisagé dans le futur, il n'est pas nécessaire de créer de branche.

Il ne faut pas confondre l'arborescence de l'arbre, dont la finalité est de faciliter la gestion des données, avec l'organigramme de l'entreprise. En effet, il est toujours possible de créer cet organigramme avec des requêtes *ad hoc* sur l'annuaire. Par exemple, si une entreprise est constituée de départements et de personnes qui y travaillent, et que l'on souhaite utiliser l'annuaire pour connaître l'organigramme des personnes (leur responsable hiérarchique et le département où ils se trouvent), il suffit de créer un annuaire avec deux branches : l'une contenant toutes les personnes et l'autre contenant des objets décrivant les départements de l'entreprise.

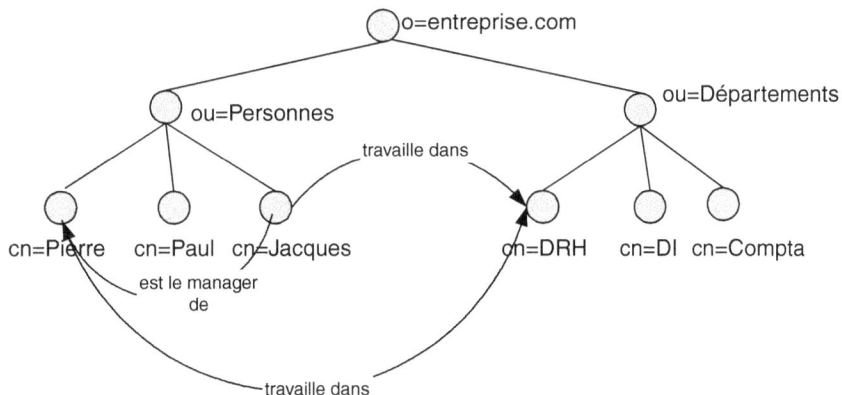

Figure 7.22
Arborescence d'annuaire et organigramme d'entreprise

Pour créer l'organigramme, il suffit de mettre dans chaque objet qui décrit une personne un attribut contenant le DN du département où il travaille, et un attribut contenant le DN de son supérieur hiérarchique (attribut manager implémenté dans la plupart des serveurs d'annuaire LDAP). Par exemple, dans la figure 7.22, les personnes cn=Jacques et cn=Pierre travaillent dans le service cn=DRH, et cn=Pierre est le manager de cn=Jacques.

C'est à l'application utilisée de restituer ces données sous forme d'organigrammes proprement dits, l'un pour refléter la liste des services et des personnes qui s'y trouvent, et l'autre pour refléter la hiérarchie entre les personnes.

Cas des structures multivaleurs

Il existe un cas où il peut être avantageux de créer une branche afin de stocker plusieurs instances d'une même structure de données contenant plusieurs attributs.

Prenons un exemple : une assurance souhaite offrir des services en ligne et stocker dans l'annuaire les coordonnées d'une personne, et l'ensemble des habitations assurées, afin de lui permettre de les consulter, voire de les modifier si nécessaire. Comment alors rattacher plusieurs habitations avec leurs adresses à une même personne ?

Bien entendu il est toujours possible d'utiliser un modèle relationnel dans lequel on va créer plusieurs instances de l'objet « habitation », reliées à la personne concernée par son DN. Mais ceci peut s'avérer difficile à gérer dans un annuaire LDAP, notamment en cas de suppression ou de changement de l'objet décrivant la personne.

D'autre part, les classes de type auxiliaire ne permettent pas de répondre à ce besoin. En effet, supposons que l'on crée une classe auxiliaire de type Habitation contenant plusieurs attributs comme le code postal, le nom de la rue, etc. Puis on concatène plusieurs instances de cette classe à l'objet décrivant la personne. Il ne sera pas possible, par la suite, de savoir

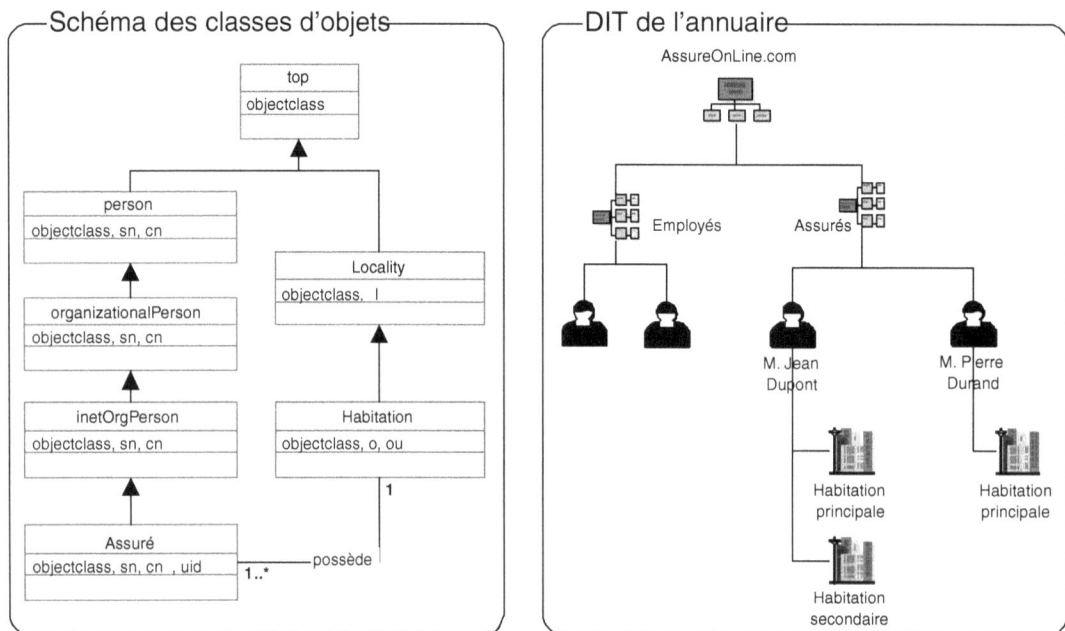

Figure 7.23

Exemple d'une structure multivaleur

quelle instance du code postal est associée à quel nom de rue. En effet, les différentes valeurs des attributs ne sont ni ordonnées ni numérotées dans un annuaire LDAP.

La solution consiste donc à stocker les instances de l'objet habitation sous l'objet personne, qui devient donc un nœud de l'arbre, comme l'illustre la figure 7.23.

Un autre exemple est le cas où une personne est rattachée à plusieurs centres de coût dans une entreprise. Il faudra associer à l'individu un couple d'attributs contenant d'une part l'identifiant du centre de coût, et d'autre part le pourcentage d'affectation du coût pour ce centre. Par exemple, une personne peut appartenir à une direction commerciale en charge de 70 % de son coût, mais aussi travailler pour la direction de la communication en charge de 30 % de son coût.

Dans ce cas, il faudra créer une classe d'objet contenant deux attributs : une chaîne de caractère décrivant l'identifiant du centre de coût et un nombre décrivant le pourcentage d'affectation. Il faudra ensuite instancier cet objet autant de fois que nécessaire et stocker ceux-ci sous l'objet décrivant la personne.

Quelques recommandations

Simplifier l'arborescence de l'annuaire

Il est important de garder à l'esprit que toute nouvelle branche créée dans l'arbre risque de rendre complexes son administration et sa gestion. Ceci ne veut pas dire qu'il faut tendre vers une hiérarchie plate, mais il faut trouver le juste milieu entre celle-ci et une arborescence complexe. Généralement, le nombre de niveaux ne doit pas excéder cinq ou six.

Utiliser certaines classes d'objets comme nœuds de l'arborescence

Il est conseillé de respecter un minimum de bon sens lors de la conception de la hiérarchie. Par exemple, il faut éviter de mettre des objets de type organization sous des objets de type person, bien que ce ne soit pas interdit par LDAP. Certains serveurs d'annuaire, comme Active Directory de Microsoft, imposent quelques restrictions pour éviter de telles situations. Dans ce cas, le schéma de l'annuaire contient pour chaque classe un attribut particulier, permettant de décrire les classes supérieures possibles.

La figure 7.24 montre comment définir les classes d'objets qui peuvent être supérieures à tout objet de type organizationalUnit avec Active Directory. Dans cet exemple, tout objet de ce type ne peut avoir comme objet père dans l'arborescence LDAP que des objets de type domainDNS, organization ou organizationUnit.

Figure 7.24

*Restrictions
dans la hiérarchie
des objets*

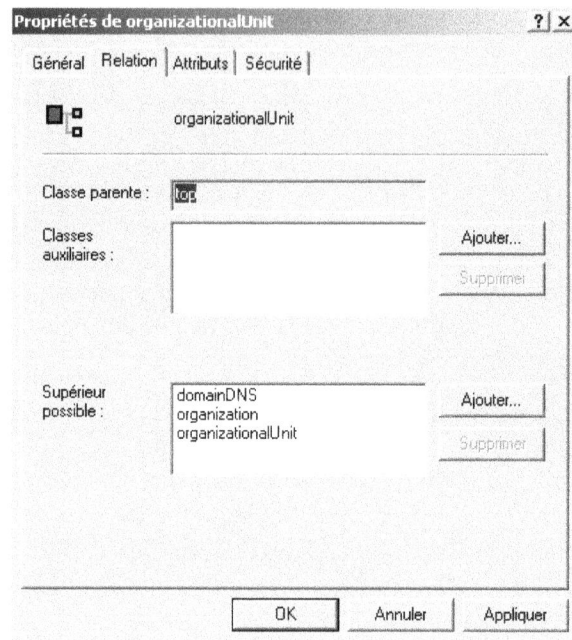

Tenir compte de l'impact d'un changement d'arborescence sur les applications

Les conséquences d'un changement de l'arborescence concernent surtout les applications. Celles-ci devront être adaptées à tout nouveau modèle de désignation, car l'espace de noms utilisé pour constituer les DN peut changer de structure.

Par exemple, une arborescence « plate » qui contient tous les objets sous un même nœud et qui doit être modifiée pour rajouter des branches afin de faciliter la réplication de données entre sites, nécessitera une adaptation des paramètres des fonctions d'accès à l'annuaire, utilisées par les applications, comme le montre la figure suivante.

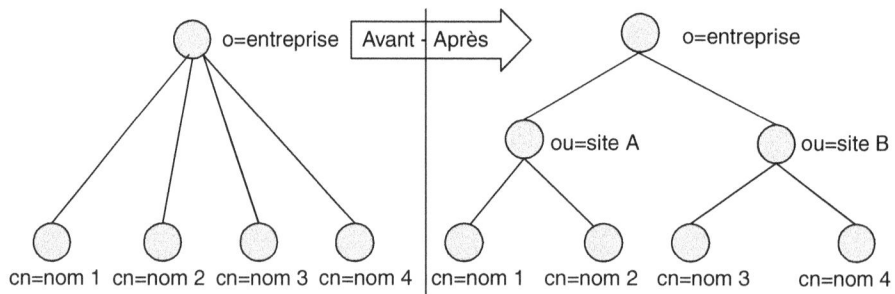

Figure 7.25

Impact de la modification d'une arborescence

Dans la figure 7.25, toute application qui souhaite rechercher des personnes appartenant au site B doit utiliser un filtre de recherche du type (&(objectclass=person)(site=B)) à partir de la base o=entreprise. Après modification de l'arbre, ce filtre doit être remplacé par (&(objectclass=person)) à partir de la base ou=site B, o=entreprise. Notons que, dans cet exemple, si l'attribut site est conservé dans la classe d'objet décrivant les personnes, l'application peut ne pas être modifiée : le précédent filtre de recherche fonctionnera toujours. Cependant, il devient inutile de renseigner cet attribut, car l'objet se trouve dans le nœud correspondant au site B.

Ou encore, toujours dans ce même exemple, toute création d'objet décrivant une personne devra se faire dans le nœud ayant le DN ou=site A, o=entreprise ou ou=site B, o=entreprise, au lieu du DN o=entreprise.

Éviter les nœuds à courte durée de vie

Il est en général fastidieux de supprimer un nœud ou de rajouter de nouvelles branches dans une arborescence LDAP, d'une part pour des raisons de gestion de l'annuaire, et d'autre part à cause des conséquences que cela peut provoquer sur les droits d'accès des applications qui l'utilisent (voir plus haut pour plus de détails sur ce dernier point).

Pour éviter ceci, il est important de s'assurer que les nœuds n'ont pas une « courte durée de vie ». Par exemple, un nœud permettant de constituer une branche pour les personnes et un nœud assigné aux groupes n'auront pas une courte durée de vie : il y aura toujours des personnes et des groupes dans l'entreprise. De même, constituer un nœud par site géographique est une bonne solution pour décrire les ressources qui s'y trouvent, comme les ordinateurs ou les imprimantes. En général, les sites et les ressources d'une entreprise ne changent pas fréquemment.

En revanche, la constitution d'un nœud par département ou par service risque de ne pas être une solution pérenne. En effet, les entreprises changent souvent d'organisation et renomment, regroupent ou éclatent leurs départements pour être plus efficaces et répondre aux besoins du marché.

Mettre les objets dans les branches auxquelles ils appartiennent définitivement

Par exemple, dans une arborescence qui contient des nœuds reflétant les différents sites d'une entreprise, il n'est pas conseillé d'y mettre les personnes si celles-ci sont susceptibles de se déplacer d'un site à l'autre, et si elles doivent accéder à l'annuaire depuis différents endroits. Une solution possible pourrait être celle illustrée dans la figure 7.26.

Dans cet exemple, les nœuds associés à chaque site contiennent des objets fixes comme des imprimantes, voire des applications informatiques si celles-ci sont dédiées au site. Les personnes pouvant se déplacer d'un site à l'autre sont dans une branche à part. Il est ainsi plus « naturel » de donner des droits d'accès à une personne sur des imprimantes et des ordinateurs se trouvant dans différents sites.

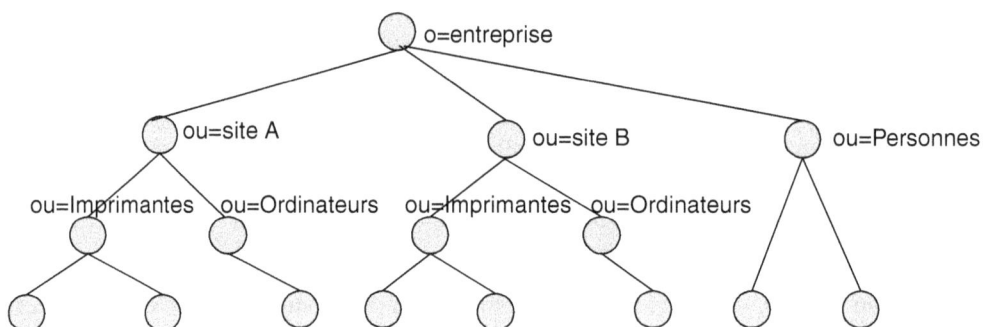

Figure 7.26
Exemple d'arborescence

Les processus de gestion de l'annuaire

Cette étape consiste à décrire comment les différents acteurs d'un annuaire vont interagir pour le mettre à jour. Elle n'est pas indispensable pour démarrer la mise en œuvre, mais le devient rapidement dès que l'on veut synchroniser les données de l'annuaire avec d'autres sources d'informations ou que l'on souhaite déléguer la gestion de certaines branches de l'annuaire à des personnes internes ou externes à l'entreprise. Cette étape va aussi permettre de mesurer l'impact organisationnel que peut provoquer un annuaire centralisé sur l'entreprise.

En quoi consistent exactement ces processus ? Quand faut-il les définir et éventuellement les outiller ?

Nous avons longuement évoqué dans ce livre les avantages d'un annuaire partagé, contenant des informations sur les personnes internes à une entreprise, voire sur des personnes externes comme des clients ou des partenaires fournisseurs. Lorsque ces informations concernent la sécurité d'accès aux applications, on améliore grandement celle-ci en évitant les redondances dans les données d'identification. Et lorsqu'elles concernent les profils des utilisateurs, on améliore la connaissance que l'on peut avoir sur eux à travers un référentiel de profils partagés, facilitant ainsi la segmentation et la personnalisation de l'offre et des services par rapport à ces profils.

Mais le partage de l'annuaire exige d'apporter une attention particulière aux deux points suivants.

Le risque de déposséder certains gestionnaires des informations qui leurs appartiennent

Partager les informations dans un même référentiel ne doit pas induire à la centralisation de la mise à jour et de l'administration. Chaque service ou direction de l'entreprise doit rester maître de ses informations, au risque de remettre en cause les processus actuels et de nuire à l'efficacité et à la réactivité de l'entreprise. En d'autres termes, un référentiel partagé des utilisateurs et des ressources doit permettre à chaque service d'être totalement autonome dans la gestion des données *partagées* dont il est *propriétaire* (ou la source d'informations).

Mais qui crée l'enregistrement en premier ? Que faut-il faire pour supprimer l'accès à une application sans supprimer définitivement l'utilisateur de l'annuaire s'il peut toujours accéder à d'autres applications ? Qui le supprime définitivement de l'annuaire ? Faut-il informer, dans ce cas, les administrateurs d'applications pour qu'ils suppriment les données concernant cet utilisateur, comme les messages dans sa boîte aux lettres ?

La gestion des conflits de mise à jour d'une même information par différents acteurs

Par exemple, la direction du personnel fournit le nom, le prénom, le numéro de téléphone et le bureau d'une personne, mais n'est pas la seule source d'informations, ni la source la plus fiable pour ces deux derniers. En effet, le numéro de téléphone dépendra du bureau de la personne, qui sera affecté par son responsable hiérarchique ou par le service logistique de l'entreprise. Il dépend aussi du service de téléphonie qui pourra changer l'affectation des numéros dans les bureaux.

Que faut-il faire en cas de conflit de mise à jour d'une même information par différents acteurs (personnes physiques ou applications) ?

Nous allons maintenant étudier en détail ces deux cas et tenter de répondre à ces questions.

Le partage des données entre différents acteurs

Prenons un exemple concret pour bien illustrer la problématique : supposons que la direction de la communication d'une entreprise ait développé une application intranet de veille concurrentielle, offrant à certains collaborateurs des informations sur la concurrence (positionnement stratégique, chiffre d'affaires, bénéfices, nouvelles offres, etc.). Cette application ayant un caractère confidentiel ne sera bien sûr pas accessible à tous. La direction de la communication aura donc une interface d'administration qui permet d'attribuer des droits d'accès aux utilisateurs en fonction de leur demande, d'une part, et de leur position dans l'entreprise, d'autre part. Supposons par ailleurs que l'entreprise souhaite disposer d'un seul référentiel d'utilisateur pour l'ensemble des applications intranet, et confier la gestion de ce référentiel à la direction informatique qui gère, entre autres, les services des messageries électroniques et les droits d'accès aux postes de travail bureautiques.

En conséquence, la direction de la communication ne sera plus autonome dans la création et la suppression des utilisateurs de l'application de veille concurrentielle, mais surtout le temps de mise à disposition de celle-ci pour tout nouvel utilisateur risque d'être plus long, voire non maîtrisé. Il faut donc qu'elle puisse soit créer un nouvel utilisateur de façon autonome si celui-ci n'existe pas, soit demander sa création à l'administrateur qui en a la charge ; et enfin qu'elle puisse attribuer à cet utilisateur le profil adéquat pour lui permettre d'accéder à l'application de veille. Ce dernier point peut être difficilement délégué à un administrateur central, car il ne possédera pas la connaissance « métier » nécessaire à cette tâche, c'est-à-dire qu'il ne sera pas en mesure de savoir qui peut accéder aux données de veille concurrentielle ou pas, et n'aura probablement pas accès à l'administration de l'application en question.

Il faut donc définir des mécanismes et des processus de mise à jour, qui permettent de garder le « pouvoir » sur les données là où il se trouve, tout en respectant un cadre global de cohérence.

Figure 7.27

Impact sur les processus du partage de l'annuaire

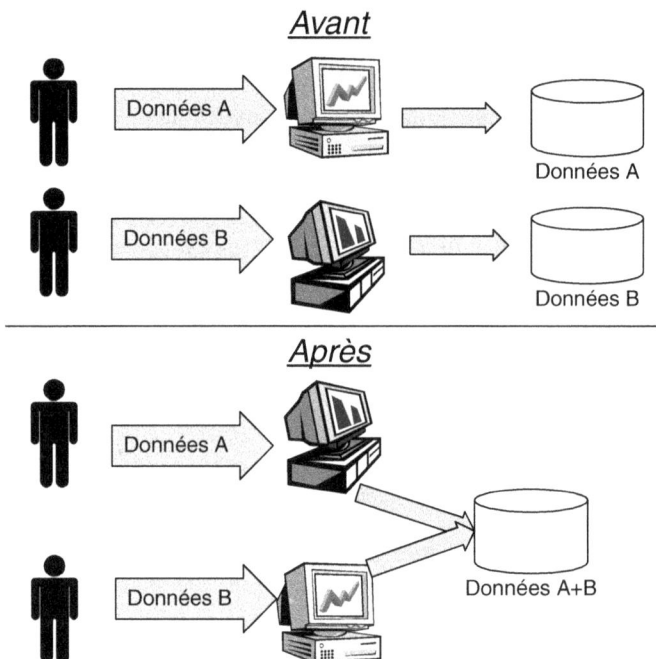

La figure 7.27 montre que le partage du référentiel nécessite que chaque administrateur puisse mettre à jour les données dont il est propriétaire. Dans notre exemple, l'administrateur de l'application de veille concurrentielle devra définir le profil auquel appartient l'utilisateur (profil marketing ou technique, par exemple) afin de pouvoir personnaliser le contenu en conséquence, alors que l'administrateur de la messagerie devra définir le nom de la boîte aux lettres de l'utilisateur et l'espace maximal de stockage des messages auquel il a droit. Ces informations constituent différents attributs d'un même enregistrement.

Nous avons vu dans le modèle de sécurité de LDAP que ce standard permet de gérer des habilitations de façon suffisamment précise pour répondre à ce type de besoin. En effet, il est possible, dans tous les outils LDAP du marché, de définir des droits d'accès sur des attributs d'une même classe à différentes personnes ou applications.

Au-delà de cet aspect technique, il est important de comprendre puis de définir les processus de partage des données. Ce partage correspond en fait à des actions qui peuvent se réaliser en séquences dans le temps.

Ces actions sont les suivantes :

*   *Initier une demande* : un utilisateur peut initier une demande de modification, de suppression ou de modification d'un attribut ou d'un objet. Il ne peut alors pas effectuer la mise jour lui-même et doit informer un gestionnaire de sa demande.

*   *Réaliser une demande* : un utilisateur peut réaliser les mises à jour soit à la demande d'un autre utilisateur, soit de sa propre initiative.

*   *Informer d'une demande* : quelquefois, il peut être utile d'informer un tiers d'une demande réalisée ou initiée, telle que nous l'avons définie précédemment.

La figure 7.28 illustre ces concepts :

Figure 7.28

Processus de gestion de l'annuaire

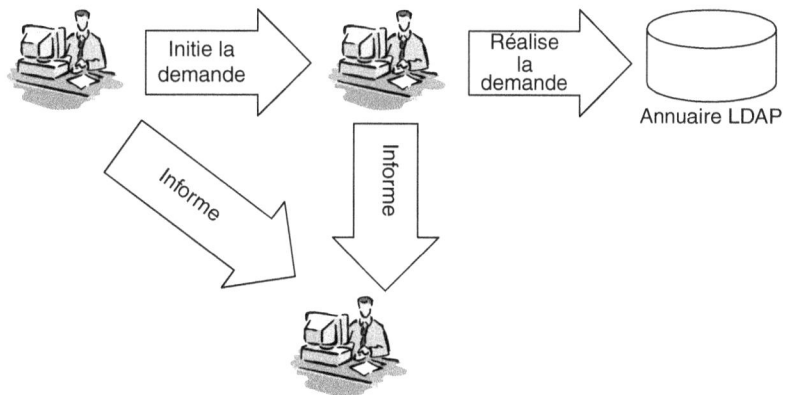

Nous allons voir chacun de ces cas par un exemple dans le tableau suivant :

Action	Exemple
Initier une demande	Un utilisateur souhaite changer son adresse de messagerie ou ajouter un alias (par exemple, *pierre.durand@entreprise.com* ou *pdurand@entreprise.com*). En général, il ne peut pas effectuer la modification lui-même, en revanche, il peut en être l'initiateur. C'est au gestionnaire de la messagerie d'effectuer la modification.
	Ou bien un utilisateur souhaite accéder à une application intranet. Il initie une demande de création d'un identifiant et d'un mot de passe à son gestionnaire.
	Ou encore dans le cadre d'un extranet client, un utilisateur souhaite modifier son mot de passe. Afin de s'assurer que le nouveau mot de passe ne soit communiqué qu'à lui seul, sa demande peut être transmise à un gestionnaire qui va se charger de le lui rappeler ou de lui envoyer le mot de passe à travers la messagerie par mesure de sécurité (le gestionnaire peut aussi être une application informatique qui envoie automatiquement les nouveaux mots de passe à travers la messagerie).
Réaliser une demande	Un gestionnaire peut créer des utilisateurs à la demande d'autres personnes ou de sa propre initiative.
	Il peut aussi effectuer les demandes envoyées par les utilisateurs.
Informer d'une demande	Lorsqu'un utilisateur est supprimé de l'annuaire, il faut informer les administrateurs des applications auxquelles il avait accès, afin de supprimer des applications les données qui le concernent.

D'autre part, les demandes correspondent généralement aux tâches suivantes :

- Pour les objets :
  - créer un nouvel objet ;
  - supprimer un objet.
- Pour les attributs :
  - créer une nouvelle valeur d'attribut ;
  - modifier la valeur d'un attribut ;
  - supprimer un attribut.

Ainsi, on peut définir les processus en précisant, pour chaque classe ou pour chaque attribut, qui initie une création ou une suppression, qui la réalise et qui en est informé.

Par exemple, les membres de la direction du personnel peuvent initier des demandes de création ou de suppression d'utilisateurs, seuls les gestionnaires de l'annuaire peuvent ensuite réaliser ces demandes, enfin les responsables du parc informatique sont informés de la demande.

Ce qui donne le tableau suivant :

Classe	Initier		Réaliser		Informer	
	Création	Suppression	Création	Suppression	Création	Suppression
organizationalPerson	Direction du personnel		Gestionnaires de l'annuaire		Gestionnaires du parc informatique	

On peut aussi utiliser le formalisme UML pour représenter les interactions entre les acteurs et les objets, comme le montre la figure 7.29.

Notons que dans ce schéma l'annuaire lui-même est un acteur, c'est-à-dire le serveur de bases de données.

Bien entendu, cela s'applique aussi bien aux classes d'objets qu'aux attributs pour lesquels il est nécessaire de mettre en place des processus de mise à jour.

Signalons enfin qu'il existe des outils qui permettent de décrire ces processus à l'aide d'une interface graphique, et qui sont capables, pour certains, de s'intégrer à des systèmes d'information afin d'automatiser la synchronisation des données entre l'annuaire et les applications.

Par exemple, le produit Oblix COREid de la société Oblix offre la possibilité de définir les processus entre différents acteurs d'un annuaire, afin d'initier, de réaliser ou d'être informé d'une mise à jour dans celui-ci.

La figure 7.30 montre le produit Oblix COREid qui permet d'associer plusieurs acteurs autour de la modification d'attributs d'une personne. Lorsque celle-ci souhaite modifier un attribut et qu'elle ne peut pas le faire elle-même, l'outil se charge d'envoyer un message vers le ou les propriétaires de cet attribut en précisant la nouvelle valeur désirée.

Figure 7.29

*Diagramme de
séquences UML*

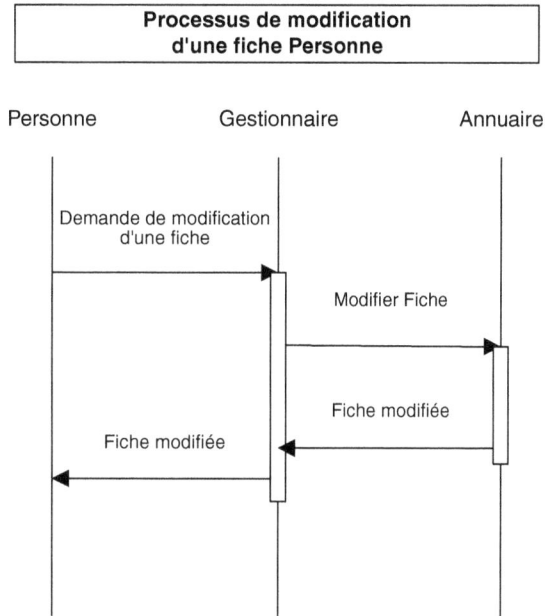

Figure 7.30

Oblix COREid

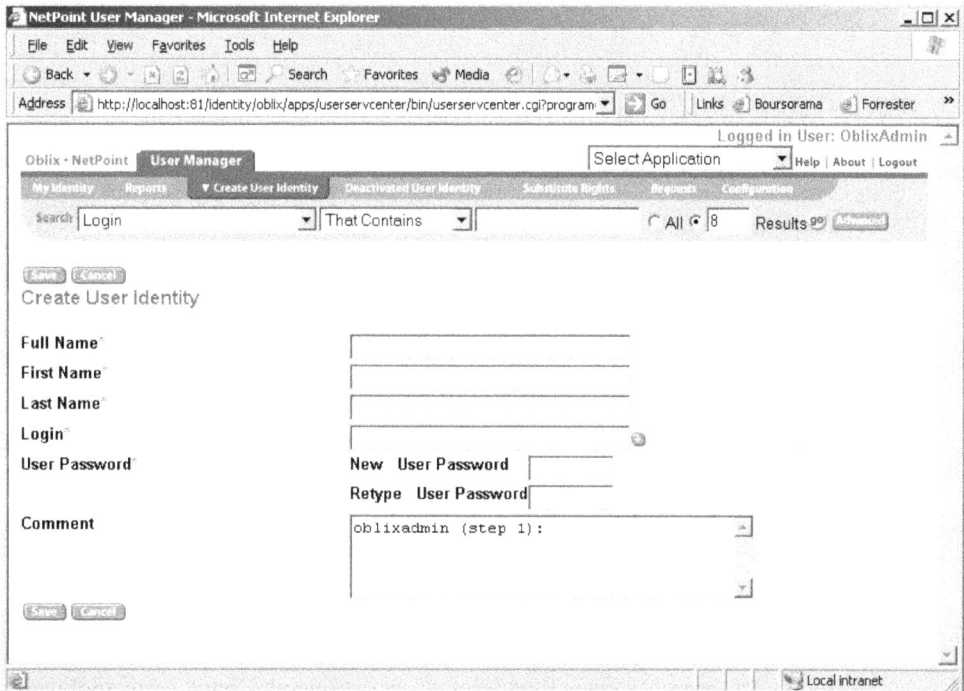

Ces derniers peuvent refuser ou accepter la demande. Dans ce dernier cas, la nouvelle valeur est publiée dans l'annuaire.

Un administrateur se charge au préalable de définir quels attributs peuvent être modifiés par les personnes elles-mêmes et quels sont les propriétaires des autres attributs. Différents propriétaires peuvent être définis pour un même attribut dans différentes branches de l'arborescence LDAP, ce qui permet d'adapter les droits d'administration à l'organisation de l'entreprise. L'administrateur peut aussi désigner des personnes qui seront notifiées d'une demande de modification d'attribut, sans pour autant en être les propriétaires, c'est-à-dire pouvoir valider ou non la demande. Ce peut être par exemple utile lorsqu'il s'agit de signaler à un administrateur ou à une application le départ d'une personne de l'entreprise afin de purger les données qui la concernent.

Le produit de la société Oblix est un des premiers outils du marché offrant des fonctions de *workflow* entièrement paramétrables. Il est possible de définir pour chaque attribut de l'annuaire les personnes en charge de sa création, modification et validation. Ces personnes peuvent bien entendu ne pas être les mêmes, et il est possible de valider une mise à jour en différentes étapes et par différentes personnes avant de la publier sur l'annuaire.

Notons qu'on peut aussi réaliser ce type d'application avec un outil tel que Lotus Domino 5 par exemple, car il offre des fonctions de *workflow* intégrées. Dans ce cas, il faudra développer entièrement l'application de saisie et de validation des attributs à l'aide des scripts Lotus Notes.

La gestion des conflits de mise à jour

Au-delà de la répartition des droits sur les différents acteurs, il est important de tenir compte des conflits de mise à jour susceptibles de survenir. Plusieurs acteurs peuvent avoir des droits de mise à jour sur un même attribut. Par exemple, une adresse de facturation peut être mise à jour par le service client d'une entreprise et par le service commercial. Ou encore, la fonction d'une personne dans une entreprise peut être mise à jour par son responsable hiérarchique ou par l'utilisateur lui-même, s'il n'a pas encore de responsable hiérarchique désigné. Bien entendu, c'est le responsable hiérarchique qui aura la priorité.

Un même attribut, comme un numéro de téléphone ou une adresse de livraison client, peut avoir plusieurs sources d'informations. Dans le premier cas, celles-ci peuvent être l'application de gestion des ressources humaines ou l'annuaire de messagerie (des outils comme MS-Exchange ou Lotus Notes offrent cette possibilité), ou encore l'annuaire téléphonique de l'entreprise. Dans le deuxième cas, elles peuvent être l'application de gestion commerciale ou le centre d'appel téléphonique.

Pour gérer ces conflits, il faut définir les priorités entre les différentes sources d'informations par attribut. En général, il existe une application (ou une source d'informations) de référence. Par exemple, dans l'extranet client évoqué plus haut, cette application est celle du centre d'appel, car c'est elle qui sera informée en premier par les clients eux-mêmes de toute modification de l'adresse de livraison. Cette application aura la priorité la plus forte pour un attribut donné. C'est-à-dire que toute valeur de cet attribut provenant de celle-ci remplacera la valeur existante dans l'annuaire partagé.

Ceci n'empêche pas d'autres applications de renseigner la valeur de l'attribut. Bien entendu, il faut alors établir des règles. Par exemple, si l'attribut n'est pas renseigné, on pourra autoriser sa mise à jour. Ou bien, si la valeur fournie par une application non prioritaire est plus récente que la valeur actuelle dans l'annuaire, on pourra également autoriser sa mise à jour. Ce dernier exemple nécessite d'horodater les mises à jour dans l'annuaire par attribut et de sauvegarder pour chaque attribut le DN de l'objet qui a effectué la mise à jour, ce qui n'est pas nécessairement une fonction offerte par les outils disponibles sur le marché. Dans ce cas, on pourra le faire de façon manuelle, à l'aide d'une application particulière dédiée à cet effet et par laquelle transitent toutes les mises à jour de l'annuaire.

D'autre part, il arrive souvent que les données ne puissent pas être échangées telles quelles entre les sources d'informations et l'annuaire partagé. Ces données nécessitent d'être transformées afin de correspondre au format ou à la sémantique de l'attribut partagé. Par exemple, une adresse peut être exprimée dans une application de référence sous forme d'une seule chaîne de caractères contenant le numéro et le nom de la rue. L'annuaire peut avoir été conçu pour séparer les deux valeurs dans deux attributs différents. Il faut alors « traiter » la valeur issue de l'application, pour extraire le numéro et le nom, avant de mettre à jour l'annuaire. Des règles de gestion plus ou moins complexes peuvent être mises en œuvre à cet effet, et inclure aussi des calculs sur des valeurs.

L'ensemble des fonctions requises pour gérer les conflits de mise à jour et la synchronisation des données de l'annuaire avec les différentes sources d'informations peut être réalisé de façon spécifique ou faire appel à des outils particuliers du marché, nommés « méta-annuaires », que nous décrivons dans la suite de ce livre.

8

La conception technique

Nous avons appris, dans le chapitre précédent, à concevoir le contenu d'un annuaire LDAP comprenant les données, les acteurs et les habilitations ainsi que les processus de mise à jour. Nous allons maintenant étudier les aspects plus techniques d'un annuaire LDAP afin de préparer son implémentation.

Un annuaire est mis en œuvre à l'aide d'un ensemble d'outils qui vont d'une part offrir le support permettant de stocker les données et éventuellement de les répartir sur plusieurs serveurs, et d'autre part, permettre la synchronisation de celles-ci avec d'autres systèmes, ainsi que le développement d'applications nouvelles basées sur l'annuaire.

Au préalable, nous allons nous concentrer sur le serveur LDAP et son architecture technique. Nous décrirons comment concevoir la gestion des habilitations pour contrôler la sécurité. Puis nous concevrons la topologie des serveurs LDAP afin de définir la répartition des données sur une ou plusieurs bases, et la façon dont elles communiquent entre elles. Nous exposerons ensuite les différents mécanismes de réplication possibles entre annuaires LDAP. Enfin, nous décrirons comment protéger l'annuaire par un firewall.

Nous étudierons dans le chapitre suivant les différents outils qu'il est nécessaire de mettre en œuvre pour déployer un annuaire LDAP en entreprise et pour réaliser des applications s'appuyant sur celui-ci.

La conception de la gestion des habilitations

Le chapitre précédent a été consacré à la définition des différents acteurs d'un annuaire ainsi qu'à leurs droits d'accès aux données. Nous avons également présenté la façon de concevoir une arborescence LDAP en tenant compte des besoins en termes de délégation à l'un des acteurs de la gestion d'une branche.

Mais ceci ne suffit pas pour contrôler précisément les habilitations d'accès aux attributs et aux classes d'objets. Pour cela, il faut utiliser les ACL *(Access Control Lists)* que nous avons décrits dans le chapitre 5 traitant des modèles LDAP, et plus particulièrement dans le modèle de sécurité.

Cette étape indique comment concevoir les habilitations des acteurs sur les données. Celles-ci peuvent être décrites à l'aide d'ACL dans le serveur d'annuaire. Mais leur utilisation peut se révéler fastidieuse et pas suffisamment souple. Il est donc nécessaire de concevoir une solution qui limite au minimum la manipulation d'ACL tout en offrant un niveau de souplesse maximal.

Nous allons rappeler la définition d'un ACL dans ce paragraphe, puis nous exposerons les différentes méthodes envisageables pour gérer les habilitations, tout en assurant un maximum de souplesse aux gestionnaires.

Rappel de la définition d'un ACL

Un ACL est constitué de plusieurs ACI *(Access Control Item),* où chaque ACI comprend trois composants : les objets concernés par l'attribution des droits que l'on définit, les droits eux-mêmes et la cible.

Figure 8.1

Les différents composants d'un ACI

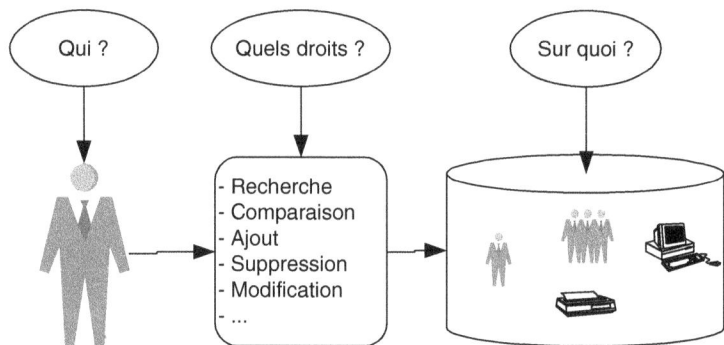

Par exemple, si l'on veut autoriser à toute personne la lecture des attributs contenant le nom, le prénom, la description, l'adresse de messagerie et le numéro de téléphone de tout objet appartenant à la classe organizationalPerson, il faut utiliser l'ACI suivant :

1. *Qui ?* : toute personne anonyme ;

2. *Quels droits ?* : le droit de comparer, de rechercher et de lire les données ;

3. *Sur quoi ?* : sur tout objet appartenant à la classe `organizationalPerson` et sur les attributs `cn`, `sn`, `givenName`, `description` et `telephoneNumber`.

Si nous prenons le serveur Sun Java System Directory Server de l'Alliance Sun/Netscape, cet ACI a la forme suivante dans un format LDIF :

```
1.   aci : (target="ldap://o=entreprise.com")
2.   (targetfilter="objectclass=organizationalPerson")
3.   (targetattr="cn||sn||givenName||description||telephoneNumber")
4.   (version 3.0; acl "Droit sur les objets de type personnes" ;
5.   allow (compare, read, search)
6.   userdn="ldap:///anyone";)
```

La ligne 1 désigne l'objet sur lequel s'appliquent ces droits : c'est la racine de l'arbre, donc tous les objets sous-jacents. La ligne 2 permet de filtrer les objets à l'aide d'un critère, afin de n'appliquer la règle qu'à ceux-ci : il s'agit de tous les objets de type `organizationalPerson` ; les autres objets ne sont pas concernés.

La ligne 3 permet de définir les attributs de ces objets concernés par la règle : ce sont les attributs `nom complet`, `nom` et `prénom`, `description` et `numéro de téléphone`.

La ligne 4 précise la version du standard LDAP et donne un nom à la règle : ici la règle s'appelle « Droit sur les objets de type personnes ».

La ligne 5 précise les droits qu'il s'agit d'attribuer : ici ce sont les droits de lire, de rechercher et de comparer.

La ligne 6 précise à qui ces droits sont attribués : toute personne anonyme.

Comme nous l'avons précisé dans le chapitre 5 sur le modèle de sécurité, il n'existe pas de standard permettant de décrire la syntaxe des ACI. Celle qui est présentée dans l'exemple ci-dessous est propre à Sun Java System Directory Server.

Pour définir et modifier ces ACI, il est possible d'utiliser l'interface de programmation LDAP et de modifier l'attribut `aci`, à condition de bien connaître la syntaxe propre au serveur d'annuaire utilisé, ou bien de passer par l'interface d'administration de celui-ci.

Dans le premier cas, on risque de commettre des erreurs dans la syntaxe, et par conséquent, de nuire à la sécurité des données. Dans le deuxième cas, l'interface d'administration peut ne pas être suffisamment conviviale pour être utilisée par un gestionnaire non-informaticien. De plus, il est nécessaire dans les deux cas de s'identifier à l'annuaire comme administrateur, ce qui peut constituer un niveau de privilège trop élevé et présenter des risques de sécurité.

Or il arrive souvent que les droits sur des objets de l'annuaire soient attribués par un gestionnaire qui n'a pas les droits d'administrateur sur l'annuaire. Par exemple, le responsable du personnel doit pouvoir attribuer des droits au responsable hiérarchique d'une personne sur certains des attributs de celle-ci, comme sa fonction ou son titre par exemple. En outre, il peut arriver que certains utilisateurs souhaitent ne pas divulguer leur numéro de téléphone mobile, alors que d'autres le souhaitent. Il faut donc qu'ils puissent eux-mêmes modifier certains droits sur leurs propres attributs.

Par ailleurs, certains droits doivent pouvoir être attribués à une personne de façon indirecte. Si nous reprenons l'exemple précédent d'un responsable hiérarchique qui peut modifier les attributs comme la fonction ou le titre de tous ses subordonnés, il peut se révéler très vite fastidieux de créer autant de règles qu'il y a de responsables ! Il faut donc trouver un moyen qui permette de désigner indirectement le responsable hiérarchique dans la règle d'attribution des droits.

La gestion des ACL peut devenir rapidement complexe à gérer si le nombre de règles est important. En effet, il est difficile d'avoir une vision globale des règles, notamment si elles ont été définies à des endroits différents de l'arborescence. Rappelons aussi qu'une règle définie sur un nœud de l'arbre s'applique aussi à tous les objets sous-jacents, ce qui ne simplifie pas les choses. Il vaut donc mieux réduire le nombre de règles et simplifier autant que possible leur usage.

Comment faire pour qu'un utilisateur puisse lui-même modifier simplement ses propres habilitations ou celles d'autres utilisateurs, tout en respectant un cadre de sécurité global ? Comment utiliser les ACL pour définir ce type de droits ? Quelles sont les différentes méthodes possibles ? Comment minimiser l'usage des ACL pour en faciliter la maintenance ?

Il existe plusieurs méthodes que nous allons décrire ci-dessous :

- *Utilisation de groupes d'utilisateurs* : c'est la méthode la plus répandue, mais elle ne répond pas à tous les cas.

- *Utilisation de rôles* : il s'agit d'attribuer des droits à un ensemble d'utilisateurs en se basant sur leurs rôles dans l'organisation et non sur une attribution explicite *via* des groupes. Cette méthode est très pratique, et permet d'être plus proche du modèle de sécurité de l'entreprise, souvent basé sur les rôles des individus dans l'organisation.

- *Envoi des demandes à un administrateur* : celui-ci se chargera d'effectuer les modifications des habilitations à l'aide de l'interface d'administration. Une application particulière peut être réalisée afin d'automatiser la mise à jour des demandes avec les privilèges d'un administrateur.

- *Utilisation de filtres dans les ACL* : les filtres permettent d'établir des règles reposant sur la présence de valeurs dans certains attributs des objets cibles. L'ACL est appliqué uniquement si la règle est valide.

- *Désignation indirecte des objets auxquels la règle s'applique :* cette méthode permet de définir de façon indirecte l'objet auquel s'applique la règle, comme « le supérieur hiérarchique d'une personne ».

Ainsi, si l'on souhaite désigner à qui s'appliquent les droits, on peut soit désigner des objets explicitement, soit utiliser les filtres dans les ACI, soit des rôles qui vont permettre de sélectionner certains objets automatiquement sans avoir à les désigner chaque fois dans la règle.

De même, si l'on souhaite désigner sur quel objet s'appliquent les droits, on peut désigner les objets explicitement, ou désigner un groupe, ou encore désigner indirectement les objets à l'aide d'un critère de filtre dans les ACI.

Nous allons décrire ci-dessous ces différentes solutions.

Utilisation de groupes pour la gestion des habilitations

Les ACI permettent d'attribuer des droits d'accès à la fois aux utilisateurs et aux groupes d'utilisateurs. Dans ce dernier cas, il suffit d'attribuer les droits à un objet de type `groupOfUniqueNames` et de préciser qu'ils s'appliquent aux objets auxquels fait référence celui-ci, pour que toutes les personnes (ou autres types d'objets) qui se trouvent dans ce groupe héritent de ces droits.

Une fois les droits d'accès définis, l'utilisation des groupes permet à tout gestionnaire d'attribuer ou non ces droits à des personnes en rajoutant ou en supprimant celles-ci du groupe.

Supposons par exemple que nous souhaitions autoriser certaines personnes à modifier leur numéro de téléphone, et déléguer le droit de désigner ces personnes au responsable du service de téléphonie de l'entreprise. Il faut suivre les étapes suivantes, illustrées dans la figure 8.2 :

1. Créer un groupe (il peut être vide dans un premier temps) : pour cela il suffit de créer un objet de type `groupOfUniquesNames`.

2. Donner le droit à ce groupe de modifier l'attribut contenant le numéro de téléphone de la personne identifiée à l'annuaire (droit de modification de son propre objet uniquement).

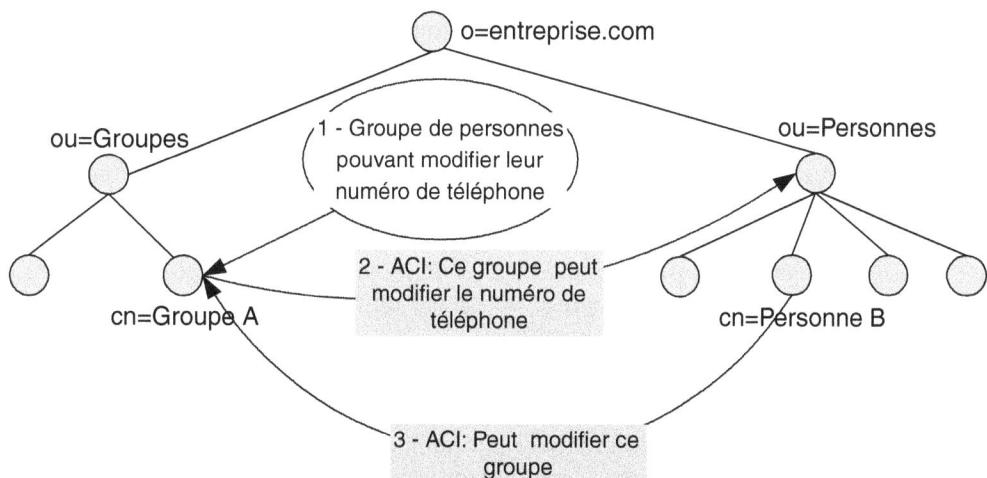

Figure 8.2

Exemple de gestion de droits à l'aide d'un groupe

3. Donner le droit au responsable du service de téléphonie de modifier le groupe en question.

Dans l'exemple de la figure 8.2, toute personne appartenant au groupe dont le DN vaut `cn=Groupe A` possède les droits de modification de son propre attribut contenant le numéro de téléphone (2).

Signalons que certains serveurs d'annuaire offrent le choix « mettre à jour son propre objet » ou « selfwrite » parmi la liste des droits qu'il est possible d'utiliser dans un ACI.

La personne qui s'identifie à l'aide de l'objet `cn=Personne B` peut mettre à jour l'objet `cn=Groupe A`, et donc ajouter ou supprimer le droit à toute personne de la branche `ou=Personnes` de modifier son numéro de téléphone.

Avec cette méthode, il n'est plus nécessaire de créer un ACI pour toute nouvelle personne à qui l'on souhaite attribuer ce droit : il suffit de la rajouter dans le groupe conçu à cet effet.

Utilisation de rôles pour la gestion des habilitations

L'attribution des droits à travers des groupes peut s'avérer fastidieuse pour les administrateurs de grandes entreprises devant gérer des milliers d'utilisateurs. De plus, cette méthode risque de mener à des situations où l'implémentation des droits d'accès ne correspond pas toujours à la réalité, fonction du rôle et de la position hiérarchique d'un individu. En effet, la complexité des systèmes et le nombre de mises à jour à effectuer peuvent rapidement dissuader un administrateur d'ajouter ou de supprimer manuellement la personne dans les groupes adéquats et de répercuter tout changement dans le système d'information.

D'autre part, l'usage de groupes pour l'attribution de droit ne permet pas de trouver de façon aisée l'ensemble des droits assignés à un utilisateur donné. En effet, il faudra balayer les groupes dans lesquels il se trouve, ce qui n'est pas une opération facile avec LDAP.

Prenons l'exemple d'une entreprise : chaque individu occupe un poste avec une fonction et un rôle bien définis. Certains sont chargés des relations commerciales avec les clients et d'autres du support après vente des produits. Certains peuvent avoir un rôle d'encadrement comme un directeur commercial, un directeur informatique ou un directeur financier, et d'autres peuvent être chargés de missions et avoir un rôle transverse permanent ou à durée déterminée, par exemple un chef de projet Intranet chargé de mettre en place une solution de portail d'entreprise, ou encore un responsable sécurité chargé d'auditer la sécurité des systèmes d'information.

Dans un tel contexte il est plus simple d'attribuer les droits d'accès aux applications à un rôle. En effet, toute personne qui prendra un rôle donné se verra attribuer les droits associés. Une même personne pourra avoir plusieurs rôles, et un rôle peut être pris par plusieurs personnes simultanément. L'administrateur devra d'une part définir les rôles et leur attribuer des droits, et d'autre part associer des individus à des rôles. Bien entendu, ceci n'empêche pas de façon occasionnelle d'attribuer des droits à des individus directement.

La solution passe par l'attribution des droits en se basant sur les rôles des individus, que l'on exprime souvent à travers la valeur d'un ou de plusieurs de leurs attributs. Par exemple, une personne peut avoir des droits d'accès aux profils des autres personnes de l'entreprise parce qu'elle appartient au département des ressources humaines (attribut *entité d'appartenance*) et qu'elle est cadre (attribut *fonction*). Ou encore, dans un annuaire qui contient aussi bien des employés que des prestataires externes, on pourra autoriser les droits d'écriture de ces derniers sur certains objets et attributs de l'annuaire, comme leur adresse de messagerie et la société pour laquelle ils travaillent, en vérifiant qu'ils appartiennent à la classe d'objet *Prestataire* et qu'ils travaillent bien pour le département des systèmes d'information (afin d'exclure d'autre type de prestataires).

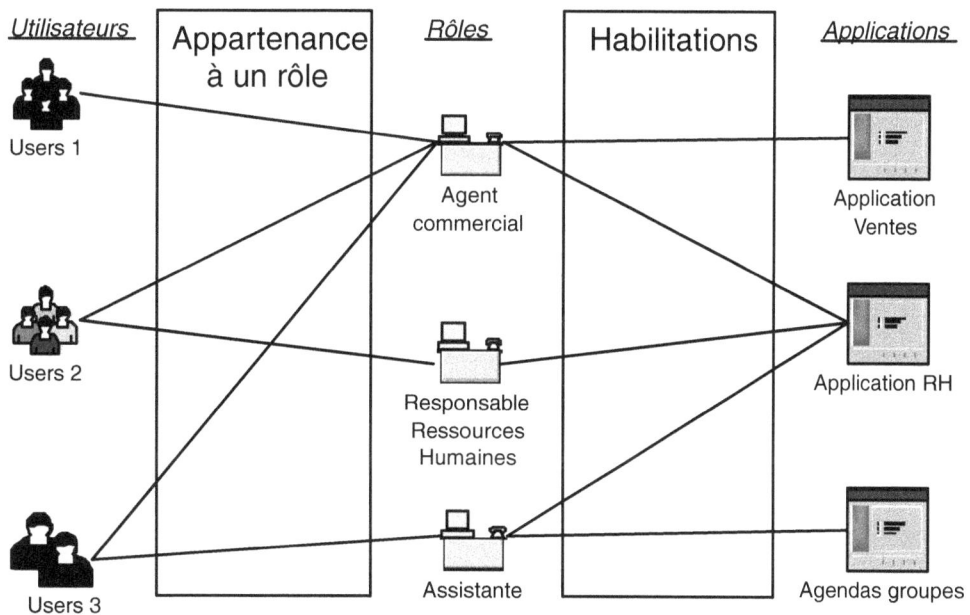

Figure 8.3
Gestion des habilitations à travers des rôles (RBAC)

On parle alors de RBAC *(Role-Based Access Control)*. RBAC n'est pas une technologie particulière, ni un standard, c'est tout simplement une façon de modéliser les droits d'accès aux ressources de l'entreprise.

Comment attribuer des droits à un ensemble d'utilisateurs en se basant sur la valeur d'un ou de plusieurs de leurs attributs ? Il existe plusieurs solutions dont la plus courante est celle basée sur les groupes dynamiques.

Qu'est-ce qu'un groupe dynamique ? Il s'agit tout simplement d'un groupe, ne contenant pas d'entrées, mais une requête (ou un filtre) LDAP. Lorsqu'on voudra récupérer les membres de ce groupe, il faudra exécuter la requête et récupérer ainsi la liste des utilisateurs correspondants. Par exemple, pour trouver toutes les personnes qui ont un responsable hiérarchique dans l'entreprise, il suffit de créer un groupe contenant un filtre LDAP recherchant tous les objets de type person et dont l'attribut manager est renseigné.

Plusieurs outils du marché implémentent la notion de rôle, mais pas tous de la même façon.

Par exemple, l'annuaire de Sun, à partir de sa version 5.1, supporte deux notions distinctes : les groupes, qui peuvent être statiques ou dynamiques, et les rôles. Tous les deux offrent la possibilité de définir la liste des membres à travers une requête LDAP. La principale différence réside dans le fait que pour un rôle, l'annuaire ajoute systématiquement une valeur à l'attribut nsRole pour chaque personne correspondant à ce rôle. Il est ainsi possible de connaître les rôles d'un individu donné en lisant les valeurs de cet attribut pour l'entrée correspondante dans l'annuaire.

Avec Microsoft Windows 2003, il existe un outil, dénommé « Microsoft Authorization Manager », permettant de créer des rôles utilisateurs, destinés aux applications. La description de ces rôles peut être sauvegardée dans un annuaire Active Directory, ou tout simplement dans un fichier XML. Un rôle est défini comme un ensemble de tâches

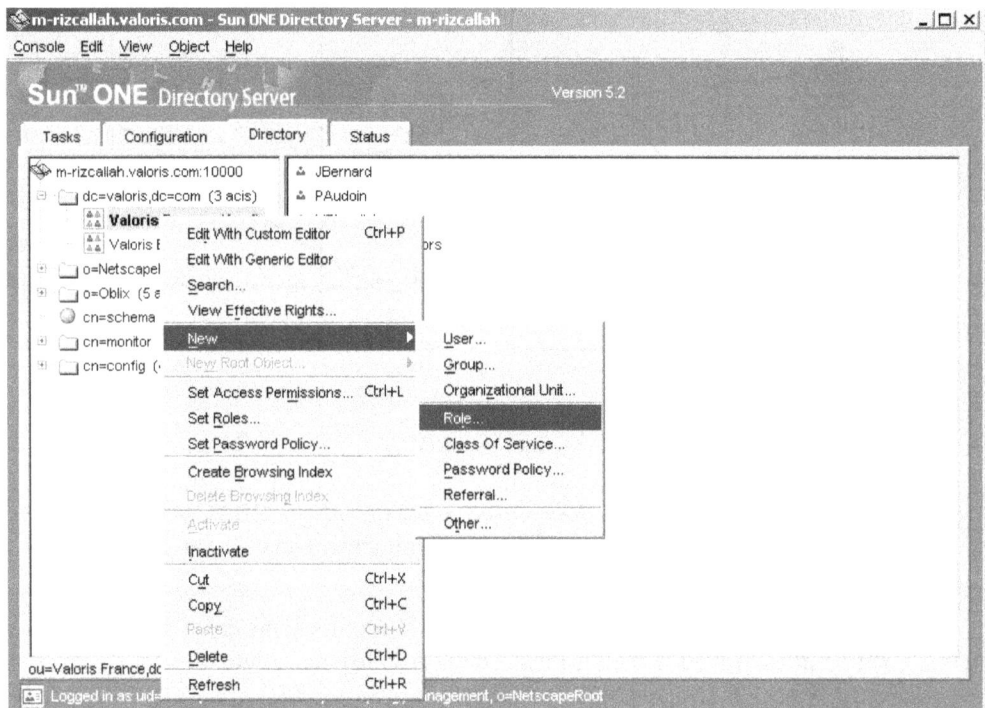

Figure 8.4

Exemple de rôle avec Sun Java System Directory Server

élémentaires (par exemple ajouter et supprimer un utilisateur), puis un rôle est assigné à un ensemble d'utilisateur qui peuvent être sélectionné dans la liste des utilisateurs et des groupes de Windows, ou bien à travers un groupe dynamique contenant un filtre LDAP sur l'annuaire Active Directory.

Figure 8.5

Exemple de rôle avec Sun Java System Directory Server (suite)

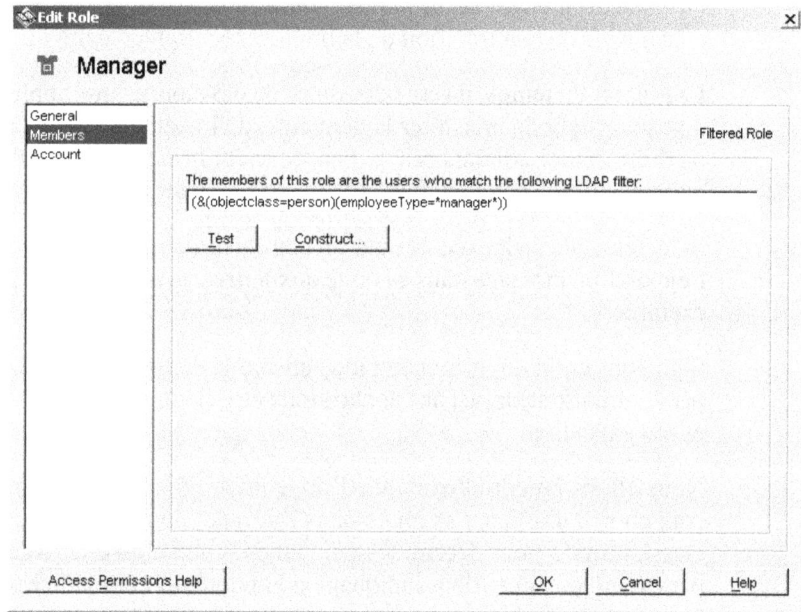

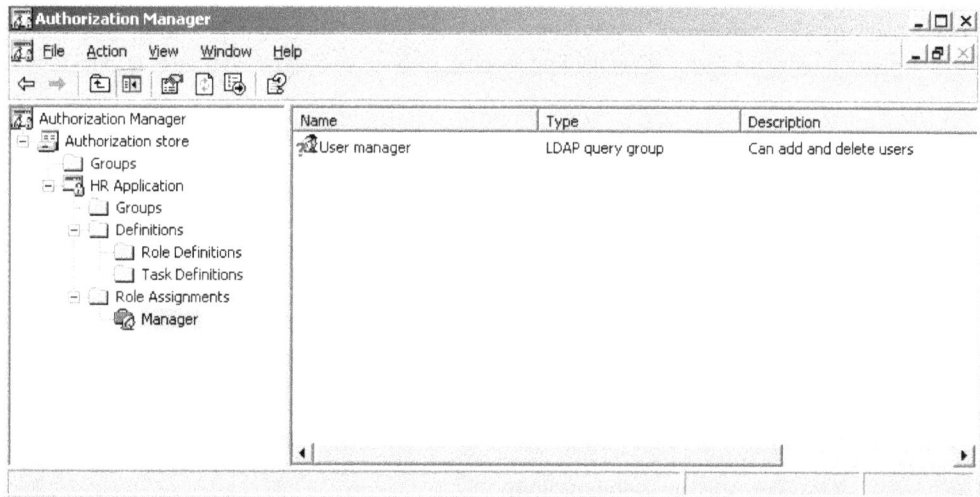

Figure 8.6

Exemple de rôle avec Windows Server 2003 et Active Directory

Envoi des demandes à un administrateur

Il s'agit de passer par un « intermédiaire », chargé de modifier les droits dans l'annuaire en mettant directement à jour les ACI. Celui-ci peut être aussi bien une application qu'une personne physique. Dans les deux cas, il sera nécessaire de mettre en place un mécanisme d'envoi de la requête entre le demandeur et cet intermédiaire, ainsi qu'un mécanisme de confirmation de la bonne exécution de celle-ci.

La plupart du temps, il sera nécessaire de développer une application spécifique. Celle-ci doit se charger de transférer la demande, de l'exécuter si c'est un traitement automatique ou d'informer l'administrateur, puis de le confirmer au demandeur. Il faut aussi assurer la maintenance de cette application afin de l'adapter à toute nouvelle évolution.

Si la demande était exécutée par un administrateur, on pourrait tout simplement imaginer l'envoi d'un message dans sa boîte aux lettres, mis en forme à l'aide d'un formulaire, par exemple.

Signalons enfin qu'avec un tel mécanisme la demande n'est effective qu'après exécution par l'administrateur ou par l'application ; ce qui induit un temps de latence entre la demande et son exécution.

Nous allons prendre l'exemple d'un annuaire d'entreprise dans lequel chaque personne peut choisir d'afficher sa photo dans l'intranet ou non. Pour cela, nous allons ajouter à la classe utilisée pour décrire les personnes – une classe dérivée de `organizationalPerson`, par exemple – un attribut indiquant si la photo doit être affichée ou non. Cet attribut peut être modifié par la personne elle-même.

Une procédure périodique doit alors scruter régulièrement l'annuaire pour modifier les droits des personnes anonymes sur les attributs contenant la photo. Elle interdit l'accès aux attributs à l'aide d'un ACI approprié, qu'elle se charge de mettre à jour dans l'annuaire.

Utilisation de filtres dans les ACL

Certains serveurs d'annuaire autorisent l'utilisation de filtre dans les ACI. Ces filtres permettent de désigner, à l'aide d'un critère, les objets sur lesquels s'appliquent les droits de l'ACI.

Si nous reprenons l'exemple précédent, il est possible de protéger ou non la photo d'une personne de façon immédiate, sans avoir recours à une application détenant les privilèges d'administrateur.

Pour cela, il suffit de définir un ACI de la façon suivante :

1. *Qui ?* : toute personne anonyme ;

2. *Quels droits ?* : le droit de lire ;

3. *Avec quel filtre ?* : si l'attribut `afficherPhoto` vaut oui ;

4. *Sur quoi ?* : l'attribut photo de la classe décrivant les personnes et dérivée de organizationalPerson.

La syntaxe de cet ACI au format LDIF serait la suivante :

```
1.   aci : (target="ldap://o=entreprise.com")
2.   (targetfilter="afficherPhoto=oui")
3.   (targetattr="photo||jpegPhoto")
4.   (version 3.0; acl "Droit sur la photo d'une personne" ;
5.   allow (compare, read, search)
6.   userdn="ldap:///anyone";)
```

Note

Notons que le ligne 6 contient un mot-clé spécifique : anyone, qui ne correspond pas à un DN réel. Cette syntaxe permet de désigner un accès anonyme. Deux autres mots-clés de ce type sont importants à connaître pour décrire un ACI dans un format LDIF : all, qui désigne tout utilisateur identifié avec un DN et un mot de passe valide, et self qui désigne l'objet utilisé lors de l'identification. Un exemple d'utilisation de ces mots-clés est donné dans le chapitre suivant.

Il suffit ensuite d'autoriser à chacun la modification de l'attribut afficherPhoto de son enregistrement pour que le droit d'accès à l'attribut par les autres personnes soit effectif ou non. Voici la syntaxe de l'ACI correspondante :

```
1.   aci : (target="ldap://o=entreprise.com")
2.   (targetattr="afficherPhoto")
3.   (version 3.0; acl "Choix de l'affichage de la photo" ;
4.   allow (compare, read, search, selfwrite)
5.   userdn="ldap:///anyone";)
```

Notons que l'impact est immédiat dès que l'attribut est modifié par quelqu'un, contrairement à la méthode précédente. De plus, il n'y a aucune application particulière à développer, l'ACI n'ayant pas à être modifié.

Désignation indirecte des objets auxquels la règle s'applique

Certains serveurs d'annuaire autorisent la désignation de façon indirecte de l'objet auquel s'appliquent les droits. Par exemple, si l'on souhaite donner le droit à tout responsable hiérarchique d'une personne de modifier les attributs de cette dernière, il suffit d'appliquer un seul ACI qui fonctionnera pour toute nouvelle personne créée dans l'annuaire.

Dans notre exemple, si l'ACI contient le DN du responsable hiérarchique, il faudra créer autant de règles qu'il y a de personnes. En outre, il sera nécessaire de maintenir cette règle à chaque changement de responsable dans l'entreprise ; ce qui devient très vite fastidieux, voire impossible à maintenir.

La solution consiste à désigner indirectement l'objet auquel s'applique la règle. En général, on utilise pour cela la valeur d'un des attributs de l'objet cible.

Si nous reprenons l'exemple précédent, la règle doit utiliser l'attribut manager de l'objet décrivant une personne pour savoir qui peut modifier les attributs de ce dernier.

La syntaxe de cet ACI au format LDIF serait la suivante :

```
1.    aci : (target="ldap://o=entreprise.com")
2.    (targetfilter="objectclass=inetorgperson")
3.    (targetattr=*)
4.    (version 3.0; acl "Droits du responsable hiérarchique" ;
5.    allow (all)
6.    userdnattr="manager";)
```

Dans cet exemple, tout objet de type inetorgperson peut être modifié par l'objet désigné dans l'attribut manager. Cet attribut contient le DN d'un autre objet de l'annuaire décrivant aussi une personne.

La topologie de serveurs LDAP

Les annuaires LDAP ont été conçus pour répartir les données à différents endroits. La topologie de serveurs consiste à décrire la façon dont ces données seront réparties, en tenant compte de l'infrastructure réseau et des besoins en termes de performance, de disponibilité et d'administration.

Nous avons décrit dans les chapitres précédents les mécanismes de renvoi de référence qui permettent de répartir une même arborescence LDAP sur plusieurs bases de données. Nous allons rappeler quelques principes élémentaires concernant ces mécanismes : les partitions et le renvoi de référence.

Les partitions

Un annuaire peut être constitué d'une ou de plusieurs partitions, chacune d'elles constituant une base de données à part et pouvant être sur un serveur séparé. Par exemple, un annuaire constitué de trois branches peut être réparti sur trois partitions différentes, une par branche, mais il peut aussi se trouver sur une seule partition. Le découpage d'un annuaire en une ou plusieurs partitions ne dépend pas de l'arborescence de l'annuaire mais d'autres critères que nous abordons ci-dessous.

La figure 8.7 illustre un annuaire constitué d'une seule base de données hébergée par un serveur.

La figure 8.8 illustre un annuaire constitué de plusieurs partitions hébergées sur plusieurs serveurs.

Figure 8.7

*Exemple
d'un annuaire
constitué
d'une partition*

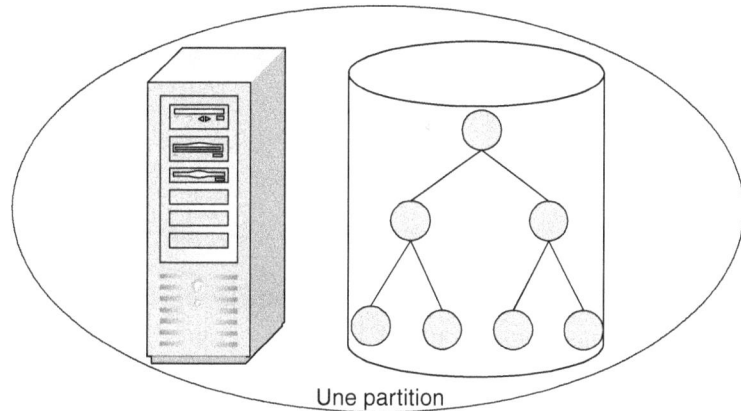

Une partition

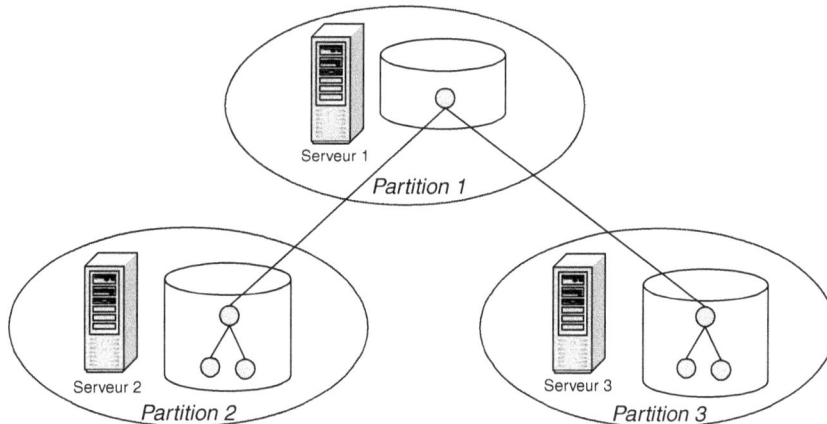

Figure 8.8

Exemple d'un annuaire constitué de plusieurs partitions

Il est possible avec certains produits d'annuaire du marché de mettre plusieurs partitions sur un même serveur. Par exemple, le serveur Sun Java System Directory Server permet de lancer plusieurs instances du serveur d'annuaire sur la même machine en leur donnant des adresses de port différentes (par exemple 389 pour le premier et 390 pour le second). Chaque instance a sa propre base de données, et toutes les deux se trouvent sur le même serveur. Ces bases de données peuvent constituer des partitions différentes d'un même annuaire, comme elles peuvent constituer des annuaires indépendants.

Signalons aussi que le découpage illustré dans la figure 8.8 n'est pas le seul découpage possible. On peut, par exemple, fusionner les partitions 1 et 2 ou encore les partitions 1 et 3, comme le montre la figure 8.9. Mais on ne peut pas fusionner les partitions 2 et 3.

On peut aussi avoir des partitions en cascade comme le montre la figure 8.10.

Figure 8.9

*Autre exemple
de découpage en
plusieurs partitions*

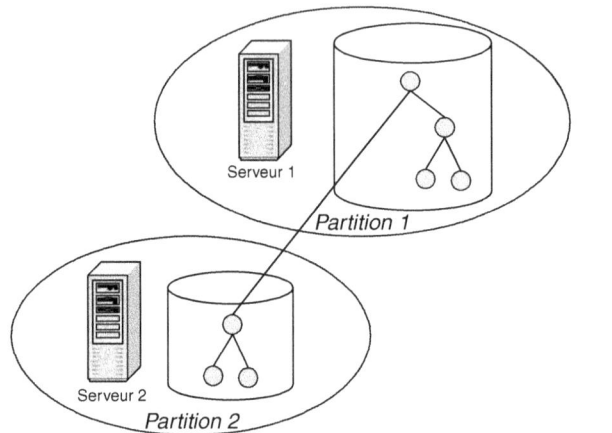

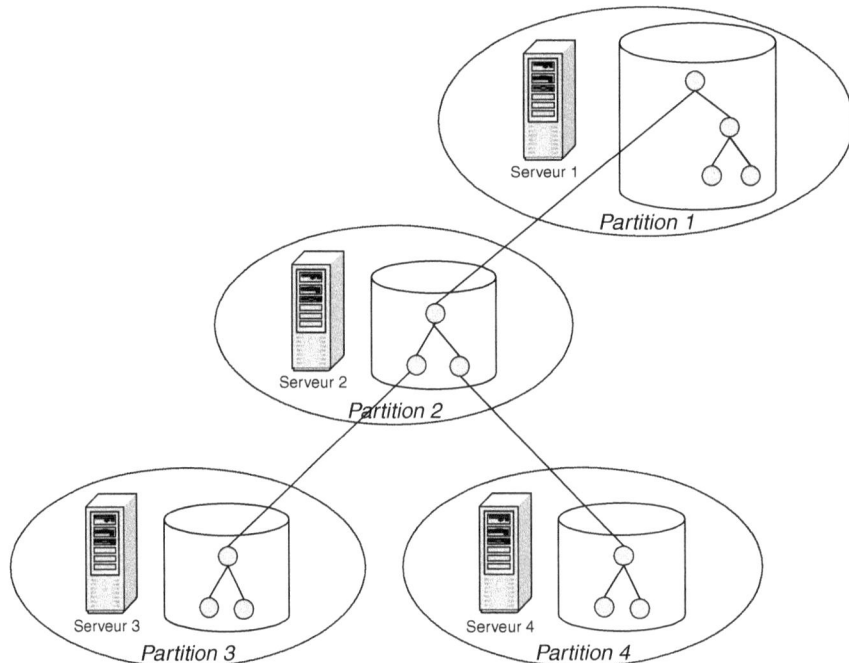

Figure 8.10

Exemple de partitions en cascade

En règle générale, une partition doit contenir la totalité d'une branche ou une portion de celle-ci, mais elle ne peut pas contenir plusieurs portions de différentes branches.

Dans le cas d'Active Directory, chaque domaine correspond à une partition de l'annuaire. Il n'y a qu'un seul domaine par serveur Windows 2000, et un domaine peut inclure plusieurs machines. (Voir le chapitre sur les applications de LDAP pour plus d'informations sur les partitions et Active Directory.)

Le renvoi de référence

On remarque dans la figure 8.10 que la branche d'annuaire de la partition 2 est reliée d'une part à la partie supérieure de l'annuaire (partition 1), et d'autre part, aux parties inférieures (partitions 3 et 4). Pour que toute personne rattachée au serveur 2 puisse accéder aux données des autres serveurs, il faut que ce serveur possède une référence au serveur immédiatement supérieur (serveur 1) et aux serveurs subordonnés (serveurs 3 et 4).

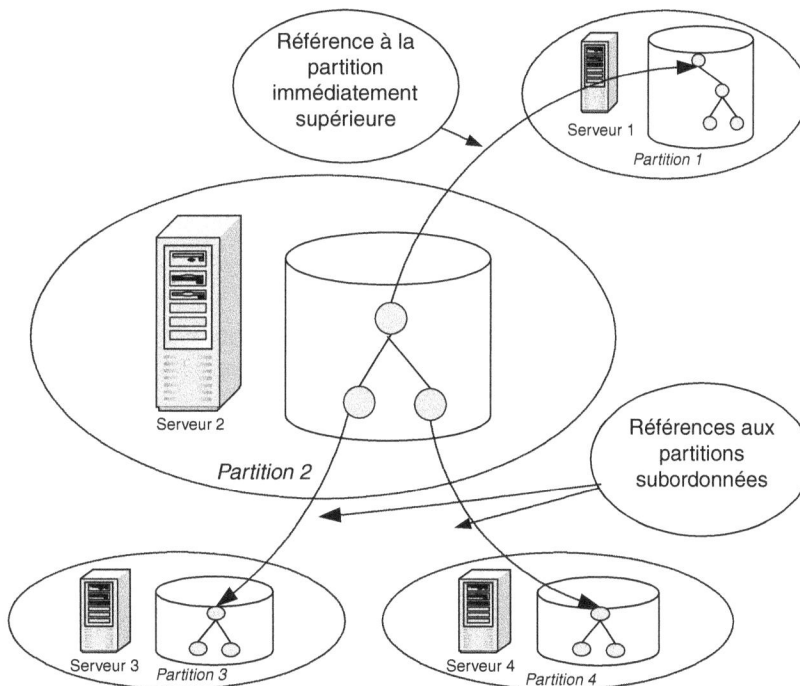

Figure 8.11

Référence vers les autres partitions

Ainsi pour relier des partitions, il faudra définir, pour chacune d'elles, les références aux autres en décrivant d'une part la *référence vers la partition immédiatement supérieure*, et d'autre part les *références vers les partitions subordonnées*. Dans le standard LDAP chacune de ces références est constituée d'une URL contenant la syntaxe LDAP spécifique aux URL (voir le chapitre 6 sur les interfaces de LDAP pour plus de détails sur la syntaxe LDAP dans une URL). Celle-ci contient l'adresse DNS du serveur, suivie de l'adresse de son port et du DN à partir duquel il faut effectuer l'opération demandée sur le nouveau serveur.

Rappelons que le standard LDAP impose le renvoi de référence au client pour passer d'un serveur à l'autre, plutôt que le chaînage des requêtes entre serveurs. Cette méthode est aussi désignée par *referral*. Elle présente l'avantage d'alléger la charge du serveur, mais aussi l'inconvénient d'alourdir celle du client. Le corollaire immédiat est que plus le nombre de partitions est élevé, plus les temps de recherche s'allongent. En revanche, cela n'a pas d'impact sur les performances du serveur lui-même.

Certains serveurs d'annuaire ont remédié à ce handicap en constituant un catalogue contenant les principaux attributs de l'ensemble des objets de toutes les partitions. Ce catalogue est ensuite répliqué sur celles-ci. C'est le cas, par exemple, de l'annuaire Active Directory de Microsoft. Ainsi, dans l'exemple de la figure 8.11, le catalogue contiendrait la somme des données se trouvant dans les partitions 1, 2, 3 et 4, et serait répliqué sur l'ensemble de ces partitions.

Toute recherche d'objet s'effectue d'abord dans le catalogue, et, si l'attribut demandé n'est pas trouvé, le renvoi de référence est effectué. Le catalogue contient par défaut un certain nombre d'attributs préconfigurés, mais l'administrateur peut y ajouter d'autres attributs.

Le renvoi de référence peut dépendre de l'action demandée par le client. Ainsi certains serveurs d'annuaire du marché peuvent envoyer une référence vers une autre partition uniquement lors d'une mise à jour. Ceci est particulièrement utile pour définir une topologie de serveurs optimisée en lecture, en dédiant une seule partition à la mise à jour et en réservant les autres à la lecture. Bien entendu, ceci nécessite que la partition réservée à la mise à jour soit répliquée régulièrement sur les autres. Nous allons décrire ce cas plus en détail dans le paragraphe traitant des mécanismes de réplication.

La recherche dans un annuaire distribué sur plusieurs partitions

Nous avons expliqué comment découper un annuaire en plusieurs partitions et comment relier ces partitions entre elles à l'aide d'un renvoi de référence. Étudions maintenant comment fonctionne la recherche d'un objet dans un annuaire distribué de la sorte.

Rappelons que le renvoi de référence est effectué lors d'opérations de recherche, de comparaison, de mise à jour ou d'identification. Dans tous ces cas, il faut rechercher un DN donné en paramètre, ce qui peut provoquer l'envoi d'une référence vers une autre partition. En outre, lors d'une recherche, un serveur peut renvoyer une ou plusieurs références vers des partitions subordonnées pour compléter celle-ci.

Nous allons prendre l'exemple d'une recherche qui met en pratique le renvoi de référence vers une partition supérieure et vers des partitions subordonnées. Il est illustré dans la figure 8.12.

La figure 8.12 reprend l'exemple que nous avons décrit lors de la conception fonctionnelle. Nous allons supposer que le client est un utilisateur externe situé dans l'un des magasins. Il cherche à lister l'ensemble des employés de l'entreprise MyPizza.

Les différentes étapes de cet exemple sont les suivantes :

1. Le client interroge le serveur d'annuaire auquel il est rattaché, et effectue une opération de recherche de tous les objets de type `employe` se trouvant dans la branche `ou=Employés, ou=corporate, o=mypizza.com`.

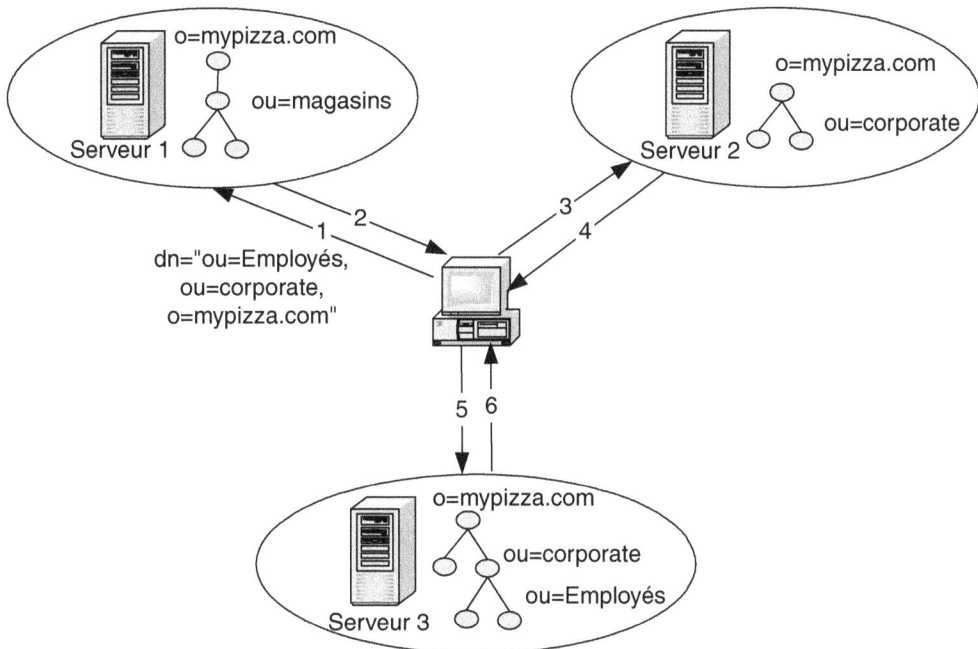

Figure 8.12

Exemple de renvoi de référence

2. Le serveur 1 n'ayant pas le contexte recherché (ou=corporates) dans la liste des contextes qu'il gère, renvoie au client une référence vers un serveur immédiatement supérieur. C'est le serveur 2 situé au siège de l'entreprise.

3. Le client interroge de nouveau le serveur 2 en lui soumettant les mêmes paramètres.

4. Le serveur 2 retrouve dans son contexte celui qui est recherché mais renvoie une référence vers un serveur subordonné qui contient les informations sur les employés.

5. Le client interroge à nouveau le serveur 3 avec les mêmes paramètres.

6. Le serveur 3 renvoie le résultat de la recherche contenant la liste des employés.

On voit bien dans cet exemple qu'un utilisateur peut interroger un serveur qui n'a pas nécessairement l'information recherchée. À travers le mécanisme de renvoi de référence, ce dernier routera l'utilisateur vers le bon serveur.

Identification dans un annuaire distribué sur plusieurs partitions

Lorsque le client reçoit une référence vers un autre serveur, il doit s'identifier à nouveau pour chaque serveur interrogé. Les librairies de fonctions LDAP disponibles sur le marché, utilisées par le poste client (ou par un serveur d'application), offrent en standard la possibilité d'utiliser le même identifiant pour la connexion à un nouveau serveur ou bien permettent à l'application cliente de fournir une nouvelle identification à chaque changement de serveur.

Il est toujours nécessaire d'attribuer des droits d'accès, à travers des ACL, à l'objet utilisé lors de l'identification sur chaque serveur interrogé (sauf si c'est une identification anonyme). Il est nécessaire de porter une attention particulière à cet aspect lors de la conception d'annuaire distribué.

Si l'on souhaite utiliser le même identifiant sur tous les serveurs, il faut éventuellement répliquer l'objet correspondant sur tous les serveurs, et attribuer les droits d'accès à celui-ci sur l'arborescence et les objets de chaque serveur. Notons que certains serveurs d'annuaire, comme Sun Java System Directory Server, ne nécessitent pas que l'objet utilisé lors de l'identification soit répliqué sur tous les annuaires. Dans ce cas, le serveur désigné par le renvoi de référence est capable de vérifier l'identification de l'utilisateur en interrogeant directement le serveur d'origine.

D'autres produits, comme Active Directory de Microsoft, répliquent automatiquement les comptes des utilisateurs et les habilitations (groupes, droits, etc.) dans toutes les partitions. Ces informations se trouvent dans le catalogue global évoqué précédemment.

La réplication entre annuaires LDAP

Pourquoi répliquer un annuaire LDAP ? Plusieurs raisons peuvent motiver ce choix. La première est la volonté d'assurer une disponibilité maximale des données gérées par l'annuaire. La deuxième est l'optimisation des performances.

Nous allons décrire les mécanismes qui permettent de répondre à chacun de ces cas, puis nous évoquerons la stratégie de réplication, la manière dont elle s'effectue et quelles sont les différentes configurations possibles.

La gestion de la disponibilité

Lorsqu'un annuaire contient les données d'habilitations d'accès à des services, toutes les applications qui l'utilisent ne fonctionneront plus si celui-ci s'arrête. En effet, il ne sera plus possible d'accéder à la liste des utilisateurs afin de les identifier, ni à leurs profils, dont, notamment, leurs droits d'accès. La plupart des applications qui s'appuient sur un annuaire LDAP ne sauront plus fonctionner sans celui-ci.

Le fait de le répliquer et d'offrir un mécanisme de basculement vers le serveur de secours en cas de panne apporte une solution et permet d'assurer un meilleur niveau de disponibilité de l'annuaire. Pour utiliser l'un ou l'autre des serveurs, il suffit de fournir les deux adresses au moment de l'identification. Rappelons qu'avec un kit de développement en C, la fonction de connexion de l'interface LDAP que nous avons décrite dans le chapitre 6 sur les interfaces LDAP (il en est de même pour les interfaces en Java), permet de fournir en paramètre une ou plusieurs adresses d'annuaires. La connexion s'établit alors avec le premier serveur disponible, comme l'illustre la figure 8.13.

Figure 8.13

*Réplication
et gestion
de la disponibilité*

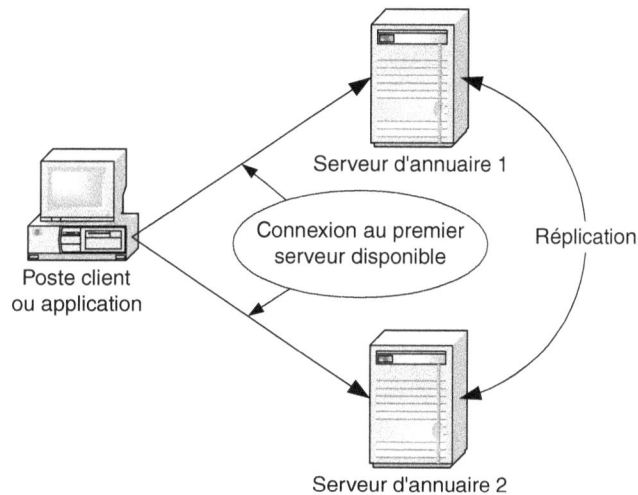

L'optimisation des performances

La réplication permet aussi d'optimiser les performances d'accès à l'annuaire de la façon suivante :

- Un serveur peut être dédié à la lecture et l'autre à l'écriture.

- Plusieurs serveurs peuvent se partager la charge de lecture.

Dans le premier cas, il s'agit de router toutes les mises à jour vers un serveur particulier, et toutes les lectures vers un autre serveur. Ceci peut être réalisé, par exemple, à l'aide d'un développement spécifique, dans lequel il faudra que chaque application connaisse les adresses des deux serveurs, et utilise l'une ou l'autre en fonction du type de requête. Une autre solution consiste à utiliser le même serveur quelle que soit la requête ; celui-ci va utiliser le renvoi de référence pour rediriger automatiquement les mises à jour vers un autre serveur, et ceci de façon transparente pour les applications. Ou encore, il sera possible d'utiliser un proxy LDAP chargé d'aiguiller les requêtes vers le bon serveur d'annuaire (voir les proxys LDAP dans le chapitre 10).

La figure 8.14 décrit le mécanisme de répartition des tâches de lecture et de mise à jour entre serveurs. Il comprend les étapes suivantes :

1. Le client interroge toujours le même annuaire quelle que soit la requête. Il ne doit donc connaître que l'adresse d'un seul serveur. Il est préférable que ce soit celle du serveur dédié à la lecture car il sera plus fréquemment interrogé.

2. Le serveur dédié à la lecture analyse la requête, et si celle-ci est une requête de mise à jour il renvoie une référence vers un autre serveur consacré à cet effet à l'aide du mécanisme LDAP de renvoi de référence ou *referral*. Notons que cette possibilité doit être offerte par le produit utilisé comme serveur d'annuaire, ce qui n'est pas toujours le cas. Il faut consulter sa documentation pour savoir s'il propose ce type de fonction.

Figure 8.14

*Réplication
et optimisation
des performances*

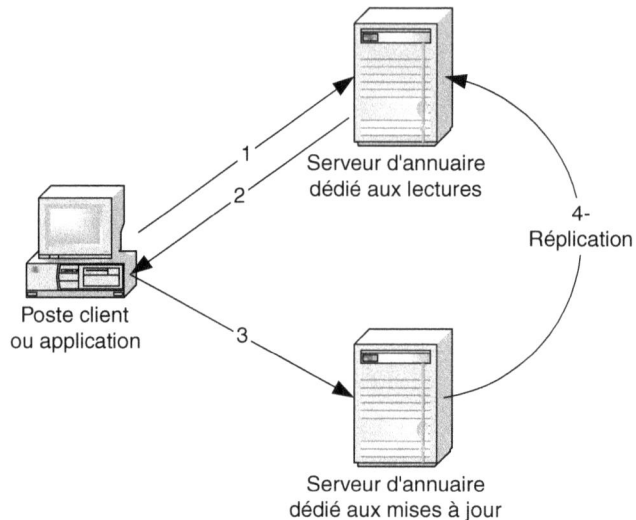

3. Le client traite le renvoi de référence et soumet à nouveau la requête de mise à jour au serveur approprié, qui traite celle-ci.

4. Par la suite, le serveur de mise à jour se charge de répliquer régulièrement ces données sur le serveur de lecture.

Le serveur dédié aux mises à jour est désigné généralement comme un *serveur maître*, et le serveur répliqué dédié à la lecture, comme un *serveur esclave*.

Note

Afin d'optimiser les performances d'écriture sur le serveur maître, il est possible de désactiver l'indexation des attributs sur celui-ci. En effet, s'il n'est jamais utilisé en lecture, le fait de désactiver l'indexation accélérera les temps de mise à jour. Les index seront quand même générés sur les serveurs esclaves pour optimiser les temps de lecture.

Stratégies de réplication

Il existe deux principales stratégies de réplication de serveurs d'annuaire : la première consiste à avoir un seul serveur maître qui centralise toutes les mises à jour, et la deuxième met en place plusieurs serveurs maîtres sur lesquels les mises à jour peuvent s'effectuer indifféremment.

La première stratégie de réplication consiste à définir comment le serveur maître va répliquer ces données vers les serveurs esclaves. La deuxième consiste à définir comment les différents serveurs maîtres vont synchroniser leurs données entre eux.

Cas d'un seul serveur maître

Cette stratégie est la plus simple à mettre en place. Elle est généralement compatible avec la majorité des serveurs d'annuaire du marché.

Elle consiste, pour un réseau de serveurs d'annuaire LDAP, à dédier l'un d'eux aux mises à jour. Celui-ci se chargera de répliquer ses données régulièrement sur les autres serveurs dédiés à la lecture.

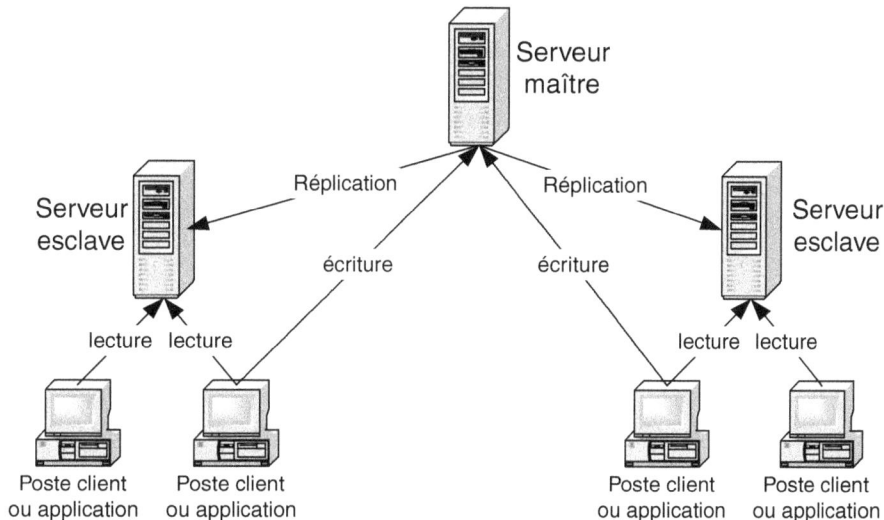

Figure 8.15

Stratégie de réplication avec un seul serveur maître

La figure 8.15 illustre le mécanisme de réplication avec un seul serveur maître. Les différents postes clients ou applications clientes interrogent toujours le serveur auquel ils sont rattachés. C'est à travers le mécanisme de renvoi de référence, explicité dans la figure 8.14, que la mise à jour s'effectue sur le serveur maître.

Ce type de stratégie est le plus simple à mettre en œuvre. Néanmoins, elle a deux inconvénients :

- Si le serveur maître tombe en panne, les mises à jour ne peuvent plus s'effectuer. Ce qui n'est pas le cas de la lecture, pour laquelle il sera toujours possible d'interroger un autre serveur s'il en existe plus d'un.

- Si le serveur maître est situé sur un site distant qui n'est pas relié en permanence avec les postes clients ou les applications clientes, la mise à jour ne pourra pas se faire à tout moment.

Pour pallier le premier inconvénient, il sera toujours possible de dupliquer le serveur maître. Pour cela, il est possible de mettre en place un routeur intelligent avant le serveur, par exemple LocalDirector de Cisco, capable de rediriger les flux vers le second serveur si le premier est indisponible. Mais il faut veiller à synchroniser les deux serveurs lorsque celui qui est tombé en panne est remis en marche. Cela exige donc de garder une trace du serveur actif et de répliquer celui-ci sur le serveur nouvellement mis en marche.

Pour remédier au second inconvénient, il est possible d'utiliser une stratégie de réplication basée sur plusieurs serveurs maîtres que nous décrivons ci-dessous.

Cas de plusieurs serveurs maîtres

Cette stratégie est un peu plus complexe à mettre en place que la précédente. Elle nécessite quelques précautions, que nous décrivons dans ce paragraphe.

Lorsqu'il y a plusieurs serveurs maîtres, chaque poste client ou application cliente met à jour les données sur un serveur de rattachement. Il est possible de ne pas séparer le serveur de lecture du serveur de mise à jour, comme le montre la figure 8.16. Il n'y a alors que des serveurs maîtres. Mais il est également possible d'avoir plusieurs serveurs maîtres et plusieurs serveurs esclaves, comme le montre la figure 8.17.

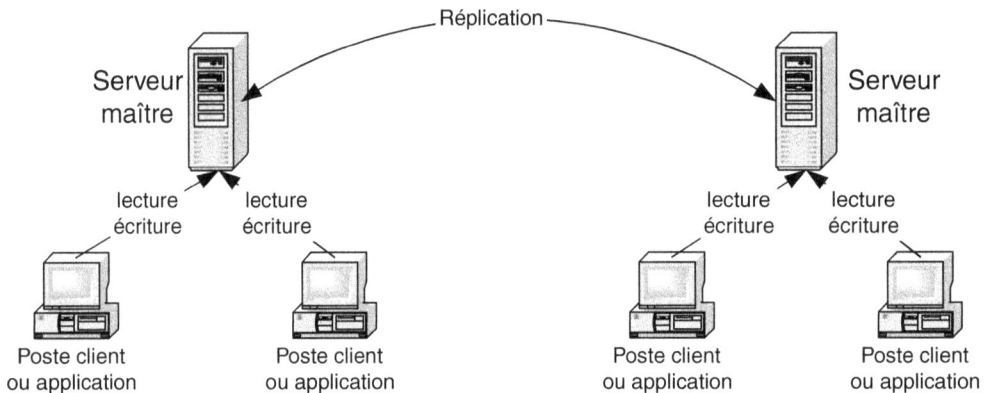

Figure 8.16

Stratégie de réplication avec plusieurs serveurs maîtres

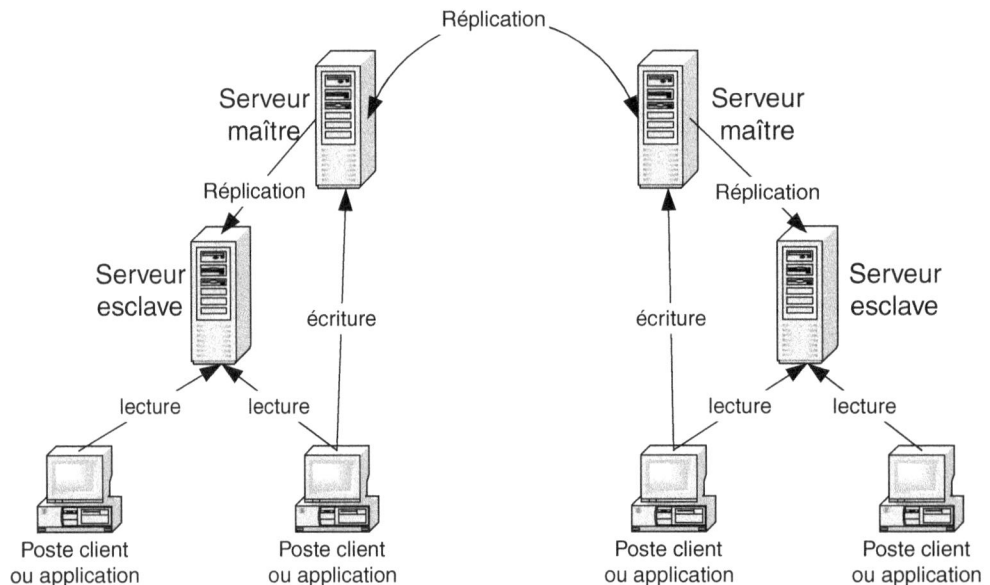

Figure 8.17

Stratégie de réplication avec plusieurs serveurs maîtres et esclaves

L'avantage d'une solution avec plusieurs serveurs maîtres est qu'elle est plus sûre que la précédente, car si un serveur tombe en panne il existe toujours un autre serveur vers lequel rediriger les requêtes de lecture et de mise à jour. Notons que dans le cas d'utilisation de l'interface de développement LDAP en C ou en Java, il suffit de fournir, lors de la phase de connexion, plusieurs adresses de serveurs. C'est le premier serveur disponible qui répondra.

L'inconvénient d'une solution avec plusieurs serveurs maîtres réside dans la gestion des conflits de mise à jour. Que se passe-t-il si deux clients mettent à jour le même attribut avec des valeurs différentes dans deux serveurs maîtres ? Quelle valeur sera la bonne ?

La plupart du temps, on supposera que c'est la dernière valeur qui est la bonne. Pour gérer ce type de conflit, il faut horodater la mise à jour, et, lors de la synchronisation des deux serveurs maîtres, prendre la dernière valeur. Mais ceci suppose que les horloges des deux serveurs soient identiques, ce qui n'est pas toujours le cas. Certains serveurs d'annuaire, comme Novell eDirectory, synchronisent régulièrement les horloges de serveurs reliés par un même réseau. Notons aussi que certains produits offrent des mécanismes intégrés d'horodatage des mises à jour, comme par exemple Sun Java System Directory Server.

Mais que se passe-t-il si la date et l'heure de mise à jour sont identiques ? L'usage d'une unité de mesure inférieure à la seconde (centième ou millième) risque de ne pas être significative car les horloges des machines pourront difficilement être synchronisées de la sorte. Il n'existe pas de solution particulière, chaque outil du marché ayant sa propre logique de gestion de ce type de conflit. Celle-ci consiste, par exemple, à prendre indifféremment l'une ou l'autre des valeurs, ou encore, à attribuer un numéro de séquence à chaque mise à jour et à donner la priorité au numéro le plus élevé.

Mais la date est-elle un bon critère pour gérer les conflits de mise à jour ? Dans certaines circonstances, certainement pas. Il peut arriver que l'on souhaite donner la préférence à un ensemble prédéfini de personnes qui effectuent ces mises à jour.

Par exemple, si la direction du personnel effectue des modifications sur les attributs d'une personne qui entrent en conflit avec celles effectuées par cette personne sur ses propres attributs, on préférera donner la priorité à la direction du personnel. Pour que ce soit possible, il faut que le serveur d'annuaire enregistre l'auteur de chaque mise à jour, et offre la possibilité de décrire une telle stratégie de réplication dans laquelle les priorités sont précisées et prises en compte. De plus, celle-ci doit être partagée entre les différents serveurs pour assurer une cohérence durant la réplication, elle doit donc elle-même être répliquée. Pour cela, il est nécessaire d'établir des relations de confiance bilatérales entre serveurs.

Signalons qu'il existe des standards comme LDUP *(LDAP Directory Update Protocol* et *DSML),* destinés à normaliser les échanges entre serveurs d'annuaire pour effectuer ce type de réplication. Nous les avons évoqués dans le chapitre 6 décrivant le futur de LDAP.

Mécanismes de réplication : incrémentale ou complète

Il existe deux façons de synchroniser le contenu de différents annuaires :

- la première consiste à recopier la totalité des données ;
- la deuxième consiste à ne recopier que les données modifiées depuis la dernière synchronisation.

La réplication complète est utile lors d'une première mise à jour du contenu d'un serveur maître vers un serveur esclave ou lors de la reconstitution d'un serveur esclave après une panne. En revanche, elle n'est pas toujours efficace et peut prendre du temps.

La réplication incrémentale est plus performante, car seuls les attributs modifiés, ajoutés ou supprimés sont propagés. Mais elle est plus complexe à mettre en œuvre car il est nécessaire de mémoriser la date et l'heure de la dernière réplication, et de propager les changements à partir de celle-ci. La plupart des serveurs d'annuaire du marché prennent en charge ce type de réplication.

Afin de pouvoir effectuer une réplication incrémentale, certains serveurs d'annuaire enregistrent sur le serveur maître toutes les modifications effectuées dans un journal (en général sous forme de fichier) ou bien dans un objet particulier ou une branche de l'annuaire. Ce journal est ensuite utilisé par le serveur esclave pour « rejouer » les modifications effectuées sur le serveur maître.

Fréquence de réplication

La réplication entre annuaires peut se faire instantanément, c'est-à-dire juste après chaque mise à jour, ou de façon périodique, ou encore à des heures prédéfinies.

Dans le premier cas, l'avantage est d'avoir un ensemble d'annuaires constamment à jour à quelques secondes près (temps requis pour la réplication). Mais l'inconvénient est que ceci peut générer un trafic réseau important entre les différents serveurs.

Dans le deuxième cas, l'avantage est de pouvoir contrôler les mises à jour et de réduire le trafic réseau puisqu'elles sont regroupées. En revanche, l'inconvénient réside dans le fait que les informations peuvent ne pas être synchronisées durant un certain temps.

Le choix de l'une ou l'autre de ces solutions dépendra des capacités du serveur d'annuaire, et de la nature des informations qui doivent être répliquées. Il peut parfois être préférable d'effectuer une synchronisation en temps réel, par exemple si un mot de passe a été révoqué ou un utilisateur supprimé, mais dans d'autres cas des informations mises à jour une fois par jour ou une fois par semaine peuvent convenir aux besoins des utilisateurs.

Réplication des droits d'accès

La réplication des données nécessite aussi la réplication des droits d'accès à celles-ci. Lorsque la totalité d'un annuaire est répliquée, les droits accès le sont aussi, et se propagent ainsi sur les autres annuaires, assurant une sécurité homogène quel que soit le serveur utilisé. En revanche, lorsque seule une partie de l'annuaire est répliquée, il y a un risque pour que les droits d'accès ne soient pas propagés totalement. En effet, rappelons que les droits d'accès appliqués à un nœud de l'arbre sont automatiquement valables pour tous les objets sous-jacents. Il n'est donc pas utile de recopier les règles définies au niveau d'un nœud sur ces derniers. C'est précisément ce qui peut poser un problème lorsqu'on ne réplique qu'une branche de l'arbre.

Pour illustrer ce cas, nous allons reprendre l'exemple de l'entreprise MyPizza. Dans celui-ci, nous avons défini une règle permettant d'attribuer de façon générique à chaque gérant d'un magasin les droits de mise à jour des objets décrivant les personnes de son magasin. Pour cela, nous avons créé un seul ACI situé au niveau du nœud ou=magasins, qui s'applique automatiquement pour tout nouveau magasin créé et pour tout nouveau gérant désigné ou pour tout changement de gérant.

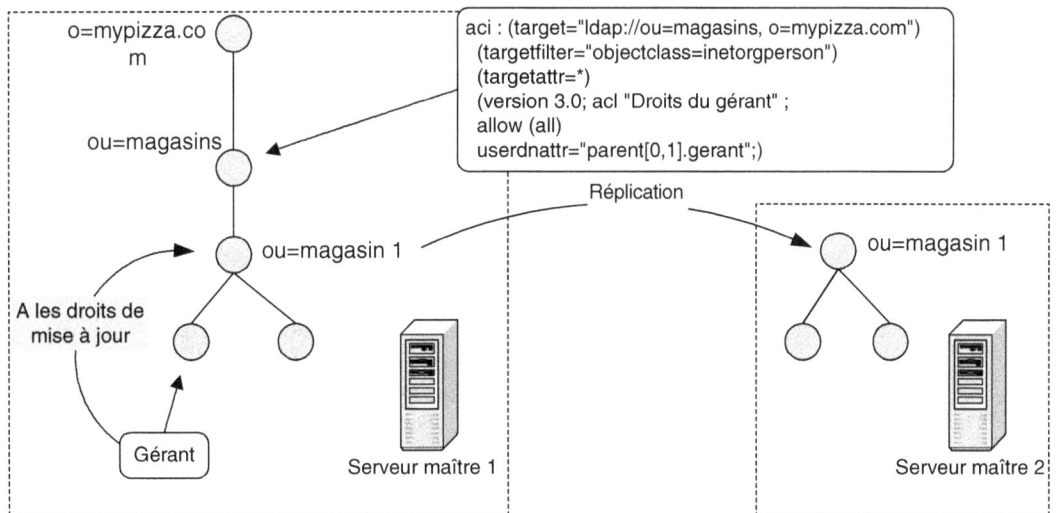

Figure 8.18
Réplication des droits des ACI

Dans l'exemple de la figure 8.18, on souhaite répliquer uniquement la branche ou=magasin 1 vers le serveur maître 2. Si l'ACI qui fait partie de l'objet ou=magasins n'est pas répliqué, le serveur 2 ne pourra pas contrôler les droits d'accès sur la branche en question, et le gérant du magasin 1 ne pourra pas mettre à jour les objets décrivant les personnes dans le serveur de destination (les serveurs d'annuaire sont en général configurés pour n'attribuer aucun droit par défaut).

La solution dépend du serveur d'annuaire utilisé. Certains produits, comme le serveur Sun Java System Directory Server, ne tiennent pas compte des droits sur les nœuds pères lors de la réplication, laissant le soin à l'administrateur de s'assurer que ces droits sont bien situés sur la racine de tout nœud répliqué. Avec ce type de serveur, si l'on souhaite répliquer une branche, il faut recopier tous les ACI des nœuds pères sur la racine de celle-ci.

D'autres produits, tel le serveur d'annuaire Novell eDirectory, conservent des liens entres les serveurs d'annuaire répliqués afin d'assurer automatiquement une homogénéité dans la gestion des droits d'accès.

Enfin, certains produits répliquent tous les droits sur toutes les partitions, comme Active Directory de Microsoft et son catalogue global, que nous avons décrits dans le chapitre 3 sur les applications des annuaires.

Initiateur de la réplication

Un des aspects de la stratégie de réplication consiste à définir quel est le serveur qui prend l'initiative de se connecter pour démarrer la réplication des données. S'il s'agit d'un seul serveur maître et de plusieurs serveurs esclaves, l'initiative peut être prise par le serveur maître ou par chacun des serveurs esclaves. Il en est de même dans une stratégie avec plusieurs serveurs maîtres, à la différence que le sens de la mise à jour peut être bidirectionnel, puisque ce sont les données les plus récentes qui seront propagées sur l'autre serveur.

Quand est-il préférable que l'initiative de la réplication soit prise par le serveur maître et quand vaut-il mieux que ce soit par le serveur esclave ? Quels sont les avantages et les inconvénients de chacune de ces solutions ?

Cas de la réplication sur l'initiative du serveur maître

Ici, c'est le serveur maître qui se connecte à l'ensemble des serveurs esclaves sur lesquels il doit répliquer ses données. L'avantage d'une telle solution est que celui-ci peut effectuer les mises à jour en séquences, c'est-à-dire qu'il peut appeler les serveurs esclaves les uns après les autres, optimisant ainsi ses ressources pour rester disponible si des requêtes de mises à jour surviennent en même temps.

L'autre avantage de cette solution réside dans le fait que la mise à jour peut s'effectuer quasiment en temps réel. En effet, dès que le serveur maître reçoit une requête de mise à jour, il peut la propager immédiatement sur l'ensemble des serveurs esclaves.

L'inconvénient d'une telle solution est que les serveurs esclaves doivent être toujours disponibles pour recevoir un appel.

Cas de la réplication sur l'initiative du serveur esclave

Dans ce cas, chaque serveur esclave prend l'initiative d'appeler le serveur maître. L'avantage de cette solution est que chaque serveur esclave peut effectuer l'appel au moment souhaité, durant les heures creuses par exemple.

L'inconvénient est que le serveur maître ne contrôle pas les heures de connexion ; il devra donc être configuré correctement pour prendre en charge plusieurs connexions simultanées. Par ailleurs, cette solution ne permet pas d'avoir des informations mises à jour en temps réel, sauf si la fréquence d'appel du serveur maître par le serveur esclave est très courte. Mais ceci peut engendrer un trafic réseau supplémentaire et dégrader les performances des applications qui partagent le même réseau.

En revanche, ce type de réplication convient mieux lorsqu'il s'agit de serveurs esclaves reliés au serveur maître à travers le réseau téléphonique commuté, comme l'illustre la figure 8.19. Ce cas est assez courant dans les entreprises possédant plusieurs sites reliés par un réseau privé virtuel.

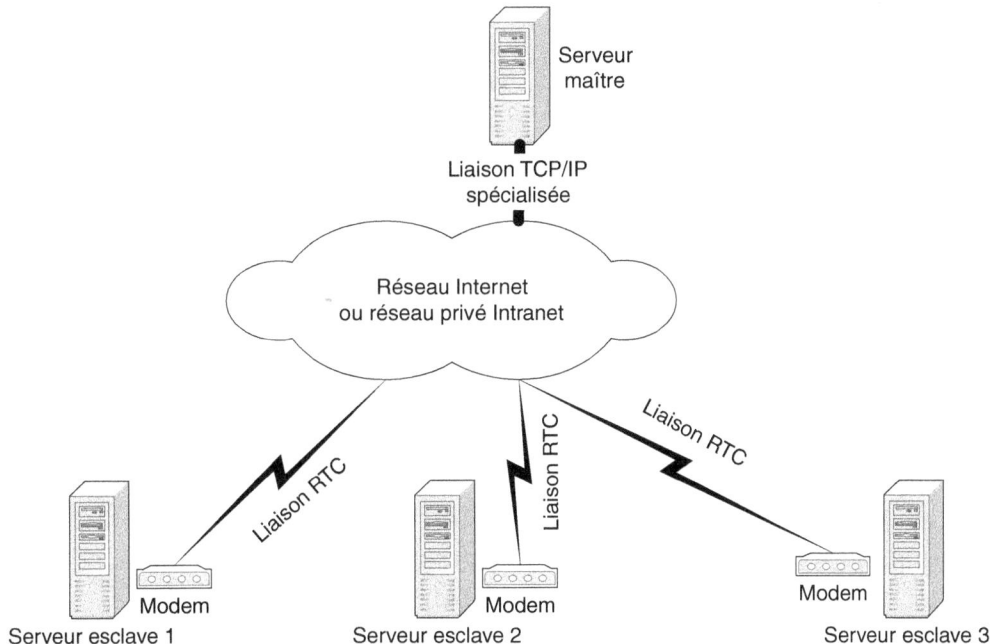

Figure 8.19

Exemple de réplication sur l'initiative des serveurs esclaves

Dans l'exemple de la figure 8.19, le serveur maître et les serveurs esclaves sont distants les uns des autres et sont reliés par un réseau étendu. Ce réseau peut être le réseau Internet ou bien un réseau privé virtuel.

Le serveur maître est relié à celui-ci par une liaison permanente et spécialisée. Les serveurs esclaves sont reliés au serveur maître à travers le réseau Internet ou le réseau privé virtuel, auxquels ils accèdent en utilisant le réseau téléphonique commuté. Pour cela, chaque serveur esclave est équipé d'un modem et d'un accès au réseau téléphonique.

Chaque serveur esclave doit être configuré pour établir régulièrement un appel avec le serveur maître et initier la réplication. Le serveur maître, ayant une liaison spécialisée TCP/IP, peut recevoir plusieurs appels simultanément comme il peut les recevoir depuis plusieurs postes en même temps.

Protéger le serveur d'annuaire par un *firewall*

Pourquoi protéger un annuaire d'entreprise par un *firewall* ? En fait, ce besoin se fait sentir lorsqu'il faut donner accès aux données contenues par l'annuaire à des utilisateurs externes à l'entreprise qui utilisent le réseau Internet pour y accéder. C'est le cas par exemple d'un extranet ou d'un site Internet accédant aux données de l'annuaire pour des raisons d'authentification et d'autorisation.

Il est alors important de bien protéger les données contenues dans l'annuaire, notamment celles qui concernent les profils des personnes. En effet, ceci peut avoir un impact légal dû aux lois concernant l'information et les libertés individuelles (voir le chapitre 11 pour plus d'information), ou tout simplement des conséquences commerciales si la concurrence arrive à mettre la main sur le fichier clients d'une entreprise, contenu en grande partie dans son annuaire.

Il existe essentiellement deux cas de figure pour protéger un annuaire LDAP par un *firewall*, que nous décrivons ci-dessous.

Cas où l'annuaire est accessible de l'extérieur via des applications Web

Ici, les données de l'annuaire ne sont pas accessibles *via* le protocole LDAP de l'extérieur de l'entreprise. Par exemple, une application de commerce électronique ou une application extranet accède à l'annuaire et offre une interface Web aux utilisateurs pour accéder aux données de celui-ci.

L'application peut alors être réalisée en Java ou dans tout autre langage, et elle seule doit pouvoir accéder à l'annuaire *via* le protocole LDAP, comme le montre la figure 8.20.

Figure 8.20

Annuaire LDAP
non accessible
de l'extérieur

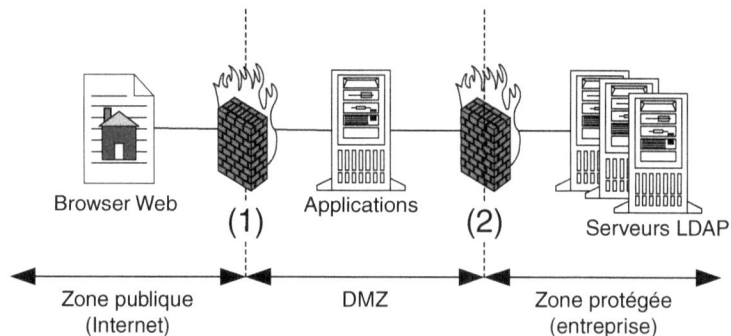

Browser Web   **(1)**   Applications   **(2)**   Serveurs LDAP

Zone publique (Internet)   DMZ   Zone protégée (entreprise)

Dans ce schéma, le *firewall* 1 n'autorise pas les flux LDAP mais uniquement les flux HTTP requis pour permettre aux navigateur Web d'accéder aux applications HTML. Quant au *firewall* 2, il autorise les flux LDAP (adresse de port par défaut 389), mais uniquement à partir de la plate-forme qui héberge les applications dans la DMZ.

Cas où l'annuaire est accessible de l'extérieur via le protocole LDAP

Ce cas de figure se présente lorsqu'il est nécessaire de donner accès à l'annuaire à partir de l'extérieur de l'entreprise. Par exemple, on pourrait imaginer que certains de vos clients puissent accéder directement à la portion de votre annuaire qui les concerne, à savoir celle qui contient les données sur leurs propres utilisateurs, *via* le réseau Internet. Ils pourraient alors répliquer une partie de leur annuaire interne avec votre annuaire afin de conserver les données à jour. Ou encore, vous pourriez être une entreprise multi-nationale, souhaitant partager l'annuaire global *via* le réseau Internet et déléguer la gestion des données à vos filiales dans différents pays.

Dans ce cas, il est nécessaire de mettre en place l'annuaire dans la DMZ, comme le montre la figure 8.21.

Figure 8.21

Annuaire LDAP accessible de l'extérieur

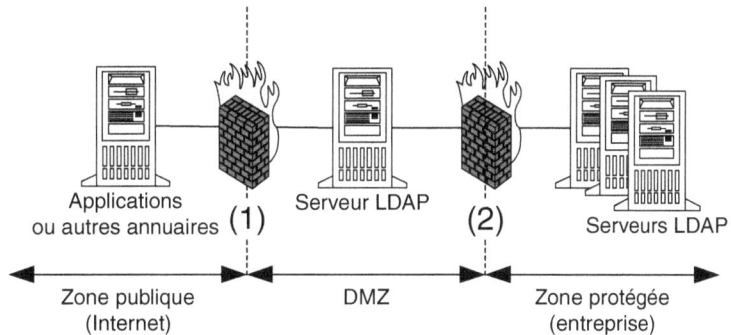

Le principal point faible est que toutes les données de l'annuaire sont exposées à des risques de piratage. Par exemple, si l'annuaire contient aussi bien les profils des employés que ceux des clients, il faut s'assurer que seuls ces derniers sont accessibles de l'extérieur.

La précaution essentielle à prendre est de bien gérer les habilitations aux données de l'annuaire (ACL), comme nous le décrivons plus faut dans ce chapitre. Il faut attribuer les bons identifiants et mots de passe aux applications externes, et s'assurer de restreindre correctement les droits en fonction des besoins de chacun.

Une autre façon de faire consiste à répliquer l'annuaire partiellement, et n'exposer dans la DMZ que les données accessibles aux applications. Par exemple, dans le cas de la figure 8.21, l'annuaire de la DMZ ne contiendrait que les profils clients, et l'annuaire dans la zone protégée contiendrait aussi bien les profils clients que les employés.

La principale difficulté dans ce genre d'infrastructure est la réplication sélective des données. En effet, il est simple de répliquer uniquement une branche de l'annuaire (par exemple la branche contenant les profils clients `ou=customers`), mais il est plus difficile de répliquer seulement une partie des attributs. Il peut arriver que toutes les données concernant les profils clients ne soient pas modifiables, ni même visibles, par les applications externes. Dans cas, il ne faut répliquer que les données visibles de l'extérieur. Or les fonctions de réplications des serveurs d'annuaires disponibles sur le marché n'offrent en général pas la possibilité de sélectionner les attributs à répliquer.

Il existe dans ce cas trois solutions : soit utiliser un proxy LDAP inversé, soit utiliser un méta-annuaire pour répliquer sélectivement les données, soit adapter la fonction de réplication de l'annuaire afin de répliquer uniquement les attributs désirés. Nous allons voir plus en détail ce type d'outils dans la suite de cet ouvrage.

9

Études de cas

L'extranet de MyPizza

Étudions le cas d'une entreprise qui vend des pizzas à l'échelle internationale et qui s'appuie sur un réseau de franchisés disposant chacun de son magasin. L'entreprise s'appelle MyPizza. Nous allons supposer, pour des raisons de simplification, que chaque franchisé est indépendant, c'est-à-dire qu'il n'existe pas de groupement de franchisés gérés par une même entreprise et qu'il ne gère donc qu'un seul magasin.

Nous allons décliner les différentes étapes de la démarche décrite dans le chapitre précédent et concevoir ensemble le modèle de données de l'annuaire et le modèle de sécurité.

L'étape de cadrage

Nous souhaitons réaliser une application qui répertorie l'ensemble des personnes travaillant dans cette entreprise, ainsi que celles qui travaillent dans le réseau de franchisés. Ces personnes sont soit des employés de l'entreprise ou d'un magasin franchisé, soit des prestataires externes présents pour une durée déterminée.

Cette application devra tenir compte de l'application de gestion des ressources humaines qui alimentera l'annuaire pour tout nouvel employé et signalera toute modification. De même, elle offrira une interface avec l'application de gestion des badges pour l'accès des employés et des prestataires aux locaux de l'entreprise, afin de fournir la liste des noms associés aux numéros des badges.

L'annuaire contient pour chaque utilisateur des informations comme son nom et son prénom, sa photo, son numéro de téléphone fixe, son numéro de téléphone mobile, son responsable hiérarchique, le site où il travaille et son adresse de messagerie. Il constitue ainsi l'annuaire des Pages Blanches de l'entreprise.

Comme celui-ci doit aussi décrire les lieux de travail de chaque personne, il est nécessaire de répertorier l'ensemble des sites de l'entreprise et des magasins des franchisés. C'est ce que nous appellerons les Pages Jaunes par la suite.

Chaque franchisé possède un magasin, géré par une seule personne, appelée « le gérant ». D'autres personnes peuvent également travailler dans ce magasin.

Notons qu'il faut savoir sur quel produit du marché la solution sera implémentée afin de tirer parti des attributs et des classes d'objets spécifiques qui s'y trouvent. Nous n'allons pas faire de choix particulier dans cet exemple, afin d'être le plus générique possible, et de nous adapter à la plupart des produits. Nous préciserons cependant le cas échéant les choix possibles avec l'un ou l'autre des principaux serveurs d'annuaire.

Remplissons un premier tableau qui liste les applications de l'annuaire :

Application	Sponsor	Nombre d'utilisateurs	Fréquence d'utilisation	Disponibilité	Temps de réponse
Pages Blanches et Pages Jaunes	Direction informatique	5 000	Régulière	Dix heures par jour, cinq jours par semaine	Pas de contrainte particulière
Gestion des badges	Logistique	1	Une fois par semaine		Pas de contrainte particulière

Puis un deuxième tableau, qui décrit les cas d'utilisation concernant les utilisateurs et les gestionnaires de l'annuaire.

Nom	Description	Règles de gestion
Ajouter, modifier et supprimer un employé	Un gestionnaire de l'annuaire pourra ajouter, supprimer ou modifier toutes les données d'un employé à partir d'une interface utilisateur.	Cet employé peut être un employé de l'entreprise ou celui d'un franchisé, ou enfin un prestataire.
Ajouter, modifier et supprimer un site	Un gestionnaire de l'annuaire pourra ajouter, supprimer ou modifier toutes les données d'un site de l'entreprise.	
Ajouter, modifier et supprimer un franchisé	Un gestionnaire de l'annuaire pourra ajouter, supprimer ou modifier toutes les données d'un franchisé de l'entreprise.	Un franchisé est assimilé à un magasin, et possède un gestionnaire qui lui est propre.
Ajouter, modifier et supprimer un employé d'un franchisé	Chaque franchisé aura un gestionnaire qui pourra gérer les employés de son magasin.	Seuls les employés du magasin du gestionnaire pourront être lus et modifiés.
Rechercher et lire un employé	Toute personne pourra rechercher et lire les employés décrits dans l'annuaire.	Le numéro de matricule des employés n'est pas visible. Seuls les gestionnaires peuvent le lire.
Lire l'organigramme	L'organigramme affiche la hiérarchie des collaborateurs de l'entreprise.	L'organigramme n'est pas accessible aux personnes anonymes internes et externes à l'entreprise.
Rechercher et lire un prestataire	Toute personne interne pourra rechercher et lire les prestataires décrits dans l'annuaire.	
Rechercher et lire un magasin	Toute personne pourra rechercher et lire les magasins franchisés.	

Et enfin un dernier tableau décrivant les cas d'utilisation pour la synchronisation des données avec d'autres systèmes :

Nom	Description	Règles de gestion
Importer la liste des employés de l'entreprise	Importation de la liste des employés à partir de l'application de gestion des ressources humaines. Cette liste contient les enregistrements à ajouter, à modifier et à supprimer.	Le numéro de matricule est utilisé comme identifiant unique. Si l'employé existe déjà lors de l'ajout, il est remplacé par les données provenant de l'import. En règle générale, toutes les données provenant de cet import sont prioritaires sur les données existantes dans l'annuaire (c'est-à-dire qu'elles les remplacent).
Exporter la liste des badges	Exportation de la liste des noms, prénoms et numéros de matricule des employés, la liste des sites accessibles, et leurs numéros de badge. Cette liste sera importée dans l'application de gestion des badges pour effectuer les contrôles de validité de ceux-ci lors de l'accès à un site et attribuer ou supprimer des badges.	Seuls les « deltas » (ajout, modification et suppression) par rapport au dernier export sont générés durant l'extraction des données.

L'élaboration du contenu

Les attributs

Établissons dans un premier temps la liste des principaux attributs requis pour décrire les personnes, les sites de l'entreprise et les magasins des franchisés. Nous n'étudierons que les nouveaux attributs, les autres étant déjà décrits dans le serveur d'annuaire retenu.

Pour cela, nous allons remplir le tableau ci-dessous :

Attribut	Standard ou spécifique/ Description	Syntaxe	Mono-valeur	Appartenance	Fréquence d'utilisation
dateEntree	Nouveau Date d'entrée du collaborateur dans l'entreprise ou chez le franchisé. Cette date est différente de celle de la création de l'enregistrement dans l'annuaire.	Chaîne	Oui	Direction du personnel si c'est un employé de l'entreprise, ou gérant, si c'est un employé du franchisé	Faible
dateSortie	Nouveau L'enregistrement n'est pas supprimé lorsqu'un collaborateur quitte l'entreprise, ceci à des fins de statistiques et d'historique.	Chaîne	Oui	Direction du personnel si c'est un employé de l'entreprise, ou gérant, si c'est un employé du franchisé	Faible

Attribut	Standard ou spécifique/ Description	Syntaxe	Mono-valeur	Appartenance	Fréquence d'utilisation
Site	Nouveau Pointe sur le DN du site où travaille habituellement l'employé. Ce site peut être un site de l'entreprise ou un magasin d'un franchisé.	DN	Oui	Direction du personnel si c'est un employé de l'entreprise, ou gérant, si c'est un employé du franchisé	Fréquente
gerant	Nouveau Pointe sur le DN de la personne qui gère le magasin du franchisé.	DN	Oui	Direction du personnel	Fréquente
badge	Nouveau Contient le numéro du badge de l'employé.	Chaîne	Oui	Service de sécurité	Faible

Les classes d'objets

Les différentes classes d'objets requises pour notre exemple sont les suivantes :

- Une classe d'objet permettant de décrire les *sites géographiques* de l'entreprise. Nous utiliserons la classe `organizationalUnit` qui existe dans tous les serveurs d'annuaire LDAP.

- Une classe d'objet permettant de décrire les *magasins* du réseau de franchisés. Nous définirons une nouvelle classe, dérivée de la classe `organizationalUnit`. (Voir le tableau de la page suivante.)

- Des classes d'objets permettant de décrire les personnes de l'entreprise. Nous différencierons les *employés* de l'entreprise ou d'un magasin franchisé et les *prestataires* externes. Ces derniers peuvent travailler dans l'entreprise et accéder aux ressources informatiques comme la messagerie électronique, mais n'en sont pas salariés. Il est fortement conseillé de dédier deux classes séparées à chaque type de personne. Ces classes dériveront de la classe permettant de décrire des personnes, offerte par le serveur d'annuaire utilisé.

Note

La plupart des serveurs du marché proposent une classe qui dérive de `organizationalPerson` et qui la complète. Par exemple, les serveurs d'annuaire de Sun et Novell, ainsi que Active Directory pour Windows 2003, proposent la classe `inetorgperson`, et Active Directory pour Windows 2000 propose la classe `user`. Toutes les deux dérivent de la classe `organizationalPerson`. Il est conseillé d'utiliser ces classes pour décrire les personnes, soit directement, soit en créant une classe dérivée.

Nous utiliserons les classes d'objets standards se trouvant dans le serveur d'annuaire, et nous rajouterons quelques classes spécifiques à notre exemple que nous décrivons dans le tableau suivant :

Classe	Standard ou spécifique	Classe mère	Type de la classe	Attributs obligatoires	Attributs facultatifs
employé	Spécifique	inetOrgPerson si annuaire de Sun ou Novell, ou bien Active Directory pour Windows 2003, user si Active Directory de Microsoft pour Windows 2000	Structurel	Ceux de la classe mère (1) site	Ceux de la classe mère badge
prestataire	Spécifique	inetOrgPerson si annuaire de Sun ou Novell, ou bien Active Directory pour Windows 2003, user si Active Directory de Microsoft pour Windows 2000	Structurel	Ceux de la classe mère (2) o site	Ceux de la classe mère
magasin	Spécifique	organizationalUnit	Structurel	Ceux de la classe mère	Ceux de la classe mère (3), gerant

Remarques

1. Les employés ne sont pas décrits directement à l'aide de la classe inetOrgPerson ou user, mais à l'aide d'une classe dérivée, car cela permet de l'étendre en rajoutant des attributs comme le numéro de Sécurité sociale ou les qualifications de l'employé, sans provoquer d'effet sur les données existantes. Rappelons qu'il est fortement déconseillé d'étendre ou de modifier les classes standards d'un annuaire, qu'elles soient des classes du standard LDAP v3 ou des classes spécifiques au serveur de l'annuaire utilisé.

   Précisons aussi qu'un employé peut être un employé de l'entreprise ou un employé d'un magasin. Nous n'avons pas créé d'attribut particulier pour les différencier, car nous allons utiliser l'emplacement de l'objet dans l'arborescence de l'annuaire, comme nous le verrons plus loin dans cet exemple.

2. La classe prestataire contient un attribut obligatoire qui désigne l'organisation (ou l'entreprise) à laquelle appartient l'attribut. Cet attribut existe déjà dans la classe mère (inetOrgPerson ou user), mais il est facultatif. On remarque ainsi que l'héritage de classe est un moyen pour rendre un attribut de la classe d'origine obligatoire. Un autre moyen est de modifier la classe d'origine, mais ceci est fortement déconseillé s'il s'agit d'une classe standard.

3. La classe magasin dérive de la classe `organizationalUnit` et contient un nouvel attribut qui désigne le gérant. Cet attribut contient un DN qui pointe sur l'objet décrivant le gérant (c'est un objet de type `employe`).

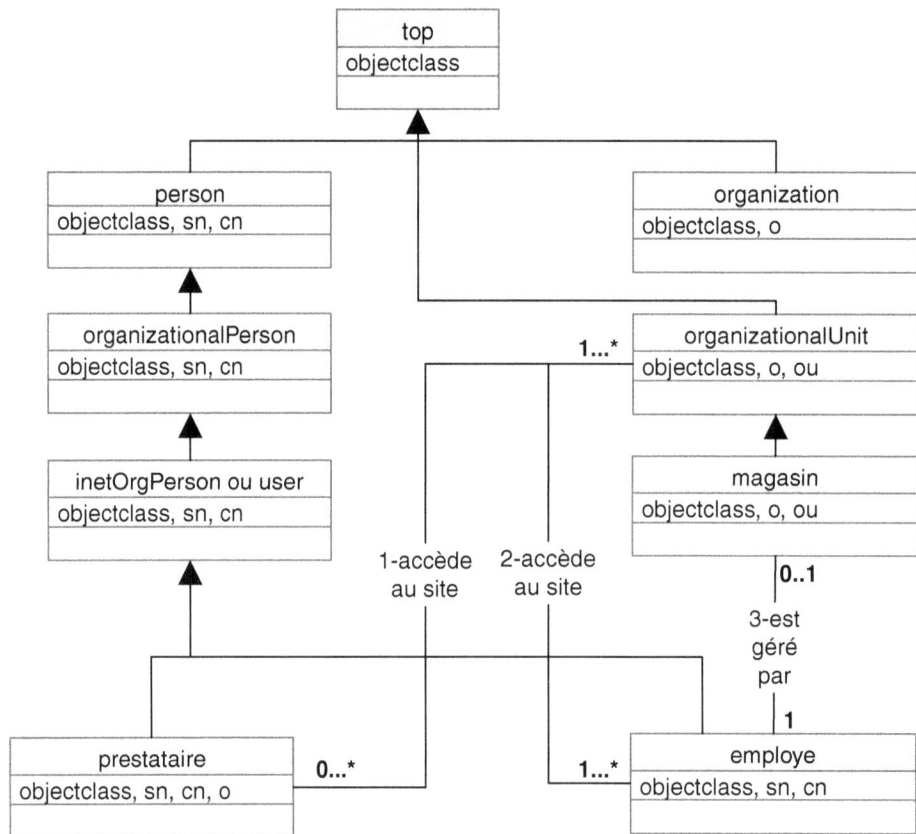

Figure 9.1

Diagramme de la hiérarchie des classes

Le schéma de la figure 9.1 illustre les liens d'héritage entre les classes utilisées. La deuxième ligne de chaque case contient les attributs obligatoires de la classe représentée. Ceux-ci sont les attributs obligatoires des classes mères auxquels il faut ajouter ceux de la classe en question.

Les relations entre les classes s'expliquent de la façon suivante :

• Un prestataire peut travailler sur un ou plusieurs sites (cette information sera exportée vers l'application de gestion des badges), et travaille au moins sur un site. Ceci correspond à la cardinalité `1..*` de cette relation. Il peut ne pas y avoir de prestataire sur un site, cela correspondrait alors à la cardinalité `0..*`.

- Un employé peut travailler sur un ou plusieurs sites (cette information sera exportée vers l'application de gestion des badges), et travaille au moins sur un site. Cela correspond à la cardinalité 1..* de cette relation. En revanche, il y a au moins un employé par site, ce qui correspond à la cardinalité 1..*. Notons qu'un site est aussi un magasin, puisque la classe magasin dérive de la classe organizationalUnit.

- D'autre part, un magasin est obligatoirement géré par un gestionnaire. Ce qui explique la cardinalité 1 dans cette relation. Un employé peut ne pas gérer de magasin, ou bien gérer au plus un seul magasin (c'est le choix fait dans le cadre de notre exemple pour des raisons de simplification). Ceci explique la cardinalité 0..1.

Les acteurs

Les acteurs peuvent être classés en trois grandes catégories : les utilisateurs, les gestionnaires et les administrateurs. Les utilisateurs et les gestionnaires sont soit des personnes physiques, soit des applications informatiques qui nécessitent de lire les données de l'annuaire ou de les mettre à jour.

Les utilisateurs sont anonymes ou identifiés. Dans ce dernier cas, ils doivent fournir un nom et un mot de passe pour accéder à certains services de l'annuaire, comme mettre à jour leurs profils.

En outre, ils peuvent être internes ou externes à l'entreprise. S'ils sont internes, ils accèdent en lecture à la liste de tous les employés, y compris les prestataires, et s'ils sont externes, uniquement à ceux de leur magasin. Dans les deux cas, ils n'ont pas accès à l'organigramme de l'entreprise.

Nous différencions également dans notre cas les utilisateurs identifiés internes et externes. Les premiers ont accès à la liste de tous les employés des magasins et de l'entreprise, ainsi qu'à la liste des prestataires. Ils peuvent aussi visualiser l'organigramme de l'entreprise. Les utilisateurs externes, n'étant pas salariés de l'entreprise mais de magasins de franchisés, ne peuvent pas lire son organigramme.

Par ailleurs, tout utilisateur identifié peut mettre à jour son propre profil, contrairement aux utilisateurs anonymes.

Voici une synthèse de chacun des rôles possibles pour les utilisateurs :

	Externe	**Interne**
Anonyme	Ne peut voir que la liste des magasins.	Peut voir la liste de tous les employés, des prestataires et des magasins, mais pas l'organigramme de l'entreprise.
Identifié	Peut voir la liste de tous les employés, des prestataires et des magasins, mais pas l'organigramme de l'entreprise. Peut mettre à jour son profil.	Peut voir la liste de tous les employés, des prestataires et des magasins, y compris l'organigramme de l'entreprise. Peut mettre à jour son profil.

Nous allons décrire les différentes catégories d'utilisateurs dans le tableau suivant :

Utilisateur	Type	Nombre d'utilisateurs	Fréquence d'utilisation de l'annuaire	Temps moyen d'utilisation
1. Anonyme interne à l'entreprise	Personne physique interne	5 000	Plusieurs fois par jour	Quelques minutes, le temps d'effectuer une recherche et de lire le contenu de la fiche d'une personne.
2. Anonyme externe à l'entreprise	Personne physique externe	10 000	Une fois par jour en moyenne	Quelques minutes
3. Utilisateur interne identifié	Personne physique interne	1 000	Plusieurs fois par jour	Quelques minutes
4. Utilisateur externe identifié	Personne physique externe	2 000	Plusieurs fois par jour	Quelques minutes
5. Application de gestion des badges	Application	1	Une fois par jour	Quelques minutes

Les gestionnaires sont les personnes ou les applications qui peuvent mettre à jour l'annuaire. Nous identifions différentes catégories de gestionnaires, décrites dans le tableau suivant :

Gestionnaire	Type d'utilisateur	Nombre de gestionnaires	Description générale des droits
1. Les gérants des magasins des franchisés	Utilisateur externe identifié	1 par magasin	Il est en charge de la gestion du personnel dans le magasin.
2. Les responsables du personnel de l'entreprise	Utilisateur interne identifié	Environ 20 personnes	Ce sont eux qui gèrent le personnel, ils sont donc au fait des embauches, des changements de poste et des départs des collaborateurs.
3. Les responsables des achats de prestations externes	Utilisateur interne identifié	Environ 20 personnes	Ils sont en charge de qualifier les prestataires externes, de négocier les prix et de signer les contrats. Ils sont donc au fait de l'intervention de tout nouveau prestataire et de leurs fins de mission. Ce sont eux qui sont chargés de la mise à jour de l'annuaire.
4. Les responsables du réseau de franchisés	Utilisateur interne identifié	1 à 2 personnes	Ces personnes ont la charge d'autoriser l'ouverture d'un magasin à un nouveau franchisé après l'avoir qualifié. Ils sont donc au fait de toute nouvelle ouverture et de toute fermeture de magasin. Ce sont eux qui sont chargés de la mise à jour de l'annuaire.
5. L'application de gestion des ressources humaines	Utilisateur interne identifié	1 accès	Cette application sert de référence pour la création, la modification et la suppression des employés de l'entreprise. Mais ce n'est pas la seule façon de mettre à jour ces données, il est aussi possible de le faire manuellement à l'aide d'une interface homme/machine appropriée, réservée aux responsables du personnel.

Enfin, nous distinguons deux administrateurs : l'un fonctionnel, chargé de créer, de modifier ou de supprimer les gestionnaires listés précédemment, et l'autre technique, ayant accès au schéma de l'annuaire et à toutes les données qui s'y trouvent.

Il existe des liens d'héritage entre ces différents acteurs, que nous illustrons dans la figure 9.2. Rappelons qu'un héritage entre acteurs indique que les propriétés, les comportements et les droits d'accès aux données sont repris par l'acteur fils.

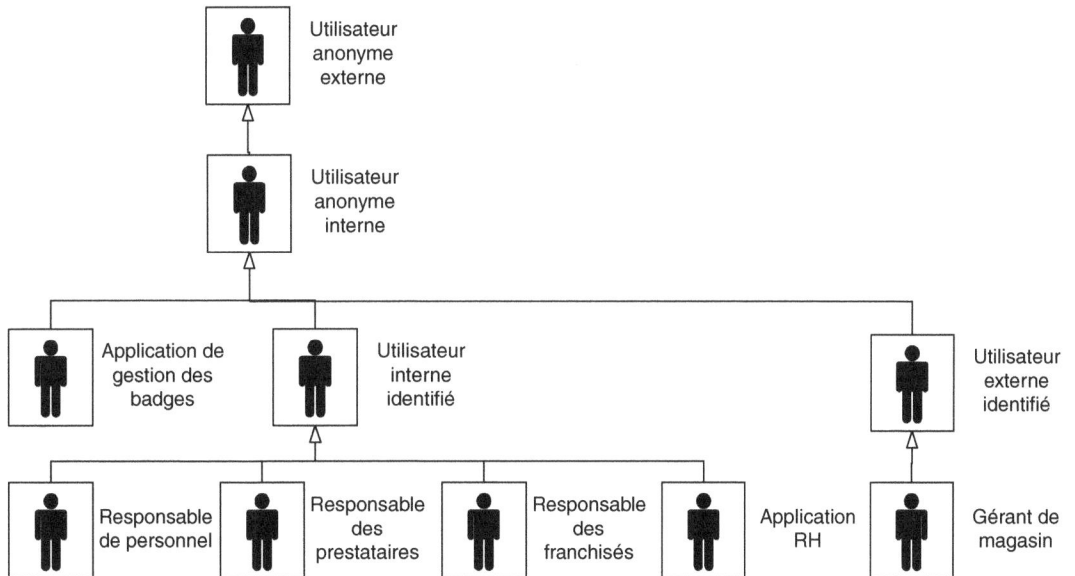

Figure 9.2
Diagramme d'héritage entre acteurs

Ce diagramme permet de traduire de façon synthétique les liens entre acteurs exprimés dans les tableaux précédents.

Les droits d'accès

Décrivons maintenant les droits d'accès des acteurs sur les données identifiées. Pour cela nous allons renseigner le tableau suivant pour les utilisateurs :

Acteur	Classe d'objet et attribut	Droit
1. Anonyme externe à l'entreprise	Classe décrivant uniquement les magasins. La liste des employés et des prestataires n'est pas visible.	Rechercher et lire des données. Comparer des données.
2. Anonyme interne à l'entreprise	Classe décrivant les employés internes et externes, les prestataires et les magasins, sauf certains attributs comme le supérieur hiérarchique (organigramme non visible).	Rechercher et lire des données. Comparer des données.

Acteur	Classe d'objet et attribut	Droit
3. Utilisateur interne identifié	Classe décrivant les employés internes et externes, les prestataires et les magasins. Toutes les données de l'utilisateur lui-même sont accessibles, y compris son mot de passe. Le supérieur hiérarchique de tout autre utilisateur est aussi visible.	Rechercher et lire des données. Comparer des données. Modifier son propre objet.
4. Utilisateur externe identifié	Classe décrivant les employés de tous les magasins et tous les employés de l'entreprise, sauf certains attributs comme le supérieur hiérarchique (organigramme non visible). Toutes les données de l'utilisateur lui-même sont accessibles, y compris son mot de passe.	Rechercher et lire des données. Comparer des données. Modifier son propre objet.
5. Application de gestion des badges	Classe décrivant les employés internes uniquement, et seulement les attributs contenant le nom et le prénom (cn, sn, givename), le numéro de matricule, ainsi que le numéro de badge.	Rechercher et lire des données. Comparer des données.

Établissons le diagramme des cas d'utilisation illustrant, grâce au formalisme UML, les interactions entre les utilisateurs et les cas d'utilisation.

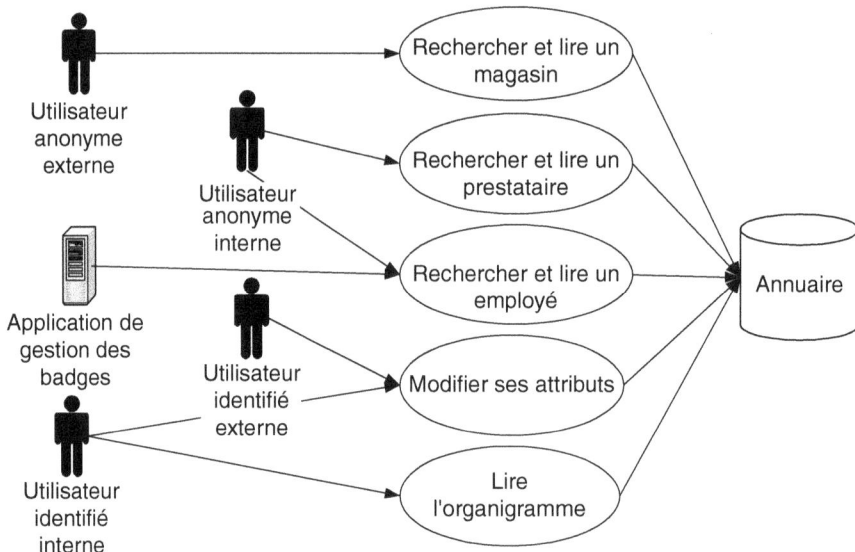

Figure 9.3

Diagramme de cas d'utilisation pour les utilisateurs

Dans la figure 9.3, toutes les flèches ne sont pas représentées pour des raisons de simplicité. Le diagramme d'héritage entre acteurs permet de déduire l'ensemble des droits pour un acteur donné. Par exemple, un utilisateur externe identifié héritant des propriétés d'un utilisateur interne anonyme pourra aussi rechercher et lire un employé ou un prestataire.

De même, nous allons renseigner le tableau suivant pour les gestionnaires :

Acteur	Classe d'objet et attribut	Droit
1. Les gérants des magasins franchisés	Ce sont les mêmes que pour les utilisateurs externes identifiés, mais ils ne peuvent gérer que les employés de leur magasin.	Rechercher et lire des données. Comparer des données. Modifier un objet. Supprimer un objet. Ajouter un objet.
2. Les responsables du personnel de l'entre-prise	Ce sont les mêmes que pour les utilisateurs internes identifiés, mais ils ne peuvent modifier que les employés, dont le numéro de badge et le site.	Rechercher et lire des données. Comparer des données. Modifier un objet. Supprimer un objet. Ajouter un objet.
3. Les responsables des achats de prestations externes	Ce sont les mêmes que pour les utilisateurs internes identifiés, mais ils ne peuvent modifier que les prestataires, dont le numéro de badge et le site.	Rechercher et lire des données. Comparer des données. Modifier un objet. Supprimer un objet. Ajouter un objet.
4. Les responsables du réseau de franchisés	Classe magasin	Rechercher et lire des données. Comparer des données. Modifier un objet. Supprimer un objet. Ajouter un objet.
5. L'application de ges-tion des ressources humaines	Classe décrivant uniquement les employés internes.	Rechercher et lire des données. Comparer des données. Modifier un objet. Supprimer un objet. Ajouter un objet.

Établissons également le diagramme des cas d'utilisations illustrant les interactions entre les gestionnaires et les cas d'utilisation (figure 9.4).

Quant à l'administrateur fonctionnel et à l'administrateur technique, ils ont accès à toutes les classes et à tous les droits, y compris la modification du RDN d'un objet. L'adminis-trateur technique peut, en outre, modifier le schéma de l'annuaire, c'est-à-dire modifier les classes d'objets et les attributs.

L'identification des contraintes réseau

Nous supposons que tous les magasins et tous les sites de l'entreprise sont reliés par un réseau à haut débit avec une bande passante disponible suffisante pour centraliser le serveur d'annuaire. Il n'y a donc pas de contrainte particulière au niveau du réseau.

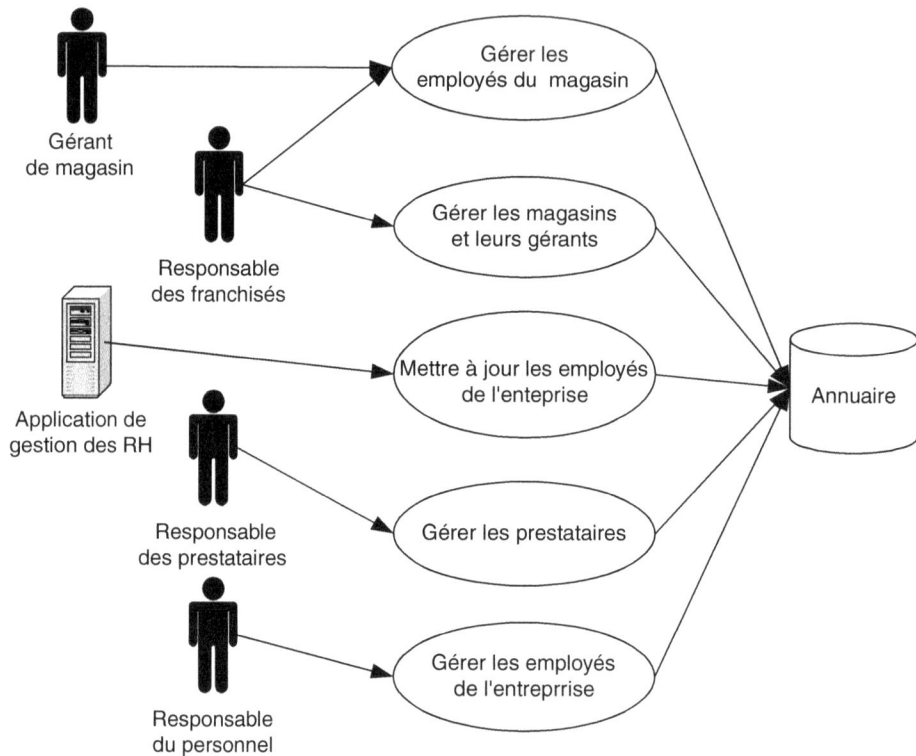

Figure 9.4

Diagramme de cas d'utilisation pour les gestionnaires

La définition de l'arborescence (DIT)

Pour définir l'arborescence, il faut se souvenir des « bonnes raisons » évoquées précédemment, ainsi que des recommandations.

Reprenons ces raisons une à une.

La délégation des droits d'accès

Dans notre exemple, nous souhaitons déléguer à chaque gérant les droits sur les employés de son magasin. Nous allons donc créer une branche par magasin.

Par ailleurs, nous souhaitons que les responsables du personnel et les responsables des achats de prestations externes puissent gérer respectivement les employés et les prestataires. Nous allons donc créer deux branches, l'une pour les employés et l'autre pour les prestataires.

Enfin, nous souhaitons que les responsables du réseau de franchisés puissent gérer les magasins. Nous allons donc créer une branche contenant tous les magasins.

La réplication des données

Toutes les données sont centralisées dans un premier temps. Mais il est envisagé à terme de pouvoir installer un serveur d'annuaire par pays ; chaque pays ayant sa propre liste de franchisés. La liste des employés étant commune à l'ensemble des pays, elle doit pouvoir être répliquée entre le siège et les autres pays. Afin d'éviter alors de faire une sélection des objets à répliquer, il est préférable de mettre tous les employés dans une même branche.

La répartition des données

Elle n'est pas applicable, puisque toutes les données sont centralisées dans un premier temps.

L'organisation des classes d'objets

Afin d'améliorer la lisibilité de l'arborescence, nous allons séparer dans différentes branches les classes d'objets ayant une sémantique complètement différente : les sites géographiques, les magasins, les personnes et les groupes.

Nous obtenons ainsi l'arborescence décrite dans la figure 9.5 et la figure 9.6.

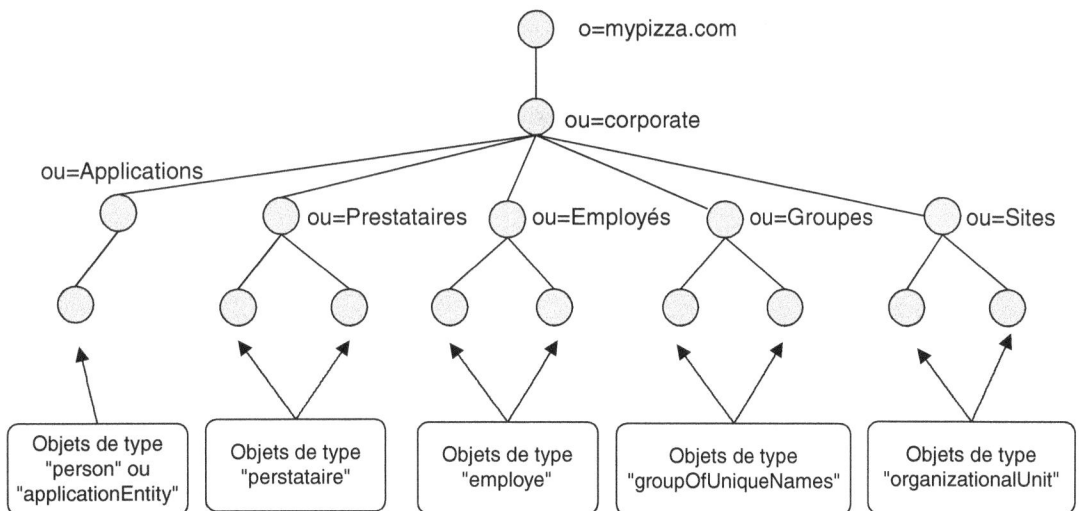

Figure 9.5
DIT de l'entreprise MyPizza, partie 1

Dans la figure 9.5, les objets qui constituent les nœuds de l'arborescence, c'est-à-dire ceux dont les DN sont ou=corporate, ou=Prestataires, ou=Employés, ou=Groupes, ou=Applications et ou=Sites, sont de type organizationalUnit.

Notons que nous avons créé une branche contenant l'ensemble des sites géographiques de l'entreprise. Chaque objet décrivant un employé dispose d'un attribut qui peut avoir plusieurs valeurs, et qui comprend le DN du site auquel l'employé a accès. C'est cette relation qui permettra d'établir un fichier exploité par l'application de gestion des badges.

Nous avons également créé une branche dédiée aux applications. Celle-ci contient des utilisateurs fictifs, c'est-à-dire des objets de type `person`, que ces applications utiliseront pour s'identifier à l'annuaire. Il sera ainsi possible de leur attribuer des droits particuliers pour l'accès aux données. Par ailleurs, on ne polluera pas les branches qui contiennent des personnes avec des objets techniques requis pour s'identifier à l'annuaire et ne correspondant pas à une personne physique.

La deuxième partie de l'arborescence permet de décrire l'organisation des magasins. Elle est illustrée dans la figure 9.6 :

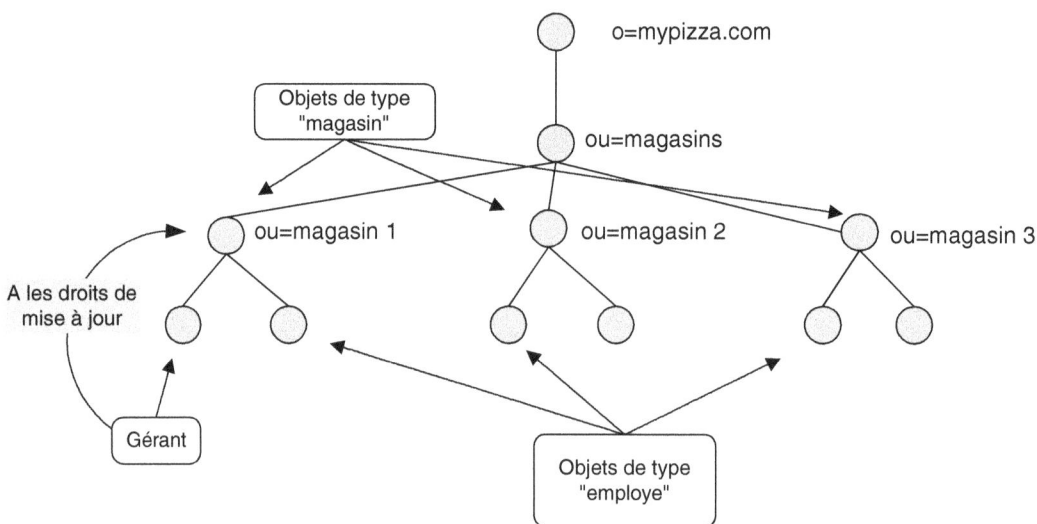

Figure 9.6
DIT de l'entreprise MyPizza, partie 2

Les gérants des magasins sont décrits par des objets de type `employe`. Chaque objet décrivant un gérant se trouve dans la branche du magasin auquel il appartient. Ainsi, lorsque le responsable du réseau de franchisés crée un nouveau magasin, il doit aussi créer l'objet décrivant son gérant afin de lui déléguer les droits d'accès à la branche de son magasin.

La gestion des habilitations

Nous allons maintenant concevoir les mécanismes qui vont permettre de gérer les habilitations, afin de répondre aux besoins exprimés dans le paragraphe relatif aux droits d'accès. Nous énoncerons ces droits à l'aide de la syntaxe LDIF décrite dans le chapitre précédent. Nous allons supposer que le serveur d'annuaire utilisé est le serveur Sun Directory Server, la syntaxe des ACI n'étant pas la même d'un serveur à l'autre.

Pour savoir si un utilisateur est externe ou interne, nous utiliserons son adresse IP. Nous supposons, dans notre exemple, que tous les utilisateurs internes ont une adresse IP qui commence par : 10.1.1.*, ce qui n'est pas le cas des utilisateurs externes.

Utilisateur anonyme externe à l'entreprise

Il s'agit maintenant d'autoriser tous les utilisateurs anonymes externes à lire tous les attributs des objets décrivant les magasins. La syntaxe de cet ACI au format LDIF est la suivante :

```
1.   aci : (target="ldap://o=mypizza.com")
2.   (targetfilter="objectclass=magasin")
3.   (targetattr=*)
4.   (version 3.0; acl "Droit anonyme externe" ;
5.   allow (compare, search, read)
6.   userdn="ldap:///anyone";)
```

Cette règle s'applique sur l'objet o=mypizza.com (ligne 1) qui est la racine de l'arborescence LDAP. Elle s'appliquera donc à tous les objets sous-jacents, filtrés par la règle définie en ligne 2.

Comme nous n'avons pas précisé d'adresse IP dans la règle, celle-ci s'applique aussi bien aux utilisateurs externes qu'aux utilisateurs internes ; ce qui correspond bien à ce que nous voulons.

Utilisateur anonyme interne à l'entreprise

Il s'agit d'autoriser tous les utilisateurs anonymes internes à lire les objets décrivant les personnes, les prestataires et les magasins, sauf certains attributs des personnes et des prestataires (mot de passe et responsable hiérarchique).

La syntaxe de cet ACI au format LDIF est la suivante :

```
1.   aci : (target="ldap://o=mypizza.com")
2.   (targetfilter="objectclass=employe, objectclass=prestataire")
3.   (targetattr != "userPassword||manager")
4.   (version 3.0; acl "Droit anonyme interne" ;
5.   allow (compare, search, read)
6.   userdn="ldap:///anyone" and ip="10.1.1.* ";)
```

La ligne 3 indique que tous les attributs sont concernés par la règle sauf le mot de passe (userPassword) et le responsable hiérarchique (manager).

La règle précédente s'applique aussi aux utilisateurs internes, ce qui leur permet d'accéder aussi aux objets décrivant les magasins.

Utilisateur identifié externe à l'entreprise

Il s'agit d'autoriser, en outre, tout utilisateur identifié à modifier ses propres attributs. La syntaxe de cet ACI au format LDIF est la suivante :

```
1.   aci : (target="ldap://o=mypizza.com")
2.   (targetattr = *)
3.    (version 3.0; acl "Droit identifié externe" ;
4.    allow (write)
5.    userdn="ldap:///self";)
```

> **Note**
>
> La ligne 5 contient le mot-clé spécifique self qui ne correspond pas à un DN réel. Cette syntaxe permet de désigner l'objet utilisé lors de l'identification.

Là non plus, nous n'avons pas précisé d'adresse IP dans l'ACI, cette règle s'applique donc aux utilisateurs internes et externes ; ce qui correspond bien à ce que nous voulons.

Notons que cette règle permet à l'utilisateur de modifier son propre mot de passe, puisque tous les attributs sont concernés (ligne 2).

Utilisateur identifié interne à l'entreprise

Il s'agit maintenant d'autoriser la lecture de l'organigramme de l'entreprise aux utilisateurs internes identifiés. La règle précédente leur a déjà attribué les droits de mettre à jour leurs propres profils. Il faut maintenant leur donner accès en lecture à l'attribut manager.

La syntaxe de cet ACI au format LDIF est la suivante :

```
1.   aci : (target="ldap://o=mypizza.com")
2.   (targetattr = manager)
3.    (version 3.0; acl "Droit identifié interne" ;
4.    allow (compare, search, read)
5.    userdn="ldap:///all" and ip="10.1.1.*";)
```

> **Note**
>
> La ligne 5 contient le mot-clé spécifique all qui ne correspond pas à un DN réel. Cette syntaxe permet de désigner n'importe quel objet utilisé lors de l'identification, pourvu que ce ne soit pas un utilisateur anonyme (DN et mot de passe valides)

Application de gestion des badges

Il n'est pas nécessaire de créer un ACI particulier pour cette application. Il suffit qu'elle se connecte à l'annuaire en tant qu'utilisateur anonyme interne pour avoir accès à l'ensemble des informations requises pour les badges. En effet, la règle que nous avons établie pour les utilisateurs anonymes internes donne accès à tous les attributs, excepté le mot de passe et le responsable hiérarchique. Ce qui est suffisant pour cette application.

Nous aurions pu être plus restrictifs pour l'accès anonyme en précisant dans la règle la liste des attributs autorisés. Il aurait alors fallu ajouter une règle pour autoriser à cette application l'accès aux attributs supplémentaires `site` et `badge`. Cette règle s'appliquerait dans ce cas à un utilisateur fictif, créé dans la branche `ou=Applications`, et serait utilisée par cette application pour accéder à l'annuaire au lieu d'y un accéder anonymement.

Gérant de magasin

Il s'agit d'autoriser chaque gérant à ajouter, modifier et supprimer des objets décrivant les employés de son magasin. Pour cela, nous allons utiliser une règle désignant implicitement le gérant, ce qui évitera de créer une nouvelle règle pour chaque nouveau gérant.

La syntaxe de cet ACI au format LDIF serait la suivante :

```
1.  aci : (target="ldap://ou=magasin 1,ou=magasins, o=mypizza.com")
2.    (targetfilter="objectclass=inetorgperson")
3.    (targetattr=*)
4.    (version 3.0; acl "Droits du gérant" ;
5.    allow (all)
6.    userdnattr="gerant";)
```

Pour bien comprendre cette règle, rappelons les principes adoptés lors de la conception du modèle de données :

1. La branche `ou=magasins` contient des objets de type `magasin`, chacun d'eux constituant une sous-branche comprenant le gérant et l'ensemble des personnes du magasin.

2. Chaque objet de type `magasin` contient un attribut nommé `gerant`, qui contient le DN de la personne qui gère le magasin.

Cette règle indique que l'objet désigné par le DN qui se trouve dans l'attribut `gerant` a tous les droits sur la branche `ou=magasin 1` et sur les objets de type `inetorgperson`. Rappelons que cet attribut se trouve dans la classe `magasin`, constituant le nœud `ou=magasin 1`.

Il est indispensable de créer un ACI à chaque création de magasin (mais pas à chaque changement de gérant). Cette opération étant réservée aux administrateurs de l'annuaire, il faudra créer une application qui aura les privilèges de l'administrateur destinée aux responsables de magasin, ou bien envoyer un message à un administrateur pour qu'il ajoute un objet magasin dans l'arborescence.

Si le serveur d'annuaire offre une interface LDIF pour mettre à jour les ACI, il sera tout à fait possible de « programmer » la mise à jour d'un nouvel ACI lors de la création d'un nouveau magasin dans l'application. Sinon, il faudra utiliser la deuxième méthode, qui consiste à envoyer un message à l'administrateur. Celui-ci effectuera la mise à jour de l'ACI à l'aide de l'interface d'administration du serveur d'annuaire utilisé.

Mais existe-t-il une solution plus souple qui permette d'éviter la création d'un nouvel ACI pour chaque nouveau magasin ? Bien entendu, cela dépend de la capacité du serveur d'annuaire utilisé. Le serveur Sun Directory Server est l'un des serveurs qui offrent cette possibilité. Cette solution consiste à utiliser une syntaxe particulière dans les ACI, qui permette de désigner indirectement l'objet auquel s'appliquent les droits en utilisant un attribut de l'objet parent et non de l'objet lui-même.

En fait, nous cherchons à donner à l'objet désigné par l'attribut gerant qui se trouve dans l'objet de type magasin, les droits sur tous les objets sous-jacents à ce dernier.

Pour que la règle soit totalement indépendante d'un magasin, il faut qu'elle soit définie au niveau de l'objet ou=magasins, o=mypizza.com, et non au niveau de chaque objet de type magasin. Il faut également pouvoir désigner l'ayant droit à partir de la cible et en utilisant l'attribut gerant de l'objet père.

La syntaxe de cet ACI au format LDIF serait la suivante :

```
1.    aci : (target="ldap://ou=magasins, o=mypizza.com")
2.    (targetfilter="objectclass=inetorgperson")
3.    (targetattr=*)
4.    (version 3.0; acl "Droits du gérant" ;
5.    allow (all)
6.    userdnattr="parent[0,1].gerant";)
```

La ligne 6 désigne l'ayant droit à partir du parent de celui-ci (0 désigne l'objet lui-même, et 1 désigne l'objet parent). Lorsqu'un objet de type inetorgperson est ajouté dans la branche d'un magasin, le parent de niveau 1 n'est autre que l'objet de type magasin. Or celui-ci contient un attribut décrivant le gérant. C'est donc le DN contenu dans cet attribut qui pourra effectuer les modifications sur la branche du magasin et uniquement sur les objets immédiatement inférieurs à l'objet décrivant le magasin.

Ce type d'ACI est extrêmement pratique car il évite la création d'un nouvel ACI pour chaque nouveau magasin. En revanche, si le nombre de niveaux est supérieur à 1, les performances d'accès peuvent se dégrader rapidement, puisque le serveur d'annuaire devra balayer plusieurs niveaux de l'arborescence pour vérifier les droits d'accès.

Responsable des employés

Supposons que plusieurs personnes peuvent administrer la liste des employés de l'entreprise. Pour cela, il suffit de créer un groupe de responsables des employés et attribuer les droits de mise à jour de la branche contenant les employés à ce groupe. Cette méthode permet, en outre, de ne pas avoir à changer l'ACI lorsqu'un responsable change.

La syntaxe de cet ACI au format LDIF serait la suivante :

```
1.    aci : (target="ldap://ou=employés, ou=corporate, o=mypizza.com")
2.    (targetfilter="objectclass=inetorgperson")
3.    (targetattr=*)
4.    (version 3.0; acl "Droits groupe responsable du personnel" ;
5.    allow (all)
6.    groupdn="cn=Groupe des responsables du personnel, ou=Groupes, ou=corporate,
      o=mypizza.com";)
```

La ligne 6 désigne l'objet qui décrit le groupe auquel on attribue les droits. Ce groupe se trouve dans la branche ou=Groupes, et contient une liste de DN d'objets décrivant des personnes qui se trouvent dans la branche ou=Employés.

Les droits étant attribués à la branche ou=Employés, les responsables du personnel n'auront pas accès aux prestataires ni aux employés des magasins. Comme nous allons utiliser des groupes pour tous les responsables, il est tout à fait possible de donner des droits à quelqu'un sur l'ensemble des employés internes et externes ainsi que sur les prestataires. Il suffit pour cela de mettre le DN de la personne à qui l'on souhaite attribuer ces droits dans les trois groupes.

Responsable des prestataires

Nous allons supposer que plusieurs personnes peuvent administrer la liste des prestataires de l'entreprise. Pour cela, il suffit de créer un groupe de responsables des prestataires, et d'attribuer les droits de mise à jour de la branche contenant les prestataires à ce groupe. Cette méthode permet en outre de ne pas avoir à changer l'ACI lorsqu'un responsable change.

La syntaxe de cet ACI au format LDIF serait la suivante :

```
1.   aci : (target="ldap://ou=prestataires, ou=corporate, o=mypizza.com")
2.     (targetfilter="objectclass=inetorgperson")
3.     (targetattr=*)
4.     (version 3.0; acl "Droits du groupe des responsables de prestataires" ;
5.     allow (all)
6.     groupdn="cn=Groupe des reponsables des prestataires, ou=Groupes, ou=corporate,
       o=mypizza.com";)
```

La ligne 6 désigne l'objet qui décrit le groupe auquel on attribue les droits. Ce groupe se trouve dans la branche ou=Groupes, et contient une liste de DN d'objets décrivant des personnes qui se trouvent dans la branche ou=Employés.

Responsable des franchisés

Nous allons supposer par ailleurs que plusieurs personnes peuvent administrer la liste des franchisés de l'entreprise. Pour cela, il suffit de créer un groupe de responsables des franchisés, et d'attribuer les droits de mise à jour de la branche contenant les magasins à ce groupe. Cette méthode permet, en outre, de ne pas avoir à changer l'ACI lorsqu'un responsable change.

La syntaxe de cet ACI au format LDIF serait la suivante :

```
1.   aci : (target="ldap://ou=magasins, ou=corporate, o=mypizza.com")
2.     (targetfilter="objectclass=magasin||objectclass=employe")
3.     (targetattr=*)
4.     (version 3.0; acl "Droits du groupe des responsables des franchisés" ;
5.     allow (all)
6.     groupdn="cn=Groupe des reponsables des franchisés, ou=Groupes, ou=corporate,
       o=mypizza.com";)
```

La ligne 2 précise que seuls les objets des types magasin et employe peuvent être manipulés par un responsable. Ceci permet d'éviter de polluer la branche magasin avec d'autres types d'objets.

La ligne 6 désigne l'objet qui décrit le groupe auquel on attribue les droits. Ce groupe se trouve dans la branche ou=Groupes, et contient une liste de DN d'objets décrivant des personnes qui se trouvent dans la branche ou=Employés.

Application de gestion des ressources humaines

Cette application doit pouvoir mettre à jour tous les objets décrivant les employés de l'entreprise. Pour cela, nous allons créer un utilisateur fictif, qui aura les droits de mise à jour de la branche contenant les employés, et qui sera utilisé par l'application pour s'identifier à l'annuaire.

L'utilisateur fictif peut aussi bien être un objet de type person, qu'un objet de type applicationEntity, prévu à cet effet dans le standard LDAP.

En fait, les droits de cet utilisateur fictif sont les mêmes que ceux attribués aux responsables des employés. Il n'est donc pas nécessaire de créer un nouvel ACI pour celui-ci ; il suffit de rajouter son DN dans le groupe des responsables des employés, créé précédemment.

L'étude de cas Thomson

Nous allons décrire une étude de cas réelle de mise en œuvre d'un annuaire LDAP dans un environnement Microsoft. Cette étude montre comment nous avons réalisé une application intranet permettant de saisir et de publier des informations sur les employés de l'entreprise, et comment nous avons intégré cette application avec le réseau Windows NT, ainsi qu'avec les autres applications intranet de Thomson.

Ce projet a été mené pour le compte de la société Thomson (*http://www.thomson.com*). Thomson, offre une large gamme de technologies, systèmes, produits finis et services dans le domaine de l'image vidéo, pour le grand public et les professionnels de l'industrie des médias. Le Groupe emploie 73 000 personnes dans plus de 30 pays. Il distribue ses produits et services principalement sous les marques THOMSON, RCA et TECHNICOLOR.

Il a mobilisé une équipe de trois personnes pendant cinq mois. Il est très représentatif des bénéfices attendus des projets LDAP et présente les points sensibles liés à la mise en œuvre d'un annuaire d'entreprise.

Nous allons décrire dans ce chapitre le contexte et les objectifs du projet, les applications que nous avons développées, ainsi que la solution technique retenue pour synchroniser l'annuaire avec les autres annuaires de l'entreprise.

Cet exemple est basé sur l'annuaire Active Directory de Microsoft, et utilise le méta-annuaire associé *Microsoft MetaDirectory Services* (MMS) dont la nouvelle version se nomme à présent *Microsoft Identity Integration Server* (MIIS).

Les enjeux et objectifs du projet

Dans le cadre du développement de son intranet, Thomson a souhaité mettre en place un annuaire LDAP afin de fédérer l'ensemble des informations concernant les personnes de l'entreprise et de leur offrir des services de type Pages Blanches ainsi que des applications de gestion documentaire sécurisées.

Les enjeux métiers du projet sont les suivants :

- Faciliter la communication entre l'ensemble des personnes travaillant dans l'entreprise par la construction d'un référentiel partagé contenant pour chaque utilisateur des informations comme son nom et son prénom, sa photo, son numéro de téléphone fixe, son numéro de téléphone mobile, son responsable hiérarchique, le site où il travaille et son adresse de messagerie.

- Communiquer sur l'organisation de l'entreprise et refléter toute modification dans l'organisation et dans le rattachement des personnes aux entités opérationnelles.

- Renforcer la sécurité des applications intranet et faciliter l'accès à ces applications par une authentification unique.

- Accélérer le cycle de développement des applications intranet par la fourniture des briques d'infrastructures nécessaires à la mise en œuvre des nouvelles applications.

- Réduire les coûts de maintenance et faciliter l'administration des applications intranet par l'utilisation d'un référentiel unique.

Les objectifs opérationnels du projet découlent naturellement des enjeux cités ci-dessus. Dans le contexte du cas étudié, ces objectifs sont les suivants :

- Construire un annuaire sur les personnes et l'organisation alimenté à partir de plusieurs sources de données.

- Fournir les outils et mettre en place les processus permettant d'administrer et d'assurer la maintenance l'annuaire.

- Publier sur l'intranet les Pages Blanches et déléguer la gestion de son contenu à travers une nouvelle application intranet *People* développée à cet effet.

- Assurer la sécurité des données de l'annuaire par la mise en place des droits d'accès adaptés.

- Permettre l'authentification unique entre la nouvelle application *People* et une application intranet existante, *Thomnet,* tout en offrant l'infrastructure nécessaire à l'authentification unique avec d'autres applications intranet à venir.

Les différentes étapes du projet

Le projet a débuté par une étape de cadrage fonctionnel menée auprès des directions utilisateurs, comprenant la direction des ressources humaines, la direction de l'infrastructure réseau et système et les responsables de l'intranet.

Lors de cette étape, nous avons identifié les différents attributs et les classes d'objet à partager, ainsi que les acteurs agissant sur ces données et leurs rôles. Nous avons décrit l'organisation de l'entreprise en Europe, afin de répondre aux besoins de l'ensemble des entités opérationnelles de Thomson dans les pays européens.

Cette étape a abouti à la description du modèle de données, ainsi qu'à l'identification des sources de données et des applications associées, qu'il a fallu prendre en compte avant la mise en œuvre de l'annuaire.

Une fois l'étape de cadrage terminée, nous avons réalisé l'ensemble des applications demandées. Ces applications sont décrites dans la suite de ce chapitre.

Enfin, lors de la dernière étape, nous avons accompagné les équipes informatiques de Thomson durant la phase de déploiement des applications. Notons que ces dernières sont actuellement opérationnelles, et sont régulièrement utilisées par plus de cinq mille personnes dans l'entreprise.

Un déploiement sur l'ensemble de l'Europe est en cours, accompagné d'une phase de promotion et de transfert de compétences au sein des différentes entités informatiques de chaque pays.

Le système d'information existant

L'annuaire de Thomson doit s'intégrer dans le système d'information existant de l'entreprise. Nous allons lister ci-dessous les différents systèmes informatiques concernés par la mise en place du nouvel annuaire. Celui-ci devra être synchronisé, dans un sens ou dans l'autre, avec les données sur les personnes contenues dans chacun de ces systèmes.

Le système de messagerie Microsoft Exchange 5.5

Ce système référence la majorité des employés de l'entreprise (la plupart de ceux qui disposent d'un ordinateur sont référencés dans le carnet d'adresses de messagerie). La base de messagerie est régulièrement mise à jour et reflète les mouvements au sein de l'entreprise (création/suppression d'une boîte aux lettres pour toute personne qui rejoint/ quitte l'entreprise).

Elle servira comme principale source à la création des entrées concernant les personnes dans l'annuaire. La raison de ce choix est essentiellement due au processus mis en place entre les ressources humaines et les personnes responsables de la messagerie. Toute personne nouvellement embauchée ou quittant l'entreprise est d'abord signalée à la messagerie. Nous ne voulions pas changer ce processus afin de minimiser les impacts organisationnels et techniques.

L'application « Thomnet »

C'est une application intranet donnant accès aux employés à des informations sur l'entreprise, comme la description des projets en cours, des informations relatives aux ressources humaines, Thomson dans la presse, les nouvelles du jour, le mot du président, etc.

Elle tourne dans un environnement Microsoft Internet Information Server 4.0 (IIS 4.0) et Microsoft Site Server 3.0. Elle dispose de sa propre base d'utilisateurs et gère leurs droits d'accès aux ressources référencées (documents joints, page HTML, etc.). Cette application devra s'intégrer avec l'annuaire LDAP, qui sera une base de référence pour celle-ci. Ainsi toute création/suppression d'utilisateurs dans l'annuaire LDAP doit être automatiquement reflétée dans MS Site Server.

Les serveurs Windows NT

C'est l'environnement bureautique des employés de Thomson. Les serveurs NT sont répartis dans plusieurs domaines, isolés les uns des autres. Par conséquent, les identifiants et les mots de passe des utilisateurs ne sont pas propagés sur l'ensemble des serveurs Windows NT. Ceci nous a poussé à réaliser l'authentification unique entre les applications intranet au niveau applicatif plutôt que de nous appuyer sur les mécanismes inhérents à Windows NT.

Les applications à réaliser

Dans le cadre de notre mission, nous devions mettre en œuvre les différents composants et applications décrits ci-après.

L'annuaire LDAP partagé

Il s'agit d'un référentiel de personnes et de groupes, basé sur la technologie LDAP. Il contient l'ensemble des informations partagées entre les applications identifiées lors de la phase de cadrage : *People* pour les Pages Blanches, *Thomnet* pour l'intranet documentaire et *MS-Exchange* pour la messagerie.

La création des entrées dans l'annuaire partagé à partir de celui de MS-Exchange

La création des entrées des personnes dans l'annuaire se fait à partir du carnet d'adresses de messagerie. Après une phase d'initialisation, l'annuaire est quotidiennement mis à jour par ce module, afin que tout changement dans le carnet d'adresses de messagerie soit automatiquement reflété dans l'annuaire.

L'application People

L'application *People* offre d'une part des fonctions de consultation comme la recherche et l'affichage du contenu de l'annuaire, et d'autre part des fonctions de gestion comme la création, la modification et la suppression des entrées dans l'annuaire.

Notons qu'au delà des Pages Blanches, l'un des intérêts de cette application est le fait de pouvoir associer aux personnes des mots-clés correspondant à leurs domaines de compétences. Ceci permet par une simple recherche de trouver les personnes qui peuvent être concernées par un sujet donné, comme la télévision interactive ou la sécurité.

La mise à jour de la base des profils utilisateurs de Thomnet à partir de l'annuaire

L'annuaire LDAP doit servir de base de comptes à l'application *Thomnet*. Afin de minimiser l'impact sur cette application le choix effectué est de synchroniser l'annuaire LDAP avec la base de données propre à *Thomnet,* plutôt que de changer le code de celle-ci pour qu'elle s'appuie directement sur l'annuaire LDAP. Rappelons que *Thomnet* est une application réalisée avec MS Site Server 3.0.

L'administration des utilisateurs de l'application sera donc gérée dans l'annuaire LDAP (création, modification et suppression de compte) et les modifications seront reflétées dans la base de données *Thomnet* par l'intermédiaire de ce module.

L'authentification unique

L'authentification unique, ou SSO, (*Single Sign On*) doit être réalisée entre les deux applications *People* et *Thomnet*. L'authentification se fait d'abord par l'application *People* qui s'appuie sur l'annuaire LDAP, puis une authentification automatique doit être réalisée lors de l'accès à *Thomnet*, de façon transparente à l'utilisateur.

Les choix techniques

Le serveur d'annuaire

Le moteur d'annuaire LDAP choisi est Active Directory de Microsoft. Ce choix est motivé par la volonté de Thomson de disposer d'un annuaire d'entreprise en s'appuyant sur les technologies de Microsoft et plus particulièrement Windows 2000 dont le déploiement est prévu.

Le serveur Web et le serveur d'applications

Le serveur Web est Microsoft Internet Information Server (IIS 5.0) intégré dans le système Windows 2000, choisi comme environnement de développement et de production. Les applications sont réalisées sous forme de pages ASP et de composants COM.

L'environnement de développement

Le kit de développement est ADSI *(Active Directotry Services Interfaces)*. Ce composant, mis à disposition gratuitement par Microsoft permet d'accéder à un annuaire LDAP à partir des pages ASP *(Active Server Pages)* et du serveur HTTP de Microsoft IIS *(Internet Information Server)*.

L'environnement de développement est Visual Interdev. Il permet de constituer les pages Web à l'aide d'un éditeur HTML intégré, d'écrire le code ASP à l'aide d'un éditeur intégré avec coloration syntaxique, puis d'exécuter l'application sur un serveur IIS local ou distant et de corriger immédiatement les erreurs, le tout dans un même environnement.

Les outils d'administration

Les outils de Windows 2000 tels que le *Microsoft Management Console* (MMC) et ses snap-ins sont utilisés pour la création et l'administration de l'annuaire Active Directory.

Le méta-annuaire

Le méta-annuaire utilisé est Microsoft MetaDirectory Services (MMS 2.2). Ce produit, issu du produit VIA de la société Zoomit Corporation, a été rebaptisé MMS puis MIIS après le rachat de celle-ci par Microsoft en 1999. Il permet de synchroniser des données de l'annuaire avec des sources de données existantes. Il offre des fonctions de jointure, de transformation et de synchronisation de données permettant d'obtenir une vue centralisée et homogène des données réparties dans l'entreprise.

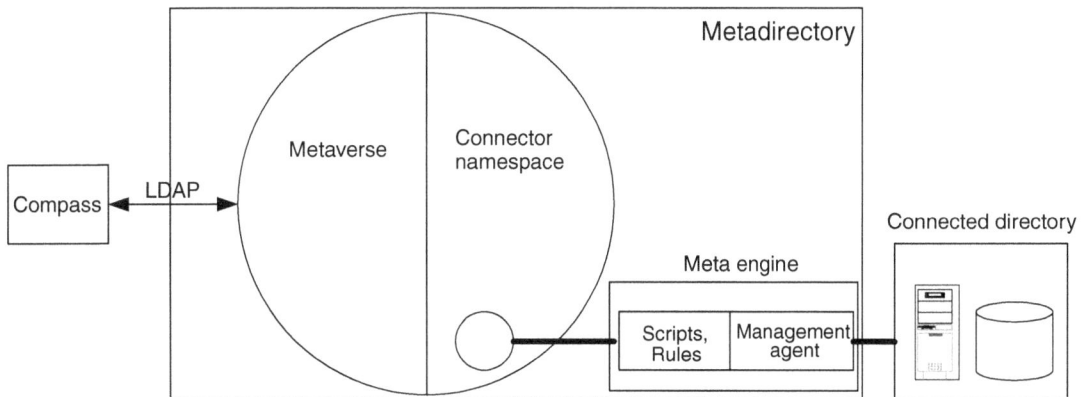

Figure 9.7
Les principaux composants de MMS/MIIS

Le schéma de la figure 9.7 représente les principaux composants du méta-annuaire MMS/MIIS, décrits ci-après :

• *Connected Directory* : représente une source de données externe (par exemple la base de données de la messagerie MS-Exchange, ou celle de MS-SiteServer).

• *Metaverse* : le méta-annuaire MMS dispose de son propre annuaire, qui permet de référencer les données dans une base centrale tout en conservant leurs valeurs dans les systèmes sources. *Metaverse* représente la portion de l'annuaire LDAP associée à la vue centrale et agrégée des objets de plusieurs annuaires *via* les sources référencées par le composant *Connected Directory*.

• *Connector namespace* : représente l'espace de noms où sont stockées les entrées importées du *Connected Directory (CD)*. Chaque CD dispose de son propre espace de noms. La correspondance entre un objet du *connector namespace* et le *Metaverse* peut exister ou non en fonction des règles de synchronisation en vigueur.

• *Meta Engine* : contrôle l'interaction entre une source de données (*Connected Directory*) et le méta-annuaire. Il intègre les règles de synchronisation permettant la création, la transformation ou la suppression des objets. Les règles de synchronisation sont intégrées dans le méta-annuaire par des agents *Management Agents* (MA).

• *Compass* : c'est un client LDAP permettant l'accès au contenu de l'annuaire MMS (*Metaverse*) et aux espaces de noms des connecteurs (*connector namespace*). Il permet également la réalisation des opérations d'administration sur ces portions d'annuaire.

La solution mise en œuvre

L'architecture

Le schéma de la figure 9.8 décrit l'architecture des flux de données entre MS-Exchange, *People* et *Thomnet* et le rôle du méta-annuaire MMS dans la synchronisation des données. Elle comprend les éléments suivants :

• l'annuaire LDAP basé sur Active Directory de Microsoft ;

• le méta-annuaire MMS utilisé pour la synchronisation des données entre les applications MS-Exchange, *People* et *Thomnet* en utilisant les connecteurs adéquats ;

• la messagerie MS-Exchange utilisée comme source de données pour les personnes et les groupes ;

• l'application *Thomnet* dont la base de données doit être alimentée par le méta-annuaire pour mettre à jour les personnes et les groupes.

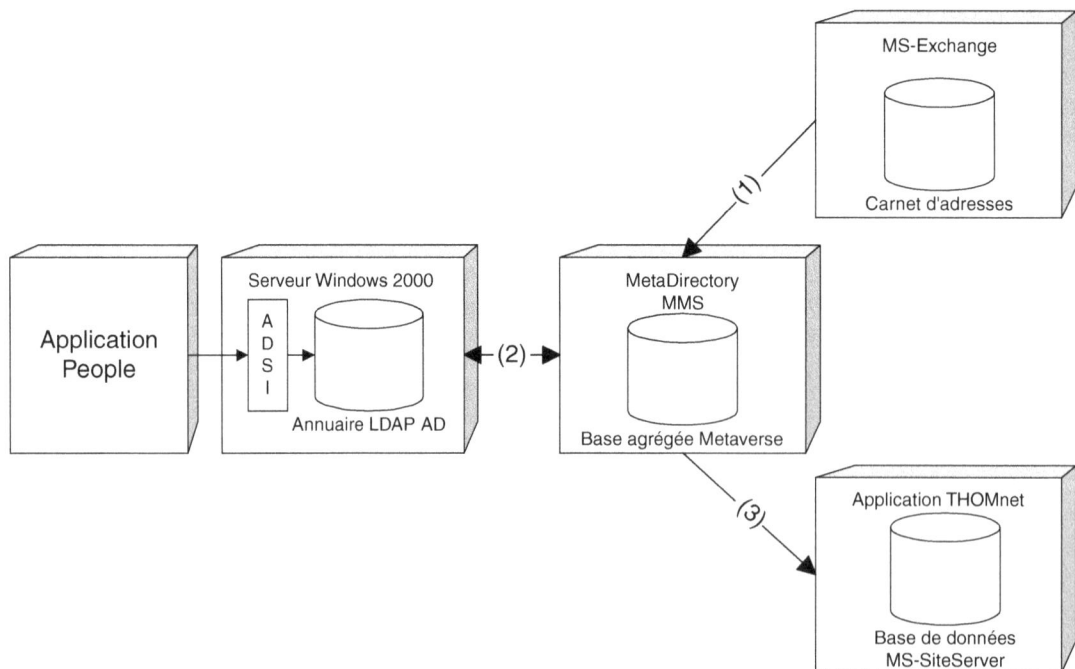

Figure 9.8

Schéma des flux de données

Cette architecture nécessite la mise en place, par l'intermédiaire du méta-annuaire, de trois catégories de connecteurs qui sont les suivants :

- Le connecteur MS-Exchange propageant la création, la suppression et la modification des entrées de la base de messagerie Exchange vers le méta-annuaire.

- Le connecteur bi-directionnel *People,* synchronisant une partie des données de l'annuaire LDAP Active Directory (personnes et groupes) avec le référentiel LDAP *Metaverse* du méta-annuaire MMS.

- Le connecteur *Thomnet* permettant de créer et modifier les entrées de la base de données de l'application *Thomnet* en synchronisation avec l'annuaire LDAP Active Directory par l'intermédiaire du méta-annuaire MMS.

Nous allons maintenant décrire les composants identifiés dans l'architecture avec des exemples de code source.

L'annuaire LDAP

Le DIT *(Directory Information Tree)*

Le DIT définit les nœuds de l'arbre de l'annuaire et leur hiérarchie. Cette définition est menée avec attention lors de la phase de conception, car elle conditionne les performances, l'évolutivité et la modularité de l'annuaire.

Le schéma suivant montre la partie du DIT présentant les sites, les personnes et l'organisation de Thomson :

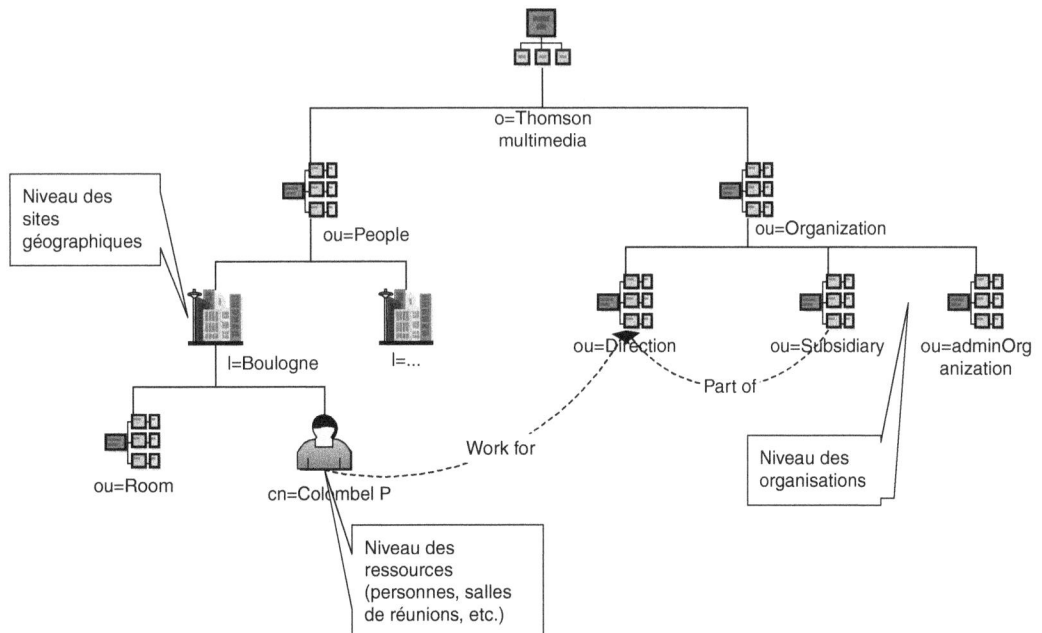

Figure 9.9

Le DIT de l'annuaire de Thomson

Le choix de ce DIT est principalement justifié par les raisons suivantes :

1. Les objets représentant les personnes (classe *TMMperson*) sont enregistrés sous les sites administratifs car la délégation des droits d'administration des personnes dans Thomson se fait par ces sites. Il est alors plus simple d'attribuer les droits d'accès à l'ensemble des objets se trouvant dans une même branche, plutôt que de sélectionner les objets disséminés dans différentes branches. En effet, la définition des droits d'accès sur un objet de type site se propage sur tous les objets de type personnes sous-jacents.

2. Les objets représentant l'organisation (classe *TMMSubOrganisationUnit*) sont mis à plat afin d'offrir un maximum de souplesse dans le changement de l'organisation de l'entreprise. Les liens hiérarchiques entre les départements sont reflétés par un attribut de type DN qui pointe vers le département père. Ce DIT reflète à tout moment l'organisation de l'entreprise et permet d'absorber tout changement, que ce soit au niveau création et suppression des départements, ou au niveau de leur rattachement hiérarchique.

3. Les objets représentant les bureaux de travail *TMMWorkingPlace* sont placés sous les personnes, car bien qu'une personne soit rattachée à un seul site administratif, elle peut avoir plusieurs bureaux de travail répartis sur plusieurs sites géographiques. Ceci permet de connaître par exemple l'emplacement des bureaux d'une personne ainsi que ses multiples numéros de téléphone.

La création de l'arborescence de l'annuaire nécessite la création d'un DN unique pour chaque personne référencée. Ceci est rendu difficile par les nombreux cas d'homonymie existant dans une entreprise de plus de soixante mille personnes. En effet, les logins Windows NT ne sont pas unique à travers l'entreprise. Le choix effectué pour garantir cette unicité est de déduire le RDN d'une personne à partir de son adresse e-mail et de donner les moyens à l'administrateur de l'annuaire de résoudre les conflits manuellement.

L'extension du schéma Active Directory

Nous avons rajouté de nouvelles classes d'objets et de nouveaux attributs dans l'annuaire de Thomson afin de répondre aux besoins identifiés. Cette opération doit être réalisée avec attention car il n'est pas possible de revenir en arrière pour supprimer ces classes d'objets et attributs. Seuls les objets associés peuvent être supprimés, mais pas leurs définitions ; c'est-à-dire les classes et les attributs associés.

La création des objets et des attributs Active Directory se fait par l'intermédiaire de la console MMC *(Microsoft Management Console)* et nécessite l'attribution d'OID *(Object IDentifier)* uniques. Microsoft ne proposant pas de génération automatique des OID dans ses outils, nous les avons définis manuellement, et ils sont gérés au sein de Thomson par l'équipe en charge de la sécurité du système d'information. Les OID attribués pour l'extension de l'Active Directory sont :

- *1.4.1.6.3.1.2863.2100.1.x* : l'OID pour la création de nouveaux attributs (x est le numéro d'occurrence) ;

- *1.4.1.6.3.1.2863.2100.2.x* : l'OID pour la création de nouvelles classes (x est le numéro d'occurrence).

Le tableau suivant présente les principales classes d'objets et les principaux attributs créés dans le cadre du projet Thomson :

Classe d'objet	Description	Attributs
TMMPerson	Classe spécifique pour décrire les employés de Thomson	cn
		uid
		otherTelephone
		Enabled
		TMM-function
		TMMManager
		TMMLanguages
		TMMSubou
		TMMjobFamily
		TMMjobIndex
		TMMjobPosition
		TMMcurrentTasks
		TMMpublications
		TMMfavorites
		TMMexpertise
		TMMeducation
		TMMexternalManager
		TMMbelongTo
		TMMStatus
		TMMworkPlaceSummary
		TMMphotoUrl
		TMMpreferedLanguages
		TMMotherLanguages
		TMMuserMustChangePwd
		PreferredLanguage
TMM	Classe spécifique permettant de décrire les sites géographiques	TMMaccessCode
		TMMsiteCode
		TMMoperatorExtension
		TelephoneNumber
TMMWorkingPlace	Classe spécifique qui permet de définir plusieurs lieux de travail par employé	cn
		TMMworkSite
		TMMisMain
		TelephoneNumber
		TMMvnetPhoneNumber
TMMMeetingRoom	Classe spécifique permettant de décrire les salles de réunion	cn
		description
TMMsubOrganizationUnit	Classe spécifique permettant de décrire les sous-organisaitons	ou
		TMMparentOu

Ce tableau ne contient pas toutes les nouvelles classes ni tous les attributs créés, mais il donne un aperçu de la nature des extensions du schéma Active Directory et souligne quelques attributs clés. Tout ce qui est spécifique à Thomson commence par TMM. Prenons à titre d'exemples quelques uns des attributs mentionnés dans ce tableau :

- L'attribut *cn* de *TMMperson* constitue le RDN. Il est hérité de la classe *user* (les attributs spécifiques non hérités commencent par TMM).

- L'attribut *TMMmanager* de *TMMperson* est de type DN, il désigne le responsable ou manager d'une personne. Il peut avoir plusieurs instances puisqu'une personne peut avoir plusieurs responsables.

- L'attribut *TMMparentOU* de *TMMsubOrganisationUnit* permet de désigner le département père d'une unité organisationnelle. Ainsi, cet attribut permet de déduire l'organisation de l'entreprise.

Les acteurs

L'accès à l'annuaire se fait à l'aide de l'application *People* qui en autorise l'accès aux utilisateurs anonymes à des fins de recherche et d'édition uniquement. En revanche l'authentification est requise pour toutes les fonctions d'administration, comme la création, la modification et la suppression.

Lors de la phase de spécification, il a été décidé que :

- tout utilisateur authentifié peut mettre à jour les détails de son profil ;

- lorsqu'un utilisateur désigne son assistant(e) dans l'annuaire, il (ou elle) peut mettre à jour les détails de son profil.

Les administrateurs de l'annuaire LDAP sont :

- *People Functional Administrator* (PFA) : c'est l'administrateur fonctionnel disposant de tous les droits sur l'application *People*. L'administrateur technique de l'annuaire Active Directory peut désigner autant d'administrateurs fonctionnels qu'il le souhaite.

- *Local People Administrator* (LPA) : c'est l'administrateur local des utilisateurs rattachés à un site. Il est désigné par un PFA et peut administrer les utilisateurs de plusieurs sites. Il a le droit d'administrer les objets personnes *TMMPerson* et les bureaux *TMMWorking place* qui leurs sont rattachés.

- *Local Site Administrator* (LSA) : c'est l'administrateur local des locaux d'un site. Il est désigné par un PFA et peut administrer plusieurs sites physiques. Il a le droit d'administrer les attributs des sites et les salles de réunion qui leur sont rattachés : *TMMMeeting Room*.

- *Organisation Administrator* (OA) : c'est l'administrateur de l'organisation de l'entreprise désigné par un PFA. Il a le droit d'administrer les objets organisation *TMMSuborganisationalUnit*. L'organisation de l'entreprise est gérée au niveau de l'entreprise, elle n'est pas déléguée au niveau du site.

La gestion des droits

Le tableau suivant présente les acteurs ayant le droit de création des entrées dans l'annuaire :

Acteur	Droits de création
People Functional Administrator (PFA)	Tous types d'objets
Local Site Administrator (LSA)	*TMMMeetingRoom*
Local People Administrator (LPA)	*TMMPerson, TMMWorkingPlace*
Utilisateur Authentifié ou son Assistant(e)	*TMMWorkingPlace*
Organisation Administrator (OA)	*TMMsubOrganizationalUnit*

Le tableau suivant donne quelques exemples de droits des utilisateurs sur les objets de l'annuaire :

Classe d'objet	Acteurs	Droits
TMMSite	Tous	Lecture
	PFA et LSA	Modification
TMMPerson	Tous	Lecture
	PFA et LPA	Création, modification, suppression
	Personne et assistante	Modification
TMMWorkingPlace	Tous	Lecture
	PFA et LPA, Personne et assistante	Création, modification, suppression
TMMMeetingRoom	Tous	Lecture
	PFA, LSA	Création, modification, suppression
TMMSubOrganizationalUnit	Tous	Lecture
	PFA, OA	Création, modification, suppression

La gestion des droits d'accès est assurée à deux niveaux :

• Au niveau applicatif, l'application *People* présente les écrans d'administration en fonction des profils des utilisateurs connectés. Le profil d'un utilisateur est retiré de l'annuaire Active Directory (par exemple : les LPA du site *Boulogne* sont dans le groupe *adminBoulogneLPA* sous le site *Boulogne.*)

• Au niveau annuaire, l'application *People* ne peut pas empêcher un accès direct à l'annuaire Active Directory par un client LDAP. La protection des données de l'annuaire se fait par les ACI positionnés au niveau des nœuds du DIT. Dans Active Directory, les ACI peuvent être positionnés manuellement par les écrans d'administration MMC ou en déroulant des scripts qui s'appuient sur l'outil DSACLS, fournit avec Windows 2000 Server.

L'application People

Les fonctions offertes

L'application *People* offre les fonctions suivantes :

- authentification et identification des utilisateurs ;
- recherche de personnes, de sites et de salles, et affichage du résultat ;
- fonctions d'administration pour la création, suppression et modification des personnes autorisées ;
- consultation et navigation de l'organisation de l'entreprise.

Une des points importants dans la mise en place de notre annuaire LDAP est de savoir comment créer et distribuer les mots de passe permettant l'accès au contenu de l'annuaire par l'intermédiaire de l'application *People*.

La solution la plus simple pour les utilisateurs aurait été de proposer à ceux qui disposent d'un compte Windows NT d'utiliser le même mot de passe NT pour accéder au contenu de l'annuaire. Or, l'extraction des mots de passe de Windows NT afin de les stocker dans Active Directory ne peut pas se faire aisément. En effet, ces mots de passe sont chiffrés par un algorithme asymétrique : il n'est pas possible de recalculer le mot de passe à partir de son code chiffré. Ce qui nous a amené à créer un *nouveau mot de passe pour l'application People*. En revanche, celui-ci peut être le même pour les autres applications intranet du fait de l'authentification unique.

La stratégie adoptée pour la distribution des mots de passe est de distribuer aux utilisateurs un mot de passe aléatoire par e-mail et de les inviter à le changer à la première connexion.

Exemple de code : l'authentification

La fonction `CheckADLoginPassword`, décrite ci-dessous, est appelée lors de l'authentification de l'utilisateur. Les fonctions de consultation des personnes, des sites et de l'organisation sont accessibles sans authentification, celle-ci est donc nécessaire uniquement pour la mise à jour des informations. Du fait de la présence du système d'authentification unique, cette fonction n'est utilisée que si l'utilisateur ne s'est pas déjà authentifié dans Thomnet.

Les variables d'application LDAPURL et LDAPRoot sont renseignées dans le fichier `global.asa` avec les valeurs suivantes :

```
1.   Application("LDAPURL") = "LDAP://ServerName:389/" (le nom et le port du serveur)
2.   Application("LDAPPeopleRoot") = "OU=People,DC=tmm,DC=thmulti,DC=com" (la branche
     de l'annuaire contenant les personnes)
```

La fonction CheckADLoginPassword est appelée par la page de gestion du « submit » du formulaire de saisie de l'identifiant et du mot de passe.

```
1.   Function CheckADLoginPassword (userId, password)
2.   Dim localLDAPURL, gsLDAPURL, localDomain,
```

```
3.   Dim localLDAPPeopleRoot
4.   Dim User, res, con, com, rs, gsDN
5.   ' Cette fonction retourne :
6.   ' 0 si la vérification réussie
7.   ' 1 si le login/password AD sont faux

8.   ' Par défaut l'utilisateur courant est anonyme
9.   session("userId") = "unknown"

10.  Set localDomain = GetObject("LDAP:")
11.  localLDAPURL = application ("LDAPURL")

12.  localLDAPPeopleroot = application("LDAPPeopleRoot")
13.  gsLDAPURL = localLDAPURL & localLDAPPeopleRoot

14.  Set con = CreateObject("ADODB.Connection")
15.  con.Provider = "ADsDSOObject"
16.  con.Open "Active Directory Provider"

17.  ' On crée une connexion avec la base Active directory
18.  Set com = CreateObject("ADODB.Command")
19.  Set com.ActiveConnection = con

20.  ' la première étape est de retrouver l'utilisateur
21.  ' correspondant à l'identifiant. En effet cet
22.  ' identifiant correspond au « common name » (CN) mais
23.  ' il nous faut le « distinguishedname », le nom '
24.  ' complet, pour retrouver l'objet dans la base
25.  com.CommandText = "SELECT distinguishedName FROM '" & gsLDAPURL & "' WHERE
     cn='" & userId &"'"

26.  Set rs = com.Execute
27.  res = 1

28.  if Not (rs.EOF) then
29.     gsDN = rs.Fields("distinguishedName")
30.     on error resume next

31.     ' On tente une connexion authentifiée à la base
32.     ' en utilisant le DN et le mot de passe
33.     Set User =localDomain.OpenDSObject(localLDAPURL& gsDN, gsDN, password, 0)
34.     if Err.number <> 0 then
35.        ' l'authentification n'a pas réussi (le mot de
36.        ' passe n'est pas valide)
37.        res = 1
38.        Err.Clear
39.     else
40.        ' l'authentification a réussi
41.        res = 0
42.        if User.Enabled then
43.           ' le compte est actif
```

```
44.          session("userId") = userId
45.          session ("password") = password
46.          session ("DNAD") = gsDN
47.       else
48.          ' le compte a été désactivé
49.          session("userId") = "unknown"
50.       end if
51.    end if
52.    on error goto 0
53.    set User = Nothing
54. end if

55. set localDomain = Nothing
56. set con = Nothing
57. set com = Nothing
58. set rs = Nothing

59. CheckADLoginPassword = res

60. End Function
```

Exemple de code : la modification du mot de passe

Une option de l'écran de connexion permet à l'utilisateur de modifier son mot de passe. S'il l'a oublié, il lui est possible de demander un nouveau mot de passe qui lui sera envoyé par la messagerie électronique. Lors de la connexion suivante, il doit modifier ce mot de passe.

Seul un administrateur a les droits de modification des mots de passe. La procédure de changement du mot de passe utilise donc un compte administrateur, spécialement créé pour l'application, pour faire cette opération.

La fonction suivante modifie le mot de passe d'un utilisateur. Par simplification, l'identifiant et le mot de passe de l'administrateur sont écrits en clair dans la fonction ci-dessous. En fait, il est préférable de sauvegarder ces paramètres dans un fichier ou dans la base de registre de Windows.

```
1.    Function setPassword(DN, oldPwd, newPwd)
2.    Dim adminId, adminPasswd, res
3.    ' Cette fonction retourne :
4.    ' 0 si la modification a réussi
5.    ' 1 sinon

6.    adminId = "adminLogin"
7.    adminPasswd = "adminPwd"
8.    res = 1
```

```
9.   On Error Resume Next
10.  Set domain = getObject("LDAP:")
11.  Set person = domain.openDSObject(rootURL & DN, adminId, adminPasswd, 0)

12.  person.changePassword oldPwd, newPwd
13.  if Err.number <> 0 then
14.     ' la modification a echoué
15.     res = 1
16.     Err.Clear
17.  else
18.     ' la modification a réussi
19.     person.setInfo
20.     res = 0
21.  end if

22.  On Error Goto 0
23.  setPasswpord = res
24.  End Function
```

Exemple de code : la recherche d'une personne dans l'annuaire

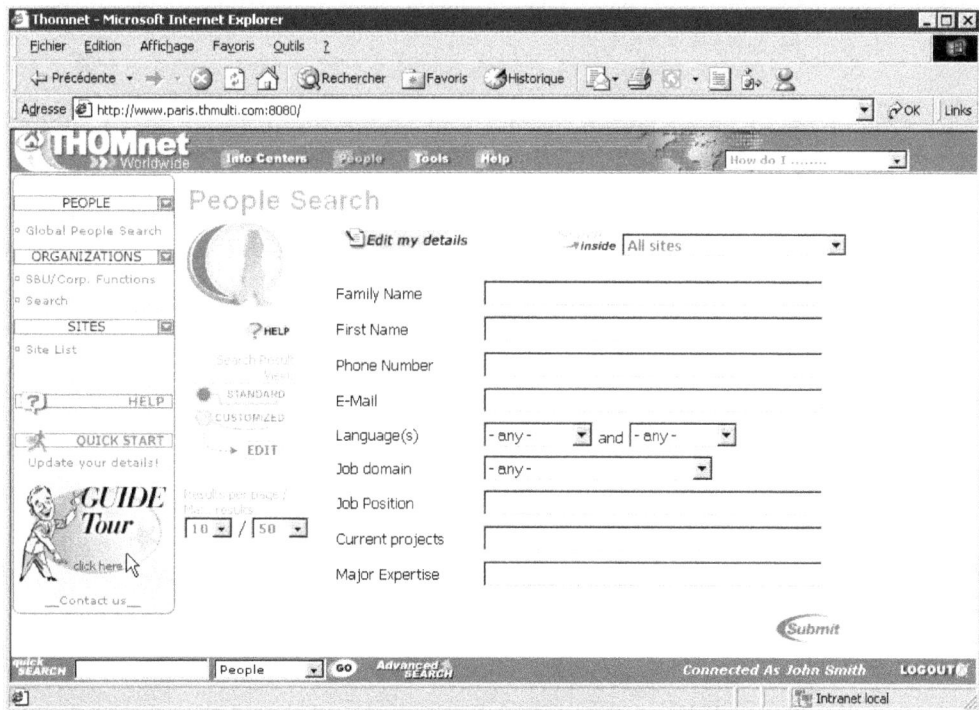

Figure 9.10

Recherche d'une personne dans l'annuaire de Thomson

Comme le montre la figure 9.10, la recherche d'une personne se fait sur plusieurs critères :

- le site ;
- les premières lettres du nom de famille ;
- les premières lettres du prénom ;
- les derniers chiffres du numéro de téléphone, de pager ou de mobile ;
- l'adresse e-mail ;
- les langues parlées ;
- et d'autres caractéristiques comme la publication, les tâches en cours, les sites favoris, les domaines d'expertise, la formation…

La fonction suivante construit la requête à partir des champs remplis dans le formulaire de recherche :

```
1.    Function buildQuery()
2.    Dim LDAPSearch, queryFilter, value, AttListSearch
3.    Dim attr, i, nbVal
4.    Dim before, after, re
5.    ' création d'un objet RegExp pour supprimer les blancs
6.    ' intercalaires dans les numéros de téléphone
7.    Set re = new RegExp
8.    re.pattern = "\s"
9.    re.global = True

10.   ' champs de recherche et modes de recherche associées
11.   AttListSearch = _
12.     Array(Array("sn",                 "beginwith"), _
13.           Array("givenName",          "beginwith"), _
14.           Array("otherTelephone",     "finishBy"), _
15.           Array("pager",              "finishBy"), _
16.           Array("mobile",             "finishBy"), _
17.           Array("mail",               "equal"), _
18.           Array("TMMpreferredLanguages", "equal"), _
19.           Array("TMMcurrentTasks",    "like"), _
20.           Array("TMMpublications",    "like"), _
21.           Array("TMMfavorites",       "like"), _
22.           Array("TMMexpertise",       "like"), _
23.           Array("TMMeducation",       "like"), _
24.           Array("TMMjobFamily",       "equal"))
25.   ' construction de la requête
26.   ' site
27.   If Request("SelSite") <> "*" Then
28.       ' aucun site n'a été choisi : la recherche a lieu à
29.       ' partir de la racine
30.       LDAPSearch = gsLDAPURL & Request("SelSite")
31.   Else
32.       ' la racine est le site choisi
33.       LDAPSearch = gsLDAPURL & gsLDAPPeopleRoot
```

```
34.  End If

35.  ' autres attributs
36.  queryfilter = "objectCategory='TMMperson'"
37.  For each attr in AttListSearch
38.      nbVal = Request(attr(0)).count
39.      ' masquage des simples quotes (')
40.      value = replace(trim(Request(attr(0))), "'", "''")
41.      If attr(0) = "otherTelephone" Or attr(0) = "pager" _Or attr(0) = "mobile" Then
42.          ' suppression des blancs intercalaires
43.          value = re.Replace(value, "")
44.      End If
45.      ' création du morceau de requête
46.      ' suivant le critère, des astérisques sont ajoutées
47.      ' avant ou après la valeur saisie pour que la
48.      ' recherche s'effectue sur les premières lettres, les
49.      ' derniers chiffres, une partie de l'attribut ou
50.      ' l'attribut exact.
51.      If value <> "" Then
52.          Select Case attr(1)
53.          Case "like"
54.              before = "*"
55.              after = "*"
56.          Case "finishBy"
57.              before = "*"
58.              after = ""
59.          Case "beginwith"
60.              before = ""
61.              after = "*"
62.          Case Else 'equal
63.              before = ""
64.              after = ""
65.          End Select
66.          If nbVal = 1 And value <> "*" Then
67.              queryfilter = queryfilter & " and " & attr(0) & "='" & before & value
                   & after & "'"
68.          Else
69.              ' plusieurs valeurs ont été données
70.              '  (cas de langues, par exemple)
71.              For i = 1 To nbVal
72.                  value = CStr(trim(Request(attr(0))(i)))
73.                  If value <> "*" Then
74.                  queryfilter = queryfilter &" and "& attr(0) & "='" & before & value
                       & after & "'"
75.                  End If
76.              Next
77.          End If
78.      End If
79.  Next
```

```
80.  ' création de la requête complète
81.  buidQuery = "SELECT distinguishedName, enabled " & " FROM '" & LDAPSearch & "'"
     & " WHERE " & queryfilter & " ORDER BY sn"

82.  End Function
```

Le résultat de la recherche est présenté sous la forme d'une liste. Le code suivant permet d'afficher le résultat :

```
1.   <%@ LANGUAGE=VBSCRIPT %>
2.   <%OPtion Explicit%>
3.   <%
4.   Dim i, dpyStandard, fieldLayout

5.   ' champs affichés dans la liste
6.   Set fieldLayout = CreateObject("Scripting.Dictionary")
7.   fieldLayout.add "sn", Array("left",    "")
8.   fieldLayout.add "givenName", Array("left",    "")
9.   fieldLayout.add "TMMworkplaceSummary", Array("center", "nowrap")
10.  fieldLayout.add "mail", Array("center", "nowrap")

11.  dpyStandard = _
12.    Array(Array("sn", "Family name"), _
13.    Array("givenName", "First name"), _
14.    Array("mail", ""), _
15.    Array("TMMworkplaceSummary", "Workplace"))
16.  %>

17.  <html>
18.  <head>
19.  <title>People Search</title>
20.  <link rel="STYLESHEET" type="text/css" href="../CSS/PeopleStyleSheet.css
     " TITLE="People">
21.  </head>
22.  <body BGCOLOR="#FFFFFF" bgProperties="fixed">

23.  <%
24.  dim totalLines
25.  Dim query, cnx, cmd, rs, i, result, results()
26.  Dim nbPerson, dpyAttr, field, fieldValue

27.  ' construction de la requête
28.  query = buildQuery

29.  ' connexion
30.  Set cnx = Server.CreateObject("ADODB.Connection")
31.  Set rs  = Server.CreateObject("ADODB.Recordset")
32.  Set cmd = Server.CreateObject("ADODB.Command")

33.  cnx.Provider = "ADSDSOObject"
34.  cnx.Open("Active Directory Provider")
```

```
35.  Set cmd.ActiveConnection = cnx
36.  cmd.CommandText = query
37.  Set rs = cmd.Execute

38.  ReDim results(rs.RecordCount - 1)

39.  ' résultats de la recherche
40.  i = 0
41.  Do While Not rs.EOF And i < totalLines
42.   Set results(i) = getObject(gsLDAPURL & rs.Fields("distinguishedName"))
43.      i = i + 1
44.       rs.MoveNext
45.  Loop
46.  nbPerson = i
47.  rs.Close
48.  result = results
49.  %>


50.  <div style="text-align:center; color=#6B699C">
51.  Your request contains
52.  <%If nbPerson > 0 Then%><%=nbPerson%><%Else%>no<%End If%> results
53.  </div>
54.  <table width="100%" border="0">
55.     <tr bgcolor="#CCCCCC">
56.     <th bgcolor="white"> </th>
57.  <!-- en-tête du tableau -->
58.  <%For j = 0 To Ubound(dpyAttr, 1) %>
59.     <th>
60.     <%If dpyAttr(j)(1)<> "E-mail" Then%>
61.  <%=dpyAttr(j)(1)%>
62.  <%End If%>
63.     </th>
64.  <%Next%>
65.  </tr>
66.  <!-- corps du tableau -->
67.  <%For i = 0 To nbPerson %>
68.  <tr>
69.  <%  For j = 0 To Ubound(dpyAttr, 1) %>
70.    <td <%=fieldLayout(dpyAttr(j)(0))(1)%>
         align=<%=fieldLayout(dpyAttr(j)(0))(0)%>>
71.  <%
72.     result(i).getInfo
73.     DN = result(i).distinguishedName
74.     field = eval("result(i)." & dpyAttr(j)(0))

75.   ' si le champ contient plusieurs valeurs, elles
76.   ' sont affichées dans une liste.
77.   If typeName(field) = "Variant()" Then
78.  %>
79.     <select name>
```

```
80. <%      For Each fieldvalue In _
81.   result(i).GetEx(dpyAttr(j)(0))%>
82.   <option><%= fieldValue %></option>
83. <%      Next%>
84. </select>
85. <%      ElseIf dpyAttr(j)(0)= "sn" Then
86.   <%=result(i).cn%></a>
87. <%      Else%>
88.   <%=field%>
89. <%      End If%>
90.   </td>
91.   <% Next%>
92.   </tr>
93.   </table>
94.   </body>
95.   </html>
```

Exemple de code : la consultation de la fiche d'une personne

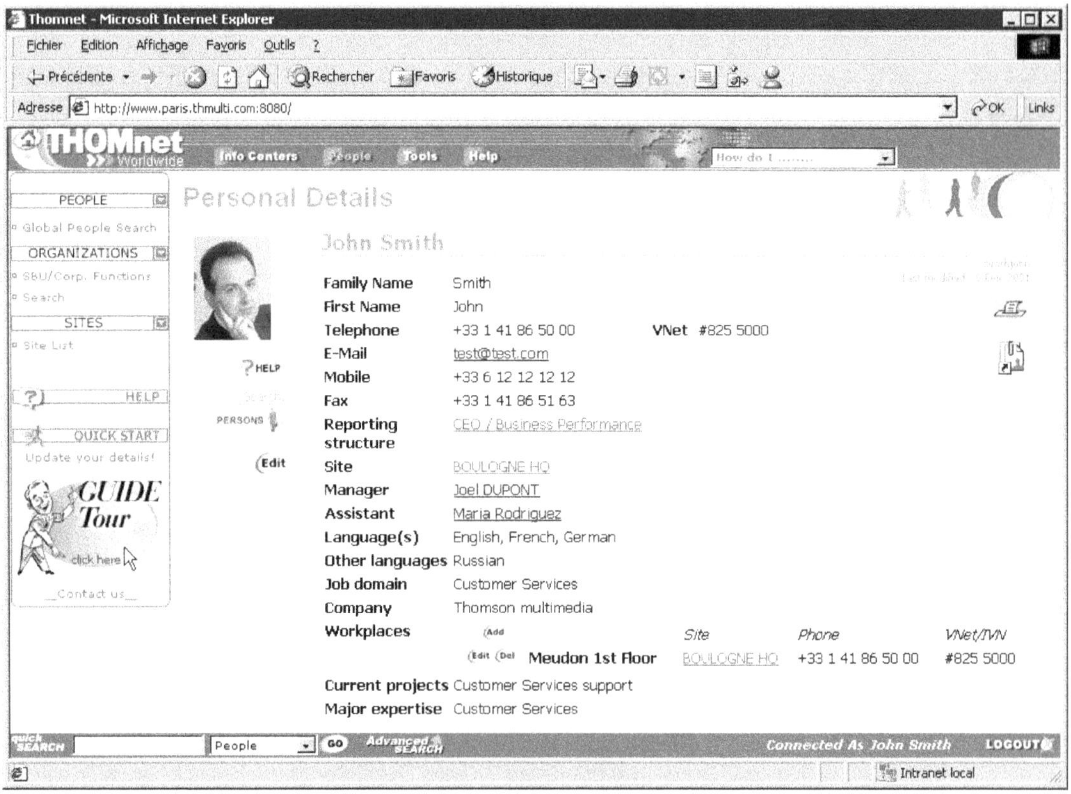

Figure 9.11

Consultation de la fiche d'une personne

Les lignes de code suivantes montrent comment afficher la fiche d'une personne.

```
<%@ LANGUAGE=VBSCRIPT %>
<%Option Explicit%>
<%
  ' champs à afficher et leur description
  Dim fields

  '       internal code          display name
  fields = Array(_
    Array("sn",                  "Family Name"),     _
    Array("GivenName",           "First Name"),      _
    Array("telephoneNumber",     "Telephone"),       _
    Array("mail",                "E-Mail"),          _
    Array("mobile",              "Mobile"),          _
    Array("TMMsubOU",            "Organization"),    _
    Array("TMMmanager",          "Manager"),         _
    Array("assistant",           "Assistant"),       _
    Array("TMMpreferredLanguages", "TMM languages"), _
    Array("TMMotherLanguages",   "Other languages"), _
    Array("TMMjobFamily",        "Job family"),      _
    Array("TMMstatus",           "Person status"),   _
    Array("TMMcurrentTasks",     "Current tasks"),   _
    Array("TMMpublications",     "Publications"),    _
    Array("TMMfavorites",        "Favorites"),       _
    Array("TMMexpertise",        "Expertise"),       _
    Array("TMMeducation",         "Education") )

  ' on récupère l'objet correspondant à la personne
  Dim person
  Set person = getObject(gsLDAPURL & Request("DN"))
%>
<html>
<head>
<title><%=person.GivenName&" "&person.sn%></title>
</head>
<body BGCOLOR="#FFFFFF">
<%
  Dim iErr, sErr
  Dim field, nullField
  Dim i, j, comma

  ' on récupère les informations de l'objet
  person.getInfo
```

```
%>
<h2><%=person.GivenName&" "&person.sn%><span class="cn"><%=person.cn%></span></h2>

<table border="0" width="100%">
<%
  ' boucle sur tous les attributs à afficher
  For i = 0 To Ubound(fields, 1)
    nullField = false
    ' récupération de la valeur de l'attribut
    ' en cas d'erreur, le champ est marqué "nul",
    ' et n'est pas affiché
    On Error Resume Next
    field = eval("person." & fields(i)(0))
    iErr = err.number
    sErr = err.description
    On Error Goto 0
    If iErr <> 0 Then
      nullField = true
    End If

    ' nous n'affichons que ce qui doit l'être
    If Not nullField Then
%>
 <tr>
  <td nowrap>
   <h4><%=fields(i)(1)%></h4>
  </td>
  <td width="100%">
<%    If fields(i)(0) = "TMMsubOU" Then
        ' organisation de rattachement.
        ' la valeur du champ est affichée comme un lien
        ' vers la page de description de l'organisation
        If subOUNAme <> "" _
           And subOUNAme <> "[Unknown]" Then %>
    <nobr>
    <a href="../organizations/organization.asp?root=<%=Server.URLEncode(field)%>
    " target="display" title="Display <%=subOUName%>"><%=replace(subOUName,"
    /", "<wbr> /")%></a>
    </nobr>
<%      Else%>
    <em><%=subOUName%></em>
<%      End If
      ElseIf fields(i)(0) = "TMMmanager" _
          Or fields(i)(0) = "assistant" Then
```

```
        ' manager et assistant
        ' c'est aussi un lien vers la page du manager
        ' ou de l'assistant
        ' la fonction "realName", non décrite ici,
        ' retrouve le nom de la personne à partir du
        ' "distindguishedname" stoké dans la base
        name = realName(field)
        If name <> "" And name <> "[Unknown]" Then%>
   <a href="people.asp?mode=detail&DN=<%=Server.URLEncode(field)%>" target="display"
   title="Display <%=name%>"><%=name%></a>
<%      Else%>
   <em><%=name%></em>
<%      End If
      ElseIf fields(i)(0) = "mail" Then%>
   <a href="mailto:<%=field%>" title="Mail to <%=person.GivenName&"
   "&person.sn%>"><%=field%></a>
<%
      ElseIf fields(i)(0) = "TMMpreferredLanguages" Then
         ' liste des langues
         ' elles sont stockées dans un attribut multivalué
         ' et affichées ici sous forme de liste
         comma = ""
         For Each fieldvalue In person.GetEx(fields(i)(0))
            ' la fonction "getlanguagedisplay", non décrite
            ' ici renvoie le nom "en clair" de la langue :
            ' l'attribut contient le code (fr, en, ...)
%>
    <%=comma & getLanguageDisplay(fieldvalue)%>
<%
         comma = ", "
      Next
<%    Else
        ' les autres champs sont affichés tels quels, en
        ' respectant les sauts de lignes %>
   <%=replace(field, vbCrLf, "<br>")%>
<%   End If%>
  </td>
 </tr>
<%  End If%>
<%Next%>
</table>
<%rs.Close%>
</body>
</html>
```

Exemple de code : la modification de la fiche d'une personne dans l'annuaire

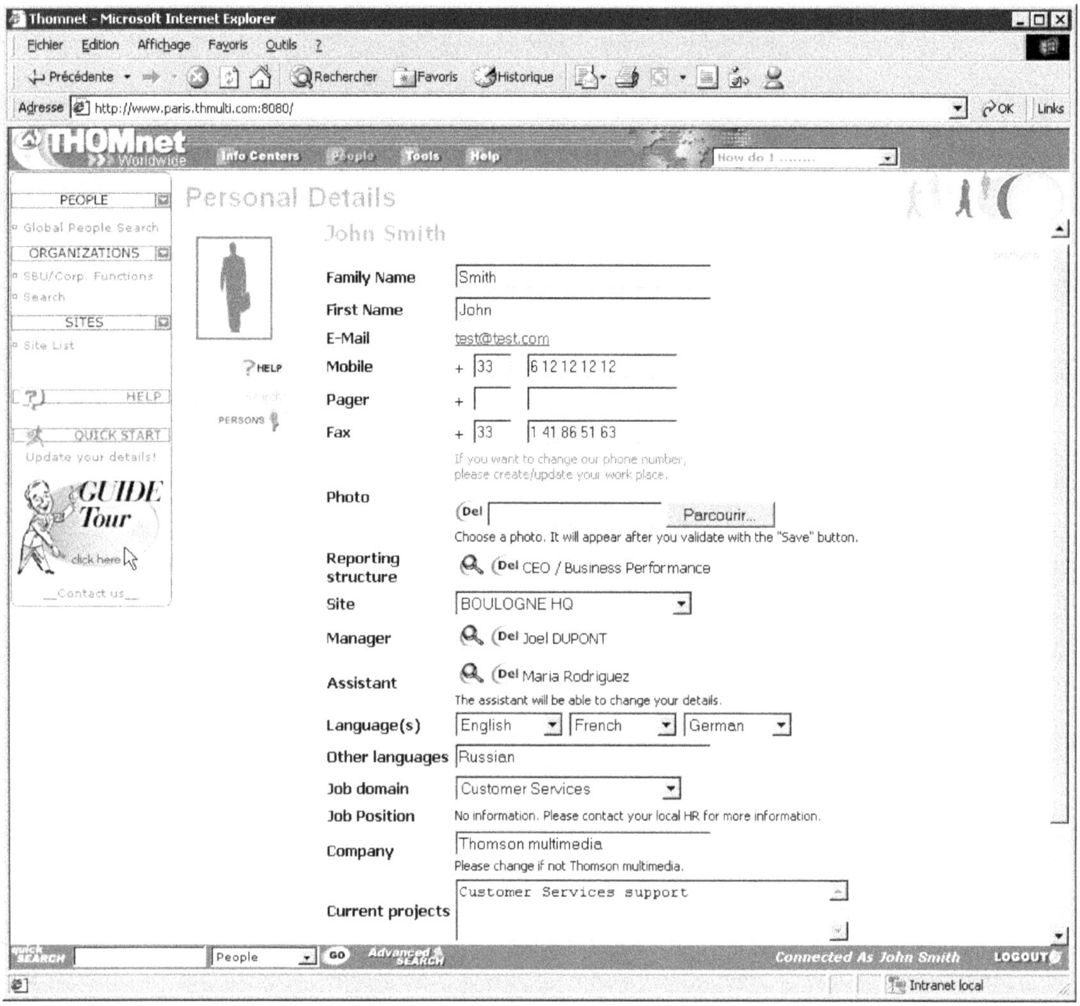

Figure 9.12

Modification de la fiche d'une personne

La fonction suivante met à jour les données relatives à une personne :

```
Sub personSubmit(obj, fields)
   ' obj : objet correspondant à la personne à modifier
   ' fields : tableau de structures contenant les nouvelles valeurs
   '          des attributs
   '
   Dim item, newValue, value, values
   Dim iErr, sErr, dummy
```

```
        sErr = ""

' boucle sur les champs à mettre à jour
For Each item In fields.items
  If typename(item.value) = "Variant()" Then
    ' chmaps multivalués, à traiter à part
    If item.name = "TMMpreferredLanguages" Then
      If uBound(item.value) > 0 Then
        ' suppression de toutes les valeurs précédentes
        On Error Resume Next
        dummy = obj.get("TMMpreferredLanguages")
        If err.number <> &H8000500D Then
          ' test si l'attribut existe
          obj.putEx 1, "TMMpreferredLanguages", vbNullString
          obj.setInfo
          iErr = err.number
          If iErr <> 0 Then
            sErr = err.description
          End If
        End If
        On Error Goto 0
      End If
      ' construction de la liste des langues, dans
      ' l'ordre inverse : le dernier apparaîtra en
      ' premier
      l = uBound(item.value)
      reDim values(l)
      For Each value In item.value
        values(l) = value.string
        l = l - 1
      Next
      ' sauvegarde
      For Each value In values
        If value <> "" Then
          obj.putEx 3, "TMMpreferredLanguages", Array(value)
          On error resume next
          obj.setInfo
          iErr = err.number
          If iErr <> 0 Then
            sErr = err.description
          End If
          On Error Goto 0
          If iErr <> 0 Then Exit For
        End If
      Next
    End If
  Else
    ' champs monovalués
    ' la nouvelle valeur n'est enregistrée que si elle
    ' diffère de la précédente
```

```
        If trim(item.value.string) <> "" Then
          newValue = item.value.string
          On Error Resume Next
          value = ""
          value = obj.get(cStr(item.name))
          On Error Goto 0
          If typeName(value) <> "String" Then value = ""
          If value <> newValue Then
            obj.put item.name, newValue
          End If
        Else
          ' valeur vide : effacement de la valeur
          ' précédente
          On Error Resume Next
          value = obj.get(item.name)
          If err.number <> &H8000500D Then
            ' test if attibute exists
            obj.putEx 1, item.name, vbNullString
            ' HACK ! si la valeur n'est pas effacée,
            ' on y met un blanc
            If obj.get(item.name) <> "" Then
              obj.put item.name, " "
            End If
          End If
        End If
      End If
      On Error Resume Next
    Next

    ' commit ...
    On error resume next
    obj.setInfo
    iErr = err.number
    sErr = err.description
    On error goto 0

    ' traitement des erreurs
    If iErr <> 0 Then
      Response.Redirect "../ErrorLDAP.asp?objType=person" _
                        & "&number=" & iErr _
                        & "&description=" & sErr
    End If
  End Sub
```

Seuls l'utilisateur, son assistante ou un administrateur ont le droit de modifier les
données d'une personne.

Le rôle du méta-annuaire MMS dans le cadre du projet Thomson

L'objectif de l'utilisation du méta-annuaire dans le cadre du projet Thomson est de permettre d'une part la propagation des modifications de la base de messagerie Exchange dans l'annuaire Active Directory, et d'autre part la propagation des modifications de l'annuaire Active Directory dans la base de données propre à l'application Thomnet réalisée avec MS-SiteServer.

Dans le contexte du méta-annuaire MMS, ceci nécessite la mise en œuvre de plusieurs connecteurs de synchronisation de données, dont MS-Exchange et MS-SiteServer.

Pour simplifier notre présentation, nous prenons à titre d'exemple la propagation des modifications depuis la base de messagerie MS-Exchange vers Active Directory, comme le montre la figure 9.13. La mise en œuvre de ce processus nécessite d'abord la lecture des données de la base de messagerie pour les stocker dans la *Metaverse*, puis ensuite la lecture des données de la *Metaverse* pour les synchroniser avec l'annuaire Active Directory.

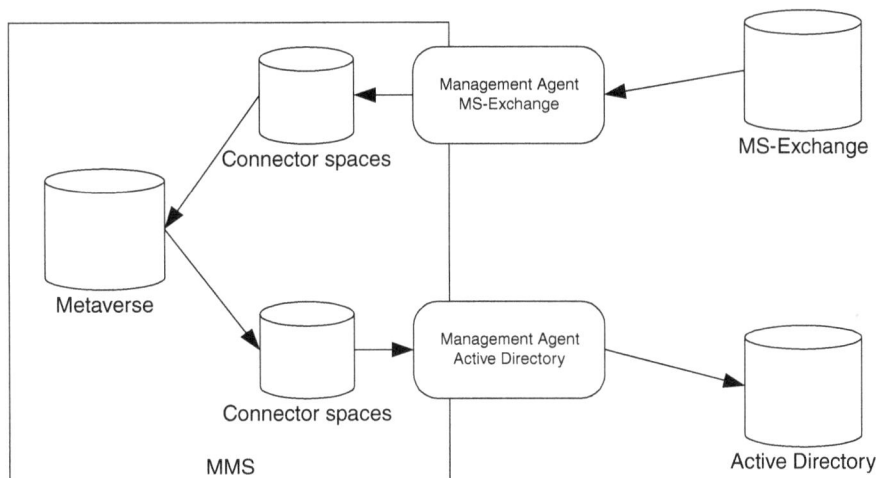

Figure 9.13
Exemple de flux entre annuaires avec MMS

Notons qu'il est tout à fait envisageable d'insérer entre ces deux phases de synchronisation une phase ou plusieurs phases intermédiaires permettant l'agrégation au sein de l'annuaire *Metaverse* des données sur les personnes en provenance d'autres applications. En effet, on peut imaginer l'utilité de synchroniser les données de l'annuaire avec une application de ressources humaines permettant de renseigner quelques attributs tels que la qualification ou les compétences d'une personne afin de les retrouver dans l'annuaire LDAP Active Directory.

Le processus de synchronisation des données dans MMS permet d'appliquer des règles de transformation de données et de création des entrées. Ainsi, la valeur d'un attribut dans la *Metaverse* peut être le résultat d'une formule de calcul sur plusieurs attributs de plusieurs CD, et il n'y a pas forcément de correspondance à toutes les entrées des CD dans la *Metaverse*. Les règles de transformation ainsi que l'algorithme de synchronisation sont gérés par les agents MMS.

La mise en œuvre des règles de synchronisation dans MMS se fait avec un langage de script. La version MMS 2.2 propose un langage de script propriétaire, nommé « zscript ».

L'authentification unique

L'objet de ce paragraphe est de montrer un exemple simple de mise en place d'une solution d'authentification unique entre les deux applications *People* et *Thomnet*.

Afin de minimiser l'impact des modifications sur l'existant, nous rappelons que le choix effectué est de garder la base de compte existante de l'application *Thomnet*. Dans ce contexte, l'authentification unique est gérée au niveau applicatif, l'application *Thomnet* a besoin de ses propres login/password afin d'entreprendre l'authentification (*bind*) à sa propre base de données (*repository*).

Le principe de l'authentification unique

L'authentification unique peut être mise en œuvre entre différentes sessions sur le même serveur Web ou sur des serveurs Web différents. Le principe est de transmettre l'authentification effectuée sur le premier serveur IIS1 : People Web server dans notre exemple, au deuxième serveur IIS2 : Thomnet Web Server.

Ceci peut être réalisé par la création d'un *token* permettant l'identification de l'utilisateur, enregistré sur le poste client après l'authentification de l'utilisateur sur le premier serveur. Ce *token* sera disponible pour l'authentification sur les autres serveurs sous forme d'un *cookie* sur le poste client de l'utilisateur.

L'utilisation du mécanisme de *cookie* nécessite de renforcer la sécurité par la création d'un objet dans l'annuaire LDAP permettant de vérifier l'origine et la validité du *token*. Cet objet, identifié dans l'annuaire par le nom du *token* lui-même, contient des informations telles que la date d'expiration du *token* et un nombre aléatoire, attribué au moment de la création du *token*, qui sera comparé à celui transmis dans le *cookie*. Ceci permet de valider l'authentification de l'utilisateur au niveau Web.

Néanmoins, le *token* permet d'identifier l'utilisateur mais ne suffit pas pour ouvrir de nouveau une connexion fermée au niveau de la base de données. En effet, après l'authentification dans l'application *People*, il y a besoin du login/password pour s'authentifier au niveau de la base de données propre à l'application *Thomnet*. Par conséquent, l'objet stocké dans l'annuaire Active Directory doit également contenir les login/password des applications concernées par l'authentification unique (en l'occurrence le login/password de l'application *Thomnet*) afin que le serveur Web puisse les retirer et se connecter au nom de l'utilisateur.

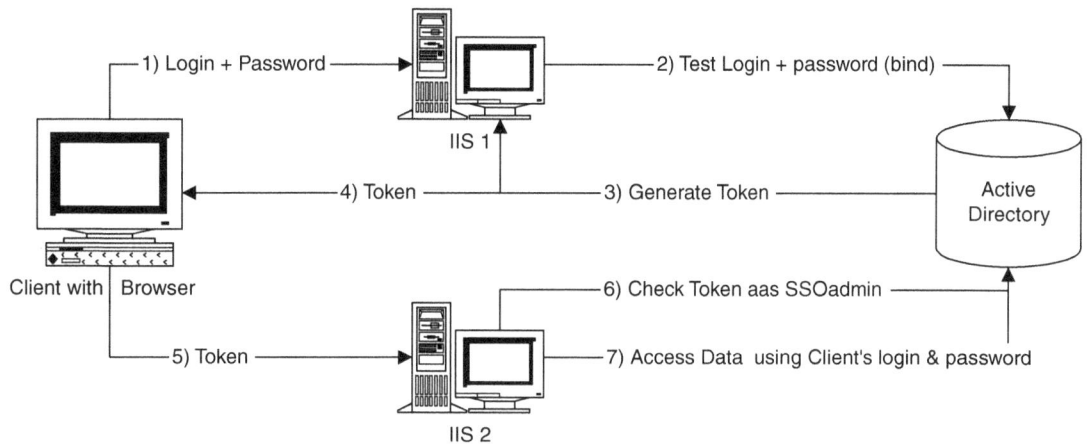

Figure 9.14

Gestion du token pour l'authentification unique

Ce mécanisme de *token* peut également remplir une autre mission. Il permet à un utilisateur de s'authentifier à nouveau au niveau de l'annuaire Active Directory même après la perte de la session ASP *(timeout)*. Pour cette raison, le password de l'application *People* est également stocké en tant qu'attribut de l'objet *token* dans l'annuaire Active Directory.

La gestion du Token

Le *token* transmis sur le Web dans le *cookie* comprend le DN de l'objet *token TMMssoToken* stocké dans l'annuaire Active Directory sous l'objet personne *TMMpersonne*. À titre d'exemple, le nom du *token* peut être « `cn=1487321,cn=ColombelP,l=BoulogneHQ, ou=People, dc=tmm,dc=thmulti,dc=com` », le RDN est le nombre aléatoire.

Seul le DN est transmis sur le Web. Le *cookie* est utilisé pour propager le *token* sur le Web : le *token* est transmis à tous les serveurs Web du domaine « `thmulti.com` ». Il est utilisé pour désigner l'objet *token* stocké dans l'annuaire Active Directory.

L'algorithme d'authentification unique

Nous vous proposons de prendre comme exemple l'algorithme permettant la réauthentification dans l'application *People*. L'algorithme permettant l'authentification unique sur une autre application (exemple *Thomnet*) est sensiblement le même.

L'algorithme de réauthentification dans l'application *People* est illustré dans la figure 9.15.

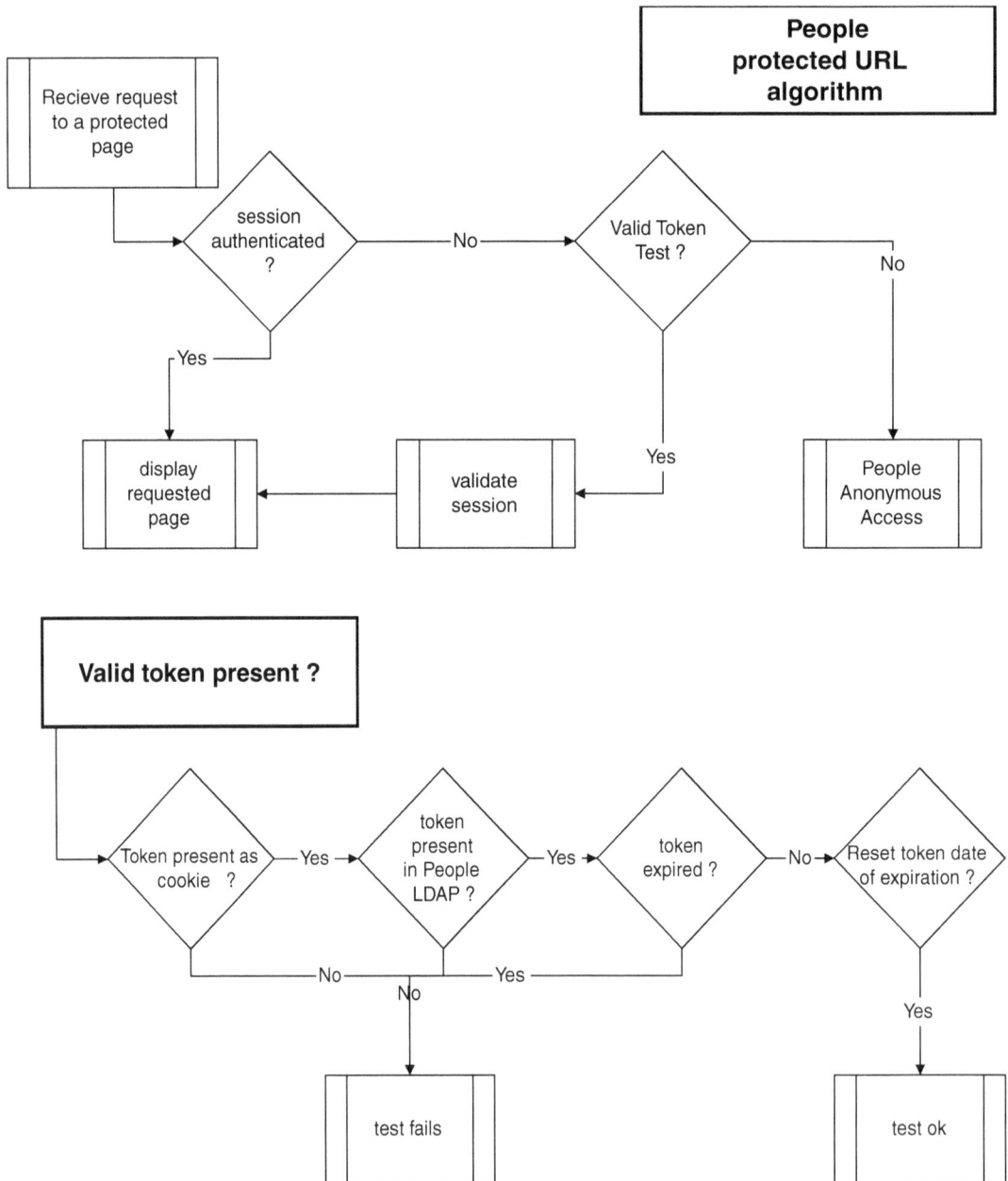

Figure 9.15

Algorithme d'authentification

La fonction suivante permet de réaliser le test « *session authenticate ?* » de la figure 9.15. Si l'utilisateur n'est pas déjà authentifié au sens de la session ASP, cette fonction teste le *token* et vérifie la validité du login/password dans l'annuaire Active Directory.

```
1.    Function Authenticate ()
2.    dim res, token, userId, varLogin, varPassword
3.    'vérifie si la personne est déjà authentifiée (session 'cours ou cookie)
      et retourne 0 si l'authentification a 'réussi, 1 si non

4.        res = 1
5.        userId = session("userId")
6.        'test de l'existance de la session au sens ASP
7.        ' userId est une variable de session ASP
8.        if userId <> "unknown" then
9.            'la session existe au sens ASP
10.               res = 0
11.           else
12.              'la session n'existe pas au sens ASP, regardant le token transmis
                 dans le cookie
13.              'SSOuserLDAPtoken est le nom du cookie
14.              token = Request.Cookies ("SSOuserLDAPtoken")
15.              if token = "vbNullString" then
16.                  res = 1
17.                  session("userId") = "unknown"
18.              else
19.                 'il existe un token, alors nous allons nous connecter dans l'annuaire
                    en utilisant un compte administrateur afin de retirer
                    le login/password Active Directory
20.                 if TestToken ("AD", varlogin, varpassword) = 0 then
21.                    ' Nous allons nous connecter à Active Directory en utilisant
                       le login/password retirés ci-dessus et mettre à jour le context
                       de la session ASP
22.                    if checkADLoginPassword (varlogin, varpassword)= 0 then
23.                        res = 0
24.                        'la verification du Login/password AD a reussi
25.                    else
26.                        res = 1
27.                           'la vérification du Login/password n'a pas reussi
28.                    end if
29.                 else
30.                    res = 1
31.                    session("userId") = "unknown"
32.                 end if
33.          end if
34.       end if
35.
36.       Authenticate = res
37.   End Function
```

La fonction suivante permet de rouvrir une session ASP à partir du *token* transmis dans le *cookie*.

```
38.   Function CheckADLoginPassword (userId, password)
39.     Dim localLDAPURL, gsLDAPURL, localDomain, localLDAPPeopleRoot
40.     DimUser, res, con, com, rs, gsDN
41.     'Cette fonction retourne :
42.     ' 0 si la vérification reussit
43.     ' 1 si le login/password AD sont faux

44.     session("userId") = "unknown"

45.     Set localDomain = GetObject("LDAP:")

46.     'Nous allons constituer l'URL permettant de désigner la racine du DIT
47.       localLDAPURL = application ("LDAPURL")
48.       localLDAPPeopleroot = application ("LDAPPeopleRoot")
49.       gsLDAPURL = localLDAPURL & localLDAPPeopleRoot

50.       'Connexion à l'Active DirectorySet con = CreateObject("ADODB.Connection")
51.     con.Provider = "ADsDSOObject"
52.     con.Open "Active Directory Provider"

53.     Set com = CreateObject("ADODB.Command")
54.     Set com.ActiveConnection = con

55.     com.CommandText = "SELECT distinguishedName FROM '" & gsLDAPURL
        & "' WHERE cn='" & userId &"'"

56.     Set rs = com.Execute

57.     res = 1

58.     if Not (rs.EOF) then
59.         gsDN = rs.Fields("distinguishedName")
60.         on error resume next
61.         Set User = localDomain.OpenDSObject(localLDAPURL & gsDN, gsDN,
            password, 0)
62.         if Err.number <> 0 then
63.             res = 1
64.             Err.Clear
65.         else
66.             res = 0
67.             session("userId") = userId
68.             session ("password") = password
69.             session ("DNAD") = gsDN
70.         end if
71.       end if
72.       on error goto 0
73.       set User = Nothing
74.   end if
```

```
75.
76.   set localDomain = Nothing
77.   set con = Nothing
78.   set com = Nothing
79.   set rs = Nothing

80.   CheckADLoginPassword = res
81.
82.   End Function
```

Les variables d'application LDAPURL et LDAPRoot sont renseignées dans le fichier global.asa avec les valeurs suivantes :

```
1.    Application("LDAPURL") = "LDAP://ServerName:389/" (le nom et le port du serveur)
2.    Application("LDAPRoot") = "DC=tmm,DC=thmulti,DC=com" (la racine de l'annuaire)
```

La fonction suivante permet de réaliser le test « *Valid Token Present ?* »

```
1.    Function TestToken (instance, Byref login, byref password)
2.    Dim res, token, objToken, localDomain, localLDAPURL, adminDN, adminPwd,
      tokenLogin, tokenPwd, objUser
3.    'Cette fonction retourne : 0 si la vérification reussie,
4.    ' 1 si le login/password sont faux

5.    'se connecter en tant qu'administrateur fonctionnel sur l'annuaire LDAP
      (pour simplifier l'exemple les login/password sont passés en dur

6.       adminDN = "CN=adminLogin,CN=Users," & Application("LDAPRoot")
7.       adminPwd = "adminPwd"

8.    Res = 1

9.    Set localDomain = GetObject("LDAP:")
10.      localLDAPURL = application ("LDAPURL")
11.      token = Request.Cookies ("SSOuserLDAPtoken")

12.      on error resume next
13.      Set objToken = localDomain.OpenDSObject(localLDAPURL & token,
         adminDN, adminPwd, 0)
14.      if Err.number = 0 then
15.         Set objUser = localDomain.OpenDSObject(objToken.parent, adminDN, adminPwd, 0)
16.      end if

17.      if Err.number <> 0 then
18.         ' Nous n'avons pas réussi à lire le Token avec le compte administrateur
            AdminSSO
19.         login = vbNullString
20.         password = vbNullString
21.         Err.Clear
22.      else
23.         objUser.Getinfo
24.         objToken.Getinfo
```

```
25.        if objToken.TMMexpirationTime > Now then
26.            res = 0
27.            ' le token est toujours valide, réinitialisation du timer
28.            objToken.put "TMMexpirationTime", DateAdd("n",4,Now)
29.            if instance = "AD" then
30.                login = objUser.cn
31.                password = objToken.TMMcredential
32.            else 'instance = TN ==> test éventuel sur l'instance de Thomnet
               à faire s'il y a lieu
33.                login = objUser.TMMloginThomnetTest
34.                password  = objUser.TMMpwdThomnetTest
35.            end if
36.            ' le token est toujours valide, réinitialisant le timer dans AD à 4 heures
37.            objToken.put "TMMexpirationTime", DateAdd("h",4,Now)
38.            objToken.setInfo
39.        end if
40.    end if
41.    on error goto 0

42.    set localDomain = Nothing
43.    Set objToken = Nothing
44.    Set objUser = Nothing

45.    TestToken = res

46. End function
```

Le bilan

La conception d'un annuaire LDAP ne pose pas que des défis techniques, elle nécessite surtout une coordination et une concertation entre des acteurs appartenant à des entités différentes de l'entreprise. Ainsi, la mise en place de l'annuaire LDAP Thomson a nécessité la coordination étroite entre l'équipe en charge des développements applicatifs, sponsor du projet ayant pour objectif de réaliser une brique d'infrastructure commune pour les applications intranet et les équipes architecture et infrastructure. De même, les équipes de ressources humaines ont été mises à contribution afin de valider les attributs de personnes pouvant être publiés et les règles de modification et de mise à jour mise de ces attributs. Les équipes de Communication ont également été fortement impliquées dans la mise en place de l'annuaire.

Ensuite, la mise en place d'un annuaire LDAP nécessite de faire les bons choix techniques garantissant la pérennité, la productivité et la maintenance des travaux entrepris. À titre d'exemple, parmi les choix possibles évoqués tout au début du projet Thomson, nous avons étudié la possibilité d'utiliser l'annuaire intégré dans le méta-annuaire plutôt qu'Active Directory. De même, nous avons évalué la possibilité d'utiliser les clients LDAP du marché comme Oblix ou Calendra plutôt que de développer l'application *People* en toute pièce. Le choix d'Active Directory répondait principalement au besoin de pérennité pour que l'annuaire constitue un référentiel partagé à la fois par les équipes en charge des applications et les équipes en charge de la sécurité du système d'information, de l'architecture et de l'infrastructure. Quant au choix de développer l'application *People* avec la technologie Microsoft, il répondait aux exigences d'avoir une application au moindre coût, tout en répondant aux besoins de Thomson.

À noter également que la mise en place des connecteurs du méta-annuaire a nécessité de trouver les clés de jointure entre les différentes sources de données afin de permettre leur agrégation au sein d'un méta-annuaire. À titre d'exemple, nous avons envisagé la possibilité de rajouter dans le cadre de notre projet, un connecteur de données vers une application de ressources humaines. L'objectif était de renseigner dans l'annuaire les valeurs des attributs tels que la position ou les compétences de la personne. La mise en place de ce connecteur a été écartée du fait qu'il n'ait pas été possible de trouver une clé de jointure simple entre les données de cette application et les données de l'annuaire.

Signalons aussi que l'accompagnement au changement est une phase importante du déploiement de l'annuaire. Pour cela, l'annuaire a été promu sur la page d'accueil de l'intranet de Thomson, et une démonstration à l'aide de l'outil Flash de Macromedia a été mise à disposition sur la page d'accueil de l'annuaire.

Enfin, si c'était à refaire, proposerions-nous les mêmes alternatives et les mêmes technologies ? La réponse est sans doute oui, sous réserve naturellement d'utiliser les dernières versions des outils techniques. En effet, la conception et les choix techniques effectués ont permis de répondre aux besoins de Thomson à moindre coût.

Un des points clés que nous avons résolus est l'authentification unique. Mais nous avons utilisé pour cela la gestion des *cookies* sur le poste client. Cette méthode n'est pas idéale, car le format des *cookies* dépend de l'application et ne peut donc pas être partagé entre différentes applications. La solution idéale aurait été de s'appuyer sur l'identification Windows NT de l'utilisateur, mais celle-ci nécessite des liens de confiance (*trust*) entre les différents domaines Windows NT. Ceci n'était pas le cas de Thomson lors du développement de l'application. Une autre solution aurait pu être l'utilisation d'un outil de Single Sign On, comme SiteMinder de Netegrity. Mais le coût d'un tel outil ne se justifie généralement que par une mise en œuvre à l'échelle de l'entreprise.

La question principale porte sur les bénéfices et le retour sur investissement que Thomson peut tirer de cet annuaire. Nous avons construit un référentiel d'entreprise avec des droits d'accès et une administration déléguée, accessible par l'ensemble des utilisateurs dispersés dans l'entreprise. Ce référentiel sert également de brique d'infrastructure aux applications intranet et de portail d'authentification unique et d'accès aux ressources de ces applications. Par conséquent, l'alternative à l'annuaire LDAP serait de créer une base de données spécifique à chaque application intranet et d'y intégrer une solution d'authentification unique propriétaire. Le coût de ceci est proportionnel aux nombres des applications intranet de l'entreprise et peut rapidement dépasser le coût de mise en place d'un annuaire partagé.

Les outils

Vue d'ensemble

Quels sont les différents outils requis pour mettre en place un annuaire LDAP ? Il y a bien sûr la base de données qui constituera le moteur d'annuaire LDAP, mais aussi les outils d'administration et de gestion, de synchronisation et de développement d'applications s'appuyant sur l'annuaire. La figure 10.1 en donne une vue d'ensemble, nous les décrirons plus en détail tout au long de ce chapitre.

Voici une description rapide des outils cités dans la figure 10.1 :

Outil	Description
Serveurs d'annuaire LDAP	C'est le moteur de base de données proprement dit. Il offre une interface LDAP aux données.
	Il existe trois types d'annuaires LDAP : les annuaires dédiés aux systèmes d'exploitation (Windows 2000/2003, Solaris 8, Novell Netware...), les annuaires intégrés dans des progiciels (MS-Exchange, Lotus Domino 5, etc.), et les annuaires généralistes (Sun Directory Server, Oracle 8i, Novell eDirectory...).
Serveur d'applications (Pages blanches, Organigrammes, etc.)	C'est le serveur qui va permettre de réaliser des applications qui accèdent à l'annuaire LDAP. Il s'agit notamment d'application Pages Blanches et Organigrammes, mais aussi d'applications plus spécifiques qui peuvent être réalisées avec un serveur Web du marché Java ou .NET.
	Ces applications peuvent aussi bien être des applications de gestion de l'annuaire (mise à jour, attribution des droits d'accès, etc.) que des applications « métiers » comme des sites Internet de commerce électronique ou des extranets.

Outil	Description
Méta-annuaire	Cet outil comprend généralement une base de données contenant l'annuaire, issu de l'agrégation des données en provenance de différentes sources, ainsi qu'une fonction de synchronisation des données avec des sources existantes.
Outils d'identification unique (SSO) et de contrôle d'accès	Ces outils offrent des mécanismes de contrôle des habilitations au niveau des applications, centralisés dans un annuaire LDAP. De plus, ils peuvent s'appuyer sur des mécanismes d'authentification comme les PKI ou SSL.
	Ils permettent d'assurer une identification unique de l'utilisateur, tout en offrant à chaque application la possibilité d'utiliser celle-ci pour autoriser ou non l'accès à certaines fonctions. Ce sont des outils spécifiques, comme SiteMinder de la société Netegrity, COREid d'Oblix ou GetAccess de la société Entrust. Ils offrent des interfaces de programmation particulières, que chaque application doit utiliser pour contrôler l'accès à une fonction suivant le profil de l'utilisateur identifié.
Annuaires virtuels et Proxy LDAP	Les annuaires virtuels offrent des fonctions similaires aux méta-annuaires, à la différence près qu'ils ne possèdent pas de référentiel centralisé ; les requêtes sont soumises en temps réel aux systèmes sources. Ils jouent aussi le rôle de proxys LDAP qui offrent une interface LDAP aux applications ne supportant pas ce protocole, et se chargent d'optimiser les performances et d'améliorer la sécurité des annuaires existants.
Outils d'administration	Ces outils permettent de gérer le modèle de données LDAP et la configuration des droits d'accès sur les données (ACL). En général, on utilisera l'interface d'administration du serveur d'annuaire, mais il existe aussi des outils du marché dédiés à cet effet.
Outils de gestion du contenu d'annuaires	Ce type d'outils offre des vues métiers des données contenues dans l'annuaire, permet de mettre à jour les données à l'aide de formulaires de saisie intégrant généralement un moteur de workflow, et permet à un gestionnaire, qui n'est pas un administrateur, de manipuler le contenu à des fins d'analyse et de recherche.
e-Provisionning	Ce sont des outils de création et de suppression automatique de comptes utilisateurs dans les différentes applications de l'entreprise. Ils permettent de façon centralisée de gérer les utilisateurs et d'associer à chacun d'eux des comptes applicatifs comprenant aussi bien les systèmes d'exploitation, les progiciels (SAP, Siebel, etc.), les outils de messagerie et de travail de groupe (MS-Exchange, Lotus Notes, etc.) que toute autre application spécifique.
Outils de gestion des mots de passe	Il s'agit d'une nouvelle génération d'outils permettant d'assurer la synchronisation des mots de passe entre différents systèmes. Ils ne remplacent pas les outils de SSO ; l'utilisateur devra quand même ressaisir son mot de passe lorsqu'il accèdera à une nouvelle application. Ils complètent souvent les outils de méta-annuaires, ces derniers n'étant pas capables de synchroniser les mots de passe.
Outils de fédération des identités	Il s'agit d'outils destinés à fédérer les identités d'utilisateurs entre différents systèmes. Ils permettent ainsi de partager des services de gestion des identités (identification, authentification, échanges d'attributs, autorisation, etc.) entre différents systèmes (dans différentes entreprises ou au sein d'une même organisation) sans avoir à partager le même référentiel ni la même infrastructure de gestion des identités.

Nous allons maintenant décrire le rôle des différents types d'outils listés ci-dessus, ainsi que les produits disponibles sur le marché à ce jour.

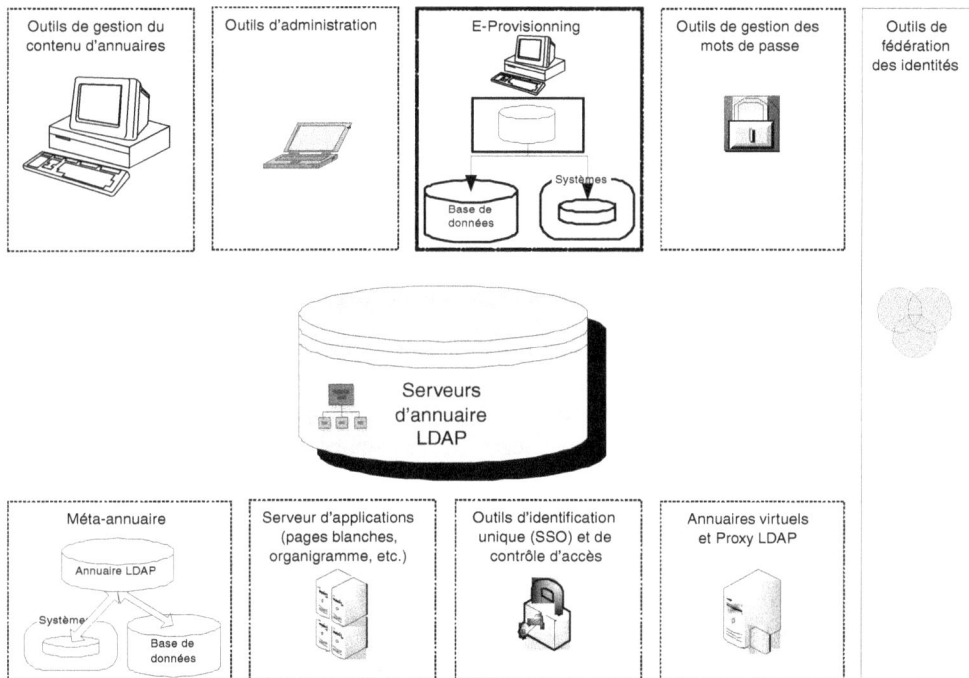

Figure 10.1
Les différents composants d'une infrastructure d'annuaire et de gestion des identités

Les serveurs d'annuaire LDAP

Un serveur d'annuaire n'est autre qu'une base de données particulière offrant une interface LDAP. Il existe différentes catégories d'annuaires LDAP que nous pouvons classer de la façon suivante :

- les annuaires dédiés aux systèmes d'exploitation ;
- les annuaires intégrés dans des progiciels ;
- les annuaires généralistes.

Nous allons donner un bref aperçu des outils du marché, afin de vous aider à choisir le serveur d'annuaire qui convienne le mieux à vos besoins.

Les annuaires dédiés aux systèmes d'exploitation

Nous avons évoqué ce type d'annuaire dans le chapitre 3 sur les applications de LDAP. Voici quelques exemples de solutions intégrées dans des systèmes d'exploitation :

1. Microsoft Active Directory intégré dans Windows 2000/2003 Serveur ;

2. Novell Directory Server intégré dans Novell Netware ;

3. Sun Directory Services intégré dans Solaris.

Ces annuaires contiennent la liste des utilisateurs du système d'exploitation, ainsi que la liste des ressources (imprimantes, disques, etc.), et gèrent les habilitations d'accès à celles-ci.

En général, ils sont extensibles et peuvent aussi contenir des informations propres à certaines applications d'entreprise. Il est conseillé dans ce cas de ne pas modifier les classes d'objets standards de l'annuaire, mais de les dériver afin de pouvoir rajouter de nouveaux attributs ou modifier des attributs existants.

Il est important de savoir que la stabilité du système d'exploitation peut être altérée par les applications qui utilisent ces annuaires. En effet, si ces dernières effectuent des traitements intenses ou des traitements illicites, ce sont toutes les applications fonctionnant sur le système d'exploitation et le serveur sous-jacent qui peuvent se dégrader ou ne plus fonctionner.

Ainsi, la plupart des éditeurs de systèmes d'exploitation intégrant un annuaire LDAP en offrent une version capable de fonctionner indépendamment du système d'exploitation. C'est le cas de Microsoft qui offre une version d'Active Directory, dénommée ADAM *(Active Directory Application Mode)*, dont les entrées ne sont pas reliées à celles des utilisateurs du système d'exploitation. C'est le cas aussi de Novell, qui offre un produit d'annuaire dénommé Novell eDirectory capable de fonctionner sur plusieurs plates-formes autres que Novell Netware, comme Linux et Windows.

Les annuaires intégrés dans des logiciels

Ces annuaires sont intégrés dans des logiciels du marché, comme des outils de messagerie et de travail de groupe. Ils offrent ou s'appuient sur une interface LDAP qui permet d'accéder à la liste des utilisateurs et de leurs ressources propres, mais ils ne contiennent pas un annuaire LDAP proprement dit.

En général, l'annuaire intégré dans ces logiciels est optimisé pour les fonctions qu'il offre. Par exemple, si c'est un logiciel de travail de groupe, l'annuaire contiendra des objets spécifiques pour gérer les documents et les droits d'accès à ceux-ci. Il est extensible s'il respecte le standard LDAP V3, mais il est important de veiller à ne pas modifier le schéma standard afin de ne pas altérer le fonctionnement normal du logiciel.

Voici quelques exemples de produits offrant une interface LDAP aux informations concernant des utilisateurs, des groupes et des applications, gérées dans une base de données interne.

Notons que la tendance aujourd'hui consiste à remplacer l'annuaire intégré dans ces progiciels par l'annuaire du système d'exploitation. Par exemple, Microsoft Exchange 2000/2003 s'appuie directement sur l'annuaire Microsoft Active Directory. C'est aussi le cas de Novell Groupwise qui repose maintenant sur l'annuaire Novell eDirectory.

Lotus Notes/Domino

C'est le logiciel de travail de groupe de la société Lotus/IBM. Il offre des fonctions de messagerie électronique, d'agenda partagé, de forum de discussion, de gestion de documents et de collaboration dans l'entreprise. Le carnet d'adresses de Lotus Domino est accessible à travers une interface LDAP V3, aussi bien en lecture qu'en écriture. Il est même possible de rajouter n'importe quel type d'objet dans l'annuaire LDAP de Lotus Domino, qui n'est pas nécessairement de type personnes. En revanche, on ne peut pas remplacer l'annuaire LDAP de Lotus Notes par un autre annuaire. Il est envisageable d'intégrer Lotus Domino avec un annuaire externe à des fins d'authentification.

Microsoft Exchange 5.5

Microsoft Exchange est le logiciel de messagerie et de travail de groupe de Microsoft. Il offre des fonctions de messagerie électronique, d'agenda partagé, de forum de discussion et de collaboration dans l'entreprise. Dans la version 5.5, le carnet d'adresses est géré dans une base de données locale, accessible à travers une interface LDAP, aussi bien en lecture qu'en écriture.

Notons qu'à partir de la version 2000, Microsoft Exchange ne possède plus d'annuaire intégré, et s'appuie totalement sur Active Directory.

Les annuaires généralistes

Ce sont des annuaires dont la vocation n'est pas liée à la gestion des utilisateurs d'un système d'exploitation, ni à une application particulière. En général, ils sont suffisamment robustes et ouverts pour prendre en charge tout type d'application.

Il existe différentes catégories d'annuaires généralistes que nous décrivons ci-après.

Issus du monde X500

Ce sont des serveurs d'annuaire X500 natifs qui offrent une interface LDAP. L'avantage d'une telle solution est de pouvoir bénéficier de l'interface LDAP lorsqu'on possède déjà l'annuaire X500 associé. L'inconvénient est essentiellement la lourdeur du déploiement comparée à celle d'un annuaire purement LDAP.

Issus du monde des bases de données relationnelles

Ce sont des bases de données relationnelles classiques qui offrent une interface LDAP. L'avantage de telles solutions est de pouvoir bénéficier des capacités des bases de données, comme :

• les outils de sauvegardes et de restaurations de masse ;

• les fonctions d'intégrité transactionnelle (commit/rollback) permettant d'assurer la cohérence des données en cas d'arrêt brutal du serveur ;

• les fonctions de réplication intégrées dans les moteurs de bases de données, le chargement rapidement des données en cas de restauration ;

- la capitalisation sur la compétence des équipes informatiques qui maîtriseraient déjà la base de données en question.

En réalité, il sera souvent nécessaire d'adapter le moteur de base de données afin de mieux répondre aux particularités du standard LDAP, comme les attributs multi-valeurs, les ACL et la réplication multi-maître et maître-esclave.

Néanmoins, nous constatons que la plupart des éditeurs de solutions de base de données et d'annuaire tendent à faire converger ces deux produits, comme c'est déjà le cas pour IBM et Oracle dont les annuaires s'appuient respectivement sur IBM DB2 et la base de données Oracle, et probablement dans l'avenir pour Microsoft.

Issus du monde des méta-annuaires

Ce sont des produits destinés, à l'origine, à agréger les données concernant les personnes et les ressources dans une base de données commune, à laquelle les éditeurs ont ajouté une interface LDAP. Nous allons les décrire dans la suite de ce chapitre.

Notons qu'il n'existe plus à ce jour de méta-annuaires ayant leur propre base de données ; ils s'appuient généralement sur l'annuaire LDAP du même éditeur ou sur un autre annuaire LDAP. Par exemple, Nsure Identity Manager (DirXML) de Novell repose sur Novell eDirectory, ou encore Critical Path MetaConnect s'appuie sur Critical Path Global Directory ou un autre annuaire du marché.

Annuaires purement LDAP

Ils ne proviennent d'aucun des cas précédents. Ils s'appuient en général sur des moteurs de base de données adaptés aux particularités des annuaires LDAP, comme les ACL, la réplication maître-esclave, les performances en lecture, l'organisation hiérarchique des données, l'indexation, etc.

Exemples d'annuaires issus du monde X500

Siemens DirX

Serveur d'annuaire de la société Siemens (*www.siemensmeta.com*), supportant aussi bien le protocole X500 que le protocole LDAP.

Critical Path Directory Server

Serveur d'annuaire de la société Critical Path *(www.cp.net)*, compatible aussi bien avec le protocole X500 que le protocole LDAP.

Isode M-Vault

Serveur d'annuaire de la société Isode (*www.isode.com*), compatible aussi bien avec le protocole X500 que le protocole LDAP.

Computer Associate eTrust Directory

Serveur d'annuaire de la société Platinum, racheté par Computer Associates (*www.ca.com*), compatible aussi bien avec le protocole X500 que le protocole LDAP.

Exemples d'annuaires issus du monde des bases de données relationnelles

IBM Tivoli Directory

Serveur d'annuaire LDAP de la société IBM *(www.ibm.com/software/network/directory)*, qui s'appuie sur la base de données DB2. Il fait partie de la gamme Tivoli, mais peut s'installer indépendamment des autres produits de cette gamme.

Il offre tous les services d'un annuaire LDAP, y compris les groupes dynamiques et les rôles.

Notons que cet annuaire offre la possibilité de gérer des transactions lors des mises à jour ; il est ainsi possible de confirmer ou d'annuler (commit/rollback) un ensemble de mises à jour atomiques dans l'annuaire. Cette fonctionnalité est offerte à travers une extension du protocole LDAP (extended operation). Il faut commencer par faire appel à une opération particulière afin de lancer la transaction, puis il suffit d'effectuer les mises à jour normalement (suppression, ajout, modification, etc.) en donnant la référence de la transaction. Il faut ensuite faire appel à l'opération de fin de transaction en précisant si l'on souhaite confirmer (commit) ou annuler (rollback) les mises à jour.

Il est fourni gratuitement par IBM et peut être téléchargé sur Internet à l'adresse *http://www.ibm.com/software/tivoli*.

Il fonctionne sur les plates-formes suivantes : Windows NT4/2000/2003, IBM AIX, LINUX SuSe et RedHat, Sun SOLARIS, HP-UX.

Oracle Internet Directory

Serveur d'annuaire LDAP de la société Oracle *(www.oracle.com)* qui s'appuie sur la base de données Oracle 9i.

Exemples d'annuaires purement LDAP

Sun Java System Directory Server

Annuaire LDAP de Sun (*www.sun.com*), anciennement Sun ONE et iPlanet. Il s'appuie sur le système de gestion des données séquentiel/indexé de Berkeley. Celui-ci a été adapté afin d'en optimiser les performances pour l'accès à des données organisées hiérarchiquement, comme c'est le cas de LDAP, ainsi que pour la réplication multi-maître entre serveurs.

À partir de la version 5.2, il offre les fonctionnalités supplémentaires suivantes :

• support du standard DSML V2 en natif *via* un serveur HTTP et un service SOAP intégré dans le produit ;

• possibilité de chiffrement d'attributs autres que le mot de passe ;

• réplication multi-maître allant jusqu'à des serveurs maîtres différents ;

- possibilité de répliquer une base de données partielle, filtrée par un sous-ensemble d'attributs ;
- support de IPv6 ;
- possibilité de mettre en place simultanément plusieurs stratégies de mot de passe ;
- support de l'unicité de la valeur d'un attribut (par exemple uid) entre plusieurs serveurs ;
- support des attributs virtuels : il s'agit d'attributs calculés qui ne sont pas réellement sauvegardés dans l'entrée associée. C'est le cas par exemple du rôle (voir la gestion des rôles dans le chapitre sur la conception technique).

OpenLDAP

Serveur d'annuaire LDAP gratuit pour Linux et autres systèmes, comme Windows, MacOS/X, et Unix. Il est réalisé par une communauté de développeurs LDAP *(www.openldap.org)*. Il est compatible avec le standard LDAP V3.

Le code source est téléchargeable librement à partir de du site Web *www.openldap.org*. Il est fourni avec la plupart des distributions Linux, pré-compilé pour celles-ci.

Il existe aussi des distributions Windows pour OpenLdap, comme celle de la société FiveSight *(http://www.fivesight.com)* et Ilex *(http://www.ilex.com)*.

Pour plus d'information sur OpenLDAP, voir le chapitre 16.

Novell e-Directory

C'est le serveur d'annuaire LDAP multi-plates-formes de la société Novell *(www.novell.com)*. Il prend en charge la réplication multimaître, point fort de Novell dès la naissance de son annuaire sur Netware. C'est aussi un des premiers annuaires d'entreprise ayant adopté certaines fonctionnalités de la norme X500 (sans être un annuaire X500), facilitant ainsi la transition vers la norme LDAP.

Il fonctionne aussi bien sur des plates-formes Novell, que sur Windows NT et Windows 2000/2003, Linux ou encore Sun Solaris.

Microsoft Active Directory Application Mode

Microsoft ADAM *(www.microsoft.com/adam)* est une nouvelle version de l'annuaire Active Directory, capable de fonctionner indépendamment de la base de comptes et d'un contrôleur de domaine Windows.

Plusieurs instances de ADAM peuvent être lancées sur une même machine, chacune d'elles pouvant être configurée indépendamment de l'autre. Il est possible d'étendre le schéma d'ADAM de façon réversible (c'est-à-dire de pouvoir supprimer une définition d'attribut ou de classe d'objet), tout en l'intégrant bien avec la sécurité de Windows 2003. Par exemple, il est possible de s'authentifier à l'annuaire ADAM en utilisant la base de compte Windows (sans pour autant qu'il y ait une réplication entre les deux). Mais il est aussi possible de s'authentifier à l'aide d'une entrée créée dans ADAM uniquement.

Il peut être téléchargé gratuitement à partir du site Internet de Microsoft, et ne fonctionne que sur des plates-formes Windows 2003 et Windows XP.

Les méta-annuaires

Qu'est-ce qu'un méta-annuaire ?

Pour mettre en place un référentiel unique des données concernant les utilisateurs et les ressources de l'entreprise offrant une interface LDAP et des fonctions d'administration centralisées, il faut faire coexister ce référentiel avec les données et le système d'information existants et assurer une synchronisation permanente de ceux-ci avec l'annuaire.

Le système d'information d'une entreprise est souvent constitué d'applications hétérogènes, s'appuyant généralement sur des modèles de données différents et sur des plates-formes diverses (Windows NT/2000/2003, Linux, Unix, Oracle, Sybase, etc.) Chacune de ces applications peut être la source de référence pour certaines données, fédérées dans un annuaire d'entreprise. Par exemple, la messagerie communique les adresses des boîtes aux lettres, et l'application de gestion des ressources humaines fournit les données sur les employés.

Certaines applications utiliseront le numéro de matricule pour identifier de façon unique une personne, d'autres un numéro séquentiel quelconque, et d'autres encore une chaîne de caractères (par exemple un UserID) ou un numéro de téléphone. Comment relier tous ces index afin d'agréger les données concernant une même personne et issues des différentes applications ?

D'autre part, certaines applications s'appuient sur des bases de données relationnelles, comme Oracle ou Microsoft SQLServer, et d'autres sur des bases de données intégrées comme celles d'une messagerie Microsoft Exchange ou Lotus Notes/Domino. Comment relier l'annuaire à ces différentes plates-formes afin de synchroniser les données ?

Le terme _méta-annuaire_ a été initié par le Burton Group en 1996. C'est un outil qui se « greffe » au-dessus des applications et de leurs annuaires, pour offrir une vue unifiée ainsi qu'une administration centralisée de l'ensemble des données concernant les personnes et les ressources de l'entreprise. Le méta-annuaire devient le moyen d'accès privilégié à ces données pour toute fonction d'administration et toute nouvelle application. Il permet de garder l'hétérogénéité des infrastructures tout en apportant une vue homogène sur ces informations. Il offre en général une interface basée sur un standard comme LDAP ou X500 pour accéder à celles-ci.

Comment fonctionne un méta-annuaire ? Il existe en fait deux modèles distincts qui permettent d'offrir une vue unifiée et une administration centralisée des données :

- Le premier consiste à répliquer toutes les données issues des différentes sources vers une base de données centrale offrant une interface LDAP. Un processus de synchronisation permanent et bidirectionnel doit être mis en place pour garder les données à jour dans les différentes applications concernées. Nous désignerons ce modèle par « méta-annuaire avec réplication ».

Figure 10.2

*Le concept
de méta-annuaire*

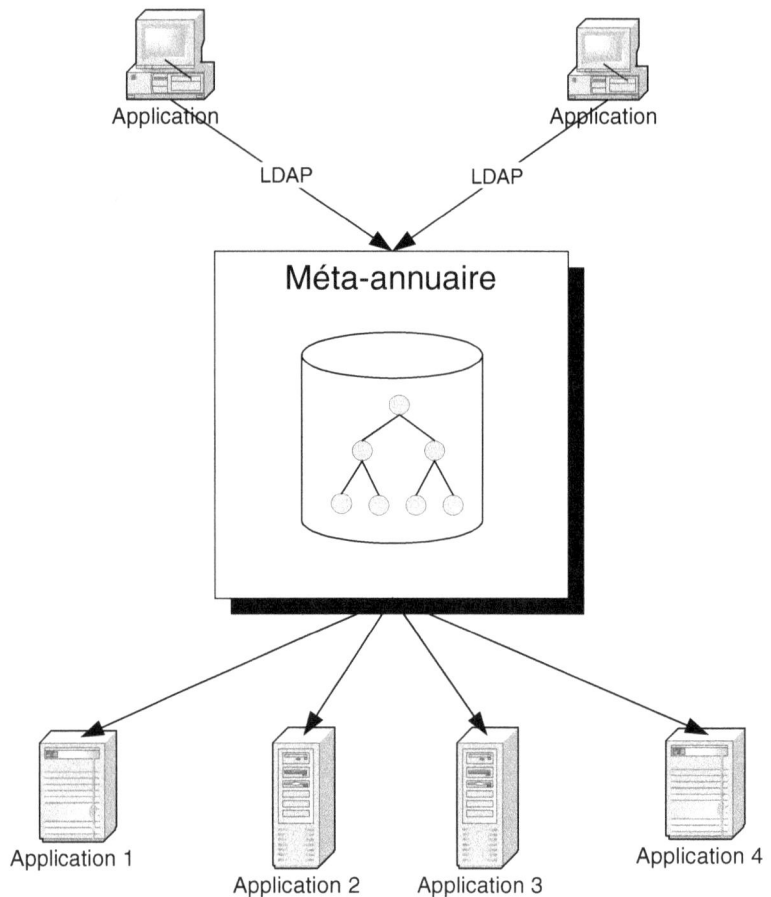

- Le deuxième consiste à référencer les données dans une base centrale tout en conservant leurs valeurs dans les systèmes sources. Un mécanisme adéquat se chargera d'aller lire les données là où elles se trouvent lors d'une requête. Nous désignerons ce modèle par « annuaire virtuel ».

Nous décrirons comment fonctionnent ces deux modèles, mais nous allons d'abord décrire les différentes fonctions d'un méta-annuaire, dont la plupart sont communes à ces deux modèles.

Les différentes fonctions d'un méta-annuaire

La figure 10.3 montre les principaux composants d'un méta-annuaire qui sont :

- Un référentiel de données agrégées, offrant généralement une interface d'accès LDAP et basé sur un annuaire LDAP ou sur une base de données relationnelles, communément nommé *Meta Vue*. Il permet d'avoir une vue unifiée et agrégée des données provenant de différentes sources à travers le protocole LDAP. Dans certains méta-annuaires, la méta-vue est basée sur une réplication des données issues des différentes sources dans un annuaire central, et dans d'autres, elle accède directement aux sources de données (elle est dite « virtuelle » dans ce cas) comme nous l'expliquons plus loin.

- Des connecteurs à différents types de systèmes dont essentiellement des annuaires comme les annuaires de systèmes de messagerie (MS-Exchange, Lotus Notes, etc.) et les annuaires de systèmes d'exploitation (Windows NT, Windows 2000/2003, Unix, etc.), des bases de données relationnelles (Oracle, MS SQL Server, Sybase, etc.) et des formats de fichiers texte comme le format LDIF, CSV ou XML.

- Un moteur de jointure dont le rôle est d'associer les entrées qui se trouvent dans différents systèmes accessibles à travers les connecteurs à celles de la méta-vue, et ceci à l'aide de règles qui peuvent être prédéfinies par l'administrateur. Le moteur de jointure permet d'associer plusieurs attributs issus de sources différentes à une même entrée dans la méta-vue.

- Des fonctions de transformation qui permettent de traiter ou calculer certains attributs avant leur mise à jour dans la méta-vue ou dans l'un des systèmes à synchroniser. Un langage de script comme Perl, le langage XML et les transformations XSLT, soit un langage de développement comme Visual Basic ou Java, sont offerts afin d'effectuer ce type de traitement.

- Des fonctions de gestion de l'appartenance des entrées et des attributs, permettant de résoudre les conflits de mise à jour. Ainsi par exemple, si un attribut, comme l'adresse e-mail, se trouve dans différents systèmes à synchroniser, il sera possible de préciser celui qui en sera maître et n'autoriser les mises à jour que vers les autres systèmes.

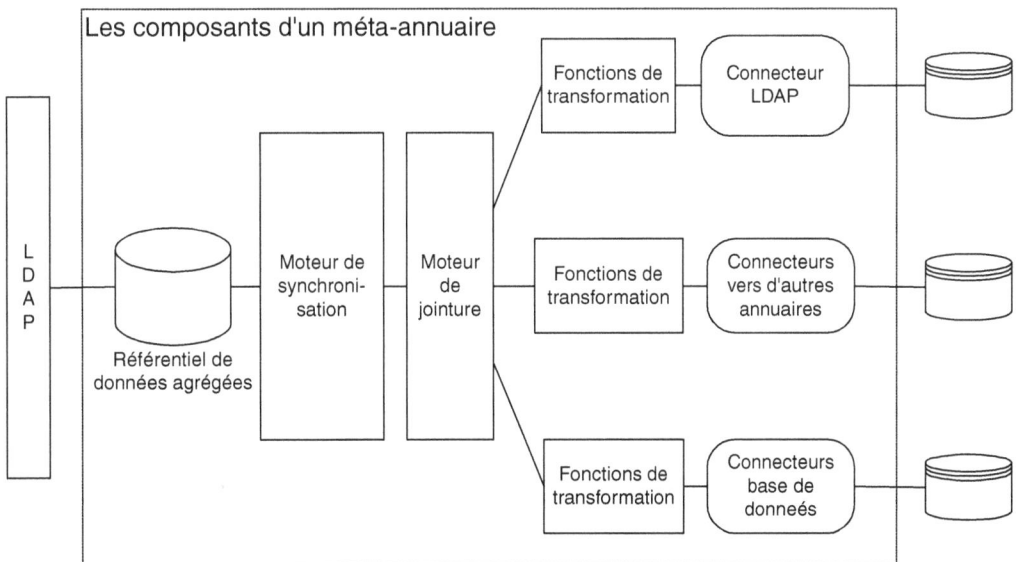

Figure 10.3

Vue d'ensemble des composants d'un méta-annuaire

• Un moteur de synchronisation bidirectionnel s'appuyant sur les fonctionnalités citées précédemment, chargé d'exécuter les synchronisations soit de façon régulière à des périodes prédéfinies par l'administrateur, soit en fonction d'événements survenus dans les différents systèmes à synchroniser (comme l'ajout d'une entrée dans une base de données, le changement de la valeur d'un attribut dans un annuaire LDAP, ou la suppression d'une boîte aux lettres dans un système de messagerie). Les méta-annuaires possèdent des connecteurs capables de détecter tout changement dans l'un des systèmes sources, comme par exemple dans une base de données Oracle, et de déclencher immédiatement la synchronisation des données avec l'annuaire.

La jointure des données

Un méta-annuaire doit pouvoir établir des jointures entre les différentes sources afin de corréler des données qui appartiennent à un même objet (personne, ressource, etc.) et qui sont dispersées dans les diverses applications de l'entreprise.

Figure 10.4

La jointure des données

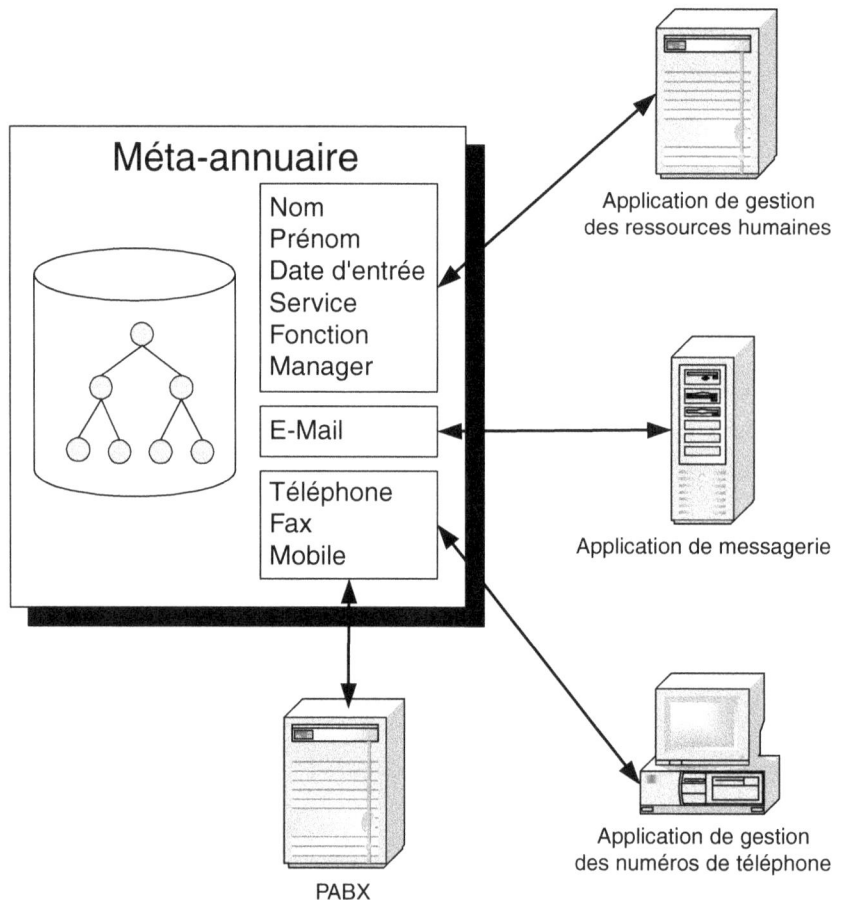

Supposons par exemple que l'on souhaite agréger les informations sur les employés d'une entreprise provenant d'une application de gestion des ressources humaines, d'une application de messagerie et d'une application de gestion des numéros de téléphone. La première contient des informations comme le nom, le prénom, la date d'entrée, le service dans lequel travaille la personne, sa fonction et son supérieur hiérarchique. La deuxième contient les adresses des boîtes aux lettres, et la troisième contient les numéros de téléphone de chaque employé.

Pour agréger l'ensemble, il faut établir le lien entre les différents enregistrements de chaque application concernant une même personne. Pour cela, il faut trouver un attribut ou plusieurs attributs de jointure communs aux sources de données.

Par exemple, pour retrouver les adresses de messagerie d'une personne, on va rechercher dans le système de messagerie l'objet identifié par la première lettre du prénom concaténée avec le nom de la personne. Le résultat obtenu est l'index qui permet de lire l'enregistrement associé à cette personne dans l'application de messagerie. Il suffit ensuite d'en extraire les adresses.

Dans certains cas, les attributs de jointure peuvent ne pas suffire, il faut alors rajouter des critères de recherche ou des filtres. Par exemple, supposons que l'on cherche à extraire les numéros de téléphone des personnes de l'application de gestion des numéros pour alimenter le méta-annuaire. Si le seul moyen consiste à rechercher dans l'application les personnes par leur nom et leur prénom, issus de l'application de gestion des ressources humaines, il est possible de trouver plusieurs enregistrements si des personnes qui ont le même nom travaillent dans l'entreprise. Pour lever l'ambiguïté on peut alors rajouter un test sur le service dans lequel travaille la personne (à condition bien sûr que cette information se trouve aussi dans l'application de gestion des numéros).

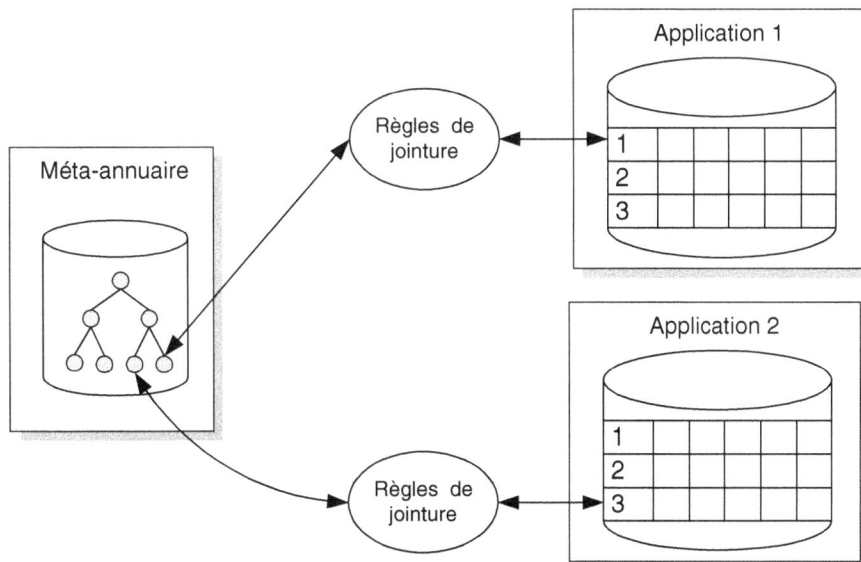

Figure 10.5
Règles de jointure

Les outils de méta-annuaires du marché offrent la possibilité de définir pour chaque source de données les attributs sur lesquels il faut établir les jointures. Ils permettent aussi d'associer des critères de recherche ou des filtres, que l'on peut décrire avec un langage de script comme Perl.

L'ensemble de ces attributs et de ces critères constitue les règles de jointure entre les objets du méta-annuaire et ceux des applications, comme le montre la figure 10.5.

La transformation des données

Une fois la jointure établie entre les enregistrements du méta-annuaire et ceux des applications, il faut transformer les données avant de les recopier. Par exemple, l'attribut cn peut être généré automatiquement en concaténant le prénom et le nom de la personne provenant de l'application de gestion des ressources humaines. Certains méta-annuaires offrent une interface d'administration qui permet d'établir la correspondance entre des attributs issus des applications et les attributs du méta-annuaire. Ils offrent en standard des fonctions simples de calcul ou de traitement de chaînes comme la concaténation. Ils permettent également d'écrire ses propres règles de transformation à l'aide d'un langage de script comme Perl.

Notons que ces règles de transformation s'appliquent dans les deux sens : des applications vers le méta-annuaire et depuis celui-ci vers les applications. Elles sont généralement différentes en fonction du sens de la transformation. Par exemple, dans le cas de la transformation de données d'une application de ressources humaines vers le méta-annuaire, le nom et le prénom doivent être concaténés pour renseigner l'attribut cn. Alors que dans l'autre sens, il vaut mieux utiliser les champs givenName et sn pour renseigner le prénom et le nom dans l'application.

Il faudra en outre définir pour chaque attribut la source de référence. Celle-ci peut être une application, comme la messagerie pour l'attribut contenant l'adresse e-mail, par exemple, ou bien le méta-annuaire.

Les connecteurs et la synchronisation des données

Une fois la définition des règles de jointure et des règles de transformation établie, il ne reste plus qu'à définir les mécanismes de synchronisation. Pour effectuer une synchronisation, il faut d'une part tracer toutes les modifications effectuées dans les différentes sources de données et dans le méta-annuaire, et d'autre part lancer un processus périodique pour chaque source qui va se charger de synchroniser les données à partir des traces.

La plupart des méta-annuaires offrent des connecteurs spécifiques aux principales plates-formes, comme des systèmes d'exploitation (Windows NT, Windows 2000/2003 ou Netware par exemple), ou des bases de données (Oracle, SQL Server, Sybase…), ou encore des applications de messagerie et de travail de groupe (MS-Exchange, Lotus Domino, etc.).

Ces connecteurs permettent d'établir un lien physique entre le méta-annuaire et la plate-forme *via* son interface propre (SQL Net pour Oracle, ADSI pour Windows 2000/2003 et Active Directory, etc.), et de s'intégrer avec le journal des modifications de la plate-forme. Par exemple, Oracle offre un journal nommé Oracle Change Log Database qui contient des modifications horodatées, effectuées sur la base par une application.

Le méta-annuaire va exploiter ce journal pour synchroniser les données en ne prenant en compte que les changements par rapport aux données de référence. Un tel mécanisme permet d'optimiser les mises à jour et est indispensable pour les annuaires volumineux, car les temps d'écriture sont généralement plus longs que les temps de lecture dans la majorité des serveurs d'annuaire. Certains méta-annuaires offrent aussi la possibilité de développer son propre connecteur à l'aide d'une interface de programmation spécifique et documentée.

Précisons aussi que la plupart des méta-annuaires (hors annuaires virtuels) créent, dans un serveur d'annuaire LDAP (généralement le même que celui qui contient les données de référence), une copie des données du système source. On appelle cette copie : « Connector View » ou « Connector Space ».

Ainsi, pour chaque connecteur, l'annuaire contiendra une base de données LDAP comprenant les données du système correspondant. Par exemple, pour un connecteur Windows NT, l'annuaire va inclure un annuaire LDAP (ou un arbre – DIT – spécifique) renfermant toutes les données de la base de registre Windows NT. Le connecteur va se charger de synchroniser les données entre le système externe et la copie des données (Connector View). Puis, cette copie sera traitée par le moteur de jointure en utilisant les mécanismes de « change log », intégrés à l'annuaire, pour construire la méta-vue.

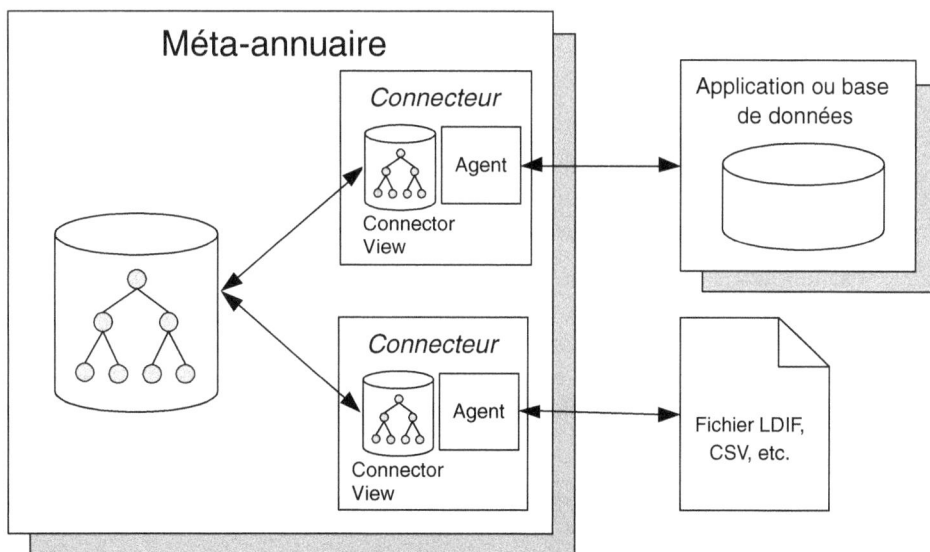

Figure 10.6

Connecteur et copie des données du système externe (Connector View)

Notons que cette solution présente des limites lorsque l'annuaire contient un nombre important d'enregistrements (plus de quelques centaines de milliers, par exemple). En effet, il faudra créer autant de copies que de systèmes sources, ce qui augmentera considérablement le volume de données et d'entrées gérées par l'annuaire.

Bien entendu, les mises à jour sont bidirectionnelles, et le méta-annuaire va aussi exploiter les changements survenus dans l'annuaire de référence à travers ses mécanismes de « change log », afin de répercuter les modifications dans les bases de données et les autres annuaires LDAP ou applications d'entreprise. C'est la raison pour laquelle les méta-annuaires fonctionnent de préférence avec l'annuaire du même éditeur ; chaque annuaire possède son propre mécanisme de « change log ».

Ces mises à jour peuvent se faire soit de façon synchrone, dans ce cas tout changement dans l'annuaire de référence ou dans les sources de données est immédiatement répercuté, soit de façon périodique à des fréquences bien définies. Pour cela, il est possible de préciser les heures auxquelles les mises à jour doivent s'effectuer. Des mécanismes de reprise en cas d'erreur sont aussi offerts, permettant de reprendre automatiquement une opération interrompue et de préserver l'intégrité des données mêmes si elles ont été répliquées partiellement.

Le modèle de méta-annuaire basé sur la réplication des données

Dans ce modèle, le rôle du méta-annuaire consiste à recopier les données issues des différentes sources en les agrégeant, afin de constituer une base de données de référence contenant la somme des informations qui se trouvent dans chacune des applications d'origine.

La plupart des méta-annuaires du marché fonctionnent de la sorte. Ce modèle a l'avantage d'offrir de bonnes performances et une sécurité accrue.

En effet, les systèmes sources n'ont plus besoin d'être interrogés directement ; le méta-annuaire se chargera de répondre aux requêtes puisqu'il possède une copie des données. Les performances dépendront donc uniquement de celles du méta-annuaire et non plus de chacune des applications.

Par ailleurs, l'identification est centralisée au niveau du méta-annuaire puisque qu'il n'est plus nécessaire de se connecter directement aux systèmes sources. Seul le méta-annuaire doit pouvoir le faire pour synchroniser les données. On maintient ainsi un seul référentiel des utilisateurs et non plus autant de référentiels qu'il n'y a d'applications sources. De plus, le contrôle de l'identité ne s'effectue qu'à un seul endroit et non plus dans chaque application.

Mais ce modèle n'est pas adapté aux données qui changent fréquemment (par exemple toutes les secondes), ni aux méta-annuaires devant répliquer un grand nombre d'entrées (plus de 500 000). Dans ce cas, il sera plus efficace de ne pas copier les données dans le méta-annuaire et de se connecter directement aux applications à l'aide d'un annuaire virtuel.

Le modèle de méta-annuaire basé sur un annuaire virtuel

Ce modèle consiste à interroger en temps réel les applications sources des données agrégées (virtuellement) dans le méta-annuaire. Chaque attribut est relié à une donnée ou à plusieurs données d'une application source avec une règle de transformation éventuelle. Lorsqu'un utilisateur ou une application interroge le méta-annuaire (ou l'annuaire virtuel), celui-ci va soumettre directement la requête aux applications concernées pour récupérer les valeurs des attributs demandés.

Ce modèle a l'avantage d'être plus simple à mettre en œuvre car il n'est pas nécessaire de mettre en place un annuaire central et il n'est plus nécessaire de définir les mécanismes de synchronisation des données ; les règles de jointure et de transformation suffisent.

Il répond aussi mieux aux besoins quand les données sont fréquemment mises à jour dans les applications sources, lorsque le nombre d'entrées est très élevé (plus de 500 000 entrées) ou lorsque les données sont réparties dans une quantité importante d'applications sources. L'annuaire virtuel reflète en temps réel les données qui se trouvent dans celles-ci, et permet de se connecter à une multitude d'applications sans avoir à répliquer les données. Il joue alors le rôle d'un *middleware*, c'est-à-dire d'un composant intermédiaire de l'infrastructure logicielle de l'entreprise apportant un niveau d'abstraction et d'encapsulation supplémentaire, permettant de masquer la complexité et les particularités des systèmes sous-jacents.

En revanche, il a l'inconvénient d'être fragile. En effet, si une application n'est pas disponible ou que la communication avec celle-ci est interrompue, les requêtes qui nécessitent d'extraire des données de celle-ci ne pourront pas s'effectuer. Il est également difficile de maîtriser les performances d'une telle architecture, car elles dépendent des performances de chaque application source.

Notons enfin que les méta-annuaires basés sur un annuaire virtuel peuvent aussi offrir les fonctions d'un proxy LDAP, que nous décrivons ci-dessous.

Exemples de méta-annuaires

Critical Path Meta-Directory Server

C'est le méta-annuaire de la société Critical Path *(www.cp.net)*. Il nécessite un annuaire central dans le lequel il va agréger les données (dénommé *MetaView* dans le produit). C'est le seul outil disponible capable d'utiliser n'importe quel annuaire LDAP du marché à cet effet, comme Criticial Path Directory Server, Sun Directory Server ou Novell eDirectory.

Il offre des connecteurs aux principales bases de données SQL (Oracle, Microsoft SQLServer, Sybase et IBM DB2), aux logiciels de messagerie comme Lotus Notes et Microsoft Exchange, aux annuaires LDAP comme ceux d'IBM, Sun, Microsoft Active Directory et Novell, ainsi qu'aux fichiers texte de type CSV, LDIF ou XML.

De plus, il propose des connecteurs vers des systèmes propriétaires comme SAP HR R3, progiciel intégré de gestion des ressources humaines de SAP, et RACF *(Resource Access Control Facility)*, outil de gestion des habilitations pour grands systèmes IBM (OS/390).

Il permet aussi de développer des connecteurs spécifiques avec tout type d'application, à travers une interface de programmation propriétaire basée sur le langage de script Perl.

Il fonctionne aussi bien sur une plate-forme Windows 2000 que Solaris et HP-UX.

Microsoft Identity Integration Server

La société Microsoft a racheté en 1999 Zoomit Corporation *(www.microsoft.com)*. Zoomit possédait un produit, nommé VIA, destiné à synchroniser les référentiels d'utilisateurs de Windows NT, Novell Netware, Microsoft Exchange, Lotus Notes et d'autres types d'applications. VIA était commercialisé depuis 1996, c'est donc un des précurseurs des méta-annuaires.

Depuis son rachat, Microsoft a rebaptisé le produit MMS *(Microsoft MetaDirectory Services)* puis MIIS *(Microsoft Identity Integration Server)*.

MIIS utilise la base de données SQL Server 2000 de Microsoft pour stocker les données agrégées du méta-annuaire, et nécessite Windows Server 2003 Enterprise Edition pour fonctionner.

Il possède de nombreux connecteurs dont Lotus Notes/Domino, Microsoft Exchange 5.5, Windows NT et Active Directory, Novell NDS et eDirectory, les différentes versions d'annuaires de Sun (iPlanet, Sun ONE et Sun Java System), les bases de données Oracle, Informix et SQL Server, et les progiciels de gestion intégrés PeopleSoft et SAP, ainsi que des fichiers texte de type CSV, LDIF ou XML.

Les développements spécifiques (règles de jointures et de transformations) peuvent être réalisés à l'aide de Visual Studio .NET et de tout langage supporté par celui-ci (Visual Basic .NET, Visual C#.NET, Visual C++.NET, etc.).

Notons enfin que MIIS comprend un outil de synchronisation des mots de passe, ceux-ci étant cryptés et ne pouvant pas être copiés d'un système à un autre à l'aide du méta-annuaire. L'outil proposé permet aux utilisateurs et aux administrateurs d'effectuer des mises à jour du mot de passe de façon centralisée, qui seront répercutées automatiquement dans les différents systèmes cibles. Cet outil se présente sous forme d'une interface de programmation accessible à travers l'interface WMI *(Windows Management Interface)* de Windows, et d'une application Web accessible directement par les utilisateurs à l'aide d'un navigateur Web.

Il ne fonctionne que sur une plate-forme Windows 2003 Serveur.

Siemens DirXmetahub

C'est le méta-annuaire de la société Siemens *(www.siemens.com)*, basé sur son serveur d'annuaire X500 et LDAP DirX. Il offre des connecteurs aux logiciels de messagerie comme Microsoft Exchange et Lotus Notes/Domino. Il peut échanger des données avec divers annuaires comme Novell NDS et eDirectory, Windows NT et Active Directory, et IBM RACF pour la gestion des habilitations sur OS/390, ainsi qu'avec des fichiers texte de type CSV, LDIF ou XML.

Il peut également s'intégrer avec des PABX téléphoniques, comme ceux de la société Siemens, et avec des progiciels de gestion intégrés comme SAP R/3 HR.

Il fonctionne aussi bien sur une plate-forme Windows NT ou Windows 2000/2003 que Solaris.

Novell Nsure Identity Manager (DirXML)

C'est le produit de gestion des identités de Novell. Il comprend un méta-annuaire mais aussi des fonctions de synchronisation des mots de passe entre différents annuaires.

Il possède des connecteurs aux principaux annuaires comme tout type d'annuaire LDAP (Sun Directory Server, Critical Path Directory, etc.), ainsi qu'à Lotus Notes, Microsoft Exchange, Novell Groupwise, Microsoft Active Directory, Microsoft Windows NT et avec des fichiers texte de type CSV, LDIF ou XML. Il offre aussi des connecteurs pour les progiciels de gestion intégrés SAP et PeopleSoft.

Il requiert l'annuaire Novell eDirectory sur lequel il s'appuie aussi bien pour le référentiel agrégé de données que pour ses propres paramètres de configuration.

Il fonctionne aussi bien sur une plate-forme Windows NT, XP ou 2000, Netware, Linux que Solaris.

IBM Tivoli Directory Integrator

À la suite du rachat de la société MetaMerge, IBM s'est doté d'un méta-annuaire, rebaptisé Tivoli Directory Integrator. Une des particularités de cet outil est qu'il est capable d'utiliser des couches de transport diverses, comme FTP, HTTP et JMS (MQ) pour accéder aux différentes sources de données.

Il possède différents types de connecteurs pour accéder à des annuaires LDAP, à des bases de données *via* JDBC, à Windows NT et Lotus Notes. Il offre la possibilité de coder les règles de transformation dans les connecteurs à l'aide de langages comme JavaScript, VBScript et PerlScript.

Il fonctionne aussi bien sur les plates-formes Windows, Linux et Unix.

Maxware Data Synchronization Engine

Maxware DSE est un outil de synchronisation entre annuaires qui s'apparente à un méta-annuaire. C'est en fait une boîte à outils, entièrement Java, qui peut s'appuyer sur un annuaire LDAP ou une base de données pour les données agrégées. Il offre des connecteurs vers différents types de systèmes comme des annuaires LDAP, des bases de données *via* JDBC/ODBC et des gabarits de scripts qui permettent de se connecter à des messageries comme Microsoft Exchange et Lotus Notes.

Il fonctionne essentiellement sur une plate-forme Windows.

Les annuaires virtuels et les proxys LDAP

Nous avons vu dans le chapitre précédent le rôle d'un méta-annuaire et nous avons décrit brièvement ceux qui n'utilisent pas d'annuaire central que nous avons désigné par « annuaire virtuel ». Nous avons préféré garder la description des annuaires virtuels dans celle des méta-annuaires, car nous estimons que les fonctions offertes par les deux sont très similaires, hormis le fait que les annuaires virtuels effectuent des traitements de transformation et de jointure des données à la volée, sans s'appuyer sur un référentiel agrégé.

Notons aussi que les annuaires virtuels possèdent les fonctions d'un proxy LDAP, et que les deux outils sont souvent confondus en un seul. Nous allons décrire dans ce chapitre ce qu'est un proxy LDAP, puis nous donnerons des exemples de produits jouant le rôle d'annuaire virtuel et de proxy LDAP, les deux fonctions étant généralement couplées dans un même produit.

Le rôle d'un proxy LDAP

Qu'est-ce qu'un proxy LDAP inversé (ou encore *reverse proxy*) ? C'est un composant logiciel, situé entre les clients d'une application et les plates-formes qui supportent celle-ci, chargé d'optimiser les flux entre les deux. Il se comporte exactement comme un serveur vis-à-vis des clients, et comme un client vis-à-vis des serveurs.

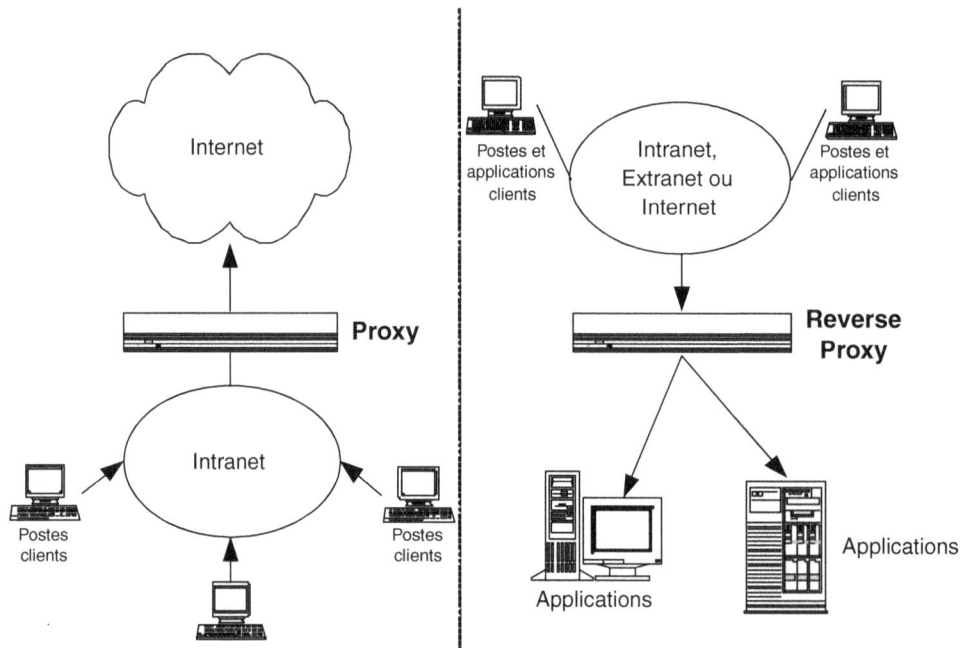

Figure 10.7

Proxy et reverse proxy

Contrairement à un proxy HTTP qui optimise les flux sortants d'une entreprise vers Internet, par exemple, un proxy inversé est vu comme un point d'entrée unique pour les utilisateurs externes vers les applications d'entreprise, comme le montre la figure 10.8. Il reçoit la requête en provenance du client (1), l'analyse et la modifie éventuellement pour l'envoyer ensuite au serveur (2). Il reçoit la réponse du serveur (3), analyse cette réponse et la modifie éventuellement avant de l'envoyer au client (4).

Figure 10.8

Le fonctionnement d'un proxy inversé LDAP

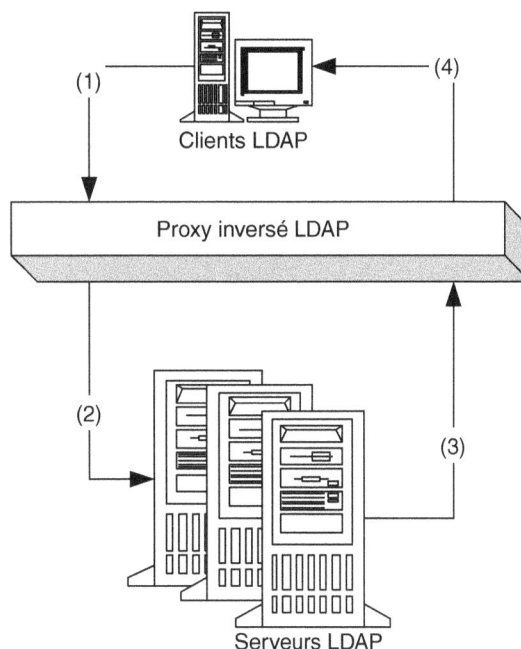

Les principaux rôles d'un proxy inversé LDAP sont décrits ci-dessous. Par abus de langage on parlera aussi de « proxy LDAP ».

Masquer aux postes clients et aux applications l'adresse du serveur d'annuaire

Par exemple, le proxy peut exposer l'adresse de l'annuaire LDAP sous une forme logique, comme *ldap.valoris.com*, pour ensuite la véhiculer cette vers le ou les bons serveurs soit *via* des adresses IP soit *via* des noms DNS, comme *ldap1.valoris.com* et *ldap2.valoris.com*. L'avantage d'une telle solution est qu'il est possible de changer l'emplacement des serveurs et leur topologie sans aucun effet sur les applications.

Redirection des requêtes vers différents serveurs

Les proxys inversés LDAP sont capables d'analyser le protocole LDAP et d'effectuer des actions différentes en fonction du type de requête. Par exemple, ils peuvent rediriger toutes les recherches vers un serveur répliqué esclave, et toutes les mises à jour vers un serveur maître.

Traitement des renvois de référence

Certains proxys inversés peuvent être utilisés pour traiter les renvois de référence (ou *referrals*) effectués par le serveur d'annuaire pour certaines requêtes. L'avantage d'une telle solution est d'une part de décharger le client de cette tâche, ce qui peut améliorer les performances globales du système, et d'autre part d'assurer une compatibilité avec des applications clientes ou des postes clients qui ne prennent pas en charge cette fonctionnalité.

Filtrage de certaines données de l'annuaire en fonction du profil client

Il est possible d'améliorer la sécurité d'un annuaire LDAP en demandant au proxy inversé de filtrer certains attributs, classes d'objets et branches de l'arbre en fonction des caractéristiques du client qui effectue la requête, comme son adresse IP ou son identification, par exemple. Ainsi, si un annuaire a été configuré pour renvoyer tous les attributs de la classe d'objet organizationalperson suite à une requête de recherche, le proxy inversé peut filtrer les attributs autres que le nom et l'adresse de messagerie si la requête provient du réseau Internet ou d'un extranet, et autoriser tous les attributs si elle provient du réseau intranet. Bien entendu, le même résultat peut être obtenu en implémentant des ACL au niveau du serveur d'annuaire lui-même. Mais l'avantage d'un proxy inversé est de pouvoir établir ces règles une seule fois pour tous les serveurs. Ceci est notamment avantageux lorsqu'il s'agit de plusieurs serveurs et qu'ils s'appuient sur des logiciels de différentes marques.

Répartition de charge dynamique

Comme nous l'avons expliqué précédemment, les proxys inversés LDAP peuvent être utilisés pour répartir la charge « intelligemment » entre différents serveurs. L'avantage par rapport à des routeurs est que le proxy inversé peut analyser la requête au niveau du protocole LDAP et prendre des décisions fondées sur différents paramètres comme le DN base de la recherche ou le type d'action comme la suppression ou la mise à jour.

Amélioration de la sécurité des annuaires

Un proxy inversé LDAP peut être utilisé afin de protéger un ou plusieurs serveurs d'annuaire *via* un coupe-feu *(firewall)*. Pour cela, le proxy est situé dans la zone démilitarisée (DMZ), et l'annuaire dans une zone protégée. Un premier coupe-feu autorise l'accès au proxy inversé *via* l'extérieur, et un deuxième coupe-feu n'autorise qu'au proxy l'accès au serveur d'annuaire, comme le montre la figure 10.9. Ainsi il sera impossible d'accéder directement aux serveurs LDAP.

Un exemple courant d'utilisation de cette fonctionnalité est celui d'un annuaire contenant aussi bien des informations sur les clients que sur les employés de l'entreprise. Si l'on souhaite donner accès aux informations clients à des partenaires *via* un extranet ou *via* le réseau Internet, il faut mettre l'annuaire dans la DMZ. On prend alors le risque d'exposer les données sur les employés, qui ne doivent jamais être accessibles de l'extérieur. Une première solution consisterait à couper l'annuaire en deux : une base de données pour les employés et une autre pour les clients. Mais ceci peut être complexe à mettre en œuvre

Figure 10.9

*Le proxy inversé LDAP
dans la DMZ*

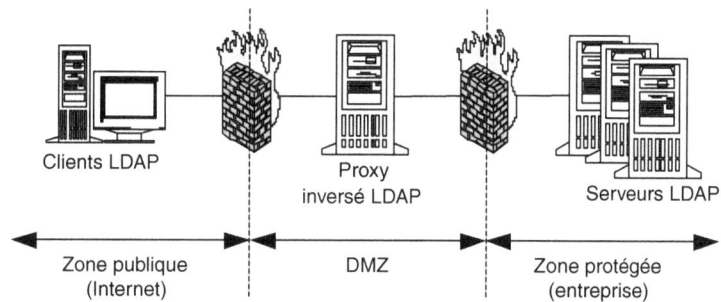

Clients LDAP · Proxy inversé LDAP · Serveurs LDAP

Zone publique (Internet) · DMZ · Zone protégée (entreprise)

pour les applications existantes et nécessite de dupliquer les infrastructures, ce qui génère des coûts supplémentaires. Une solution beaucoup plus simple consiste à utiliser un proxy inversé et à combiner la fonctionnalité de filtrage des attributs avec celle de la sécurité *via* le coupe-feu. Ainsi, il suffit de mettre en œuvre le proxy inversé comme l'indique la figure 10.9, et de le configurer afin de filtrer toute donnée sur les employés pour toute requête provenant de l'extranet ou du réseau Internet.

Unification des schémas

Un proxy LDAP inversé peut aussi être utilisé pour donner une vue unifiée de schémas différents (attributs et classes d'objets) dans plusieurs annuaires. Il peut par exemple renommer les attributs à la volée lorsqu'ils proviennent d'un serveur particulier, donnant ainsi l'impression aux clients que le schéma est identique pour tous les serveurs.

Le cache mémoire du résultat des requêtes

Le proxy LDAP inversé peut garder en mémoire le résultat des requêtes et renvoyer le résultat aux applications sans interroger les annuaires. Ceci a pour conséquence d'améliorer considérablement les performances. Mais la principale difficulté réside alors dans la durée de vie du « cache » mémoire. En effet, celui-ci doit être mis à jour lorsque les données sur les serveurs d'annuaire sont modifiées. Or il n'existe pas de moyen simple de notifier ces modifications. Le cache mémoire pourrait alors être rafraîchi de temps en temps, au risque d'avoir un décalage entre les données dans le cache et celles dans l'annuaire entre deux périodes de rafraîchissement.

L'interface DSML V2

Nous avons décrit le standard DSML V1 et V2 dans le chapitre 6, et nous avons évoqué les différentes solutions DSML du marché. Rappelons qu'il existe deux types d'implémentation des services DSML :

• l'intégration des services DSML dans le serveur d'annuaire, comme c'est le cas pour Sun Java System Directory Server 5.2 ;

• les proxys DSML capables de s'interfacer à des annuaires LDAP existants.

Certains proxys LDAP offrent aussi ce type de fonctionnalité.

Exemples d'annuaires virtuels et de proxy LDAP

Sun Java System Directory Proxy Server

Cet outil fait partie de l'offre autour des annuaires de Sun (*www.sun.com*). Il propose des services de répartition de charge, d'adaptation du schéma des annuaires, de filtre d'attributs et de requêtes, et de sécurité. Il est issu du rachat d'Innosoft par la société iPlanet, puis par Sun.

Maxware Virtual Directory

Virual Directory de la société Maxware (*www.maxware.com*) est en fait un méta-annuaire virtuel, écrit en Java. Il offre une interface LDAP aux applications afin qu'elles accèdent à des serveurs d'annuaires LDAP en transformant les requêtes ou en filtrant les attributs. Il permet aussi d'accéder, à travers une interface LDAP, à des bases de données relationnelles *via* ODBC. Il offre aussi des fonctions de répartition de charge, de jointure et de transformation de données.

Il propose également certaines fonctions de proxy LDAP, comme l'adaptation du schéma, la répartition de charge dynamique, le traitement du renvoi de référence, etc.

Radiant Logic Virtual Directory Server

Le produit VDS de Radiant Logic (*www.radiantlogic.com*) est un proxy LDAP destiné à des bases de données relationnelles. Il ne contient pas de base de données interne, mais il sait se greffer à n'importe quelle base de données afin d'offrir une interface LDAP aux applications. Il est aussi compatible avec le standard XML et permet de récupérer le résultat des requêtes sous ce format.

Octet String Virtual Directory Engine

Le produit VDE de la société Octet String (*www.octetstring.com*) est un proxy LDAP offrant des fonctions de répartition de charges, d'adaptation du schéma et de filtre des attributs. Il peut accéder aussi bien à des annuaires LDAP qu'à des bases de données relationnelles. Il est aussi compatible avec le standard XML et permet de récupérer le résultat des requêtes sous ce format.

Il offre aussi certaines fonctions de proxy LDAP, la répartition de charge dynamique, le traitement du renvoi de référence, etc.

Il fonctionne sous environnements Windows NT/2000/2003, et sous Unix Solaris et HP-UX ainsi que sous Linux.

Proxys DSML

Rappelons qu'il existe des proxys DSML, permettant de proposer ce type d'interface au-dessus d'annuaires existants.

- Microsoft fournit DSML Services for Windows, téléchargeable à l'adresse *http://www .microsoft.com/downloads*. Celui-ci nécessite Windows 2000 Server ou Windows 2003 Server et le serveur IIS.

- Novell fournit DSML for eDirectory qui peut être téléchargé sur le site de Novell *http://www.novell.com*.

Les outils de *e-provisionning*

Principales fonctionnalités

La principale vocation de ces outils est de gérer de façon centralisée la création et la suppression des comptes dans les différentes applications de l'entreprise.

Ceci peut sembler simple *a priori* : il suffit de créer ou de supprimer une entrée dans l'annuaire LDAP ou dans la base de données de l'application. En fait, la création des comptes, de cette façon, ne marchera que dans très peu de cas. En effet, chaque application doit allouer des ressources à tout nouvel utilisateur, ce qui se traduit par des opérations internes (allocation d'un espace disque pour une base de données, création d'un répertoire propre à chaque utilisateur pour la messagerie, etc.) qui sont rarement publiées et documentées par les éditeurs de logiciels du marché.

La solution consiste donc à utiliser l'interface de programmation associée à chaque système, généralement offerte par chaque éditeur de logiciel. Elle est chargée de masquer les spécificités et la complexité de chaque système, ainsi que d'en garantir l'évolutivité. Par exemple, la création d'un compte utilisateur sous Windows NT nécessite l'usage de l'API Win 32, et la création d'un compte dans les progiciels de CRM comme Siebel et PeopleSoft nécessite d'utiliser leur propre API. Bien entendu, pour les applications supportant l'intégration avec un annuaire LDAP externe, il peut suffire de créer une entrée dans l'annuaire, mais il faut veiller à renseigner les attributs spécifiques à chacune d'elles. Par exemple, il est possible de créer des nouvelles boîtes aux lettres dans le système de messagerie Microsoft Exchange 2000 en ajoutant des entrées dans l'annuaire Active Directory, à condition de mettre aussi à jour les attributs spécifiques à Microsoft Exchange.

Note

Il existe un standard chargé de normaliser les interfaces de programmation destinées à la gestion des comptes utilisateurs dans ces applications : SPML *(Service Provisionning Markup Language)*. La version 1.0 a été ratifiée par l'OASIS en octobre 2003. Il existe peu de produits avec ce standard à ce jour.

Ainsi, si l'on souhaite disposer d'une solution centralisée permettant de créer et de supprimer automatiquement les comptes utilisateurs dans plusieurs applications, il faut avant tout disposer d'un outil possédant une série de connecteurs capables de s'intégrer avec chacune d'elles. C'est là où réside la première différence avec les méta-annuaires : ceux-ci ne possèdent généralement que des connecteurs pour des annuaires LDAP et des bases de données.

La création des comptes utilisateurs dans les applications suit généralement quelques règles qui dépendent, d'une part des systèmes en place, et d'autre part des processus organisationnels de l'entreprise. Par exemple, il faudra créer les comptes dans le système d'exploitation bureautique avant la messagerie (sinon l'utilisateur ne pourra pas accéder à son poste de travail), ou encore d'abord créer les comptes dans le système de ressources humaines car c'est lui qui attribuera le numéro de matricule, clé commune d'identification de l'utilisateur pour toutes les applications. De plus, l'administration des comptes peut être partagée entre plusieurs personnes, et respecter un processus de validation par un administrateur central. Ceci est particulièrement commode dans le cas d'entreprises constituées de plusieurs filiales, mais partageant un même système de ressources humaines. Il doit être aussi possible de déléguer temporairement la gestion d'un ensemble d'utilisateurs, en cas d'absence de l'administrateur par exemple (vacances, congé maternité, etc.).

Il sera donc souvent nécessaire de disposer d'un outil d'orchestration des mises à jour (ou moteur de règles) et de workflow, afin de modéliser les processus de l'entreprise puis de disposer d'une solution de délégation de l'administration. C'est la deuxième différence avec les solutions de méta-annuaires qui ne disposent pas généralement de workflow offrant des interfaces de saisie et de validation des données, ni la possibilité de séquencer les mises à jour dans les différents systèmes sources et destinations.

Tout ceci nécessite un référentiel des utilisateurs, de l'organisation et des applications auxquelles ils accèdent. La solution va donc comporter un outil permettant de modéliser l'organisation et les utilisateurs, ainsi que les règles de création et de suppression des comptes dans les différentes applications. Ces règles vont s'exécuter automatiquement suivant certains critères (ajout d'un nouvel employé, suppression d'un compte après une période d'inactivité, etc.) et faciliter ainsi l'administration de l'ensemble.

Notons enfin que les outils de *e-provisioning* peuvent s'appuyer sur un méta-annuaire. C'est généralement la solution adoptée par les éditeurs de solutions possédant les deux outils. En effet, les fonctions de transformation, de synchronisation ainsi que les agents (ou connecteurs), sont identiques dans les deux cas. C'est notamment la solution adoptée par IBM, dont le méta-annuaire IBM Tivoli Directory Integrator est inclus dans son produit de e-provisioning Tivoli Identity Manager.

Signalons aussi que certains éditeurs de méta-annuaires enrichissent leurs connecteurs afin de pouvoir s'intégrer avec d'autres systèmes que les annuaires et les bases de données. Ils tendent ainsi vers des solutions de *provisioning*, mais il leur manque essentiellement le moteur de règles permettant de séquencer les mises à jour, ainsi que les outils de gestion du contenu du référentiel (interface d'administration et de gestion des données) associés à un moteur de workflow.

De façon générale, on peut dire que :

Outil de provisioning = *méta-annuaire et connecteurs progiciels*
+ moteur de règles
+ outil de gestion de contenu et workflow
+ outil de gestion des mots de passe

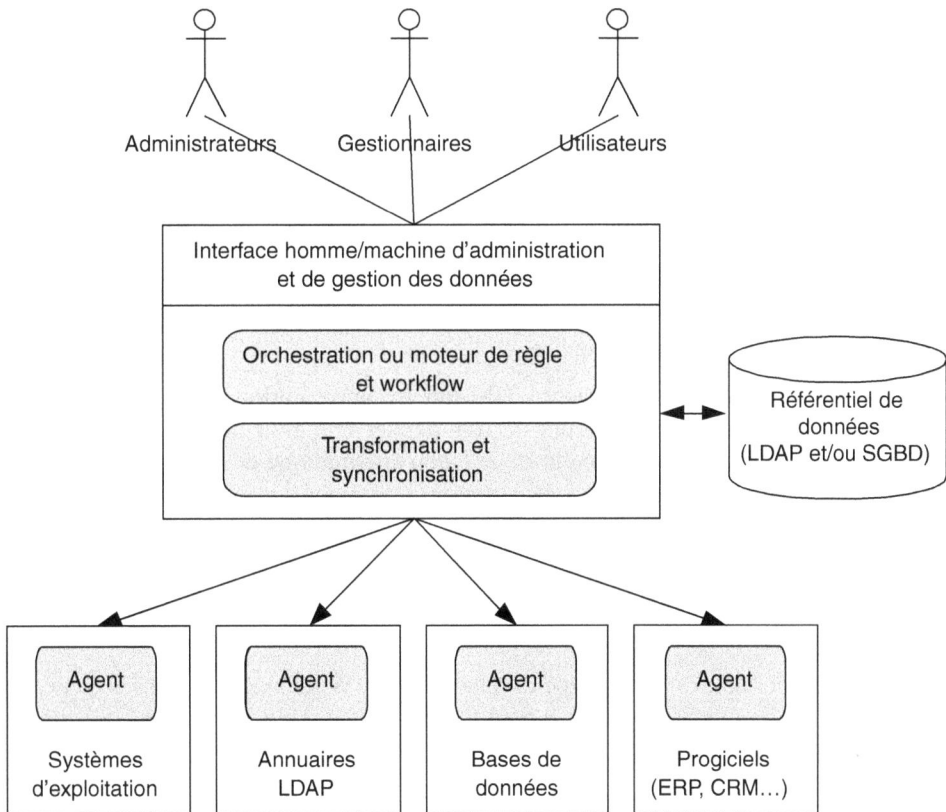

Figure 10.10

Vue d'ensemble d'une solution de e-provisioning

Notons aussi que la mise en place d'une solution de e-provisioning a un impact non négligeable sur l'organisation de l'entreprise et nécessite un accompagnement des utilisateurs. En effet, toutes les fonctions de création, modification et suppression des utilisateurs, ainsi que leurs droits applicatifs, devront passer par le nouvel outil. De plus, la délégation de l'administration à différentes entités de l'entreprise va nécessiter de créer des nouveaux postes afin de gérer localement les utilisateurs et leurs droits.

Exemples d'outils de e-provisioning

IBM Tivoli Identity Manager

TIM est l'outil de e-provisioning d'IBM, issu du rachat de la société Access 360, un des pionniers dans ce domaine.

Il comprend un ensemble de fonctions que nous listons ci-dessous :

• Gestion du contenu du référentiel des identités : TIM s'appuie sur un annuaire LDAP (IBM Tivoli Directory ou Sun Directory Server) pour sauvegarder les données de référence agrégées concernant les individus et l'organisation de l'entreprise. Il repose aussi sur une base de données (DB2, SQL Server ou Oracle) pour les données transactionnelles (en général ce sont des informations temporaires). Il offre des fonctions d'administration permettant de saisir le contenu de l'annuaire, ainsi que des fonctions de délégation des mises à jour, intégrant des processus de validation (workflow).

- Synchronisation des données avec les systèmes existants : TIM intègre une version réduite du méta-annuaire IBM Tivoli Directory Integrator. Cette version permet essentiel-lement de mettre à jour les systèmes existants (systèmes d'exploitation, bases de données, etc.) à partir de TIM. Dans le cas où il est nécessaire d'effectuer les synchro-nisations de ceux-là vers TIM, il suffira d'ajouter des connecteurs supplémentaires provenant du méta-annuaire.

- Gestion des mots de passe : TIM intègre une solution de gestion des mots de passe, permettant aux utilisateurs de réinitialiser leur mot de passe en cas de perte, ainsi qu'une mise à jour de celui-ci de façon automatique et simultanée dans les différentes applications d'entreprise (messageries, systèmes d'exploitation, ERP, etc.).

- Outils de *reporting* : TIM offre des outils permettant de générer des rapports et des statistiques sur l'usage de la solution de e-provisioning. Il offre en standard un ensemble de rapports prédéfinis, mais il est aussi possible d'intégrer des rapports générés avec un outil dédié comme Crystal Reports.

TIM fonctionne sur tout type de plate-forme (Windows, Unix et Linux) et nécessite un serveur d'applications Java. Il peut fonctionner aussi bien sur WebLogic de BEA que sur Websphere d'IBM.

Netegrity IdentityMinder eProvision

Ce produit est issu du rachat de la société Business Layer par Netegrity. Connue pour son offre autour de la sécurité (SSO et contrôle d'accès aux applications), Netegrity complète son offre avec ce produit pour devenir un acteur majeur du e-provisioning.

Netegrity IdentityMinder eProvision comprend un ensemble de fonctions que nous listons ci-dessous :

- Délégation d'administration et fonctions de *self-service* : ceci permet de déléguer la gestion des utilisateurs à des entités diverses de l'entreprise, comme les départements, les filiales, les sites distants, voire les partenaires et fournisseurs *via* un extranet. Il est même possible d'offrir à l'utilisateur certaines fonctions de gestion de ses propres données, dont la mise à jour peut-être validée par un tiers *via* l'outil de workflow intégré.

- Moteur de règles : l'outil intègre un moteur de règles permettant de déclencher des actions de mise à jour ou de suppression sur certains critères, afin d'aligner les systèmes informatiques sur la stratégie de sécurité de l'entreprise.

- Suivi des processus : l'outil offre des fonctions de suivi de l'avancement des processus, permettant notamment de détecter des actions en cours et non exécutées.

- Approbation et notification : l'outil propose des fonctions d'approbation des actions demandées par les utilisateurs et les gestionnaires, et peut aussi générer des notifications pour informer certains systèmes ou administrateurs de tout type de changements survenus.

- Synchronisation des données avec les systèmes existants : l'outil offre des fonctions de synchronisation bidirectionnelles avec les systèmes et applications existants *via* des connecteurs divers comme pour les progiciels PeopleSoft et SAP, les messageries Lotus Notes et Microsoft Exchange, des annuaires LDAP, des bases de données et des systèmes d'exploitation.

Waveset LightHouse de Sun

La société Sun a racheté récemment Waveset, jeune éditeur de solutions de e-provisioning. Sun complète ainsi son offre d'annuaire et de sécurité des applications Web, par un outil de e-provisioning.

L'offre LightHouse de Waveset est constituée de trois produits totalement intégrés :

- LightHouse Provisioning Manager : c'est l'outil de e-provisioning offrant des fonctions de délégation d'administration et de self-service, des fonctions de gestion des groupes et des organisations, des fonctions de gestion des rôles pour le contrôle d'accès (RBAC), un moteur de règles et des fonctions d'audit et de génération de rapports.

- LightHouse Identity Broker : c'est l'outil chargé de mettre en cohérence les informations d'identités des utilisateurs, qui se trouvent dans les différentes applications de l'entreprise. Autrement dit, c'est un méta-annuaire offrant les fonctions classiques de synchronisation, de jointure et de transformation, ainsi que des connecteurs vers différents systèmes comme des annuaires LDAP, des bases de données, des progiciels et des systèmes de messagerie.

- LightHouse Password Management : c'est l'outil de gestion des mots de passe de Waveset. Il offre la possibilité de définir une stratégie de mots de passe (taille et format, durée de vie, gestion de l'historique, etc.), de synchroniser les mots de passe entre différents systèmes et permet à l'utilisateur de réinitialiser ses mots de passe à travers une interface Web.

BMC Control SA

Control SA de BMC est un outil de e-provisioning, comprenant plusieurs modules permettant de gérer les utilisateurs et l'activation/désactivation de leurs comptes dans les applications d'entreprise, de gérer les mots de passe (synchronisation et réinitialisation), et les processus de validation des demandes à l'aide d'un module de workflow.

Les outils de gestion des mots de passe

Nous avons vu brièvement les fonctions de gestion des mots de passe dans les outils de e-provisioning. Ils sont généralement inclus dans ceux-ci, ou dans les outils de méta-annuaires du marché. Ils complètent les fonctions de synchronisation offertes dans ces deux catégories d'outils. Les mots de passe étant chiffrés ou *hachés* (SHA, MD5, etc.) ne peuvent pas être recopiés d'un système à l'autre tels quels.

Les outils de gestion de mots de passe offrent généralement au moins deux catégories de fonctions que nous décrivons ci-dessous.

La réinitialisation du mot de passe

La réinitialisation du mot de passe est une fonction qui permet à l'utilisateur de générer lui-même un nouveau mot de passe en cas de perte de celui-ci, sans passer par un administrateur. Afin de s'assurer de son identité, il lui sera demandé de fournir des informations complémentaires, comme sa date de naissance, le nom de jeune fille de sa mère, ou toute autre information qui peut être configurée par l'administrateur.

La fonction de réinitialisation comporte une interface d'administration permettant de définir la stratégie de mot de passe (période maximum de validité, longueur et format, etc.), les questions et réponses à poser aux utilisateurs afin de réinitialiser le mot de passe, l'adresse de messagerie où peut être envoyée la réponse à une question posée, etc. Elle comporte aussi une interface Web permettant à l'utilisateur de réinitialiser son mot de passe à travers un jeu de questions et réponses.

La synchronisation du mot de passe

Elle consiste à synchroniser le mot de passe entre différents systèmes et applications. Elle peut se faire de deux façons différentes :

Mise à jour du mot de passe centralisée

Dans ce cas l'outil va se charger de propager le nouveau mot de passe dans les applications et systèmes concernés. Ceci se fait généralement à l'aide des connecteurs du méta-annuaire ou de l'outil de e-provisioning, car le mot de passe est capturé en clair à travers l'interface de mise à jour avant d'être propagé.

L'inconvénient d'une telle méthode est qu'il est nécessaire de changer les habitudes des utilisateurs et des administrateurs : ils devront en effet utiliser la nouvelle interface pour tout changement de mot de passe. Dans le cas de la mise en œuvre d'une solution de e-provisioning, il sera plus facile de mettre en place ce type d'outil, car son déploiement nécessite de toute façon d'accompagner les utilisateurs et les administrateurs afin qu'ils s'approprient la nouvelle interface.

Synchronisation bidirectionnelle

Dans ce cas, l'outil de synchronisation des mots de passe dispose d'agents bidirectionnels capables de détecter les changements de mots de passe dans les différents systèmes et applications. Ces agents vont généralement capter le nouveau mot de passe dans le système en question, puis le propager vers l'annuaire central *via* l'outil de gestion des mots de passe.

L'avantage d'une telle méthode réside dans le fait que les administrateurs et les utilisateurs peuvent continuer à utiliser les interfaces habituelles pour changer leur mot de passe. Le principal inconvénient est que la solution est intrusive, car les agents doivent être spécifiques à chaque plate-forme (Windows 2000/2003 Active Directory, Windows NT, Novell Netware, etc.) et peuvent ne plus fonctionner en cas de mise à jour de ces plates-formes.

Exemples d'outils de gestion des mots de passe

Comme nous l'avons précisé précédemment, ces outils sont généralement intégrés dans les solutions de e-provisioning et de méta-annuaire du marché.

Voici, à titre d'exemple, une liste d'outils comprenant des fonctions de gestion des mots de passe :

- Waveset LightHouse de Sun (outil de e-provisioning) ;
- IBM Tivoli Identity Manager (outil de e-provisioning) ;
- BMC Control SA (outil de e-provisioning) ;
- Microsoft MIIS (méta-annuaire de Microsoft), qui comprend une fonction de mise à jour des mots de passe centralisée ;
- Novell Nsure Identity Manager (méta-annuaire de Novell), qui comporte une fonction de synchronisation bidirectionnelle des mots de passe, ainsi que de réinitialisation de ceux-ci en cas de perte par l'utilisateur ;
- Sun IdSync est un outil dédié à la synchronisation des mots de passe. Suite au rachat de Waveset qui possède aussi le sien, il y a fort à parier que l'un des deux disparaîtra dans l'avenir.

Les serveurs d'applications LDAP

Qu'est ce qu'un serveur d'applications ?

Nous allons décrire comment réaliser des applications qui s'appuient sur un annuaire LDAP pour y gérer des informations concernant des personnes. Par exemple, un extranet ou un site de commerce électronique requerra d'accéder à l'annuaire afin de vérifier l'authentification de l'utilisateur, ou encore lui permettre de consulter et de modifier son profil.

Les serveurs d'applications constituent le fondement des applications trois tiers (séparation de l'interface homme/machine, de la logique applicative et des données), donc des applications Web, permettant de les réaliser facilement, en offrant des outils de développement et en prenant en charge la gestion des performances, de la disponibilité et de la modularité. Ils ne sont pas spécifiques aux annuaires LDAP ; ils sont en effet largement utilisés pour tout site Internet ou tout intranet.

Mais que fait exactement un serveur d'applications ? C'est un sujet à part entière qui ne fait malheureusement pas l'objet de ce livre. Néanmoins, nous allons décrire les principaux services généralement offerts par ce type d'outil.

Un serveur d'applications est une plate-forme logicielle qui facilite le développement d'applications dans une architecture trois tiers, et plus particulièrement les applications s'appuyant sur les technologies Internet, c'est-à-dire celles qui sont accessibles à travers un navigateur Web. Il se situe entre le serveur Web et les systèmes de base de données, comme l'illustre la figure 10.11.

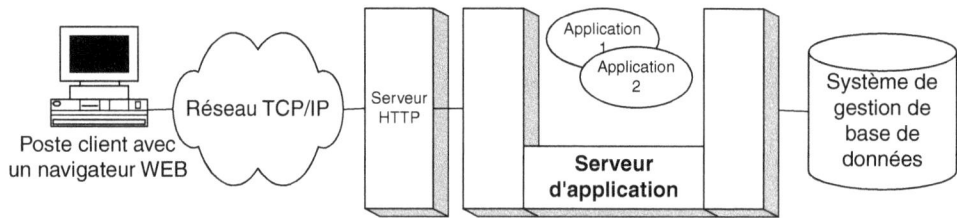

Figure 10.11
Vue d'ensemble d'un serveur d'applications

Il offre des services techniques, que nous allons présenter ci-dessous, permettant au développeur d'applications de se concentrer sur les fonctionnalités de celles-ci.

Gestion de la performance

Le serveur d'applications gère de façon optimale la connexion avec la base de données afin d'améliorer les performances des applications lorsque des centaines d'utilisateurs, voire des milliers, accèdent à celle-ci. Il est également capable de répartir la charge sur plusieurs machines pour offrir des temps de réponse homogènes quel que soit le nombre d'utilisateurs.

Une des caractéristiques d'un serveur d'applications est d'être capable de gérer des pools de sessions avec la base de données pour optimiser les performances d'accès à celles-ci. Par exemple, si mille utilisateurs se connectent simultanément à une application, et que le serveur ouvre mille sessions avec la base de données, soit une par utilisateur, il peut y avoir une dégradation importante des performances, même si les sessions ne sont pas actives, donc qu'aucune requête ne transite à travers elles. En effet, chaque session ouverte avec la base consomme des ressources mémoire et processeur, ce qui peut nuire fortement aux performances.

La solution consiste à ouvrir en permanence moins de sessions avec la base de données qu'il y a d'utilisateurs connectés, et à partager celle-ci entre les différentes sessions utilisateurs. Ceci évite d'avoir à ouvrir et à fermer la session avec la base à chaque requête, et améliore les performances d'accès à celle-ci.

Lorsqu'un utilisateur soumet une requête au serveur d'applications, ce dernier utilise la première session ouverte et disponible avec la base de données. Il sauvegarde le contexte de chaque utilisateur (tables ouvertes, curseurs en cours, etc.), afin de le restituer à la prochaine requête. S'il n'existe pas de session disponible pour la connexion avec la base de données, le serveur d'applications peut ouvrir une nouvelle session, ou bien mettre en attente la requête de l'utilisateur, ou encore la refuser (cela dépend de la façon dont ce mécanisme est implémenté dans le serveur d'applications).

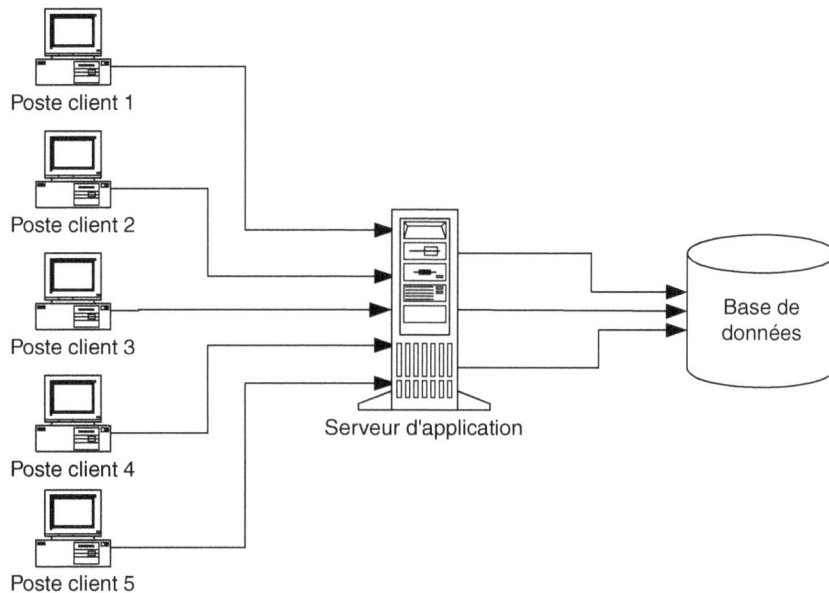

Figure 10.12

Gestion des pools de sessions avec la base de données

Les gains de performance sont significatifs, à condition d'ouvrir le nombre optimal de sessions avec la base. Ce nombre dépend de la quantité de requêtes effectuées par les utilisateurs et de la durée moyenne d'une requête. C'est souvent à l'usage qu'il peut être optimisé. Les serveurs d'applications le font automatiquement, ou bien ils offrent une interface d'administration à cet effet.

Pour un annuaire LDAP, les mécanismes sont identiques. Par exemple, les serveurs d'applications Java qui utilisent JNDI offrent des mécanismes de gestion des pools de session. En effet, à partir du Java SDK v1.4.1, Sun propose un « provider » LDAP offrant ce type de mécanisme (voir le chapitre sur JNDI pour plus de détails).

Gestion de l'authentification à l'annuaire *(proxy authorization)*

Il existe un point auquel il faut apporter une attention particulière : l'identification et l'authentification à l'annuaire par le serveur d'application, ainsi que la gestion des habilitations. En effet, lors de l'utilisation d'une session disponible, si l'on souhaite que l'annuaire LDAP joue son rôle de contrôle d'accès aux données en fonction de l'identification de l'utilisateur, il est indispensable que celle-ci soit utilisée pour ouvrir la session avec l'annuaire. Or ceci n'est pas toujours possible, car le serveur d'application ouvre et réutilise les sessions avec l'annuaire LDAP d'une requête à l'autre, à l'aide d'un identifiant qui lui est propre, et ceci afin d'optimiser les performances.

Par exemple, le serveur d'application va disposer du DN suivant :

```
cn=site internet, ou=applications, dc=valoris, dc=com
```

qu'il va utiliser pour toutes les sessions ouvertes avec l'annuaire. Les ACLs qui s'appliqueront seront donc ceux de ce DN et non ceux de l'utilisateur connecté au site Internet.

Une des solutions consiste à ouvrir de façon permanente toutes les sessions avec l'annuaire, en utilisant un identifiant d'utilisateur générique ayant au moins les mêmes droits d'accès aux données que ceux de tous les utilisateurs qui peuvent se connecter à l'application. Par exemple, celui-ci peut être l'utilisateur « Directory Manager » qui permet d'administrer un annuaire LDAP. Par la suite, lorsque le serveur d'application souhaite effectuer des transactions avec l'annuaire LDAP, dans la limite des droits que possède l'utilisateur connecté à l'application, il doit utiliser une fonctionnalité particulière des annuaires LDAP, dénommée « Proxy authorization ».

Cette fonctionnalité permet de se connecter à l'annuaire avec un DN particulier (par exemple celui de l'administrateur de l'annuaire), puis d'hériter des droits d'une autre DN à des fins de recherche ou de mise à jour, sans avoir à fermer puis rouvrir la connexion à nouveau. La mise en œuvre de cette fonctionnalité dépend du serveur d'annuaire et nécessite généralement l'usage d'un contrôle particulier lors de l'appel de la fonction de recherche dans l'annuaire.

Ainsi, la séquence effectuée est la suivante :

1. Le serveur d'application se connecte à l'annuaire (fonction d'initialisation).

2. Le serveur d'application s'identifie à l'aide de son identifiant propre et son mot de passe.

3. Le serveur d'application fait appel à la fonction de recherche, en précisant que celle-ci doit se faire en utilisant les habilitations d'un utilisateur donné (identifié par son DN), passé en paramètre de la fonction de recherche à l'aide d'un contrôle.

4. Le serveur d'application peut faire appel à nouveau à la fonction de recherche (ou tout autre fonction comme la création ou la modification), en précisant ou pas le DN d'un utilisateur dont il faut appliquer les habilitations.

Il est ainsi possible de faire plusieurs recherches dans une même session avec l'annuaire, en limitant le résultat de la recherche aux droits d'un utilisateur donné à chaque fois. Pour plus d'information sur cette fonctionnalité, faire une recherche de « Proxy authorization » dans la documentation du serveur d'annuaire que vous possédez.

Gestion de la disponibilité

Le serveur d'applications offre des mécanismes de tolérance aux pannes, comme le fait de basculer les flux vers une autre machine ou encore de relancer automatiquement les applications en cas de besoin. Il offre aussi des outils de monitoring et d'audit des performances permettant d'anticiper les problèmes de charge.

Intégration avec d'autres systèmes

Il propose généralement des connecteurs permettant d'accéder aux bases de données ou à d'autres applications *via* des middlewares (moniteurs transactionnels MOM, etc.), afin de bénéficier des deux premiers services.

Gestion de la modularité et de l'évolutivité

Il offre à cet effet le support d'applications constituées de composants objet, comme des composants Java, JavaBeans ou ActiveX, principaux standards du marché.

Intégration avec le serveur HTTP

Il offre à cet effet un langage de script, comme JavaScript ou VBScript, ou encore la possibilité d'écrire du code Java pour le serveur à l'aide des JSP *(Java Server Pages)* et de servlets, afin de faciliter le développement de pages HTML dynamiques. Ce langage de script permet de constituer des pages HTML « modèles » contenant du code, que le serveur d'applications va se charger d'exécuter au moment du chargement de la page. Ce code demande en général l'exécution d'un composant sur le serveur d'applications ou fait appel directement à la base de données, pour récupérer des données qu'il faut incorporer dans les pages HTML.

Exemples de logiciels

Nous allons décrire quelques exemples de serveurs qui permettent de réaliser des applications s'appuyant sur un annuaire LDAP. Celles-ci peuvent être les Pages Blanches de l'entreprise, une application de gestion des profils d'utilisateurs sur un site Internet, ou encore une application d'administration des utilisateurs sur un portail d'entreprise.

Nous mettrons l'accent sur les serveurs d'applications qui sont plus particulièrement adaptés à LDAP, car ils contiennent en standard tous les composants requis pour accéder à un annuaire. Nous désignerons ces outils indifféremment par serveur d'applications LDAP ou passerelle LDAP.

Notons qu'il est tout à fait possible de réaliser ce type d'application avec des serveurs d'applications classiques du marché comme ceux que nous avons cités précédemment : WebSphere d'IBM, WebLogic de BEA, Sun Application Server. Dans ce cas, il suffit de développer des composants qui font appel à une interface de programmation LDAP en C, en Java ou l'aide de JNDI (voir le chapitre 6 sur les interfaces LDAP pour plus de détails).

Oblix COREid

C'est un produit de la société Oblix *(www.oblix.com)*. Cet outil est prêt à l'emploi et il suffit de le configurer pour décrire l'annuaire LDAP que l'on souhaite publier. Ceci se fait à l'aide d'une interface d'administration accessible par un navigateur Web offerte par le produit. Aucune compétence HTML n'est requise pour le configurer.

Sa principale particularité est qu'il comprend un outil de workflow permettant de définir des processus de validation de chaque attribut, et qui peuvent aussi dépendre de l'emplacement de l'objet dans le DIT. Il est par exemple possible de différencier les processus de création d'un employé dans la maison mère d'une entreprise de celui employé dans une de ses filiales.

Il offre en standard des fonctions de visualisation de tout type d'objet de l'annuaire, quelle que soit la classe à laquelle il appartient, ainsi qu'un trombinoscope des personnes de l'entreprise. Il permet aussi de constituer des rapports à l'aide de filtres multicritères, qu'il est possible de sauvegarder et d'imprimer. Il contient également une gestion des groupes d'utilisateurs, statiques et dynamiques, ainsi qu'une gestion des organisations.

Figure 10.13

Oblix COREid

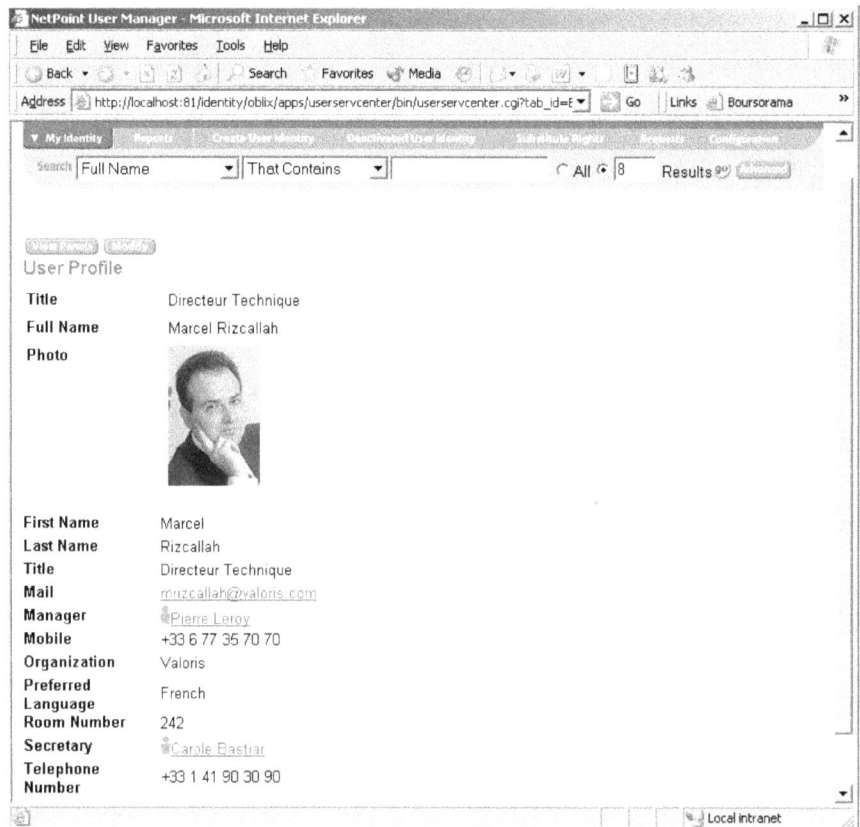

Cet outil est couplé avec un outil de gestion des autorisations pour l'accès à des applications Web, intégré dans Oblix COREid. Ce dernier permet de contrôler les accès Web de façon centralisée et indépendante des applications (voir plus loin dans le chapitre les outils d'authentification et de gestion des habilitations pour plus d'informations). La gestion des groupes permet d'attribuer des droits aux utilisateurs, et de déléguer cette gestion à des administrateurs *via* le workflow de validation.

Calendra Directory Manager

CDM de Calendra *(www.calendra.com)* est entièrement réalisé en Java, et fonctionne sur tout type de serveur d'application J2EE. Il offre une interface d'administration d'annuaire LDAP, en HTML ou en Java. CDM propose en standard des fonctions d'organigramme hiérarchique, de trombinoscope et de localisation géographique des individus à l'aide de plans des sites de l'entreprise. Il offre aussi des fonctions de workflow permettant de valider les mises à jour en respectant les processus de l'entreprise.

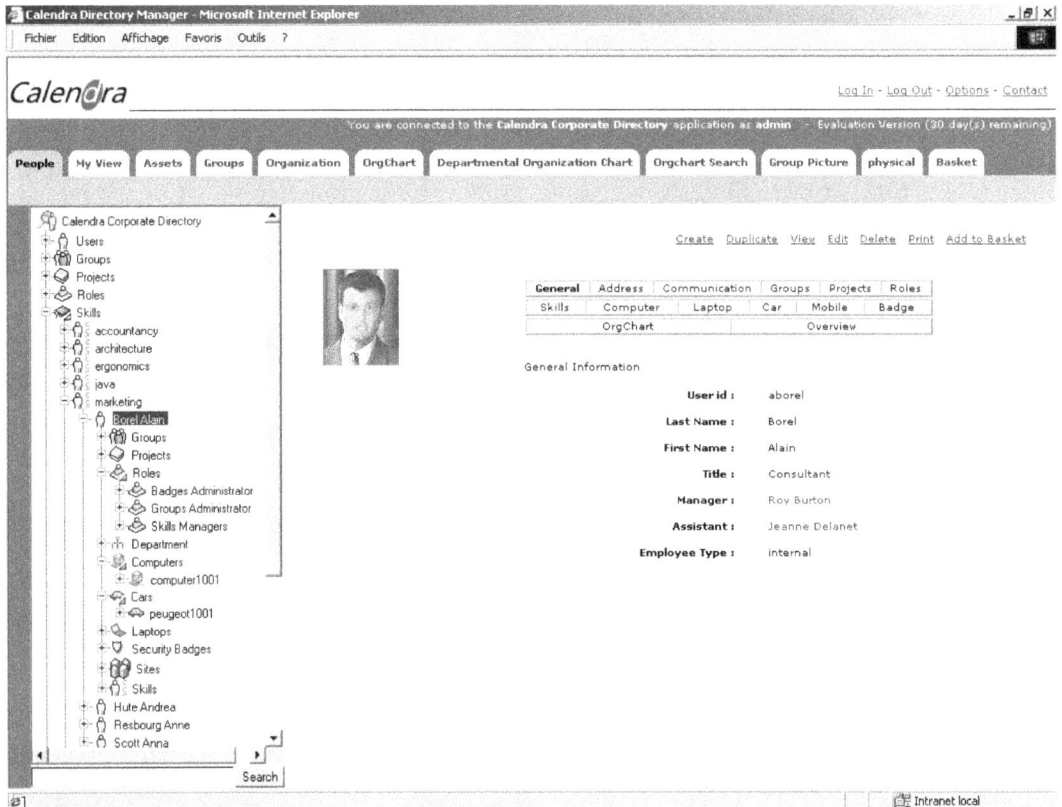

Figure 10.14

Calendra Directory Manager

Un des intérêts de cet outil est qu'il permet de constituer des vues métiers des données contenu de l'annuaire, masquant tous les objets et les attributs techniques de celui-ci. Il comprend une interface d'administration en Java qui permet de construire par des clics de souris des vues multiples sur la même structure d'annuaire. L'information ainsi réorganisée est plus facilement compréhensible par les utilisateurs. (Voir plus loin dans ce chapitre les outils de gestion du contenu des annuaires pour plus d'informations.)

Novell eGuide

Novell offre avec son produit d'annuaire Novell eDirectory un outil de consultation et de saisie des entrées de l'annuaire. eGuide permet aux utilisateurs d'obtenir des informations sur les autres utilisateurs de l'annuaire et de modifier leurs propres informations.

Ilex Meibo

La société Ilex, éditeur de solutions de SSO et de gestion d'annuaire, propose un outil de gestion de contenu d'un annuaire LDAP, intégrant un organigramme et un trombinoscope.

Nakisa Corporate Directory Services

Corporate Directory Services de Nakisa est un produit bâti sur une plate-forme .NET et offrant des services d'organigramme, d'annuaire Pages Blanches, de localisation géographique des personnes et des ressources, ainsi que de fonctionnalités de self-service permettant aux utilisateurs de mettre à jour leurs profils.

CDS est un produit 100 % Web, tirant parti de la plate-forme .NET et des services Web associés. Il peut se connecter à un annuaire LDAP, à une base de données, à des progiciels d'ERP, à l'EAI Biztalk de Microsoft et à des documents/messages XML.

Serveurs d'applications J2EE, PHP et Microsoft .NET

Il est aussi possible de développer ses propres applications d'accès à un annuaire LDAP en s'appuyant sur les serveurs d'applications du marché.

Dans le cas des serveurs d'applications J2EE, comme IBM Websphere et BEA Weblogic, il faut utiliser une interface d'accès Java à LDAP, comme JNDI. Nous décrivons dans la suite de ce livre les différentes interfaces disponibles avec des exemples de code source.

De même, dans le cas de plate-forme Microsoft, il est possible d'utiliser une interface ADSI ou bien une interface .NET (classes .NET de l'espace de noms System.Directory Services), pour développer des applications Web (ou en mode client lourd) d'accès aux annuaires LDAP. Nous décrivons dans la suite de ce livre des exemples pour ADSI et .NET.

Enfin, il est aussi possible, avec un serveur d'applications Apache (ou tout autre serveur Web) et le langage PHP, de développer des applications LDAP. Il existe à cet effet une interface de programmation en PHP, que nous décrivons plus loin dans cet ouvrage.

Les outils d'administration

Le rôle de l'administration dans le cycle de vie d'un annuaire LDAP

L'administration constitue une phase importante du cycle de vie d'un annuaire LDAP. Il est indispensable de pouvoir faire évoluer celui-ci pour répondre à de nouveaux besoins, et d'avoir un moyen pour accéder à l'ensemble des données qu'il contient afin de pouvoir les maintenir.

Le rôle d'un outil d'administration est de permettre la manipulation du schéma de l'annuaire et de l'arborescence LDAP. Il doit donc offrir une interface qui permette de consulter et de modifier l'objet décrivant le schéma de l'annuaire, ainsi qu'une interface qui permette de naviguer dans l'arborescence, de consulter les objets qu'elle contient, et de modifier, supprimer ou déplacer toute branche de l'arbre.

L'outil d'administration doit aussi permettre l'attribution des droits ou des ACI sur les différents objets de l'arborescence.

En général, chaque serveur d'annuaire LDAP possède son propre outil d'administration.

Exemples d'outils d'administration

LDAP Browser/Editor

LDAP Browser/Editor est le seul logiciel gratuit, permettant de visualiser et de modifier le contenu de tout annuaire LDAP. Il est développé par M. Jarek Gawor, et distribué gratuitement sur le Web à l'adresse suivante *(www.iit.edu/~gawojar/ldap)*. Il fonctionne avec plusieurs annuaires LDAP du marché.

Cet outil est entièrement réalisé en Java et fonctionne par conséquent sur tout type de plate-forme.

La figure 10.15 montre une connexion de cet outil à Active Directory en lecture seule.

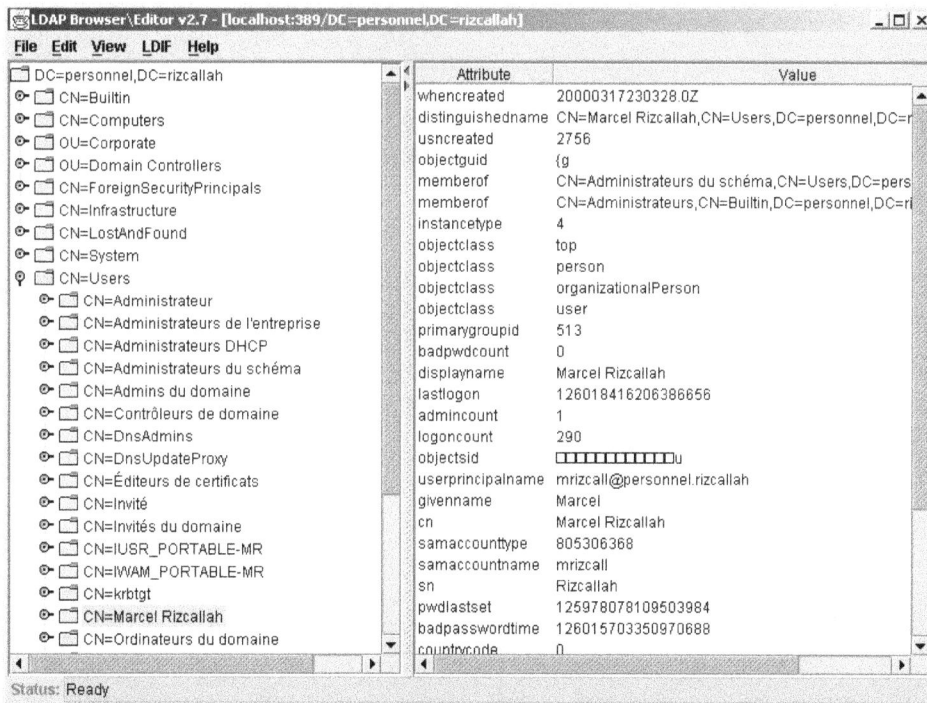

Figure 10.15
LDAP Browser/Editor

Novell LDAP Tool

Novell offre un outil dénommé LDAP Tool, développé dans le cadre d'une communauté Open Source, et téléchargeable sur le site *http://forge.novell.com*.

C'est une application Windows, permettant de visualiser le schéma et le contenu d'un annuaire LDAP quelconque, et permettant d'effectuer des modifications sur les objets et les attributs, ainsi que de créer de nouveaux objets. Certaines fonctionnalités de l'outil ne fonctionnent qu'avec Novell eDirectory.

Noter qu'une fois téléchargé, pour pouvoir faire fonctionner l'outil, il faut disposer de DLL complémentaires propres à Novell (ldapx.dll, etc.). Celles-ci se trouvent dans le kit de développement Novell, ou bien dans l'un des produits de Novell (vous pouvez par exemple télécharger Novell eDirectory en version d'évaluation, et vous y trouverez les DLL nécessaires). Il suffit alors de les recopier dans le même répertoire que le fichier exécutable LDAPTool.exe.

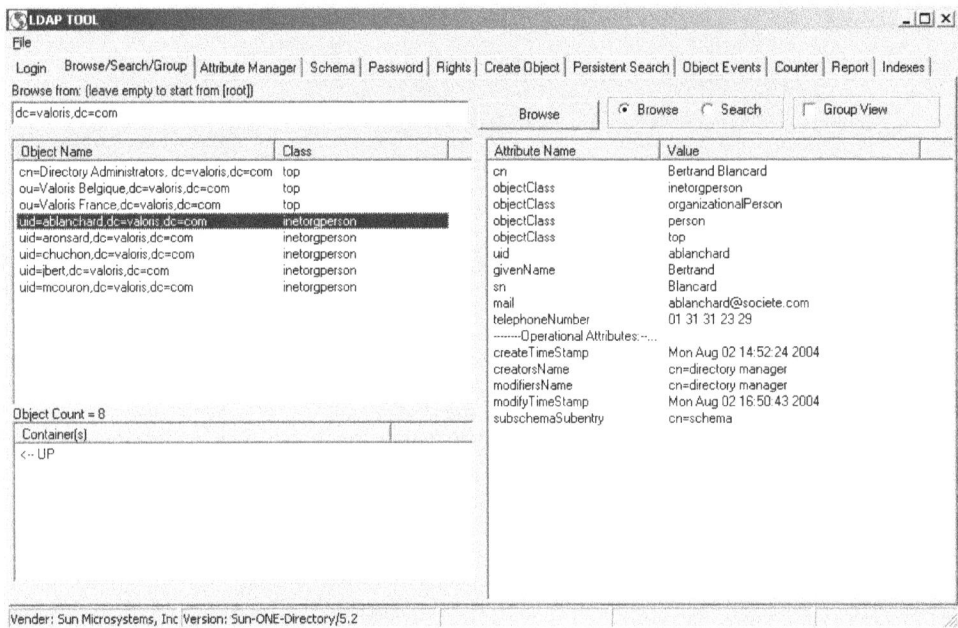

Figure 10.16
LDAP Tool de Novell

Sun One Server Console

Cet outil est intégré dans le serveur Sun Directory Server. Il permet d'administrer de façon générale le serveur d'annuaire de Sun, et plus particulièrement de gérer le schéma, l'arborescence LDAP et les objets de l'annuaire (voir figure 10.17 page suivante).

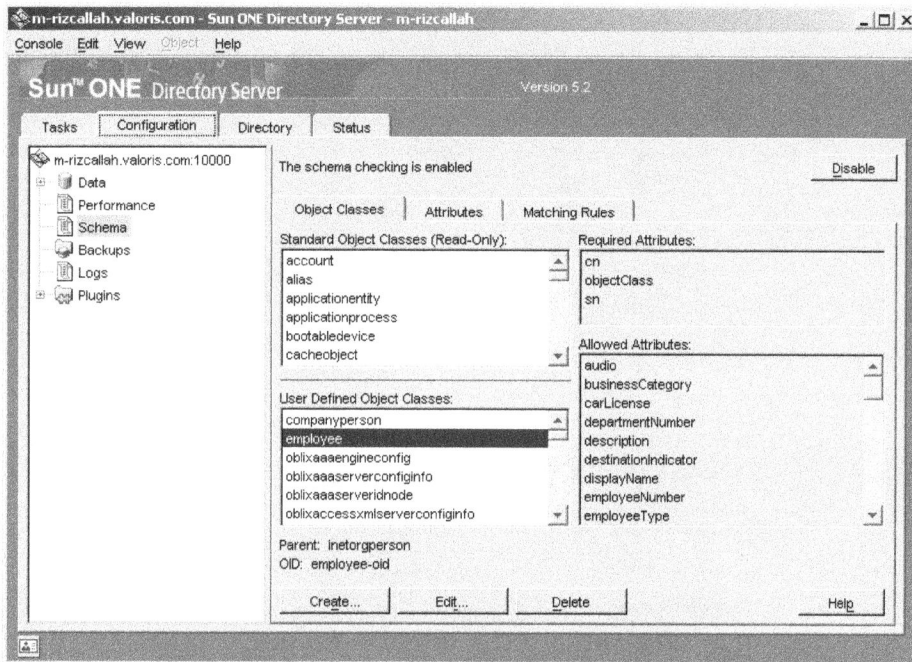

Figure 10.17

Sun One Server Console

Microsoft Active Directory MMC et ADSI Edit

Active Directory peut être administré avec plusieurs outils intégrés dans Windows 2000/2003 Serveur.

Pour pouvoir modifier le schéma de l'annuaire sous Windows 2000, il faut rajouter le « composant logiciel enfichable » nommé Schéma Active Directory à l'aide du menu Console. Pour des raisons de sécurité, le composant Schéma Active Directory n'apparaît pas dans la liste des composants enfichables. Pour les utilisateurs avertis qui souhaitent accéder au schéma de l'annuaire, il est nécessaire d'enregistrer au préalable la DLL c:\winnt\system32\Schmmgmt.dll à l'aide de la commande reqsvr32.exe, ou bien d'installer le kit de ressources techniques qui se trouve dans le dossier Support\Tools sur le CD-Rom d'installation de Windows 2000. Il faut aussi être identifié en tant qu'administrateur du serveur ou appartenir au groupe « Administrateurs du schéma ».

Sous Windows 2003, il suffit d'installer les outils d'administrations complémentaires à l'aide de « Windows Server 2003 Administration Tools Pack ».

Cet outil permet de modifier les classes et les attributs et d'en créer de nouveaux. Il faut le manipuler avec précaution, et éviter, notamment, de modifier les classes et les attributs existants, car cela peut altérer le fonctionnement de Windows 2000/2003. En revanche, il est tout à fait possible de rajouter de nouvelles classes dérivées des classes existantes, ainsi que de nouveaux attributs.

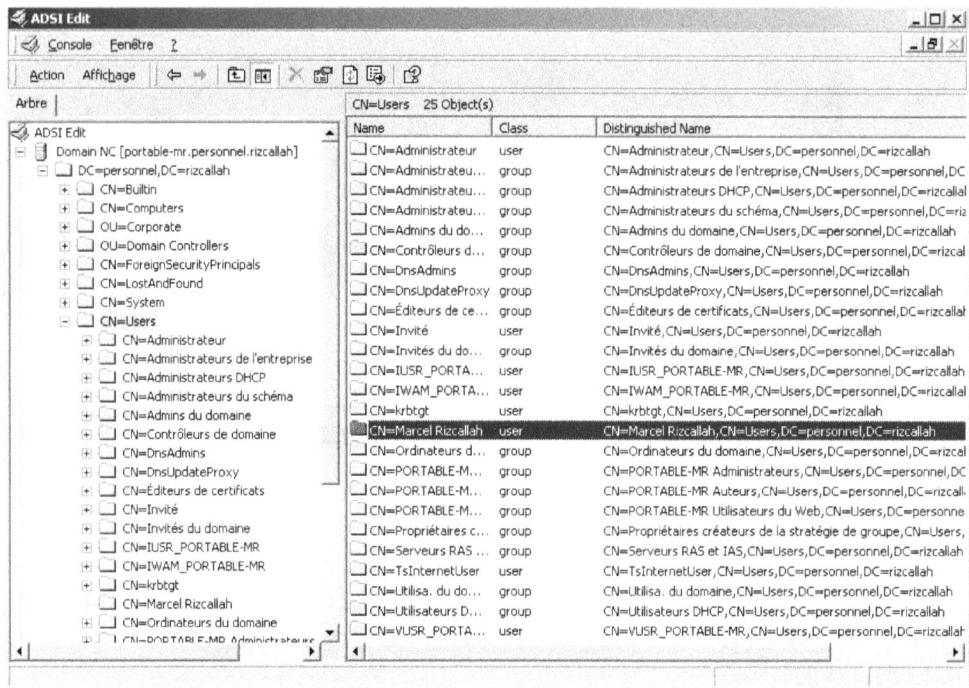

Figure 10.18
ADSI Edit et Active Directory

Note

Pour des raisons de sécurité, le schéma n'est pas modifiable par défaut. Il est nécessaire d'activer un paramètre particulier dans la configuration d'Active Directory. Allez dans la console MMC et affichez le composant Schéma Active Directory. Puis cliquez sur le bouton droit de la souris lorsque celle-ci est positionnée sur ce composant, pour accéder au menu Maître d'opérations. Cochez alors la case « Le schéma peut être modifié sur ce serveur ». Ce paramètre ne doit être activé que par un utilisateur averti et qu'en cas de nécessité !

D'autre part, il existe un outil nommé ADSI Edit, illustré dans la figure 10.13, qui permet de visualiser l'ensemble des objets de l'arborescence de l'annuaire Active Directory, et de les modifier. Cet outil est installé automatiquement lorsqu'on installe le kit de ressources techniques de Windows 2000 Serveur, livré avec le produit sur son CD-Rom.

Novell ConsoleOne

Novell offre une extension de la console d'administration de ses outils permettant de gérer un annuaire LDAP. Comme pour les autres produits, cette console offre une interface graphique qui permet de visualiser et manipuler les données LDAP, y compris le schéma de l'annuaire et les habilitations.

Novell ConsoleOne est livrée avec le serveur d'annuaire Novell eDirectory.

Figure 10.19

Novell ConsoleOne

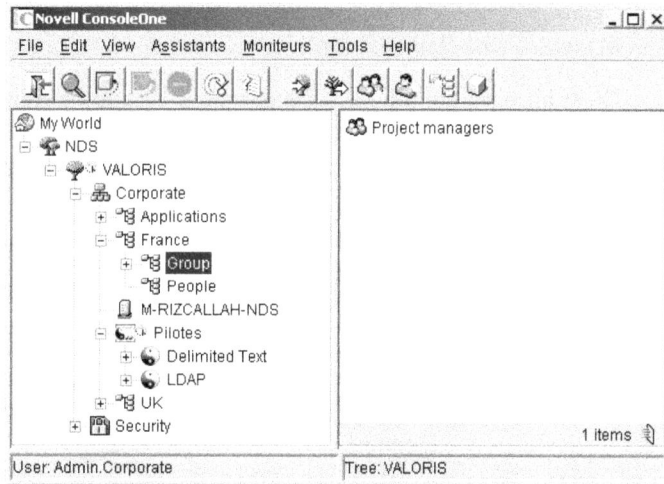

Softerra LDAP Browser et LDAP Administrator

LDAP Browser est un outil sous Windows, téléchargeable gratuitement, qui permet de consulter le contenu de tout type d'annuaire LDAP (voir figure 10.20). Il existe une version complète et payante, permettant d'effectuer aussi des mises à jour, dénommée « LDAP Administrator ».

Figure 10.20

Softerra LDAP Browser

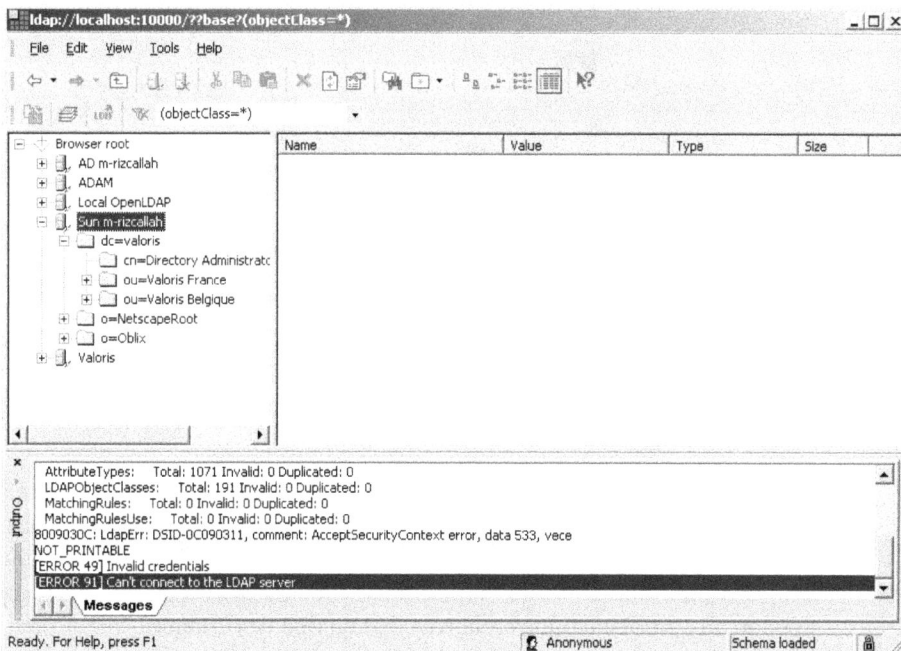

Ces produits sont régulièrement mis à jour et peuvent être téléchargés à l'adresse *http:// www.ldapadministrator.com*.

Maxware Directory Explorer

C'est un outil qui ajoute à l'explorateur Windows (Windows Explorer) la possibilité de lire le contenu de tout annuaire LDAP, comme le montre la figure 10.21.

Il peut être téléchargé gratuitement du site de Maxware à l'adresse *http://www.maxware.com*.

Figure 10.21

Maxware Directory Explorer

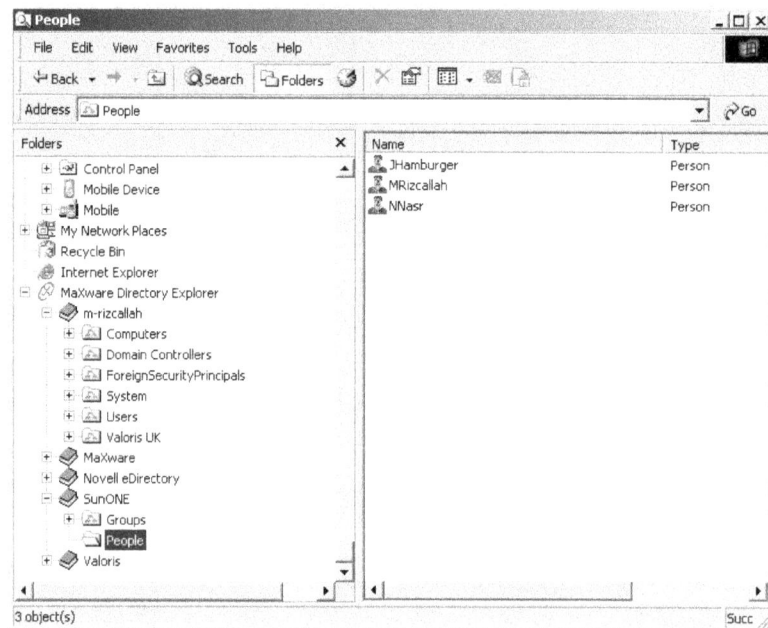

Les outils de gestion du contenu d'annuaires

Lorsqu'un annuaire devient un composant central du système d'information de l'entreprise et que les données concernant les personnes et les ressources s'accumulent dans celui-ci, il devient vite indispensable de pouvoir gérer son contenu efficacement au même titre que tout entrepôt de données de l'entreprise (datawarehouse, on parle aussi de *directory warehouse*).

Les outils d'administration des annuaires, les serveurs d'applications et les méta-annuaires sont des solutions complémentaires qui jouent un rôle primordial dans la gestion de l'annuaire d'entreprise. Néanmoins, ils n'adressent pas les problématiques métiers au cœur des préoccupations des utilisateurs. Plus particulièrement, ils n'apportent pas de solution aux problématiques relatives à la qualité des données, à leur pertinence et à leur complétude. Ils n'offrent pas non plus de niveau d'abstraction nécessaire à la manipulation des données, par les utilisateurs et les applications, à partir d'une vue logique de celles-ci qui soit proche du métier de l'entreprise.

On estime le pourcentage des données inexactes ou incomplètes dans un annuaire entre 5 % et 30 %. Ceci est important compte tenu du fait que l'annuaire est amené à jouer un rôle stratégique dans l'entreprise, voire indispensable pour son système d'information. La raison de ce pourcentage élevé est que les outils d'administration intégrés aux progiciels d'annuaires sont destinés aux administrateurs techniques et non aux utilisateurs. De plus, lorsque les utilisateurs ont accès à l'annuaire, ils n'y voient que des données techniques qu'ils sont incapables de comprendre car elles ne représentent pas grand-chose d'un point de vue métier. Par exemple, l'organigramme de l'annuaire ou son DIT est souvent très différent de celui de l'entreprise, pour les raisons que nous avons évoquées dans le chapitre 7 relatif à la conception fonctionnelle. Si l'utilisateur peut avoir accès à l'annuaire, il lui sera difficile de comprendre l'organigramme de l'entreprise à partir de la vue technique des données, bien que celles-ci contiennent toutes les informations requises pour reconstituer l'organigramme de l'entreprise.

Par conséquent, l'information ne peut pas être mise à jour facilement, entraînant l'incohérence des données et leur inexactitude. L'annuaire fini par ne plus être en adéquation avec l'entreprise, générant des problèmes de sécurité et réduisant la productivité des utilisateurs.

Afin de tirer parti du contenu de l'annuaire, d'en faire bénéficier les utilisateurs et de maximiser le retour sur investissement, il est important de se doter d'une solution qui réponde aux points soulevés précédemment. Ce type de solution rend accessibles aux utilisateurs les informations contenues dans l'annuaire en masquant la complexité technique de son modèle de données et en mettant à leur disposition des outils faciles à utiliser.

En quoi consiste la gestion du contenu d'un annuaire ? Elle comprend l'accès aux données à des fins de lecture et de mise à jour, et l'accès à celle-ci à des fins d'analyse et de traitement.

La gestion des entrées de l'annuaire

Dans le premier cas, il s'agit d'offrir aux utilisateurs un moyen simple pour lire et mettre à jour l'annuaire. La solution la plus couramment adoptée sera bien entendu basée sur des formulaires HTML, accessibles à travers un navigateur Web sur l'intranet de l'entreprise, ou sur son site Internet. La création de ces formulaires peut se faire à l'aide de n'importe quel environnement de développement Web, comme par exemple un serveur d'applications Java, Weblogic de BEA ou Websphere d'IBM, et des servlets, soit tout simplement un moteur de servlet comme Tomcat.

Mais en général, ce type de solution n'est pas adapté à l'accès aux annuaires LDAP en tant que source de données. En effet, ils intègrent le protocole LDAP pour le contrôle de l'authentification et les autorisations, et offrent la possibilité d'accéder aux données d'un annuaire *via* JNDI ou tout autre interface de développement. Ils n'offrent pas, par exemple, la gestion des pools de sessions avec un serveur d'annuaire. En outre, l'atelier de développement n'est pas adapté à LDAP, et n'offre pas par exemple la possibilité de visualiser graphiquement les données de l'arbre et ses classes d'objets afin de les rajouter dans les formulaires, à l'instar des bases de données.

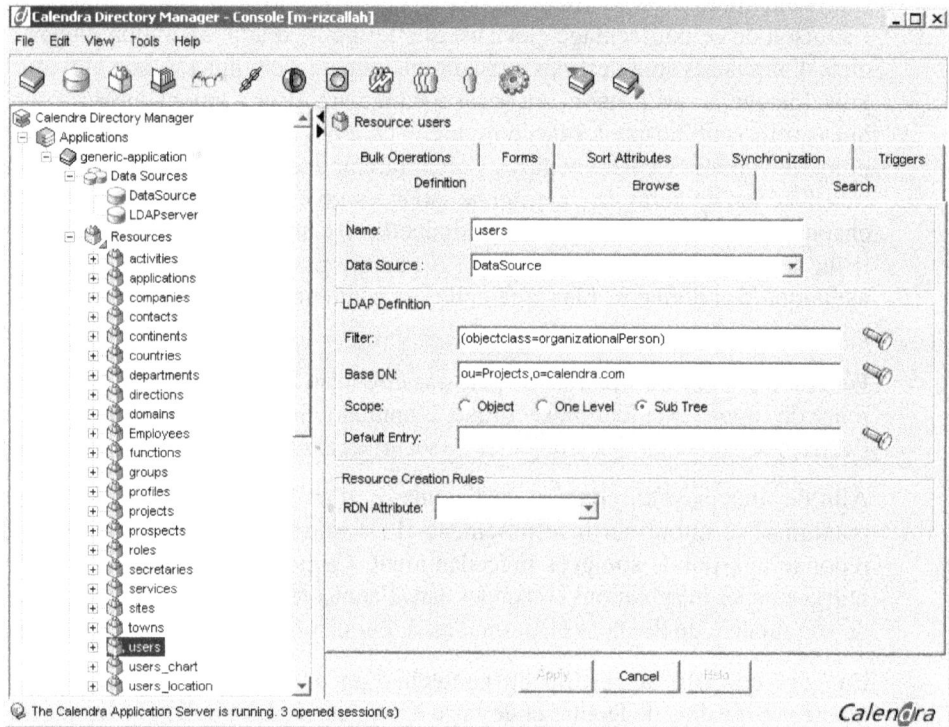

Figure 10.22

Exemple d'atelier de développement d'applications LDAP avec Calendra

Comme nous l'avons vu précédemment, il existe plusieurs outils permettant de réaliser des applications autour des annuaires LDAP et d'en gérer le contenu : il peut s'agir de ceux que nous avons cités dans les serveurs d'applications (Calendra, Oblix, Ilex, Nakisa, etc.) ou bien les outils fournis avec les solutions de e-provisioning. Tous ces outils sont livrés généralement avec un atelier de développement permettant de créer graphiquement l'interface homme/machine, et intégrant l'accès à l'annuaire LDAP.

Dans l'exemple de la figure 10.22, on crée une ressource afin de pouvoir accéder aux objets de type interorgperson dans la branche ou=Projects,o=calendra.com. Ceci va permettre de créer une vue dans laquelle on utilisera cette ressource. L'outil Calendra génère alors une application Web, illustrée dans la figure 10.23, sans écrire une ligne de code.

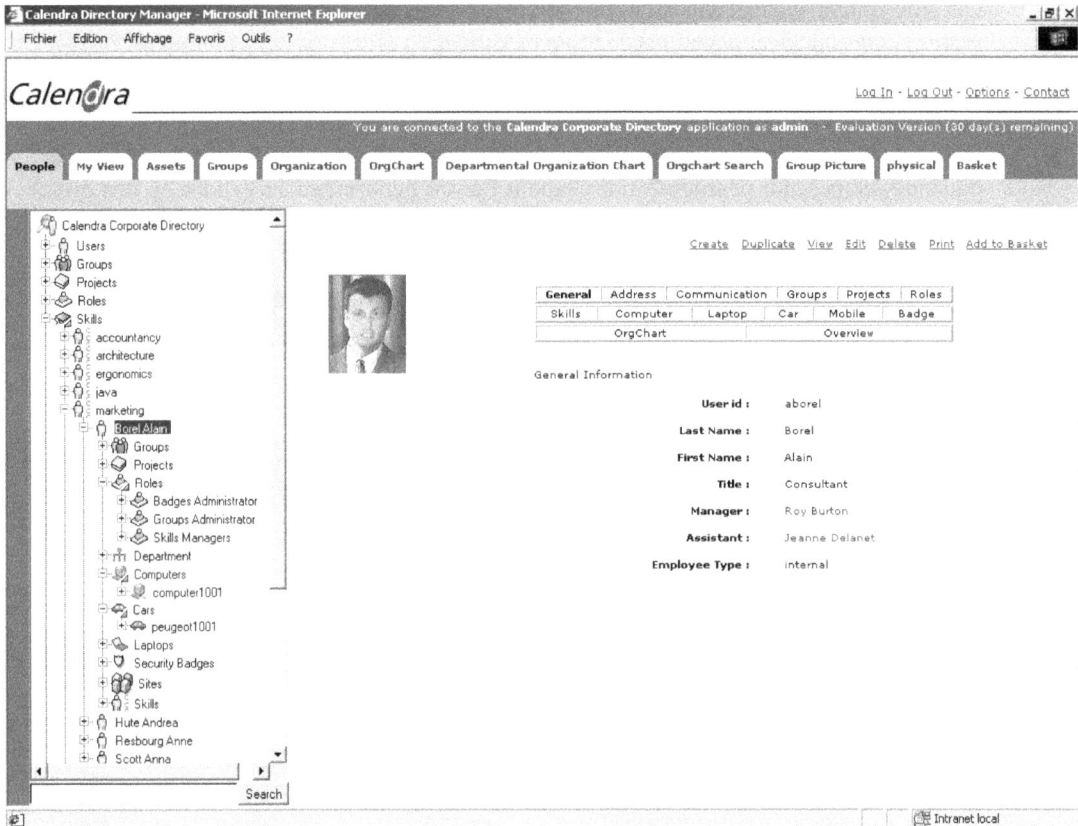

Figure 10.23

Exemple d'applications LDAP avec Calendra

Cet outil permet par ailleurs de se connecter à plusieurs annuaires LDAP dans une même application, ainsi qu'à des fichiers DSML contenant les données de l'annuaire.

La gestion du contenu d'un annuaire peut nécessiter l'intervention de plusieurs acteurs. Par exemple, l'adresse postale peut être mise à jour par l'utilisateur lui-même si c'est un client de l'entreprise, ou alors uniquement par les ressources humaines si c'est un employé de l'entreprise. Ou encore, une entrée dans l'annuaire permettant de décrire un employé ne peut être créée que si le département des ressources humaines à entrer celui-ci dans son système d'information et lui a attribué un numéro de matricule, et si le gestionnaire de la messagerie électronique lui a attribué une boîte aux lettres.

Comme nous l'avons vu dans le chapitre 7 relatif à la conception fonctionnelle, il est important de ne pas déposséder les gestionnaires des informations qu'ils détiennent. Or la mise en place d'un annuaire et d'un outil de gestion de son contenu risque de centraliser la mise à jour des données auprès d'un seul gestionnaire. Comment s'assurer que seuls les propriétaires de chaque attribut saisissent ou valident le contenu ? Comment informer si besoin les gestionnaires ou les applications de toute modification effectuée dans l'annuaire ?

Là aussi, il existe une nouvelle catégorie d'outils permettant à plusieurs acteurs de collaborer autour de la gestion du contenu d'un annuaire. Ces outils comportent des fonctions de *workflow,* permettant de décomposer une tâche de mise à jour ou de la créer en plusieurs étapes. Le passage d'une étape à l'autre nécessitera la validation des données par le responsable associé à celles-ci.

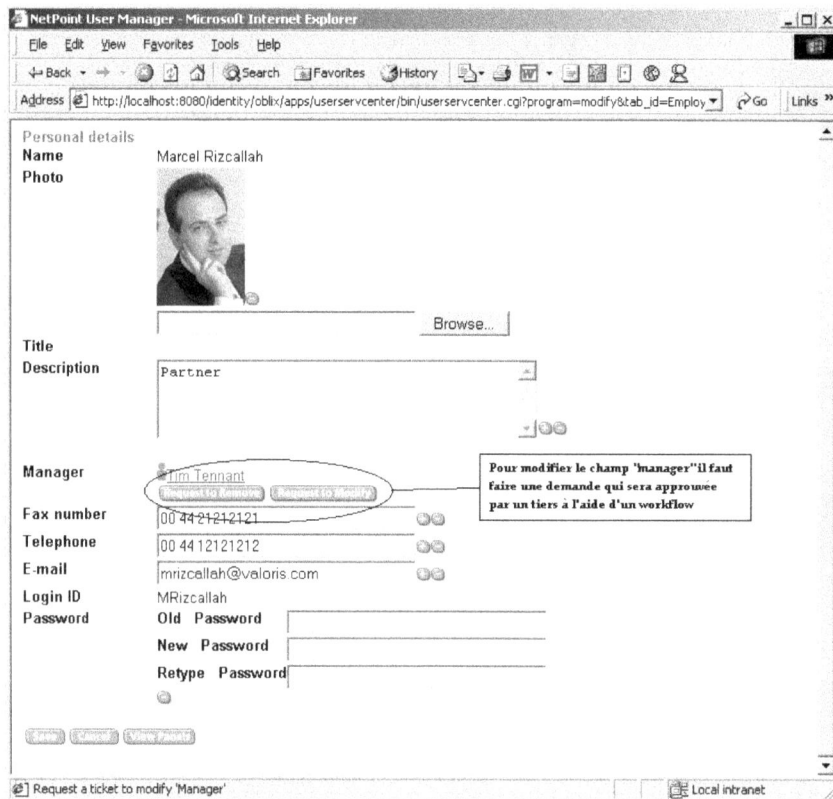

Figure 10.24

Exemple de workflow avec Oblix COREid

Dans l'exemple de la figure 10.24, le champ *manager* ne peut pas être modifié par l'utilisateur. Pour cela, il doit effectuer une demande qui sera transmise à la personne autorisée à effectuer cette modification (en général les ressources humaines). Ceci n'empêchera pas le responsable de cet attribut d'effectuer directement la modification, sans avoir reçu une demande de la part de l'utilisateur. On donne ainsi la possibilité à tous les acteurs concernés d'adapter les données de l'annuaire tout en assurant une cohérence d'ensemble.

La gestion des groupes

La gestion des groupes peut rapidement devenir une problématique complexe. Les groupes sont indispensables pour associer des droits d'accès et des rôles à des personnes comme nous l'avons vu précédemment. Ils sont aussi très utiles pour les listes de diffusion, ou tout simplement pour publier sur l'intranet les noms des personnes travaillant ensemble sur un même projet.

Les groupes peuvent être statiques ou dynamiques. Un groupe statique contient explicitement une liste de noms, et un groupe dynamique contient une règle, généralement un filtre LDAP, permettant d'interroger l'annuaire à l'aide d'une requête pour en extraire un sous-ensemble. Par exemple, il est plus simple de retrouver la liste des cadres d'une entreprise à l'aide d'un groupe dynamique. Il suffit pour cela de désigner dans un attribut le statut de la personne (cadre ou pas) et d'effectuer une requête sur l'annuaire pour retrouver cette liste. Certains serveurs d'annuaire prennent en charge la création de groupes dynamiques, comme Sun Java System Directory Server.

Ils offrent en standard une console d'administration qui permet de créer, modifier et supprimer les groupes. Mais celle-ci est destinée aux administrateurs, et ne peut pas être utilisée directement par des utilisateurs. Il faut donc s'équiper d'un outil de délégation de la gestion des groupes si l'on souhaite permettre aux utilisateurs de créer eux-mêmes leurs groupes.

Des outils comme Calendra Directory Manager et Oblix COREid offrent cette possibilité. Ils permettent de gérer des groupes dans un annuaire LDAP à l'aide d'une interface Web prête à l'emploi. Ils permettent également de définir et contrôler les droits d'accès sur les groupes en fonction de l'emplacement où ils se trouvent dans l'arborescence LDAP et du profil de l'utilisateur.

Il est aussi possible avec certains outils de gérer des groupes imbriqués (*nested group*), comme avec Oblix COREid. Ce dernier permet aussi d'associer des *workflows* aux différentes actions associées à un groupe, comme la création ou la suppression, afin de faire valider ces actions par différents acteurs.

Dans la figure 10.25, on voit un exemple où l'utilisateur peut consulter les groupes existants, puis demander à s'inscrire dans un groupe et à se désinscrire. En fonction du type d'utilisateur et du type de groupe, il est possible de faire valider la demande par un administrateur avant de l'accepter. On peut ainsi imaginer que les groupes sont prédéfinis et que les droits associés sont pré-établis. Lorsqu'un nouvel utilisateur arrive dans l'entreprise, il peut consulter les groupes existants et demander à être rattaché à un groupe en fonction des projets sur lesquels il travaille ou de sa fonction. Ceci réduit considérablement la tâche des administrateurs et optimise la sécurité du système d'information à travers un meilleur contrôle des actions d'abonnement ou pas à un groupe.

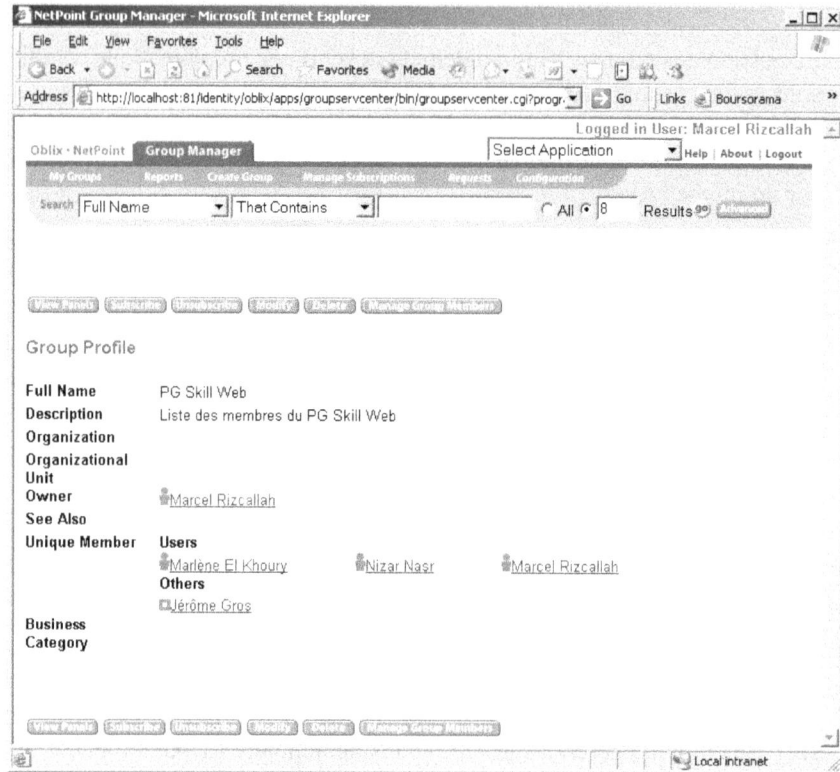

Figure 10.25

Exemple de gestion de groupe avec Oblix COREid

L'analyse du contenu

Les annuaires d'entreprise s'enrichissent rapidement au fur et à mesure du déploiement des applications. Il devient alors indispensable de pouvoir analyser leur contenu, afin d'en extraire les informations pertinentes pour le métier de l'entreprise.

Il faut donc disposer d'un outil qui permette de formuler des requêtes sur l'annuaire à l'aide de plusieurs critères, comme par exemple obtenir la liste de tous les employés résidant dans un local donné et ayant intégré l'entreprise depuis plus de trois ans, ou encore obtenir la liste des intérimaires.

Certains outils, tel Oblix COREid, permettent de créer des rapports multicritères. Ces rapports peuvent être créés à la volée par l'utilisateur, ou être prédéfinis par un administrateur comme le montre la figure 10.26.

Figure 10.26

*Exemple de rapport
avec Oblix COREid*

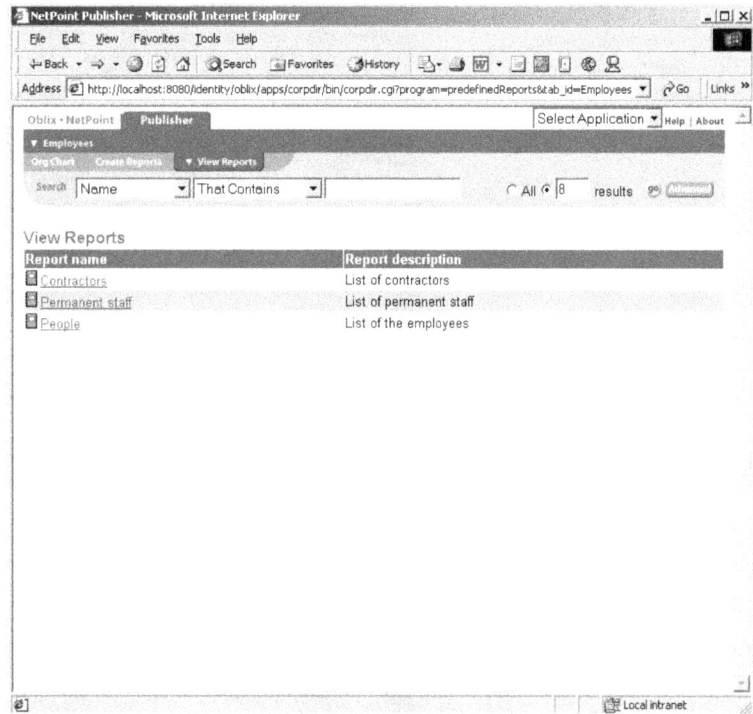

D'autres outils, comme Calendra Directory Manager, permettent de constituer des vues métiers sur les données. Une *vue métier* est une présentation de l'annuaire adaptée à une catégorie d'utilisateurs donnée. Avec Calendra Directory Manager cette présentation peut être indépendante de la structure physique de l'annuaire. Par exemple :

• une *vue métier Ressources Humaines* proposera à un utilisateur, disposant du *profil* adéquat, d'accéder aux caractéristiques particulières d'un employé ;

• pour le même annuaire, la *vue métier* adaptée aux administrateurs du réseau présentera les ressources réseau et les utilisateurs organisés suivant la topologie réseau.

La figure 10.27 montre le même annuaire vu sous l'angle physique (c'est-à-dire l'arborescence du DIT), et sous un angle logique mettant en évidence les utilisateurs, les groupes, les projets et les compétences.

Notons aussi que les fonctions de reporting intégrées dans ce type d'outils ainsi que dans les outils de e-provinioning, peuvent faciliter l'analyse du contenu de l'annuaire.

Figure 10.27

*Exemple de vues
métiers avec
Calendra*

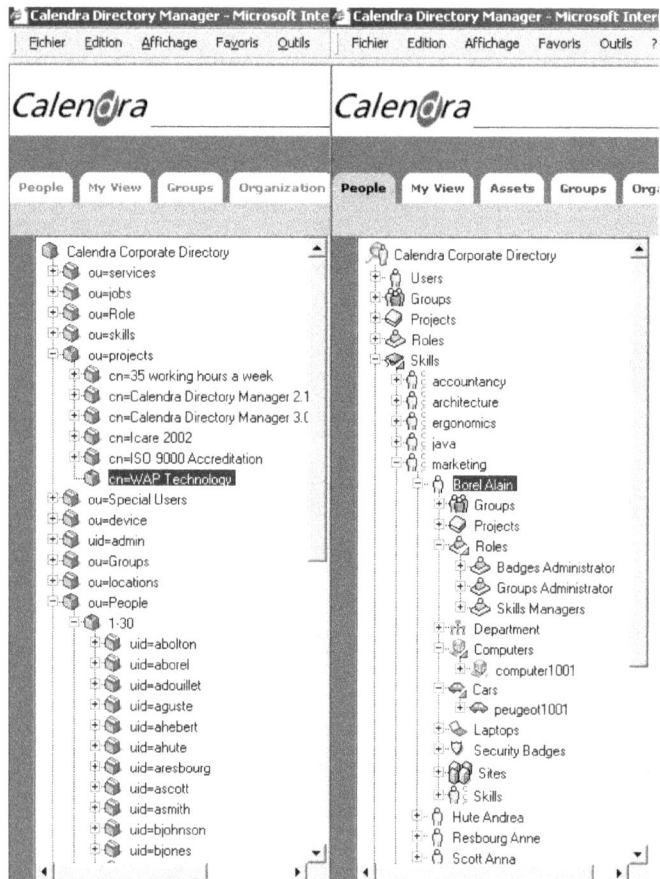

Exemples d'outils de gestion de contenu

Il existe plusieurs outils permettant de gérer le contenu d'annuaires LDAP.

Certains sont totalement dédiés à cet effet, et permettent de réaliser de vraies applications basées sur un annuaire ou plusieurs annuaires LDAP. Nous avons déjà évoqué quelques-uns de ces outils dans le paragraphe sur les serveurs d'applications LDAP. Nous les listons à nouveau ci-dessous :

- Calendra Directory Manager ;
- Oblix COREid ;
- Nakisa Corporate Directory Services ;
- Ilex Meibo.

D'autres outils sont intégrés dans les solutions de e-provisioning. En effet, chacune d'elles doit être pourvue d'une application permettant de créer, modifier et supprimer le contenu de l'annuaire (personnes, organisations et ressources), et de déléguer l'administration, au besoin, à différentes entités opérationnelles de l'entreprise (filiales, sites, etc.). Ainsi, il existe des fonctions de gestion de contenu dans les outils de e-provisioning que nous avons cités précédemment :

- IBM Tivoli Identity Manager ;
- Netegrity IdentityMinder eProvision ;
- Waveset LightHouse de Sun ;
- BMC Control SA ;

Enfin, il existe des outils plus simples à mettre en œuvre mais beaucoup moins riches fonctionnellement, comme Novell eGuide ou bien ceux basés sur un développement spécifique en .NET, Java ou PHP.

Les outils d'identification/authentification unique et de contrôle d'accès

Ces outils ont essentiellement deux vocations : la première consiste à assurer une authentification unique entre différents systèmes accessibles à travers un même point d'entrée comme le portail intranet ou un site Internet, et la deuxième consiste à contrôler de façon centralisée l'accès aux applications en fonction du profil de l'utilisateur.

Figure 10.28

Vue d'ensemble de la stratégie de sécurité

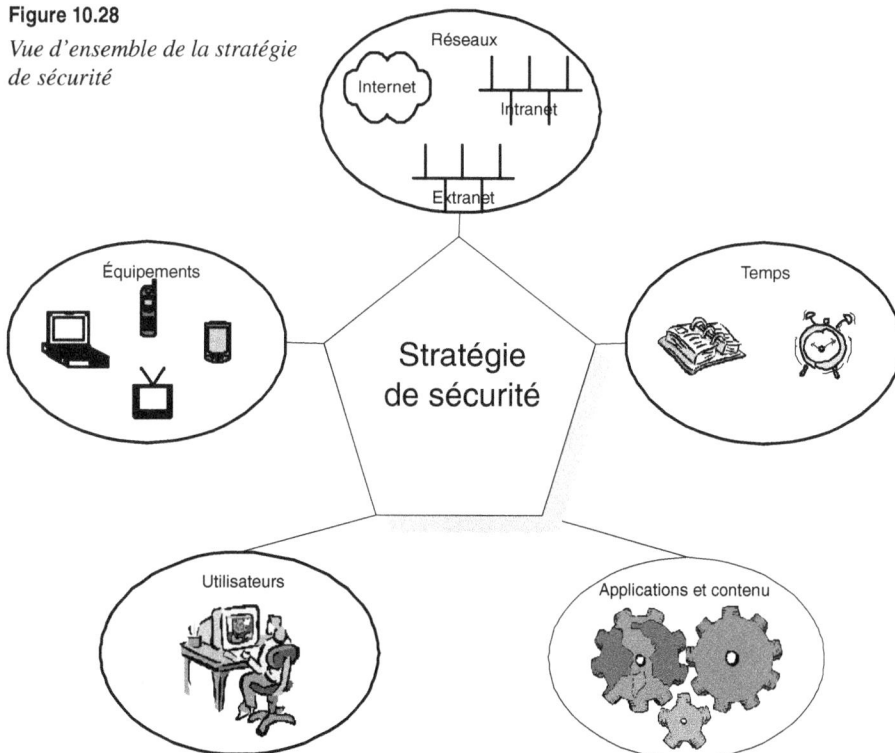

Ils permettent de mettre en œuvre une stratégie de sécurité unique pour l'accès aux applications Web et non-Web. Ainsi, l'accès aux différents services offerts par une application ne sera plus contrôlé dans celle-ci directement. Ce contrôle pourra être réalisé à l'extérieur des applications, et par conséquent pourra être mis en commun avec d'autres applications, assurant ainsi l'homogénéité des règles de sécurité dans l'entreprise.

Une stratégie de sécurité dépend de plusieurs paramètres. De façon générale, elle dépend du profil des utilisateurs, du canal utilisé par ceux-ci comme un téléphone mobile Wap ou un browser Internet, du réseau comme un réseau sans fil GSM ou un réseau local, du temps, et enfin des ressources atteintes comme les applications ou un serveur de fichier.

Par exemple, les employés d'une entreprise peuvent être autorisés à accéder à une application contenant leurs informations personnelles, comme la paye, uniquement durant la semaine, à partir de l'intranet de l'entreprise et à partir d'un ordinateur. Tout accès à cette application à partir d'un téléphone Wap ou durant le week-end ne sera pas autorisé.

L'identification et l'authentification

Ainsi, pour gérer les autorisations, il faut être en mesure d'identifier et d'authentifier les utilisateurs, les équipements qu'ils utilisent, le réseau emprunté et les ressources auxquelles ils cherchent à accéder.

Les utilisateurs sont généralement identifiés par un code qui leur est attribué. Par exemple, il peut être constitué de la première lettre du prénom et du nom complet. Puis, et plus particulièrement dans le cas de réseaux locaux d'entreprise, les utilisateurs seront authentifiés à partir de leur poste de travail, et dès la mise en marche de celui-ci. Il existe à cet effet plusieurs protocoles comme Kerberos et Radius. Ils peuvent aussi être identifiés à l'aide d'un PKI, ou d'un équipement particulier qu'ils possèdent comme une carte à puce.

Faut-il utiliser un annuaire LDAP pour vérifier l'identité et l'authentification de l'utilisateur ? Si oui, comment le faire ?

L'usage d'un annuaire LDAP n'est pas obligatoire. Il dépend du type d'outil utilisé. Mais de façon générale, la plupart des éditeurs du marché utilisent un annuaire LDAP, permettant ainsi aux entreprises de tendre vers le partage d'un seul annuaire pour l'ensemble des services de sécurité mais aussi applicatifs. L'usage des différents mécanismes d'authentification comme les PKI, Kerberos ou Radius avec un annuaire LDAP n'est pas incompatible. Il existe pour cela plusieurs solutions possibles, basées sur des outils du marché ou bien sur des logiciels libres. Nous allons citer quelques exemples de logiciels dans le premier cas. En ce qui concerne les logiciels libres, il s'agit essentiellement de Openldap et des bibliothèques disponibles autour de cet outil. Nous en parlerons dans le chapitre sur Openldap.

Concernant l'identification des équipements, il n'existe pas de standard universel permettant d'identifier un ordinateur ou un PDA *(Personal Digital Assistant)* par exemple. Nous avons évoqué le standard DEN au début de ce livre, mais il n'est pas pris en charge par l'ensemble des équipementiers pour le moment. Néanmoins, dans le cas d'une application s'appuyant sur les technologies Web, il est possible d'identifier le type de navigateur utilisé, comme par exemple un navigateur Wap ou Web.

L'identification du réseau est requise afin de s'assurer de la confidentialité des échanges. L'usage d'un réseau public comme Internet nécessitera beaucoup plus de précautions que celui d'un intranet. Dans certains cas, il sera plus sûr de ne pas autoriser l'accès à certains services ayant un caractère sensible. Un moyen d'identifier le réseau est de s'appuyer sur l'adresse IP d'où provient la connexion au serveur. Par exemple, seules les adresses IP ayant le préfixe 10.xx indiqueront un appel en provenance de l'intranet.

Enfin, l'identification des ressources se fera généralement à l'aide d'une URL pour toutes les ressources accessibles via des technologies Web. Les URL permettent d'identifier le point d'entrée d'une application, un composant Java comme un EJB *(Enterprise Java Beans)* ou un Servlet, une page HTML, un script CGI, une page JSP ou encore un fichier FTP.

La gestion des autorisations

Les outils de gestion des autorisations sont généralement destinés aux applications Web, c'est-à-dire accessibles via les technologies Web comme HTML, les pages JSP et ASP, etc.

Ils sont constitués d'un serveur, d'une liste d'agents et d'une base de données (généralement un serveur LDAP) contenant la liste des identifiants et les règles de sécurité.

Les agents sont adaptés à chaque type de passerelle gérant l'interface avec les utilisateurs. Par exemple, ils disposent d'un agent pour les serveurs Web comme Microsoft IIS, iPlanet Enterprise Server ou encore Apache. Ceux-ci sont fournis en standard avec la plupart des outils.

Les différentes catégories d'agents que l'on retrouve dans la plupart des outils du marché sont :

- Les agents pour serveur Web : Apache, Microsoft IIS, iPlanet Enterprise Server, Lotus Domino, IBM HTTP Server, etc.

- Les agents pour serveur d'applications : BEA WebLogic, IBM WebSphere, iPlanet Application Server, etc. Ces agents prennent en charge généralement les composants Java EJB, et les servlets.

- Les agents vers d'autres serveurs d'autorisations : ces agents permettent à différents serveurs d'autorisations de communiquer afin d'éviter à l'utilisateur la saisie de son identification et de son mot de passe lorsqu'il demande l'accès à des applications protégées par ces serveurs. Ainsi, l'identification est propagée et l'utilisateur ne s'identifie qu'une seule fois sur n'importe laquelle des applications. Mais ceci ne fonctionne que si tous les serveurs d'autorisations s'appuient sur le même produit. La technologie utilisée est basée sur des *cookies* sauvegardés au niveau du poste client et contenant un certificat associé à la session. Il n'existe pas à ce jour de standard qui permette de définir le format des données de ce *cookie*. Néanmoins, il existe différentes initiatives destinées à résoudre ce problème, comme Microsoft Passeport ou encore le standard SAML *(Security Assertion Markup Language)*.

Le serveur permet de définir des règles d'accès en fonction des agents, des profils des utilisateurs, du temps et des ressources.

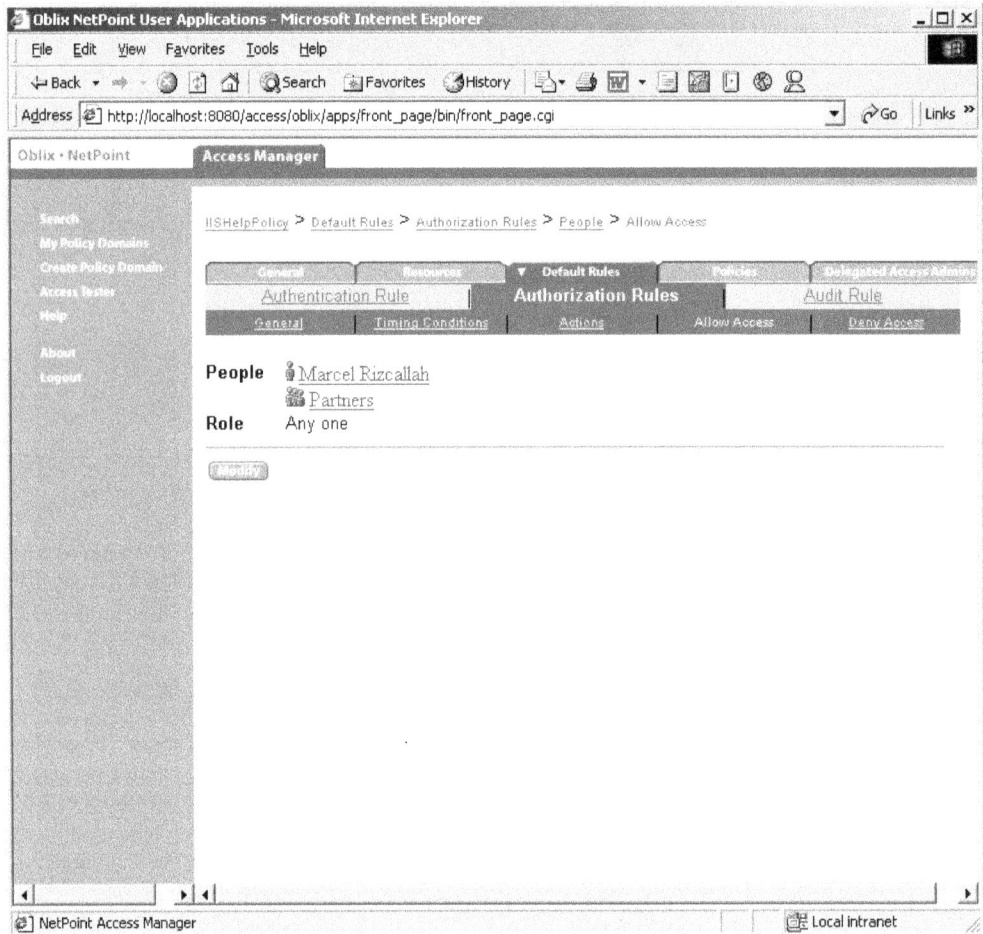

Figure 10.29

Exemple de gestion des autorisations avec Oblix COREid

Ces règles sont en général les suivantes :

- Les règles d'authentification : elles permettent de définir comment l'utilisateur va s'authentifier. Ceci peut être fait à l'aide de la boîte de dialogue affichée par le navigateur Web, soit à l'aide d'un formulaire HTML. Dans tous les cas, l'identification est vérifiée dans l'annuaire LDAP.

- Les règles d'autorisation : elles permettent de définir la liste des utilisateurs ou des groupes à qui l'accès est autorisé et ceux à qui il est interdit ainsi que les plages de temps pendant lesquelles l'accès est permis.

- Les règles d'audit : elles permettent de mettre en œuvre des journaux de traces qui vont archiver toutes les tentatives de succès ou d'échec.

Exemple d'outils de SSO et de contrôle d'accès

Voici quelques exemples d'outils d'identification unique et de gestion des autorisations.

SiteMinder de Netegrity

SiteMinder de Netegrity (*www.netegrity.com*) est un outil de SSO (*Single Sign On*) et de gestion des autorisations. Il fonctionne sur plusieurs plates-formes comme Windows NT et Unix. Il comprend plusieurs connecteurs (ou agents) permettant de protéger des serveurs Web, des composants Java EJB et des serveurs d'application comme iPlanet Application Server et BEA WebLogic, ou encore l'accès à un réseau *via* le protocole Radius.

Il s'intègre aussi bien avec Windows NT pour la gestion des utilisateurs et des droits *via* les groupes Windows NT, qu'avec des mainframes pour la gestion des droits d'accès aux applications sur ces environnements.

Il supporte tout annuaire LDAP, et peut s'appuyer sur une base de données relationnelles, via ODBC, pour sauvegarder les profils des utilisateurs, leurs identifiants ainsi que leurs droits d'accès aux applications.

COREid d'Oblix

COREid de la société Oblix (*www.oblix.com*) est un produit de SSO, de gestion des autorisations et de gestion de contenu d'annuaires LDAP. Il fonctionne sur plusieurs plates-formes comme Windows NT et Unix. Il comprend essentiellement des connecteurs permettant de protéger des serveurs Web et des composants Java (Servlets et EJB) fonctionnant sur un serveur d'applications comme IBM WebSphere et BEA WebLogic.

Il comporte deux particularités :

- la première : il est livré avec un outil de gestion de contenu de l'annuaire, ce qui permet de déléguer à des utilisateurs non informaticiens la gestion des profils utilisateurs, des groupes et des droits sur les ressources, à l'aide de fonctions de workflow intégrées ;

- la deuxième : il comprend des interfaces de programmation XML, dont SOAP, permettant d'intégrer le serveur d'autorisation avec d'autres applications *via* ce standard.

ClearTrust de RSA

ClearTrust de RSA (*www.rsasecurity.com*) est un outil de SSO et de gestion des autorisations.

Entegrity AssureAccess

AssureAccess de Entegrity (*www.entegrity.com*) est un outil de SSO et de gestion des autorisations. Il supporte la plupart des annuaires LDAP et bases de données pour sauvegarder les informations utilisateurs et de sécurité, et peut protéger tout type d'application Web sur la plupart des plates-formes du marché (serveurs Web et serveurs d'applications .NET et Java).

Novell iChain

iChain de Novell (*www.novell.com*) est un outil de SSO et de gestion des autorisations à des applications Web. Il fonctionne sur plusieurs plates-formes dont Netware, Windows NT/ 2000/2003 et Linux.

Il s'appuie sur le serveur d'annuaire de Novell e-Directory, qui est livré avec iChain, et offre des fonctions de proxy inversé HTTP. iChain peut être installé en amont de tout serveur Web afin d'authentifier les utilisateurs et d'en protéger l'accès en fonction de leurs profils.

Sun Identity Server

Sun offre un outil de SSO et de contrôle d'accès, dénommé Sun Identity Server. C'est essentiellement un outil de Web SSO, destiné à protéger des ressources Web. Il supporte plusieurs mécanismes d'authentification dont Radius et LDAP, et fonctionne essentiellement sur une plate-forme Solaris.

Signalons que cet outil est un des premiers à être compatible avec le standard Liberty Alliance. Il supporte aussi le standard SAML.

Les outils de fédération des identités

Nous avons évoqué dans les premiers chapitres (1 et 3) de cet ouvrage la notion de fédération d'identités ainsi que des exemples d'applications, et nous avons décrit l'un des principaux standards (SAML) dans le chapitre 6.

Rappelons que la fédération des identités consiste à faire communiquer plusieurs systèmes de gestion des identités, afin d'offrir un service homogène, personnalisé et sécurisé à des utilisateurs faisant appel à différents services (commerce électronique, portail d'entreprise, extranets sécurisés, administration électronique, etc.) s'appuyant sur ces systèmes.

Par exemple, l'intranet d'une entreprise doit pouvoir s'intégrer avec les extranets de ses fournisseurs, afin de permettre aux utilisateurs de s'identifier sur le premier et d'accéder à des services sécurisés et personnalisés des seconds.

Comme nous l'avons illustré dans la figure 10.1, la fédération des identités a un impact sur les solutions d'annuaires d'entreprise et de gestion des identités. Elle va nécessiter la mise en place de nouveaux outils qui vont d'une part prendre en charge les protocoles de communication et d'échanges comme SAML, Liberty Alliance et WS-Federation, et d'autre part assurer l'intégration de ces protocoles avec la solution de gestion des identités de l'entreprise.

Cette intégration se situe à trois niveaux que nous décrivons ci-dessous.

L'accès aux référentiels des utilisateurs et des habilitations

Toute solution de fédération des identités nécessite d'accéder aux référentiels des utilisateurs de l'entreprise (employés, clients, partenaires ou fournisseurs). En effet, pour pouvoir authentifier de façon transparente les utilisateurs à travers les différents services et applications offerts par les diverses parties, ainsi qu'échanger des informations sur leurs identités et leurs habilitations, il faut pouvoir accéder soit à l'annuaire LDAP, soit à la base de données contenant ces informations de référence.

Les outils de fédération des identités vont généralement offrir une interface de programmation, soit un outil paramétrable, permettant d'accéder à un annuaire LDAP ou à une base de données.

L'intégration avec la solution de SSO de l'entreprise

S'il existe déjà une solution de SSO dans l'entreprise (par exemple Netegrity SiteMinder ou RSA ClearTrust), il sera avantageux d'intégrer la solution de fédération avec la solution de SSO. En effet, il sera ainsi possible d'étendre le SSO, *via* l'outil déployé, aux systèmes externes (ou *resource provider* et *services providers* au sens WS_Federation et SAML).

Les standards de fédération des identités sont utilisés pour effectuer l'authentification unique entre domaines (*cross-domains authentication*), par la plupart des outils de SSO du marché. Il sera ainsi possible de réaliser le SSO entre deux infrastructures basées sur des outils de SSO différents (par exemple SiteMinder d'une part, et Oblix COREid d'autre part).

L'intégration avec les services Web exposés

Le développement rapide des services Web (SOAP et XML) pour les services inter-entreprises (BtoB) posent une problématique nouvelle liée à la sécurité et à l'identité des utilisateurs. En effet, il faudra être en mesure de protéger l'accès à ces services Web (d'autant plus qu'ils sont accessibles de l'extérieur *via* un extranet ou l'Internet), et ceci en fonction du profil de l'utilisateur qui y accède.

Il faut donc, d'une part, créer un référentiel des services Web de l'entreprise et gérer leur cycle de vie (*versioning*, création, modification, invalidation, suppression, etc.), et, d'autre part, mettre en place une solution de contrôle d'accès basée sur les rôles et les profils des utilisateurs.

Ceci fait l'objet de nouveaux standards et outils sur le marché. Citons, à titre d'exemple, les standards WS* dont WS-Federation et WS-Security définis par IBM et Microsoft, ainsi que le produit COREsv d'Oblix, issu du rachat de la société Confluent Software, spécialisée dans la gestion des services Web.

Exemple d'outils de fédération d'identités

Compte tenu des contraintes d'intégration que nous avons citées précédemment, il n'est pas étonnant de voir que ce sont les acteurs de solutions d'annuaires, de gestion des identités et de SSO, qui sont les principaux fournisseurs d'outils de fédération des identités.

En effet, la quasi-majorité des éditeurs de solution de SSO et de contrôle d'accès offrent d'ores et déjà des solutions compatibles avec les standards de fédération SAML, Liberty Alliance ou WS-Federation, ou les ont annoncées pour les prochaines versions de leurs produits.

C'est le cas par exemple des sociétés Oblix, RSA, Netegrity, Entegrity, Novell et Sun qui offrent dès à présent des solutions supportant SAML 1.1 ou Liberty Alliance, voire les deux pour certains. La plupart ont annoncé le support de WS-Federation, standard non ratifié à ce jour.

Signalons, par ailleurs, la société Ping Identity Corporation, qui a lancé une initiative OpenSource, SourceId (*http://www.sourceid.org*), destinée à réaliser des produits de fédération d'identités compatibles avec les trois standards et fonctionnant aussi bien sur une plate-forme Java que .NET. Ces produits sont téléchargeables sur le site de SourceId.

11

La vie d'un annuaire d'entreprise

Les différentes étapes de la vie d'un annuaire

Les annuaires d'entreprise doivent évoluer constamment afin de répondre aux nouveaux besoins. Plus ils sont centralisés et partagés par un ensemble d'applications et de services, et plus ils doivent pouvoir évoluer rapidement tout en restant cohérents avec les applications et l'organisation de l'entreprise.

En effet, si un annuaire partagé n'évolue pas, les nouvelles applications auront tendance à gérer les données dont elles ont besoin dans leurs propres bases de données, même si ces données peuvent être communes avec d'autres applications. Ceci nuirait aux avantages de l'annuaire et peut rapidement rendre obsolète les investissements consentis pour sa conception et sa mise en œuvre.

Mais toute évolution doit être appliquée avec soin. Le changement du schéma pour les besoins d'une application peut altérer le fonctionnement des autres applications s'il n'est pas effectué correctement. De même, il est important de s'assurer que les données partagées par de nouvelles applications respectent la stratégie de sécurité de l'entreprise.

A fortiori, un contrôle trop rigide de l'annuaire et un processus d'évolution complexe ne faciliteront pas la tâche des utilisateurs, et risquent de nuire à la rapidité de mise en œuvre de nouveaux services.

L'annuaire doit donc pouvoir évoluer rapidement, mais de façon cohérente et tout en respectant la stratégie de sécurité mise en œuvre.

Nous allons décrire dans ce chapitre les évolutions possibles d'un annuaire et comment assurer la mise en œuvre de celui-ci efficacement.

Les bonnes questions à se poser

Nous allons prendre un exemple simple d'une nouvelle application qui va s'appuyer sur un annuaire d'entreprise existant, afin de mettre en évidence l'impact sur celui-ci. Dans ce cas, les différentes questions à se poser sont les suivantes :

- Quelles sont les données qui existent déjà dans l'annuaire d'entreprise et qui peuvent être utiles pour la nouvelle application ?
- Quelles sont les données qu'il faut rajouter à l'annuaire d'entreprise, susceptibles d'être réutilisées par d'autres applications ?
- Dans le cas de rajout de données, comment modifier le schéma de l'annuaire en réduisant l'impact sur les applications existantes ?
- Quels sont les droits d'accès aux données, aussi bien en lecture qu'en mise à jour, qu'il faut attribuer à la nouvelle application ?
- Quel va être l'impact sur les performances de l'annuaire ?
- Quel va être l'impact sur la disponibilité de l'annuaire (par exemple vingt-quatre heures sur vingt-quatre et sept jours sur sept) ?
- Dans la mesure où la nouvelle application contient sa propre base de données avec des informations qui se trouvent aussi dans l'annuaire, comment synchroniser les deux environnements ?

Pour répondre à ces questions il est important de mettre en place une organisation et des outils que nous décrivons ci-dessous.

Les acteurs

Pour répondre à ces questions, il faut avant tout identifier ceux qui sont les mieux placés pour le faire et mettre en place une organisation adéquate.

Généralement, il existe trois catégories de personnes concernées par l'annuaire :

- *Les gestionnaires du schéma* : ils sont responsables de toute modification du schéma de l'annuaire (classes d'objets, attributs, syntaxes) et du DIT. Ils doivent aussi avoir une bonne connaissance de la sémantique des données (attributs et classes d'objets), afin d'assurer une cohérence « métier » du schéma et être en mesure de communiquer aux utilisateurs de l'annuaire la signification des attributs et des classes.
- *Les gestionnaires du contenu* : ils sont responsables du contenu lui-même. Leur rôle consiste à s'assurer de la qualité des données qui se trouvent dans l'annuaire, et à définir les règles de sécurité qui s'y appliquent. Ils doivent aussi s'assurer que ces règles sont bien appliquées. Pour cela, il est nécessaire qu'ils aient une bonne connaissance des applications qui utilisent l'annuaire, des besoins pour chacune d'elles, y compris les contraintes « métier » de sécurité.
- *Les administrateurs des plates-formes* : ils sont responsables de la gestion des plates-formes matérielles et logicielles qui prennent en charge l'annuaire d'entreprise. Ils doivent s'assurer qu'elles répondent aux besoins des applications en termes de disponibilité et de sécurité, et doivent être en mesure de piloter l'activité des serveurs et d'intervenir en cas de problème.

La principale difficulté dans la gestion d'un annuaire d'entreprise est qu'aucun de ces acteurs ne peut agir sans l'autre. En effet, l'annuaire ne peut être géré que par une équipe mixte, car les aspects fonctionnels, organisationnels et techniques doivent être pris en compte pour toute évolution de celui-ci. Comme nous l'avons vu précédemment, toute nouvelle application nécessite de se poser des questions sur le plan fonctionnel (quelles données ?), sur le plan organisationnel (quelles acteurs et quels droits ont-ils ?) et sur le plan technique (quels impacts sur les plates-formes ?).

Favoriser la réutilisation de l'annuaire

Un des écueils à éviter lors du développement d'applications est de négliger ce qui existe déjà et de recréer un annuaire LDAP pour les besoins propres à leurs applications. Les problèmes qui peuvent alors surgir au moment de la mise en production sont un schéma qui peut être incompatible avec l'existant, une duplication des données nécessitant une synchronisation de différents objets dans l'annuaire lui-même, et un volume de données qui peut s'accroître rapidement et dégrader les performances globales de l'annuaire.

Pour éviter ceci, il est important de communiquer à l'intérieur de l'entreprise sur le contenu de l'annuaire. Pour cela, il faut disposer de documents décrivant ce que contient l'annuaire, régulièrement mis à jour. Il s'agit essentiellement de bien décrire le schéma, la sémantique de chaque attribut, les règles de sécurité, ainsi que le DIT.

Un des moyens pourrait être d'interroger l'annuaire lui-même afin d'y lire le schéma. Mais il arrive souvent que pour des raisons de sécurité il ne soit pas accessible simplement par tous. D'autre part, le résultat de la lecture n'est pas souvent très parlant pour les développeurs et concepteurs fonctionnels, car il contient des informations techniques comme l'OID ou des attributs techniques propres aux serveurs d'annuaire.

Le meilleur moyen pour documenter le schéma est de rédiger sa description dans un document au format bureautique accessible à tous ou encore mieux dans un document HTML publié sur l'intranet de l'entreprise.

L'ensemble des rubriques importantes qu'il est nécessaire de documenter est présenté ci-dessous. Pour plus de détails sur ces rubriques, veuillez vous référer au chapitre 7, relatif à la conception fonctionnelle de l'annuaire.

Les attributs

Un tableau de ce type pourra être établi afin d'identifier et de décrire les attributs.

Attribut	Standard ou spécifique	Syntaxe	Mono-valeur	Appartenance	Fréquence d'utilisation
Nom de l'attribut	Il s'agit de préciser si l'attribut appartient déjà au serveur d'annuaire ou si c'est un nouvel attribut.	Dans le cas d'un attribut spécifique, il faut choisir sa syntaxe parmi celles qui sont supportées par le serveur d'annuaire.	Dans le cas d'un attribut spécifique, il faut préciser s'il peut avoir plusieurs valeurs ou non.	Il s'agit de décrire l'origine de l'attribut (application et utilisateur).	Faible, fréquente ou aléatoire

Les classes d'objets

Un tableau de ce type pourra être établi afin d'identifier et de décrire les classes d'objets.

Classe	Standard ou spécifique	Classe mère	Type de la classe	Attributs obligatoires	Attributs faculta-tifs
Nom de la classe	Il s'agit de préciser si la classe appartient déjà au serveur d'annuaire ou si c'est une nouvelle classe.	S'il s'agit d'une classe spécifique, il faut choisir la classe dont elle dérive parmi cel les supportées par le serveur d'annuaire.	S'il s'agit d'une classe spécifi-que, il faut choisir son type parmi : structu-rel, abstrait ou auxiliaire.	S'il s'agit d'une classe spécifique, il faut définir la liste des attributs obligatoires (elle peut ne pas en avoir).	S'il s'agit d'une classe spécifique, il faut définir la liste des attributs autorisés et facultatifs (elle peut ne pas en avoir).

On pourra aussi utiliser le diagramme de classe de la modélisation UML pour représenter les relations entre celles-ci. La figure suivante illustre par un exemple ce type de diagramme, dans lequel on trouve :

- les classes et leurs attributs (dans cette étape, on ne liste pas les méthodes, elles seront ajoutées au modèle lors de la phase de réalisation) ;
- les relations d'héritage entre classes, représentées par des flèches vers le haut ;
- les associations avec leurs cardinalités, représentées par des liens.

Figure 11.1

Exemple de diagramme de classe UML appliqué à LDAP

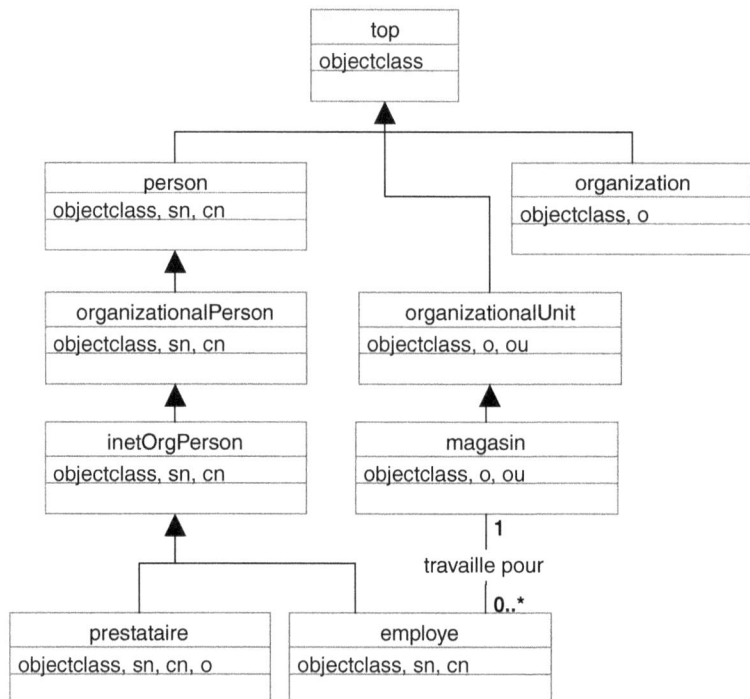

Les acteurs

Les acteurs sont les différentes personnes ou applications autorisées à se connecter à l'annuaire pour y lire des données ou les mettre à jour.

Un tableau de ce type pourra être établi afin d'identifier et de décrire les utilisateurs :

Utilisateur	Type	Nombre d'utilisateurs	Fréquence d'utilisation de l'annuaire	Temps moyen d'utilisation
Anonyme, identifié ou caractérisé par un critère (par exemple, utilisateur externe ou appartenant à un groupe)	Personne physique ou application	Nombre d'utilisateurs potentiels, et nombre d'utilisateurs simultanés	Peu, une fois par jour, de façon aléatoire (cas d'une messagerie par exemple), etc.	Il faut différencier le temps moyen de consultation du temps moyen de recherche requis.

On peut aussi utiliser la modélisation UML pour représenter les liens d'héritage entre les acteurs (à la fois les utilisateurs, les gestionnaires et les administrateurs).

Figure 11.2

Exemple
de diagramme
d'acteurs

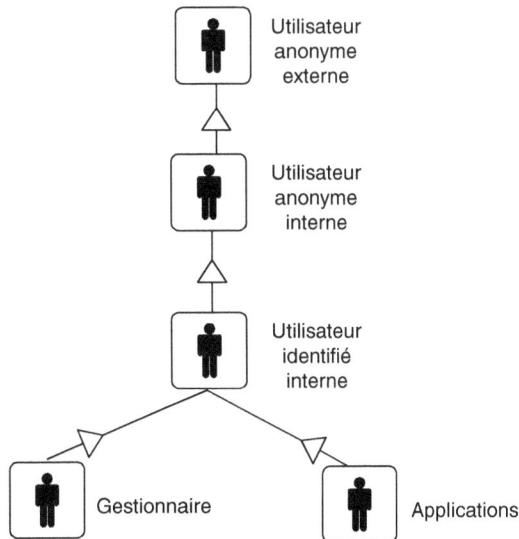

La définition des droits

Un tableau de ce type pourra être établi afin de décrire les droits des utilisateurs sur les données de l'annuaire :

Acteur	Droit	Classe d'objet et attribut
Utilisateur, gestionnaire ou administrateur	Rechercher et lire des données Comparer des données Modifier un objet Supprimer un objet Ajouter un objet Renommer le DN d'un objet	Nom de la classe d'objet et/ou de l'attribut concerné (un droit peut s'appliquer à un attribut, quelle que soit la classe à laquelle il appartient)

Le DIT ou l'arbre des données

Le DIT peut être dessiné à l'aide de Microsoft Visio 2000/2003 comme le montre la figure suivante.

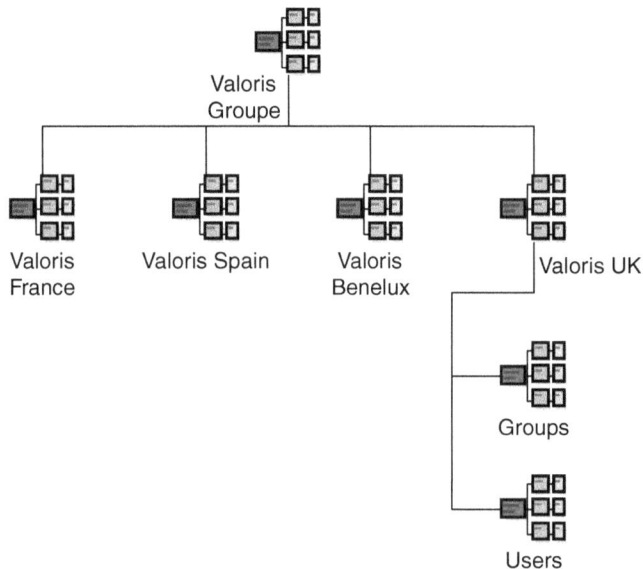

Microsoft Vision 2000/2003 version Entreprise possède en standard un connecteur LDAP qui permet d'interroger en temps réel un annuaire et dessiner son arborescence automatiquement. Il permet aussi de dessiner des diagrammes UML et des objets LDAP à l'aide de symboles graphiques dédiés à cet effet.

Modifier le schéma

Modifier le schéma d'un annuaire est une opération délicate, qui peut s'avérer fastidieuse et avoir des effets importants sur les applications existantes. Nous allons décrire les principaux cas qui peuvent survenir et décrire comment procéder dans chacun d'eux.

Pour modifier le schéma, il est conseillé d'utiliser la console d'administration de votre serveur d'annuaire. Il est en effet possible de le faire avec des commandes LDIF ou avec un outil du marché, mais la console d'administration offre une interface plus conviviale et effectue des contrôles de cohérence indispensables à ce type d'opération.

Notons également que la modification du schéma sur un serveur peut se répercuter sur les éventuels serveurs répliqués. C'est ce qui se passe lorsqu'on a plusieurs serveurs avec une stratégie de réplication entre eux, comme par exemple des serveurs Sun Java System Directory Server, ou entre plusieurs serveurs Microsoft Active Directory faisant partie d'une même forêt (il n'y a qu'un seul schéma pour l'ensemble des contrôleurs de domaine d'une même forêt).

Rajouter un attribut à une classe d'objet

Pour cela, il faut d'abord rajouter l'attribut à la liste des attributs de l'annuaire, puis il faut mettre celui-ci dans la classe d'objet voulue. Ceci peut être fait avec la console d'administration du serveur d'annuaire, comme nous l'avons montré dans le chapitre 9, et n'a pas d'impact sur les données existantes. La majorité des serveurs d'annuaire autorise cette opération durant le fonctionnement du serveur : il n'est donc pas nécessaire de l'arrêter. Certains d'entre eux nécessitent de recharger le schéma afin qu'il soit pris en compte.

Si des recherches doivent être effectuées sur cet attribut, il peut être utile d'activer son indexation dans le serveur. Ceci a pour effet de mettre à jour la base d'index en y rajoutant l'attribut en question, et d'accélérer ainsi les temps de réponse lors d'une recherche. Pour cela, il faut utiliser la console d'administration de l'annuaire, comme le montre la figure 11.4.

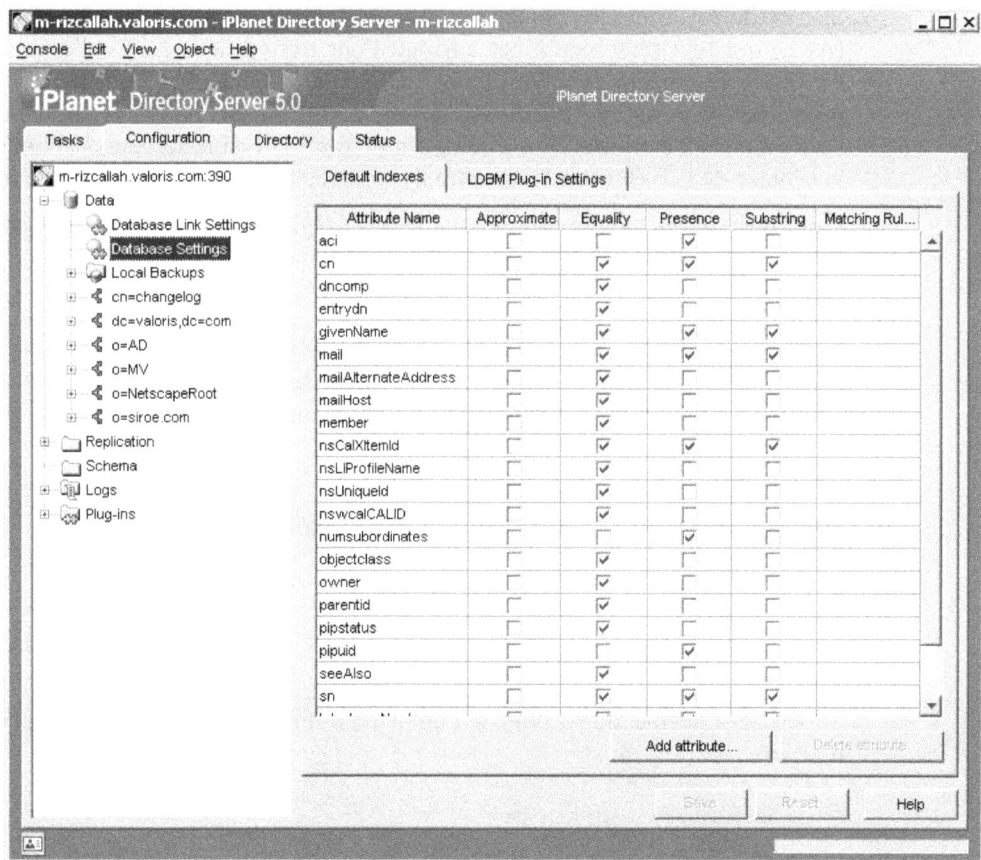

Figure 11.4

Exemple d'indexation d'attributs avec iPlanet Directory Server 5.0 de Sun

Notons que l'indexation augmente les temps de mise à jour, et n'est utile que pour la lecture des données. Dans le cas d'une architecture maître-esclave, il sera plus judicieux de mettre en œuvre l'indexation des attributs sur les serveurs esclaves uniquement.

Supprimer un attribut à une classe d'objet

Certains serveurs d'annuaire, tel Microsoft Active Directory pour Windows 2000 (ce n'est plus le cas avec Windows Serveur 2003), n'autorisent pas la suppression d'un attribut d'une classe d'objet, ni de l'annuaire pour l'ensemble des classes. Cela provient principalement de la nécessité de supprimer les valeurs de cet attribut pour la classe d'objet ; ceci n'est pas fait automatiquement par le serveur.

Pour supprimer un attribut, il faut donc suivre les étapes suivantes :

1. Vérifier si le serveur d'annuaire que vous utilisez autorise la suppression d'attributs et s'il supprime les valeurs de cet attribut automatiquement ou pas. Pour cela il suffit de faire l'essai avec une classe d'objet de test.

2. Si c'est le cas, identifier toutes les classes d'objets ainsi que les règles de sécurité (ACL) qui font référence à cet attribut. Pour trouver les classes d'objets, il suffit d'extraire le schéma dans un fichier LDIF et d'y rechercher l'attribut en question. Pour trouver les règles de sécurité, il faut soit utiliser la console d'administration de l'annuaire, soit extraire celles-ci dans un fichier LDIF si le serveur d'annuaire utilise la syntaxe de l'IETF (voir le chapitre 4), puis rechercher l'attribut dans ce fichier.

   L'exemple suivant montre comment extraire les règles de sécurité dans un format LDIF :

   ```
   ldapsearch -b "o=entreprise.com" -p 391 -D "cn=Directory Manager" -w password
   objectclass=* aci
   ```

   Rappelons que dans cet exemple les paramètres –b et –p permettent de désigner respectivement la base de la recherche et l'adresse du port IP où se trouve l'annuaire. Les paramètres –D et –w désignent respectivement l'identifiant et le mot de passe de l'administrateur.

3. Écrire un programme qui va supprimer toutes les valeurs de cet attribut pour la classe d'objet en question. Ce programme peut être écrit avec un langage de script comme Perl, ou encore en VB avec ADSI/.Net.

4. Adapter les règles de sécurité afin de ne plus faire référence à l'attribut supprimé.

5. Supprimer l'attribut de la classe d'objet à l'aide de la console d'administration de l'annuaire.

6. Supprimer l'attribut du schéma de l'annuaire s'il n'est pas utilisé par une autre classe d'objet.

Modifier la syntaxe d'un attribut

Pour modifier la syntaxe d'un attribut, il suffit d'utiliser la console d'administration de l'annuaire. Mais, comme dans la suppression d'un attribut, certains serveurs d'annuaire n'autorisent pas la modification de la syntaxe. Il faut alors le supprimer et en ajouter un autre.

En revanche, lorsqu'il est possible de le faire, comme avec Sun Java Directory Server, il n'y a pas de vérification automatique de la syntaxe pour les valeurs déjà enregistrées dans l'annuaire. Celle-ci se fera uniquement pour les nouvelles entrées. Pour trouver les valeurs existantes qui peuvent ne pas correspondre à la nouvelle syntaxe, il suffit de lire et d'écrire toutes les valeurs de cet attribut ; en cas d'erreur de syntaxe une erreur sera générée par l'interface LDAP utilisée lors de la mise à jour.

Ajouter une classe d'objet

C'est l'opération la plus simple : il suffit d'utiliser la console d'administration de l'annuaire. Il faut vérifier au préalable que les attributs de la nouvelle classe existent déjà dans le schéma de l'annuaire. Pensez aussi à dériver la nouvelle classe d'une classe faisant partie du standard LDAP ou propre au serveur d'annuaire et qui soit sémantiquement la plus proche. Par exemple, si la nouvelle classe concerne une personne, que ce soit un client ou un employé, il faut qu'elle dérive de la classe `organizationalperson`.

Supprimer une classe d'objet

Avant de supprimer une classe d'objet, il faut s'assurer qu'il n'existe plus d'instance de cette classe dans l'annuaire. L'exemple suivant montre comment le faire à l'aide de la commande `ldapsearch` :

```
ldapsearch -b "o=entreprise.com" -p 391 -D "cn=Directory Manager" -w password
objectclass=classeasupprimer
```

Pour supprimer tous les objets de la classe, on peut soit utiliser la console d'administration de l'annuaire et supprimer les objets un par un, soit écrire un programme en VB ou en Perl en appliquant un filtre de recherche sur cette classe.

Avec Microsoft Active Directory, il est possible d'utiliser l'outil ADSI Edit. Il permet de trier les enregistrements par classe d'objet dans une branche donnée. Mais il faut quand même supprimer les objets un à un, car cet outil ne permet pas d'en sélectionner plusieurs à la fois.

Là aussi, il est important de vérifier qu'il n'existe pas de règle de sécurité qui fasse référence à cette classe d'objet.

Tester et analyser les performances d'un annuaire

Comment tester les performances d'un annuaire LDAP ?

Une premier moyen est d'utiliser tout simplement une des applications de l'entreprise accédant à l'annuaire et d'en tester les performances manuellement. On peut encore utiliser un outil générique intégrant un client LDAP, comme le produit LDAP Browser/Editor que nous avons cité dans le chapitre 10. Ce type de test permet de savoir si l'annuaire est toujours opérationnel, et de connaître rapidement les temps de réponse de celui-ci pour un utilisateur connecté à la fois.

Une autre façon de faire est d'utiliser un outil spécifique du marché, comme l'outil LDAP Optimiser de la société NCC-USA (outil pour Solaris, voir l'adresse *www.nccgroupusa.com/ldap/optimizer.htm* pour plus de renseignements) ou encore l'outil LoadRunner de la société Mercury Interactive *(www.merc-int.com)*. Ces outils permettent de générer du trafic entre un client LDAP et un serveur, et d'analyser les temps de réponse. Mais ils peuvent parfois être trop onéreux pour l'usage que l'on veut en faire, et constituer un investissement difficile à justifier.

Enfin, il est possible d'écrire son propre outil de test. Celui-ci peut être fait avec un langage de script, comme Perl, ou à l'aide d'un programme en C ou C++. Il est conseillé d'au moins tester les temps de réponse pour s'identifier à l'annuaire, pour effectuer une recherche et pour effectuer une mise à jour.

Comment analyser l'activité d'un annuaire LDAP ?

En général, les serveurs d'annuaire offrent en standard des outils de monitoring qui permettent de connaître les temps de réponse du serveur. Ces temps de réponses sont analysés à partir de journaux qu'il est possible de générer ou pas à la demande.

À titre d'exemple, le serveur iPlanet Directory Server 5.0 de Sun permet, *via* la console de l'outil, de consulter le nombre moyen d'entrées par minute, renvoyées par l'annuaire aux clients qui l'interrogent, comme le montre la figure 11.5 dans le paramètre « Entries Sent To Clients ».

Ce chiffre n'est pas significatif en soit : il permet de connaître la capacité de réponse du serveur et de savoir si la charge augmente avec le temps (encore faut-il mémoriser cette valeur dans le temps), mais ne permet pas de dire si celle-ci est suffisante pour les utilisateurs.

C'est pour cela qu'il est souvent plus utile d'envoyer ces informations à un outil d'administration proprement dit, comme Tivoli d'IBM ou UniCenter de TNG. L'intégration entre le serveur d'annuaire et ces outils d'administration se fait à l'aide du protocole SNMP. Chaque serveur d'annuaire est capable d'envoyer des informations sur son activité comme par exemple le nombre d'identifications anonymes ou le nombre d'identifications inabouties à l'aide de ce protocole. Il est alors possible de générer des alertes dans l'outil d'administration lorsque l'un de ces paramètres atteint une valeur donnée.

Sous Windows NT et 2000/2003, certains serveurs d'annuaire offrent la possibilité d'analyser les performances à l'aide de la console MMC. Par exemple, lorsqu'on installe iPlanet Directory Server 5.0 de Sun sous Windows 2000, ou bien AD/AM de Microsoft (Active Directory Application Mode), on peut analyser un certain nombre de paramètres : nombre de recherches par seconde, nombre de suppressions par seconde, etc. Pour cela, il suffit de lancer l'outil de suivi des performances, accessible dans le menu des outils d'administration de Windows 2000/2003.

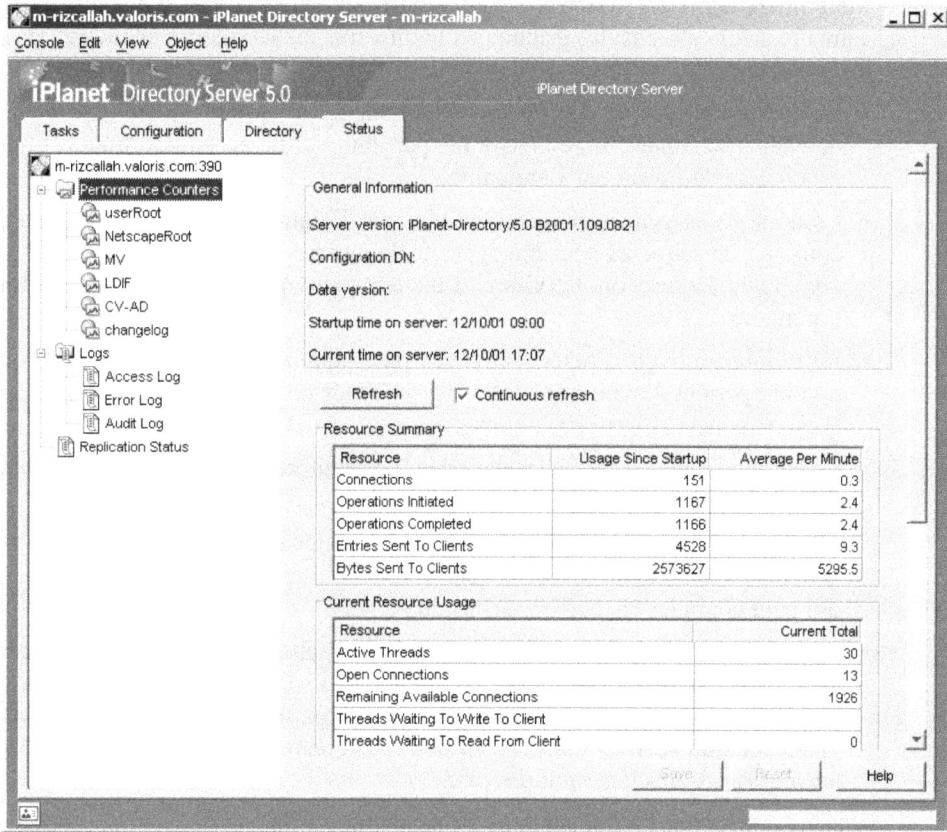

Figure 11.5

Exemple de monitoring avec iPlanet Directory Server 5.0 de Sun

Figure 11.6

Performances de AD/AM avec le moniteur de performances de Windows 2000/2003

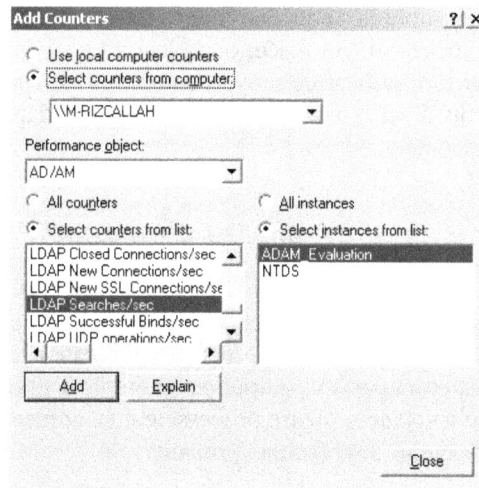

Mais quels sont les paramètres significatifs qui permettent d'analyser l'activité d'un annuaire ? À notre avis, les principaux paramètres qu'il faut être en mesure de suivre sont les suivants :

- Le nombre moyen de connexions simultanées : ce nombre permet de savoir combien de clients se connectent en moyenne par jour, par heure ou par minute à l'annuaire. Il est en général fourni par l'annuaire.

- Le nombre moyen de requêtes traitées par l'annuaire : ce nombre permet de savoir combien de requêtes sont envoyées à l'annuaire par jour, par heure ou par minute, comme la lecture ou l'écriture d'un enregistrement. Il est en général fourni par l'annuaire.

- Le nombre moyen d'octets renvoyés par l'annuaire en réponse à ces requêtes : ce nombre permet d'avoir une idée sur la volumétrie des données associées aux requêtes. Il est en général fourni par l'annuaire.

- Le nombre moyen de requêtes par client : ce nombre peut être déduit des deux premiers.

- Le temps moyen de réponses à une requête par client : ce nombre est fourni par le serveur d'annuaire en standard, ou doit être calculé en analysant les fichiers de traces générés par l'annuaire. Notons que pour cela, il est nécessaire d'activer ces traces, ce qui peut dégrader les performances du serveur.

- Le nombre de renvois de référence traités par l'annuaire : ce nombre permet de mettre en évidence l'impact du renvoi de référence sur les performances finales vues par le client. Si ce nombre est faible, les performances sont essentiellement dépendantes de la capacité du serveur interrogé. Sinon, elles peuvent dépendrent de celles des autres serveurs auxquels il est fait référence.

Viennent ensuite les paramètres de sécurité, qui sont les suivants :

- le nombre de connexions anonymes ;

- le nombre d'identifications erronées (mot de passe ou identifiant incorrects) ;

- le nombre de requêtes violant les règles de sécurité, comme la mise à jour dans une branche non autorisée, ou la lecture d'un attribut non autorisé. Certaines applications peuvent utiliser ce moyen une première fois afin de savoir si l'utilisateur connecté a droit d'accès aux données ou pas, et adapter en conséquence l'interface utilisateur présentée.

Optimiser les performances d'un annuaire

Il existe plusieurs façons d'améliorer les performances d'un annuaire. La façon la plus simple consiste à augmenter la mémoire et la puissance de la plate-forme sur laquelle repose l'annuaire. Mais ceci est généralement coûteux ; ceux qui en ont les moyens n'hésiteront pas à s'équiper par exemple d'une machine Sun E10 000, pouvant supporter jusqu'à soixante-quatre processeurs. Heureusement, il existe des moyens moins onéreux pour obtenir des résultats probants.

Ces moyens dépendent essentiellement des capacités offertes par le serveur d'annuaire choisi. Ils doivent pour cela offrir des fonctions particulières, prises en charge par une grande majorité des outils, et que nous répertorions ci-dessous.

L'indexation des attributs

Tous les attributs ne sont généralement pas indexés par le moteur de base de données de l'annuaire. Les attributs les plus couramment utilisés le sont par défaut, comme le cn et l'uid. Si les recherches effectuées dans l'annuaire utilisent couramment un attribut, il est conseillé d'indexer celui-ci. En revanche, il n'est pas conseillé d'indexer tous les attributs car ceci augmente considérablement les volumes disques occupés par la base de données et peut réduire les performances de mise à jour de l'annuaire (généralement les serveurs d'annuaire créent les index lors de la mise à jour).

Mais comment savoir quels attributs sont les plus couramment utilisés par les applications ? Si vous maîtrisez le code source des applications qui accèdent à l'annuaire, il est possible d'analyser celui-ci et d'en déduire les attributs les plus couramment utilisés. Mais ceci ne sera pas généralement le cas : ceux chargés de l'exploitation de l'annuaire ne sont pas ceux qui réalisent les applications.

Le seul moyen consiste donc à analyser les fichiers de trace de l'annuaire. Voici un exemple extrait du journal des accès à Sun Java System Directory Server :

```
[20/Oct/2001:15:37:34 +0100] conn=86 op=0 BIND dn="cn=Directory Manager"
method=128 version=3
[20/Oct/2001:15:37:34 +0100] conn=86 op=0 RESULT err=0 tag=97 nentries=0
etime=0 dn="cn=directory manager"
[20/Oct/2001:15:37:34 +0100] conn=86 op=1 SRCH base="dc=valoris,dc=com"
scope=2 filter="(objectClass=person)" attrs=ALL
[20/Oct/2001:15:37:34 +0100] conn=86 op=1 RESULT err=0 tag=101 nentries=6
etime=0
[20/Oct/2001:15:37:34 +0100] conn=86 op=2 UNBIND
```

Pour retrouver à partir de ce fichier les attributs les plus utilisés pour la recherche, il faut analyser les lignes contenant le mot-clé SRCH (fonction de recherche), puis analyser la chaîne de caractères associée au mot-clé filter (filtre de la recherche). Un script en Perl pourrait par exemple extraire les noms d'attributs des chaînes de filtre et compter pour chacun d'eux le nombre de fois où ils sont utilisés. Il faut ensuite comparer les attributs apparaissant un nombre de fois élevé avec les attributs indexés dans l'annuaire, et décider s'il faut en rajouter ou pas.

La répartition de charge

Celle-ci peut se faire de deux façons : asymétriquement en répartissant la charge de façon statique sur plusieurs serveurs contenant chacun un sous-ensemble des branches de l'annuaire, ou symétriquement en répartissant la charge de façon aléatoire (ou dynamique) sur plusieurs annuaires identiques.

Dans le premier cas, il s'agit tout simplement de répartir les données sur plusieurs serveurs et d'accéder au serveur voulu à partir de l'application, comme le montre la figure 11.7.

Figure 11.7

Exemple de répartition de charge asymétrique

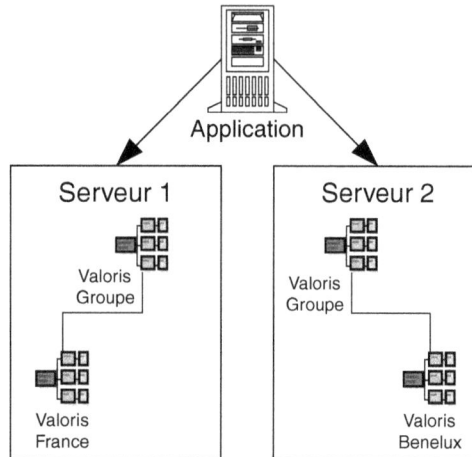

L'inconvénient de cette méthode est que l'application doit savoir quel serveur interroger à chaque requête et répartir la charge de façon statique entre ceux-ci. En outre, si pour des raisons de performance il est nécessaire de répartir à nouveau l'un des serveurs en plusieurs autres serveurs, il faudra modifier toutes les applications qui y accèdent en conséquence.

La deuxième méthode consiste tout d'abord à dupliquer les serveurs avec un contenu identique puis à répartir la charge en fonction des capacités restantes de chaque serveur.

Les différentes techniques de réplication sont décrites en détail dans le chapitre 8. La réplication multimaître est la plus courante et la plus simple à mettre en œuvre. Elle consiste à avoir au moins deux serveurs identiques qui se synchronisent automatiquement dès qu'on met à jour des données sur l'un d'eux. La plupart des serveurs d'annuaires du marché supportent la réplication multimaître dans leur dernière version. Il est aussi possible de dédier des serveurs à l'écriture et d'autres à la lecture. Cette dernière étant généralement plus fréquente, on pourra augmenter les capacités de ces derniers ainsi que leur nombre en fonction des besoins, tout en ayant un ou deux serveurs dédiés à l'écriture.

Une fois la réplication effectuée, il faut répartir la charge sur les différents serveurs. Ceci nécessite un outil spécifique, généralement un routeur réseau, situé en amont des différents serveurs, chargé d'analyser les requêtes LDAP et de les transmettre au serveur le moins chargé.

Ce type d'outil peut être soit un routeur réseau comme LocalDirector de Cisco, ou un routeur Alteon de Nortel, soit un logiciel spécifique de type proxy inversé, que nous décrivons ci-dessous. Certains outils sont capables de répartir la charge sur des critères « intelligents » comme :

* La disponibilité des serveurs : si l'un des serveurs tombe en panne, aucun flux n'est redirigé vers lui jusqu'à ce qu'il soit remis en marche.

Figure 11.8

Exemple de répartition de charge dynamique

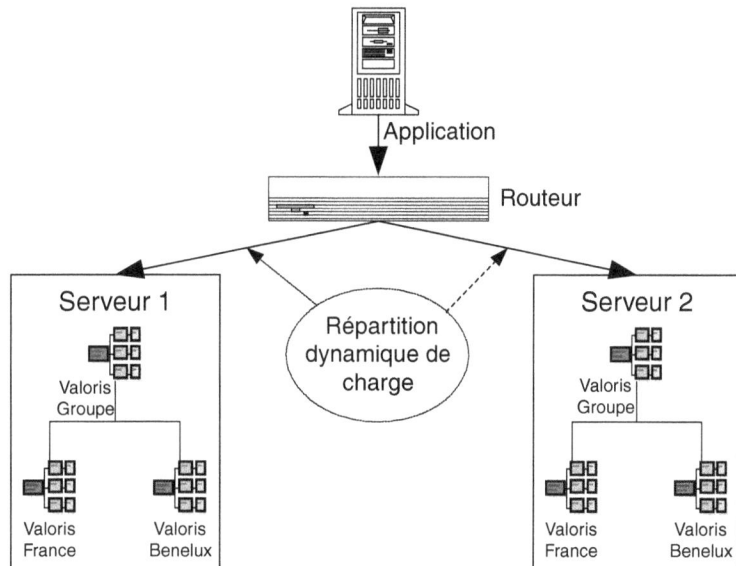

- Les temps de réponse : si un serveur met du temps à répondre aux requêtes qui lui sont envoyées, il sera sollicité plus rarement par le routeur.

- La capacité des serveurs : si un serveur a des capacités supérieures à d'autres, il est possible de lui attribuer un « poids » afin qu'il reçoive plus de requêtes.

La désactivation du contrôle du schéma

Un des moyens permettant d'accélérer les performances en écriture d'un annuaire est tout simplement de désactiver le contrôle du schéma si le serveur d'annuaire offre cette fonctionnalité. À chaque mise à jour d'une donnée, le serveur va vérifier la syntaxe des attributs et la cohérence des classes d'objets, ce qui consomme des ressources machines. Si on désactive le contrôle du schéma, ces contrôles ne sont plus effectués, et ceci accélère notablement les performances du serveur.

En contrepartie, on risque de mettre à jour des données de façon incohérente dans l'annuaire et donc de polluer celui-ci à terme. Il est donc fortement conseillé de désactiver le contrôle du schéma pour le serveur de production uniquement : en effet, les erreurs sont plus fréquentes lors de la programmation des applications. Pour cela il faut dédier un serveur d'annuaire à l'environnement de développement.

L'utilisation d'un proxy LDAP inversé

Nous décrivons en détail ce qu'est un proxy LDAP inversé dans le chapitre 8 de ce livre. Parmi les fonctionnalités qu'il offre, celles qui concernent les performances sont le traitement du renvoi de référence et le « cache » mémoire du résultat des requêtes.

Modifier l'arborescence de l'arbre LDAP (DIT)

Il arrive souvent que les branches de l'arbre nécessitent d'être modifiées pour répondre à de nouveaux besoins. Par ailleurs, les applications qui accèdent à l'annuaire peuvent créer des branches pour des besoins propres, qui nécessitent d'être maintenues par des administrateurs en accédant directement à l'annuaire. Nous allons décrire dans ce paragraphe comment manipuler les branches d'un arbre LDAP et les précautions à prendre dans les différents cas de figure.

Ajouter une branche

C'est une opération assez simple car elle consiste à rajouter un objet dans l'annuaire. Cet objet deviendra une branche lorsqu'on ajoutera d'autres objets sous celui-ci. Elle peut être réalisée avec n'importe quel outil, y compris la console d'administration de l'annuaire.

Néanmoins, il est nécessaire de prendre quelques précautions lors de cette opération :

- Il est conseillé d'utiliser la classe d'objet organizationalunit pour créer le nœud de la branche.
- Il faut vérifier que la branche est accessible aux applications : pour cela il est nécessaire de s'assurer que les droits d'accès appliqués sur le nœud père autorisent bien l'accès aux objets de cette branche ou pas en fonction des besoins. Si ce n'est pas le cas, il faut créer une règle d'accès spécifique à cette branche, comme le montre la figure 11.9. Par exemple, si on crée une branche qui va contenir les clients de l'entreprise, il faut s'assurer que les applications extranets peuvent bien lire et écrire dans cette branche.

Figure 11.9

Exemple de règle d'accès associée à une nouvelle branche

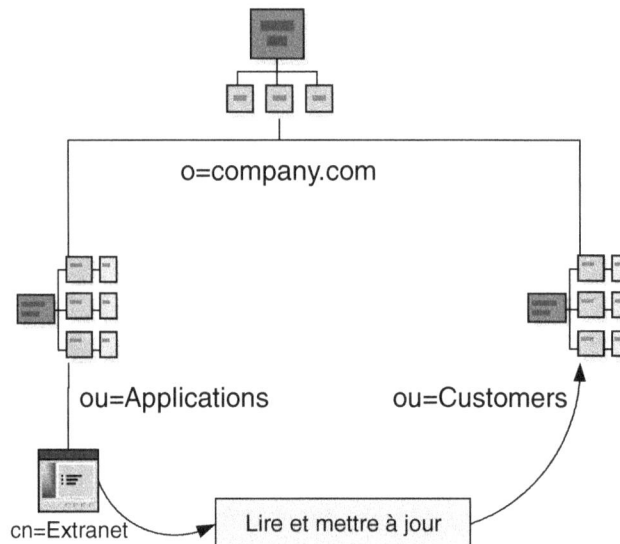

o=company.com

ou=Applications   ou=Customers

cn=Extranet   Lire et mettre à jour

Déplacer une branche

Déplacer une branche est une opération fastidieuse si vous n'utilisez pas un outil dédié à cet effet. L'interface LDAP n'offre pas de fonction prête à l'emploi pour réaliser cette opération. Il faut créer la nouvelle branche, recopier les objets de l'ancienne branche vers la nouvelle un à un, puis supprimer ces objets de l'ancienne branche et enfin supprimer le nœud associé.

Heureusement, la plupart des consoles d'administration des annuaires offrent en standard la possibilité de déplacer une branche. Ceci est offert à l'aide de l'interface graphique de la console en faisant un glisser/déplacer de la branche, ou tout simplement un copier/coller.

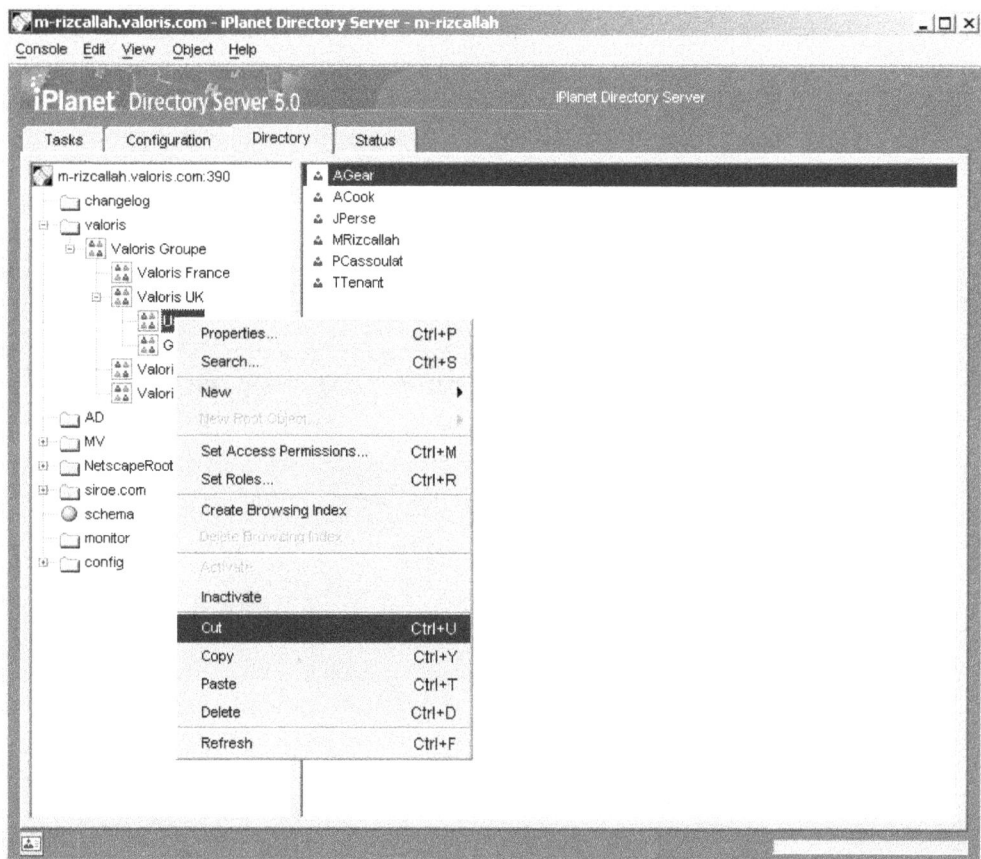

Figure 11.10

Comment déplacer une branche avec la console l'annuaire de Sun

Il est important de savoir que les droits d'accès positionnés sur le nœud déplacé peuvent ne pas être pris en compte lors d'une opération effectuée. En effet, dans la plupart des serveurs d'annuaires du marché, les règles de sécurité sont décrites dans un attribut attaché au nœud où elles s'appliquent, qui contient les DN de l'objet à qui on attribue les droits, ainsi que le DN de ceux sur qui ces droits s'appliquent.

Par exemple, dans la figure 11.10, on cherche à déplacer la branche ou=Users du nœud ou=Valoris UK vers le nœud ou=Valoris France. Supposons qu'on ait appliqué une règle attribuant les droits d'accès en écriture à cette branche à l'utilisateur identifié par cn=MRizcallah. Cette règle, contenue dans le paramètre aci de l'objet ou=Users, aura la syntaxe suivante avec le serveur Sun Java System Directory Server :

```
(targetattr = "*") (target = "ldap:///ou=Users, ou=Valoris UK, ou=Valoris
Groupe,dc=valoris,dc=com") (version 3.0; acl "Read and Write access"; allow
(all) (userdn = "ldap:///uid=MRizcallah,ou=Users,ou=Valoris UK,ou=Valoris
Groupe,dc=valoris,dc=com");)
```

On remarque dans cette règle que les paramètres target et userdn contiennent respectivement le DN des objets sur lesquels les droits s'appliquent et à qui ils sont attribués. Lorsque la branche sera déplacée, les DN des objets changeront (Valoris UK est remplacé par Valoris France), et donc la règle ne sera plus valable. Si vous utilisez la console d'administration de Sun Java System Directory Server pour déplacer le nœud, la règle est supprimée. Il faudra donc la recréer manuellement par la suite.

Supprimer une branche

Pour supprimer un nœud de l'arbre, il est nécessaire au préalable de supprimer tous les objets sous-jacents à celui-ci. La plupart des consoles d'administration des annuaires offrent cette possibilité en standard.

Les règles de sécurité sont aussi détruites puisqu'elles sont décrites dans des attributs rattachés à chacun des objets supprimés. Les règles de sécurité, héritées des nœuds supérieurs, restent bien entendu.

Synchroniser les données

Une des principales difficultés dans la vie d'un annuaire d'entreprise est la mise en cohérence des données qu'il contient avec les applications et les autres annuaires de l'entreprise. Il est malheureusement rare de pouvoir fédérer tous les annuaires de l'entreprise et toutes les sources de données relatives aux personnes dans un annuaire unique. En effet, les applications existantes qui ont leur propre base de données ou annuaire ne sont généralement pas modifiées pour s'appuyer sur un annuaire centralisé. La solution préférée des entreprises est la synchronisation des données, car elle peut être faite sans modifier les applications existantes et sans en arrêter la production.

En quoi consiste la synchronisation des données ? Elle contient essentiellement quatre étapes :

- La première étape consiste à *extraire* les informations à synchroniser d'une source de données comme l'annuaire, une base de données ou une application.

- La deuxième étape consiste à *transformer* les données à échanger afin de les mettre dans un format compréhensible par le système destinataire, mais aussi afin de transformer les données elle-mêmes pour les adapter au modèle de données système cible.

- La troisième étape consiste à *transporter* les données du système source vers le système destinataire.

- La quatrième étape consiste à *importer* les données dans le système destinataire.

Il existe plusieurs méthodes pour effectuer la synchronisation des données que nous allons décrire ci-dessous.

L'import et export de fichiers

La plus évidente est celle qui s'appuie sur l'import et l'export de fichiers entre l'annuaire et les systèmes périphériques. Le format de ces fichiers peut s'appuyer sur LDIF, propre au standard LDAP, dont l'avantage est d'être lu par la majorité des serveurs. Mais l'inconvénient est qu'il n'est pas compatible avec les bases de données. Il n'est pas possible d'importer un fichier LDIF dans une base de données de type Oracle par exemple. Pour cela, il faut développer une application qui va traiter ce fichier et transformer les requêtes en langage SQL. De même, une extraction d'une base de données peut se faire au format CSV par exemple, mais il faudra transformer celui-ci au format LDIF avant de l'importer dans l'annuaire.

Une fois extraites du système source, les données peuvent être transportées vers le système destinataire par transfert de fichier FTP ou à l'aide de la messagerie électronique, par exemple.

Il est également possible d'utiliser le format DSML, dérivé de XML, comme format pivot. Ce format n'étant pas compatible directement avec les serveurs d'annuaire, il faudra utiliser un outil en amont chargé d'interpréter ce format et de dialoguer avec l'annuaire à l'aide du protocole LDAP, comme DSML Services for Windows de Microsoft ou DSML for eDirectory de Novell.

L'avantage de cette solution est qu'elle est simple à mettre en œuvre lorsqu'il s'agit de la synchronisation entre annuaires LDAP. L'import et l'export de données de l'annuaire est une fonction offerte par la plupart des logiciels du marché, et le transport des fichiers peut se faire par messagerie, par FTP ou tout simplement par disquette (à condition qu'ils ne soient pas trop fréquents !).

En revanche, si tel n'est pas le cas, elle nécessite la réalisation de programmes complexes afin de transformer des formats de fichiers différents et d'exécuter l'import/export de façon automatique si besoin.

Mais son principal inconvénient réside dans le fait que le chargement des données de l'annuaire peut prendre un temps considérable dans le cas d'un nombre élevé d'entrées et lorsqu'il faut effectuer des traitements spécifiques sur les données (quelques heures pour plus de 500 000 entrées par exemple), les serveurs d'annuaires étant généralement plus lents en écriture qu'en lecture.

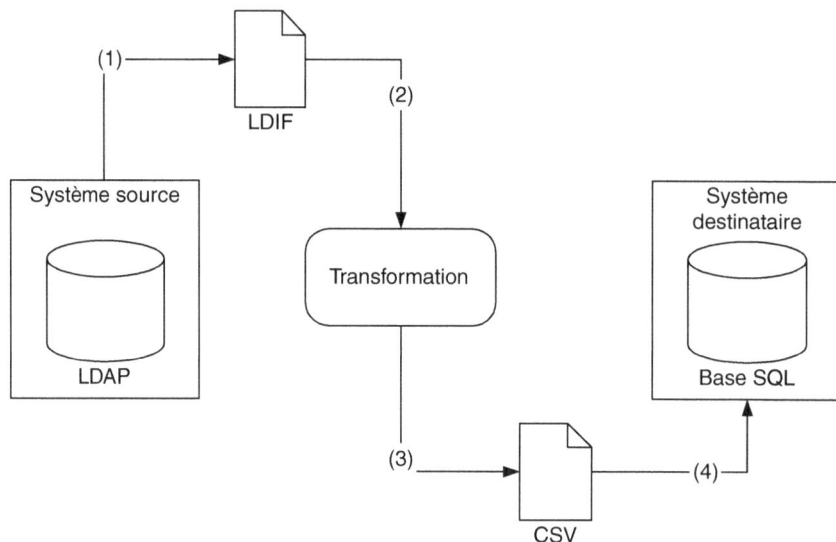

Figure 11.11

Exemple de synchronisation par fichiers

Pour pallier cet inconvénient, il sera nécessaire de redimensionner la machine hébergeant le serveur, ce qui peut s'avérer coûteux, ou de développer des modules n'exportant que les entrées récemment modifiées des applications sources et de l'annuaire. La maintenance de tels modules peut se montrer complexe et avoir un impact non négligeable sur les applications sources, notamment lorsqu'il s'agit de progiciels du marché comme des PGI (Progiciels de gestion intégrés ou ERP comme SAP ou HR Access d'IBM).

Les modules développés de façon spécifique

C'est la méthode la plus utilisée à ce jour par les entreprises qui démarrent la mise en œuvre de leur annuaire. Elle consiste à développer une application spécifique, en Java ou en Visual Basic par exemple, qui d'une part va se connecter à l'annuaire LDAP *via* le protocole associé, et d'autre part va accéder au système à synchroniser *via* un protocole pris en charge par celui-ci, comme SQL pour une base de données. L'extraction, l'importation et la transformation sont programmées de façon spécifique dans cette application.

L'avantage de cette solution est qu'elle peut sembler peu coûteuse et rapide à mettre à œuvre. Son inconvénient vient essentiellement des coûts élevés requis par cette maintenance, notamment lorsqu'il faut synchroniser plus de deux systèmes, et qu'il ne faut tenir compte que des changements survenus depuis la dernière synchronisation afin d'optimiser les temps de traitements.

Les modules peuvent rapidement devenir complexes, et leur nombre peut s'accroître très rapidement faute de coordination et de communication entre leurs concepteurs.

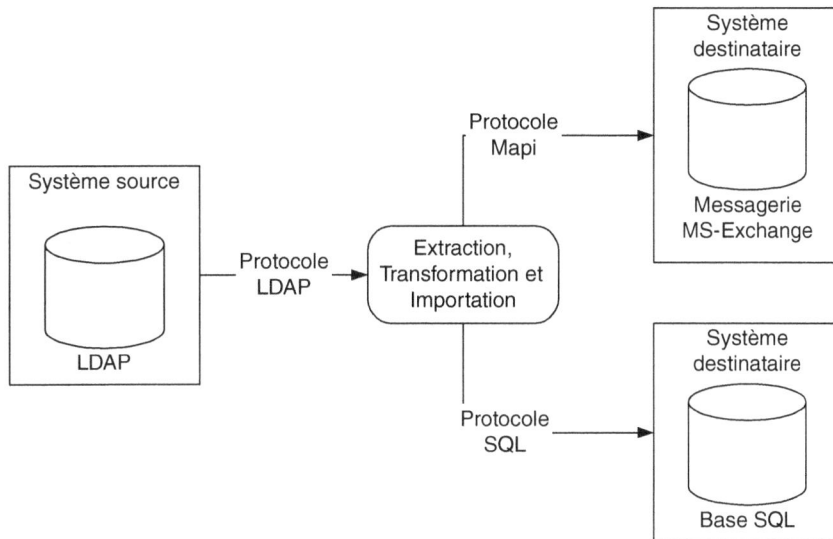

Figure 11.12

Exemple de synchronisation à l'aide d'une application spécifique

Méta-annuaire et EAI

Cette méthode consiste à utiliser un outil de synchronisation du marché dédié à cet effet. Il existe deux catégories d'outils qui peuvent répondre au besoin de synchronisation : les méta-annuaires et les EAI *(Enterprise Application Integration)*. Nous allons décrire les particularités de chacun d'eux afin de savoir dans quel cas il faut utiliser l'un ou l'autre.

Qu'est-ce qu'un méta-annuaire ? Nous avons décrit longuement ce type d'outil dans le chapitre 10 de cet ouvrage. Nous allons simplement en rappeler la définition : c'est un outil spécifique chargé d'agréger dans un annuaire unique et de synchroniser un ensemble de données relatives à l'identité des personnes et des ressources, provenant de différents systèmes d'information de l'entreprise.

Un méta-annuaire contient principalement les composants suivants :

- Un référentiel de données agrégées, basé sur le protocole LDAP, communément nommé *Meta Vue*. Il permet d'avoir une vue unifiée des données provenant de différentes sources à travers le protocole LDAP.

- Des connecteurs à différents types de systèmes dont essentiellement des annuaires comme les annuaires de systèmes de messagerie (MS-Exchange, Lotus Notes, etc.) et les annuaires de systèmes d'exploitation (Windows NT, Windows 2000/2003, Unix, etc.), des bases de données relationnelles (Oracle, MS SQL Server, Sybase, etc.) et des formats de fichiers texte comme le format LDIF, CSV ou XML.

- Un moteur de jointure dont le rôle est d'associer les entrées se trouvant dans différents systèmes, accessibles à travers les connecteurs, à celles de la Meta Vue, et ceci à l'aide de règles qui peuvent être prédéfinies par l'administrateur.

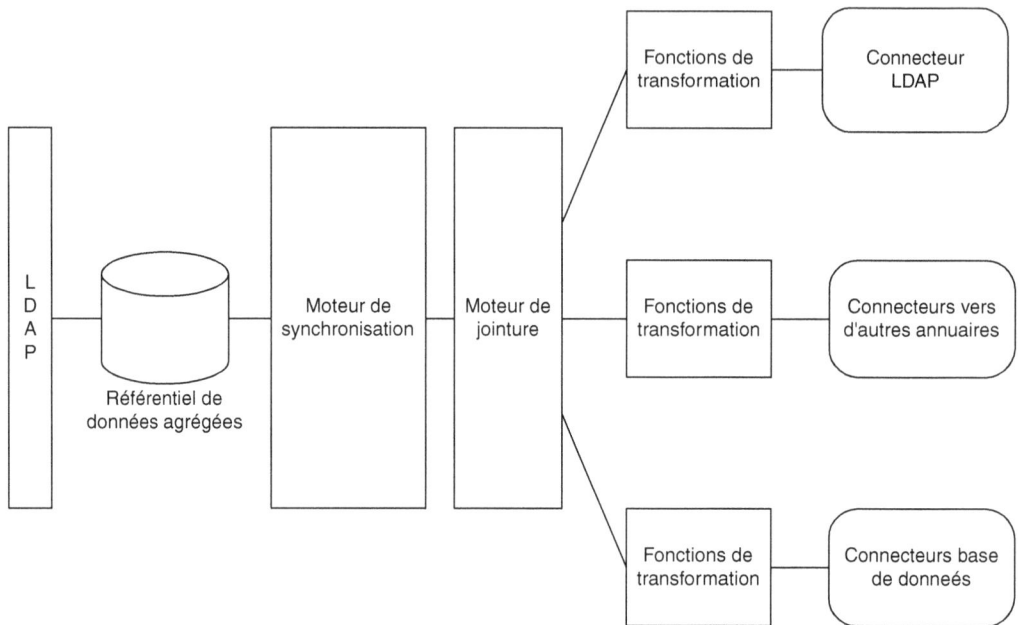

Figure 11.13
Vue d'ensemble des fonctions d'un méta-annuaire

- Des fonctions de transformation qui permettent de traiter ou de calculer certains attributs avant leur mise à jour dans la Meta Vue ou dans l'un des systèmes à synchroniser.

- Des fonctions de gestion de l'appartenance des entrées et des attributs, permettant de résoudre les conflits de mises à jour. Ainsi, si un attribut, comme l'adresse e-mail, se trouve dans différents systèmes à synchroniser, il sera possible de préciser celui qui en sera maître et n'autoriser les mises à jour que vers les autres systèmes.

- Un moteur de synchronisation bidirectionnel s'appuyant sur les fonctionnalités citées précédemment, chargé d'exécuter les synchronisations soit de façon régulière à des périodes prédéfinies par l'administrateur, soit en fonction d'événements survenus dans les différents systèmes à synchroniser, comme l'ajout d'une entrée dans une base de données, le changement de la valeur d'un attribut dans un annuaire LDAP, ou la suppression d'une boîte aux lettres dans un système de messagerie.

Qu'est ce qu'un EAI ? C'est un middleware chargé d'échanger des flux de données et d'exécuter des transactions entre différents systèmes d'information. Son principal usage est l'intégration des applications et des données qui résident dans l'entreprise, soit l'intégration de celles-ci avec celles de partenaires ou fournisseurs (cas du BtoB ou *business to business*). Par exemple, lorsqu'une entreprise industrielle veut intégrer son système avec celui de son fournisseur, un EAI peut être utilisé afin d'intégrer automatiquement le système d'approvisionnement de l'entreprise au système de commande du fournisseur.

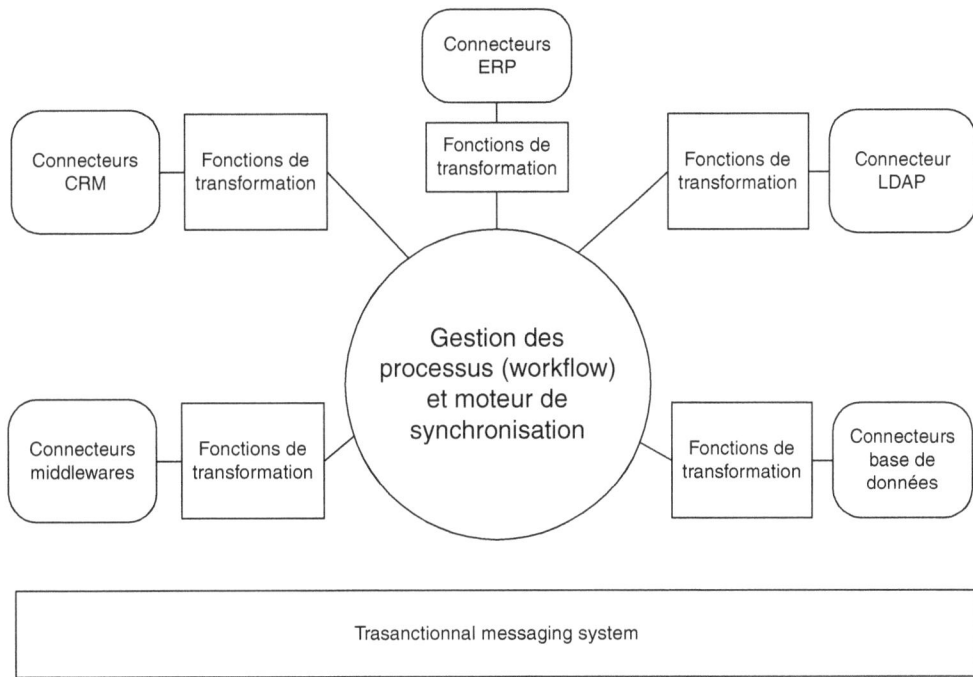

Figure 11.14

Vue d'ensemble des fonctions d'un EAI

Un EAI contient principalement les composants suivants :

- Un système de messagerie transactionnel, chargé de transporter les données et les requêtes de façon fiable et sécurisée, et de les router vers les différents systèmes destinataires de façon asynchrone ou synchrone. Les EAI peuvent avoir leur propre système de messagerie intégré, ou bien ils peuvent s'appuyer sur des technologies du marché comme le modèle COM de Microsoft ou Corba, ou encore utiliser des middlewares comme MQ-Series.

- Des fonctions de transformation qui permettent de traiter ou de calculer les données transportées.

- Des connecteurs à différents types de systèmes, comme des bases de données, des annuaires LDAP, des applications du marché comme des progiciels de gestion intégrés (SAP) ou des progiciels de CRM (Siebel), des plates-formes transactionnelles comme CICS, et autres.

- Des fonctions de gestion des processus métiers et de *workflow,* qui permettent de définir et d'exécuter en séquence les requêtes émises par les différents systèmes. Par exemple, un EAI peut automatiquement exécuter un ordre de vérification du stock chez le fournisseur avant d'exécuter l'ordre de passage de commande.

- Un moteur d'échange bidirectionnel s'appuyant sur les fonctionnalités citées précédemment, chargé d'effectuer les requêtes en fonction d'événements survenus dans les différents systèmes à synchroniser, comme l'ajout d'une entrée dans une base de données.

Voici quelques exemples d'outils disponibles sur le marché considérés comme des EAI : les produits webMethods et SeeBeyond des sociétés de même nom, MQ-Series Integrator de la société IBM, Tibco RendezVous de Reuters, etc.

On voit bien que les méta-annuaires et les EAI ont des vocations très différentes. Les méta-annuaires ont été conçus pour synchroniser des annuaires (LDAP et autres) et des bases de données, alors que les EAI ont été conçus pour échanger des flux d'information entre systèmes et exécuter des transactions à distance. Les EAI peuvent être utilisés pour synchroniser un annuaire LDAP avec d'autres systèmes, s'ils offrent un connecteur LDAP. En revanche, ils ne possèdent en général pas de connecteurs pour d'autres types d'annuaires comme ceux des messageries électroniques ou des systèmes d'exploitation.

Par ailleurs, les méta-annuaires contiennent un référentiel des données agrégées offrant une interface LDAP, alors que les EAI n'en ont pas.

Le tableau suivant résume les fonctions offertes par ces deux catégories d'outils.

Fonctions	Méta-annuaire	EAI
Référentiel de données agrégées offrant une interface LDAP	Oui	Non
Connecteurs à des bases de données	Oui	Oui
Connecteurs à des progiciels (ERP, CRM, etc.)	Non	Oui
Connecteurs à des annuaires (messagerie, système d'exploitation, etc.)	Oui	Non
Moteur de jointure	Oui	Non
Fonctions de transformation	Oui	Oui
Fonctions de gestion des processus métiers et de *workflow*	Non	Oui
Moteur de synchronisation bidirectionnel entre annuaires et bases de données, initiée périodiquement et en fonction d'événements	Oui	Non
Moteur d'échanges bidirectionnel entre systèmes dont des progiciels, des bases de données et des annuaires LDAP, initiés en fonction d'événements	Non	Oui
Système de messagerie transactionnel asynchrone et synchrone	Non	Oui
Gestion de l'appartenance des entrées et des attributs	Oui	Non

Dans quelles circonstances faut-il utiliser le méta-annuaire et dans quelles circonstances faut-il utiliser l'EAI ? Les méta-annuaires ont été conçus pour synchroniser des annuaires entre eux y compris des bases de données. Mais il arrive souvent qu'un EAI soit déjà en place dans l'entreprise. Il est alors légitime de se poser la question de l'achat et du déploiement d'un outil supplémentaire pour le méta-annuaire.

Il faut commencer par faire un état des lieux des besoins de synchronisation afin de mettre en évidence les requis technologiques associés. L'EAI saura répondre à certaines fonctionnalités comme le montre le tableau ci-dessus. Par exemple, il sera en mesure d'effectuer une synchronisation entre une base de données et un annuaire LDAP. Dans tous les cas, si l'on souhaite utiliser un EAI, il faudra au moins construire son propre annuaire LDAP agrégé, car il n'est pas offert par ce type d'outil. Mais l'EAI ne saura pas effectuer de jointure entre différentes sources de données, et ne saura pas accéder à des annuaires autres que LDAP.

Il faut aussi noter que la plupart des méta-annuaires du marché sont vendus avec un annuaire intégré. Il n'y a donc pas de coût de licences additionnel pour l'annuaire. En revanche, pour un EAI, il faudra acquérir de toute façon les coûts de licence de l'annuaire.

Les étapes à suivre pour ajouter une nouvelle application

Nous allons décrire les différentes étapes à suivre pour ajouter une application à l'annuaire. Cette liste est une sorte de liste de contrôle qui permet de s'assurer que les principaux impacts sur l'annuaire ont été pris en compte.

Identifier les attributs, les classes et les données réutilisables

La première étape, une fois les besoins de l'application bien définis, consiste à identifier les attributs, les classes d'objets et les données qui existent déjà dans l'annuaire d'entreprise et qui peuvent être réutilisées par cette application.

Il est important pour cela d'avoir une description claire de la sémantique de chaque attribut et des classes d'objets afin d'éviter les redondances et le mauvais usage des données. Par exemple, il faut identifier la classe qui permet de décrire les personnes référencées dans l'annuaire. Est-ce la classe standard du serveur d'annuaire comme `inetorgperson` ou `user`, ou est-ce une classe dérivée spécifique ? Y a-t-il des classes différentes pour décrire les clients, les employés et les partenaires ? Comment sont décrites les différentes sociétés auxquelles appartiennent éventuellement ces personnes ? Y a-t-il une branche par société cliente ou par département de l'entreprise contenant l'ensemble des personnes qui s'y trouvent ?

Concevoir et rajouter les nouveaux types de données

Il s'agit ici de comparer les besoins de l'application par rapport à ce qui existe déjà dans l'annuaire. Par exemple, dans le cas d'un extranet concernant les revendeurs, il faudra ajouter une classe d'objet qui permet de les décrire, différente de celle qui permet de décrire les forces de vente internes qui sont des employés.

Une fois les classes d'objets à rajouter identifiées, il faudra trouver pour chacune d'elles la classe dont elle va dériver. Par exemple, pour un extranet revendeurs, on peut créer une classe décrivant *l'entreprise* qui revend et une classe pour chaque *personne* de cette entreprise pouvant accéder à l'annuaire. La première pourra dériver de la classe `organizationunit` et la deuxième de la classe `inetorgperson` ou `user`.

Identifier les acteurs et rajouter les objets associés

Il s'agit ici d'identifier les applications et les utilisateurs qui pourront accéder aux données rajoutées afin de pouvoir contrôler les droits d'accès à celles-ci. Il est toujours possible de donner les droits de l'administrateur à toute nouvelle application pour accéder à la totalité de l'annuaire, aussi bien en lecture qu'en écriture, sans se soucier de la sécurité.

Mais ceci présente des risques importants lorsque l'application est accessible à des personnes externes à l'entreprise *via* Internet.

Nous conseillons donc de créer systématiquement un objet pour chaque nouvelle application, et d'imposer aux développeurs d'utiliser cet objet pour s'identifier à l'annuaire. L'administrateur pourra ainsi contrôler les droits à sa guise ; il pourra même attribuer tous les droits dans un premier temps afin de permettre une mise en œuvre rapide du service, puis les restreindre par la suite aux seules données autorisées.

Il peut aussi y avoir des cas plus complexes où l'on souhaite déléguer la gestion d'un ensemble d'utilisateurs à un utilisateur donné. Par exemple, s'il s'agit d'un extranet revendeurs et que l'on souhaite pouvoir déléguer la gestion des utilisateurs d'un revendeur donné (création, modification, suppression) à un gestionnaire propre à celui-ci. L'objet associé au gestionnaire sera alors créé quand on ajoutera un revendeur dans l'annuaire à l'aide de l'application extranet. Les utilisateurs seront créés lorsque le gestionnaire les ajoutera, toujours à l'aide de l'extranet. Voir l'étude de cas MyPizza dans le chapitre 9 en exemple.

Adapter le DIT

Une fois les acteurs identifiés et les données à rajouter décrites, il faudra probablement adapter l'arborescence de l'annuaire. Nous avons décrit précédemment comment procéder pour rajouter un nœud ou déplacer des données d'une branche à l'autre.

Il est important de tenir compte de l'impact sur les applications existantes en cas de changement de DIT. En effet, certaines applications peuvent utiliser le DN des objets pour les lire, et ne fonctionneront plus si l'objet est déplacé. La seule solution consiste à mettre en paramètres, et non dans le code source, les différents noms de nœuds (ou RDN) utilisés pour calculer un DN.

Identifier et attribuer les droits d'accès des acteurs sur les données

C'est une des étapes les plus délicates de la mise en œuvre d'un annuaire ; il s'agit en effet de trouver le bon compromis entre une gestion complexe et trop rigoureuse des droits, et entre une sécurité trop faible par rapport aux besoins des applications et aux enjeux de l'entreprise.

Voici quelques recommandations à ce sujet :

- Créer un objet dans l'annuaire pour toute nouvelle application, qui sera utilisé pour s'identifier à l'annuaire, comme le montre la figure 11.9.

- Ne pas attribuer les droits d'accès aux données de l'annuaire à cet objet directement, mais passer plutôt par un groupe. En effet, il arrive souvent qu'un ensemble d'applications partage les mêmes droits sur un sous-ensemble de l'annuaire. Par exemple, plusieurs applications extranet destinées aux revendeurs, comme la gestion du réapprovisionnement ou le service clients, peuvent partager des droits sur les objets décrivant les utilisateurs de l'extranet. Le fait d'attribuer les droits à un groupe permettra de les fédérer et d'éviter de créer autant de règles que d'applications. Voir le chapitre 8 pour plus d'informations sur la gestion des habilitations.

- Créer les groupes et attribuer les droits d'accès à ceux-ci *via* la console d'administration de l'annuaire. Quelquefois, la gestion des groupes doit être accessible aux utilisateurs. Il n'est pas conseillé de leur donner accès à la console d'administration. Vous pouvez alors soit développer une application spécifique à cet effet, soit utiliser des produits du marché offrant ce type de service comme avec COREid d'Oblix.

- Éviter la création d'un nombre important de groupes et la gestion complexe de groupes imbriqués. En fonction de la complexité des applications, le nombre de groupes peut devenir rapidement très élevé, voire atteindre et même dépasser le nombre d'utilisateurs dans l'annuaire ! L'utilisation de groupes imbriqués réduit le nombre de groupes, mais peut nuire à la visibilité du contenu des groupes. Il est aussi conseillé d'utiliser des groupes dynamiques soit des ACL utilisant des attributs indirects (voir l'étude de cas MyPizza dans le chapitre 9). Les groupes dynamiques sont une facilité offerte par les récents serveurs d'annuaire. On les constitue en désignant un filtre LDAP au lieu d'une liste de membres désignés par leur DN. La requête est exécutée dynamiquement lorsqu'on cherche à en lire le contenu. Voir le chapitre 10 pour plus d'informations sur les groupes dynamiques.

- Mettre à jour la documentation aussi bien pour les attributs, les classes d'objets que les droits rajoutés.

Mesurer l'impact sur la volumétrie et les performances

L'ajout d'une nouvelle application peut avoir des répercussions sur les volumes de données gérés par l'annuaire. Par exemple, un extranet clients va nécessiter le rajout de l'ensemble des profils clients dans l'annuaire. Ceci peut s'élever à quelques millions d'enregistrements s'il s'agit d'un produit grand public. Ainsi, un opérateur de téléphonie mobile qui souhaite offrir à ses clients la possibilité de gérer leur abonnement en ligne devra prendre en charge autant d'entrées dans son annuaire que d'abonnements en cours, soit plusieurs millions.

La première chose à faire est de s'assurer que la volumétrie ne va pas dégrader les performances, même si peu d'utilisateurs se connectent à l'annuaire. Ceci dépend essentiellement de l'outil utilisé pour l'annuaire et de la plate-forme sur laquelle il fonctionne. Ceux qui en ont les moyens pourront d'emblé s'équiper d'une plate-forme performante et évolutive comme une machine Sun E10K ou F15K, pouvant supporter jusqu'à soixante-quatre processeurs et équipée de disques durs rapides. Les autres devront s'appuyer sur des topologies permettant de répartir les volumes de données sur plusieurs machines. Ceci peut être fait soit en répliquant l'annuaire sur différentes machines et en utilisant des outils de répartitions de charge, soit en répartissant les branches de l'annuaire sur plusieurs machines reliées par des mécanismes de renvoi de référence. Voir le chapitre 8 pour plus de détails sur ces différents cas.

Ensuite, il faut mesurer l'impact du nombre de requêtes générées par la nouvelle application. Il est difficile de prévoir ce nombre avant la mise en production de l'application, mais il est aussi risqué de ne rien faire et de mettre en production celle-ci sans s'assurer de la qualité de service offerte aux utilisateurs. Cela nécessite la mise en œuvre des outils de simulation qui permettent de générer un nombre élevé de requêtes, ainsi que des outils d'audit qui permettent de mesurer les temps de réponse de l'annuaire. Pour plus d'informations à ce sujet, voir le paragraphe sur l'optimisation et les tests de performance plus haut dans ce chapitre.

Étudier les besoins de synchronisation

Il s'agit ici d'identifier les systèmes avec lesquels il faudra mettre en place des processus de synchronisation de données. En effet, une fois les types de données requis par la nouvelle application identifiés, il est important de vérifier s'il existe d'autres systèmes dans l'entreprise possédant les mêmes informations. Par exemple, si l'on ajoute une nouvelle application qui nécessite le rajout dans l'annuaire de l'adresse de messagerie des clients, il faudra probablement assurer la cohérence entre celui-ci et les systèmes de gestion de la relation client qui contiennent aussi l'adresse de messagerie.

Si c'est le cas, il faudra décrire les données à synchroniser, mettre en évidence leur appartenance, et décrire les processus et les outils permettant d'assurer la synchronisation. Nous avons présenté les différentes solutions possibles précédemment dans ce chapitre.

Documenter et communiquer

Un des facteurs clés du succès d'un annuaire d'entreprise est que son contenu soit bien documenté. En effet, c'est ce qui va permettre à de nouvelles applications de réutiliser celui-ci. Il est aussi important de documenter les droits d'accès attribués sur ces données.

Enfin, une fois la documentation mise à jour, il est utile de communiquer sur les nouveaux services mis en place. Un espace « annuaire » sur l'intranet de l'entreprise, destiné aux concepteurs d'applications, est un atout indispensable à son cycle de vie.

Le cadre légal

Plusieurs de mes lecteurs m'ont demandé de décrire la façon dont les annuaires s'inscrivent dans le cadre légal relatif à la protection des données sur les individus. Notons que ceci n'est pas propre aux annuaires : toute base de données contenant des informations sur des personnes doit respecter les lois relatives à l'informatique et aux libertés individuelles du pays où elle se trouve.

Mais quelles sont ces règles ou ces lois et que faut-il faire dans les annuaires d'entreprise pour les respecter ?

Droits et obligations

Chaque pays dans le monde a défini un ensemble de lois qui permettent de protéger les libertés individuelles relatives à l'usage des données informatiques. Des organismes comme la CNIL (Commission nationale de l'informatique et des libertés, www.cnil.fr)

en France et le National Telecommunications & Information Administration aux États-Unis sont chargés d'édicter ces lois. Elles sont généralement constituées de droits pour les individus et d'obligations pour les acteurs (les organismes ou personnes qui collectent et traitent les informations sur les individus). On retrouve les droits des individus dans la plupart des législations sur la protection des données personnelles en Europe et dans le monde. La Convention n° 108 du Conseil de l'Europe, ratifiée par de nombreux États dont la France, les a consacrés au plan international en 1981.

Les droits des individus

Face aux potentialités quasi infinies qui résultent des technologies de l'information, la loi « Informatique et libertés » du 6 janvier 1978 en France a prévu de solides garde-fous pour protéger l'individu des dangers liés à la multiplication des données informatiques le concernant. Cette loi n'interdit pas la création de fichiers nominatifs. Ce n'est pas un outil de lutte contre l'informatique, bien au contraire, c'est un moyen d'en réglementer l'usage afin d'en limiter les effets liberticides.

La loi du 6 janvier 1978 reconnaît essentiellement sept droits aux personnes :

- *Le droit à l'information préalable* : les fichiers ne doivent pas être créés à l'insu des individus concernés. Ceux qui créent des traitements ne doivent pas laisser les individus dans l'ignorance de l'utilisation qu'ils vont faire de ces données. Sinon, la loi « Informatique et libertés » est purement et simplement violée.

- *Le droit de curiosité* : pour pouvoir accéder aux données qui concernent les personnes, chaque personne a le droit de demander à tout organisme s'il détient des informations sur elle.

- *Le droit d'accès direct* : toute personne peut obtenir la communication des informations qui la concernent en les demandant directement à l'organisme qui détient le fichier dans lequel elle figure. C'est un droit fondamental qu'il ne faut pas hésiter à exercer.

- *Le droit d'accès indirect* : pour certaines données nominatives, la loi prévoit un intermédiaire entre l'individu et l'organisme qui détient le traitement. Par exemple, pour les données médicales, un médecin de votre choix, pour les données figurant dans des traitements intéressant la sûreté de l'Etat, la défense et la sécurité publique, un commissaire de la CNIL.

- *Le droit de rectification* : si vous avez constaté des erreurs lorsque l'organisme qui détient le fichier vous a communiqué les données vous concernant, vous pouvez les faire corriger. La loi va même plus loin puisqu'elle oblige l'organisme à rectifier d'office et de lui-même les informations dès lors qu'il a connaissance de leur inexactitude.

- *Le droit d'opposition* : si vous avez des raisons légitimes pour ne pas figurer dans tel ou tel fichier, vous pouvez vous opposer à votre fichage. La loi garantit un droit d'opposition que l'on peut exercer au moment de la collecte ou plus tard, en demandant par exemple la radiation des données contenues dans les fichiers commerciaux. Bien sûr, ce droit ne s'applique qu'aux fichiers qui n'ont pas été rendus obligatoires par une loi.

• *Le droit à l'oubli* : l'informatique permet de conserver indéfiniment les données personnelles. La loi a donc prévu un droit à l'oubli, afin que les personnes ne soient pas marquées à vie par tel ou tel événement.

Le non-respect de ces droits par les acteurs responsables des données lorsque vous souhaitez les exercer est le plus souvent sanctionné pénalement. Il est possible de porter plainte auprès du procureur de la République, ou plus simplement auprès de la CNIL en France, par simple courrier, en vue d'un règlement amiable entre les parties.

Les obligations de ceux qui collectent et traitent les données sur les individus

Ceux qui collectent et traitent les données sur les individus doivent respecter les droits cités précédemment et ont des obligations, comme :

• s'assurer que le traitement ne fait pas l'objet d'un détournement de finalité ;

• ne pas substituer l'ordinateur à l'homme pour la prise de décision ;

• s'assurer que la collecte des informations n'est ni frauduleuse, ni déloyale, ni illicite et qu'elle s'accompagne d'une bonne information des personnes ;

• s'assurer que les informations sensibles (nationalités, opinions politiques, philosophiques ou religieuses, mœurs et condamnations pénales) éventuellement recueillies le sont conformément à la loi, que le numéro de Sécurité sociale n'est pas utilisé sans autorisation ;

• que les informations ne sont pas conservées au-delà de la durée prévue, qu'elles sont bien mises à jour lorsqu'elles sont périmées, et que les tiers qui auraient pu y avoir accès ont bien été informés de cette mise à jour ;

• que les traitements font l'objet d'une sécurité optimale, afin qu'aucun détournement ne puisse avoir lieu ;

• que les informations ne sont pas communiquées à des personnes non autorisées ;

• que la commercialisation éventuelle de ces données se réalise bien dans le cadre légal ;

• que l'établissement de flux transfrontaliers de données est bien conforme au droit du pays en vigueur où se trouvent les données.

La déclaration auprès de la CNIL

Afin de s'assurer du respect des droits et des obligations associées aux libertés indivi-duelles, certains organismes nationaux, comme la CNIL en France, obligent les entreprises à déclarer les informations qu'elles récoltent sur les individus. Il suffit pour cela de remplir des formulaires que l'on trouve généralement sur leurs sites Internet, et de les renvoyer signés.

Cette déclaration permet au responsable de la base de données de communiquer à l'orga-nisme ses intentions : quelle sera la finalité de la base données, quelles informations vont être enregistrées, pendant combien de temps, qui y aura accès, à quel service les personnes peuvent-elles s'adresser pour exercer leur droit d'accès, etc. La consultation du « fichier des fichiers » ainsi constitué par l'organisme permet aux personnes fichées de prendre connaissance de ces informations, et de répondre facilement à la question : « telle société, telle administration me fiche, pour quoi faire ? ».

Ainsi les personnes référencées peuvent-elles s'adresser à l'organisme de contrôle et non pas à l'entreprise en cas de problème, ce qui simplifie les démarches administratives associées. En outre, cela permet à l'entreprise de subir des contrôles adéquats pour garantir au tiers la conformité de son système avec aux lois en vigueur.

Le non-accomplissement de ces formalités est sanctionné pénalement en France (article 226-16 du code pénal) : trois ans d'emprisonnement et 45 000 euros d'amende.

Les différentes étapes à suivre

La CNIL (*www.cnil.fr*) publie sur son site des documents décrivant les différentes étapes à suivre pour monter votre site Internet. Vous trouverez en annexe de cet ouvrage un document, intitulé « Je monte un site Internet » issu de ce site et détaillant point par point ce qu'il faut faire. Nous vous conseillons de consulter régulièrement le site de la CNIL afin de vous assurer d'avoir la dernière version de ce type de document.

Impact sur les annuaires d'entreprise

Quels sont les impacts des droits et obligations cités précédemment sur les annuaires LDAP ?

Les obligations concernant la protection des données sur les individus afin d'éviter les détournements et la communication d'informations à des personnes non autorisées, nécessitent la mise en place d'un coupe-feu (ou *firewall)* pour la protection de l'annuaire, d'un mécanisme de contrôle de la sécurité qui soit compatible avec la stratégie adoptée, comme la gestion des habilitations (ou ACL) dans l'annuaire, soit un contrôle dans toutes les applications accédant à celui-ci. Par exemple, si l'annuaire contient le numéro de Sécurité sociale des personnes, il faut s'assurer que celui-ci n'est accessible que par l'individu ou par l'administrateur de l'annuaire, mais en aucun cas par les autres individus référencés dans l'annuaire. La mise en place d'un coupe-feu n'est pas suffisante, car il autorise (ou non) l'accès à l'annuaire, mais ne permet pas de différencier les données accessibles par deux personnes différentes.

L'exemple à ne pas suivre est de donner à toute application accédant à l'annuaire les droits de l'administrateur. En effet, certaines applications peuvent demander l'identifiant et le mot de passe à l'utilisateur afin de vérifier son identité, mais elles utilisent l'identifiant d'un administrateur pour accéder à l'annuaire. Le risque encouru dans ce cas est que la protection des données ne dépende plus de la gestion des habilitations (ou ACL) de l'annuaire, mais du développeur de l'application. Voir dans le chapitre 10, le paragraphe sur les serveurs d'applications pour plus d'informations sur ce sujet.

Ces obligations nécessitent aussi de s'assurer que le serveur d'annuaire est protégé dans un local accessible uniquement aux personnes autorisées, et d'autre part que seules ces personnes possèdent le mot de passe de l'administrateur. S'il s'agit de l'hébergement du serveur chez un prestataire de services, comme un ISP *(Internet Service Provider)*, il est important de vérifier que les mêmes règles sont bien appliquées.

Les droits d'accès aux informations, comme les droits d'accès direct ou indirect et le droit de curiosité concernant les individus nécessitent que l'administrateur de l'annuaire dispose d'un outil permettant d'extraire toutes les informations concernant une personne donnée. Il ne s'agit pas ici uniquement de l'objet `person` et des classes qui en dérivent, mais aussi de tout autre objet rattaché à celui-ci. Ceci peut être intégré dans une application accessible à travers le réseau Internet, soit faire partie d'un outil d'administration interne à l'entreprise. Dans ce dernier cas, il doit être possible d'imprimer ou d'exporter les données dans un fichier texte afin de pouvoir les remettre à l'individu.

Le droit de rectification doit permettre à l'individu de modifier les données le concernant. Le moyen le plus efficace est de permettre à l'individu de modifier lui-même ces informations à travers un site Internet ou un intranet. Ceci nécessite bien entendu une identification préalable de la personne. Dans certaines circonstances, les modifications ne pourront pas prendre effet immédiatement. Par exemple, si l'utilisateur modifie son adresse de facturation sur le site Internet d'un commerçant, il faudra que celle-ci soit vérifiée, c'est-à-dire que la nouvelle adresse doit effectivement exister, puis il faudra qu'elle soit prise en compte par le système de facturation qui en général ne s'appuie pas sur l'annuaire LDAP. Si l'on veut automatiser l'enchaînement de ces différentes étapes, on pourra utiliser des outils intégrant des fonctions de workflow, comme les outils de e-provisioning que nous avons cités dans le chapitre 10. Sinon, il faudra transmettre la demande de l'utilisateur à un administrateur qui se chargera de l'exécuter manuellement.

Le droit à l'oubli et le droit à l'opposition, lorsqu'ils sont exercés, doivent normalement détruire tout enregistrement concernant l'individu dans l'annuaire. Or il arrive souvent que les entreprises invalident l'entrée correspondante plutôt que de la détruire, car ceci leur permet d'effectuer des statistiques *a posteriori* et de conserver un historique des données. Mais il doit quand même être possible de supprimer définitivement une entrée afin de respecter ces droits.

4

Exemples de code

12

Exemples de code en C et C++

Ce chapitre va vous permettre de vous familiariser avec les interfaces de programmation LDAP. En fait, il n'y a pas une interface de programmation, mais plusieurs. Quoique le modèle de fonctions fasse partie de la normalisation LDAP, les implémentations associées dépendent du langage de développement.

Ce chapitre est consacré aux langages C et C++, ainsi qu'au kit de développement LDAP en C.

Nous donnerons un exemple simple qui permet de lister le contenu d'un annuaire LDAP, et un exemple plus évolué qui offre la possibilité d'interroger un annuaire LDAP à partir d'un téléphone mobile à l'aide de messages SMS.

Le kit de développement LDAP en C

Où trouver ce kit ?

En général, il est fourni par l'éditeur du serveur d'annuaire. Par exemple, Sun diffuse gratuitement sur son site Internet un kit de développement en C inclus dans Sun Java System Directory Server Resource Kit 5.2, et que l'on peut télécharger sur le site de Sun.

De même, la société IBM offre sur son site Internet le kit de développement LDAP en C, que vous pouvez télécharger à l'adresse suivante :

http://www.ibm.com/software/network/directory

Il existe aussi un kit de développement en C fourni par Microsoft. Ce kit est intégré avec l'atelier de développement Visual Studio de Microsoft, à partir de la version 6, y compris Visual Studio .NET (librairie `WLDAP32.LIB` et fichier include `winldap.h`). Le kit de développement se trouve dans la librairie *Platform SDK : Directory Services*. Néanmoins, dans le cas d'une application en C++ ou C#, développée avec les outils de Microsoft, il est conseillé d'utiliser en priorité les classes .NET, puis ADSI si ceci n'est pas possible.

On peut aussi récupérer ce kit sur le site de Mozilla, à l'adresse suivante : *http://www.mozilla .org/directory/csdk.html*.

En général, ces kits fonctionnent avec tout type d'annuaire LDAP. Ils comprennent des extensions spécifiques avec certains serveurs d'annuaire, mais restent compatibles avec tous ceux qui respectent les standards LDAP v2 et LDAP v3.

Un exemple simple

Nous avons choisi, comme premier exemple, un programme réalisé avec le kit de développement de l'Alliance Sun/Netscape, qui répertorie toutes les personnes qui se trouvent dans un annuaire LDAP, c'est-à-dire tous les objets de type inetorgperson. Rappelons qu'un annuaire peut contenir d'autres types d'objets, comme des groupes ou des descriptions d'applications, mais, pour simplifier, nous nous restreindrons aux personnes.

```
1.  /*
2.      Exemple simple de programme en C
3.
4.      Livre "Annuaires LDAP"
5.      Auteur : Marcel Rizcallah
6.  */
7.  #include <stdio.h>
8.  #include <stdlib.h>
9.  #include <string.h>
10. #include <time.h>
11. #include <windows.h>
12. #include <ldap.h>
13.
14. int main( int argc, char **argv )
15. {
16.     LDAP            *pLdapId;
17.     LDAPMessage     *pResultat, *pEntree;
18.     BerElement      *pBer = NULL;
19.     char            *pAttribut, *pDN;
20.     char            **pValeurs;
21.     int                     i;
22.
23. // Récupérer un identifiant de session LDAP
24. if ( (pLdapId = ldap_init( "localhost", 389 )) == NULL )
25. {
26.     //Afficher un message d'erreur
27.     perror( "ldap_init" );
28.     return( 1 );
29. }
30.
```

La ligne 24 contient la procédure ldap_init () qui permet d'initialiser la connexion avec l'annuaire. On suppose, dans cet exemple, que le serveur LDAP se trouve sur la même machine que ce programme (adresse localhost), et qu'il utilise l'adresse de port 389.

```
31.  // S'authentifier à l'annuaire en tant qu'anonyme
32.  if (ldap_simple_bind_s(pLdapId, NULL, NULL ) != LDAP_SUCCESS)
33.  {
34.      //Fermer la session et afficher un message d'erreur
35.      ldap_perror( pLdapId, "ldap_simple_bind_s" );
36.      return( 1 );
37.  }
38.
```

À la ligne 32, on s'identifie à l'annuaire en tant qu'utilisateur anonyme à l'aide de la procédure ldap_simple_bind_s(). Celle-ci est exécutée en mode synchrone, le programme reste donc en attente tant que l'identification n'est pas terminée.

```
39.  // Rechercher toutes les entrées de l'annuaire
40.  if ( ldap_search_ext_s( pLdapId,
41.                 "o=entreprise.com",
42.                 LDAP_SCOPE_SUBTREE,
43.                 "(objectclass=inetorgperson)",
44.                 NULL,
45.                 0,
46.                 NULL,
47.                 NULL,
48.                 NULL,
49.                 LDAP_NO_LIMIT,
50.                 &pResultat ) != LDAP_SUCCESS )
51.  {
52.      //Fermer la session et afficher un message d'erreur
53.      ldap_perror( pLdapId, "ldap_search_ext_s" );
54.      return( 1 );
55.  }
56.
```

Puis à la ligne 40, on effectue la recherche à l'aide de la procédure ldap_search_ext_s(), en précisant l'emplacement dans l'arbre à partir duquel on souhaite effectuer cette recherche (ligne 41) ainsi que le mode de recherche à la ligne 42 (recherche dans les sous-branches). Notons que la recherche est exécutée en mode synchrone.

On précise aussi à la ligne 43 le type d'objet recherché à l'aide du filtre : tous les objets de type inetorgperson. On ne donne pas de liste d'attributs à la ligne 44, ce qui permet d'obtenir tous les attributs existants.

```
57.  // Pour chaque entrée afficher le DN
58.  for ( pEntree = ldap_first_entry( pLdapId, pResultat );
59.        pEntree != NULL;
60.        pEntree = ldap_next_entry( pLdapId, pEntree ) )
61.  {
62.      //Lire et afficher le DN
63.      if ( (pDN = ldap_get_dn( pLdapId, pEntree )) != NULL )
64.      {
```

```
65.        printf( "dn: %s\n", pDN );
66.        ldap_memfree( pDN );
67.    }
68.
```

À la ligne 58, on effectue une première boucle de lecture des objets correspondant à ce critère, à l'aide des procédures ldap_first_entry() et ldap_next_entry(). Pour chaque objet trouvé, on lit son DN à la ligne 63, puis on l'imprime sur la sortie standard (à l'écran par défaut).

À la ligne 66, on libère l'espace mémoire alloué par la fonction ldap_get_dn()pour y mettre la valeur lue.

```
69.        //Pour chaque attribut, lire et imprimer les valeurs
70.        for (pAttribut = ldap_first_attribute( pLdapId, pEntree, &pBer );
71.            pAttribut != NULL;
72.            pAttribut = ldap_next_attribute( pLdapId, pEntree, pBer ) )
73.    {
74.            if ((pValeurs = ldap_get_values( pLdapId, pEntree, pAttribut))
75.                != NULL )
76.            {
77.                for ( i = 0; pValeurs[i] != NULL; i++ )
78.                {
79.                    printf( "%s: %s\n", pAttribut, pValeurs[i]);
80.                }
81.
82.                //Libérer les valeurs lues
83.                ldap_value_free( pValeurs );
84.            }
85.
86.        //Libérer le pointeur sur l'attribut
87.        ldap_memfree( pAttribut );
88.        }
89.
```

On effectue ensuite une deuxième boucle à la ligne 70, qui consiste à lire tous les attributs de l'objet, à l'aide des procédures ldap_first_attribute() et ldap_next_attribute().

Pour chaque attribut trouvé, on lit alors à la ligne 74 l'ensemble des valeurs à l'aide de la procédure ldap_get_values(). Toutes ces valeurs sont sauvegardées dans un tableau alloué par cette procédure et renvoyé dans son code retour. À la ligne 77, on effectue une boucle sur ce tableau pour afficher le nom de l'attribut et sa valeur.

À la ligne 83 on libère le tableau renvoyé par la procédure ldap_get_values(). Puis, à la ligne 87, on libère l'espace mémoire alloué par la procédure ldap_first_attribute() ou ldap_next_attribute().

```
90.        //Libérer le curseur
91.        if ( pBer != NULL )
92.            ldap_ber_free( pBer, 0 );
93.
94.        printf( "\n" );
```

```
95.  }
96.
97.     ldap_msgfree( pResultat );
98.
99.     //Se déconnecter de l'annuaire
100.    ldap_unbind( pLdapId );
101.
102.    return( 0 );
103. }
```

À la ligne 92, on libère l'espace mémoire pour sauvegarder le pointeur sur la position courante lors de la lecture des attributs. Ce pointeur a été alloué lors de l'appel de la procédure ldap_first_attribute().

Puis, à la ligne 97, on libère l'espace mémoire alloué par la procédure ldap_first_entry(). Enfin, on se déconnecte du serveur d'annuaire à la ligne 100.

Cet exemple n'est pas très long, mais il effectue pourtant beaucoup d'opérations. Si vous le compilez et l'exécutez vous obtiendrez un résultat du type :

```
1.   Dn: cn=Michel Duffy, o=Valoris.com, c=fr
2.   Cn: Michel Duffy
3.   sn: Duffy
4.   mail: mduffy@valoris.com
5.   objectclass: person
6.   objectclass: top
7.   objectclass: inetorgperson
8.   creatorsname: cn=Directory Manager
9.   createtimestamp: 20000414101927Z
10.  modifiersname: cn=Directory Manager
11.  modifytimestamp: 20000414101927Z

12.  Dn: cn=Marcel Rizcallah, o=Valoris.com, c=fr
13.  Cn: Marcel Rizcallah
14.  sn: Rizcallah
15.  mail: mrizcallah@valoris.com
16.  objectclass: person
17.  objectclass: top
18.  objectclass: inetorgperson
19.  creatorsname: cn=Directory Manager
20.  createtimestamp: 20000402215638Z
21.  modifiersname: cn=Directory Manager
22.  modifytimestamp: 20000402215638Z
```

Le résultat contient la liste des objets de l'annuaire de type interorgperson et liste toutes les valeurs des attributs de chaque objet.

Cet exemple a été réalisé avec l'annuaire Sun Java System Directory Server. On remarque que chaque objet contient des attributs qui permettent de savoir quel DN a été utilisé pour le créer et le modifier, ainsi que les dates de ses mises à jour. Ces informations ont été rajoutées automatiquement par le serveur d'annuaire.

À partir de cet exemple, il est aisé d'écrire un programme qui interroge un annuaire. Si vous voulez modifier les critères de recherche, il suffit de modifier les arguments de la fonction de recherche. De même, si vous voulez exploiter le résultat dans une application, il suffit de remplacer le code qui affiche le résultat par un traitement particulier.

Exemple d'interrogation d'un annuaire LDAP à partir d'un téléphone mobile

Qu'est-ce SMS ?

Il existe actuellement un moyen d'échange de données disponible sur la plupart des téléphones mobiles : le SMS ou *Short Message Service*. C'est un simple message alphanumérique de cent soixante caractères maximum qui peut être échangé avec tout téléphone mobile. Il est utilisé par les opérateurs réseau pour signaler l'arrivée d'un message dans la boîte vocale par exemple. Il peut aussi être utilisé pour envoyer des messages texte d'un téléphone vers un autre téléphone ou d'un téléphone vers une application informatique et *vice versa*.

Cette technologie offre les avantages suivants :

- *La possibilité de communiquer sans contrainte de temps ni de lieu.* Il est possible d'échanger des informations avec des personnes itinérantes à tout moment. Ces informations peuvent provenir d'une autre personne ou du système d'information d'une entreprise.

- *La possibilité de communiquer de façon bidirectionnelle.* Une entreprise peut envoyer automatiquement des messages à des téléphones mobiles ciblés. À l'inverse, ceux-ci peuvent accéder à la demande aux informations de l'entreprise.

La technologie WAP *(Wireless Application Protocol)* a également pour objectif de permettre à des terminaux mobiles d'accéder à des informations à travers le réseau GSM. Les terminaux WAP, qui sont des téléphones portables ou d'autres types de terminaux comme des PDA, permettent aux utilisateurs d'effectuer des transactions à la manière d'un navigateur Internet classique. Le SMS n'est pas une technologie concurrente, mais plutôt une technologie complémentaire qui apporte aux terminaux WAP une fonction de notification. On peut dire que SMS est à WAP ce que le « chat » sur Internet (comme celui qu'on trouve sur Yahoo Messenger ou à l'aide de ICQ) est aux navigateurs Web comme Microsoft Internet Explorer ou Netscape Communicator.

Description de l'application

Nous allons décrire une application de LDAP qui permet à un utilisateur itinérant d'interroger son annuaire d'entreprise à partir de son téléphone mobile.

Par exemple, un commercial en déplacement professionnel veut avertir son client qu'il va arriver en retard à une réunion, mais il n'a pas son numéro de téléphone sous la main.

À partir de son téléphone mobile, il va pouvoir le rechercher dans l'annuaire LDAP de son entreprise.

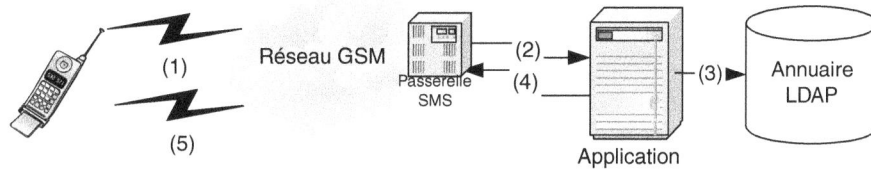

Figure 12.1
Interrogation d'un annuaire LDAP à partir d'un téléphone mobile

La figure 12.1 illustre les différentes étapes requises, que nous décrivons ci-dessous :

1. L'utilisateur envoie un message SMS particulier à une application, contenant l'abréviation de celle-ci suivie du nom de la personne dont il recherche les coordonnées. Par exemple, il entre la chaîne de caractères « R DU », où le caractère « R » désigne l'application cible que nous allons décrire par la suite, et la chaîne « DU » indique la recherche des noms et des numéros de téléphone de personnes commençant par « DU ».

2. L'application récupère la demande de l'utilisateur à travers une passerelle SMS, et analyse celle-ci afin de la transcrire au format LDAP.

3. L'application interroge l'annuaire LDAP.

4. Elle envoie en retour un message SMS avec une liste de noms et de numéros de téléphone à travers la passerelle SMS.

5. L'utilisateur reçoit le message SMS et n'a plus qu'à choisir le nom qu'il recherche, puis à appuyer sur le bouton d'appel de son téléphone mobile pour le joindre instantanément.

Comme vous avez pu le constater dans la figure 12.1, pour que ceci soit possible il faut disposer d'une passerelle effectuant l'interface entre le réseau SMS et l'application. Nous allons nous appuyer dans notre exemple sur la passerelle de la société française Netsize *(www.netsize.com)*.

L'architecture technique

Les différents composants de l'architecture illustrée dans la figure 12.2 sont décrits ci-dessous :

1. La passerelle SMS de l'opérateur est une passerelle qui permet l'échange de messages SMS entre son réseau GSM et des applications d'entreprise.

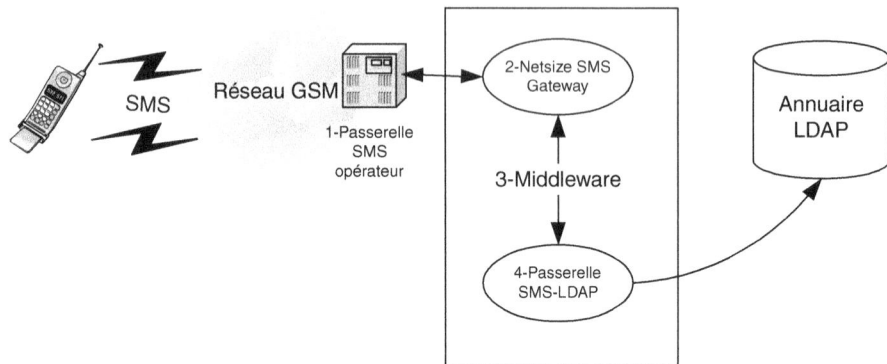

Figure 12.2

Architecture technique de l'application SMS-LDAP

2. Netsize SMS Gateway est une passerelle qui offre une interface avec celle de l'opérateur et qui permet aux applications d'accéder simplement aux échanges de messages SMS en s'appuyant sur le réseau TCP/IP. Elle masque la complexité du dialogue avec la passerelle SMS de l'opérateur, accessible par des liaisons X25, et offre des primitives simples pour recevoir et envoyer des messages SMS aux applications *via* TCP/IP. Elle se charge de décoder et de coder les informations échangées, dont l'identifiant de l'utilisateur, constitué de son numéro de téléphone mobile, et le message SMS.

3. Un middleware, nommé Active Gateway et propre à la société NetSize, permet aux différents modules de communiquer entre eux. Il fonctionne sur TCP/IP et gère la localisation des applications et les échanges de messages entre celles-ci, à la manière d'un middleware CORBA ou COM.

4. Le module « Passerelle SMS-LDAP » est l'application que nous allons décrire. Elle permet de traiter les messages SMS afin d'interroger un annuaire LDAP, puis de renvoyer le résultat à l'utilisateur *via* la passerelle Netsize SMS Gateway.

Principe de fonctionnement de l'application

L'application que nous allons étudier est une extension du middleware Active Gateway. Elle va recevoir des messages de la passerelle Netsize SMS Gateway, qui est aussi une extension du middleware Active Gateway.

La passerelle Netsize SMS Gateway peut router les messages SMS qu'elle reçoit de l'opérateur à plusieurs applications. Pour savoir à quelle application elle doit envoyer un message reçu, elle analyse le premier mot du message. Celui-ci correspond à l'alias de l'application, enregistré par le middleware Active Gateway, comme le montre la figure 12.3. Par exemple, si le message commence par le mot P, nous allons router le message vers la passerelle SMS-LDAP. Les autres paramètres sont donnés dans le reste du message SMS.

Une application peut également offrir plusieurs services, comme rechercher un numéro ou mettre à jour un numéro. Pour savoir à quel service est destiné le message SMS, on peut utiliser le deuxième mot du message SMS.

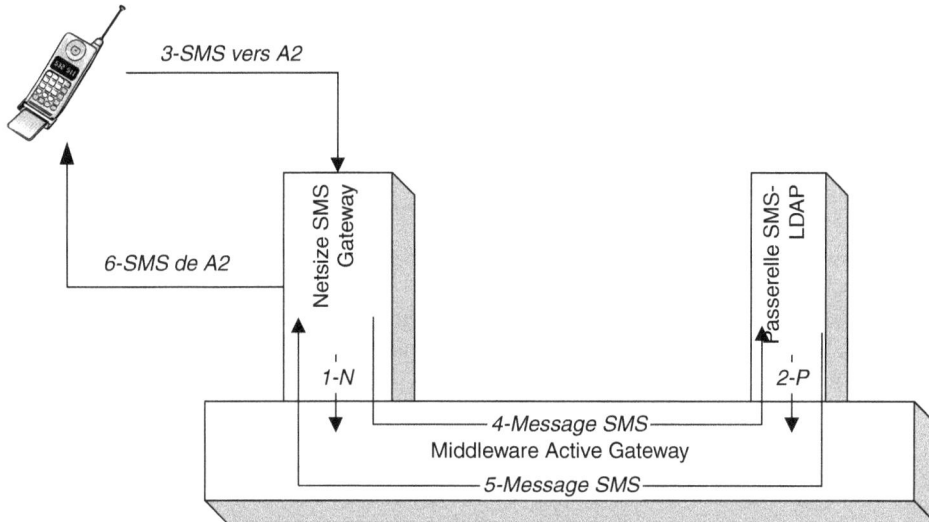

Figure 12.3

Cheminement d'un message SMS

La figure 12.3 illustre le cheminement d'un message SMS :

1. Le module Netsize SMS Gateway doit s'enregistrer par le middleware Active Gateway et fournir son alias, qui est un identifiant unique pour l'ensemble des applications enregistrées auprès de celui-ci. Pour ce module, l'alias est par exemple N.

2. De même, la passerelle SMS-LDAP doit s'enregistrer. Le nom de son alias est par exemple P.

3. Le module Netsize SMS Gateway reçoit un message SMS en provenance d'un téléphone mobile. Celui-ci contient l'alias de l'application destinatrice du message dans le premier mot, par exemple P.

4. Ce module retransmet le message reçu vers la bonne application à travers le middleware Active Gateway.

5. En retour, la passerelle SMS-LDAP renvoie le résultat de la demande à l'aide d'un message SMS. Notons que, pour des raisons de sécurité et de facturation du service, la passerelle doit s'identifier auprès de Netsize SMS Gateway et fournir un nom et un mot de passe.

6. Le module Netsize SMS Gateway envoie le message SMS au numéro de téléphone indiqué par la passerelle SMS-LDAP.

La passerelle SMS-LDAP est implémentée sous forme de DLL dans un environnement Windows NT. Cette DLL contient des points d'entrée, imposés par Netsize SMS Gateway, dans lesquels nous avons écrit du code spécifique pour interroger l'annuaire LDAP que nous décrivons ci-dessous.

Dans notre exemple, nous allons permettre à l'utilisateur d'effectuer une recherche dans l'annuaire LDAP, en donnant un ou deux paramètres. Le premier correspond au nom de la personne recherchée, et le deuxième, qui est optionnel, correspond au prénom.

Ainsi, la trame du message que doit saisir un utilisateur sur son téléphone mobile est la suivante :

P *nom prénom*

Bien entendu, il n'est pas obligé de donner le nom dans sa totalité ; nous effectuerons la recherche en considérant que les chaînes données pour le nom et le prénom sont les premiers caractères de ceux qui sont recherchés. Par exemple, si l'utilisateur saisit : « P du », nous rechercherons tous les noms qui commencent par « du ». De même, s'il saisit « P du p », nous rechercherons tous les noms qui commencent par « du » et dont le prénom commence par « p ».

Nous allons donc effectuer une recherche LDAP dans laquelle le premier critère de filtre est basé sur l'attribut « sn » et le deuxième sur l'attribut « givename ».

Implémentation du code source

Langage et kits de développement

L'exemple de programme en langage objet C++ sous Windows, présenté plus haut, a été conçu à titre de démonstration. Afin d'être plus compréhensible pour le lecteur, il a été simplifié.

Le kit de développement choisi, conforme à l'interface LDAP de programmation en langage C, est celui de l'Alliance Sun/Netscape. Nous avons décrit cette interface précédemment.

À cela s'ajoute le kit de développement du middleware Active Gateway propre à Netsize. Il offre une interface avec ce middleware afin qu'un module puisse s'enregistrer, recevoir et émettre des messages vers d'autres modules. Nous n'allons pas décrire ce kit car il ne fait pas l'objet de ce livre, en revanche, nous donnerons au fur et à mesure les informations nécessaires à la bonne compréhension du code source.

Signalons enfin que le code source que nous allons décrire ci-dessous est celui d'une classe d'objet C++ qui dérive d'une classe spécifique au kit de développement C++ d'Active Gateway : la classe `CAGbAPI`.

L'initialisation de l'application

Lorsque le middleware Active Gateway s'initialise, il appelle une fonction d'initialisation de l'application. Celle-ci est une méthode virtuelle de la classe `CAGbAPI`, nommée `InitSession()`.

Par la suite, chaque fois qu'un module se connecte à un autre module à travers ce middleware, ce dernier appelle aussi la même méthode pour des traitements complémentaires. Nous allons effectuer ici la connexion à l'annuaire LDAP, afin de ne pas conserver la fonction d'initialisation en permanence mais uniquement lorsqu'une requête se présente.

```
1.    AGReturnCodeCSMSLDAPDemoExt::InitSession()
2.    {
3.      // On est dans une session Endpoint, c'est-à-dire qu'un
4.      // autre module cherche à se connecter à celui-ci
5.      if (IsEndpointSession())
6.      {
7.        //Etablir une connexion avec l'annuaire
8.        m_pLdapId = ldap_init("localhost", 389);
9.        if (m_pLdapId == NULL)
10.       {
11.         return (-1);
12.       }
13.
14.       //S'identifier à l'annuaire en tant qu'utilisateur anonyme
15.       if ( (ldap_simple_bind_s(m_pLdapId,
16.                         NULL,
17.                         NULL)) != LDAP_SUCCESS )
18.       {
19.         return (-1);
20.       }
21.     }
22.
23.     return (0);
24.   }
```

De même, le middleware Active Gateway appelle la fonction virtuelle DeinitSession() en fin de session. Nous allons effectuer une déconnexion de l'annuaire dans cette fonction.

```
1.    voidCSMSLDAPDemoExt::DeinitSession()
2.    {
3.      if(m_pLdapId)
4.      {
5.        ldap_unbind(m_pLdapId);
6.        m_pLdapId = NULL;
7.      }
8.    }
```

Le traitement d'une requête

Il s'agit maintenant de traiter la requête en provenance d'un téléphone mobile, afin d'effectuer la recherche dans l'annuaire LDAP.

À chaque message SMS reçu, le module Netsize SMS Gateway sollicite la passerelle SMS-LDAP. Ceci se traduit par l'appel de la fonction virtuelle Process() appartenant à la classe CAGbAPI dont dérive notre classe. Nous allons extraire les informations envoyées par l'utilisateur, c'est-à-dire les premiers caractères du nom et du prénom recherchés, puis nous interrogerons l'annuaire pour récupérer la liste des numéros de téléphone associés au résultat de la recherche.

```
1.  AGReturnCode CSMSLDAPDemoExt::Process(CAGFrame &oInMessageFrame,
2.                                     CAGFrame &oInParams,
3.                                     CAGFrame &oOutMessageFrame,
4.                                     CAGFrame &oOutParams)
5.  {
6.     long        iCheckSlot;
7.     CAGArray     oMessageArray;
8.     CAGString     sMessage;
9.     CAGString     sTarget;
10.
11.    //Petite précaution
12.    if (m_pLdapId == NULL)
13.    {
14.       return (-1);
15.    }
16.
17.    // Tester l'existence des données attendues de SMS Gateway :
18.    //   sTarget contient le numéro de l'émetteur du SMS
19.    //   sMessagecontient le texte du SMS hors alias (1er mot)
20.    iCheckSlot = oInMessageFrame.IsString(AGSMS_INCOMING_MESSAGE_ORIGIN,&sTarget)
21.    +oInMessageFrame.IsString(AGSMS_INCOMING_MESSAGE, &sMessage);
22.
23.    if (iCheckSlot != 0)
24.    {
25.    return (-1);
26.    }
```

Le traitement des lignes 20 et 21 consiste à extraire de la zone de données envoyée par le module Netsize SMS Gateway le numéro de téléphone de l'appelant et les paramètres saisis dans le message SMS.

Notons que ce traitement s'appuie sur le kit de développement de Netsize. Les données sont concaténées dans une zone mémoire, nommée oInMessageFrame, qui est une instance de la classe CAGFrame propre à Netsize. Cette classe contient des méthodes qui permettent d'extraire des valeurs nommées de cette zone. Nous utilisons ici la méthode IsString() pour extraire les valeurs dont le nom est AGSMS_INCOMING_MESSAGE_ORIGIN et AGSMS_INCOMING_MESSAGE. Ainsi, le numéro de téléphone de l'appelant est mémorisé dans la chaîne sTarget et les paramètres de recherche extraits du message SMS sont mémorisés dans la chaîne sMessage.

```
27.    // On supprime les caractères de fin de ligne (\r, \n)
28.    CleanIncomingMessage(sMessage);
29.
30.    // On interroge le serveur LDAP qui retourne le résultat
31.    // dans un tableau de chaîne de caractères de 160
32.    // chacune au maximum
33.    if(GetPhone(sMessage, oMessageArray) != 0)
34.    {
```

```
35.     return (-1);
36.     }
37.
38.     // On renvoie par SMS le résultat à l'émetteur
39.     if(SendSMS(sTarget, oMessageArray) != 0)
40.     {
41.     return (-1);
42.     }
43.
44.     return (0);
45. }
```

À la ligne 28, le message est purgé des caractères CR et LF éventuels. Le code de cette procédure est le suivant :

```
1.    void CSMSLDAPDemoExt::CleanIncomingMessage(CAGString &sMessage)
2.    {
3.        long nLength = sMessage.GetLength();
4.        while(   (sMessage[nLength - 1L] == _T('\r'))
5.               ||(sMessage[nLength - 1L] == _T('\n')))
6.        {
7.          sMessage = sMessage.Left(nLength - 1L);
8.          nLength = sMessage.GetLength();
9.        }
10. }
```

Nous allons maintenant décrire les fonctions GetPhone() et SendSMS(), qui se chargent respectivement d'interroger l'annuaire et de renvoyer le résultat à l'émetteur.

L'interrogation de l'annuaire

La procédure GetPhone()interroge l'annuaire à partir des critères de filtre donnés par l'utilisateur dans le paramètre sSearchString, et renvoie le résultat de la recherche dans le paramètre sMessage. Ce dernier est une chaîne de caractères contenant une suite de triplets : nom, prénom et numéro de téléphone.

```
1.    AGReturnCode CSMSLDAPDemoExt::GetPhone(CAGStringsSearchString,
2.                                            CAGString &sMessage)
3.    {
4.      CAGString        sLdapFilter;
5.      char             *tcAttributs[4];
6.      int              nMessageID= 0;
7.      int              parse_rc;
8.
9.      BerElement*      ber;
10.     LDAPControl**    serverctrls;
11.     struct timeval   zerotime;
12.     char*            matched_msg = NULL;
13.     char*            error_msg = NULL;
14.     bool             finished = false;
15.     long             nResultPos = -1;
```

```
16.     LDAPMessage *      result= NULL;
17.
18.     //On ne recherche que les objets de ce type
19.     sLdapFilter = "(objectclass=organizationalperson)";
20.
21.     //On va extraire les mots de la chaîne donnée en argument
22.     //afin de constituer le filtre de recherche
23.     int  mot = 0;
24.     bool fin = false;
25.     while ( !fin )
26.     {
27.        CAGString sTmp;
28.        int offset = sSearchString.Find(" ");
29.        if (offset < 0)
30.        {
31.           fin = true;
32.           offset = sSearchString.GetLength();
33.        }
34.        mot++;
35.        switch (mot)
36.        {
37.        case 1: //Filtre sur le nom
38.           sTmp.Format ( "&%s(sn=%s*)",
39.                         sLdapFilter,
40.                         sSearchString.Mid(0,offset));
41.           break;
42.        case 2: //Filtre sur le prénom
43.           sTmp.Format ( "%s(givenname=%s*)",
44.                         sLdapFilter,
45.                         sSearchString.Mid(0,offset));
46.           break;
47.        default:
48.           sTmp = sLdapFilter;
49.        }
50.        //On met à jour la chaine de filtre
51.        sLdapFilter = sTmp;
52.
53.        //On passe au mot suivant
54.        if (offset+1 < sSearchString.GetLength())
55.        {
56.           sSearchString = sSearchString.Mid(offset+1);
57.        }
58.        else
59.           break;
60.     }
61.     //On encadre le filtre par des parenthèses
62.     CAGString sTmp = sLdapFilter;
63.     sLdapFilter.Format("(%s)",sTmp);
64.
```

Les lignes précédentes correspondent au traitement nécessaire pour extraire les valeurs saisies par l'utilisateur dans le message SMS, et pour préparer la chaîne de filtre. Le premier paramètre est le nom et le deuxième le prénom. De cette façon, si l'utilisateur saisit sur son téléphone le message SMS suivant : « P R M », nous constituerons le filtre :

(&(objectclass=organizationalperson)(sn=R*)(givename=M*)).

```
65.    //On prépare la liste des attributs à extraire
66.    tcAttributs [0] = "sn";
67.    tcAttributs [1] = "givenname";
68.    tcAttributs [2] = "telephonenumber";
69.    tcAttributs [3] = NULL;
70.
71.    //On effectue la recherche en asynchrone
72.    //afin d'illustrer ce type de mécanisme
73.    if (ldap_search_ext(m_pLdapId,
74.                "o=Entreprise.com",
75.                LDAP_SCOPE_SUBTREE,
76.                (LPCTSTR)sLdapFilter,
77.                (char **)tcAttributs,
78.                0,
79.                NULL,
80.                NULL,
81.                NULL,
82.                3,
83.                &nMessageID) != LDAP_SUCCESS)
84.    {
85.    return (-1);
86.    }
87.
88.    //Initialisation
89.    zerotime.tv_sec = zerotime.tv_usec = 0L;
90.
91.    while ( !finished )
92.    {
93.        //Lire un résultat
94.        int rc = ldap_result( m_pLdapId, nMessageID,
95.                    LDAP_MSG_ONE, &zerotime, &result);
96.        switch(rc)
97.        {
98.            case -1:
99.                return (-1);
100.
101.        case 0:
102.            //Pas de résultat disponible pour le moment
103.            //Il faut réitérer la demande
104.            break;
105.
106.        case LDAP_RES_SEARCH_ENTRY: //Résultat obtenu
107.
108.            char*pAttr;
```

```
109.          char**vals;
110.
111.          //On incrémente le nombre de réponses
112.          nResultPos++;
113.
114.          // Lire chaque attribut
115.          for(pAttr = ldap_first_attribute( m_pLdapId, result, &ber );
116.              pAttr != NULL;
117.              pAttr = ldap_next_attribute( m_pLdapId, result, ber ) )
118.          {
119.            // Lire les valeurs pour chaque attribut
120.            if (( vals = ldap_get_values( m_pLdapId,
121.                               result, pAttr )) != NULL )
122.            {
123.               for(int i = 0; vals[i] != NULL;i++ )
124.               {
125.                  CAGString sTmp;
126.                  sTmp.Format("%s ",vals[i]);
127.                  sMessage += sTmp;
128.               }
129.
130.               ldap_value_free( vals );
131.            }
132.
133.               ldap_memfree( pAttr );
134.          }
135.
136.          if(ber != NULL)
137.          {
138.             ldap_ber_free( ber, 0 );
139.          }
140.
141.          ldap_msgfree( result );
142.
143.          break;
144.
145.        case LDAP_RES_SEARCH_REFERENCE:
146.
147.          break;
148.
149.        case LDAP_RES_SEARCH_RESULT:
150.
151.          //On reçoit ce code lorsque la recherche est
152.          //terminée
153.          finished = true;
154.          parse_rc = ldap_parse_result(m_pLdapId,
155.                               result,
156.                               &rc,
157.                               &matched_msg,
158.                               &error_msg,
159.                               NULL,
```

```
160.                                &serverctrls,
161.                                1);
162.
163.             if (   parse_rc != LDAP_SUCCESS
164.                 || rc != LDAP_SUCCESS)
165.             {
166.                 return (-1);
167.             }
168.
169.             break;
170.         default:
171.             break;
172.     }
173.
174.     // La recherche étant asynchrone, il est possible
175.     // d'effectuer d'autres traitements à cet endroit
176.     if(!finished)
177.     {
178.         //TODO
179.     }
180. }
181.
182.     return (0);
183. }
```

Les lignes précédentes consistent à fabriquer le message à envoyer en retour, contenant le résultat de la recherche. Les valeurs trouvées pour les attributs demandés sont concaténées à la ligne 127.

La recherche étant effectuée en asynchrone, il est possible d'insérer un traitement pendant cette recherche à la ligne 178.

Le renvoi du résultat à l'utilisateur

Il s'agit maintenant de transmettre le résultat au module Netsize SMS Gateway pour qu'il se charge de l'envoyer à l'utilisateur. Cette opération est effectuée à l'aide de la procédure SendSMS().

Le premier paramètre est le numéro de téléphone du destinataire du message, renseigné par le module Netsize SMS Gateway (voir la ligne 20 de la procédure Process() décrite plus haut).

```
1.    AGReturnCode CSMSLDAPDemoExt::SendSMS(CAGStringsTarget,
2.                             CAGStringsMessage)
3.    {
4.      CAGFrame        oInMessageFrame;
5.      CAGFrame        oInParams;
6.      CAGFrame        oOutMessageFrame;
7.      CAGFrame        oOutParams;
8.
9.      if(sMessage.GetLength() == 0)
```

```
10.      {
11.         return (0);
12.      }
13.
14.      // Identification auprès du module Netsize SMS Gateway
15.      oInMessageFrame[CAGPath(AG_EXTENSION_REQUEST)
16.               +AG_EXTENSION_REQUEST]= AGSMS_REQ_LOGIN;
17.      oInMessageFrame[CAGPath(AG_EXTENSION_REQUEST)
18.               +AGSMS_REQSLOT_LOGIN_NAME]= _T("demo");
19.      oInMessageFrame[CAGPath(AG_EXTENSION_REQUEST)
20.               +AGSMS_REQSLOT_LOGIN_PWD]= _T("demo");
```

Pour pouvoir envoyer un message SMS, il faut s'identifier, pour des raisons de facturation du service. Les lignes 15 à 20 sont spécifiques au kit de développement de Netsize. L'objet de ce traitement consiste à remplir une zone mémoire avec un formatage particulier, contenant la demande d'identification (lignes 15 et 16), puis les paramètres d'identification constitués d'un nom et d'un mot de passe.

```
21.      // Ajout d'un message à envoyer
22.      // +1 parce que la requête de login est en position 0
23.      long iTmpPos = 1;
24.
25.      // Ajout d'un message à envoyer
26.      oInMessageFrame[CAGPath(AG_EXTENSION_REQUEST) + iTmpPos
27.               + AG_EXTENSION_REQUEST] = AGSMS_REQ_SEND;
28.      oInMessageFrame[CAGPath(AG_EXTENSION_REQUEST) + iTmpPos
29.               + AGSMS_REQSLOT_SEND_TARGET] = sTarget;
30.      oInMessageFrame[CAGPath(AG_EXTENSION_REQUEST) + iTmpPos
31.               + AGSMS_REQSLOT_SEND_MESSAGE]= sMessage;
```

Les lignes précédentes consistent à rajouter le message à envoyer dans la zone mémoire propre à l'interface d'accès au module Netsize SMS Gateway. Nous avons simplifié l'exemple en ne traitant qu'un seul message SMS. Mais il est aussi possible de renvoyer plusieurs messages, sachant que la taille de celui-ci est limitée à cent soixante caractères.

```
32.      // Envoi à SMS Gateway du résultat
33.      returnProcessByAnotherExtension(oInMessageFrame,
34.                        oInParams,
35.                        oOutMessageFrame,
36.                        oOutParams,
37.                        AGSMSEXT_PEER_NAME);
38.  }
```

La procédure de la ligne 33 est également propre au kit de développement de Netsize. Elle consiste à envoyer le message à un autre module, accessible par le middleware Active Gateway. Ce module n'est autre que Netsize SMS Gateway, identifié par AGSMSEXT_PEER_NAME à la ligne 37.

Si l'utilisateur a demandé la recherche dans l'annuaire avec le filtre suivant :

P D P,

il reçoit alors sur son téléphone un message SMS du type :

Dupont Pierre 01 42 42 31 31.

Il peut ensuite appeler directement la personne à l'aide d'une option, généralement intégrée dans les téléphones mobiles, qui permet d'utiliser un numéro qui se trouve dans un message SMS.

Il peut aussi recevoir plusieurs noms et numéros dans un message à hauteur de cent soixante caractères. Par exemple, il peut recevoir le message suivant :

Dupond Pierre 01 42 42 31 31 Durant Pierre 01 42 42 34 34.

Là aussi, il peut choisir un des deux numéros et enclencher l'appel à l'aide d'une option de son téléphone sans avoir à saisir le numéro.

Exemples de mise en œuvre d'ADSI et de .NET

Nous allons décrire dans ce chapitre des exemples de mise en œuvre de ADSI avec Visual Basic et avec des pages ASP, ainsi que de .NET. Nous donnerons un exemple d'application de consultation et de mise à jour d'un annuaire d'entreprise développé à l'aide de l'interface ADSI, de pages ASP et du serveur Web IIS de Microsoft, ainsi qu'un exemple avec .NET.

Le kit de développement ADSI

Qu'est-ce qu'ADSI ?

Active Directory Service Interfaces (ADSI) est un kit de développement fourni par Microsoft, fondé sur le modèle de composants objets COM *(Component Object Model)*. Il permet à des applications Windows d'accéder simplement, et avec une interface commune, à des services d'annuaires de tout type, comme un annuaire LDAP, l'annuaire de Windows NT, ou encore l'annuaire d'un serveur Netware de Novell.

ADSI est un modèle en couches offrant une interface pour les applications et une interface pour les fournisseurs de services d'annuaire :

• L'interface pour les applications peut être utilisée par des langages tels que Java, Visual Basic, VBA ou VBScript, mais aussi par des langages tels que C ou C++. Elle s'appuie sur le modèle COM de Microsoft.

• L'interface pour les fournisseurs de services d'annuaires comprend en standard des accès pour les annuaires LDAP, NDS de Novell, Netware 3.x de Novell (NWCOMPAT) et Windows NT.

ADSI est comparable à JNDI de Sun que nous avons décrit sommairement dans le chapitre relatif aux interfaces LDAP. Il vise à fournir un cadre normalisé pour accéder à des services d'annuaires. Il est aussi bien destiné à des développeurs d'applications spécifiques, qu'à des administrateurs et des vendeurs de solutions prêtes à l'emploi.

Il est important de noter qu'ADSI n'est pas un langage de programmation, ni un kit de développement particulier. Il est intégré à Windows NT et à Windows 2000/2003 et est accessible à travers des appels COM.

Nous pouvons résumer les principales caractéristiques d'ADSI de la façon suivante :

• ADSI est une interface ouverte qui peut s'adapter à tout type d'annuaire. Pour cela, il existe une interface de programmation qui permet à tout développeur d'adapter ADSI à un fournisseur de service d'annuaire particulier.

• L'interface ADSI vue par les applications est indépendante de tout type d'annuaire. En effet, ADSI offre un niveau d'abstraction tel que cette interface n'est pas impactée par l'implémentation d'un nouveau type d'annuaire.

• Grâce au support du modèle COM, les fonctions de ADSI sont accessibles à partir de tout type de langage de programmation sous Windows. Ce langage peut aussi bien être le C, le C++, le Visual Basic, VBA ou des langages de scripts comme VBScript ou JavaScript. Il est, par exemple, possible d'appeler les fonctions de ADSI à partir de macros Word ou Excel réalisées en VBA ; ce qui permet par exemple de constituer des rapports élaborés en vue d'une impression d'un annuaire.

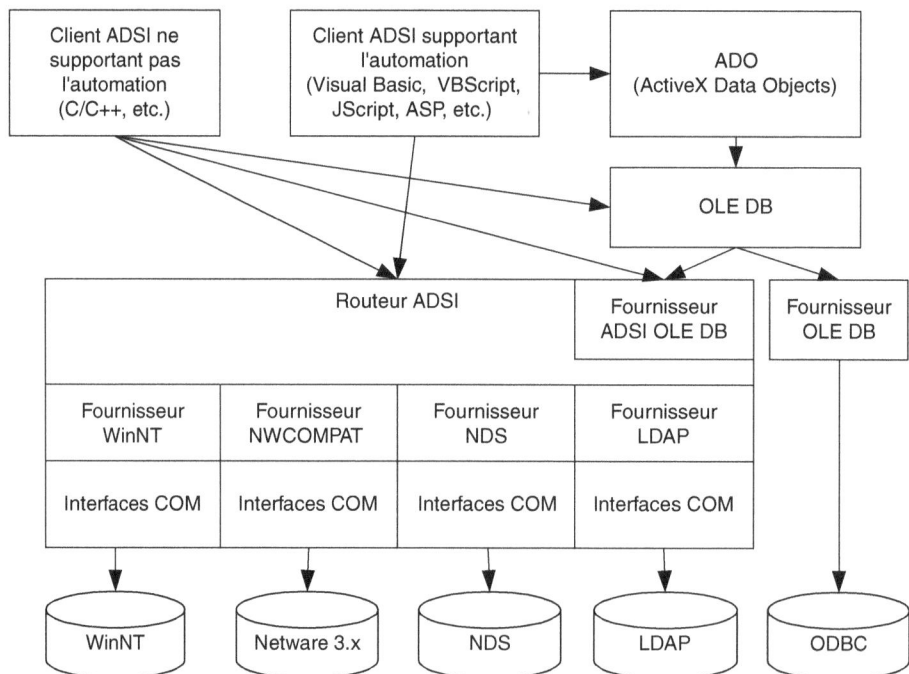

Figure 13.1

Architecture de ADSI

- Les fonctions ADSI sont simples à utiliser. En effet, ADSI exécute de façon transparente un certain nombre de tâches visant à simplifier le code pour le programmeur. Par exemple, il est possible de se connecter à un annuaire LDAP et de s'identifier à l'aide d'un seul appel de fonction, ce qui n'est pas le cas avec l'interface de développement LDAP en C.

- ADSI offre une interface d'accès aux services d'annuaire *via* ADO. Ceci permet aux développeurs de continuer à utiliser ADO pour accéder à des annuaires.

La figure 13.1 donne une vue d'ensemble de l'architecture ADSI.

Où trouver le kit ADSI ?

ADSI peut être téléchargé gratuitement à partir du site de Microsoft à l'adresse suivante : *www.microsoft.com/adsi*. On y trouve aussi de la documentation sur ADSI et sur son interface de programmation.

Il est nécessaire de le télécharger et de l'installer s'il s'agit d'une plate-forme Windows NT ou Windows 95/98. Cette installation intègre ADSI à Windows NT, qui devient alors accessible par toute application à partir de l'interface COM.

En revanche, ce n'est pas nécessaire pour Windows XP/2000/2003 ; ADSI est inclus en standard dans le système d'exploitation.

Le modèle d'objets d'ADSI

Avant de commencer à programmer avec ADSI, il est important de comprendre le rôle et les services offerts par les principaux objets de cette interface.

ADSI contient une liste d'objets qui permettent de se connecter à un annuaire et de manipuler son contenu. Nous utiliserons indifféremment le terme *interface* et le terme *objet*, ces derniers étant en fait des objets d'interface d'accès à l'annuaire.

Nous répertorions les principaux objets de ADSI dans le tableau suivant :

Objet	Description
IADs	Cette interface permet d'accéder à tout objet ADSI.
	Elle permet de s'identifier à un annuaire, de récupérer le conteneur d'un objet (c'est-à-dire l'objet père) afin de pouvoir en créer un nouveau ou de le supprimer, de lire le schéma de l'annuaire, de copier les données d'un objet de l'annuaire vers une zone mémoire et *vice versa*, et enfin de lire et de modifier les attributs d'un objet.
IADsContainer	Cette interface permet de gérer le cycle de vie des objets (création, suppression, énumération, etc.) et de naviguer dans l'arborescence de l'arbre. Contrairement à LDAP, ADSI fait la différence entre un objet qui en contient d'autres et un objet qui n'en contient pas. Ces premiers sont nommés « Conteneurs », et l'objet IADsContainer permet de manipuler leur contenu, c'est-à-dire les objets qui lui sont sous-jacents.

Objet	Description
IADsNamespaces	Cette interface permet de manipuler des objets associés aux espaces de noms (racines des arbres d'annuaires). Elle permet notamment aux administrateurs d'énumérer les domaines gérés par un annuaire.
IADsOpenDSObject	Cette interface permet de s'identifier à un annuaire en fournissant le DN d'un objet de l'annuaire, l'option d'authentification (mot de passe, certificat, SSL, etc.) et le paramètre d'authentification comme le mot de passe.

Nous allons décrire plus en détail chacune de ces interfaces et illustrer leurs rôles à l'aide d'exemples.

Pour adresser chacun de ces objets, il faut préciser le nom de l'objet recherché. Celui-ci a une syntaxe particulière, nommée AdsPaths, que nous décrivons ci-dessous.

AdsPaths

Pour trouver un objet ADSI il faut faire appel à la fonction `GetObject()`. L'argument de celle-ci est une chaîne de caractères qui commence par le nom du fournisseur d'annuaire, puis par le nom de l'objet.

Les différents fournisseurs implémentés en standard dans ADSI, ainsi que leur nom d'accès, sont donnés dans le tableau suivant :

Nom du fournisseur	Description
LDAP	Permet d'accéder à un annuaire LDAP, dont celui de MS-Exchange 5.x et de Windows 2000. Exemple : LDAP://localhost/o=entreprise.com
WinNT	Permet d'accéder à l'annuaire de Windows NT 4.0 (PDC et BDC). Exemple : WinNT://*nom_domaine*/*nom_utilisateur*
NDS	Permet d'accéder à l'annuaire NDS de Novell. Exemple : NDS://Mars/o=societe1/ou=departement1/cn=nom1
NWCOMPAT	Permet d'accéder à l'annuaire d'un serveur Netware de Novell. Exemple : NWCOMPAT://Serveur1/Imprimante1

L'interface IADs

Tout objet d'un annuaire peut être représenté par un objet de type IADs. Pour illustrer son fonctionnement, considérons l'exemple suivant :

```
1.   Dim objLDAP As Object
2.   Set objLDAP=GetObject("LDAP://localhost:1389//o=entreprise.com")
```

La ligne 1 ne précise pas le type d'objet (`Object` est un type générique). Ce code apporte un niveau d'abstraction supérieur à celui en C par exemple, mais avec des performances légèrement moindres car les couches COM doivent rechercher de quel type d'objet il s'agit. Pour cela, elles utilisent l'AdsPaths décrit précédemment. Il est aussi plus facile à utiliser car il ne nécessite pas de déclaration particulière.

La ligne 2 initialise celui-ci à l'aide de la fonction COM `GetObjet()`. Cette dernière prend en argument une URL, conformément à la syntaxe LDAP dans une URL que nous avons décrite précédemment dans ce livre (chapitre 6). Ici, le serveur d'annuaire se trouve sur le port 1389, et le nom du domaine sur lequel on souhaite se connecter est `o=entreprise.com`.

Remarquons au passage que cette ligne effectue aussi l'identification à l'annuaire ; elle est équivalente aux instructions `ldap_init()`, `ldap_simple_bind_s()` et `ldap_search_ext_s()` de l'interface de développement en C ! Comme nous n'avons pas précisé d'identifiant ni de mot de passe, c'est une identification anonyme qui est effectuée par défaut. Nous verrons plus loin comment effectuer une identification qui ne soit pas anonyme.

Dans la ligne 2 on récupère également tous les attributs de l'objet LDAP ainsi désigné (objet dont le DN est `o=entreprise.com`). Il ne faut pas confondre les attributs de l'objet `objLDAP` qui est de type IADs, que nous listons ci-dessous (nous les désignerons par « propriétés » par la suite), et les attributs de l'objet LDAP.

La liste des propriétés de l'objet IADs renvoyé dans la ligne 2 de l'exemple précédent est la suivante :

Propriété	Description
Name	Le RDN de l'objet.
AdsPath	Le nom complet de l'objet précédé par l'URL de l'annuaire.
GUID	Un identifiant unique de l'objet (propre à Microsoft).
Class	La classe LDAP à laquelle appartient l'objet.
Schema	Le DN de l'objet contenant la description de la classe d'objet associée.
Parent	Le chemin AdsPath de l'objet père (nœud père dans l'arborescence LDAP).

D'autre part, la liste des méthodes offertes par l'objet de type IADs est la suivante :

Méthode	Description
GetInfo	Permet de charger les valeurs des attributs de l'objet à partir de l'annuaire. Ces valeurs sont sauvegardées dans une zone tampon ou cache mémoire.
SetInfo	Sauvegarde les modifications effectuées sur l'objet dans l'annuaire, c'est-à-dire qu'il recopie les données de la zone tampon dans celui-ci.
Get	Retourne la valeur d'un attribut. Cette méthode prend en argument le nom de l'attribut. Par exemple `Get ("ou")` renvoie la valeur de l'unité organisationnelle.
Put	Met à jour la valeur d'un attribut.
GetEx	Retourne la valeur d'un attribut de la même façon que `Get()`. Cette méthode est surtout utile lorsqu'on ne sait pas si l'attribut a une ou plusieurs valeurs.
PutEx	Met à jour la valeur d'un attribut.
GetInfoEx	Permet de charger les valeurs à partir de l'annuaire de certains attributs de l'objet, donnés en paramètre.

Ainsi, si l'on souhaite connaître le numéro de téléphone d'une personne dont on connaît le DN, il suffit d'écrire le code suivant :

```
1.    Dim objLDAP As Object
2.    Set objLDAP=GetObject("LDAP://localhost:1389//o=entreprise.com/ uid=pdurand")
3.    Dim NumTel
4.    NumTel = objLDAP.Get ("telephonenumber")
```

Si un attribut a plusieurs valeurs, tel l'attribut objectclass par exemple, il faut récupérer le résultat dans une liste, comme le montre le code Visual Basic suivant :

```
1.    Dim objClasses
2.    objClasses = objLDAP.Get("objectclass")
3.    For Each Value In objClasses
4.        List1.AddItem Value
5.    Next
```

L'interface IADsOpenDSObject

Cette interface permet de se connecter à un annuaire en donnant un identifiant et un mot de passe. Pour obtenir cet objet, il suffit de donner le nom du fournisseur du service, comme le montre le code suivant :

```
1.    Dim objDomain As Object
2.    Set objDomain = GetObject("LDAP:")
```

Cet objet ne possède qu'une seule méthode : IADsOpenDSObject(). Celle-ci prend quatre arguments :

1. Le nom de l'objet à lire : en général on utilisera la racine de l'arbre, mais on peut aussi désigner tout autre objet de l'annuaire.

2. L'identifiant à utiliser pour se connecter à l'annuaire.

3. Le mot de passe.

4. La méthode d'identification : 0 indique une identification simple.

Voici un exemple de code qui permet de lire un objet de type personne :

```
3.    Private Sub Form_Load()
4.        Dim objDomain As Object
5.        Set objDomain = GetObject("LDAP:")
6.
7.        Dim objLDAP As Object
8.        Set objLDAP = objDomain.OpenDSObject("LDAP://localhost:1389/o=entreprise
          .com/ou=Corporate/ou=Personnes/uid=mrizcallah", "cn=Directory Manager",
          "password", 0)
9.        ADSIName = objLDAP.Name
10.       ADSINumTel = objLDAP.Get("telephonenumber")
11.
12.       Dim objClasses
```

```
13.     objClasses = objLDAP.Get("objectclass")
14.     For Each Value In objClasses
15.         List1.AddItem Value
16.     Next
17. End Sub
```

L'exécution de ce code donne la liste des classes de l'objet désigné, ainsi que le RDN et le numéro de téléphone de la personne, comme le montre la figure 13.2.

Figure 13.2

Exemple d'application ADSI en VB

Notons qu'il est également possible de remplacer la ligne 13 par le code suivant :

```
objClasses = objLDAP.objectclass
```

La méthode Get() est utilisée implicitement par COM. Ceci est très pratique, mais peut nuire à la lisibilité du programme, car on ne distingue plus les attributs propres à l'objet technique IADs et ceux de l'objet de l'annuaire LDAP.

L'interface IADsContainer

Cette interface permet de manipuler tout objet de l'annuaire qui contient des objets sous-jacents ; à savoir tout objet qui est un nœud de l'arborescence LDAP. Il n'y a pas de déclaration particulière ni de traitement spécial à effectuer pour qu'un objet IADs devienne un objet IADsContainer ; il l'est automatiquement à partir du moment où l'objet LDAP associé est un nœud.

La liste des propriétés de l'objet IADsContainer est la suivante :

Propriété	Description
Count	Nombre d'objets sous-jacents à l'objet désigné.
Filter	Permet de définir le filtre pour l'énumération des objets.

La liste des méthodes offertes par l'objet de type IADsContainer est la suivante :

Méthode	Description
GetObject	Permet de lire un objet fils à partir du RDN donné en argument de cette procédure.
Create	Permet de créer un objet sous-jacent. La mise à jour n'est effective dans l'annuaire que lorsque la méthode SetInfo() est invoquée.
Delete	Permet de supprimer un objet sous-jacent. La suppression est immédiatement répercutée dans l'annuaire.
MoveHere	Permet de déplacer un objet.
CopyHere	Permet de dupliquer un objet.

Exemple de code avec ASP

Nous allons donner un exemple de code ADSI avec des pages ASP. Dans celui-ci, nous utilisons le serveur d'annuaire iPlanet Directory Server, le serveur HTTP Microsoft Internet Information Server 4 et la technologie ASP *(Active Server Pages)* de Microsoft pour la gestion des pages dynamiques et l'appel aux fonctions de l'interface ADSI. Cet exemple fonctionne aussi sous Windows 2000 avec IIS5.

Nous allons aussi utiliser ADO pour accéder à l'annuaire afin d'illustrer l'usage de ADO et ADSI. Nous utilisons ainsi des requêtes SQL pour effectuer des recherches LDAP.

L'arborescence de l'annuaire LDAP utilisée est illustrée par la figure 13.3.

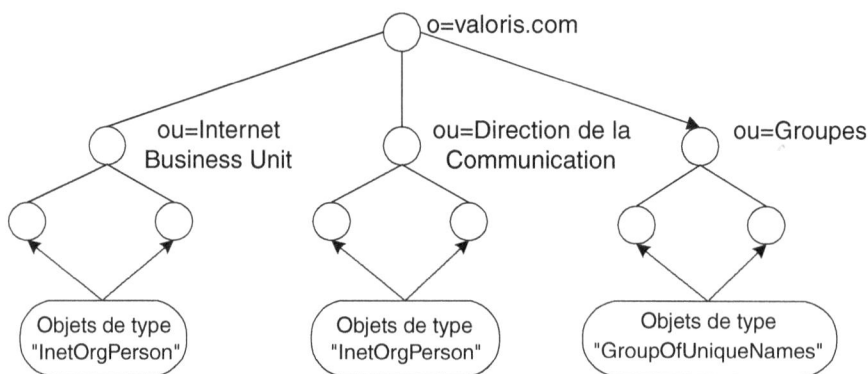

Figure 13.3
DIT de l'exemple

L'énumération des unités organisationnelles

La première page de notre exemple permet de visualiser l'ensemble des unités organisationnelles situées sous le nœud « o=valoris.com ».

Cette énumération s'effectue à l'aide d'une requête SQL par l'intermédiaire d'ADO. Pour cela, il faut commencer par créer une connexion ADO, renseigner le nom du fournisseur utilisé (notons que c'est un fournisseur au sens ADO et non ADSI), puis ouvrir la connexion :

```
1.    Set con = CreateObject("ADODB.Connection")
2.    con.Provider = "ADsDSOObject"
3.    con.Properties("User ID") = ""
4.    con.Properties("Password") = ""
5.    con.Open "ADSI"
```

Les lignes 3 et 4 contiennent une chaîne vide pour l'identifiant et le mot de passe ; ce qui permet d'effectuer une identification anonyme.

Lorsque la connexion est ouverte, il faut créer un objet ADO qui va permettre d'exécuter une commande et de rattacher la connexion active à cet objet. Puis il faut renseigner dans cet objet la requête SQL qui va rechercher tous les objets dont la classe est de type organizationalUnit dans l'organisation o=valoris.com. Ce qui donne le code suivant :

```
6.    Set com = CreateObject("ADODB.Command")
7.    Set com.ActiveConnection = con
8.    com.CommandText="SELECT ADsPath FROM '" & "LDAP://localhost/o=valoris.com"
      & "' WHERE objectclass='organizationalUnit'"
9.    Set rs = com.Execute
```

La variable rs est de type ResultSet, et contient, après exécution de la commande SQL, tous les chemins d'accès ADsPath correspondant à cette requête, c'est-à-dire les DN des objets trouvés.

Nous cherchons à afficher le nom de l'unité organisationnelle, il nous faut donc récupérer l'attribut « ou » de chacun des objets retournés. Pour cela, il faut utiliser la méthode GetObject() qui retourne l'instance de l'objet d'après son chemin d'accès ADsPath, puis la méthode GetInfo() de cet objet qui renseigne l'ensemble des attributs de l'objet en mémoire à partir de l'annuaire :

```
10.   <UL>
11.   <%While Not (rs.EOF)
12.       set Obj = GetObject (rs.Fields("ADsPath"))
13.       Obj.GetInfo
14.   %>
15.   <LI>
16.   <A href="item.asp?URL=<%=server.URLEncode(obj.ADsPath)%>
17.      &NOM=<%=server.URLEncode(Obj.ou)%>">
18.   <%=Obj.ou%></A>
19.   </LI>
20.   <%
21.   rs.MoveNext
22.   Wend
23.   %>
24.   </UL>
```

On obtient à l'exécution le résultat illustré à la figure 13.4.

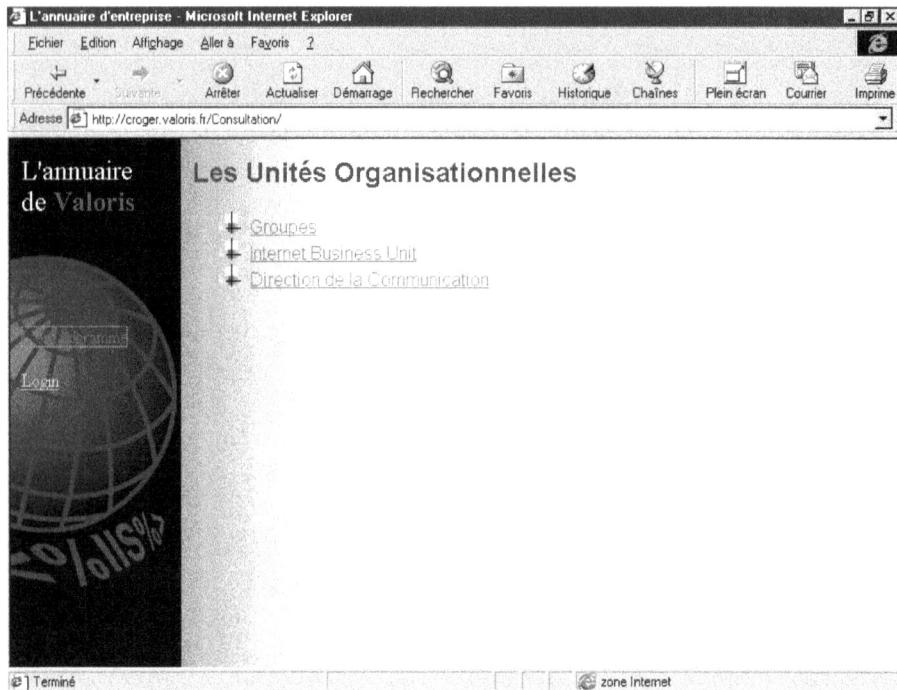

Figure 13.4

Les unités organisationnelles

La liste des personnes dans une unité organisationnelle

Chaque unité organisationnelle contient un ensemble d'objets décrivant des personnes de type inetorgperson (sauf l'unité organisationnelle contenant les groupes).

Lors de la génération de la page précédente, nous avons établi un lien sur chaque nom (ligne 16, lien sur la page item.asp) afin d'appeler la page qui va permettre d'afficher le contenu de chaque unité organisationnelle.

Dans l'URL fournie, nous avons ajouté un champ URL qui contient l'ADsPath de cette unité organisationnelle, et un champ NOM qui contient son nom (l'attribut « ou »).

Nous souhaitons afficher dans cette page la liste des personnes avec le nom complet de chacune d'elles. Pour cela, nous devons récupérer l'attribut « cn » de tous les objets de type inetorgperson se trouvant dans l'unité organisationnelle.

Comme pour la page précédente, nous allons utiliser la méthode GetObject() qui retourne l'instance de l'objet à partir de son chemin d'accès ADsPath, puis la méthode GetInfo() de cet objet qui renseigne l'ensemble des attributs à partir de l'annuaire :

```
1.   <H2>
2.   <%=Request.QueryString("NOM")%>
3.   </H2>
4.   <UL>
5.   <%
6.   set url = Request.QueryString("URL")
7.   Set cont = GetObject(url)
8.   For Each obj In cont
9.         set Infos = GetObject(obj.ADsPath)
10.        Infos.GetInfo
11.  %>
12.        <LI>
13.        <A href="people.asp?URL=<%=server.URLEncode(obj.ADsPath)%>
14.        &NOM=<%=server.URLEncode(Infos.cn)%>">
15.        <%=Infos.cn%></A>
16.        </LI>
17.  <%Next%>
18.  </UL>
```

On obtient à l'exécution le résultat illustré à la figure13.5.

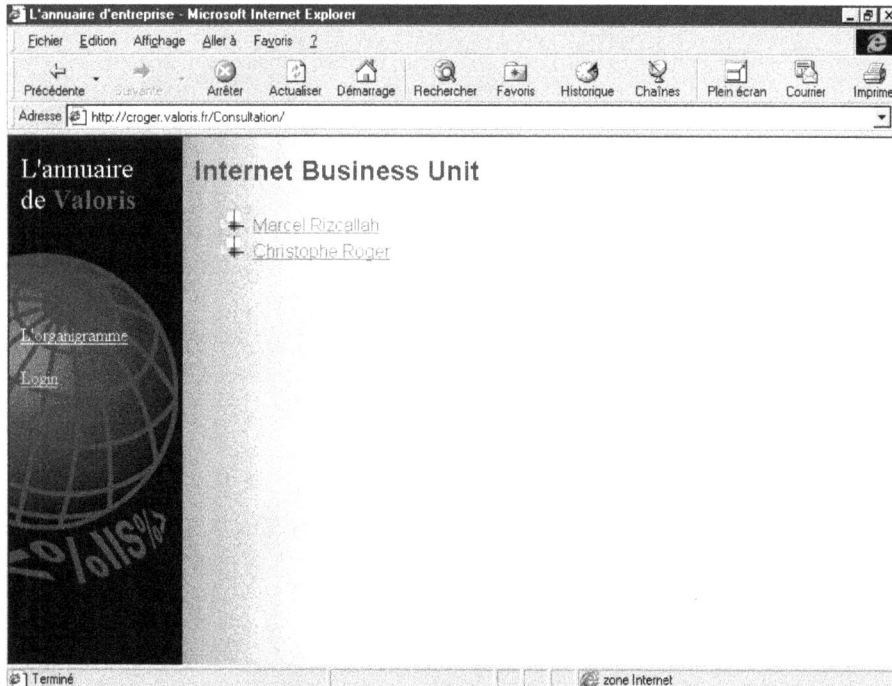

Figure 13.5

Les personnes

La fiche d'une personne

Chaque personne de l'entreprise appartenant à une unité organisationnelle possède un ensemble d'attributs, dont certains sont modifiables.

Lors de la génération de la page précédente, nous avons établi un lien sur chaque nom (ligne 13, lien sur la page people.asp) afin d'appeler la page qui va permettre d'afficher la fiche de chaque personne.

Dans l'URL fournie, nous avons ajouté un champ URL qui contient l'ADsPath de la personne, et un champ NOM qui contient son nom (l'attribut « cn »).

La technique utilisée dans les pages précédentes pour accéder aux attributs de l'objet aurait pu convenir en utilisant le code suivant :

```
1.   <%
2.   set url = Request.QueryString("URL")
3.   set Infos = GetObject(url)
4.   Infos.GetInfo
5.   %>
```

Jusqu'à présent, nous avons utilisé une identification anonyme. Si nous voulons fournir une identification pour avoir des droits plus importants en lecture, nous pouvons exécuter le code suivant :

```
1.   <%
2.   set url = Request.QueryString("URL")
3.   set Obj = GetObject("LDAP:")
4.
5.   Set Infos =Obj.OpenDSObject(url,"cn=Directory Manager", "password", 0)
6.
7.   Infos.GetInfo
8.   %>
```

Par la suite, nous allons afficher les attributs de la personne :

```
9.   <H2>Profil Employ&eacute;</H2>
10.  <TABLE border=0>
11.  <TR>
12.      <TD><IMG SRC="GetImage.asp?URL=<%=server.UrlEncode(url)%>"></TD>
13.      <TD valign=center>
14.          <FONT face="" size=4>
15.          <STRONG style="COLOR: darkblue">
16.          <%=Request.QueryString("NOM")%>
17.          </STRONG>
18.          </FONT>
19.          <BR>
20.          <EM><%=Infos.title%></EM>
```

```
21.          </TD>
22.   </TR>
23.   </TABLE>
24.   <HR>
25.   <P>
26.   <TABLE border=0 cellPadding=0 cellSpacing=0 width=100%>
27.          <TR>
28.                  <TD>
29.                  <TABLE border=0 cellPadding=0 cellSpacing=0 width=75%>
30.                  <TR>
31.                          <TD>Nom :</TD>
32.                          <TD><%=Infos.sn%></TD>
33.                  </TR>
34.                  <TR>
35.                          <TD>Pr&eacute;nom :</TD>
36.                          <TD><%=Infos.givenName%></TD>
37.                  </TR>
38.                  <TR>
39.                          <TD>Ville :</TD>
40.                          <TD><%=Infos.l%></TD>
41.                  </TR>
42.                   <TR>
43.                          <TD>T&eacute;l&eacute;phone :</TD>
44.                          <TD><%=Infos.telephonenumber%></TD>
45.                  </TR>
46.                  <TR>
47.                          <TD>T&eacute;l&eacute;copie :</TD>
48.                          <TD><%=Infos.facsimiletelephonenumber%></TD>
49.                  </TR>
50.                  <TR>
51.                          <TD>Adresse de messagerie :</TD>
52.                          <TD><%=Infos.mail%></TD>
53.                  </TR>
54.                  <TR>
55.                          <TD>N&deg; bureau :</TD>
56.                          <TD><%=Infos.roomnumber%></TD>
57.                  </TR>
58.          </TABLE>
59.          </TD>
60.          </TR>
61.          </TABLE>
```

On obtient à l'exécution le résultat illustré à la figure 13.6.

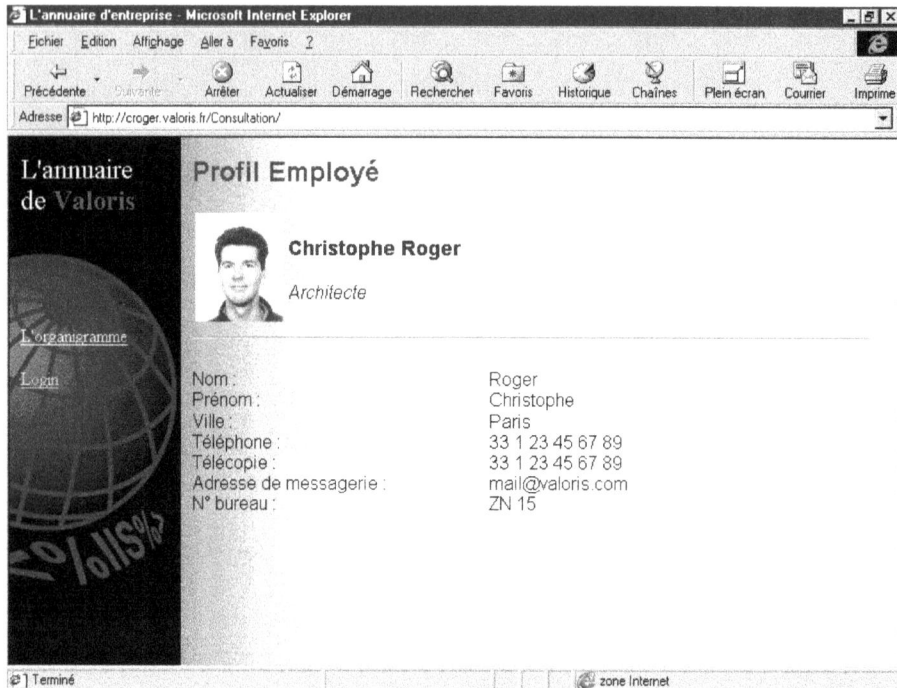

Figure 13.6

La fiche d'une personne

Notons que nous avons effectué un traitement particulier à la ligne 12 pour afficher l'image. Ce traitement consiste à appeler du code ASP qui est le suivant :

```
1.    set url = Request.QueryString("URL")
2.    set infos=GetObject (url)
3.    Infos.GetInfo
4.    Response.ContentType = "image/gif"
5.    Response.BinaryWrite
6.    Infos.jpegPhoto
7.    Response.End
```

Rappelons que la variable URL contient l'AdsPath de l'objet. On récupère donc la photo à l'aide de l'attribut jpegPhoto (ligne 6) qui est au format MIME (ligne 4), qu'on transforme en format binaire (ligne 4) avant de le renvoyer à la page précédente.

L'authentification

Afin de pouvoir modifier son profil, une personne doit s'authentifier auprès du service d'annuaire. L'authentification se réalise à l'aide de la méthode OpenDSObject() évoquée précédemment. L'utilisateur fournit son identifiant unique et son mot de passe dans un formulaire.

À partir de ces informations, nous recherchons dans l'annuaire le DN de l'utilisateur :

```
1.  <%
2.  Set con = CreateObject("ADODB.Connection")
3.  con.Provider = "ADsDSOObject"
4.  con.Open "ADSI"
5.
6.  Set com = CreateObject("ADODB.Command")
7.  Set com.ActiveConnection = con
8.  com.CommandText = "SELECT ADsPath FROM '" & "LDAP://localhost/o=valoris.com"
        & "' WHERE uid='" & Request.Form("uid") &"'"
9.  Set rs = com.Execute
10.
11. if Not (rs.EOF) then
12.       url = rs.Fields("ADsPath")
13.       path = CStr (rs.Fields("ADsPath"))
14.       login = split (path,"/",-1,1)
15.       password = Request.Form("password")
16.       con.Close
17. else
18.       Response.redirect "logerreur.htm"
19. end if
20.
21. set Obj = GetObject("LDAP:")
22.
23. on error resume next
24. set Resp = Obj.OpenDSObject(url, login(3), password, 0)
25.
26. If Err.number <> 0 Then
27.    Err.Clear
28.       Response.redirect "logerreur.htm"
29.    else
30.       session("uid") = login(3)
31.       session("password") = Request.Form("password")
32.        Response.Redirect "logok.htm"
33.    End If
34.
35. %>
```

Aux lignes 30 et 31, nous sauvegardons l'identifiant et le mot de passe de l'utilisateur dans des variables de session. Ces variables ont une durée de vie qui est paramétrable, et elles ne sont plus valides si l'utilisateur quitte le navigateur.

La modification

Lorsque l'utilisateur s'est authentifié, il peut alors accéder à la page de modification de ses propres attributs.

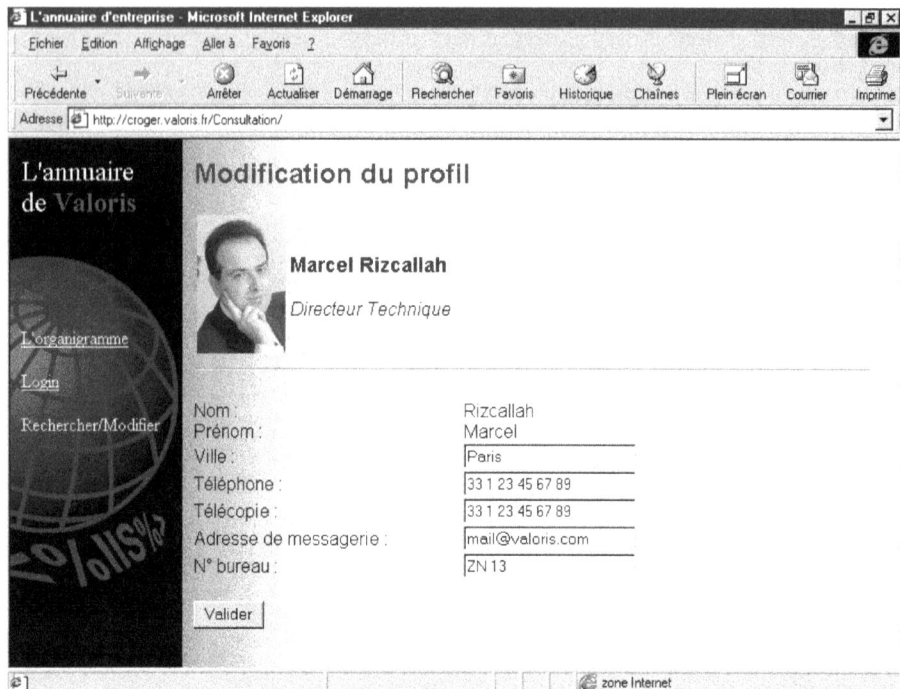

Figure 13.7

La modification d'une fiche

Lorsque l'utilisateur clique sur le bouton Valider de la figure 13.7, nous exécutons la fonction valide() décrite dans la page ASP donnée ci-dessous. Cette fonction utilise la méthode OpenDSObject pour l'authentification avec les informations sauvegardées dans la session de l'utilisateur, et la méthode SetInfo pour la mise à jour des données dans l'annuaire.

```
1.  <%
2.  function valide (url)
3.
4.  On Error Resume Next
5.
6.  set fax = Request.Form("fax")
7.  set mail = Request.Form("mail")
8.  set phone = Request.Form("phone")
9.  set ville = Request.Form("ville")
10. set room = Request.Form("room")
11.
12. set Obj = GetObject("LDAP:")
13. Set Infos = Obj.OpenDSObject(url, session("uid"),session("password"), 0)
14.
15. if not mail = "" then Infos.mail = CStr (mail)
16. if not telephonenumber = "" then Infos.telephonenumber = CStr(phone)
```

```
17.  if not fax = "" then Infos.fax = CStr(fax)
18.  if not ville ="" then Infos.l = CStr(ville)
19.  if not room = "" then Infos.roomnumber = CStr(room)
20.  Infos.SetInfo
21.
22.  If Err.number <> 0 Then
23.      if not isobject (Infos) then
24.          response.write "Erreur"
25.      end if
26.      redir="erreur.asp?ERR=" & server.URLEncode(err.description)
27.      Err.Clear
28.      Response.Redirect redir
29.  End If
30.
31.  redir = "item.asp?URL=" & server.URLEncode(url) &
32.      "&NOM=" & server.URLEncode(Request.Form("NOM"))
33.  Response.Redirect redir
34.
35.  end function
36.  %>
37.
38.  <%
39.  set url = Request.Form("URL")
40.  valide (url)
41.  %>
```

Le framework .NET et l'accès aux annuaires

.NET est un environnement complet de développement d'applications et d'exécution de celles-ci, sur lequel se base la nouvelle stratégie de Microsoft, tant pour ses propres systèmes d'exploitation et produits que pour ceux qui réalisent des applications sur cet environnement.

Rappelons que .NET comprend un environnement d'exécution des applications (à l'instar d'une machine virtuelle Java), le *Common Language Runtime* (CLR), et une large bibliothèque de classes. Le CLR joue un rôle de serveur d'applications garantissant la performance et la fiabilité des applications, grâce à de nombreuses fonctions dont les principales sont :

• assurer une gestion transparente des multiples versions des applications ;

• gérer le contexte d'exécution et la mémoire utilisée par les applications ;

• garantir la sécurité et l'intégrité des applications grâce à des mécanismes de signature ;

• fournir une interopérabilité COM et permettre de réutiliser les composants COM existants.

Microsoft a rebaptisé l'ensemble de ses produits de développement en y ajoutant l'extension .NET, incitant ainsi les développeurs à réaliser leurs nouvelles applications dans cet environnement. Au-delà des gains, en termes de performance et de sécurité, .NET apporte surtout des bénéfices en termes de productivité et de qualité des applications développées.

À cet effet, .NET comprend un ensemble de classes, accessibles dans tous les langages (Visual Basic.NET, C#.NET, etc.), et donnant accès aux services systèmes de Windows, aux bases de données, à l'interface graphique, etc. Cet ensemble de classes est connu sous le nom de « framework .NET ». Il est organisé par *namespaces* ou « espaces de nom », chacun d'eux correspondant à un ensemble de classes pour un domaine donné (accès aux annuaires, à l'interface graphique, services XML, etc.).

Nous allons décrire dans ce chapitre les principales classes nécessaires à la gestion d'un annuaire, puis nous allons donner un exemple d'application comprenant des fonctions de connexion, de lecture, de modification, de suppression et de création d'une entrée en C#.NET.

L'espace de nom (namespace) System.DirectoryServices dédié aux annuaires

Dans le cadre du framework .NET, il existe un espace de nom (namespace) dédié aux annuaires, dénommé « System.DirectoryServices ». Il contient un ensemble de classes, dont nous listons les principales ci-dessous :

Classe	Description
DirectoryEntry	Encapsule un nœud (c'est-à-dire une entrée possédant des entrées filles) ou une entrée (c'est-à-dire un objet de l'annuaire). Cette classe permet de s'authentifier à l'annuaire, d'accéder aux données et d'y effectuer des changements.
DirectorySearcher	Permet d'effectuer des recherches dans l'annuaire.
DirectoryEntries	Permet d'accéder à l'ensemble des objets sous-jacents à une entrée donnée de l'annuaire.
SearchResult	Contient un nœud ou une entrée, résultat de la recherche effectuée avec DirectorySearcher. Cette classe permet d'accéder aux attributs de l'entrée trouvée.
SearchResultCollection	Contient un ensemble d'objets de type SearchResult, correspondant au résultat d'une recherche renvoyée par DirectorySearcher.

L'ensemble de ces classes utilise les services ADSI pour accéder aux annuaires. Elles permettent d'accéder, de la même façon, aux annuaires de Windows NT (WinNT), aux annuaires Novell (NDS), aux annuaires LDAP et au serveur Web IIS pour y gérer des répertoires.

Ces classes sont utilisables à partir de tous les langages de Microsoft, à savoir C#, VB.NET, J#, ASP.NET, etc.

La classe DirectoryEntry encapsule un nœud ou un objet d'un annuaire. Cette classe sert à se connecter à l'annuaire et à se rattacher à un nœud ou à un objet afin de lire et de mettre à jour ses attributs. Cette classe permet aussi de gérer le cycle de vie des objets, y compris la création, la suppression, le « renommage », le déplacement et l'énumération des objets fils.

Il suffit en général de créer un seul objet de type DirectoryEntry qui pointe sur la racine de l'arbre d'un annuaire pour accéder à tous les autres objets de l'annuaire. Pour cela, la classe DirectoryEntry possède un objet de type DirectoryEntries (attention, c'est une autre classe), dénommée Children, qui permet de naviguer dans les objets fils. Cet objet possède des méthodes (Find, Add, Remove, etc.) permettant de manipuler les objets de l'annuaire. La méthode Find renvoie un objet de type DirectoryEntry, avec le même contexte d'authentification que l'objet père, ce qui permet à nouveau de naviguer dans l'arborescence.

La classe DirectorySearcher permet d'effectuer des requêtes sur tout annuaire LDAP. Le résultat est renvoyé dans la classe SearchResultCollection qui contient plusieurs instances de la classe SearchResult.

La meilleure façon de comprendre comment fonctionnent ces classes est de les voir à l'œuvre dans un exemple.

Exemple de code C#.NET avec System.DirectoryServices

Présentation de l'application

L'exemple que nous allons donner a été réalisé avec Visual Studio .NET 2003 et C#.NET. Le code source est téléchargeable sur le site de l'éditeur de cet ouvrage.

Nous avons préféré donner l'exemple en C# car vous pourrez le tester sans serveur Web. Néanmoins, il est possible de porter celui-ci facilement en ASP.NET et C#, à l'aide de Visual Studio .NET, si vous le souhaitez.

L'application est illustrée dans la figure 13.8.

Elle comporte trois zones :

- Une première zone « Serveur » permettant de spécifier les coordonnées ainsi que les paramètres d'identification du serveur d'annuaire. L'exemple a été réalisé avec l'annuaire de Sun, version 5.2, mais il fonctionne avec tout autre annuaire.

- Une deuxième zone « Recherche et suppression » permettant d'effectuer une recherche dans l'annuaire à l'aide d'un critère de filtre, puis de supprimer une ligne sélectionnée.

- Une troisième zone « Mise à jour/création » permettant de modifier une entrée sélectionnée à l'aide de la zone précédente, ou de créer une nouvelle entrée dans l'annuaire.

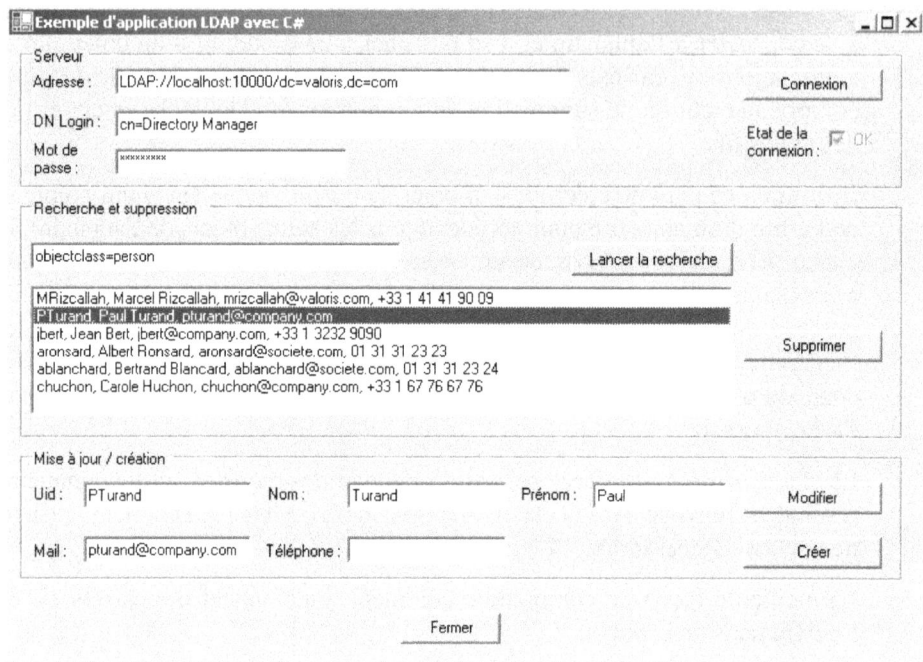

Figure 13.8

Exemple d'application C#.NET avec System.DirectoryServices

La connexion et l'authentification

L'exemple donné concerne une connexion non anonyme à un annuaire LDAP. Dans ce cas, il faut fournir au moins trois paramètres, qui sont :

- l'adresse du serveur, comprenant l'adresse IP et le port, ainsi que le DN de la base de recherche ;
- l'identifiant de l'utilisateur pour la connexion (DN) ;
- le mot de passe associé.

Lorsqu'on appuie sur le bouton « Connexion », le code suivant est exécuté :

```
1.    private void bConnexion_Click(object sender, System.EventArgs e)
2.    {
3.      //Si la connexion est déjà établie on la libère
4.      if (cbOK.Checked == true)
5.        objDE.Close();
```

La ligne 4 vérifie s'il n'existe pas déjà une connexion ouverte, et dans ce cas ferme celle-ci. L'objet cbOK est un objet de type CheckBox permettant d'afficher l'état de la connexion.

```
6.    //Etablir la connexion avec le serveur spécifié
7.    objDE = new System.DirectoryServices.DirectoryEntry
      (tbAdresse.Text, tbDNLogin.Text, tbPassword.Text,
8.      System.DirectoryServices.AuthenticationTypes.ServerBind);
```

La ligne 7 contient la principale instruction d'établissement de la connexion à l'annuaire. Cette fonction a plusieurs arguments, dont le premier est l'adresse du serveur qui se trouve dans le champ « Adresse », le deuxième l'identifiant de la connexion qui se trouve dans le champ « DN login », le troisième le mot de passe qui se trouve dans « Mot de passe », et le dernier qui indique le type d'authentification (ici c'est une authentification simple avec mot de passe).

```
9.    try
10.   {
11.      //On vérifie que la connexion s'est bien effectuée et que l'objet est valide
12.      //Notons que la connexion n'a réellement lieu qu'à l'exécution de cette
         instruction!
13.      string name = objDE.Name;
14.      if (name.Length != 0)
15.         cbOK.Checked = true;
16.   }
17.   catch (Exception ex)
18.   {
19.      cbOK.Checked = false;
20.      throw new Exception ("Problem :"+ex.Message);
21.   }
22.
23. }
```

Dans le code qui précède, on vérifie que la connexion s'est bien établie. Il faut noter que la connexion n'est effective que si l'on accède à l'une des propriétés de l'objet Directory-Entry. Ici, on en profite pour vérifier que le nom de l'objet a bien été initialisé ; la variable name va contenir le premier couple attribut/valeur de la racine de l'arbre, soit dans cet exemple « dc=valoris ».

La recherche

La recherche s'effectue dans l'annuaire, à partir de la base définie dans la zone précédente (c'est-à-dire le DN qui suit l'adresse IP et le numéro de port du serveur), et à l'aide du filtre spécifié dans le champ qui se trouve à gauche du bouton « Recherche ».

Lorsqu'on appuie sur le bouton « Recherche », le code suivant est exécuté :

```
1.   private void Rechercher_Click(object sender, System.EventArgs e)
2.   {
3.      //On s'assure que la connexion est bien établie avant de faire la recherche
4.      if (cbOK.Checked == false)
5.         return;
6.
7.      //Lire les objets de l'annuaire avec le critère de filtre donné
8.      System.DirectoryServices.DirectorySearcher objDS =
9.         new System.DirectoryServices.DirectorySearcher (objDE, tbFiltre.Text);
```

Pour lire les objets de l'annuaire, il faut commencer par créer un objet de type Directory-Searcher. Le constructeur de cet objet prend en entrée l'objet DirectoryEntry que nous avons créé précédemment lors de la connexion, ainsi que le critère de filtre que nous avons saisi dans le champ associé.

Dans notre exemple, le critère est « `objectclass=person` », ce qui permet de lister tous les objets dont la classe dérive de la classe `person`.

```
10.    //On indique les attributs que l'on souhaite lire
11.    //Par défaut (donc en l'absence de ces lignes), tous les attributs sont lus
12.    objDS.PropertiesToLoad.Add ("uid");
13.    objDS.PropertiesToLoad.Add ("sn");
14.    objDS.PropertiesToLoad.Add ("givenName");
15.    objDS.PropertiesToLoad.Add ("mail");
16.    objDS.PropertiesToLoad.Add ("telephoneNumber");
```

Les lignes précédentes permettent de préciser les attributs que l'on veut lire. En l'absence de ces lignes, ce sont tous les attributs qui sont lus.

```
17.    //On lit toutes les entrées de l'annuaire
18.    System.DirectoryServices.SearchResultCollection objSR = objDS.FindAll();
```

La fonction `FindAll` permet d'effectuer la recherche. Elle renvoie un résultat sous forme d'une collection de type `SearchResultCollection`.

```
19.    //On vide la liste
20.    lbResultat.Items.Clear();
21.
22.    //On insère les résultats de la recherche dans la liste
23.    foreach (System.DirectoryServices.SearchResult entry in objSR)
24.    {
25.       string ListText="";
26.       if (entry.Properties ["uid"].Count > 0)
27.          ListText += entry.Properties ["uid"][0].ToString();
28.
29.       if (entry.Properties ["givenName"].Count > 0)
30.          ListText += ", "+ entry.Properties ["givenName"][0].ToString();
31.
32.       if (entry.Properties ["sn"].Count > 0)
33.          ListText += " "+ entry.Properties ["sn"][0].ToString();
34.
35.       if (entry.Properties ["mail"].Count > 0)
36.          ListText += ", "+ entry.Properties ["mail"][0].ToString();
37.
38.       if (entry.Properties ["telephoneNumber"].Count > 0)
39.          ListText += ", "+ entry.Properties ["telephoneNumber"][0].ToString();
40.
41.       lbResultat.Items.Add(ListText);
42.    }
43. }
```

À la ligne 23, on boucle sur les résultats obtenus, et pour chaque objet trouvé on effectue les traitements qui suivent. `SearchResult` permet d'encapsuler un objet de la liste qui se trouve dans `SearchResultCollection`.

Ensuite, on utilise la propriété `Properties` de l'objet `entry` (de type `SearchResult`) pour lire la valeur des attributs de l'entrée. Les attributs pouvant avoir plusieurs valeurs, on ne récupère ici que la première. La propriété `Count` permet de connaître le nombre d'instances de l'attribut.

On concatène les attributs de l'entrée dans la variable `ListText` qu'on ajoute ensuite à la liste affichée à l'écran.

La suppression

Pour supprimer une entrée, il faut au préalable sélectionner celle-ci dans la liste affichée.

Lorsqu'on clique sur le bouton « Supprimer », le code suivant est exécuté :

```
1.    private void bSupprimer_Click(object sender, System.EventArgs e)
2.    {
3.      //Recupérer la ligne sélectionnée
4.      if (lbResultat.SelectedItem == null)
5.        return;
6.
7.      //Extraire l'uid de la ligne
8.      string SelectedText = lbResultat.SelectedItem.ToString();
9.      string uid = SelectedText.Substring (0,SelectedText.IndexOf (", "));
10.
11.     //On lit l'entrée de l'annuaire qui correspond à ce critère
12.     System.DirectoryServices.DirectorySearcher objDS =
13.       new System.DirectoryServices.DirectorySearcher (objDE, "uid="+uid);
14.     System.DirectoryServices.SearchResult entry = objDS.FindOne();
15.
16.     try
17.     {
18.       //On supprime l'entrée et tous les objets sous-jacents éventuels
19.       entry.GetDirectoryEntry().DeleteTree();
```

Une fois l'entrée trouvée à l'aide de la fonction `FindOne` (on aurait pu éviter cette recherche en sauvegardant les DN des objets trouvés lors de la recherche), on la supprime en utilisant la fonction `DeleteTree`. Cette fonction a l'avantage de supprimer tous les objets sous-jacents le cas échéant. On aurait pu aussi utiliser la méthode `Remove` de l'objet `Children`.

```
20.
21.       //On supprime la ligne de la liste box
22.       lbResultat.Items.Remove(lbResultat.SelectedItem);
23.     }
24.     catch (Exception ex)
25.     {
26.       throw new Exception ("Error :"+ex.Message);
27.     }
28.
29.   }
```

La modification

Pour modifier un objet, il faut d'abord le sélectionner dans la liste. On voit alors apparaître les attributs de cet objet dans la zone « Mise à jour / création ».

Lorsqu'on clique sur le bouton « Modifier », le code suivant est exécuté :

```
1.    private void bModifier_Click(object sender, System.EventArgs e)
2.    {
3.      //On s'assure que la connexion est bien établie
4.      if (cbOK.Checked == false)
5.        return;
6.
7.      if (lbResultat.SelectedItem != null)
8.      {
9.        //Extraire l'uid de la ligne
10.       object selected = lbResultat.SelectedItem;
11.       string SelectedText = selected.ToString();
12.       string uid = SelectedText.Substring (0,SelectedText.IndexOf (", "));
13.
14.       try
15.       {
16.         //On lit l'entrée de l'annuaire qui correspond à ce critère
17.         System.DirectoryServices.DirectoryEntry entry =
18.           objDE.Children.Find("uid="+uid);
```

Afin de pouvoir modifier une entrée, il faut créer un objet de type `DirectoryEntry` qui pointe sur celle-ci. Pour cela, on utilise la connexion déjà établie et l'objet associé que nous avons créé (lignes 17 et 18). La méthode `Children` permet, à l'aide de la fonction `Find` associée, de trouver l'objet en question à partir de son DN.

```
19.
20.
21.         //On met à jour les attributs sauf l'uid, qui constitue l'index
22.         entry.Properties ["givenName"].Clear();
23.         if (tbPrenom.Text.Length > 0)
24.           entry.Properties ["givenName"].Add (tbPrenom.Text);
25.
26.         entry.Properties ["sn"].Clear();
27.         if (tbNom.Text.Length > 0)
28.           entry.Properties ["sn"].Add (tbNom.Text);
29.
30.         entry.Properties ["mail"].Clear();
31.         if (tbMail.Text.Length > 0)
32.           entry.Properties ["mail"].Add(tbMail.Text);
33.
34.         entry.Properties ["telephoneNumber"].Clear();
35.         if (tbTelephone.Text.Length > 0)
36.           entry.Properties ["telephoneNumber"].Add(tbTelephone.Text);
37.
```

Les lignes précédentes permettent de renseigner les attributs de l'objet à partir des champs saisis à l'écran.

```
38.          //Valider les changements
39.          entry.CommitChanges();
```

La ligne 39 est indispensable pour valider les changements. En effet, les classes Directory Services utilisent un cache mémoire et n'effectuent les modifications dans l'annuaire que si la fonction CommitChanges est appelée. Remarquons que ceci n'est pas utile pour la suppression.

```
40.          //Rafraîchir la liste
41.          Rechercher_Click (sender,e);
42.       }
43.    catch (Exception ex)
44.    {
45.       throw new Exception ("Error :"+ex.Message);
46.    }
47. }
48. }
```

La création

Pour créer un objet, il faut en saisir les valeurs dans les champs de la zone « Mise à jour/ création », puis appuyer sur le bouton « Créer ». Attention, dans cet exemple, veillez à ce que l'uid soit unique. Il est utilisé pour calculer le RDN de l'entrée.

Lorsqu'on clique sur le bouton « Créer », le code suivant est exécuté :

```
1.    private void bCreer_Click(object sender, System.EventArgs e)
2.    {
3.      //On s'assure que la connexion est bien établie
4.      if (cbOK.Checked == false)
5.        return;
6.      try
7.      {
8.        //On crée une nouvelle entrée
9.        System.DirectoryServices.DirectoryEntry entry =
          objDE.Children.Add("uid="+tbUid.Text, "inetorgperson");
```

Pour former une nouvelle entrée, il faut commencer par ajouter l'entrée à l'aide de la fonction Add de la méthode Children de l'objet créé lors de la connexion à l'annuaire. Cette fonction n'ajoute pas effectivement l'entrée dans l'annuaire pour le moment, car il faut renseigner au préalable les attributs obligatoires.

La fonction Add (ligne 9) prend en paramètre le RDN de l'objet à créer et la classe d'objet associée. Ici nous créons un objet immédiatement sous la racine de l'arbre (car objDE pointe sur la racine de l'arbre) avec un RDN constitué de uid=valeur. Pour créer l'objet ailleurs, il faut naviguer dans l'arbre à l'aide de l'objet Children et faire pointer entry sur le nœud en dessous duquel on souhaite créer l'objet. Notons que ceci crée automatiquement un attribut uid ayant la valeur donnée dans le DN. Il n'est donc pas nécessaire de renseigner l'attribut uid par la suite. La classe d'objet utilisée est inetorgperson.

```
10.        entry.Properties ["givenName"].Add (tbPrenom.Text);
11.        entry.Properties ["sn"].Add (tbNom.Text);
12.        entry.Properties ["cn"].Add (tbPrenom.Text + " "+ tbNom.Text);
13.        entry.Properties ["mail"].Add(tbMail.Text);
14.        entry.Properties ["telephoneNumber"].Add(tbTelephone.Text);
```

Les lignes précédentes permettent de renseigner les attributs obligatoires et facultatifs de l'objet.

```
15.        //On valide la mise à jour
16.        entry.CommitChanges();
```

La ligne 16 est indispensable pour valider les changements et enregistrer l'entrée dans l'annuaire.

```
17.        //Rafraîchir la liste
18.        Rechercher_Click (sender,e);
19.    }
20.    catch (Exception ex)
21.    {
22.        throw new Exception ("Error :"+ex.Message);
23.    }
24. }
```

14

Exemples
de mise en œuvre de JNDI

Nous allons décrire dans ce chapitre les principes élémentaires de l'interface JNDI, et donner un exemple de mise en œuvre en Java.

Le kit de développement JNDI

Qu'est-ce que JNDI ?

Nous avons présenté sommairement JNDI dans le chapitre 6, relatif aux interfaces LDAP. Rappelons que c'est un standard qui définit l'interface d'accès à tout type d'annuaire à partir d'une application Java.

JNDI est un modèle en couches offrant d'une part une interface pour les applications, et d'autre part une interface pour les fournisseurs de services d'annuaire :

- L'interface pour les applications est dédiée au langage Java. Celle-ci est nommée JNDI API *(Application Programming Interface)*.

- L'interface pour les fournisseurs de services d'annuaire comprend en standard des accès pour les annuaires LDAP, COS Naming pour les services CORBA, Java RMI Registry, NIS, Novell DSML v1 et les fichiers système. Celle-ci est nommée JNDI SPI *(Service Provider Interface)*.

Où trouver le kit JNDI ?

JNDI peut être téléchargé gratuitement à partir du site de Sun à l'adresse suivante : *http://java .sun.com/products/jndi.* On y trouve également de la documentation et des exemples de code.

Il existe aussi un très bon tutorial en ligne sur le site de Sun, que vous pouvez consulter ou télécharger entièrement sur votre poste de travail. Il se trouve à l'adresse suivante : *http://java.sun.com/products/jndi/tutorial*.

JNDI fait partie du kit Java 2 SDK à partir de la version 1.3. Pour les versions précédentes, il est nécessaire de télécharger un kit complémentaire que l'on trouve à l'adresse citée plus haut. D'autres fournisseurs de services d'annuaire peuvent aussi être obtenus par téléchargement à partir de cette URL.

La version Java 2 SDK v1.3 contient en standard les fournisseurs de services suivants :

- Lightweight Directory Access Protocol (LDAP) ;
- Common Object Request Broker Architecture (CORBA) Common Object Services (COS) name service ;
- Java Remote Method Invocation (RMI) Registry.

Les autres extensions doivent être téléchargées puis recopiées dans le répertoire `JAVA_HOME/jre/lib/ext directory` où `JAVA_HOME` est le répertoire d'installation du kit Java.

Pour accéder au service LDAP, il faut mettre à jour la variable d'environnement `%CLASSPATH%` comme suit :

```
1.   Set JAVA_HOME=C:\j2re1.4.2 03;
2.   Set CLASSPATH=%CLASSPATH%;
     %JAVA_HOME%\lib\LDAP.JAR;
     %JAVA_HOME%\lib\PROVIDERUTIL.JAR;
```

Les concepts et les principes de l'interface JNDI

Les concepts

Le modèle JNDI s'appuie sur les concepts suivants : la désignation, les objets annuaires, les URL, les noms composites et les événements. Nous décrivons ces concepts ci-dessous.

La désignation

Il s'agit de la façon dont est désigné tout objet d'un système d'information. En général, cette désignation est réalisée à l'aide d'un nom, comme l'est le DN pour tout objet d'un annuaire LDAP. JNDI, n'étant pas restreint à LDAP, généralise ce concept à tout autre objet. Par exemple, un système de fichier comprend une désignation particulière permettant de trouver un fichier de façon non ambiguë.

Chaque système a une syntaxe particulière associée à cette désignation, généralement constituée d'un assemblage de noms élémentaires. Par exemple, pour nommer un fichier sous Unix, il faut assembler les noms des répertoires et sous-répertoires où il se trouve, avec le nom de celui-ci. Ainsi le chemin `usr/home` est l'assemblage de plusieurs noms élémentaires, chacun d'eux désignant un répertoire. De même, un nom DNS d'un site Internet est constitué d'un assemblage de noms, comme *www.eyrolles.com*.

L'ordre d'assemblage est important car il reflète la hiérarchie entre les différents objets désignés. Cet ordre peut être croissant ou décroissant suivant le système. Par exemple, dans un système de fichier, la désignation d'un objet commence par celle du nom de l'objet au sommet de la hiérarchie (le nom du disque ou du volume), alors que dans LDAP elle commence par celle de l'objet même.

Un nom peut être composite, c'est-à-dire qu'il peut contenir des syntaxes de désignation appartenant à différents systèmes. Par exemple, *ldap://www.entreprise.com/o=entreprise.com* est un nom composite, contenant en première partie le nom DNS d'un annuaire LDAP (*ldap:// www.entreprise.com*), et en deuxième partie le DN de l'objet recherché (*o=entreprise.com*).

Pour résoudre les noms composites, il est nécessaire de savoir dans quel contexte on se situe pour chaque composant du nom, donc savoir quelle syntaxe de désignation appliquer pour trouver l'objet désigné. Dans notre exemple, le contexte initial est la syntaxe DNS, puis la syntaxe LDAP.

JNDI offre un mécanisme permettant de décrire la façon de résoudre un nom (c'est-à-dire de trouver l'objet qu'il désigne) pour une syntaxe donnée (LDAP, DNS, etc.). De plus, il offre la possibilité de combiner les syntaxes dans un même nom et de traiter simultanément plusieurs mécanismes de résolution de noms.

Les objets de l'annuaire

Chaque nom désigne un objet d'un annuaire. Ici, il faut comprendre par annuaire tout type de référentiel d'objet, comme un répertoire de fichiers ou encore un annuaire de messagerie.

Il faut différencier les objets d'annuaire des objets qu'ils décrivent. Par exemple, un objet d'annuaire peut décrire un fichier à l'aide de propriétés comme la date de création et l'auteur. Cet objet sera utilisé pour accéder au contenu du fichier.

Chaque objet contient une liste d'attributs qu'il est possible de modifier, de supprimer ou de créer à l'aide de JNDI. Chaque attribut peut avoir une ou plusieurs valeurs.

URL et noms composites

Les URL *(Uniform Resource Locator)* sont des noms composites particuliers dont la syntaxe est décrite dans la définition d'une URL. JNDI prend en charge cette syntaxe pour accéder à tout type d'objet. En fait, celle-ci est équivalente à l'AdsPath de ADSI que nous avons décrit précédemment.

JNDI définit la syntaxe des noms composites et offre des outils qui vont permettre de les traiter. Il sera ainsi possible d'accéder de façon uniforme à des objets référencés par des systèmes différents, comme des serveurs DNS et des serveurs de fichiers, ou des serveurs DNS et des serveurs d'annuaire LDAP.

La gestion d'événements

Il est souvent utile de pouvoir associer la notification de certains événements comme le rajout ou la suppression d'un objet. Cette notification pourrait être utilisée par des applications pour effectuer des traitements particuliers comme l'affichage d'un message à l'écran ou l'envoi d'un message électronique.

JNDI offre pour cela une gestion d'événements associée à des actions dans un annuaire. Ces événements sont gérés dans des files d'attente auxquelles il est possible de s'abonner.

L'interface JNDI

L'interface JNDI est constituée de quatre paquetages Java :

- `javax.naming` contient les classes Java et les interfaces pour accéder à des services de noms.

- `javax.naming.directory` est une extension du paquetage précédent qui offre des services complémentaires dédiés aux annuaires.

- `javax.naming.event` contient les classes Java nécessaires pour offrir les services de notification dans la gestion d'annuaire.

- `javax.naming.ldap` contient les classes Java nécessaires pour accéder aux services d'extensions et de contrôles de LDAP v3. Les services de base LDAP sont offerts par le paquetage `javax.naming.directory`.

Vous trouverez une description de ces paquetages sur le site Web de Sun à l'adresse suivante : *http://java.sun.com/products/jndi*.

Un exemple simple

Dans le chapitre 12 nous avons donné un exemple simple de programme en C, qui permet de lister à l'écran toutes les personnes qui se trouvent dans un annuaire LDAP, c'est-à-dire tous les objets de type `inetorgperson`. Nous allons réécrire le même exemple en Java à l'aide de JNDI.

```
1.   /*
2.   Exemple de programme JNDI : Recherche.java
3.   Livre "Annuaires LDAP"
4.   Auteur : Marcel Rizcallah
5.   */
6.   import java.util.Hashtable;
7.   import java.util.Enumeration;
8.
9.   import javax.naming.*;
10.  import javax.naming.directory.*;
11.
12.  class Search
13.  {
14.      public static void main(String[] args)
15.      {
16.          Hashtable env = new Hashtable();
17.
18.          //Définit la classe à utiliser
```

```
19.        //comme fournisseur de service d'annuaire
20.        env.put(Context.INITIAL_CONTEXT_FACTORY, "com.sun.jndi.ldap
           .LdapCtxFactory");
21.
22.        //Définit l'adresse de l'annuaire LDAP
23.        env.put(Context.PROVIDER_URL, "ldap://localhost:1389");
24.
```

Pour se connecter à l'annuaire, il faut préciser quel type d'annuaire est utilisé afin d'activer le bon fournisseur d'accès. C'est l'objet de la ligne 20, dans laquelle nous sélectionnons le fournisseur LDAP.

D'autre part, il faut préciser l'adresse de l'annuaire LDAP, c'est-à-dire son DNS et son numéro de port. C'est l'objet de la ligne 23, où l'annuaire se trouve sur le numéro de port 1389.

```
25. //Fournir une identification à l'annuaire
26.     env.put(Context.SECURITY_AUTHENTICATION, "simple");
27.     env.put(Context.SECURITY_PRINCIPAL, "cn=Directory Manager");
28.     env.put(Context.SECURITY_CREDENTIALS, "password");
```

Il faut ensuite préparer les paramètres d'identification. Les lignes 26 à 28 sont facultatives et, dans ce cas, c'est une identification anonyme qui est effectuée. À la ligne 26, on précise le type d'identification voulue : ici c'est une identification simple (les valeurs possibles sont none, simple ou strong). Puis, on précise à la ligne 27 le DN utilisé pour l'identification, et à la ligne suivante le mot de passe utilisé.

Notons que la connexion à l'annuaire n'a pas encore été effectuée. Les lignes précédentes ne font qu'initialiser une variable d'environnement.

```
29. try {
30.         //Récupérer un pointeur sur le contexte
31.         DirContext ctx = new InitialDirContext(env);
32.
```

C'est à la ligne 31 que l'on effectue la connexion à l'annuaire et l'identification. Cette ligne est équivalente aux instructions ldap_init(), ldap_simple_bind_s() et ldap_search_ext_s() de l'interface de développement en C.

En cas d'échec de la connexion ou de l'identification, le code suivant n'est pas exécuté et le programme passe automatiquement dans l'instruction catch à la ligne 70.

```
33. //Définir les options de recherche
34.     SearchControls constraints = new SearchControls();
35.     constraints.setSearchScope(SearchControls.SUBTREE_SCOPE);
36.
37.     //Préciser les options de recherche,
38.     //le DN de la base et le filtre
39.     NamingEnumeration results=ctx.search("o=entreprise.com"
        , "objectclass=inetorgperson", constraints);
40.
```

Les lignes 34 à 39 définissent les paramètres de recherche. La ligne 35 précise que la recherche doit se faire dans les nœuds sous-jacents à l'objet de base, et la ligne 39 donne l'objet de base et le critère de filtre. Ici on ne précise pas quels sont les attributs recherchés ; ce sont donc tous les attributs qui seront renvoyés.

Pour donner une liste d'attributs, il suffit de rajouter un paramètre à la procédure search(), constitué d'un tableau de chaîne contenant le nom de chaque attribut. Par exemple, le code pourrait être dans ce cas :

```
String[] attrs=new String[4];
attrs[0]= "cn";
attrs[1]= "sn";
attrs[2]= "givenname";
attrs[3]= "mail";

NamingEnumeration results=ctx.search("o=entreprise.com",
  "objectclass=inetorgperson", attrs, constraints);
```

Le résultat de la recherche se trouve dans la variable results, dont nous allons extraire les entrées et les attributs.

```
41.  //Pour chaque entrée, afficher les attributs
42.    while (results != null && results.hasMore())
43.    {
44.        //Lire une entrée
45.        SearchResult entry = (SearchResult)results.next();
46.
47.        //Imprimer le DN
48.        System.out.println("DN: " + entry.getName());
49.
```

Pour chaque entrée trouvée de l'annuaire, on affiche son DN à la ligne 48.

```
50.        Attributes attrs = entry.getAttributes();
51.        if (attrs == null)
52.        {
53.            System.out.println("Pas d'attributs");
54.        }
55.        else
56.        {
57.            //Afficher chaque attribut
58.            for (NamingEnumeration attEnum = attrs.getAll();
             attEnum.hasMoreElements();)
59.            {
60.                Attribute attr = (Attribute)attEnum.next();
61.                String attrId = attr.getID();
62.                //Afficher toutes les valeurs d'un attribut
63.                for (Enumeration vals = attr.getAll(); vals.hasMoreElements();
64.                    System.out.println(attrId + ": " + vals.nextElement()));
65.            }
66.        }
67.            System.out.println();
68.        }
69.    }
```

On effectue à la ligne 58 une première boucle sur les attributs, puis une deuxième à la ligne 63 pour récupérer les valeurs de chaque attribut, qu'on imprime à la ligne 64, précédées du nom de l'attribut.

```
70.    catch (NamingException e)
71.      {
72.          System.err.println("La recherche a echouee");
73.          e.printStackTrace();
74.      }
75.    }
76. }
```

En cas d'erreur, on passe à la ligne 70 et on affiche à la ligne 73 la cause de l'erreur.

Exemple d'application avec JNDI

Nous allons décrire une petite application Java mettant en œuvre les fonctionnalités JDNI avec un annuaire LDAP.

Cette application est un mini-browser LDAP. Son interface graphique utilise les classes JFC/Swing, et en particulier l'arbre JTree utilisé pour représenter le modèle de désignation d'un annuaire LDAP ou le DIT.

L'initialisation

Il faut commencer par déclarer les classes requises pour JNDI :

```
1.    import java.util.Hashtable;
2.    import java.util.Enumeration;
3.
4.    import javax.naming.*;
5.    import javax.naming.directory.*;
```

La connexion à un annuaire LDAP se fait par l'appel d'une série de fonctions spécifiques (ldap_init(), ldap_simple_bind_s() et ldap_search_ext_s() dans le cadre de l'interface de développement en C). En JNDI, cette opération passe par la création d'un contexte LDAP dont il faut paramétrer l'environnement.

```
6.    String urlLDAP  = "pentium.lamine.org";
7.    String portLDAP = "389" ;
8.    String baseLDAP = "o=lamine.org";
9.
10. public Hashtable preparerEnvironnement
11.        (String loginConnexion,String motpasseConnexion)
12. {
13.      Hashtable environnementLDAP = new Hashtable();
14.      environnementLDAP.put(Context.INITIAL_CONTEXT_FACTORY,
15.            "com.sun.jndi.ldap.LdapCtxFactory");
16.      environnementLDAP.put(Context.PROVIDER_URL,
17.        "ldap://"+urlLDAP+":"+portLDAP+"/"+baseLDAP);
18.      environnementLDAP.put("java.naming.ldap.version","3");
19.      environnementLDAP.put(Context.REFERRAL,"ignore");
20.      environnementLDAP.put(Context.SECURITY_AUTHENTICATION,
21.                              "simple");
```

```
22.        environnementLDAP.put(Context.SECURITY_PRINCIPAL,
23.                                "cn="+loginConnexion);
24.        environnementLDAP.put(Context.SECURITY_CREDENTIALS,
25.                                motpasseConnexion);
26.        return environnementLDAP ;
27.      }
```

L'*environnement* LDAP est une structure (*Hashtable*) contenant un certain nombre de propriétés. Il est modifiable à tout moment durant l'exécution de l'application.

La ligne 14 précise le type de contexte analysé (ici LDAP), car JNDI peut avoir une interface avec un grand nombre de services.

Il est possible de spécifier la version du protocole LDAP à traiter (ligne 14), tout comme le traitement des renvois de référence (ligne 19). En mode `ignore`, ils ne sont pas traités. En revanche, le mode `follow` indique qu'il faut traiter les renvois de référence ; ceci est effectué automatiquement par JNDI. Un mode manuel est aussi prévu (option `throw`) afin de les traiter au cas par cas, en interceptant notamment les erreurs de la classe `ReferralException`.

La propriété « Context.SECURITY_AUTHENTICATION » précise le mode d'authentification à un annuaire LDAP. Ici, on s'identifie avec un nom et un mot de passe. Il est aussi possible d'activer le chiffrement des données en mettant la valeur `ssl` dans la propriété « Context.SECURITY_PROTOCOL ».

La connexion à l'annuaire LDAP est déclenchée par la création du contexte (classe `InitialDirContext` à la ligne 36), dont les propriétés viennent d'être définies.

```
28.      DirContext contexteLDAP
29.
30.      public DirContext initialiserConnexionLDAP
31.                          (Hashtable environnementLDAP)
32.        {
33.          contexteLDAP = null ;
34.          try
35.          {
36.            contexteLDAP = new InitialDirContext(environnementLDAP);
37.          }
38.          catch (Exception erreur)
39.          {
40.            ecrireLog("!! Erreur Authentification : "+erreur) ;
41.          }
42.          return contexteLDAP ;
43.        }
44.
45.        // Ecriture d un message dans un log
46.        public void ecrireLog(String texte)
47.        {
48.          System.out.println(texte);
49.          log.setText(log.getText()+texte+"\n");
50.          if (texte.indexOf("!!")==0)
51.            JOptionPane.showMessageDialog(this,texte,
52.            "Erreur detectee",JOptionPane.ERROR_MESSAGE);
53.        }
```

JNDI propose une classe d'erreurs spécifiques à chaque type d'opération LDAP. La classe AuthenticationException est appelée dans le cadre d'une authentification échouée.

La fonction unbind() du protocole LDAP permet de libérer les ressources allouées pendant la connexion au serveur. Son équivalent en JNDI est la méthode close()de la classe DirContext. Elle est appelée notamment à la fermeture de l'application.

La recherche

La connexion à l'annuaire LDAP étant établie, nous déterminons les objets se trouvant sous la racine o=lamine.org en effectuant une recherche.

```
54.  public NamingEnumeration arbreLDAP(
55.              String[] attributRechercherLDAP,
56.              String filtreLDAP)
57.  {
58.      NamingEnumeration dnLdapListe = null;
59.      SearchControls limitationLDAP = new SearchControls();
60.      limitationLDAP.setReturningAttributes(
61.                  attributRechercherLDAP);
62.      limitationLDAP.setSearchScope(
63.                          SearchControls.SUBTREE_SCOPE);
64.      try
65.      {
66.          ecrireLog("-- Arbre LDAP "+filtreLDAP);
67.          dnLdapListe =
68.          contexteLDAP.search("",filtreLDAP, limitationLDAP);
69.      }
70.      catch (NamingException erreur)
71.      {
72.          ecrireLog("!! Erreur Arbre LDAP : "+erreur) ;
73.      }
74.      return dnLdapListe;
```

La fonction arbreLDAP() prend deux arguments : le premier contient la liste des attributs à lire et le deuxième, le filtre de recherche LDAP.

Il est possible de spécifier une URL LDAP dans la recherche en écrivant par exemple :

```
NamingEnumeration dnLdapListe = contexteLDAP.search ("ldap://pentium.lamine.org:389
/o=lamine.org", "(objectclass=organizationalUnit)",null)
```

Les limitations de la recherche sont issues des propriétés de la classe SearchControls. On ne retourne que les attributs demandés (cn et description figurant dans le tableau attributRechercherLDAP).

Il est possible de limiter le nombre d'entités retournées (par exemple limitationLDAP .setCountLimit(3) pour lire trois objets à la fois) et le temps d'exécution (par exemple limitationLDAP.setCountLimit(10000) pour dix secondes).

La recherche peut renvoyer des références vers d'autres serveurs *(referrals)*. Si l'environnement LDAP avait été configuré avec l'option throw pour la propriété Context.REFERAL, il

Exemples de code

524

PARTIE IV

aurait fallu intercepter les erreurs de la classe `ReferralException` pour traiter les renvois de référence.

Le résultat de la recherche est une interface `NamingEnumeration`. Nous allons analyser son contenu.

```
75. public void lireDnArbreLDAP(NamingEnumeration dnLdapListe)
76. {
77.   try
78.   {
79.     while(dnLdapListe!=null && dnLdapListe.hasMore())
80.     {
81.       SearchResult dnLDAP = (SearchResult)dnLdapListe.next();
82.       DefaultMutableTreeNode feuilleDn = new
83.       DefaultMutableTreeNode(dnLDAP.getName());
84.       feuille.add(feuilleDn) ;
85.       Attributes attributListe   = dnLDAP.getAttributes();
86.       lireAttributLDAP(dnLDAP.getName(),
87.       attributListe,feuilleDn);
88.
89.         }
90.       }
91.     catch (NamingException erreur)
92.     {
93.         ecrireLog("!! Erreur Desassemblage : "+erreur) ;
94.     }
95. }
```

On énumère les DN trouvés lors de la recherche à la ligne 79. La liste des attributs d'un DN est obtenue *via* la méthode `getAttributes()` qui retourne une interface `Attributes`, contenant une ou plusieurs interfaces `Attribute`.

Nous allons maintenant analyser les attributs obtenus :

```
96. public void lireAttributLDAP(
97.                   String dnLDAP,
98.                   Attributes attributListe,
99.                   DefaultMutableTreeNode feuilleDn)
100. {
101.   Vector colonnes = new Vector();
102.   Vector lignes   = new Vector();
103.   try
104.   {
105.     if (attributListe != null)
106.     {
107.       Vector ligne   = new Vector() ;
108.       lignes.addElement(ligne) ;
109.       for (NamingEnumeration attributElement =
110.                   attributListe.getAll();
111.                   attributElement.hasMoreElements();)
112.       {
113.         Attribute attribut =
114.                       (Attribute)attributElement.next();
115.         String libelle = attribut.getID() ;
```

```
116.            DefaultMutableTreeNode feuilleAttribut
               = new DefaultMutableTreeNode(attributLibelle+libelle);
117.            feuilleDn.add(feuilleAttribut) ;
118.            String valeur = null ;
119.            for (Enumeration valeurListe = attribut.getAll() ;
120.                        valeurListe.hasMoreElements();)
121.            {
122.               valeur = (String)valeurListe.nextElement() ;
123.               feuilleAttribut.add(new DefaultMutableTreeNode
                  (valeurLibelle+valeur));
124.            }
125.         }
126.      }
127.    }
128.    catch (NamingException erreur)
129.    {
130.    ecrireLog("!! Erreur Desassemblage : "+erreur) ;
131.    }
132. }
```

L'obtention des attributs s'apparente à un curseur sur une requête SQL. Il suffit de balayer l'ensemble des DN, et pour chacun d'entre eux balayer tous ses attributs. Un attribut peut avoir plusieurs valeurs, d'où l'existence d'un objet Enumeration lors de l'extraction des valeurs.

On obtient un arbre de DN comme suit :

Figure 14.1

Liste des DN d'un annuaire

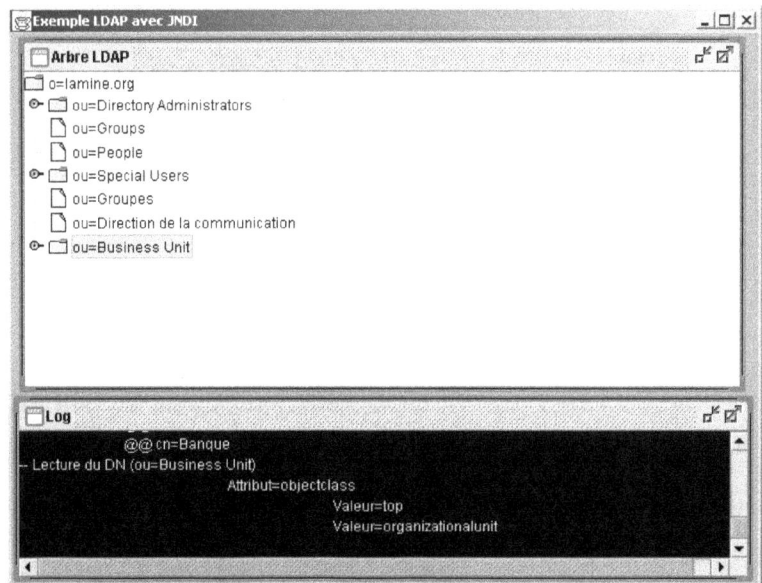

Quand on clique sur une feuille de l'arbre, on effectue une nouvelle recherche sur le DN sélectionné pour obtenir ses DN fils. On appelle alors la procédure suivante :

```
133. public void listerDnLDAP(DefaultMutableTreeNode feuilleDn)
134. {
135.    if (contexteLDAP==null) return ;
136.    NamingEnumeration dnLdapListe = null ;
137.    try
138.    {
139.       String dnLDAP = (String)feuilleDn.getUserObject() ;
140.       dnLdapListe = contexteLDAP.list(dnLDAP);
141.       while (dnLdapListe.hasMore())
142.       {
143.          String libelle =
144.             ((NameClassPair)dnLdapListe.next()).getName() ;
145.          if (feuilleDn != null) feuilleDn.add(new
146.                DefaultMutableTreeNode(libelle+","+dnLDAP)) ;
147.       }
148.    }
149.    catch (NamingException erreur)
150.    {
151.       ecrireLog("!! Erreur Listing : "+erreur) ;
152.    }
153. }
```

La méthode `contexteLDAP.list()`renvoie une liste d'objets contenus dans la branche désignée. Elle renseigne uniquement le DN et le nom de la classe de chaque objet trouvé.

Figure 14.2

Lecture d'un DN

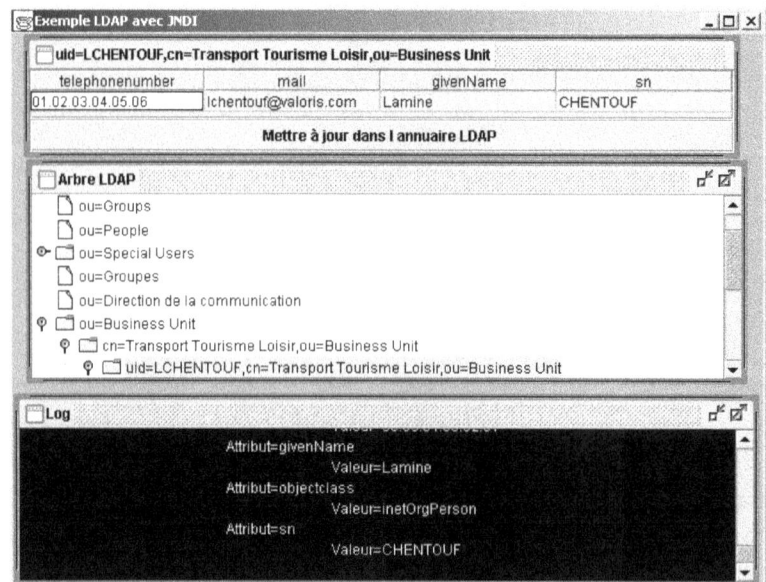

Parallèlement, on recherche les attributs du DN sélectionné avec la méthode `contexteLDAP`
`.getAttributes()` :

```
154. public void rechercherLDAP(
155.                String[] attributRechercherLDAP,
156.                DefaultMutableTreeNode feuilleDn)
157. {
158.      if (contexteLDAP==null) return ;
159.      Attributes attributLDAP = null ;
160.      try
161.      {
162.         String dnLDAP = (String)feuilleDn.getUserObject() ;
163.         attributLDAP = contexteLDAP.getAttributes(dnLDAP,
164.                                    attributRechercherLDAP);
165.         lireAttributLDAP(dnLDAP,attributLDAP,feuilleDn);
166.      }
167.      catch (NamingException erreur)
168.      {
169.         ecrireLog("!! Erreur Recherche DN : "+erreur) ;
170.      }
171. }
```

Figure 14.3

*Liste des attributs
d'un objet*

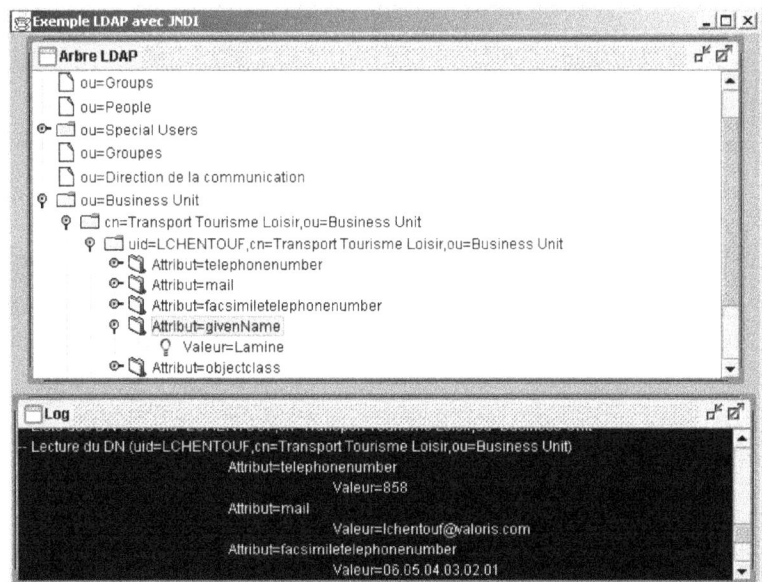

La liste des attributs à rechercher est donnée par le tableau `attributRechercherLDAP`. Celui-ci contient par exemple {"objectclass", "givenName", "sn", "telephonenumber", "mail", "facsimiletelephonenumber", "givenname"}.

La comparaison

Par souci de performance, il est possible de limiter la recherche à l'obtention des noms d'attributs, et non pas de leurs valeurs, en utilisant la propriété `java.naming.ldap.types-Only` de l'environnement LDAP ou en utilisant une classe `SearchControls` pour limiter la recherche. Ceci est utile lors d'une opération de comparaison.

```
172. public boolean comparerLDAP(String dnLDAP)
173. {
174.    boolean trouver=false ;
175.    try
176.        {
177.            SearchControls limitationLDAP = new SearchControls();
178.            limitationLDAP.setSearchScope(
179.                            SearchControls.OBJECT_SCOPE);
180.            limitationLDAP.setReturningAttributes(null);
181.            NamingEnumeration comparaisonLDAP =
182.                contexteLDAP.search(dnLDAP,
183.                "(objectclass=inetOrgPerson)",limitationLDAP);
184.            if (comparaisonLDAP != null
185.                    && comparaisonLDAP.hasMoreElements())
186.                {
187.                    trouver=true ;
188.                }
189.        }
190.        catch (NamingException erreur)
191.        {
192.            ecrireLog("!! Erreur Comparaison DN : "+erreur) ;
193.        }
194.        return trouver ;
195. }
```

La méthode `comparerLDAP` présentée ci-dessus est appelée quand on clique sur une feuille de l'arbre pour tester si le DN sélectionné est de type `inetOrgPerson`. En cas de succès, une nouvelle fenêtre s'ouvre, qui contient un tableau de valeurs de quelques attributs à modifier.

La mise à jour

La mise à jour des valeurs des attributs sélectionnés (`givenName`, `sn`, `telephonenumber`, `mail`) nécessite la construction d'une classe `BasicAttribute` contenant le nom de l'attribut à modifier et sa valeur. La méthode `contexteLDAP.modifyAttributes()` est ensuite appelée pour la mise à jour dans l'annuaire LDAP.

```
196. public void modifierLDAP(String dnLDAP,
197.                    String[][] attributMajLDAP)
198. {
199.        if (contexteLDAP==null) return ;
200.        try
201.            {
```

```
202.          ModificationItem[] listeModificationLDAP =
203.          new ModificationItem[attributMajLDAP.length];
204.          for (int i=0;i<attributMajLDAP.length;i++)
205.          {
206.             Attribute modificationLDAP =
207.                new BasicAttribute(attributMajLDAP[i][0],
208.                                   attributMajLDAP[i][1]);
209.             listeModificationLDAP[i]   =
210.             new ModificationItem(DirContext.REPLACE_ATTRIBUTE
             , modificationLDAP);
211.          }
212.          contexteLDAP.modifyAttributes( dnLDAP, listeModificationLDAP);
213.       }
214.    catch (NamingException erreur)
215.    {
216.       ecrireLog("!! Erreur MAJ : "+erreur) ;
217.    }
218. }
```

Il suffit de changer la propriété `DirContext.REPLACE_ATTRIBUTE` en `DirContext.ADD`
`_ATTRIBUTE` ou `DirContext.REMOVE_ATTRIBUTE` pour respectivement ajouter ou supprimer une
valeur d'attribut.

Exemples
de mise en œuvre de PHP

Nous allons décrire dans ce chapitre les principes élémentaires de l'interface LDAP en PHP, et donner des exemples de code. Vous trouverez l'ensemble du code source sur le site de l'éditeur de cet ouvrage.

Le kit de développement LDAP en PHP

Qu'est-ce que PHP ?

PHP (Hypertext Preprocessor) est un langage de scripts généraliste et Open Source, spécialement conçu pour le développement d'applications Web. Il peut être intégré facilement au langage HTML, mais peut aussi être exécuté en ligne de commande comme tout langage de script.

PHP comprend donc un langage de scripts spécifique, une bibliothèque de fonctions permettant d'accéder à différents services comme l'accès aux annuaires et aux bases de données, et un ensemble de programmes permettant de disposer d'un interpréteur PHP et de l'intégrer avec les serveurs Web des différentes plates-formes du marché (Windows et IIS, Linux et Apache, etc.).

Il est important de noter que le langage de scripts est interprété sur le serveur, même s'il est mélangé avec des pages HTML. Voici un exemple simple de page PHP, `Hello.php` :

```
<html>
    <head>
        <title>Exemple</title>
    </head>
```

```
    <body>
        <?php
        echo "Bonjour, je suis un script PHP!";
        ?>
    </body>
</html>
```

Pour que le langage de script soit interprété par PHP, il suffit d'associer l'extension de fichier .php au programme CGI fourni avec les modules PHP.

Notons aussi que les scripts PHP peuvent être exécutés en ligne de commande, à l'aide du même programme CGI fourni pour l'intégration aux serveurs Web.

Où trouver PHP et les fonctions d'accès à LDAP ?

PHP est distribué librement sur le Web et peut être téléchargé à l'adresse suivante : *http://www.php.net*. On y trouve les programmes exécutables ainsi que la documentation du langage et du produit ; celle-ci existe également en français. On trouve aussi sur ce site un programme d'installation de PHP, qui configure automatiquement le serveur Web et le système d'exploitation utilisé. L'installation peut aussi se faire manuellement, à l'aide d'une procédure documentée dans le fichier install.txt.

L'exemple de ce livre a été réalisé avec la version 5.0 de PHP, que nous avons téléchargée sur le site puis installée sous Windows 2003 avec un serveur IIS 6. Le code est identique quelle que soit la plate-forme utilisée ; vous pouvez ainsi l'exécuter sur une plate-forme Linux si vous le souhaitez.

Notez que les fonctions LDAP de PHP ne sont pas activées par défaut. Pour cela, il est nécessaire de suivre les étapes suivantes :

1. *Mise à jour du fichier PHP.INI* : le fichier PHP.INI, qui se trouve sous Windows une fois PHP installé, contient une rubrique dénommée « Dynamic Extensions ». Cette rubrique permet de préciser les extensions à charger ; l'une d'elles, php_ldap.dll, est nécessaire à LDAP. Il faut supprimer le commentaire qui précède la ligne (caractère « ; ») pour activer l'extension.

2. *Installation des DLL requises* : il est ensuite nécessaire de recopier les DLL nécessaires aux fonctions LDAP dans le répertoire des extensions. Celles-ci sont au nombre de trois : php_ldap.dll, libeay32.dll et ssleay32.dll. La première se trouve dans le répertoire ext du fichier PHP .zip téléchargé. Les deux autres se trouvent dans le répertoire racine de ce même fichier. Les trois fichiers doivent être recopiés soit dans le répertoire system32 de Windows, soit dans le répertoire des extensions, spécifié dans le fichier PHP.INI (extension_dir).

Dans le cas d'une plate-forme Linux, PHP est livré avec le système d'exploitation et peut être généralement installé à partir des paquetages fournis avec les CD-Rom d'installation.

Notons enfin que les fonctions LDAP en PHP, ainsi que leurs syntaxes, ressemblent à celles du langage C. Si vous êtes familier avec un kit de développement LDAP en C, vous n'aurez aucun mal à appréhender LDAP en PHP.

Tester l'installation de PHP et des modules LDAP

Pour vérifier que tout fonctionne correctement, vous pouvez créer un fichier contenant le code suivant :

```
1.    <html>
2.      <head>
3.        <title>Exemple d'application LDAP avec PHP - Annuaires LDAP - Marcel
          Rizcallah</title>
4.      </head>
5.      <body>
6.        <?php
7.        echo "<h3>Test de l'installation de LDAP avec PHP</h3>";
8.
9.        //Mettre l'adresse du serveur LDAP et le port dans une URL
10.       $serveur = "localhost:10000";
11.       echo "Connexion avec le serveur ".$serveur."<p>";
12.       $ds=ldap_connect($serveur);
13.       if ($ds)
14.       {
15.          echo "Authentification Anonyme...<br>";
16.          $r=ldap_bind($ds);
17.          if ($r)
18.          {
19.             $filtre="objectclass=person";
20.             echo "Recherche des objets avec le filtre : ".$filtre."<br>";
21.             // Recherche de tous les objets correspondant au critère de filtre
22.             $sr=ldap_search($ds,"dc=valoris,dc=com", $filtre);
23.             if ($sr)
24.             {
25.                echo "Le nombre d'entrées est ".ldap_count_entries($ds,$sr)."<p>";
26.                echo "Lecture des 5 premières entrées ...<p>";
27.                $info = ldap_get_entries($ds, $sr);
28.                for ($i=0; $i<$info["count"] & $i < 5; $i++)
29.                {
30.                   echo "Entrée ".($i+1)."<br>";
31.                   echo "dn est : ". $info[$i]["dn"] ."<br>";
32.                   echo "cn : ". $info[$i]["cn"][0] ."<br>";
33.                   echo "sn : ". $info[$i]["sn"][0] ."<p>";
34.                }
35.             }
36.          }
37.          else
38.          {
39.             echo "<h4>Impossible de s'authentifier en anonyme au serveur
                  LDAP.</h4>";
40.          }
41.          echo "Fermeture de la connexion";
42.          ldap_close($ds);
43.       }
44.       else
```

```
45.     {
46.         echo "<h4>Impossible de se connecter au serveur LDAP.</h4>";
47.     }
48.     ?>
49. </body>
50. </html>
```

Nommez ce fichier testldap.php par exemple et copiez-le dans le répertoire d'exécution de votre serveur Web (par exemple sous c:\Inetpub\wwwroot). Puis essayez d'exécuter la page testldap à partir de votre navigateur web.

Ce programme se connecte à un serveur LDAP, effectue une authentification anonyme, puis lit et affiche les attributs dn, cn et sn des cinq premières entrées de type person.

Nous allons voir en détail les différentes opérations effectuées par ce programme dans la suite de ce chapitre.

Exemples de code avec PHP

La connexion

La connexion se fait à l'aide de la fonction ldap_connect(), comme le montre la ligne 12 de l'exemple donné précédemment. Cette fonction peut prendre deux arguments :

1. Nom du serveur : celui-ci peut être exprimé sous forme d'un nom de serveur (par exemple : localhost) ou d'une URL complète contenant aussi l'adresse du port (par exemple : ldap://localhost:10000). Pour établir une connexion sécurisée avec un serveur d'annuaire, il faut utiliser une URL qui commence par ldaps. Notons aussi que PHP supporte l'opération « StartTLS ». Pour cela, il suffit de faire appel à la fonction ldap_start_tls(), une fois la connexion établie avec ldap_connect().

2. Numéro de port : c'est le numéro de port du serveur d'annuaire (389 par défaut). Ce numéro est ignoré s'il est précisé dans l'URL.

Pour savoir si la connexion s'est bien effectuée, il suffit d'analyser le code retour de la fonction (voir la ligne 13 de l'exemple). S'il est positif, la connexion s'est bien établie. Dans ce cas, c'est l'identifiant de la connexion qui est renvoyé. Celui-ci sera utilisé pour les fonctions suivantes d'accès à l'annuaire.

L'identification et l'authentification

L'identification et l'authentification se font à l'aide de la fonction ldap_bind(). Cette fonction peut prendre trois arguments :

1. L'identifiant de la connexion obtenu par la fonction ldap_connect(). Cet argument est obligatoire.

2. Le DN de l'objet utilisé pour l'identification.

3. Le mot de passe.

En l'absence des arguments 2 et 3, une identification anonyme est effectuée.

Voici un exemple d'identification LDAP avec PHP :

```php
1.   <?php
2.       //Identification LDAP
3.       $ldaprdn  = "cn=Directory Manager";    // DN ou RDN LDAP
4.       $ldappass = "password";                // Mot de passe associé
5.
6.       //Connexion au serveur LDAP
7.       $ldapconn = ldap_connect("ldap.valoris.com")
8.           or die("Impossible de se connecter au serveur LDAP.");
9.
10.      if ($ldapconn)
11.      {
12.          //Connexion au serveur LDAP
13.          $ldapbind = ldap_bind($ldapconn, $ldaprdn, $ldappass);
14.
15.          // Identification
16.          if ($ldapbind)
17.          {
18.              echo "Connexion LDAP réussie";
19.          }
20.          else
21.          {
22.              echo "Connexion LDAP échouée";
23.          }
24.      }
25.  ?>
```

La figure 15.1 montre un exemple identique mais avec un formulaire HTML. Dans cet exemple, les données d'identification sont saisies dans un formulaire HTML (identification.html), qui fait ensuite appel à un script PHP pour établir la connexion (connexion.php).

Voici le contenu du fichier identification.html :

```html
1.   <!DOCTYPE HTML PUBLIC "-//W3C//DTD HTML 4.0 Transitional//EN">
2.   <html>
3.     <head>
4.       <title>Exemple d'application LDAP avec PHP - Marcel Rizcallah</title>
5.     </head>
6.     <body>
7.       <form action="connexion.php" method="POST">
8.       <P align="center"><STRONG><U><FONT size="4">Exemple d'application LDAP
         avec PHP</FONT></U></STRONG></P>
9.       <P align="left"><FONT size="4"></FONT> </P>
10.      <P align="left"><STRONG>Connexion au serveur LDAP</STRONG></P>
11.      <P align="left">
12.        <TABLE id="Table1" cellSpacing="1" cellPadding="1" width="520"
           border="0" height="133">
13.          <TR>
14.            <TD width="199">Adresse du serveur :</TD>
15.            <TD><INPUT id="tServeur" type="text" size="45" name="tServeur">
               </TD>
```

```
16.              </TR>
17.              <TR>
18.                <TD width="199">
19.                  <P align="left">Adresse du port :</P>
20.                </TD>
21.                <TD><INPUT id="tPort" type="text" size="45" name="tPort"></TD>
22.              </TR>
23.              <TR>
24.                <TD width="199">Identifiant de connexion (DN) :</TD>
25.                <TD><INPUT id="tLogin" type="text" size="45" name="tLogin"></TD>
26.              </TR>
27.              <TR>
28.                <TD width="199">Mot de passe :
29.                </TD>
30.                <TD><INPUT id="pPassword" type="password" name="pPassword"></TD>
31.              </TR>
32.            </TABLE>
33.        </P>
34.        <P><INPUT id="Connexion" type="submit" value="Etablir la connexion"
           name="Connexion"></P>
35.        </form>
36.      </body>
37.  </html>
```

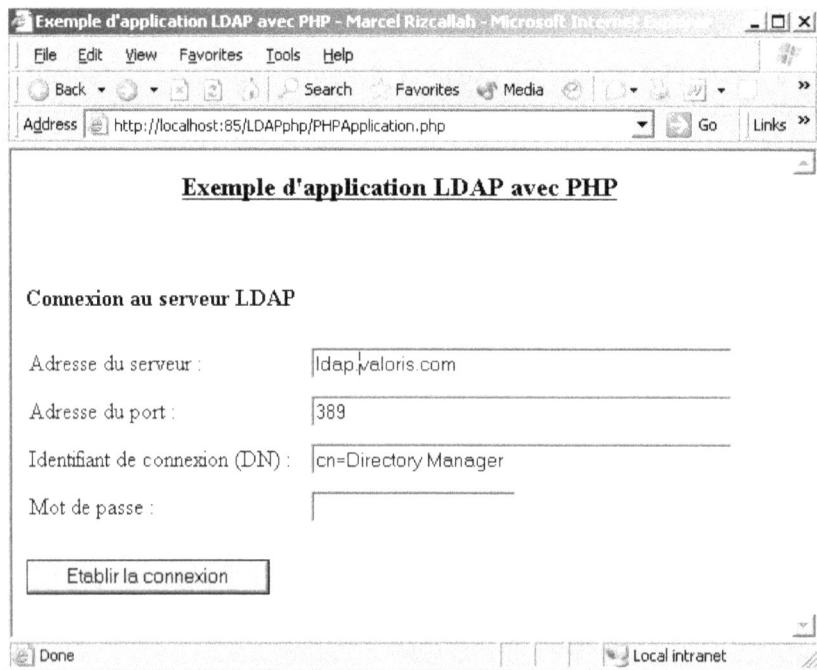

Figure 15.1

Exemple de formulaire d'identification LDAP avec HTML et PHP

Ce fichier ne contient aucune instruction PHP. En revanche, à la ligne 7, on fait appel un script PHP, qui se trouve dans le fichier connexion.php, dont voici le contenu.

```php
1.   <?php
2.
3.      //Connexion au serveur
4.      $serveur = "ldap://".$_POST["tServeur"].":".$_POST["tPort"];
5.      echo "Connexion avec le serveur, adresse: ".$serveur."<p>";
6.      $ds=ldap_connect($serveur);
7.      if ($ds)
8.      {
9.         echo "Connexion réussie, identifiant de la session:".$ds."<p>";
10.        $r = ldap_bind($ds,$_POST["tLogin"],$_POST["pPassword"]);
11.        if ($r)
12.        {
13.           echo "Identification réussie"."<p>";
14.        }
15.        else
16.        {
17.           echo "Identification échouée"."<p>";
18.        }
19.     }
20.     else
21.     {
22.        echo "Connexion échouée"."<p>";
23.     }
24.
25.  ?>
```

Pour récupérer les valeurs des données saisies dans le formulaire, il suffit d'utiliser la variable d'environnement $_POST, propre au langage PHP. Cette variable prend en paramètre le nom du champ tel qu'il a été défini dans le formulaire.

La recherche

La recherche se fait à l'aide de la fonction ldap_search(). Reprenons l'exemple du test que nous avons effectué en début de chapitre et analysons-le :

```php
21.  // Recherche de tous les objets correspondant au critère de filtre
22.  $sr=ldap_search($ds,"dc=valoris,dc=com", $filtre);
23.  if ($sr)
24.     {
25.        echo "Le nombre d'entrées est ".ldap_count_entries($ds,$sr)."<p>";
26.        echo "Lecture des 5 premières entrées ...<p>";
27.        $info = ldap_get_entries($ds, $sr);
28.        for ($i=0; $i<$info["count"] & $i < 5; $i++)
29.        {
30.           echo "Entrée ".($i+1)."<br>";
31.           echo "dn est : ". $info[$i]["dn"] ."<br>";
32.           echo "cn : ". $info[$i]["cn"][0] ."<br>";
```

```
33.          echo "sn : ". $info[$i]["sn"][0] ."<p>";
34.      }
35.  }
```

La ligne 22 contient l'appel à la fonction de recherche, qui comporte trois arguments obligatoires :

1. l'identifiant de la connexion obtenu avec `ldap_connect()` ;

2. le DN constituant la base de la recherche (ici on commence la recherche à partir de la racine de l'arbre) ;

3. le filtre (ici il s'agit d'un filtre sur la classe d'objet `person`).

Si la recherche s'est bien effectuée (code retour positif), on affiche le nombre d'entrées trouvées à l'aide de la fonction `ldap_count_entries()`. Cette fonction prend en argument les codes retours de la fonction de connexion et celle de la fonction de recherche.

On appelle ensuite la fonction `ldap_get_entries()`qui renvoie dans un tableau à plusieurs dimensions les valeurs de toutes les entrées trouvées. Le tableau comprend trois dimensions : la première concerne l'entrée elle-même, la deuxième concerne les attributs, et la troisième les occurrences d'un attribut donné.

Par exemple, la ligne 32 montre l'usage des trois dimensions. La variable i permet de pointer sur la « i ^{eme} » entrée, la chaîne « cn » permet de pointer sur les valeurs de l'attribut « cn » et la valeur 0 permet d'obtenir la première occurrence de cet attribut.

Pour connaître le nombre d'occurrences d'un attribut, il suffit d'utiliser le code suivant :

```
$nb_cn = $info[$i]["cn"]["count"];
```

De même, pour connaître le nombre total d'attributs d'une entrée donnée, il suffit d'utiliser le code suivant :

```
$nb_attributs = $info[$i]["count"];
```

Notez que l'usage des fonctions `ldap_search()` et `ldap_get_entries()`n'est pas conseillé lorsque le résultat contient un nombre élevé d'entrées, car elles peuvent consommer beaucoup de mémoire (pensez à utiliser la fonction `ldap_free_result()` qui permet de libérer la mémoire allouée par `ldap_search()`).

Il est préférable dans ce cas d'utiliser les fonctions `ldap_first_entry()` et `ldap_next_entry()`.

Voici un exemple de script PHP avec `ldap_first_entry()` et `ldap_next_entry()`.

```
1.  <?php
2.  //Exemple de script avec ldap_first_entry et ldap_next_entry
3.  //---------------------------------------------------------
4.
5.  //Mettre ici l'adresse du serveur LDAP et le port dans une URL
6.  $serveur = "localhost:10000";
7.  echo "Connexion avec le serveur ".$serveur."<p>";
8.  $ds=ldap_connect($serveur);
9.  if ($ds)
```

```
10.  {
11.    echo "Liaison Anonyme...<br>";
12.    $r=ldap_bind($ds);
13.    if ($r)
14.    {
15.       $filtre="objectclass=person";
16.       echo "Recherche des objets avec le filtre : ".$filtre."<br>";
17.       // Recherche de tous les objets correspondant au critère de filtre
18.       $sr=ldap_search($ds,"dc=valoris,dc=com", $filtre);
19.       if ($sr)
20.       {
21.          echo "Le nombre d'entrées renvoyé est ".ldap_count_entries($ds,$sr)
             ."<p>";
22.          echo "<b>Lecture de la première entrée ...</b><br>";
23.          $entry = ldap_first_entry ($ds, $sr);
24.          if ($entry)
25.          {
26.             while($entry)
27.             {
28.                //Affichage des attributs de cette entrée
29.                $attrs = ldap_get_attributes($ds, $entry);
30.                echo $attrs["count"]." attributs dans cette entrée :<br>";
31.                for ($i=0; $i<$attrs["count"]; $i++)
32.                {
33.                   echo $attrs[$i]."=".$attrs[$attrs[$i]][0]."<br>";
34.                }
35.
36.                $entry = ldap_next_entry($ds, $entry);
37.                if ($entry)
38.                {
39.                   echo "<p><b>Lecture de l'entrée suivante ...</b><br>";
40.                }
41.             } // while
42.          }
43.       }
44.    }
45.    else
46.    {
47.       echo "Impossible de s'authentifier en anonyme au serveur LDAP.";
48.    }
49.    echo "<p><b>Fermeture de la connexion</b>";
50.    ldap_close($ds);
51.  }
52.  else
53.  {
54.    echo "Impossible de se connecter au serveur LDAP.";
55.  }
56.  ?>
```

Ce programme permet d'afficher l'ensemble des noms et des valeurs des attributs renseignés (par exemple, cn=Directory Manager), et ceci pour chaque entrée trouvée. Exécuté sur un serveur Web, il donne le résultat de la figure 15.2.

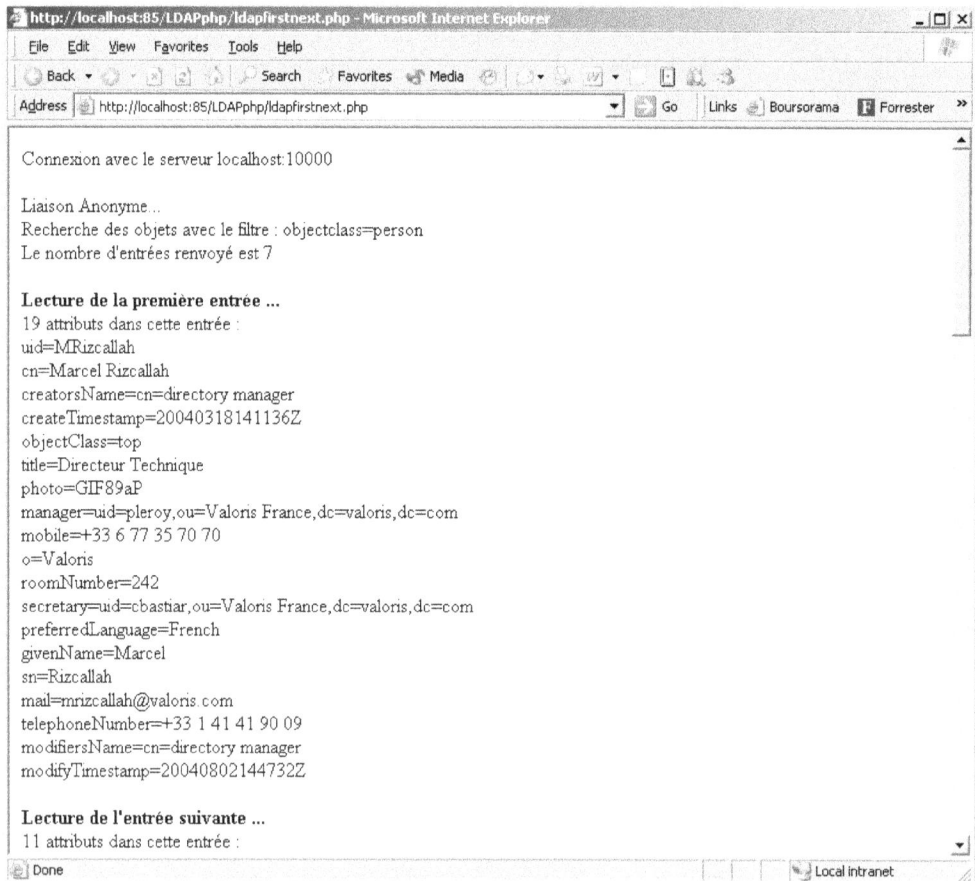

Figure 15.2

Exemple de recherche avec ldap_first_entry et ldap_next_entry

La suppression

Pour supprimer une entrée LDAP avec PHP, il faut commencer par trouver son DN. Vous avez pu remarquer dans l'exemple précédent que le DN ne fait pas partie de la liste des attributs renvoyée par ldap_get_attributes(). En effet, pour récupérer le DN d'une entrée, il faut utiliser la fonction ldap_get_dn().

Voici un exemple qui illustre la suppression d'une entrée :

```php
1.   <?php
2.     //Exemple de script avec ldap_delete
3.     //--------------------------------
4.
5.     //Mettre ici l'adresse du serveur LDAP et le port dans une URL
6.     $serveur = "localhost:10000";
7.     echo "Connexion avec le serveur ".$serveur."<p>";
8.     $ds=ldap_connect($serveur);
9.     if ($ds)
10.    {
11.       echo "Identification...<br>";
12.       //Attention, il faut avoir les droits de suppression
13.       //Une identification anonyme ne suffit pas !
14.       $r=ldap_bind($ds, "cn=Directory Manager", "secret");
15.       if ($r)
16.       {
17.          $filtre="uid=jbert";
18.          echo "Recherche des objets avec le filtre : ".$filtre."<br>";
19.          // Recherche de tous les objets correspondant au critère de filtre
20.          $sr=ldap_search($ds,"dc=valoris,dc=com", $filtre);
21.          if ($sr)
22.          {
23.             echo "Le nombre d'entrées renvoyé est ".ldap_count_entries($ds,$sr)
                 ."<p>";
24.             echo "<b>Lecture de la première entrée ...</b><br>";
25.             $entry = ldap_first_entry ($ds, $sr);
26.             if ($entry)
27.             {
28.                while($entry)
29.                {
30.                   //Lecture du DN de l'entrée
31.                   $dn = ldap_get_dn($ds,$entry);
32.                   //Suppression de l'entrée
33.                   if (ldap_delete($ds, $dn))
34.                   {
35.                      echo "Entrée supprimée avec succès.<br>";
36.                   }
37.                   $entry = ldap_next_entry($ds, $entry);
38.                   if ($entry)
39.                   {
40.                      echo "<p><b>Lecture de l'entrée suivante ...</b><br>";
41.                   }
42.                } // while
43.             }
44.          }
45.       }
46.       else
47.       {
48.          echo "Impossible de s'authentifier au serveur LDAP.";
```

```
49.      }
50.      echo "<p><b>Fermeture de la connexion</b>";
51.      ldap_close($ds);
52.    }
53.    else
54.    {
55.      echo "Impossible de se connecter au serveur LDAP.";
56.    }
57.
58.
59. ?>
```

Ce programme permet de supprimer une entrée correspondant au critère de filtre uid=jbert (ligne 17). On supprime ensuite toutes les entrées trouvées (ligne 33). Exécuté sur un serveur Web, il donne le résultat de la figure 15.3.

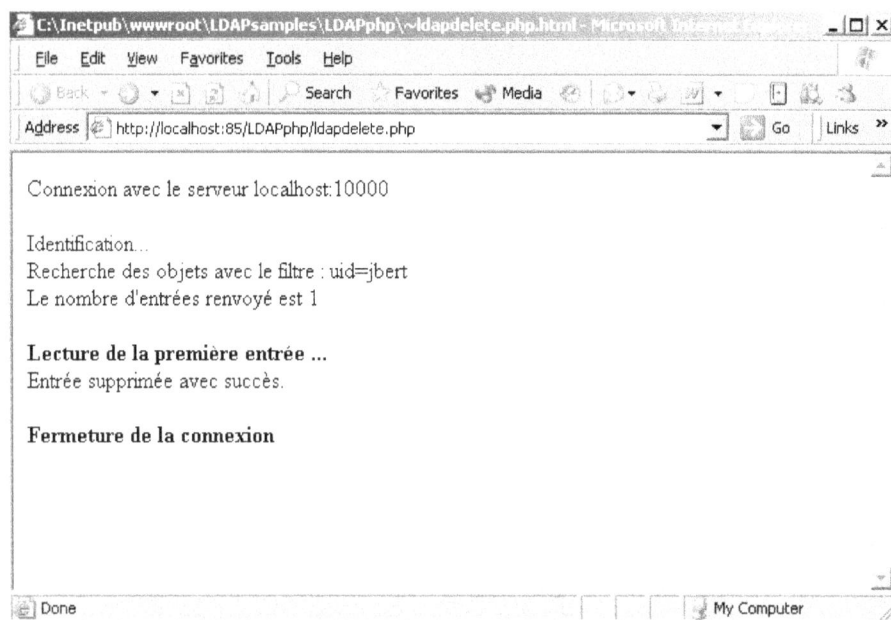

Figure 15.3

Exemple de suppression avec ldap_delete

La modification

Pour modifier une entrée avec PHP, il suffit d'avoir son DN et la valeur des attributs à ajouter, supprimer ou modifier. Nous allons donner un exemple, comprenant les trois cas : modification d'un attribut existant, ajout d'une nouvelle valeur pour un attribut, suppression d'une valeur d'un attribut et de toutes les valeurs d'un attribut.

```php
1.   <?php
2.      //Exemple de script avec ldap_delete
3.      //-------------------------------
4.
5.      //Mettre ici l'adresse du serveur LDAP et le port dans une URL
6.      $serveur = "localhost:10000";
7.      echo "Connexion avec le serveur ".$serveur."<p>";
8.      $ds=ldap_connect($serveur);
9.      if ($ds)
10.     {
11.        echo "Identification...<br>";
12.        //Attention, il faut avoir les droits de modification
13.        //Une identification anonyme ne suffit pas !
14.        $r=ldap_bind($ds, "cn=Directory Manager", "secret");
15.        if ($r)
16.        {
17.           $filtre="uid=PTurand";
18.           echo "Recherche des objets avec le filtre : ".$filtre."<br>";
19.           // Recherche de tous les objets correspondant au critère de filtre
20.           $sr=ldap_search($ds,"dc=valoris,dc=com", $filtre);
21.           if ($sr)
22.           {
23.              echo "Le nombre d'entrées renvoyé est ".ldap_count_entries($ds,$sr)
                    ."<p>";
24.              echo "<b>Lecture de la première entrée ...</b><br>";
25.              $entry = ldap_first_entry ($ds, $sr);
26.              if ($entry)
27.              {
28.                 //Lecture du DN de l'entrée
29.                 $dn = ldap_get_dn($ds,$entry);
30.
31.                 //Ajouter une adresse de messagerie
32.                 $attributes["mail"]="paul.turand@company.com";
33.                 ldap_mod_add ($ds,$dn,$attributes);
```

La ligne 33 montre comment ajouter une nouvelle valeur pour l'attribut mail, à l'aide de la fonction ldap_mod_add(). Les valeurs existantes de cet attribut sont conservées, et la valeur paut.turand@company.com est ajoutée. Si cette valeur existe déjà, une erreur est générée par PHP.

```php
34.                 //Il faut relire l'entrée pour avoir les attributs ajoutées !
35.                 $sr=ldap_search($ds,"dc=valoris,dc=com", $filtre);
36.                 $entry = ldap_first_entry ($ds, $sr);
37.                 //Lecture des attributs à nouveau
38.                 $attrs = ldap_get_attributes($ds, $entry);
```

Notons ici que pour retrouver l'attribut ajouté, il faut relire l'entrée en effectuant la recherche à nouveau, avant de faire appel aux fonctions ldap_first_entry() et ldap_get_attributes().

```
39.              if (isset($attrs["mail"]))
40.              {
41.                  //Afficher les valeurs
42.                  for ($i=0; $i<$attrs["mail"]["count"]; $i++)
43.                      echo "mail=".$attrs["mail"][$i]."<br>";
44.
45.                  //Supprimer toutes les valeurs mail
46.                  for ($i=0; $i<$attrs["mail"]["count"]; $i++)
47.                  {
48.                      $attributes["mail"]=$attrs["mail"][$i];
49.                      ldap_mod_del ($ds,$dn,$attributes);
50.                  }
51.              }
```

Pour supprimer toutes les valeurs d'un attribut, il faut faire appel à la fonction ldap_mod_del() autant de fois qu'il y a de valeurs, comme le montre l'exemple à la ligne 49.

```
52.                  //Modifier un attribut
53.                  $modify["cn"]="Pierre Turand";
54.                  ldap_mod_replace($ds, $dn, $modify);
55.              }
56.          }
57.      }
58.      else
59.      {
60.          echo "Impossible de s'authentifier au serveur LDAP.";
61.      }
62.      echo "<p><b>Fermeture de la connexion</b>";
63.      ldap_close($ds);
64.  }
65.  else
66.  {
67.      echo "Impossible de se connecter au serveur LDAP.";
68.  }
69. ?>
```

La création

La création nécessite l'appel de la fonction ldap_add(), comme le montre l'exemple suivant :

```
1.  <?php
2.      //Exemple de script avec ldap_add
3.      //-----------------------------
4.
5.      //Mettre ici l'adresse du serveur LDAP et le port dans une URL
6.      $serveur = "localhost:10000";
7.      echo "Connexion avec le serveur ".$serveur."<p>";
8.      $ds=ldap_connect($serveur);
9.      if ($ds)
10.     {
```

```
11.        echo "Identification...<br>";
12.        //Attention, il faut avoir les droits d'ajout
13.        //Une identification anonyme ne suffit pas !
14.        $r=ldap_bind($ds, "cn=Directory Manager", "secret");
15.        if ($r)
16.        {
17.            //Préparer les attributs de la nouvelle entrée dans un tableau
18.            $attributs ["cn"]="Albert Camus";
19.            $attributs ["givenName"]="Albert";
20.            $attributs ["sn"]="Camus";
21.            $attributs ["mail"]="acamus@company.com";
22.            $attributs ["objectclass"]="inetorgperson";
23.            $dn = "uid=acamus,dc=valoris,dc=com";
24.
25.            //Ajouter l'entrée
26.            $r=ldap_add($ds,$dn,$attributs);
27.            if ($r) {
28.                echo "Entrée ajoutée avec succès...<br>";
29.            }
30.        }
31.        else
32.        {
33.            echo "Impossible de s'authentifier au serveur LDAP.";
34.        }
35.        echo "<p><b>Fermeture de la connexion</b>";
36.        ldap_close($ds);
37.    }
38.    else
39.    {
40.        echo "Impossible de se connecter au serveur LDAP.";
41.    }
42. ?>
```

Notez qu'il n'est pas nécessaire de créer l'attribut uid, utilisé pour fabriquer le DN de l'objet : celui-ci est ajouté automatiquement lors de création de l'entrée.

16

Installer et utiliser OpenLDAP

Introduction à OpenLDAP

OpenLDAP est un serveur d'annuaire LDAP Open Source issu des implémentations du protocole par l'Université de Michigan. Il est développé selon les termes de la licence GNU GPL, ce qui signifie qu'il est entièrement gratuit et que son code source est accessible et modifiable.

Il existe un site dédié à OpenLDAP (*http://www.openldap.org*), sur lequel figure l'ensemble du code source et de la documentation du produit. On y trouve les dernières informations et nouveautés sur le projet.

Mais pourquoi utiliser OpenLDAP plutôt qu'un autre produit du marché ?

Le premier argument concerne le prix du produit. OpenLDAP est gratuit et peut être installé sur tout type de plate-forme, y compris Windows et les principaux Unix, dont Linux bien sûr.

Le second argument est relatif à l'accessibilité au code source et à la liberté de faire évoluer le serveur d'annuaire en fonction de vos besoins. On trouve par exemple des extensions permettant d'intégrer OpenLDAP avec Kerberos, Radius, ou tout autre mécanisme d'authentification. Mais rien ne vous empêche de réaliser vos propres extensions de l'annuaire si vous maîtrisez bien le langage C et le code de OpenLDAP.

Le troisième argument est la disponibilité de OpenLDAP sur toutes les plates-formes. Si vous ne pouvez pas éviter d'exploiter simultanément plusieurs systèmes (Windows, Linux, Solaris, HP, etc.) et que vous souhaitez réduire les formations et l'expertise requise par vos administrateurs, le déploiement d'un seul serveur d'annuaire sur toutes ces plates-formes peut constituer un avantage indéniable (c'est la même raison pour laquelle certaines entreprises choisissent Oracle comme base de données d'entreprise). Néanmoins, il existe des produits du marché qui fonctionnent sur plusieurs plates-formes, comme c'est le cas pour Novell eDirectory par exemple. Mais ces logiciels ne sont pas gratuits.

Et enfin, OpenLDAP est totalement intégré à Linux. En effet, on trouve dans la plupart des systèmes d'exploitation des serveurs d'annuaires intégrés et offerts avec le système, que l'on peut étendre et utiliser pour ses propres applications. C'est le cas avec Active Directory et AD/AM dans un environnement Windows 2003, ainsi que de Sun Directory Server dans un environnement Solaris. De même, la plupart des distributions Linux ont adopté OpenLDAP comme annuaire de référence, et offre une version compilée et prête à l'emploi de celui-ci. De plus, OpenLDAP peut être utilisé pour gérer les utilisateurs du système d'exploitation, et partager ainsi un même référentiel avec les applications fonctionnant sous Linux et livré avec le système, comme Samba, NIS, etc.

Bien entendu, OpenLDAP a ses limites et n'a pas encore la richesse fonctionnelle que l'on peut trouver dans un produit du marché. Il lui manque notamment une console d'administration intégrée, une gestion de la réplication multimaître évoluée à l'instar de celle des produits de Microsoft, Novell et Sun, des fonctionnalités d'exploitation (monitoring, suivi et optimisation des performances, etc.), et surtout une bonne documentation !

Néanmoins, nous nous efforcerons dans ce chapitre de vous communiquer tout ce que vous devez savoir pour pouvoir démarrer avec OpenLDAP.

Par la suite, nous allons nous baser sur un annuaire OpenLDAP version 2.x. En effet, ce n'est qu'à partir de cette version que la compatibilité avec LDAP v3 est assurée. Les tests ont été effectués avec la distribution Linux de Mandrake version 10.0.

L'objet de ce chapitre est de vous aider à démarrer avec OpenLDAP. Il contient toutes les instructions nécessaires pour installer, configurer et faire fonctionner cet annuaire. Ce n'est pas un manuel de référence, car nous avons préféré nous concentrer sur les opérations de base qui vont vous permettre de prendre en main l'outil et de commencer à réaliser des applications rapidement. Si vous souhaitez accéder à la documentation officielle de OpenLDAP, n'hésitez pas à visiter le site *http://www.openldap.org*.

Installation et mise en œuvre de OpenLDAP

Les différents modules de OpenLDAP

OpenLDAP est en fait constitué de plusieurs librairies de fonctions et modules ne provenant pas tous du projet Open Source OpenLDAP. Plus précisément, OpenLDAP s'appuie sur les librairies suivantes :

- Les bibliothèques de *threads* POSIX pour la gestion des threads et du multitâche : généralement les bibliothèques de threads sont fournies par le système d'exploitation (dans ce cas il n'y a rien à installer), mais on peut aussi faire appel à une librairie externe.

- Les bibliothèques TLS/SSL pour la gestion de la sécurité : généralement, il s'agit de OpenSSL, disponible sur le site *http://www.openssl.org*.

- Les bibliothèques SASL pour la gestion des différents mécanismes d'authentification : généralement, il s'agit de Cyrus SASL de l'Université de Michigan.

- Les bibliothèques Kerberos pour la gestion de l'authentification *via* ce mécanisme (GSSAPI) : généralement, il s'agit de Kerberos 5 du MIT ou de Heimdal (*voir* http://www.crypto-publish.org).
- Un système de gestion de base de données : généralement, il s'agit du produit Berkeley DB (que l'on trouve à l'adresse de Sleepycat Software : http://www.sleepycat.com).

Le produit lui-même est constitué de plusieurs modules :

- slapd : le moteur du serveur d'annuaire LDAP proprement dit ;
- slurpd : le moteur de synchronisation des données entre deux moteurs slapd ;
- utilitaires clients (ldapadd, ldapdelete, etc.), comprenant un ensemble de programmes, généralement accessibles en ligne de commande, permettant de manipuler le contenu de l'annuaire ;
- fichiers de configuration permettant de configurer le schéma et les paramètres de l'annuaire.

Nous donnons ci-dessous la liste des principaux modules que l'on trouve avec le produit OpenLDAP, ainsi qu'une description sommaire pour chacun d'eux :

Caractéristique	Description
slapd	Le serveur d'annuaire LDAP proprement dit.
slurpd	Le moteur de réplication d'annuaires OpenLDAP.
ldapadd	Outil de ligne de commande pour l'ajout d'entrées dans l'annuaire.
ldapmodify	Outil de ligne de commande pour la modification d'entrées dans l'annuaire.
ldapdelete	Outil de ligne de commande pour la suppression d'entrées dans l'annuaire. Notons que ldapdelete possède une option qui permet de supprimer toutes les entrées sous-jacentes à un objet donné (option −r).
ldapmodrdn	Outil de ligne de commande pour la modification du RDN d'une entrée dans l'annuaire.
ldapsearch	Outil de ligne de commande pour la recherche.
ldappasswd	Outil permettant de changer les mots de passe des entrées de l'annuaire.
ldapwhoami	Outil de ligne de commande permettant de connaître le DN de l'identification en cours.
slappasswd	Outil de ligne de commande pour la génération d'un mot de passe haché ou chiffré, nécessaire au fichier slapd.conf.
slapadd, slapcat et slapindex	Outils de gestion native de la base de données de l'annuaire. Ils s'interfacent directement avec la base de données et ne nécessitent pas la présence du processus slapd.
slapd.conf	Fichier de configuration de base de l'annuaire (schéma, identifiant et mot de passe de l'administrateur, etc.).
slapd.access.conf	Fichier de configuration des ACL de l'annuaire.

Note

Sur une machine Linux et si vous installez OpenLDAP à partir des CD d'installation de votre distribution, la plupart de ces programmes se trouvent sous /usr/bin ou /usr/sbin, à l'exception des fichiers de configuration qui se trouvent sous /etc/openldap.

Installation de OpenLDAP

Il est rarement nécessaire de télécharger le code source et de compiler OpenLDAP pour pouvoir l'installer. En effet, il existe des distributions prêtes à l'emploi et gratuites sur quasiment tous les systèmes d'exploitation du marché. Nous en donnons un aperçu ci-dessous :

• Windows : il existe plusieurs distributions de OpenLDAP pré-compilées pour l'environnement Windows, comme celui de la société FiveSight (*http://www.fivesight.com*) et de Ilex (*http://www.ilex.com*).

• Linux : la plupart des distributions de Linux contiennent en standard une version de OpenLDAP pré-compilée s'installant à partir des paquetages figurant sur les CD d'installation des produits. On y trouve aussi des modules clients, comme Directory Administrator qui permet de gérer les utilisateurs et les groupes Unix *via* OpenLDAP, ainsi que des kits de développements en C ou dans d'autres langages comme PHP.

• Solaris et HP-UX : il existe des distributions de OpenLDAP pour ces environnements, comme ceux de la société Symas Corporation (*http://www.symas.com*).

Vous trouverez aussi sur le site *www.openldap.org* une liste de liens utiles où vous pourrez télécharger des versions compilées de OpenLDAP.

Configuration de OpenLDAP

Pour pouvoir démarrer le serveur OpenLDAP, il est nécessaire de suivre certaines étapes indispensables avant de commencer à ajouter des utilisateurs dans l'annuaire. Nous décrivons ci-dessous les étapes indispensables à la mise en œuvre de l'annuaire.

Configuration du fichier slapd.conf

Le fichier `slapd.conf` contient plusieurs rubriques dont certaines doivent être modifiées avant de lancer l'annuaire pour la première fois. Nous allons donner un exemple de fichier et préciser les rubriques qu'il faudra modifier.

```
1.  #
2.  # See slapd.conf(5) for details on configuration options.
3.  # This file should NOT be world readable.
4.  #
5.  include"/etc/openldap/schema/core.schema"
6.  include"/etc/openldap/schema/cosine.schema"
7.  include"/etc/openldap/schema/inetorgperson.schema"
8.  include"/etc/openldap/schema/nis.schema"
9.  include"/etc/openldap/schema/corba.schema"
10. include"/etc/openldap/schema/java.schema"
11. include"/etc/openldap/schema/krb5-kdc.schema"
12. include"/etc/openldap/schema/openldap.schema"
13.
14. # Define global ACLs to disable default read access.
15. include"/etc/openldap/ldap.access.conf"
```

```
16.
17.  # Do not enable referrals until AFTER you have a working directory
18.  # service AND an understanding of referrals.
19.  #referralldap://root.openldap.org
20.
21.  pidfile"/var/run/ldap/slapd.pid"
22.  argsfile"/var/run/ldap/slapd.args"
23.
24.  # Load dynamic backend modules:
25.  modulepath/usr/lib/openldap
26.  # moduleloadback_ldap.la
27.  # moduleloadback_ldbm.la
28.  # moduleloadback_passwd.la
29.  # moduleloadback_shell.la
30.
31.  # Enable TLS if port is defined for ldaps
32.  TLSVerifyClient never
33.  TLSCertificateFile "/etc/ssl/openldap/ldap.pem"
34.  TLSCertificateKeyFile "/etc/ssl/openldap/ldap.pem"
35.  TLSCACertificateFile "/etc/ssl/openldap/ldap.pem"
36.
37.  ######################################################################
38.  # database backend definitions
39.  ######################################################################
40.
41.  databasebdb
42.  suffix"dc=valoris,dc=com"
43.  rootdncn=Directory Manager,dc=valoris,dc=com
44.
45.  # Cleartext passwords, especially for the rootdn, should
46.  # be avoid.  See slappasswd(8) and slapd.conf(5) for details.
47.  # Use of strong authentication encouraged.
48.  rootpw{SSHA}QokHG4oL8qdNH+V3tWu2qmdwew3v00Z6
49.
50.  # The database directory MUST exist prior to running slapd AND
51.  # should only be accessible by the slapd/tools. Mode 700 recommended.
52.  directory"/val/lib/ldap"
53.
54.  # Indices to maintain
55.  index default pres,eq
56.  index uid,cn,sn
57.  index objectClasseq
```

Afin de pouvoir s'identifier en tant qu'administrateur à l'annuaire, il est nécessaire de :

1. Modifier les lignes 42 et 43 afin de préciser le nom de la racine de l'annuaire (ici, nous avons choisi dc=valoris,dc=com), puis le DN de l'administrateur. Attention, ceci ne crée pas l'objet racine pour autant : il faudra le faire manuellement avant de lancer l'annuaire, ce que nous verrons ultérieurement.

2. Il faut ensuite entrer un mot de passe chiffré ou haché. Pour cela, il faut utiliser le module `slappasswd`, et donner en argument de ce module le mot de passe voulu (par exemple `secret`), afin d'obtenir le résultat chiffré ou haché. Le programme va renvoyer une chaîne de caractère qui ressemble à celle de la ligne 48 : il faudra la copier à cet endroit.

Note

Il est aussi possible d'entrer un mot de passe en clair, mais ceci n'est pas conseillé pour des raisons de sécurité évidente. Pour cela, il suffit d'écrire à la place de la ligne 48 : `rootpw motdepasse` (donc sans mot-clé entre accolade, de type SSHA).

Signalons maintenant quelques points importants concernant le contenu du fichier de configuration `sladp.conf`.

Ce fichier contient dans la directive `include` le schéma de l'annuaire. En effet, la déclaration des attributs et des classes d'objets se trouve dans les différents fichiers désignés. Notez que OpenLDAP fournit en standard des schémas prêts à l'emploi pour l'usage de l'annuaire comme référentiel des utilisateurs de Samba, NIS, Corba, etc. Vous pouvez aussi ajouter la définition de vos propres classes et attributs, en insérant une ligne du type :

```
include "/etc/openldap/schema/monschema.schema"
```

La ligne 15 contient la définition des ACL d'un autre fichier : `ldap.access.conf`, que nous verrons plus loin dans ce chapitre.

Les lignes 32 à 35 concernent le protocole TLS, et indiquent notamment où se trouvent les fichiers certificats associés. Pour générer ces certificats, vous pouvez utiliser la commande `openssl`, placée généralement sous `/usr/bin` de votre machine Linux.

La dernière partie du fichier contient les attributs que l'on souhaite indexer pour optimiser les performances en lecture de l'annuaire.

Lancement de l'annuaire

Vous êtes maintenant prêt à lancer l'annuaire OpenLDAP. Pour cela, il suffit de taper la commande `slapd`.

Normalement, il n'est pas nécessaire de préciser le chemin de l'emplacement du programme. Il dépendra de l'installation que vous avez faite. Sur les machines Linux, `slapd` se trouve généralement sous `/usr/sbin`.

Pour vérifier que le processus est bien lancé, utilisez la commande suivante sous Linux et les autres Unix :

```
ps -ef | grep slapd
```

Il est important de noter que `slapd` possède des paramètres qui peuvent être utiles, notamment si vous souhaitez lancer le serveur sur une adresse de port non standard (différente de 389 et 636).

Voici quelques informations concernant les paramètres de slapd :

Paramètre	Description
-f filename	Nom du fichier de configuration. Par défaut, c'est slapd.conf.
-d level	Niveau de détails (debug level) des informations de trace de l'annuaire. Les valeurs sont identiques à celles de loglevel dans le fichier slapd.conf.
-h URLs	Liste d'URLs séparées par un espace, indiquant les adresses desservies par l'annuaire OpenLDAP. Par exemple, si l'on souhaite que l'annuaire réponde sur les ports 389 et 10000, il faut mettre l'argument suivant : -h ldap://localhost:389 ldap://localhost:10000 Ou encore, si l'on souhaite activer une session sécurisée de l'annuaire, il faut mettre l'argument suivant : -h ldaps://localhost:636
-u user -g group	Nom de l'utilisateur (UID) ou du groupe (GID) utilisé par slapd en cours de fonctionnement.

Note

Notez que le fait de préciser plusieurs URL dans le paramètre –h ne lance qu'une seule instance de l'annuaire. Si l'on souhaite lancer plusieurs instances de slapd, il faut pour cela lancer la commande plusieurs fois en précisant des adresses de ports différentes à chaque fois. De même, pour avoir des instances séparées et des bases de données séparées sur une même machine, il faut lancer plusieurs instances de slapd, en utilisant à chaque fois un fichier slapd.conf différent (le nom et le chemin de la base ainsi que les URLdesservies par l'annuaire seront définis dans le fichier slapd.conf).

Il existe d'autres paramètres auxquels vous pouvez accéder en saisissant slapd --help.

Pour lancer automatiquement le processus slapd lors de l'initialisation de votre machine, il faut se référer à la commande init et au fichier inittab sous Linux et sous les principaux Unix. Dans le cas de Windows, il faut que le processus sladp soit lancé en tant que service (voir le programme Services dans le menu d'administration de Windows).

Création des premières entrées

Une fois installé, OpenLDAP ne contient aucune entrée dans sa base de données. Il ne contient même pas d'objet racine, en dessous duquel on peut ajouter d'autres objets, comme une organisation.

La dernière chose à faire est donc de créer l'objet racine correspondant au nom donné dans le fichier slapd.conf. Pour cela, rien de plus simple : il faut créer un fichier LDIF qui contient l'objet en question, puis lancer la commande de création de cet objet dans l'annuaire.

Voici un exemple de fichier LDIF pour créer l'objet racine :

```
dn : dc=valoris,dc=com
objectclass: dcObject
objectclass: organization
dc: valoris
o: valoris
```

On remarque dans ce fichier que l'objet racine est de type dcObject et de type organiza-tion. En effet, si vous regardez le fichier décrivant le schéma de l'annuaire, core.schema, vous remarquerez que la classe dcObject est une classe auxiliaire. Il faut donc lui associer une classe structurelle (organization) pour créer l'objet en question.

Maintenant, nous allons créer l'objet dans l'annuaire. Pour cela, il suffit de taper :

```
ldapadd -x -D "cn=Directory Manager, dc=valoris, dc=com" -w secret -f racine.ldif
```

Les différents paramètres de cette commande sont décrits dans le tableau suivant :

Paramètre	Description
-x	Permet de préciser qu'il s'agit d'une authentification simple à l'aide d'un mot de passe (donc sans SASL).
-D	Définit le DN de l'administrateur. Il doit correspondre à celui qui se trouve dans le fichier sladp.conf.
-w	Mot de passe de l'administration. Il doit correspondre à celui qui a été chiffré ou haché dans le fichier sladp.conf.
-f	Nom du fichier contenant les instructions LDIF.

En cas de succès, la commande va renvoyer le résultat suivant :

```
adding new entry "dc=valoris, dc=com"
```

Sinon, l'erreur est affichée à l'écran.

Notons que nous avons pris l'option de créer l'entrée racine après avoir lancé le proces-sus slapd et en utilisant ldapadd. On aurait pu faire autrement et utiliser directement slapadd sans lancer au préalable le serveur. En effet, la commande slapadd agit directe-ment sur la base de données de l'annuaire et ne nécessite pas que le processus soit lancé.

Nous allons maintenant vérifier que l'entrée racine a bien été créée. Pour cela, il suffit de lancer la commande suivante :

```
ldapsearch -x -D "cn=Directory Manager, dc=valoris, dc=com" -w secret
-b "dc=valoris,dc=com" -s base objectclass=organization
```

Les différents paramètres de cette commande sont décrits dans le tableau suivant :

Paramètre	Description
-x	Permet de préciser qu'il s'agit d'une authentification simple à l'aide d'un mot de passe (donc sans SASL).
-D	Définit le DN de l'administrateur. Il doit correspondre à celui qui se trouve dans le fichier `sladp.conf`.
-w	Mot de passe de l'administration. Il doit correspondre à celui qui a été chiffré ou haché dans le fichier `sladp.conf`.
-b	DN de la base de la recherche.
-s	Périmètre de la recherche : ici on précise `base` pour ne lire que l'objet en question (les autres valeurs de cet argument sont `one` pour un seul niveau et `sub` pour lire tout l'arbre).

On obtient le résultat suivant :

```
...
#valoris.com
dn: dc=valoris,dc=com
objectClass: dcobject
objectClass: organization
dc: valoris
o: valoris
...
```

On remarque dans l'exemple ci-dessus que nous avons précisé l'identification de l'administrateur et son mot de passe lors de la recherche. En effet, le serveur n'est pas encore configuré pour une lecture par des utilisateurs anonymes. Nous allons voir comment le faire ci-dessous.

Pour créer d'autres entrées, on peut maintenant procéder soit avec un outil d'administration quelconque (voir le chapitre 10 sur les outils), soit en utilisant la commande `ldapadd` et les fichiers LDIF.

Voici un exemple de fichier permettant de créer quelques objets de base :

```
dn : ou=personnes, dc=valoris,dc=com
objectclass: organizationalUnit
ou: personnes

dn : ou=groupes, dc=valoris,dc=com
objectclass: organizationalUnit
ou: groupes

dn : ou=applications, dc=valoris,dc=com
objectclass: organizationalUnit
ou: applications
```

> **Note**
>
> Si vous souhaitez que les traitements se fassent en totalité même s'il existe une erreur (par exemple, un des objets du fichier LDIF existe déjà), vous pouvez ajouter l'option –c à la commande ldapadd.

Gestion des droits d'accès

Pour débuter

Pour donner les droits en lecture de tous les objets à tous les utilisateurs, il suffit d'ajouter la ligne suivante dans le fichier slapd.conf, avant la ligne 15 par exemple :

```
access * to * read
```

Cette commande permet de donner accès en lecture à tous les utilisateurs (deuxième *) sur tous les objets de l'annuaire (première *). Pour que cette commande soit prise en compte, il faut arrêter puis relancer le processus slapd (nous verrons par la suite comment arrêter un serveur OpenLDAP).

Maintenant, si vous essayez la commande suivante, vous obtiendrez le même résultat que précédemment, et vous pourrez lire l'objet racine :

```
ldapsearch -x -b "dc=valoris,dc=com" -s base objectclass=organization
```

> **Note**
>
> L'option –x est indispensable même en cas d'authentification anonyme.

La syntaxe des ACL de OpenLDAP

La gestion des droits d'accès avec OpenLDAP suit une syntaxe particulière. Rappelons qu'il n'y a pas de standard à cet effet, comme nous l'avons indiqué précédemment dans cet ouvrage.

Les ACL (Access Control Lists) de OpenLDAP peuvent se trouver soit directement dans le fichier slapd.conf, soit dans un autre fichier désigné par la directive include, comme le montre l'exemple de fichier donné plus haut à la ligne 15. Il est conseillé de mettre les ACL dans un fichier à part pour en faciliter la lisibilité et la maintenance.

De façon générale, la syntaxe d'un ACL prend la forme suivante :

```
access to <what> [by <who> <access> <control>]
```

Nous n'allons pas décrire en détail la syntaxe des ACL car elle est assez complexe et risque de nuire à lisibilité de ce chapitre. Nous vous conseillons à cet effet de vous référer à la documentation de OpenLDAP, que vous trouvez à l'adresse suivante : *http://www.openldap.org/doc/admin22/index.html*, pour la version en vigueur (2.2).

Le tableau suivant décrit les différents paramètres des ACL :

Paramètre	Description
<what>	Il s'agit de préciser sur quoi s'applique la règle d'accès. Ce paramètre peut prendre différentes valeurs, parmi les suivantes : • * pour désigner tous les objets de l'annuaire. • Une expression permettant de décrire des DN, par exemple dn="dc=valoris,dc=com", ou bien dn=".*,dc=com" pour désigner tous les dn se terminant par dc=com. Il est aussi possible de préciser le périmètre concerné à partir de ce dn : s'agit-il du dn lui-même, des objets immédiatement inférieurs ou de tous les objets sous-jacents ? Pour cela, il faut utiliser l'expression dn.<scope-style>=<DN>, où <scope-style> prend une des valeurs suivantes : base, one, subtree, children. • Un filtre LDAP, par exemple filter=(objectclass=person). • Une liste d'attributs, par exemple attrs=userpassword.
<who>	Désigne pour qui s'applique la règle. Ce paramètre peut prendre les valeurs suivantes : • * pour désigner tous les objets de l'annuaire ; • anonymous pour désigner les utilisateurs anonymes uniquement ; • users pour désigner tous les utilisateurs authentifiés ; • self pour désigner l'utilisateur authentifié ; • une expression permettant de décrire des DN ; • une expression permettant de décrire des groupes ; • etc. Il existe plusieurs autres possibilités, comme effectuer un filtre sur l'adresse IP de l'utilisateur connecté, etc. Il est conseiller de se référer à la documentation de OpenLDAP pour avoir tous les détails.
<access>	Permet de préciser le type d'opération dont il s'agit : • none, c'est une interdiction de toutes opérations. • auth autorise l'authentification. • compare autorise la comparaison. • search autorise la recherche. • read autorise la lecture. • write autorise l'écriture.
<control>	Permet de contrôler la façon dont les règles sont évaluées, et prend les valeurs suivantes : • stop (valeur par défaut) indique que l'évaluation des règles est arrêtée dès qu'une correspondance est trouvée. • continue indique qu'il faut continuer à évaluer la règle en cours ainsi que les autres règles qui se trouvent dans le fichier slapd.conf. • break indique qu'il faut arrêter l'évaluation de la règle en cours, mais continuer à évaluer les autres règles du fichier slapd.conf.

Exemples d'ACL avec OpenLDAP

Nous donnons ci-dessous quelques exemples d'ACL avec OpenLDAP.

Nous allons commencer par un exemple qui vous permettra de bien comprendre le paramètre <scope-style> du DN que nous avons évoqué dans le tableau précédent. Prenons pour cela l'exemple d'un arbre contenant les entrées illustrées dans la figure 16.1.

Figure 16.1

*Exemple d'arbre pour
illustrer <scope-style>*

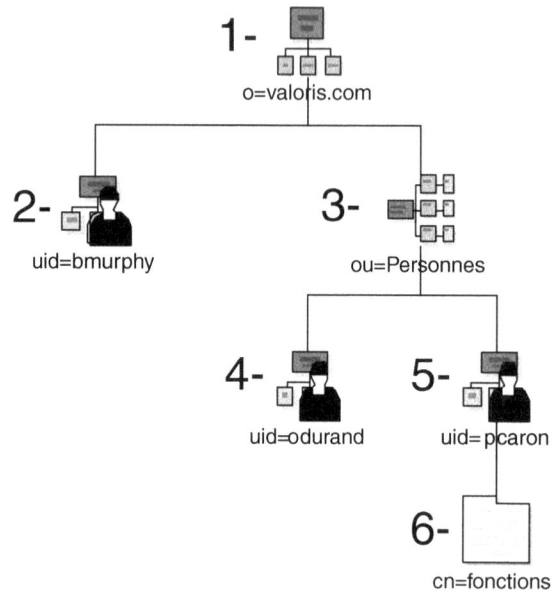

Les règles suivantes donnent les résultats suivants :

- `dn.base="ou=personnes,o=valoris.com"` concerne 3 ;

- `dn.one="ou=personnes,o=valoris.com"` concerne 4 et 5 ;

- `dn.subtree="ou=personnes,o=valoris.com"` concerne 3, 4, 5 et 6 ;

- `dn.children="ou=personnes,o=valoris.com"` concerne 4, 5 et 6.

La règle suivante permet de donner l'accès à l'attribut contenant le mot de passe :

- en écriture à l'utilisateur authentifié ;

- à des fins d'authentification pour tout utilisateur anonyme.

```
access to attr=userPassword
    by self write
    by anonymous auth
```

La règle suivante permet de donner accès au groupe `cn=managers` à l'ensemble des objets de la branche `ou=personnes` :

```
access to dn.subtree="ou=personnes,dc=valoris,dc=com"
    by group=
        "cn=managers,ou=groupes,dc=valoris,dc=com" write
```

La règle suivante permet de donner à tous les utilisateurs de type `person` (donc toutes les classes dérivées aussi) le droit de mettre à jour le champ `description` de leur objet et de lire ceux des autres.

```
access to filter=(objetclass=person)
    attr=description
    by self write
    by * read
```

Réplication du serveur OpenLDAP

Afin d'optimiser la charge et d'améliorer la disponibilité et la sécurité de l'annuaire, OpenLDAP permet de mettre en place différentes stratégies de réplication (maître/esclave, multimaître), telles que les avons décrites dans le chapitre 8. À cet effet, il est nécessaire d'installer les fonctions de réplication de la base de données de l'annuaire.

Il existe deux mécanismes de réplication entre annuaire OpenLDAP :

• Processus slurpd : ce mécanisme est basé sur la génération d'un fichier LDIF par le serveur slapd et par un processus particulier, dénommé slurpd, qui va se charger d'analyser ce fichier et d'appliquer les changements dans le serveur esclave. Ce mécanisme est disponible dans toutes les versions 2.x de OpenLDAP.

• La réplication basée sur un mécanisme dénommé LDAP Sync Replication, et s'appuyant sur le protocole LDAP Content Synchronisation (pour plus d'informations voir sur le site de l'IETF : Internet Draft, The LDAP Content Synchronization Operation <draft-zeilenga-ldup-sync-05.txt>). Ce mécanisme n'est disponible qu'à partir de la version 2.2 de OpenLDAP.

Réplication avec slurpd

La réplication avec slurpd supporte aussi bien les configurations maître/esclave que multimaître. La plupart des mises en œuvre de la réplication concernent les réplications maître/esclave, la réplication multimaître avec slurpd n'étant pas suffisamment éprouvée à ce jour.

Dans une configuration maître/esclave, l'échange de requête entre le client et les deux serveurs est illustré dans la figure 16.2, page suivante.

Pour faire fonctionner slurpd, il suffit de mettre à jour les sections correspondantes dans le fichier slapd.conf, puis de lancer le processus slurpd. Les différentes étapes à suivre sont les suivantes :

1. Arrêter le processus slapd ;

2. Modifier le fichier de configuration slapd.conf du serveur maître pour y ajouter les paramètres décrivant le serveur esclave : voir sections replogfile pour le nom du fichier journal et replica pour l'adresse, le suffixe et les paramètres d'identification du serveur esclave, dans le fichier slapd.conf ;

3. Effectuer une copie de la base de données du serveur maître sur le serveur esclave (à l'aide de slapdcat pour exporter les données du maître, puis de slapdadd pour les importer dans l'esclave) ;

Figure 16.2

*Configuration
maître/esclave
avec slurpd*

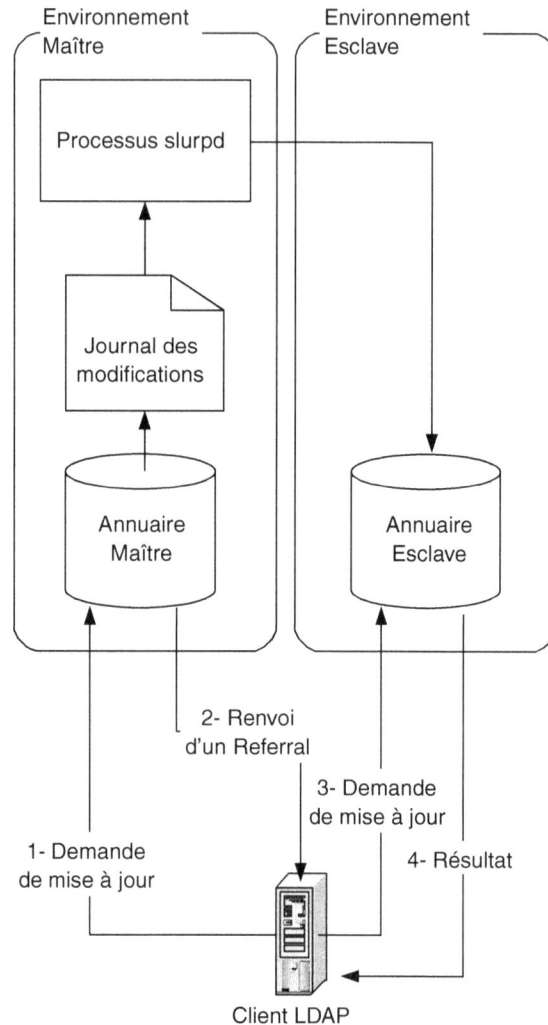

4. Modifier le fichier de configuration `slapd.conf` du serveur esclave pour y ajouter les paramètres décrivant le serveur maître : voir sections `updatedn` pour indiquer le DN de l'entrée utilisée par le serveur maître effectuant les mises à jour dans l'esclave et `updateref` pour indiquer l'adresse URL du serveur maître dans le fichier `slapd.conf` ;

5. Démarrer le processus `slapd` du serveur esclave en premier ;

6. Démarrer le processus `slapd` du serveur maître en deuxième ;

7. Démarrer le processus `slurpd` du serveur maître pour commencer la surveillance et la réplication en cas de changement.

Les mises à jour du serveur maître sont enregistrées dans un fichier désigné par la section `replogfile` du fichier `slapd.conf`. Ce fichier n'est autre qu'un fichier au format LDIF.

Réplication avec LDAP Sync Replication

Ce mécanisme de synchronisation a été mis en place afin de pallier les déficiences du mécanisme basé sur `slurpd`. En effet, celui-ci possède quelques inconvénients qui sont les suivants :

- Le serveur maître fonctionne en mode *push* uniquement par rapport aux serveurs esclaves, c'est-à-dire que c'est lui qui enregistre les modifications à envoyer et les traite grâce à `slurpd`. L'inconvénient majeur réside dans le fait que le serveur maître ne connaît pas l'état du serveur esclave et que les mises à jour notamment n'en tiennent pas compte.

- La granularité des mises à jour n'est pas contrôlable (réplication de tout l'arbre obligatoire).

- Chaque réplication nécessite un accord entre le serveur maître et le serveur esclave (mise à jour des paramètres dans les fichiers `slapd.conf` respectifs des deux serveurs).

Tous ces inconvénients sont levés avec la méthode LDAP Sync. Mais en quoi consiste-t-elle exactement ? C'est un mécanisme de synchronisation où le serveur « consommateur », c'est-à-dire le serveur esclave, prend l'initiative d'effectuer les synchronisations d'un sous-ensemble du DIT (ou la totalité) en tenant compte de l'état de ses données. Il n'y pas de processus particulier à mettre en œuvre : c'est le processus `slapd` esclave qui se charge de la synchronisation des données.

Notons que ce mécanisme est basé sur l'ajout dans le schéma de l'annuaire d'objets spécifiques, tant au niveau de l'esclave que du maître, permettant à chacun d'eux de connaître son état par rapport à la dernière réplication et de pouvoir accéder aux enregistrements modifiés par des requêtes LDAP simples.

Pour activer ce protocole, il n'y a aucune action spécifique à effectuer au niveau du serveur maître (hormis le fait qu'il vaut mieux créer une entrée spécifique qui sera utilisée par le serveur esclave pour s'identifier au serveur maître). Il faut simplement mettre à jour le fichier `slapd.conf` du serveur esclave (voir pour cela le mot-clé `syncrepl` dans la documentation de `slapd.conf` du serveur).

Administration du serveur OpenLDAP

Lancement et arrêt de l'annuaire

Nous avons vu que pour lancer l'annuaire, il suffit de taper la commande `slapd` à l'invite de commande. Dans le cas d'un environnement d'exploitation, il vaut mieux lancer automatiquement le processus à l'aide de la commande `init`. Pour cela, il suffit d'ajouter l'instruction de lancement de `slapd` dans le fichier `inittab`.

Pour arrêter l'annuaire, il faut utiliser la commande `kill` mais en prenant quelques précautions pour ne pas endommager la base de données. Vous avez pu remarquer l'instruction de la ligne 21 du fichier `slapd.conf` :

```
pidfile "/var/run/ldap/slapd.pid"
```

Cette instruction indique que le `pid` du processus `slapd` se trouve dans le fichier `/var/run/ldap/slapd.pid`.

Ainsi pour arrêter le processus, il suffit (et il est recommandé) d'exécuter la commande suivante :

```
kill -INT `cat /var/run/ldap/slapd.pid`
```

Backup et restauration de l'annuaire

La sauvegarde des données d'un serveur OpenLDAP peut se faire à froid (processus `slapd` arrêté) à l'aide de la commande `slapcat`. Pour cela, il suffit de lancer une commande du type :

```
slapcat -f export.ldif
```

Cette commande génère un fichier LDIF contenant l'ensemble des données opérationnelles et des utilisateurs de l'annuaire.

Par la suite pour restaurer les données d'un annuaire à partir de sa sauvegarde, à froid (processus `slapd` arrêté), il suffit de lancer la commande suivante :

```
slapadd -f export.ldif
```

Il est important de noter que cette commande ajoute les entrées désignées dans l'annuaire (les entrées existantes ne sont pas supprimées), ne vérifie pas la cohérence de l'arbre ni le schéma de l'annuaire et enfin ne maintient pas les attributs opérationnels comme `createTimeStamp` et `modifiersName`.

Annexe

Je monte un site Internet

Ce document provient du site web de la CNIL. Nous vous recommandons d'en vérifier l'authenticité et de vous assurer qu'il s'agit bien de la dernière version à l'adresse *www.cnil.fr.*

Si vous souhaitez faire connaître votre entreprise, votre association, votre université, votre collectivité territoriale, décrire votre activité, proposer vos produits, vos services, nouer des relations à l'échelle nationale ou planétaire sur les sujets ou les activités qui vous intéressent, le réseau Internet est le support de communication qui peut vous permettre de réaliser cet objectif.

Le réseau Internet se caractérise pour une large part par la disponibilité des informations diffusées, facilitant dans des proportions incomparables l'accès à l'information, la connaissance, la culture, la création de liens entre les hommes, entre les entreprises, le développement de nouvelles activités. Cependant, cette caractéristique a notamment pour conséquence de rendre très difficile, voire impossible, le contrôle de l'utilisation qui est faite des informations diffusées.

Or, le monde virtuel auquel vous souhaitez accéder est peuplé de personnes, bien réelles, auxquelles sont reconnus en France[1], dans l'Union Européenne[2] et plus généralement en Europe[3], certains droits. Parmi ceux-ci figurent les droits énoncés par les règles françaises

---

1. Actuellement, la loi n° 78-17 du 6 janvier 1978 « Informatique et Libertés ».
2. Directive européenne n° 95-46 du 24 octobre 1995 relative à la protection des personnes physiques à l'égard du traitement des données à caractère personnel et à la libre circulation de ces données.
3. Convention du Conseil de l'Europe n° 108 du 28 janvier 1981 pour la protection des personnes à l'égard du traitement automatisé des données à caractère personnel.

et communautaires de protection des données personnelles à l'égard des traitements informatiques. Ce guide se propose de vous expliquer comment les appliquer lorsque vous réalisez ou faites réaliser votre site Internet. Ainsi, vous devriez, après la lecture de ce guide, savoir parfaitement comment déclarer votre site Internet auprès de la CNIL.

I. Mon site diffusera des informations relatives à des personnes

Il peut s'agir des personnes qui appartiennent ou sont en relation avec votre entreprise, votre réseau commercial, votre université, votre collectivité territoriale, votre administration, votre association, vos activités, vos centres d'intérêt, etc.

En raison des caractéristiques du réseau Internet, vous devez, préalablement à la diffusion d'informations personnelles sur votre site Internet, faire part de votre projet aux personnes concernées et les informer qu'elles peuvent s'opposer, partiellement ou totalement, à cette diffusion sur Internet *(art. 26 et 27)*.

La Commission recommande que l'accord des personnes soit recueilli préalablement à toute diffusion sur Internet de données les concernant, mais vous pouvez aussi, avant cette diffusion, les informer que leur accord sera réputé tacitement acquis en l'absence de réponse de leur part au delà d'un certain délai (1 mois, par exemple). Vous devez également informer les personnes concernées qu'elles pourront vous demander ultérieurement, à tout moment, que cesse la diffusion sur votre site des informations qui les concernent.

En outre, vous devez informer les personnes concernées de l'existence et des modalités d'exercice du droit d'accès aux informations qui les concernent et du droit de les faire modifier (changement de nom, d'adresse, de fonctions, etc), rectifier (en cas d'erreur) ou supprimer *(art. 34)*.

Vous trouverez dans ce guide (voir infra, annexe 1) un exemple de l'information préalable que vous devez porter à la connaissance de personnes concernées.

Il se peut que votre site ne diffuse pas d'informations nominatives. En revanche, il est assez rare qu'un site Internet ne collecte aucune information relative à ses utilisateurs. Le plus souvent, en effet, le sites Internet sont destinés à être interactifs et permettent aux utilisateurs, par exemple, d'écrire au responsable du site, de se faire connaître de lui, de discuter entre eux autour de thèmes qu'il aura déterminés, etc.

Si votre site est appelé à collecter des informations auprès des utilisateurs, il doit les informer du caractère facultatif ou obligatoire des réponses qu'ils sont invités à fournir *(art.27)*, ainsi que de l'existence et des modalités d'exercice du droit dont ils disposent d'accéder aux informations qui les concernent, de les faire modifier, rectifier ou supprimer *(art.34)*. Les utilisateurs doivent également savoir à qui sont destinées les informations qu'ils fournissent.

II. Mon site proposera aux utilisateurs de remplir un formulaire

Vous devez signaler aux utilisateurs, sur le formulaire de collecte d'informations proposé par le site, le caractère facultatif ou obligatoire des réponses qu'ils sont invités à fournir *(art.27)*. Les utilisateurs doivent également savoir à qui sont destinées les informations qu'ils fournissent.

Lorsque vous envisagez de transmettre à des tiers les données collectées auprès des utilisateurs de votre site, vous devez en informer les personnes et les inviter à faire part de leur accord ou de leur refus d'une telle transmission, au moyen, par exemple, d'une case à cocher figurant aux côtés de cette information.

Vous trouverez dans ce guide (voir infra, annexe 2) un exemple de formulaire de collecte d'informations comprenant les mentions destinées à informer les utilisateurs de leurs droits.

Les informations nominatives collectées auprès des utilisateurs de votre site ne peuvent pas être conservées sur support informatique pendant une durée indéterminée. La durée de conservation de ces informations doit être justifiée par la finalité de la collecte.

III. Les utilisateurs pourront m'adresser un courrier électronique

Les messages électroniques qui vous seront adressés par les utilisateurs du site conduisent au traitement d'informations relatives, le plus souvent, au contenu du message, à la date et à l'heure de réception du message, à l'adresse électronique de l'auteur du message et parfois à ses nom et prénom ainsi qu'à d'autres informations expédiées automatiquement par son logiciel de messagerie électronique.

Il convient d'indiquer aux personnes que le secret des correspondances transmises sur le réseau Internet n'est pas actuellement garanti.

La durée de conservation des courriers électroniques sur support informatique doit être proportionnée à la finalité de la collecte qui est, en l'espèce, le traitement de ces courriers (la réponse, par exemple).

En raison des risques d'intrusions informatiques sur les serveurs et des règles relatives au secret des correspondances, la CNIL recommande que ces courriers électroniques ne soient conservés sur le serveur du site Internet que pendant un court délai (15 jours).

IV. Mon site comportera des espaces de discussion

Il est de votre intérêt de maîtriser les sujets de discussion et les contributions figurant sur votre site, afin d'éviter toute mise en cause de votre responsabilité fondée sur les propos tenus par certains utilisateurs ou les sujets de discussion qu'ils abordent (ex : pédophilie, incitation à la violence, à la haine raciale, négationnisme, etc.).

Ce contrôle peut se comparer au choix qu'un rédacteur en chef de journal est fondé à faire, au titre de sa responsabilité éditoriale, dans la rubrique du « courrier des lecteurs » de son journal.

Ainsi, vous pouvez mettre en place un modérateur qui supprimera, avant sa diffusion sur Internet, toute contribution susceptible d'engager votre responsabilité civile ou pénale ou portant atteinte à la considération ou à l'intimité de la vie privée d'un tiers.

Vous devez informer les utilisateurs de ces espaces de discussion de leur finalité, qui peut exclure l'utilisation commerciale des mél des utilisateurs, de leurs règles de fonctionnement et, lorsque tel est le cas, de l'existence d'un modérateur intervenant préalablement à la diffusion des contributions sur le site.

La durée de conservation des contributions diffusées sur le réseau Internet ne doit pas dépasser celle de l'inscription du sujet de discussion concerné dans l'espace de discussion. En outre, les personnes concernées peuvent demander à tout moment la suppression des contributions nominativement diffusées dans le cadre des espaces de discussion du site.

V. Mon site permettra de faire des achats en ligne

La collecte en ligne de coordonnées bancaires destinée à réaliser une transaction commerciale portant sur un produit physique ou numérique ou sur un service, doit comporter des procédés efficaces et licites de sécurisation des paiements, destinés à empêcher un tiers non autorisé d'intercepter ces données, d'y accéder, de les déformer ou de les détourner, notamment à son profit *(art.29)*.

Si le procédé auquel vous aurez recours pour sécuriser les paiements électroniques effectués par les utilisateurs de votre site comporte des moyens de cryptologie nécessitant un agrément pour pouvoir être utilisé, il convient de prendre contact avec le SCSSI, 18, rue du Docteur Zamenhof 92131 Issy-les-Moulineaux (tél. : 01.41.46.37.00 – fax : 01.41.46.37.01). Le Service Central de la Sécurité des Systèmes d'Information évalue les procédés de cryptologie et instruit les demandes d'autorisation d'importation, de fourniture et d'utilisation de tels procédés.

VI. J'analyserai les visites effectuées par les utilisateurs

Les données relatives aux consultations effectuées par les utilisateurs de votre site vous permettent de connaître la date, le moment de la consultation et l'adresse Internet de l'ordinateur de chaque utilisateur de votre site, grâce à ce qu'on appelle couramment les « logs ».

La conservation de ces données (fichier des logs) peut vous servir à établir des statistiques de consultation, qui vous permettront d'optimiser la présentation de votre site ou l'intérêt que les différentes rubriques de votre site peuvent susciter.

La durée de conservation des données de consultation doit être proportionnée à la finalité du traitement de ces données qui est, en l'espèce, l'établissement de statistiques. Ces statistiques sont souvent établies quotidiennement ou de façon hebdomadaire. En tout état de cause, la finalité de la conservation de ces données ne justifie pas qu'elles soient conservées pendant une longue période.

La CNIL est hostile au recours, à l'insu des personnes, à des procédés techniques tels que les « cookies », qui sont des programmes implantés par certains sites dans l'ordinateur de l'utilisateur. Ils permettent aux sites de reconnaître un utilisateur à son insu et sans action de sa part, lors de ses différentes consultations et peuvent constituer, dès lors, une collecte déloyale d'informations nominatives (interdite par l'*article 25* de la loi).

Il convient, en tout état de cause, que les personnes soient clairement et préalablement informées de la finalité, du contenu et de la durée de conservation de ces programmes et qu'elles soient en mesure de les refuser préalablement à leur implantation dans leur ordinateur.

VII. Un sous-traitant réalisera, hébergera ou gérera mon site

Si vous ne disposez pas du personnel, des compétences techniques, du matériel ou du temps nécessaires à la réalisation de votre site, vous allez recourir aux services d'une société spécialisée dans la technologie d'Internet.

Il vous faut veiller que le contrat que vous signez avec cette société couvre entièrement et exclusivement les missions que vous lui assignez.

Vous pouvez simplement charger votre sous-traitant d'héberger votre site sur ses matériels. Vous pouvez également lui demander de concevoir votre site pour votre compte. Vous pouvez, enfin, le charger de gérer « le quotidien » de votre site et notamment les relations du site avec les utilisateurs ou les problèmes de sécurité dont votre site pourrait faire l'objet (intrusions, piratages, violation de droits d'auteur, etc).

Votre sous-traitant, en tant que professionnel averti, a un devoir d'information et de conseil à votre égard. Même si les aspects techniques de la réalisation de votre site vous échappent, il vous appartient de veiller à ce que le contrat conclu avec votre sous-traitant l'engage à prendre toutes les mesures à sa disposition pour assurer la sécurité informatique des données traitées sur le site, selon le vieil adage « en l'état de l'art ».

Ce contrat doit également prévoir que les personnels de votre sous-traitant seront soumis à une obligation de confidentialité à l'égard des données qu'ils sont amenés à connaître dans l'exercice de leurs missions. En effet, l'absence de garantie du secret des correspondance transmises sur le réseau Internet ne vous dispense en aucun cas de veiller à la confidentialité des données traitées sur votre site, notamment lorsqu'il est hébergé chez votre sous-traitant. Ces précisions visent toutes les catégories de données personnelles, *a fortiori* lorsqu'il s'agit de données bancaires.

Si votre sous-traitant est chargé d'assurer au quotidien les relations entre votre site et les utilisateurs, vous pourrez convenir qu'il répondra aux demandes d'accès des utilisateurs aux informations qui les concernent.

Le contrat doit prévoir le sort qui sera réservé aux données nominatives traitées dans le cadre de votre site.

Il est de votre intérêt de déterminer qui sera autorisé à tirer profit de la valeur marchande des informations relatives aux utilisateurs de votre site. Ainsi, il vous appartient de prévoir dans le contrat de sous-traitance :

• si vous souhaitez être le seul utilisateur de ces informations ;

ou

• si vous autorisez votre sous-traitant à transmettre, louer, céder ou utiliser pour son propre compte les données nominatives auxquelles il peut avoir connaissance dans le cadre de ses missions. Dans ce cas, vous devez impérativement en informer les personnes et les inviter à faire part de leur accord ou de leur refus d'une telle transmission, au moyen, par exemple, d'une case à cocher figurant aux côtés de la mention d'information (voir supra, point II).

Annexe 1 : exemple de note d'information préalable adressée par le responsable d'un site aux personnes concernées par la diffusion d'informations nominatives qu'il envisage de réaliser sur son site

Netparadise S.A,
Avenue de la transparence
60 178 CNILAND

M, …………

Nous envisageons de diffuser prochainement sur notre site Internet (http://www.netparadise.fr) des informations vous concernant dans le cadre de (site internet d'une collectivité locale, d'une association, d'un groupement professionnel, d'une entreprise, etc.).

Ces informations sont les suivantes : ……………………

Vous êtes informé(e) des caractéristiques du réseau Internet que sont la libre captation des informations diffusées et la difficulté, voire l'impossibilité de contrôler l'utilisation qui pourrait être faite par des tiers de vos données lorsqu'elles seront diffusées sur Internet.

Nous vous informons également que vous pouvez vous opposer à ce que nous diffusions des données vous concernant sur Internet (art. 26 de la loi « Informatique et Libertés » n° 78-17 du 6 janvier 1978). Pour que nous puissions prendre en compte votre refus d'une telle diffusion, contactez-nous.

Attention!

En l'absence de réponse de votre part dans un délai d'un mois à compter de la réception de cette lettre d'information préalable, votre accord sera réputé acquis pour la diffusion sur Internet des données vous concernant. Vous pourrez toutefois nous faire part ultérieurement, à tout moment, de votre souhait que la diffusion de vos données sur Internet cesse. Cependant, nous dégageons toute responsabilité quant à l'éventuelle détention par quiconque des informations qui auront été diffusées sur Internet jusqu'à votre demande de suppression.

Nous vous rappelons que vous disposez d'un droit d'accès, de modification, de rectification et de suppression des données qui vous concernent (art. 34 de la loi « Informatique et Libertés » n° 78-17 du 6 janvier 1978). Pour exercer ce droit, adressez-vous à Netparadise S.A, avenue de la transparence, 60 178 CNILAND.

.../...

Je soussigné M .... souhaite que les informations suivantes me concernant ne soient pas diffusées sur Internet ....

Date :   Signature :

Netparadise S.A, avenue de la transparence - 60 178 CNILAND.

Tél. : 01.53.73.22.22 – mél : *webmaster@netparadise.fr*

Annexe 2 : exemple de formulaire de collecte d'informations

Netparadise S.A,

Avenue de la transparence

60 178 CNILAND

MIEUX VOUS CONNAÎTRE

La fourniture de ces renseignements est facultative

NOM [   ]   Mr [ ]   Mme [ ]

Prénom [   ]   Né(e) le [   ]

e-mail [   ]   Télécopieur [   ]

Téléphone [   ]   Adresse [   ]

Diplômes [   ]   Fonction [   ]

C.S.P [   ]   Loisirs [   ]

Célibataire [ ]   Vie en couple [ ]   Marié(e) [ ]   Nbre d'enfants [ ]

Les informations qui vous concernent sont destinées à Netparadise. Nous pouvons être amenés à les transmettre à des tiers. Si vous ne le souhaitez pas, cliquez ici ☐

Vous disposez d'un droit d'accès, de modification, de rectification et de suppression des données qui vous concernent (art. 34 de la loi « Informatique et Libertés » n° 78-17 du 6 janvier 1978). Pour l'exercer, adressez vous à Netparadise S.A, avenue de la transparence, 60 178 CNILAND.

ENVOYER

Vous êtes informé(e) que le secret des correspondances
transmises sur le réseau Internet n'est pas garanti

webmaster@netparadise.fr

Netparadise S.A, avenue de la transparence - 60 178 CNILAND.
Tél. : 01.53.73.22.22 – mél : *webmaster@netparadise.fr*

Index

www.ingramcontent.com/pod-product-compliance
Lightning Source LLC
Chambersburg PA
CBHW060944210326
41598CB00031B/4709